普通高等教育“十一五”国家级规划教材
全国高职高专教育土建类专业教学指导委员会规划推荐教材

建筑识图与构造(第二版)

（土建类专业适用）

本教材编审委员会组织编写
赵　研　主编
季　翔　沈　粤　主审

中国建筑工业出版社

图书在版编目(CIP)数据

建筑识图与构造/本教材编审委员会组织编写，赵研主编. —2版. 北京：中国建筑工业出版社，2008

普通高等教育“十一五”国家级规划教材. 全国高职高专教育土建类专业教学指导委员会规划推荐教材. 土建类专业适用

ISBN 978-7-112-09818-7

Ⅰ.建… Ⅱ.①本…②赵… Ⅲ.①建筑制图-识图法-高等学校：技术学校-教材②建筑构造-高等学校：技术学校-教材 Ⅳ.TU2

中国版本图书馆CIP数据核字(2008)第079888号

本书全部内容统一按照国家现行的新规范的规定编写。全书共分十七章。主要内容有：绪论，建筑制图的基本知识，投影的基本知识，剖面图与断面图，民用建筑概述，基础，墙体与地下室，楼板层和地面，楼梯与电梯，窗和门，屋顶，变形缝，建筑装修，工业化建筑体系简介，工业建筑概述，单层工业厂房构造，建筑工程图的识读。

本书既可以作为高等职业教育土建类专业教材，也可供土建技术人员学习、参考之用。同时也可供相关技术人员作为自学之用。

* * *

责任编辑：朱首明 杨 虹
责任设计：赵明霞
责任校对：梁珊珊 王雪竹

普通高等教育“十一五”国家级规划教材
全国高职高专教育土建类专业教学指导委员会规划推荐教材
建筑识图与构造(第二版)
(土建类专业适用)
本教材编审委员会组织编写
赵 研 主编
季 翔 沈 粤 主审
*
中国建筑工业出版社出版、发行(北京西郊百万庄)
各地新华书店、建筑书店经销
北京天成排版公司制版
北京云浩印刷有限责任公司印刷
*
开本：787×1092毫米 1/16 印张：29¼ 字数：655千字
2008年8月第二版 2013年10月第二十一次印刷
定价：**49.00**元
ISBN 978-7-112-09818-7
(20883)

本教材编审委员会名单

修订版序言

2004年12月，在“原高等学校土建学科教学指导委员会高等职业教育专业委员会”（以下简称“原土建学科高职委”）的基础上重新组建了全国统一名称的“高职高专教育土建类专业教学指导委员会”（以下简称“土建类专业教指委”），继续承担在教育部、建设部的领导下对全国土建类高等职业教育进行“研究、咨询、指导、服务”的责任。组织全国的优秀编者编写土建类高职高专教材并推荐给全国各院校使用是教学指导委员会的一项重要工作。2003年“原土建学科高职委”精心组织编写的“建筑工程技术”专业11门主干课程教材《建筑识图与构造》、《建筑力学》、《建筑结构》（第二版）、《地基与基础》、《建筑材料》、《建筑施工技术》（第二版）、《建筑施工组织》、《建筑工程计量与计价》、《建筑工程测量》、《高层建筑施工》、《工程项目招投标与合同管理》，较好地体现了土建类高等职业教育“施工型”、“能力型”、“成品型”的特色，以其权威性、先进性、实用性受到全国同行的普遍赞誉，自2004年面世以来，被全国各高职高专院校相关专业广泛选用，并于2006年全部被教育部和建设部评为国家级和部级“十一五”规划教材。但经过两年多的使用，土建类专业教指委、教材编审委员会、编者和各院校都感到教材中还存在许多不能令人满意的地方，加之近年来新材料、新设备、新工艺、新技术、新规范不断出现，对这套教材进行修订已刻不容缓。为此，土建类专业教指委土建施工分委员会于2006年5月在南昌召集专门会议，对各位主编提出的修订报告进行了认真充分的研讨，形成了新的编写大纲，并对修订工作提出了具体要求，力求使修订后的教材能更好地满足高职教育的需求。修订版教材将于2007年由中国建筑工业出版社陆续出版、发行。

教学改革是一项在艰苦探索中不断前行的工作，教材建设将随之不断地革故鼎新。相信这套修订版教材一定会加快土建类高等职业教育走向“以就业为导向、以能力为本位”的进程。

高职高专教育土建类专业教学指导委员会

2006年11月

序　言

高等学校土建学科教学指导委员会高等职业教育专业委员会(以下简称土建学科高等职业教育专业委员会)是受教育部委托并接受其指导，由建设部聘任和管理的专家机构。其主要工作任务是，研究如何适应建设事业发展的需要设置高等职业教育专业，明确建设类高等职业教育人才的培养标准和规格，构建理论与实践紧密结合的教学内容体系，构筑“校企合作、产学结合”的人才培养模式，为我国建设事业的健康发展提供智力支持。在建设部人事教育司的领导下，2002年，土建学科高等职业教育专业委员会的工作取得了多项成果，编制了土建学科高等职业教育指导性专业目录；在“建筑工程技术”、“工程造价”、“建筑装饰技术”、“建筑电气技术”等重点专业的专业定位、人才培养方案、教学内容体系、主干课程内容等方面取得了共识；制定了建设类高等职业教育专业教材编审原则；启动了建设类高等职业教育人才培养模式的研究工作。

近年来，在我国建设类高等职业教育事业迅猛发展的同时，土建学科高等职业教育的教学改革工作亦在不断深化之中，对教育定位、教育规格的认识逐步提高；对高等职业教育与普通本科教育、传统专科教育和中等专业教育在类型、层次上的区别逐步明晰；对必须背靠行业、背靠企业，走校企合作之路，逐步加深了认识。但由于各地区的发展不尽平衡，既有理论又能实践的“双师型”教师队伍尚在建设之中等原因，高等职业教育的教材建设对于保证教育标准与规格，规范教育行为与过程，突出高等职业教育特色等都有着非常重要的现实意义。

“建筑工程技术”专业(原“工业与民用建筑”专业)是建设行业对高等职业教育人才需求量最大的专业，也是目前建设类高职院校中在校生人数最多的专业。改革开放以来，面对建筑市场的逐步建立和规范，面对建筑产品生产过程科技含量的迅速提高，在建设部人事教育司和中国建设教育协会的领导下，对该专业进行了持续多年的改革。改革的重点集中在实现三个转变，变“工程设计型”为“工程施工型”，变“粗坯型”为“成品型”，变“知识型”为“岗位职业能力型”。在反复论证人才培养方案的基础上，中国建设教育协会组织全国各有关院校编写了高等职业教育“建筑施工”专业系列教材，于2000年12月由中国建筑工业出版社出版发行，受到全国同行的普遍好评，其中《建筑构造》、《建筑结构》和《建筑施工技术》被教育部评为普通高等教育“十五”国家级规划教材。土建学科高等职业教育专业委员会成立之后，根据当前建设类高职院校对“建筑工程技术”专业教材的迫切需要；根据新材料、新技术、新规范急需进入教学内容的现实需求，积极组织全国建设类高职院校和建筑施工企业的专家，在对该专业课程内容体系充分研讨论证之后，在原高等职业教育“建筑施工”专业系列教材的基础上，组织编写了《建筑识图与构造》、《建筑力学》、《建筑结构》(第二版)、《地基与基础》、《建筑材料》、《建筑施工技术》(第二版)、《建筑施工组织》、《建筑工程计量与计价》、《建筑工程测量》、《高层建筑施工》、《工程项目招投标与合同管理》等11门主干课程教材。

教学改革是一个不断深化的过程,教材建设是一个不断推陈出新的过程,希望这套教材能对进一步开展建设类高等职业教育的教学改革发挥积极的推进作用。

土建学科高等职业教育专业委员会

2003年7月

第二版前言

普通高等教育“十五”国家级规划教材《建筑识图与构造》于2004年6月正式出版发行以来，经过近4年的教学实践，得到了使用院校和广大读者的肯定与指教。根据全国高职高专教育土建类专业教学指导委员会土建施工类专业指导分委员会的统一安排，由教材的主编：黑龙江建筑职业技术学院赵研教授主持，教材参编：黎明职业大学陈卫华副教授、天津市建筑工程职工大学杜军副教授、黄河水利职业技术学院王付全副教授、黑龙江建筑职业技术学院陈龙发副教授参与，按照上一版的编写分工对教材进行了修订。修订的主要内容如下：

1. 根据现行规范、标准、规程的变化，对教材中相关的定义、指标、数据进行了调整。

2. 对部分插图和表格进行了替换和再加工。

3. 根据新技术、新材料、新构造的应用现状，对建筑节能构造、新型门窗构造、新型材料墙体的构造等内容进行了充实。

4. 进一步突出了教材对学生识图和构造应用能力培养的地位，并适当考虑了本课程与其他课程及综合训练项目之间的衔接关系。

5. 改正了教材中的技术性误差。

由于编者的水平所限，教材中仍然会存在缺陷与错误，请使用本教材的师生和其他读者及时指出，以便再作修改。

前 言

《建筑识图与构造》是由全国土建学科高等职业教育教学指导委员会组织编写的，系首批启动的高职建筑工程专业十一门主干课程的专业教材之一。本教材是在中国建筑工业出版社出版的国家“十五”规划教材——高等职业教育建筑施工专业系列教材《建筑构造》的基础上，根据高等职业教育发展的趋势及高等职业教育土建类专业的教学改革需要重新编写的整合课程教材。本教材在编写过程中严格执行了全国土建学科高等职业教育教学指导委员会制定的高等职业教育《建筑工程技术专业人才培养方案》及课程教学大纲、国家现行的有关规范、规程和技术标准。本教材适用于高等职业教育建筑工程技术专业及其他相关专业的教学和自学的要求，也可以作为有关技术人员的参考用书。

《建筑识图与构造》是高等职业教育建筑工程类专业的一门主要专业课，重点介绍建筑制图的基本知识、民用及工业建筑的构造原理及常用构造方法，并承担着介绍建筑一般知识的任务，对培养学生的专业和岗位能力具有重要的作用。本教材把投影知识、建筑识图和建筑构造的内容进行了有机组织，强调相关内容之间的衔接和呼应，把培养学生的专业观念、岗位能力和应用能力作为本教材的中心内容，教学目的性明确。为了提高教材的适用性，在编写时注意反映不同地区建筑构造的特点，在阐述投影原理、识图知识、建筑构造原理的同时，力争突出教材的工程特色，努力反映我国目前在建筑构造方面的新技术、新工艺和新成就。内容新颖、图文并茂、文字通俗易懂。为了方便学生自学，本教材在每章之后均附有复习思考题。

本教材由黑龙江建筑职业技术学院赵研教授主编，并编写了第一、五、七、九章。福建工程学院陈卫华副教授编写了第十三、十五、十六章；天津市建筑工程职工大学杜军副教授编写了第四、六、十四、十七章；黄河水利职业技术学院王付全副教授编写了第八、十、十一、十二章；黑龙江建筑职业技术学院陈龙发副教授编写了第二、三章。

本教材由徐州建筑职业技术学院季翔副教授和广州大学沈粤副教授主审。本教材在编写过程中，得到了建设部人事教育司、全国土建学科高等职业教育教学指导委员会及编者所在单位的积极指导和大力支持，在此一并致谢。

由于编者的水平所限，书中难免有错误和缺陷，希望使用本书的师生及其他读者批评指正，以便适时修改。

目　录

第一章　绪　论

第一节　课程的基本内容和学习方法

一、课程的内容

建筑的发展经历了漫长的过程，随着人类的发展和科技的进步，建筑已经由最初单纯为了解决遮风挡雨、防备野兽侵袭的简陋构筑物，逐步发展成为集建筑功能、建筑技术、建筑经济、建筑艺术及建筑环境等诸多学科为一体的，包含较高科技含量，与人们的生产、生活和日常活动具有密切联系的现代化工业产品。

《建筑识图与构造》是研究投影、绘图的基本技能、识读土建工程图和房屋的构造组成、构造原理及构造方法的一门课程，在建筑工程类专业的教学体系当中占有重要的地位。本课程由建筑识图和建筑构造两部分内容组成：建筑识图主要研究投影的基本原理、绘制及识读土建工程图的方法和技能；建筑构造研究房屋的各个组成部分及作用。其中，构造原理阐述房屋各个组成部分的构造要求及符合这些要求的构造理论；构造方法研究在构造原理的指导下，用性能优良、经济可行的建筑材料和建筑制品构成建筑构配件以及构配件之间的连接手段。

《建筑识图与构造》课程的学习任务有以下几个方面：(1)掌握投影的基本原理及绘图的基本技能；(2)掌握房屋构造的基本理论，了解房屋各部分的组成、科学称谓及功能要求；(3)根据房屋的功能、自然环境因素、建筑材料及施工技术的实际情况，选择或认知合理的构造方案，并能够在设计和相关规程的框架内加以实施；(4)熟练的识读建筑专业施工图纸，准确地领会设计意图，熟练的运用工程语言与合作伙伴进行有关工程方面技术信息的交流。合理地组织和指导施工，满足建筑构造方面的要求。

二、课程的特点及学习方法

《建筑识图与构造》是系统介绍建筑识图及建筑各部分构造组成的专业课。除了使学生掌握建筑构造组成、构造原理和构造方法外，也是学生认识建筑，了解建筑的重要途径。本课程与《建筑材料》、《建筑施工》、《建筑工程计量与计价》等课程关系紧密，既是学习后续课程的基础，也是学生参加工作后岗位能力和专业技能的重要组成部分。只有掌握了课程的主要内容，并有机的运用其他的专业基础知识，才能熟练的掌握工程语言和常见的构造方法，在初步了解建筑设计知识的前提下，更加准确的理解设计意图，合理的进行施工。

本课程涉及相关知识较多，是一门综合性较强的课程。课程的各部分之间既有一定的联系，又有相对的独立性，在学习时应注意发现各部分内容之间的内在联系，举一反三。

学习本课程应注意掌握以下几点：(1)注意收集、阅读有关的科技文献和资料，了解建筑构造方面的新工艺、新技术、新动态；(2)从简单的、常见的具体构造入手，逐步掌握建筑构造原理和方法的一般规律；(3)通过观察周围典型建筑的构造，印证所学的构造知识；(4)通过课程作业和设计，提高绘制和识读建筑专业施工图纸的能力。

第二节　建筑的构成要素

建筑的发展经历了从原始到现代，从简陋到完善、从小型到大型、从低级到高级的漫长过程。虽然现代建筑的构成比较复杂，但从根本上讲，建筑是由以下三个基本要素构成的：(1)建筑功能；(2)物质和技术条件；(3)建筑的艺术形象。

一、建筑功能

建筑功能是建筑生存的落脚点，是建筑三个基本要素当中最重要的一个。建筑功能是人们建造房屋的具体目的和使用要求的综合体现，人们建造房屋，就是为了满足生产、生活的要求，同时也要充分考虑整个社会的各种需要。建筑功能往往会对建筑的结构形式，平面空间构成，内部和外部空间的尺度、形象产生直接的影响。不同的建筑具有不同的个性，建筑功能在其中起了决定性的作用。建筑功能并不仅仅局限在物质的范畴当中，心理和精神需要也是建筑的功能体现。随着时代的发展，建筑的功能也在不断地发生变化。

二、建筑的物质技术条件

物质技术条件是建筑得以实施的重要保证。建筑是由不同的建筑材料构成的，不同的建筑材料和结构方案又构成了不同的结构形式，把设计变成实物还需要施工技术和人力的保证，所以物质技术条件是构成建筑的重要因素。任何好的设计构想如果没有技术做保证，都只能停留在图纸上，不能成为建筑实物。因此，建筑的建造过程是实际的生产过程，不能脱离当时社会政治和经济的发展环境。

物质技术条件在限制建筑发展空间的同时，也促进了建筑的发展。例如：高强度建筑材料的产生，结构设计理论的成熟，建筑内部垂直交通设备的应用，就促进了建筑朝着大空间、大高度、大体量的方向发展。

三、建筑的艺术形象

艺术形象是建筑作为工业产品的重要标志。建筑的艺术形象是以其平面空间组合、建筑体形和立面、材料的色彩和质感、细部的处理及与周边环境的协调融合来体现的。不同的时代、不同的地域、不同的人群可能对建筑的艺术形象有不同的理解，但建筑的艺术形象仍然具有自身的美学规律。由于建筑的使用年限较长，体量较大，同时又是构成城市景观的主体，因此成功的建筑应当反映时代特征、反映民族特点、反映地方特色、反映文化色彩，并与周围的建筑和环境有机融合、协调，才能经受住时光的考验。

第三节 建筑的分类

因为建筑个体之间存在较大的差异，为了便于描述，人们把建筑分为不同的类型。由于建筑各方面的特性不尽相同，因此分类的方式也不一样。我国常见的分类方式主要有以下几种：

一、按照建筑的使用性质进行分类

（一）民用建筑

供人们居住及进行公共活动等非生产性的建筑称为民用建筑。民用建筑又分为居住建筑和公共建筑两类。

1. 居住建筑

居住建筑是供人们生活起居用的建筑物，居住建筑包括住宅、公寓、宿舍等。住宅是构成居住建筑的主体，与人们的生活关系密切，需要的量大、面广。具有实现设计标准化，构件生产工厂化，施工机械化等方面的要求和条件。

2. 公共建筑

公共建筑是供人们进行公共活动的建筑物。其门类较多，功能和体量差异较大。公共建筑主要有以下一些类型：

(1) 行政办公建筑：如各类办公楼、写字楼；

(2) 文教科研建筑：如教学楼、图书馆、实验室；

(3) 医疗福利建筑：如医院、疗养院、养老院；

(4) 托幼建筑：如托儿所、幼儿园；

(5) 商业建筑：如商店、餐馆、食品店；

(6) 体育建筑：如体育馆、体育场、训练馆；

(7) 交通建筑：如车站、航站、客运站；

(8) 邮电通讯建筑：如电台、电视台、电信中心；

(9) 旅馆建筑：如宾馆、招待所、旅馆；

(10) 展览建筑：如展览馆、文化馆、博物馆；

(11) 文艺观演建筑：如电影院、音乐厅、剧院；

(12) 园林建筑：如公园、动物园、植物园；

(13) 纪念建筑：如纪念碑、纪念堂。

有些大型公共建筑内部功能比较复杂，可能同时具备上述两个或两个以上的功能，一般称这类建筑为综合性建筑。

（二）工业建筑

工业建筑是供人们进行生产活动的建筑。工业建筑包括生产用建筑及辅助生产、动力、运输、仓贮用建筑。如：机械加工车间、机修车间、锅炉房、动力站、库房等。

二、按照建筑高度或层数进行分类

（一）住宅按照层数分类

1. 低层住宅为一～三层；

2. 多层住宅为四～六层；

3. 中高层住宅为七～九层；

4. 高层住宅为十层及以上。

由于低层住宅占地较多，因此在城市中应当控制建造。按照《住宅建筑规范》(GB 50368—2005)的规定，七层及七层以上或顶层入口层楼面距室外设计地面的高度超过16m以上的住宅必须设置电梯。由于设置电梯将会增加建筑的造价、交通面积和使用维护费用，因此应控制中高层住宅的修建。

（二）其他民用建筑按建筑高度分类

1. 普通建筑

建筑高度不超过24m的民用建筑和建筑高度超过24m的单层民用建筑。

2. 高层建筑

十层及十层以上的住宅，建筑高度超过24m的公共建筑(不包括单层主体建筑)。

3. 超高层建筑

建筑高度超过100m的民用建筑。

三、按照建筑结构型式进行分类

（一）墙承重体系

由墙体承受建筑的全部荷载，墙体担负着承重、围护和分隔的多重任务。这种承重体系适用于内部空间较小，建筑高度较小的建筑。

（二）骨架承重

由钢筋混凝土或型钢组成的梁柱体系承受建筑的全部荷载，墙体只起到围护和分隔的作用。这种承重体系适用于跨度大、荷载大的高层建筑。

（三）内骨架承重

建筑内部由梁柱体系承重，四周用外墙承重。这种承重体系适用于局部设有较大空间的建筑。

（四）空间结构承重

由钢筋混凝土或钢组成空间结构承受建筑的全部荷载，如网架结构、悬索结构、壳体结构等。这种承重体系适用于大空间建筑。

四、按照承重结构的材料进行分类

（一）砖混结构

用砖墙(柱)、钢筋混凝土楼板及屋面板作为主要承重构件的建筑，属于墙承重结构体系。我国目前在居住建筑和一般公共建筑中采用较多。

（二）钢筋混凝土结构

用钢筋混凝土材料作为主要承重构件的建筑，属于骨架承重结构体系。大型公共建筑、大跨度建筑、高层建筑较多采用这种结构型式。

（三）钢结构

主要承重结构全部采用钢材作为承重构件的建筑，多属于骨架承重结构体系。钢结构具有自重轻、强度高的特点。大型公共建筑和工业建筑、大跨度和高层建筑经常采用这种结构型式。

另外，还有生土—木结构建筑和砖木结构建筑，由于它们存在耐久性和防火性能差的缺点，目前，仅在个别地区的民居建筑中应用，城市建筑已经淘汰了这些结构型式。

五、按规模和数量分类

民用建筑还可以根据建筑规模和建造数量的差异进行分类。

（一）大型性建筑

主要包括建造数量少、单体面积大、个性强的建筑。如机场候机楼、大型商场、旅馆等。

（二）大量性建筑

主要包括建造数量多、相似性大的建筑。如住宅、宿舍、中小学教学楼、加油站等。

复习思考题

1. 本课程的学习任务主要有哪些方面？
2. 学好本课程应当注意哪些方面的问题？
3. 建筑的基本构成要素有哪些？最主要的构成要素是什么？
4. 建筑按照使用功能分为几类？宿舍属于哪类建筑？
5. 为什么要控制中高层住宅的建造？
6. 建筑高度是如何定义的？

第二章　建筑制图的基本知识

第一节　绘图工具和仪器的用法

学习建筑制图，就要了解各种绘图工具和仪器的性能，正确使用绘图工具和仪器，才能保证绘图质量，加快绘图速度。同时，还要养成正确使用、维护绘图工具和仪器的良好习惯。学习绘图先要打好基础，就是要掌握手工绘图的技巧，练习学会如何使用绘图工具和仪器的使用和方法。要熟练的掌握使用的铅笔、丁字尺、三角板、圆规、专用绘图仪器、成套的绘图模板等工具的技能。正确而熟练地使用绘图仪器和工具，将直接提高手工绘图的质量和效率。不仅是现在，就是在计算机绘图已经普及的今天，手工绘图也有很大的应用意义，在施工现场更是一种传递工程信息的有效手段。因此，应通过作图实践，努力提高手工绘图技能。因为画法几何的基础理论比较抽象，系统性和理论性较强，学习手工绘图也是循序渐进的过程，其内容一环扣一环，由学习点、线、面、体、建筑形体，各种线形的应用，到逐步掌握绘图技能的过程中，也是从二维的平面图形到三维形体建立过程。在学习理论知识和作业中，都要画图和读图相结合，根据实物或立体图画出二维的平面图，根据平面图想像出形体的形状，这是一个可逆的过程，只有反复的练习，才能逐步培养空间思维能力。通过作业和解题，解决有关空间几何问题，要学会运用空间想像能力，对问题进行空间分析，找出解决方案，再利用所掌握的投影原理和方法，通过作图表达绘制出符合国家标准的图样。初学制图时，就要严格要求自己，培养认真负责，一丝不苟和精益求精的工作态度。

一、图板

图板是用木质做成工作边框，供铺放图纸的长方形案板，如图 2-1 所示，要求表面平坦光洁，左边为工作边，必须平直，用丁字尺画平行线。常用图板有 3 种规格：0 号图板(900mm×1200mm)适用于绘制 A0 图纸，1 号图板(600mm×900mm)适用于绘制 A1 图纸，2 号图板(450mm×600mm)适用于绘制 A2 或小于 A2 尺寸的图纸。

二、丁字尺

丁字尺由相互垂直的尺头和尺身组成，一般采用有机玻璃材料制成，如图 2-2 所示。丁字尺使用时尺身要牢固地连接在尺头上，尺身的工作边必须保持其平直光滑，丁字尺用完后要挂起来，防止尺身变形。

丁字尺是画水平线的长尺，画图时，应使尺头始终紧靠图板左侧的工作边，左手把握住尺头，然后上下推动，直至丁字尺工作边对准要画线的地方，再从左向右画水平线。画水平线时，要由上至下逐条画出。

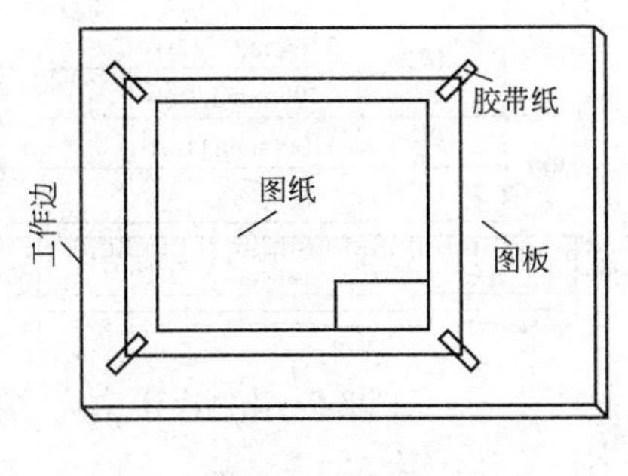

图 2-1 图板

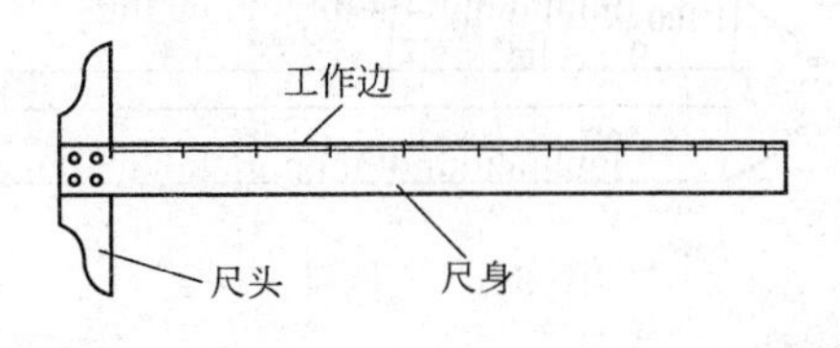

图 2-2 丁字尺

注意：不能用丁字尺靠在图板的上边、右边、下边画线，也不能用丁字尺的下边画线。

丁字尺与图板规格是配套的，常用的有 1500、1200、1100、800、600mm 等多种规格。

三、三角板

三角板一般用有机玻璃或塑料制成(图 2-3)，可配合丁字尺画铅垂线和与水平线成 30°、45°、60°的倾斜线。用两块三角板组合还能画与水平线成 15°、75°的倾斜线，如图 2-4 所示。

一副三角板有两块，一块是 30°×60°×90°，另一块是 45°×45°×90°。其规格有 200、250、300mm 等多种。

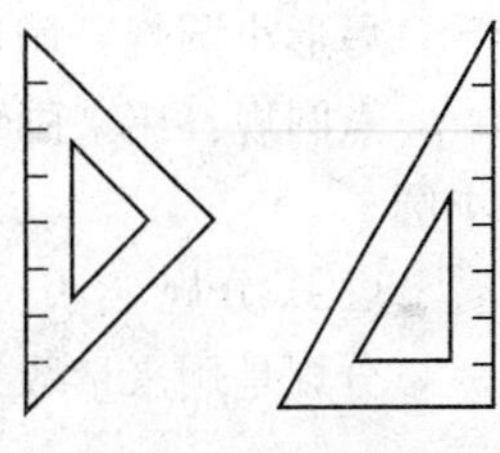

图 2-3 三角板

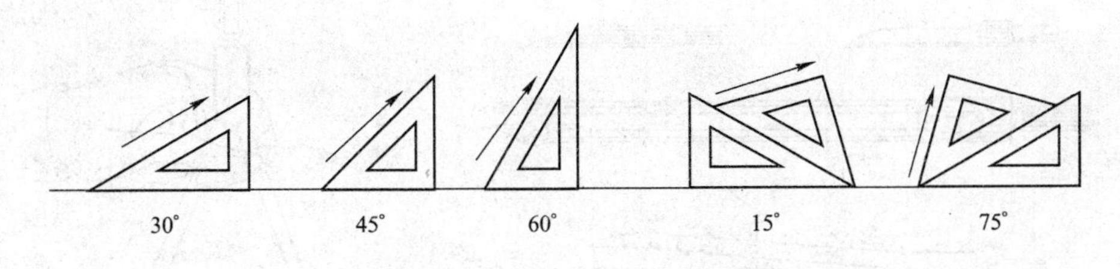

图 2-4 三角板与丁字尺配合画线

四、比例尺

比例尺是绘图时用来按比例缩小或放大线段长度的尺子。最常见的比例尺为三棱柱体，又称三棱尺。一般为木质或塑料制成，如图 2-5 所示。比例尺的三个棱面有六种比例，绘制出本专业图纸的比例尺通常采用 1∶100、1∶200、1∶300、1∶400、1∶500、1∶600，比例尺上的数字以米(m)为单位。

利用比例尺直接度量尺寸，尺子比例应与图样上的比例相同，先将尺子置于图上要量的距离之外，并对准度量方向，便可直接量出；若有不同，可采用换算方法求得，如图 2-6 所示。线段 AB 采用 1∶300 比例量出读数为 11m；若用 1∶30 比例，它的读数为 1.1m；若用 1∶3 比例，它的读数为 0.11m。为求绘图精确，使用比例尺时切勿累计其距离，应注意先绘出整个宽度和长度，然后再分割。

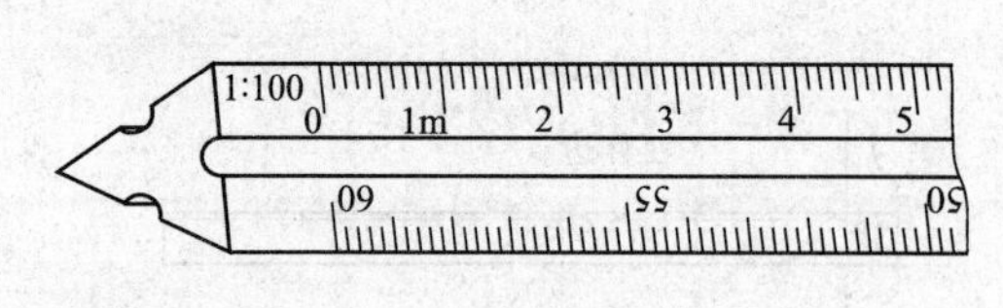

图 2-5　比例尺

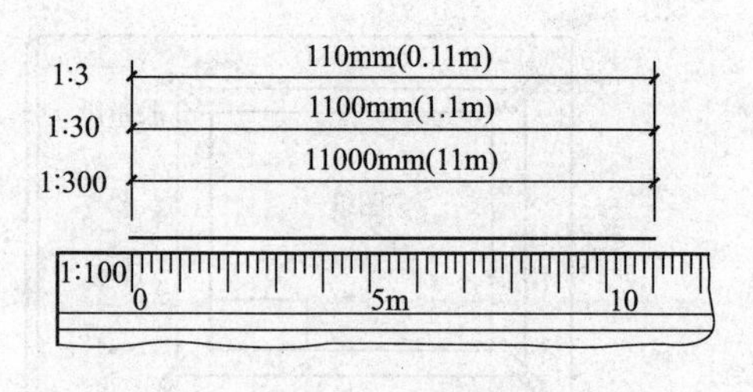

图 2-6　比例换算

比例尺不能用来画线，不能弯曲，尺身应保持平直完好，尺子上的刻度要清晰、准确，以免影响使用。

五、圆规和分规

（一）圆规及其附件

圆规是用来画圆和圆弧曲线的绘图仪器。通常用的圆规为组合式的，有固定针脚及可移动的铅笔脚、鸭嘴脚及加长杆，如图 2-7 所示。

弓形小圆规：用以画小圆。

点圆规：用来画更小的圆，使用时针尖固定不动，将笔绕钢针旋转即可画出小圆。

（二）分规

分规是用来量取线段、度量尺寸和等分线段的绘图仪器，如图 2-8 所示。

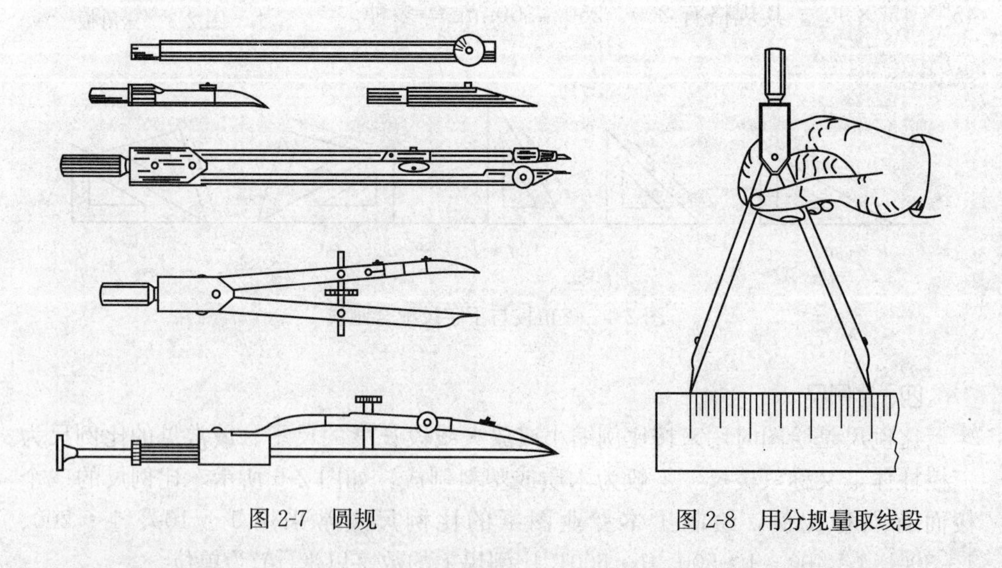

图 2-7　圆规　　图 2-8　用分规量取线段

分规的两腿端部均固定钢针，使用时要检查两针脚高低是否一致，如不一致则要放松螺钉调整。

六、绘图笔

绘图笔的种类很多，有绘图铅笔、鸭嘴笔、绘图墨水笔等。

（一）铅笔

绘图铅笔分木铅笔和活动铅笔两种，如图 2-9 所示。铅芯有各种不同的硬度。

标号 B、2B、3B……6B 表示软铅芯，数字越大表示铅芯越软；标号 H、2H、3H……6H 表示硬铅芯，数字越大表示铅芯越硬。标号 HB 表示硬度适中。画底稿时常用 2H 或 H，徒手画图时常用 HB 或 B。削木质铅笔时，铅笔尖应削成锥形，铅尖露出 6～8mm，要注意保留有标号的一端，以便始终能识别铅笔的硬度，如图 2-9(*a*)所示。

活动铅笔的笔身用金属或塑料制成，有两种不同型号。一种是笔芯装在金属套管内，如图 2-9(*b*)所示，口径有 0.3、0.5、0.7、0.9mm 等，每支铅笔有一种口径。铅芯虽细，也有不同硬度，可更换，铅芯在套管内可调整伸缩，活动铅笔的优点是不用削铅笔尖。另一种的笔尖有颚式咬紧装置，可以更换各种不同硬度的铅芯，如图 2-9(*c*)所示。

使用铅笔绘图时，用力要均匀，用力过大会刮破图纸或在纸上留下凹痕，甚至容易折断铅芯。画长线时要一边画一边旋转铅笔，使线条保持粗细一致。画线时，从侧面看笔身要垂直如图 2-9(*d*)所示，从正面看，笔身要倾斜约 60°，如图 2-9(*e*)所示。

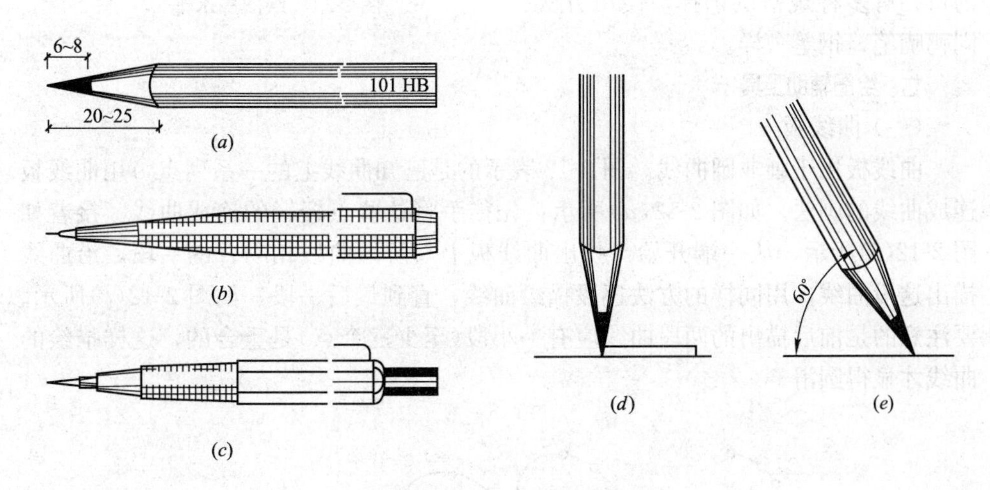

图 2-9　铅笔及其用法

(*a*)木铅笔；(*b*)、(*c*)活动铅笔；(*d*)侧面看画线；(*e*)正面看画线

(二) 鸭嘴笔

鸭嘴笔又名直线笔，是描图上墨的画线工具。笔尖的螺钉可以调整两叶片间的距离，以决定墨线的粗细。加墨水时，要用墨水瓶盖上的吸管蘸上墨水，送进两叶片之间。加墨水时，要在图纸范围外加墨，以免墨水滴在图纸上。切勿将鸭嘴笔插入墨水瓶内蘸墨，如叶片外面沾有墨水，要用抹布擦干净，以免画线时墨水沿着尺边渗入尺底造成跑墨，弄脏图纸。

执笔画线时，螺钉帽向外，小指应搁在尺身上，笔杆向画线方向倾斜约 30°左右，如图 2-10 所示。

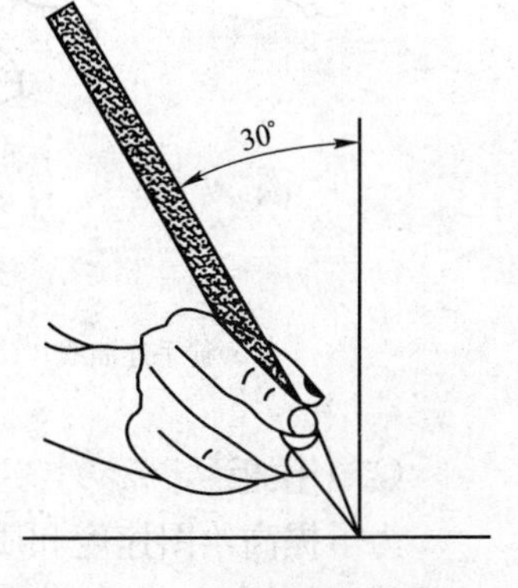

图 2-10　持鸭嘴笔姿势

每次加墨量，在两叶片之间，以不超过 6mm 高为宜，过少时墨线容易中断，再接起时，线条不易接平滑，过多时则落笔处线条易粗。画线速度要均匀，笔尖与尺应始终保持一定距离。笔杆切忌向外倾斜或向内倾斜，外倾会跑墨，内倾则会使线条外侧不平滑。使用后应将鸭嘴笔内余下的墨水擦去，放好。

上墨描图的次序一般为：先曲线后直线，先上方后下方，先左方后右方，先实线后虚线，先细实线后粗线，先图形后图框。

画墨线时，应使墨线的中心线与打稿的铅笔线重合。画圆弧连接时，除注意两段弧线的粗细要一致外，更重要的是要使两圆弧或者直线与圆弧恰好在切点处相接。

鸭嘴笔是一种传统的绘图用笔，目前已经较少使用。

（三）绘图墨水笔

描图笔的笔尖是一根细针管，也叫针管笔，是目前使用广泛的绘图用笔，如图 2-11 所示。绘图笔能像普通钢笔那样吸墨水，描图时不需频频加墨，可以完全取代鸭嘴笔。绘图墨水笔笔尖的口径有多种规格供选择，使用方法同鸭嘴笔、钢笔一样。

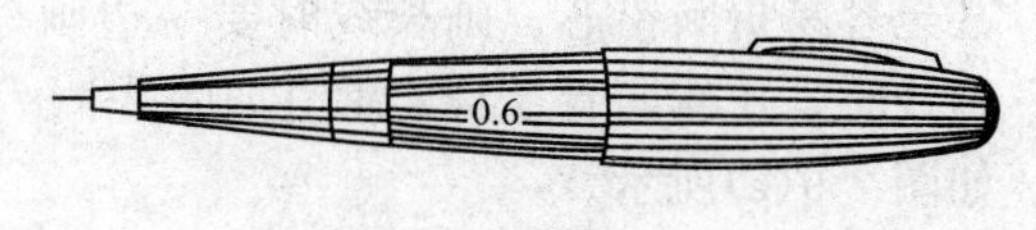

图 2-11　绘图墨水笔

七、绘图辅助工具

（一）曲线板

曲线板用于画非圆曲线。图 2-12 表示的是已知曲线上的一系列点，用曲线板连成曲线的画法。如图 2-12(*a*)所示，先徒手将这些点轻轻的连成曲线，接着如图 2-12(*b*)所示，从一端开始，找出曲线板上与所画曲线相吻合的一段，沿曲线描出这段曲线。用同样的方法逐段描绘曲线，直到最后一段，如图 2-12(*c*)所示。要注意的是前后描出的两段曲线应有一小段(至少三个点)是重合的，这样描绘的曲线才显得圆滑。

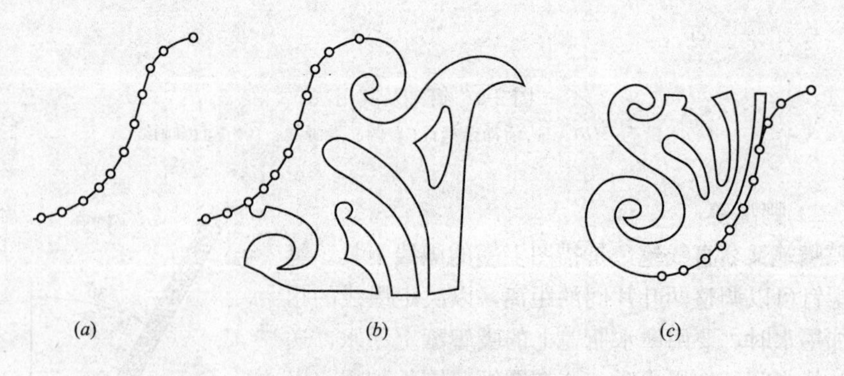

图 2-12　曲线板的用法

(*a*)徒手连曲线；(*b*)从一端开始，描第一段曲线；(*c*)继续描线，直至完成

（二）模板

为了提高绘图速度和质量，把图样上常用的一些符号、图例和比例等，刻在透明的塑料板上，制成模板使用。绘制不同专业的图纸，应当选用不同的模板。

常用的模板有建筑模板、装饰模板、结构模板等。在模板上刻有可用以画出各种图例的孔，如柱、卫生设备、沙发、详图索引符号、指北针、标高及各种形式的钢筋等。图 2-13 为建筑模板、图 2-14 为装饰模板，其大小已符合一定比例，只要用笔在孔内画一周，图例就画出来了。

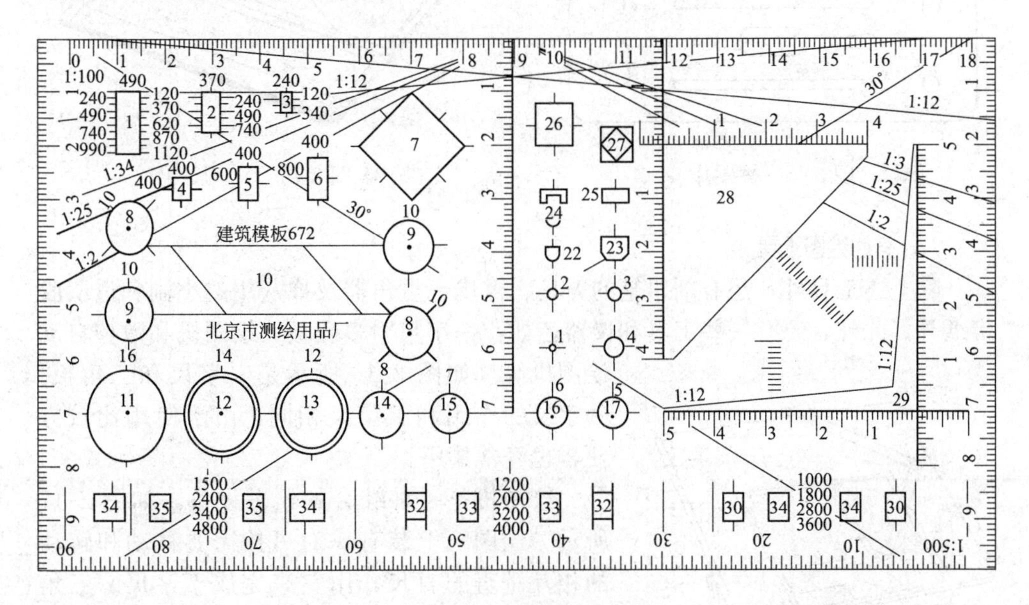

图 2-13 建筑模板

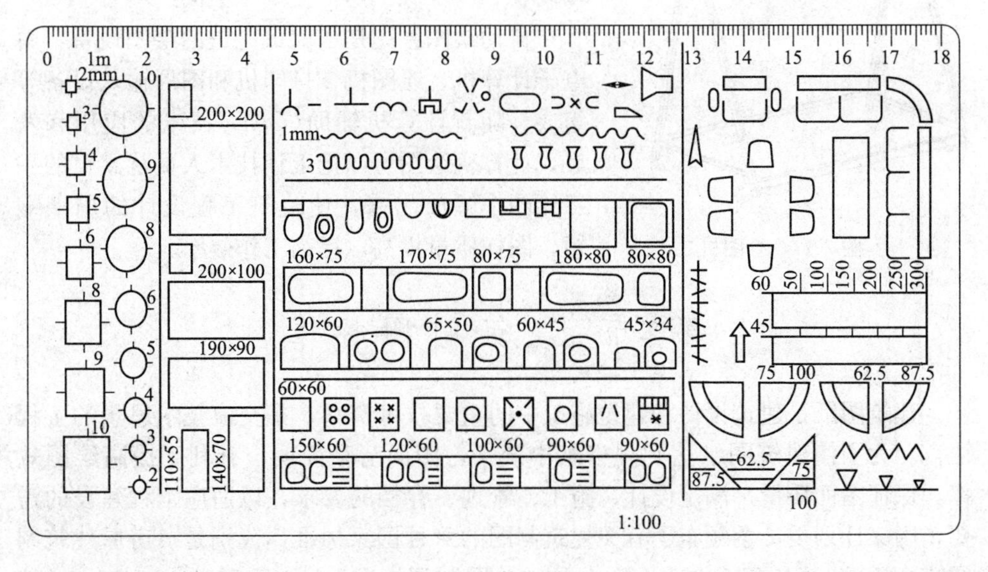

图 2-14 装饰模板

（三）擦图片

擦图片上有各种形状的孔，其形状如图 2-15 所示。

使用时，应使画错的线在擦图片上适当的模孔内露出来，再用橡皮擦拭，以免影响其邻近的线条。

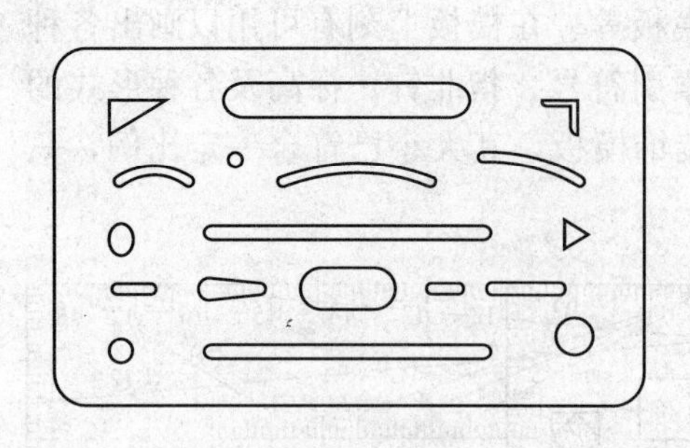

图 2-15　擦图片

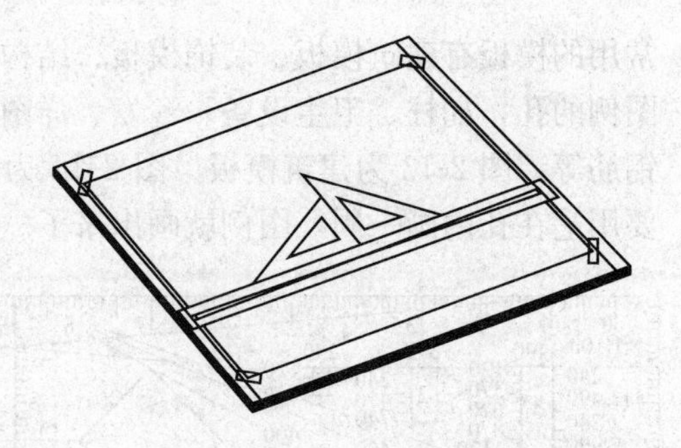

图 2-16　一字尺

八、其他绘图工具

除上述工具外，还有削铅笔的刀具、橡皮、量角器及掸灰用的小刷和透明胶带纸等。此外，还有一些工具和仪器，如：一字尺、多孔板、绘图机和数控自动绘图机等。如图 2-16 所示是一字尺和三角板。一字尺的作用和丁字尺相同，由于使用比较方便，也经常采用。

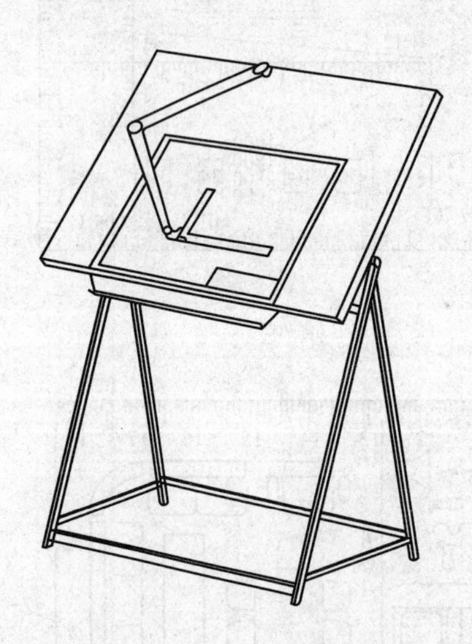

图 2-17　绘图机

绘图机是一种综合的绘图设备，如图 2-17 所示。绘图机上装有一对可按需要移动和转动的相互垂直的直尺，用它来完成丁字尺、三角板、量角器等工具的工作，使用方便，绘图效率高。

自动绘图系统是当前最先进的绘图设备，由电子计算机、绘图机、打印机和图形输入设备等组成。随着计算机辅助(CAD)技术的应用和发展，计算机绘图可以把工程技术人员从繁重的手工绘图中解放出来，使建筑工程设计的周期缩短，图样质量提高，提高工作效率。

第二节　建筑制图标准

建筑图纸是建筑设计和建筑施工中的重要技术资料，是交流技术思想的工程语言。为了使建筑图纸达到规格基本统一，图面清晰简明，有利于提高绘图效率，保证图面质量，满足设计、施工、管理、存档的要求，以适应工程建设的需要，国家计划委员会颁布了有关建筑制图的六种国家标准，分别是《房屋建筑制图统一标准》GB/T 50001—2001 及《总图制图标准》GB/T 50103—2001、《建筑制图标准》GB/T 50104—2001、《建筑结构制图标准》GB/T 50105—2001、《暖通空调制图标准》GB/T 50114—2001、《给水排水制图标准》GB/T 50106—2001，这些标准自 2002 年 3 月起开始施行。制图国家标准(简称国标)是所有工程人员在设计、施工、管理中必须严格执行的国家法令。我们要严格地遵守国标中每一项规定，养成一切遵守国家法令的优良品质。

一、图纸幅面

所有设计图纸的幅面及图框尺寸，均应符合表 2-1 的规定。表中尺寸是裁边之后的尺寸。从表 2-1 中可知，1 号图幅是 0 号图幅的对裁，2 号图幅是 1 号图幅的对裁，余者类推。表中代号的意义如图 2-18 及图 2-19 所示。

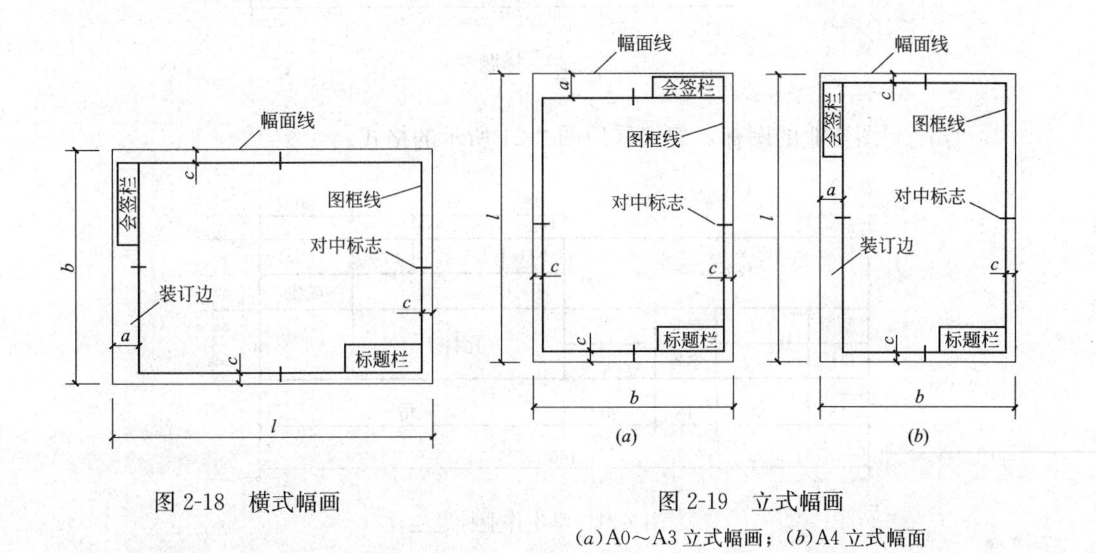

图 2-18 横式幅画

图 2-19 立式幅画

(*a*)A0～A3 立式幅画；(*b*)A4 立式幅面

图纸幅面通常有两种形式即横式和立式。以长边为水平边的称横式幅面，如图 2-18 所示；以短边为水平边的称立式幅面，如图 2-19 所示。

图幅及图框尺寸(mm) **表 2-1**

尺寸代号	幅面代号				
	A0	A1	A2	A3	A4
$b\times 1$	841×1189	594×841	420×594	297×420	210×297
c	10			5	
a	25				

无论图样是否装订，均应在图幅内画出图框，图框线用粗实线绘制，与图纸幅面线的间距宽 a 和 c 应符合表 2-1 的规定，如图 2-18 和图 2-19 所示。

为了复制或微缩摄影的方便，可采用对中符号，它是位于四边幅面线中点处的一段实线，线宽为 0.35mm，伸入图框内为 5mm，如图 2-18 和图 2-19 所示。

二、标题栏和会签栏

在每一张图纸的右下角都必须有一个标题栏，即图标，图标用于填写工程图样的图名、图号、比例、设计单位、注册师姓名、设计人姓名、审核人姓名及日期等内容，其长边的长度至少为 200mm，短边的长度宜采用 30、40 或 50mm，如图 2-20 所示。

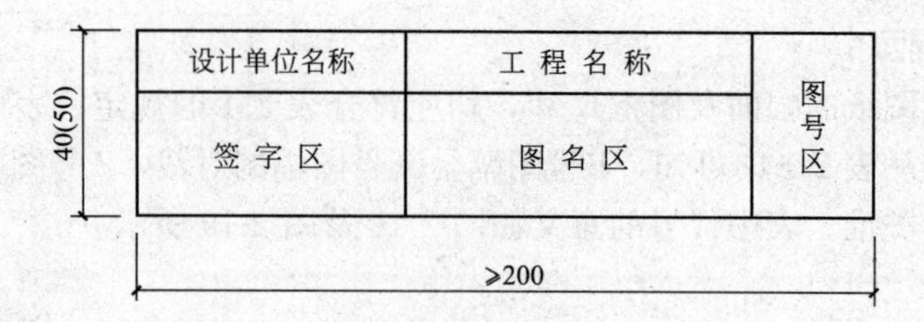

图 2-20　标题栏

学生制图作业的图标，建议采用图 2-21 所示的格式。

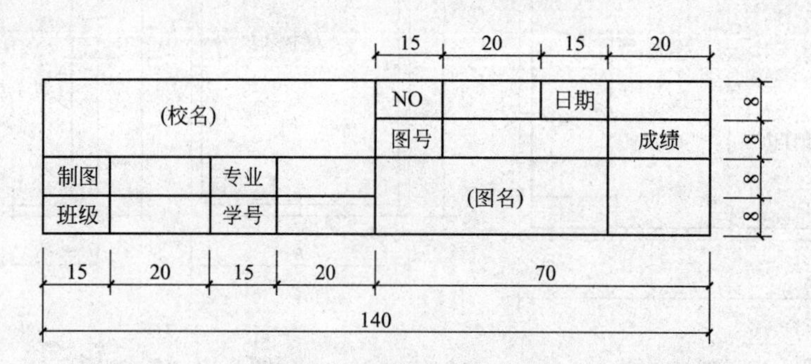

图 2-21　学生作业标题栏

会签栏是指工程图样上由各工种负责人填写所代表的有关专业、姓名、日期等的一个表格，如图 2-22 所示。

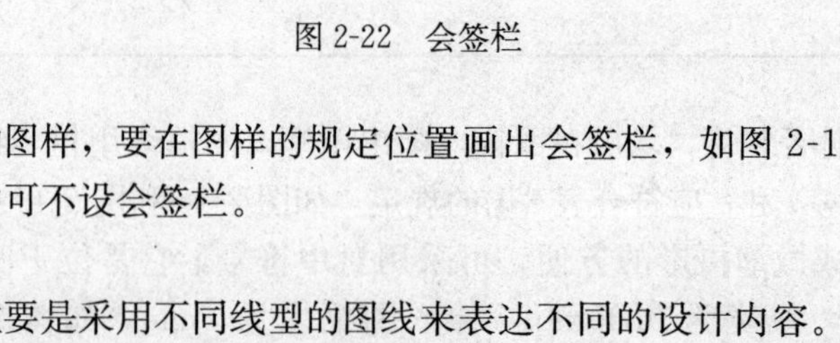

(专业)	(实名)	(签名)	日期

图 2-22　会签栏

需要会签的图样，要在图样的规定位置画出会签栏，如图 2-18 及图 2-19 所示。制图作业中可不设会签栏。

三、图线

工程图样主要是采用不同线型的图线来表达不同的设计内容。图线是构成图样的基本元素。因此，熟悉图纸的类型及用途，掌握各类图线的画法是建筑、装饰制图最基本的技术。

(一) 线型的种类和用途

为了使图样主次分明、形象清晰，建筑制图采用的图线分为实线、虚线、点画线、折断线、波浪线几种；按线宽不同又分为粗、中、细三种。各类图线的线型、宽度及用途见表 2-2。

图线的线型、宽度及用途　　　　表 2-2

名　称	线　型	线　宽	一 般 用 途
粗实线		b	主要可见轮廓线 平面图及剖面图上被剖到部分的轮廓线、建筑物或构筑物的外轮廓线、结构图中的钢筋线、剖切位置线、地面线、详图符号的圆圈、图纸的图框线
中粗实线		$0.5b$	可见轮廓线 剖面图中未被剖到但仍能看到需要画出的轮廓线、标注尺寸的尺寸起止45°短线、剖面图及立面图上门窗等构配件外轮廓线、家具和装饰结构轮廓线
细实线		$0.35b$	尺寸线、尺寸界线、引出线及材料图例线、索引符号的圆圈、标高符号线、重合断面的轮廓线、较小图样中的中心线
粗虚线		b	总平面图及运输图中的地下建筑物或构筑物等，如房屋地面下的通道、地沟等位置线
中粗虚线		$0.5b$	需要画出看不见的轮廓线 拟建的建筑工程轮廓线
细虚线		$0.35b$	不可见轮廓线 平面图上高窗的位置线、搁板(吊柜)的轮廓线
粗点画线		b	结构平面图中梁、屋架的位置线
细点画线		$0.35b$	中心线、定位轴线、对称线
细双点画线		$0.35b$	假想轮廓线、成型前原始轮廓线
折断线		$0.35b$	用以表示假想折断的边缘，在局部详图中用的最多
波浪线		$0.35b$	构造层次的断开界线

（二）图线的画法要求

（1）对于表示不同内容的图线，其宽度(也称为线宽)b，应在下列线宽组中选取：0.35、0.5、0.7、1.0、1.4、2.0mm。

画图时，每个图样应根据复杂程度与比例大小，先确定基本线宽 b，中粗线 $0.5b$ 和细实线 $0.35b$ 的线宽也就随之确定。

（2）在同一张图纸内，相同比例的图样，应选用相同的线宽组，同类线应粗细一致。

（3）相互平行的图线，其间隙不宜小于其中的粗线宽度，且不宜小于0.7mm。

（4）虚线、单点画线或双点画线的线段长度和间隔，宜各自相等。

（5）单点画线或双点画线，在较小的图形中绘制有困难时，可用实线代替。

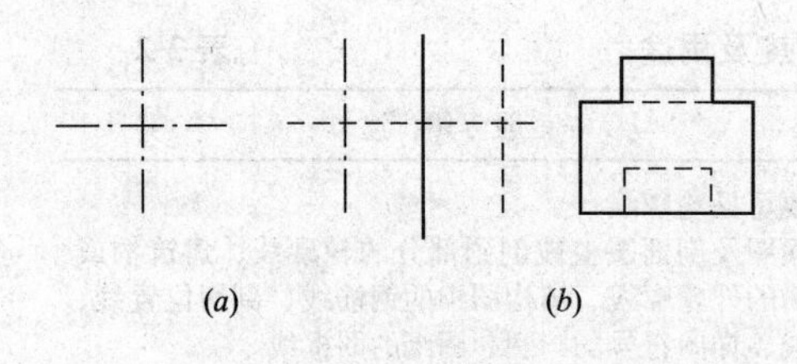

图 2-23　图线交接的正确画法

(a)点划线交接；(b)虚线与其他线交接

(6) 单点画线或双点画线的两端，不应是点。点画线与点画线交接或点画线与其他图线交接时，应是线段交接，如图 2-23(a)所示。

(7) 虚线与虚线交接或虚线与其他图线交接时，应是线段交接。虚线为实线的延长线时，不得与实线连接，如图 2-23(b)所示。

(8) 图线不得与文字、数字或符号重叠、混淆，不可避免时，应首先保证文字、数字等的清晰，如图 2-24 所示。图纸的图框线、标题栏线和会签栏线可采用表 2-3 所示。

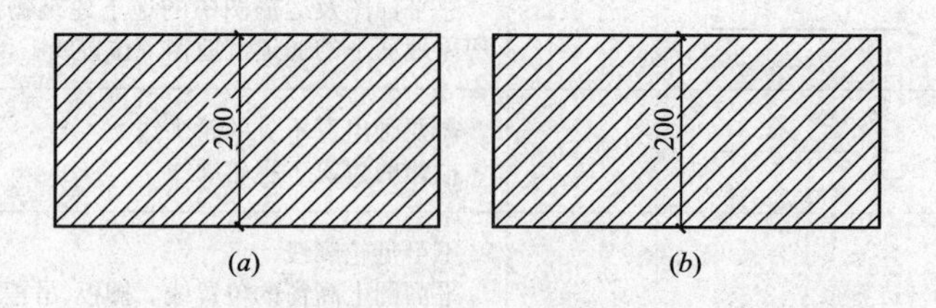

图 2-24　尺寸数字处的图线应断开

(a)正确；(b)错误

图框线、标题栏线和会签栏线的宽度(mm)　　**表 2-3**

幅面代号	图框线	标题栏外框线	标题栏分格线、会签栏线
A0、A1	1.4	0.7	0.35
A2、A3、A4	1.0	0.7	0.35

各种线型在房屋平面图上的用法，如图 2-25 所示。

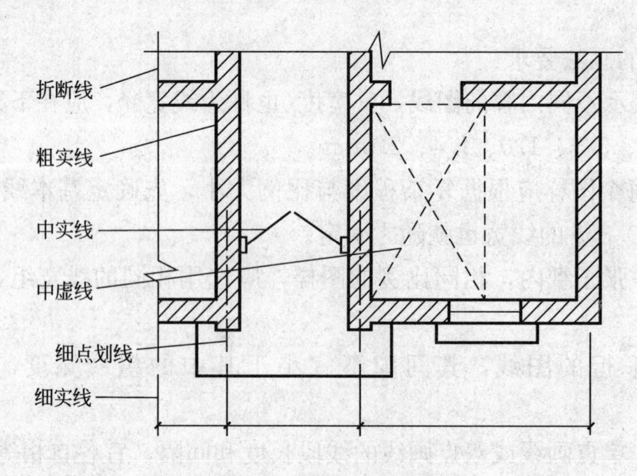

图 2-25　各种线型示例

四、字体

用图线绘成图样，须用文字及数字加以注释，表明其大小尺寸、有关材料、构造做法、施工要点及标题。需要在图样上书写的文字、数字或符号等，必须做到：笔画清晰、字体端正、排列整齐，标点符号应清楚正确。如果图样上的文字和数字写得潦草难以辨认，不仅影响图纸的清晰和美观，而且容易造成差错，造成工程损失。

(一) 汉字

图样中及说明的汉字，应采用长仿宋字体，大标题、图册封面等汉字也可写成其他字体，但应易于辨认。汉字的简化书写，必须遵守国务院公布的《汉字简化方案》和有关规定。

长仿宋字具有笔画粗细一致、起落转折、顿挫有力、笔锋外露、棱角分明、清秀美观、挺拔刚劲、清晰好认的特点，所以是工程图样上最适宜的字体。几种基本笔画的写法见表 2-4。

几种笔画的表示方法　　表 2-4

名称	横	竖	撇	捺	挑	点	钩
形状							
笔法							

为了字写得大小一致、排列整齐，在写字前应先画好格子，再进行书写。字高与字宽之比多为 3∶2，字距约为字高的 1/4，行距约为字高的 1/3，如图 2-26 所示。

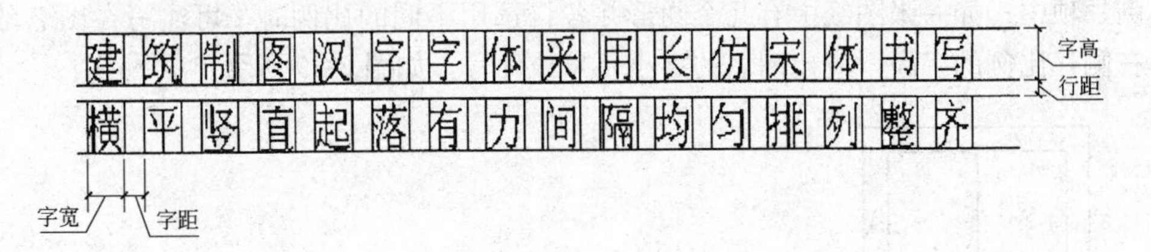

图 2-26　字格

字的大小用字号表示，字号即为字的高度，各字号的高度和宽度的关系应符合表 2-5 的规定。

长仿宋体字宽高关系(mm)　　表 2-5

字　号	20	14	10	7	5	3.5
字　高	20	14	10	7	5	3.5
字　宽	14	10	7	5	3.5	2.5

图样上如需写更大的字，其高度应按$\sqrt{2}$的比值递增。汉字的字高应不小于3.5mm。

仿宋体字的书写要领为：横平竖直，起落分明，填满方格，结构均匀。

（二）数字及字母

数字及字母在图样上书写分直体和斜体两种。它们和中文字混合书写时应稍低于书写仿宋字的高度。斜体书写应向右倾斜，并与水平线成75°。图样上数字应采用正体阿拉伯数字，其高度应不小于0.5mm，如图2-26、图2-27所示。

1234567890παβγδϕ Ⅰ Ⅱ Ⅲ Ⅳ Ⅴ Ⅵ Ⅹ

图2-27　数字及字母

五、比例

图样的比例是图形与实物相对应的线性尺寸之比。

$$\text{比例}=\frac{\text{图线画出的长度}}{\text{实物相应部位的长度}}$$

图纸上使用比例的作用，是为了将建筑结构和构造不变形地缩小或放大在图纸上。比例应用阿拉伯数字表示，如1∶1、1∶2、1∶10等。1∶10表示图纸所画物体比实体缩小10倍，1∶1表示图纸所画物体与实体一样大。

比例的大小是指比值的大小。比值大于1的比例称为放大比例，比值小于1的比例称为缩小比例。图2-28所示采用不同比例绘制的图形，图样上标注的尺寸必须为实际尺寸。建筑工程图样上通常采用缩小比例。

图纸上比例的注写位置：当整张图纸只用一种比例时，可注写在标题栏中比例一项中；如一张图纸中有几个图形并各自选用不同的比例时，可注写在图名的右侧，比例的字高，应比图名的字小一号或两号，如图2-29所示。

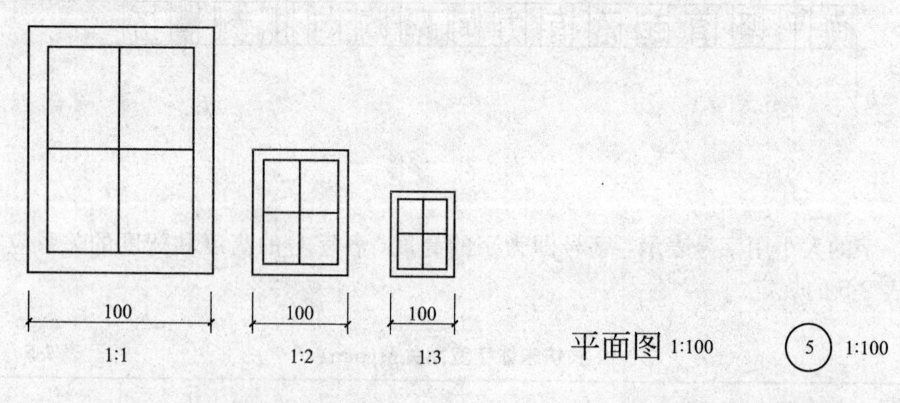

图2-28　三种不同比例的图形

图2-29　比例的注写

工程图样的绘制应根据图样的用途与被绘制对象的复杂程度选择合适的比例和图纸幅面，以确保所示物体图样的精确和清晰。

根据国标GB/T 50001—2001规定，建筑工程图样制图时，应优先选用表2-6中常用比例。

建筑工程图选用的比例　　表2-6

常用比例	1∶1	1∶2	1∶5	1∶10	1∶20	1∶50
	1∶100	1∶150	1∶200	1∶500	1∶1000	
可用比例	1∶3	1∶15	1∶25	1∶30	1∶40	1∶60
	1∶250	1∶300	1∶400	1∶600		

六、常用建筑材料图例

在工程图样中，建筑材料的名称除了要用文字说明外，还需画出建筑材料图例，表2-7是从标准中摘出的几种常用的建筑材料图例画法，其余的可查阅《房屋建筑制图统一标准》GB/T 50001—2001。

常用建筑材料图例　　表2-7

序号	名称	图例	备注
1	自然土壤		包括各种自然土壤
2	夯实土壤		
3	砂、灰土		靠近轮廓线绘较密的点
4	砂砾石、碎砖三合土		
5	石　材		
6	毛　石		
7	普通砖		包括实心砖、多孔砖、砌块等砌体。断面较窄不易绘出图例线时，可涂红
8	耐火砖		包括耐酸砖等砌体
9	空心砖		指非承重砖砌体
10	饰面砖		包括铺地砖、陶瓷锦砖、人造大理石等
11	焦渣、矿渣		包括与水泥、石灰等混合而成的材料

续表

序　号	名　　称	图　　例	备　　注
12	混 凝 土		1. 本图例指能承重的混凝土及钢筋混凝土 2. 包括各种强度等级、骨料、外加剂的混凝土 3. 在剖面图上画出钢筋时，不画图例线 4. 断面图形小，不易画出图例线时，可涂黑
13	钢筋混凝土		
14	多孔材料		包括水泥珍珠岩、沥青珍珠岩、泡沫混凝土、非承重加气混凝土、软木、蛭石制品等
15	纤维材料		包括矿棉、岩棉、玻璃棉、麻丝、木丝板、纤维板等
16	泡沫塑料材料		包括聚苯乙烯、聚乙烯、聚氨酯等多孔聚合物类材料
17	木　材		1. 上图为横断面，上左图为垫木、木砖或木龙骨 2. 下图为纵断面
18	胶 合 板		应注明为×层胶合板
19	石 膏 板		包括圆孔、方孔石膏板、防水石膏板等
20	金　　属		1. 包括各种金属 2. 图形小时，可涂黑
21	网状材料		1. 包括金属、塑料网状材料 2. 应注明具体材料名称
22	液　　体		应注明液体名称
23	玻　　璃		包括平板玻璃、磨砂玻璃、夹丝玻璃、钢化玻璃、中空玻璃、夹层玻璃、镀膜玻璃等
24	橡　　胶		
25	塑　　料		包括各种软、硬塑料及有机玻璃等
26	防水材料		构造层次多或比例大时，采用上面图例
27	粉　　刷		本图例采用较稀的点

注：序号1、2、5、7、8、13、14、16、17、18、22、23图例中的斜线、短斜线、交叉斜线等一律为45°。

七、尺寸标注

图样中除了要画出建筑物的形状外，还必须认真细致、清晰明确、准确无误地标注尺寸，以作为施工的依据。

（一）标注尺寸的四要素

图样上的尺寸，应包括尺寸界线、尺寸线、尺寸起止符号和尺寸数字四个要素，如图 2-30 所示。

1. 尺寸界线

尺寸界线要用细实线绘制，一般应与被注长度垂直，其一端应离开图线轮廓线不小于 2mm，另一端宜超出尺寸线 2～3mm。必要时，图样轮廓线可以用作尺寸界线，如图 2-30 所示。

2. 尺寸线

尺寸线也要用细实线绘制，应与被注长度平行，且不宜超出尺寸界线。不能用其他图线代替尺寸线。

3. 尺寸起止符号一般应用中粗斜线绘制，其倾斜方向应与尺寸界线成顺时针 45°角，长度为 2～3mm。半径、直径、角度与弧长的尺寸起止符号，用箭头表示。箭头画法如图 2-31 所示。

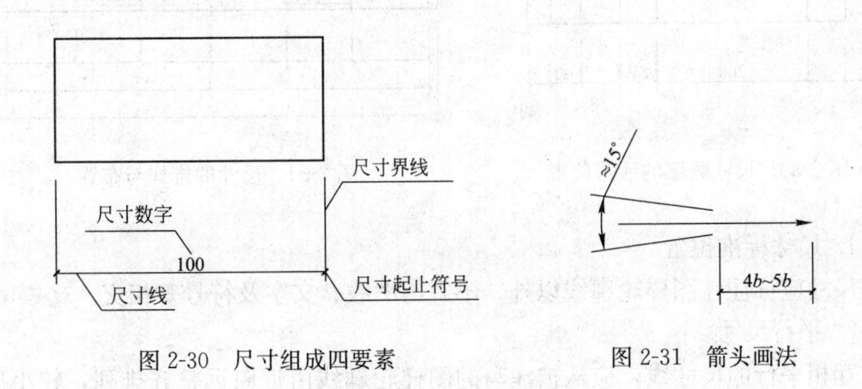

图 2-30　尺寸组成四要素　　　图 2-31　箭头画法

4. 尺寸数字

图样上的尺寸，应以尺寸数字为准，不得从图上直接量取。图样上的尺寸单位，除标高及总平面图以米(m)为单位外，其余均以毫米(mm)为单位，图中尺寸后面可以不写单位。

尺寸数字的读取方向，应按图 2-32(*a*)中所示的规定注写，若尺寸数字在 30°斜线区内，可按图 2-32(*b*)中所示形式注写。

尺寸数字应依据其读数方向，注写在靠近尺寸线的上方中部。如没有足够的注写位置，最外边的尺寸数字可注写在尺寸界线的外侧，中间相邻的尺寸数字可错开注写，也可引出注写，如图 2-33 所示。

尺寸数字不得被图线穿过，不可避免时，应将尺寸数字处的图线断开，如图 2-24 所示。

（二）尺寸的排列和布置

如图 2-34 所示，尺寸的排列和布置应注意以下几点：

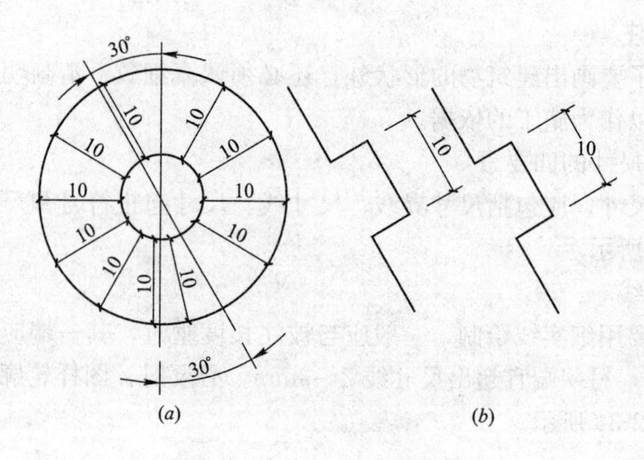

图 2-32　尺寸数字的读数方向

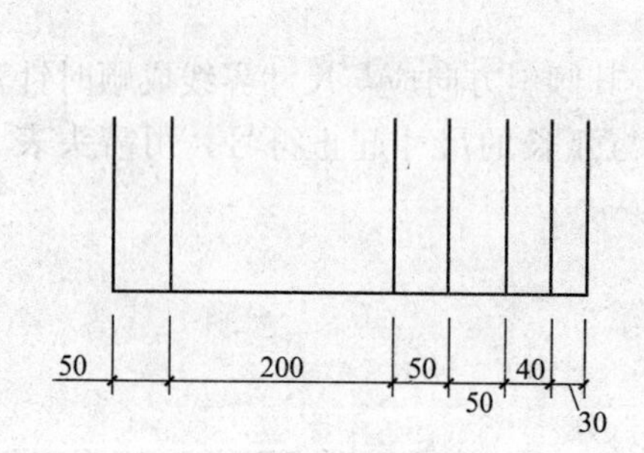

图 2-33　尺寸数字的注写位置

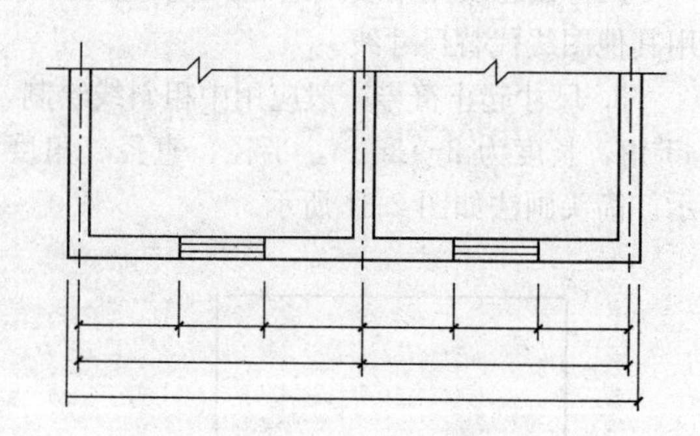

图 2-34　尺寸的排列与布置

1. 尺寸标准位置

尺寸应标注在图样轮廓线以外，不宜与图线、文字及符号等相交。

2. 平行尺寸

互相平行的尺寸线，应从被注写的图样轮廓线由近向远整齐排列，较小尺寸应离轮廓线较近，较大尺寸应离轮廓线较远。

3. 轮廓线以外尺寸

图样轮廓线以外的尺寸界线，距图样最外轮廓线之间的距离，不宜小于10mm，并应保持一致。平行排列的尺寸线的间距，宜为7～10mm。

4. 总尺寸标准

总尺寸的尺寸界线应靠近所指部位。中间的分尺寸的尺寸界线可稍短，但其长度应相等。

(三) 半径、直径的尺寸标注

1. 半径尺寸

半圆及小于半圆的圆弧，要标注半径。半径的尺寸线应一端从圆心开始，另一端画箭头指向圆弧。半径数字前应加注半径符号“*R*”，如图 2-35(*a*)所示。

较小圆弧的半径，可按图 2-35(*b*)所示形式标注；较大圆弧的半径，可按图 2-35(*c*)所示形式标注。

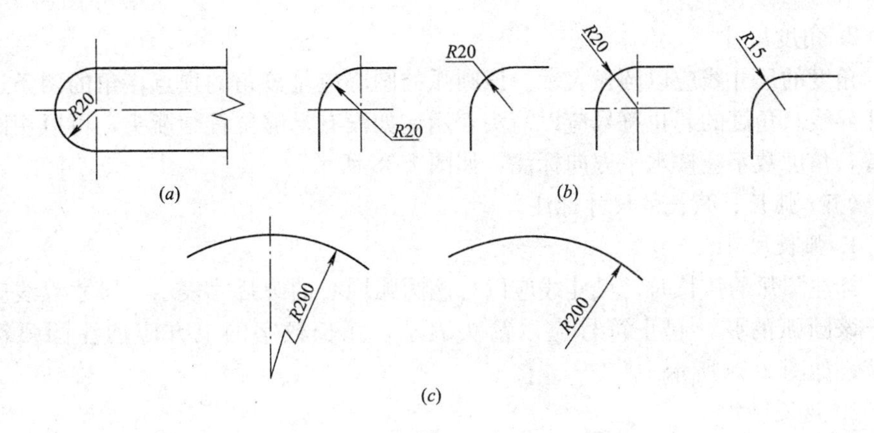

图 2-35　半径的标注方法

2. 直径尺寸

圆及大于半圆的圆弧，应标注直径尺寸。标注圆的直径尺寸时，在直径数字前应加注符号“ϕ”。在圆内标注的直径尺寸线应通过圆心，两端箭头指向圆弧，如图 2-36(*a*)所示。

较小圆的直径尺寸，可标注在圆外，如图 2-36(*b*)所示。

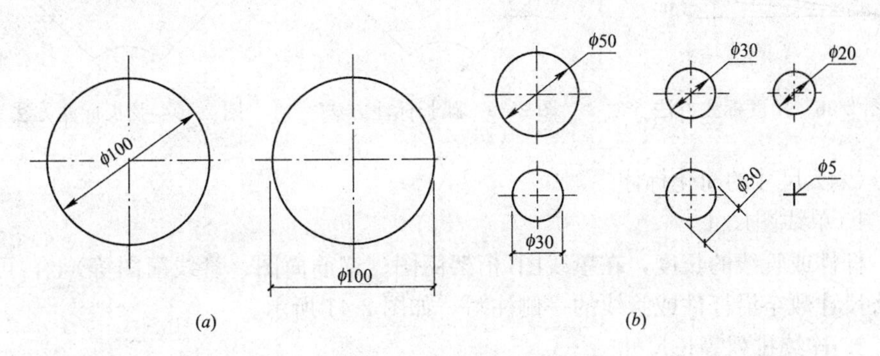

图 2-36　直径的标注方法

(四) 坡度、角度的尺寸标注

1. 坡度尺寸

标注坡度时，在坡度数字下应加注坡度符号。坡度符号为单面箭头，一般应指向下坡方向，如图 2-37(*a*)所示。

坡度也可用直角三角形形式标注，如图 2-37(*b*)所示。

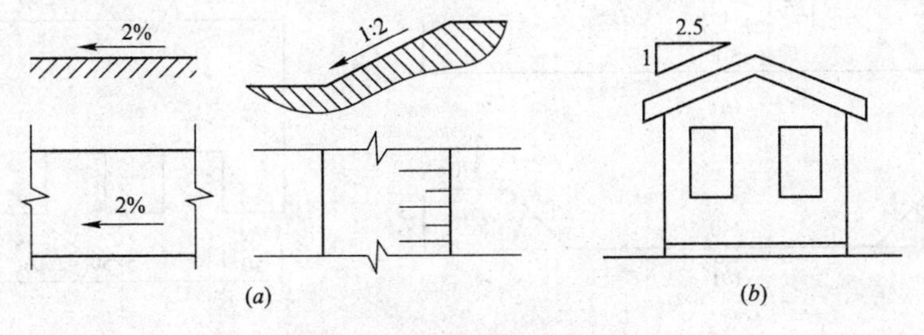

图 2-37　坡度的标注方法

2. 角度尺寸

角度的尺寸线应以圆弧表示。该圆弧的圆心应是该角的顶点，角的两条边为尺寸界线。角度的起止符号应以箭头表示，如没有足够位置画箭头，可以用圆点代替，角度数字应按水平方向标注，如图 2-38 所示。

(五) 弧长、弦长的尺寸标注

1. 弧长尺寸

标注圆弧的弧长时，尺寸线应以与该圆弧同心的圆弧线表示，尺寸界线应垂直于该圆弧的弦，起止符号应以箭头表示，弧长数字的上方应加注圆弧符号“⌒”，如图 2-39 所示。

2. 弦长尺寸

标注圆弧的弦长时，尺寸线应以平行于该弦的直线表示，尺寸界线应垂直于该弦，起止符号应以中粗斜短线表示，如图 2-40 所示。

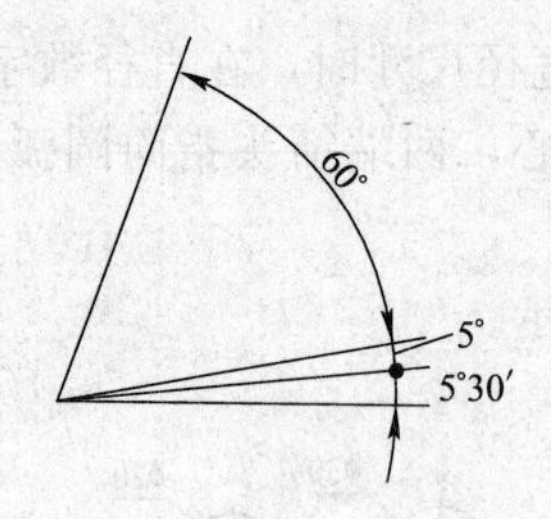

图 2-38　角度标注方法

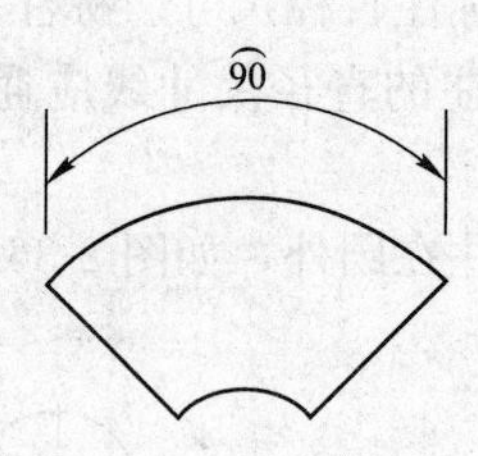

图 2-39　弧长标注方法

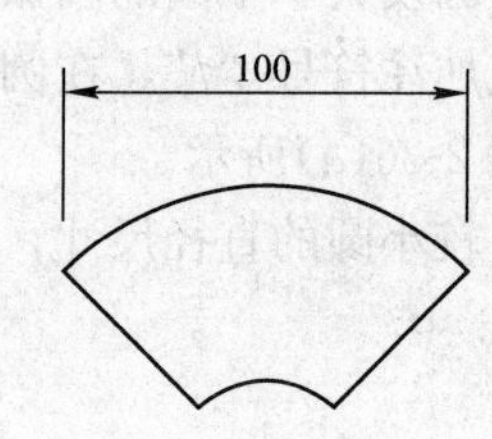

图 2-40　弦长标注方法

(六) 尺寸的简化标注

1. 单线图尺寸

杆件或管线的长度，在单线图(桁架简图、钢筋简图、管线简图等)上，可直接将尺寸数字沿杆件或管线的一侧注写，如图 2-41 所示。

2. 连续排列等长尺寸

连续排列的等长尺寸可用“个数×等长=总长”的形式标注，如图 2-42 所示。

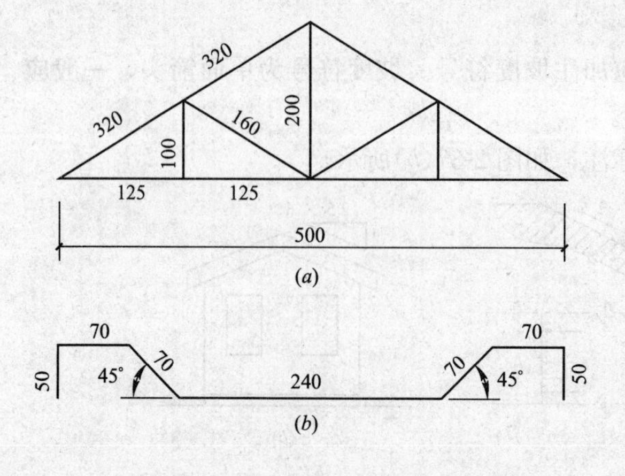

图 2-41　单线图尺寸标注方法

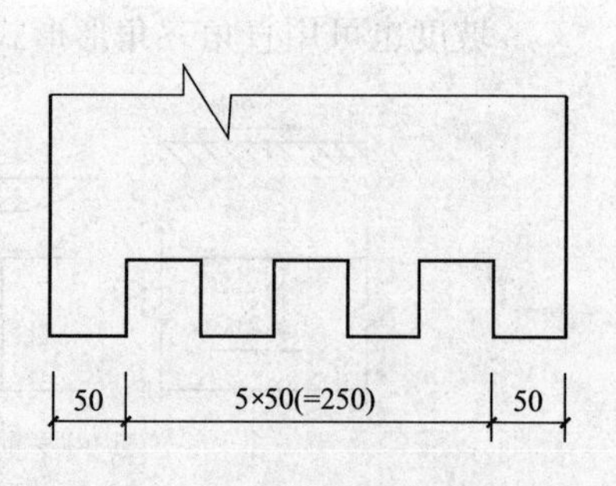

图 2-42　等长尺寸简化标注方法

3. 对称构(配)件尺寸

对称构(配)件采用对称省略时，该对称构(配)件的尺寸线应略超过对称符号，仅在线的一端画尺寸起止符号，尺寸数字应按整体全尺寸注写，其注写位置宜与对称符号对齐，如图 2-43 所示。

4. 相同要素尺寸

构(配)件内的构造要素(如孔、槽等)如相同，可仅标注其中一个要素的尺寸，并注出个数，如图 2-44 所示。

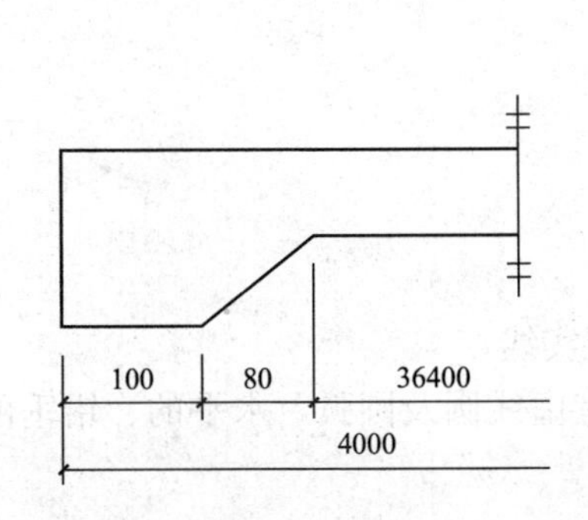

图 2-43　对称构(配)件尺寸标注方法

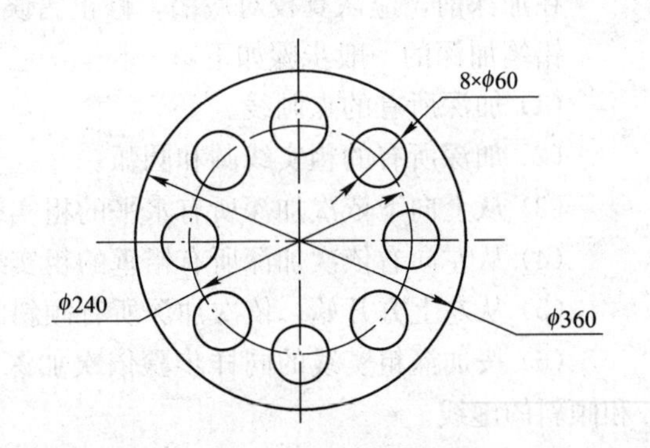

图 2-44　相同要素尺寸标注方法

第三节　绘图的一般方法和步骤

为提高图面质量和绘图速度，除必须熟悉制图标准、正确使用绘图工具和仪器外，还要掌握正确的绘图方法和步骤。

一、制图前的准备工作

1. 准备工具

准备好所用的绘图工具和仪器，磨削好铅笔及圆规上的铅芯。

2. 安排工作地点

使光线从图板的左前方射入，并将需要的工具放在方便之处，以便顺利地进行制图工作。

3. 固定图纸

一般是按对角线方向顺次固定，使图纸平整。当图纸较小时，应将图纸布置在图板的左下方，但要使图板的底边与图纸下边的距离大于丁字尺的宽度。

二、画底稿的方法和步骤

画底稿时，宜用削尖的 H 或 2H 铅笔轻淡地画出，并经常磨削铅笔。对于需上墨的底稿，在线条的交接处可画出头一些，以便清楚地辨别上墨的起迄位置。

画底稿的一般步骤为：先画图框、标题栏，后画图形。画图形时，先画轴线或对称中心线，再画主要轮廓，然后画细部。如图形是剖视图或剖面图时，则最后画剖面符号，剖面符号在底稿中只需画出一部分，其余可待上墨或加深时再全部画出。图形完成后，画其他符号、尺寸线、尺寸界线、尺寸数字横线和仿宋字的格子等。

三、铅笔加深的方法和步骤

在加深时，应该做到线型正确，粗细分明，连接光滑，图面整洁。

加深粗实线用HB铅笔，加深虚线、细实线、细点画线以及线宽约 $b/3$ 的各类图线都用削尖的H或2H铅笔，写字和画箭头用HB铅笔。画图时，圆规的铅芯应比画直线的铅芯软一级。加深图线时用力要均匀，还应使图线均匀地分布在底稿线的两侧。

在加深前，应认真校对底稿，修正错误和缺点，并擦净多余线条和污垢。

铅笔加深的一般步骤如下：

(1) 加深所有的点画线。

(2) 加深所有的粗实线圆和圆弧。

(3) 从上向下依次加深所有水平的粗实线。

(4) 从左向右依次加深所有铅垂的粗实线。

(5) 从左上方开始，依次加深所有倾斜的粗实线。

(6) 按加深粗实线的同样步骤依次加深所有虚线圆及圆弧，水平的、铅垂的和倾斜的虚线。

(7) 加深所有的细实线、波浪线等。

(8) 画符号和箭头，标注尺寸，书写注解和标题栏等。

(9) 检查全图，如有错误和遗漏，即刻改正，并做必要的修饰。

四、举例说明绘图方法和步骤

虽然建筑工程图中的图形是多种多样的，但它们的图样基本上都是由直线、圆弧和其他一些曲线所组成的几何图形。因而在绘制图样时常常要运用一些几何作图方法。下面举例讲解绘图的方法和步骤。

【例2-1】 如图2-45(*a*)所示是一个水坝断面图。该断面图形由直线段和曲线共同构成，曲线段以圆弧为最多。画图之前要对图形各线段进行分析，明确每一段的形状、大小和相对位置，然后分段画出，连接成一个图形。各线段的大小和位置，可根据图中所标注的尺寸确定。用来确定几何元素的大小的尺寸，称为定形尺寸。用来确定几何元素与基准之间或各元素之间的相对位置的尺寸，称为定位尺寸。有些定形尺寸，同时起定位作用。水坝断面图中8000、1400、3300、*R*1500、*R*800等是定形尺寸，1500是定位尺寸，*R*5000既是定形尺寸也是定位尺寸。一般连接圆弧都可用作图方法确定其圆心，所以不必标出圆心的定位尺寸，作该断面图的步骤如下：

1) 选定比例，布置图形，使图形在图纸上位置适中。

2) 选定基准线，如水坝断面图可以以坝底作为基准，对称图形一般以对称轴线作为基准。

3) 画出所有大小和位置都已确定的直线和圆弧。

4) 用几何作图方法连接圆弧。

5) 分别标注定形尺寸和定位尺寸。

水坝断面的作图步骤如图2-45(*b*)、(*c*)所示。

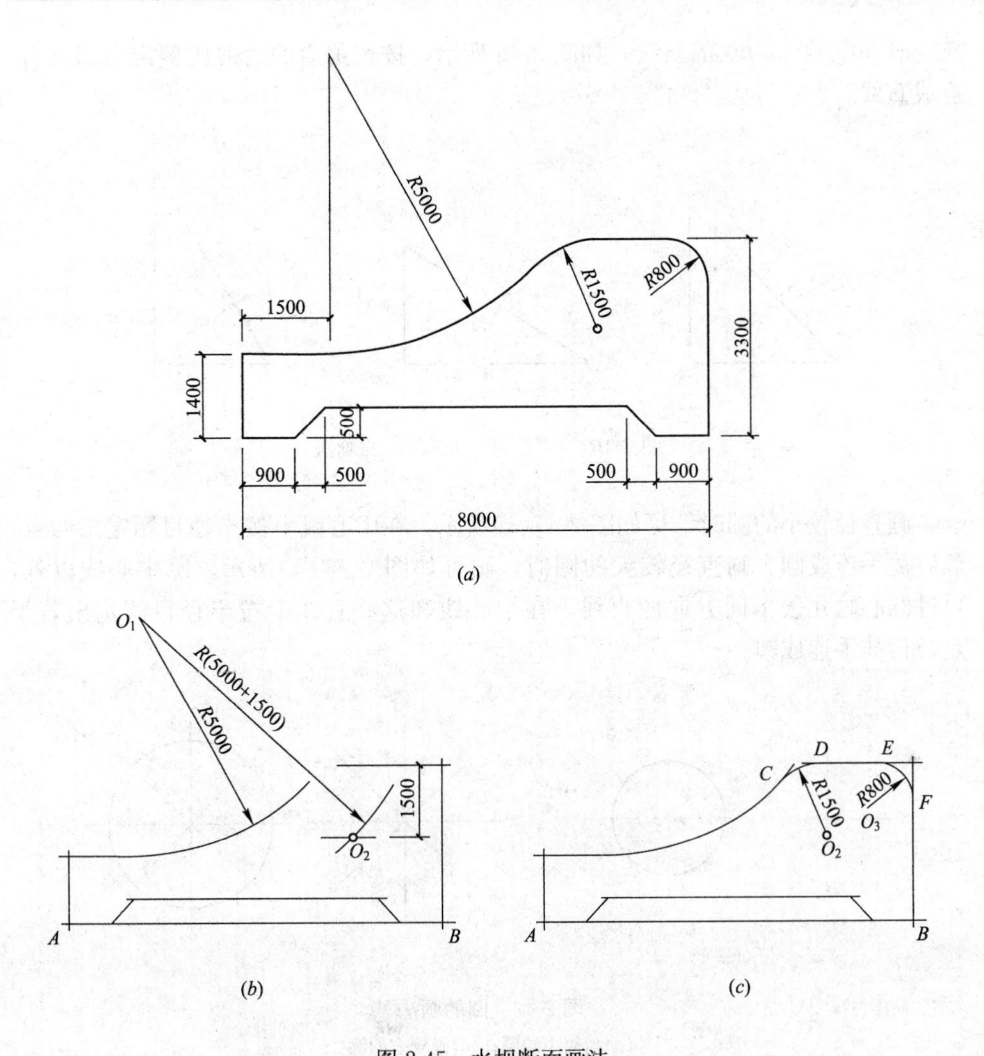

图 2-45　水坝断面画法

(*a*)已知水坝断面；(*b*)先画出坝底线 *AB* 作为基准，然后作出所有已知大小和位置的直线和圆弧 O_1，并作图求出圆心 O_2；(*c*)用圆弧连接方法，作圆弧 *CD* 和 *EF*，即为所求

第四节　徒　手　绘　图

徒手草图是一种不用绘图仪器和工具而按目测比例和徒手画出的图样。当绘画设计草图以及在现场测绘时，多采用徒手画图。徒手草图应基本上做到：图形正确，线型分明，比例匀称，字体工整，图面整洁。

画徒手图一般选用 HB 或 B、2B 的铅笔，也常在印有浅色方格的纸上画图。

画直线时，眼睛看着图线的终点，由左向右画水平线；由上向下画铅垂线。当直线较长时，也可用目测在直线中间定出几个点，然后分几段画出。画短线常用手腕运笔，画长线则以手臂动作。

画 30°、45°、60°的斜线，如图 2-46 所示，按直角边的近似比例定出端点后，连成直线。

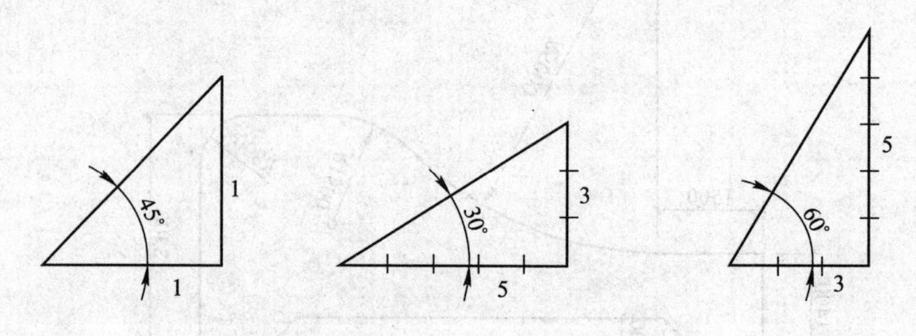

图 2-46　30°、45°、60°斜线的画法

画直径较小的圆时，可如图 2-47(*a*)所示，在中心线上按半径目测定出四点，然后徒手连成圆。画直径较大的圆时，则可如图 2-47(*b*)所示，除中心线以外，再过圆心画几条不同方向的直线，在中心线和这些直线上按半径目测定出若干点，再徒手连成圆。

图 2-47　圆的画法

(*a*)画较小的圆；(*b*)画较大的圆

已知共轭直径作椭圆，则可如图 2-48(*b*)所示：通过已知的共轭直径 *AB*、*CD* 的端点作平行四边形 *EFGH*；然后用和图 2-48(*a*)相同的方法，相应地在各条半对角线上按目测取等于 7∶3 的点 1、2、3、4；徒手顺次连接点 *A*、1、*C*、2、*B*、3、*D*、4、*A* 可作出所求的椭圆。

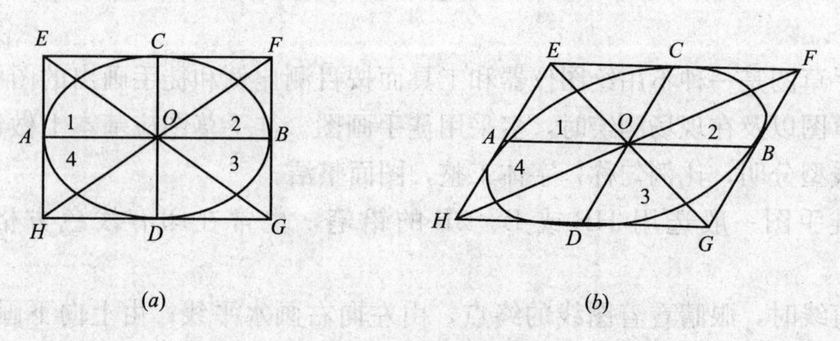

图 2-48　椭圆的画法

(*a*)由长短轴作椭圆；(*b*)由共轭直径作椭圆

画物体的立体草图时，可将物体摆在一个可以同时看到它的长、宽、高的位置，如图 2-49 所示，然后观察及分析物体的形状。有的物体可以看成由若干个几何体叠砌而成，例如图 2-49(*a*)的模型，可以看作由两个长方体叠成。画草图时，可先徒手画出底下一个长方体，使其高度方向铅直，长度和宽度方向与水平线成 30°角，并估计其大小，定出其长、宽、高，然后在顶面上另加一长方体，如图 2-49(*a*)所示。

有的物体，如图 2-49(*b*)的棱台，则可以看成从一个大长方体削去一部分而成。这时可先徒手画出一个以棱台的下底为底，棱台的高为高的长方体，然后在其顶面画出棱台的顶面，并将上下面的四个角连接起来。

画圆锥和圆柱的草图，如图 2-49(*c*)所示，可先画一椭圆表示锥或柱的下底面，然后，通过椭圆中心画一铅垂轴线，定出锥或柱的高度。对于圆锥则从锥顶作两直线与椭圆相切，对于圆柱则画一个与下底面同样大小的上底面，并作两直线与上下椭圆相切。

画立体草图应注意三点：

(1) 先定物体的长、宽、高方向，使高度方向铅直，长度方向和宽度方向各与水平线倾斜 30°。

(2) 物体上互相平行的直线，在立体图上也应互相平行。

(3) 画不平行于长、宽、高的斜线，只能先定出它的两个端点，然后连线，如图2-49(*b*)所示。

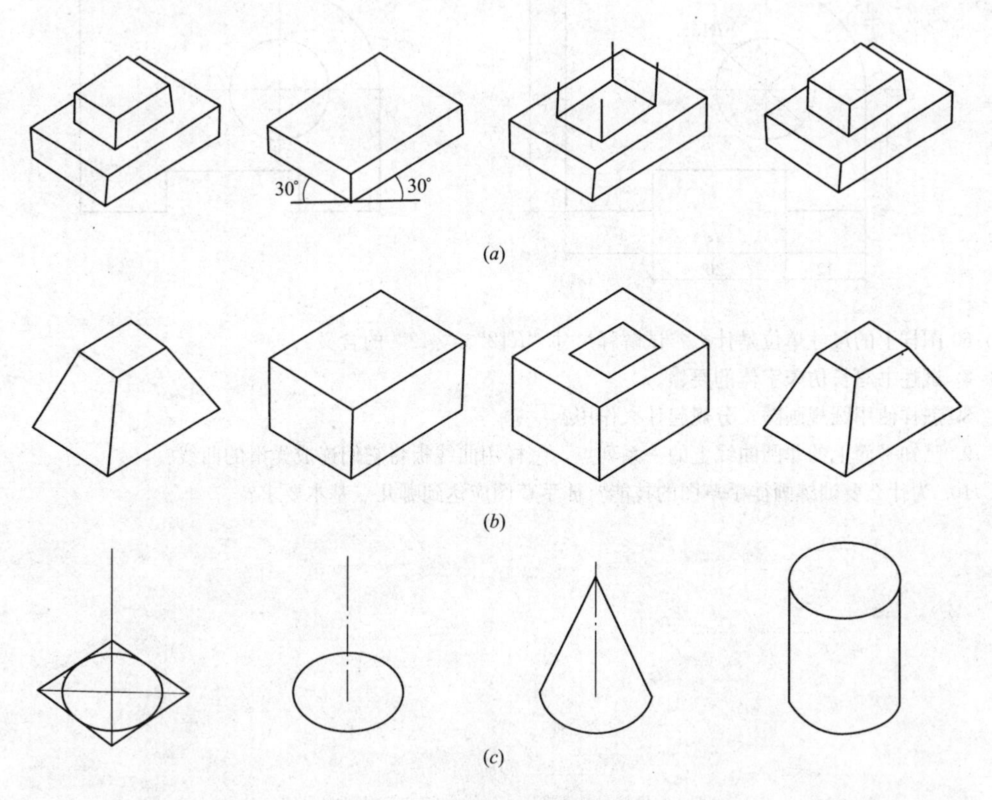

图 2-49　画物体的立体草图

复习思考题

1. 试述图纸幅面、图框、标题栏的含义和作用。
2. 图纸有几种幅面尺寸？A2 图幅是 A3 图幅的几倍？A3 图幅是 A4 图幅的几倍？有何规律？
3. 什么是比例？试解释比例“1∶2”的涵义。在图样上标注的尺寸与画图的比例有无关系？
4. 图线分为几种？分别说出它们的线型和线宽。它们分别用于何处？并填空中填好图线的线型名称。

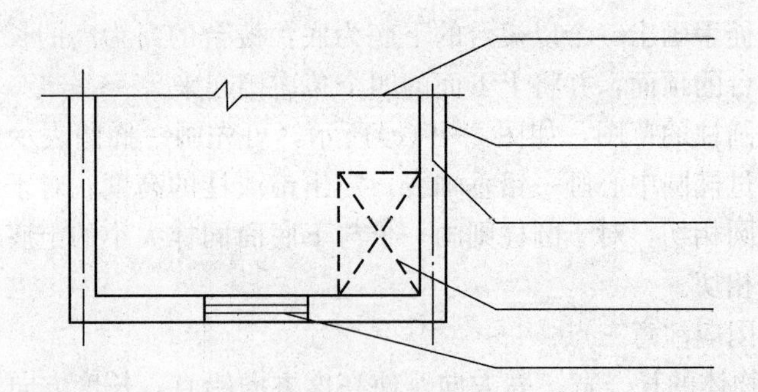

5. 试述尺寸界线、尺寸线、尺寸起止符号和尺寸数字的基本规定。并检查下图中尺寸注法的错误，将正确的注法标注在右图中。

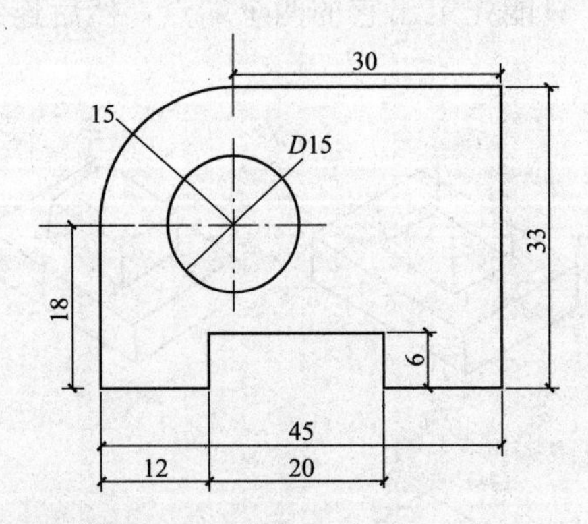

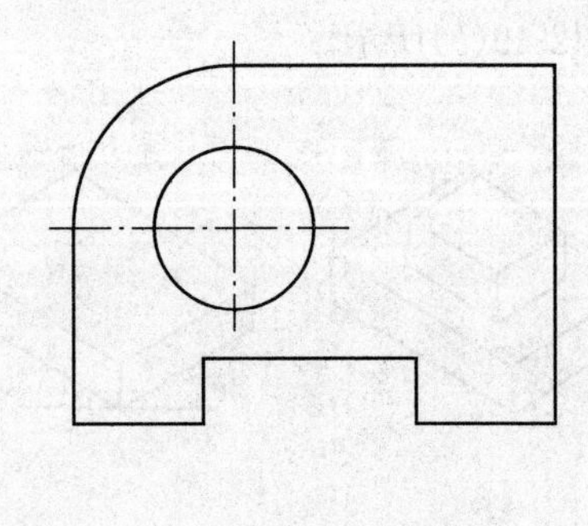

6. 图样上的尺寸单位是什么？试解释尺寸“$R12$”、“$\phi12$”的含义。
7. 试述书写长仿宋字体的要领。
8. 怎样使用圆规画图？分规起什么作用？
9. 已知平面上的非圆曲线上的一系列点，怎样用曲线板将它们连成光滑的曲线？
10. 为什么要训练画徒手草图的技能？徒手草图应达到哪几点基本要求？

第三章　投影的基本知识

第一节　投影的形成与分类

一、投影的概念

我们都了解日常生活中的影子现象，它是在阳光或灯光的照射下，物体在地面或墙壁上呈现的影像。晚上，把一本书对着电灯，如果书本与墙壁平行，墙上就会有一个形状和书本一样的影子，如图 3-1(*a*)所示。晴朗的早晨，迎着太阳把一本书平行放于墙前，墙面上出现的影子和书的大小差不多，如图 3-1(*b*)所示。因为太阳离书本的距离要比电灯离书本的距离远得多，所以阳光照到书本上的光线就比较接近平行。影子在一定程度上反映了物体的形状和大小。

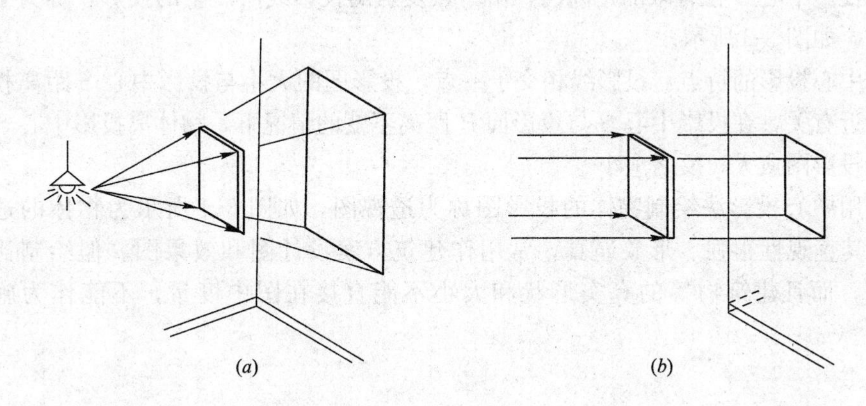

图 3-1　投影的产生

(*a*)光线由灯发射出来；(*b*)光线由太阳发射出来

但是需要指出的是，物体在光线的照射下所得到的影子是一片黑影，只能反映物体底部的轮廓，而上部的轮廓则被黑影所代替，不能反映出物体的真面目，如图 3-2(*a*)所示。人们对这种自然现象作出科学的总结与抽象：假设光线能透过物体而将物体上的各个点和线都在承接影子的平面上，投落下它们的影子，从而使这些点、线的影子组成能反映物体的图形，如图 3-2(*b*)所示。我们把这样形成的图形称为投影图，通常也可将投影图称为投影，能够产生光线的光源称为投影中心，光线称为投影线，承接影子的平面称为投影面。

由此可知，要产生投影必须具备三个条件：投影线、物体、投影面，这三个条件又称为投影的三要素。

工程图样就是按照投影原理和投影作图的基本规则形成的。

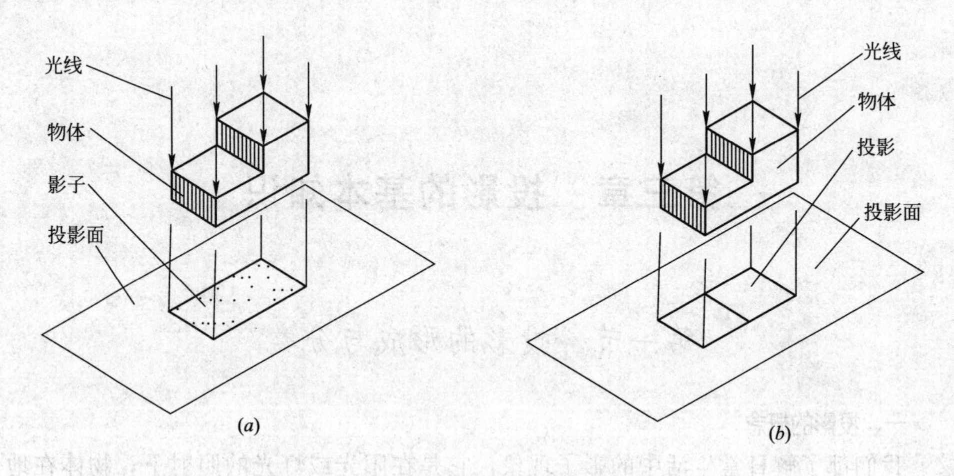

图 3 2　影子与投影

二、投影的分类

根据投影中心距离投影面远近的不同，投影分为中心投影和平行投影两类。

(一) 中心投影

投影中心 S 在有限的距离内，由一点发射的投影线所产生的投影，称为中心投影，如图 3-3 所示。

中心投影的特点：投影线相交于一点，投影图的大小与投影中心 S 距离投影面远近有关，在投影中心 S 与投影面 P 距离不变的情况下，物体离投影中心 S 越近，投影图愈大，反之愈小。

用中心投影法绘制物体的投影图称为透视图，如图 3-4 所示为物体的透视图。其直观性很强、形象逼真，常用作建筑方案设计图和效果图。但绘制比较繁琐，而且建筑物等的真实形状和大小不能直接在图中度量，不能作为施工图用。

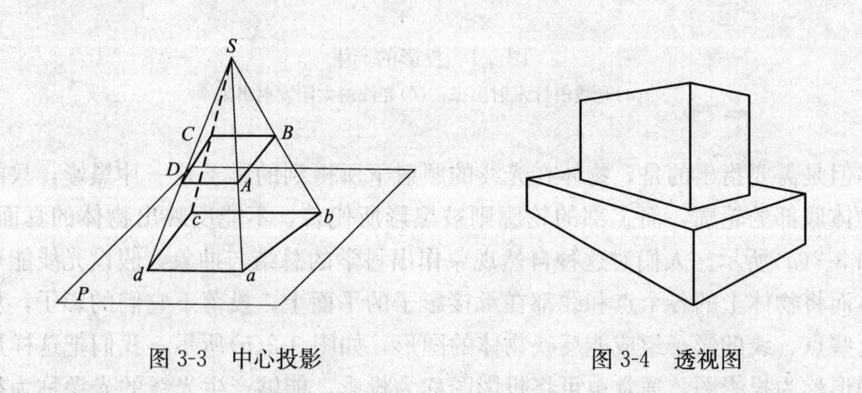

图 3-3　中心投影　　图 3-4　透视图

(二) 平行投影

把投影中心 S 移到离投影面无限远处，则投影线可视为互相平行，由此产生的投影，称为平行投影。

平行投影的特点：投影线互相平行，所得投影的大小与物体离投影中心的远近无关。

根据互相平行的投影线与投影面是否垂直，平行投影又分为斜投影和正投影。

1. 斜投影

投影线斜交投影面，所作出物体的平行投影，称为斜投影，如图 3-5 所示。

用斜投影法可绘制斜轴测图，如图 3-6 所示，投影图有一定的立体感，作图简单，但不能准确地反映物体的形状，视觉上变形和失真，只能作为工程的辅助图样。

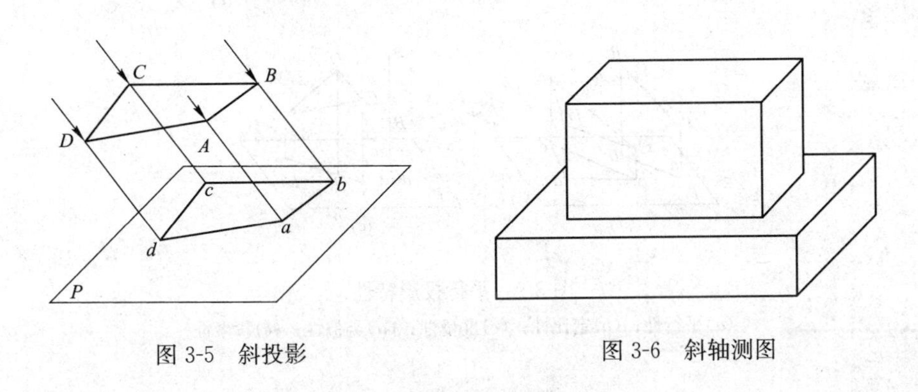

图 3-5　斜投影　　　图 3-6　斜轴测图

2. 正投影

投影线与投影面垂直，所作出的平行投影称为正投影，也称为直角投影，如图 3-7 所示。

用正投影法在三个互相垂直相交，并平行于物体主要侧面的投影面上作出物体的多面正投影图，按一定规则展开在一个平面上，如图 3-8 所示，用以确定物体。

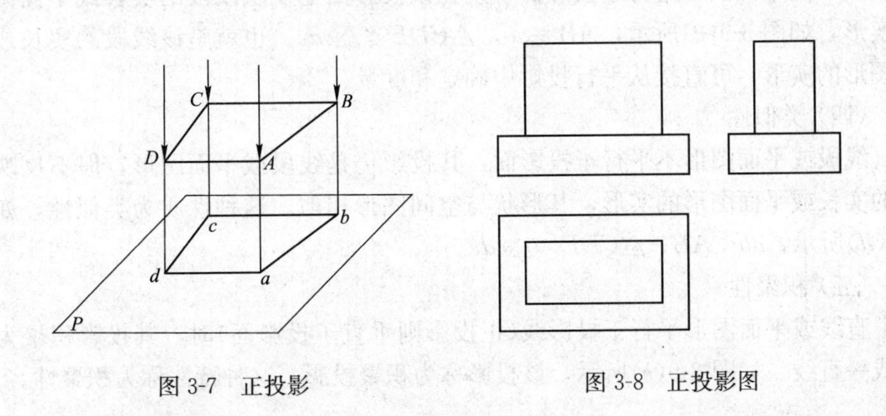

图 3-7　正投影　　　图 3-8　正投影图

这种投影图的图示方法简单，真实地反映物体的形状和大小，即度量性好，是用于绘制工程设计图、施工图的主要图示方法。但这种图缺乏立体感，只有学过投影知识，经过一定训练之后才能看懂。

三、平行投影的特性

（一）平行性

空间两直线平行($AB/\!/CD$)，则其在同一投影面上的投影仍然平行($ab/\!/cd$)，如图3-9(a)所示。

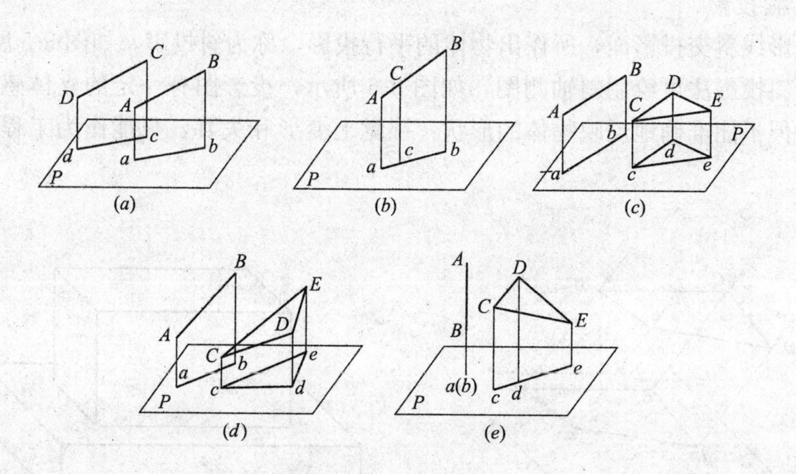

图 3-9　平行投影特性

(a)平行性；(b)定比性；(c)度量性；(d)类似性；(e)积聚性

通过两平行直线 AB 和 CD 的投影线所形成的平面 $ABba$ 和 $CDdc$ 平行，而两平面与同一投影面 P 的交线平行，即 $ab/\!/cd$。

(二) 定比性

点分线段为一定比例，点的投影分线段的投影为相同的比例，如图 3-9(b)所示，$AC:CB=ac:cb$。

(三) 度量性

线段或平面图形平行于投影面，则在该投影面上反映线段的实长或平面图形的实形，如图 3-9(c)所示，$AB=ab$，$\triangle CDE\cong\triangle cde$。也就是该线段的实长或平面图形的实形，可直接从平行投影中确定和度量。

(四) 类似性

线段或平面图形不平行于投影面，其投影仍是线段或平面图形，但不反映线段的实长或平面图形的实形，其形状与空间图形相似。这种性质为类似性，如图 3-9(d)所示，$ab<AB$，$\triangle CDE\backsim\triangle cde$。

(五) 积聚性

直线或平面图形平行于投影线(正投影则垂直于投影面)时，其投影积聚为一点或一直线。如图 3-9(e)所示，该投影称为积聚投影，这种特性称为积聚性。

第二节　三 面 正 投 影

一、投影面的设置

当投影方向、投影面确定后，物体在一个投影面上的投影图是惟一的，但一个投影图只能反映它的一个面的形状和尺寸，并不能完整地表示出它的全部面貌，如图 3-10 所示。用正投影法将物体向投影面 P 投影，所得到的投影完全相同。该投影图可以看成物体 1 的投影，又可以看成物体 2 的投影，还可以看成物体××的投影。这是因为物体是由长、宽、高三个向度确定的，而一个投影图只反映其中两个向度。由此可见，要准确而全面地表达物体的形状和大小，一般需要两个或两个以上的投影图。

若物体需画三个投影图确定其形状和大小，就需要有三个投影面。我们把三个互相垂直相交的平面作为投影面，由这三个投影面组成的投影面体系，称为三投影面体系，如图 3-11 所示。处于水平位置的投影面称水平投影面，用 H 表示；处于正立位置的投影面称为正立投影面，用 V 表示；处于侧立位置的投影面称为侧立投影面，用 W 表示。三个互相垂直相交投影面的交线称为投影轴，分别是 OX、OY 轴、OZ 轴，三个投影轴 OX、OY、OZ 相交于一点 O，称为原点。

图 3-10　各种形状物体单面投影

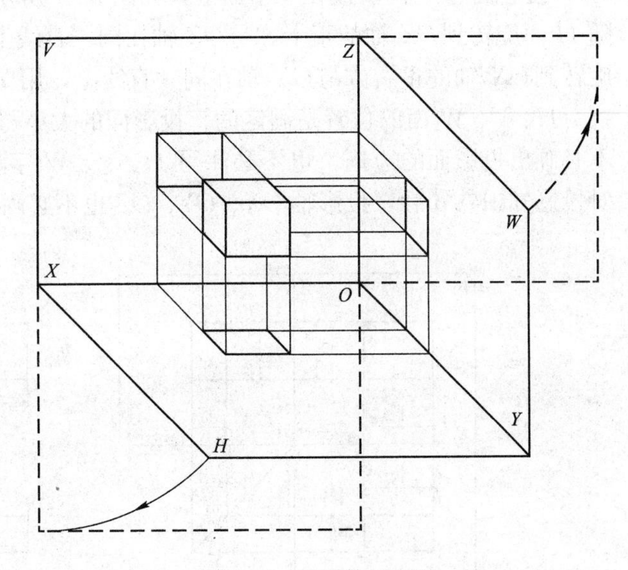

图 3-11　投影体系展开

二、三面投影的形成

如图 3-11 所示，将长方体放置于三投影面体系中，使长方体上、下面平行于 H 面；前、后面平行于 V 面；左、右面平行于 W 面。再用正投影法将长方体向 H 面、V 面、W 面投影，在三组不同方向平行投影线的照射下，得到长方体的三个投影图，称为长方体的三面正投影图。

长方体在水平投影面的投影为一矩形，称为长方体的水平投影图。它既是长方体上、下面投影的重合，矩形的四条边也是长方体前、后面和左、右面投影的积聚。由于上、下面平行于 H 面，所以，它又反映了长方体上、下面的真实形状以及长方体的长度和宽度，但是它反映不出长方体的高度，如图 3-11 所示。

长方体在正立投影面的投影也为一矩形，称为长方体的正面投影图。它即是长方体前、后面投影的重合，矩形的四条边也是长方体上、下面和左、右面投影的积聚。由于前、后面平行于 V 面，所以它又反映了长方体前、后面的真实形状以及长方体的长度和高度，但是它反映不出长方体的宽度，如图 3-11 所示。

长方体在侧立投影面的投影为一矩形，称为长方体的侧面投影图。矩形是长方体左、右面投影的重合，矩形的四条边又分别是长方体的上、下面和前、后面投影的积聚。由于长方体左、右面平行于 W 面，所以它又反映出长方体左、右面的真实形状以及长方体的宽度和高度，如图 3-11 所示。

由此可见，物体在相互垂直的投影面上的投影，可以比较完整地反映出物体的上面、正面和侧面的形状。

三、投影面的展开规则

图 3-11 所示的是长方体的正投影图形成的立体图，为了使三个投影图绘制在同一平面图纸上，方便作图，需将三个垂直相交的投影面展平到同一平面上。

展开规则：V 面不动，H 面绕 OX 轴向下旋转 90°；W 面绕 OZ 面向后旋转 90°，使它们与 V 面展成在一平面上，如图 3-11 所示。这时 Y 轴分为两条：一根随 H 面旋转到 OZ 轴的正下方与 OZ 轴在同一直线上，用 Y_H 表示；一根随 W 面旋转到 OX 轴的正右方与 OX 轴在同一直线上，用 Y_W 表示，如图 3-12(a)所示。

H、V、W 面的位置是固定的，投影面的大小与投影图无关。在实际绘图时，不必画出投影面的边框，也不必注写 H、V、W 字样，如图 3-12(b)所示。待到对投影知识熟知后，投影轴 OX、OY、OZ 也不必画出。

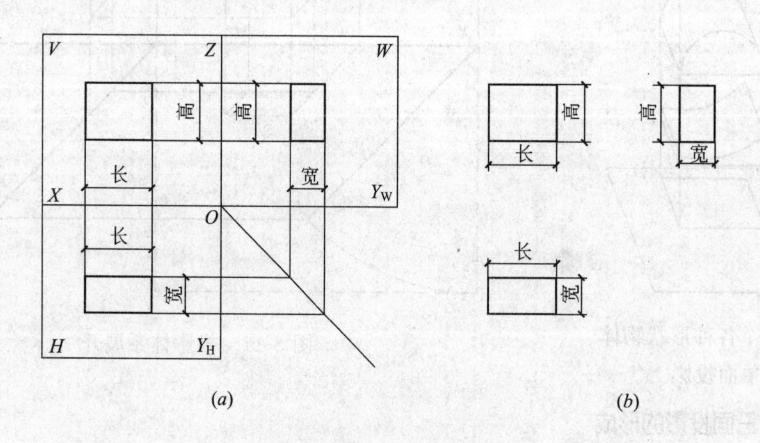

图 3-12　展开后正投影图

(a)正投影图；(b)无轴正投影图

四、三面正投影图的特性

在物体的三面投影图中，如图 3-12 所示：

1. 长对正

水平投影图和正面投影图在 X 轴方向都反映长方体的长度，它们的位置左右应对正，即为"长对正"。

2. 高平齐

正面投影图和侧面投影图在 Z 轴方向都反映长方体的高度，它们的位置上下应对齐，即为“高平齐”。

3. 宽相等

水平投影图和侧面投影图在 Y 轴方向都反映长方体的宽度，这两个宽度一定相等，即为“宽相等”。

归纳起来，正投影规律为：长对正、高平齐、宽相等。

第三节　点、直线、平面的投影

建筑形体一般是由多个平面所组成，而各平面又相交于多条棱线，各棱线又相交于多个顶点，可见研究空间点、线、面的投影规律是绘制建筑工程图样的基础，而点的投影又是绘线、面、体投影的基础。

一、点的投影

（一）点的三面投影

如图 3-13 所示，作出点 A 在三投影面体系中的投影。过点 A 分别向 H 面、V 面和 W 面作投影线，投影线与投影面的交点 a、a'、a''，就是点 A 的三面投影图。点 A 在 H 面上的投影 a，称为点 A 的水平投影；点 A 在 V 面上的投影 a'，称为点 A 的正面投影；点 A 在 W 面上的投影 a''，称为点 A 的侧面投影。

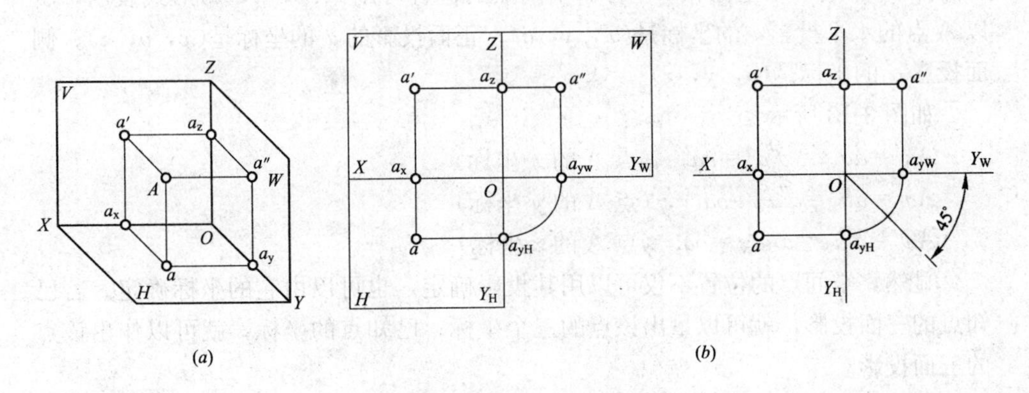

图 3-13　点的三面投影图

(a)直观图；(b)投影图

在投影法中，空间点用大写字母表示，而其在 H 面的投影用相应的小写字母表示，在 V 面的投影用相应的小写字母右上角加一撇表示，在 W 面的投影用相应的小写字母右上角加两撇表示。如点 A 的三面投影，分别是用 a、a'、a''表示。

（二）点的投影规律

在图 3-13 中，过空间点 A 的两点投影线 Aa 和 Aa'决定的平面，与 V 面和 H 面同时垂直相交，交线分别是 $a'a_x$ 和 aa_x。因此，OX 轴必然垂直于平面 $Aa a_x a'$，也就是垂直于 aa_x 和 $a'a_x$。aa_x 和 $a'a_x$ 是互相垂直的两条直线，即 $aa_x \perp a'a_x$、$aa_x \perp OX$、$a'a_x \perp OX$。当 H 面绕 OX 轴旋转至与 V 面成为一平面时，点的水平投影 a 与正面投影 a' 的连线就成为一条垂直于 OX 轴的直线，即 $aa' \perp OX$，如图

3-13(b)所示。同理，可分析出，$a'a'' \perp OZ$。a_y在投影面成展平之后，被分为a_{YH}和a_{YW}两个点，所以$aa_{YH} \perp OY_H$，$a''a_{YW} \perp OY_W$，即$aa_x = a''a_z$。

从上面分析可以得出点在三投影面体系中的投影规律：

(1) 点的水平投影和正面投影的连线垂直于OX轴，即$aa' \perp OX$。

(2) 点的正面投影和侧面投影的连线垂直于OZ轴，即$a'a'' \perp OZ$。

(3) 点的水平投影到X轴的距离等于点的侧面投影到Z轴的距离，即$aa_x = a''a_z$。

这三条投影规律，就是被称为“长对正、高平齐、宽相等”的三等关系。它也说明，在点的三面投影图中，每两个投影都有一定的联系性。只要给出点的任何两面投影，就可以求出第三个投影。

（三）点的坐标

在图3-13(a)中，四边形$Aa a_x a'$是矩形，Aa等于$a'a_x$，即$a'a_x$反映点A到H面的距离；Aa'等于aa_x，即aa_x反映点A到V面的距离。由此可知：点到某一投影面的距离，等于该点在另一投影面上的投影到相应投影轴的距离。

在H、V、W投影体系中，若把H、V、W投影面看成坐标面，三条投影轴相当于三条坐标轴OX、OY、OZ，三轴的交点为坐标原点。空间点到三个投影面的距离就等于它的坐标，也就是点A到W面、V面和H面的距离Aa''、Aa'和Aa称为x坐标、y坐标和z坐标。空间点的位置可用$A(x, y, z)$形式表示，所以A点的水平投影a的坐标是(x, y, o)；正面投影的a'的坐标是(x, o, z)；侧面投影a''的坐标是(o, y, z)。

如图3-13所示：

$Aa'' = aa_{yH} = a'a_z = oa_x$ （点A的x坐标）

$Aa' = aa_x = a''a_z = oa_y$ （点A的y坐标）

$Aa = a'a_x = a''a_{yw} = oa_z$ （点A的z坐标）

显然，空间点的位置不仅可以用其投影确定，也可以由它的坐标确定。若已知点的三面投影，就可以量出该点的三个坐标；已知点的坐标，就可以作出该点的三面投影。

【例3-1】 已知点A的坐标(15，10，15)，点B的坐标(5，15，0)，求作A、B两点的三面投影图。

分析：根据已知条件：A点的坐标$X_A=15$，$Y_A=10$，$Z_A=15$，B点的坐标$X_B=5$，$Y_B=15$，$Z_B=0$，由于点的三个投影与点的坐标关系：$a(x, y)$、$a'(x, z)$、$a''(y, z)$，因此可作出点的投影。

作图：

(1) 作出投影轴，即坐标轴。在OX轴上截取x坐标15，过截取点a_x引OX轴的垂线。则a(15，10)和a'(15，15)必在这条垂线上，如图3-14(a)所示。

(2) 在作出的垂线上，截取$y_A=10$得a，截取$z_A=15$得a'，如图3-14(b)所示。

(3) 过a'引OZ轴的垂线$a'a_Z$，从OZ向右截取$Y_A=10$得a''，如图3-14(c)所示。

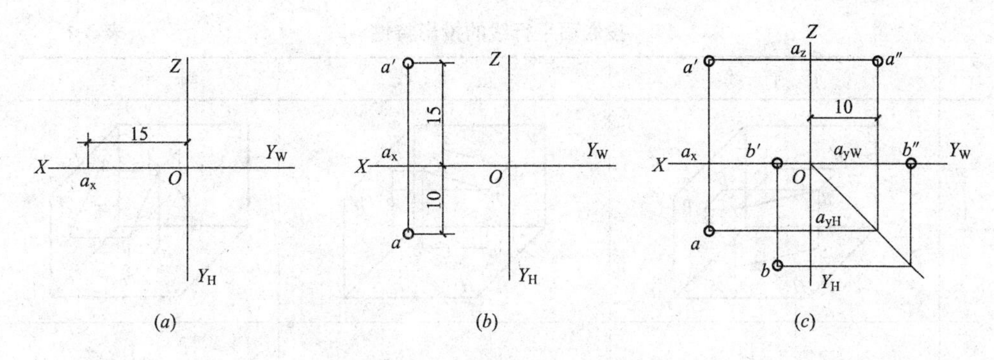

图 3-14　根据坐标点作三面投影

(4) 同法作 B 点的投影，因 $z_B=0$，B 点在 H 面上，b'在 OX 轴上，b''在 OY_W 轴上。

从图 3-14 中可知：当空间点位于投影面上，它的一个坐标等于零，它的三个投影中必有两个投影位于投影轴上；当空间点位于投影轴上，它的两个坐标等于零，它的投影中有一个投影位于原点；当空间点在原点上，它的坐标均为零，它的投影均位于原点上。在投影面、投影轴或坐标原点上的点，称为特殊位置点。

二、直线的投影

直线按与投影面相对位置，可分为一般位置直线、投影面平行线和投影面垂直线。倾斜于三个投影面的直线称为一般位置直线。平行于某一投影面的直线称为投影面平行线。垂直于某一投影面的直线称为投影面垂直线。

(一) 一般位置直线

一般位置直线倾斜于三个投影面，对三个投影面都有倾斜角，我们分别以 α、β、γ 表示。一般位置直线在三个投影面上的投影都是倾斜于投影轴的斜线，且长度缩短，与投影轴的夹角也不反映空间直线对投影面的倾角，如图 3-15 所示。

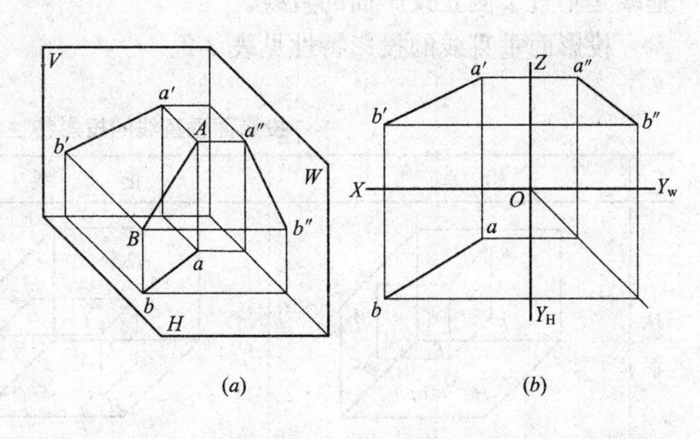

图 3-15　直线的投影

(二) 投影面平行线

投影面平行线是平行于某一投影面的直线，同时倾斜于其余两个投影面。投影面平行线可分为：水平线、正平线和侧平线。

水平线是平行于水平投影面的直线；正平线是平行于正立投影面的直线；侧平线是平行于侧立投影面的直线。

投影面平行线的投影特性见表 3-1。

在投影图上，如果有一个投影平行于投影轴，而另有一个投影倾斜。那么，这一空间直线一定是投影面的平行线。

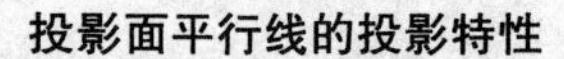

投影面平行线的投影特性 　　　　表 3-1

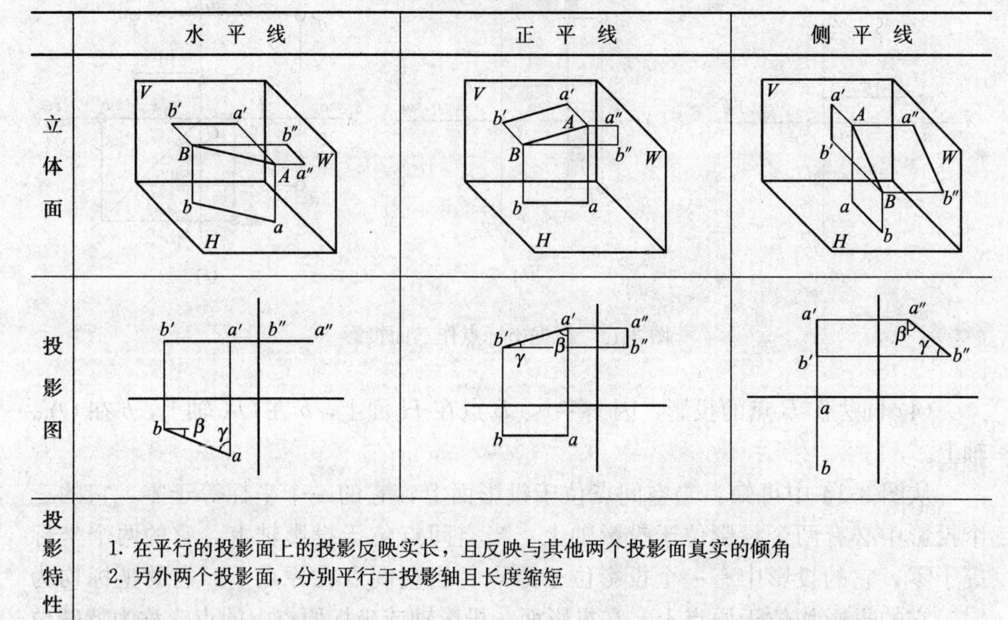

	水 平 线	正 平 线	侧 平 线
立体面			
投影图			
投影特性	1. 在平行的投影面上的投影反映实长，且反映与其他两个投影面真实的倾角 2. 另外两个投影面，分别平行于投影轴且长度缩短		

（三）投影面垂直线

投影面垂直线是垂直于某一投影面的直线，同时，也平行于另外两个投影面。投影面垂直线可分为：正垂线、铅垂线和侧垂线。

正垂线是垂直于正立投影面的直线；铅垂线是垂直于水平投影面的直线；侧垂线是垂直于侧立投影面的直线。

投影面垂直线的投影特性见表 3-2。

投影面垂直线的投影特性 　　　　表 3-2

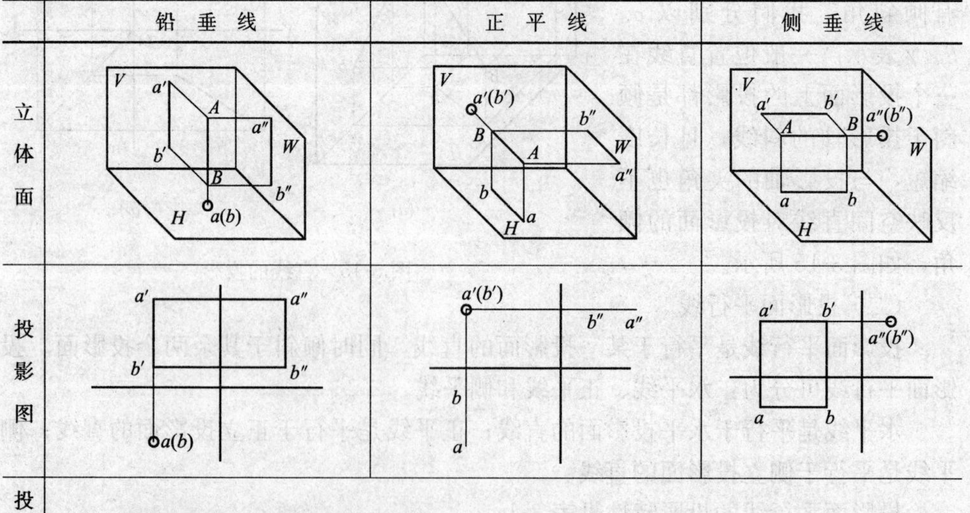

	铅 垂 线	正 平 线	侧 垂 线
立体面			
投影图			
投影特性	1. 在垂直的投影面上的投影积聚为一点 2. 另外两个投影面上的投影平行于投影轴且反映实长		

在投影面上，只要有一个直线的投影积聚为一点，那么，它一定为投影面的垂直线，并垂直于积聚投影所在的投影面。

三、平面的投影

平面按与投影面的相对位置，可分为一般位置平面、投影面平行面和投影面垂直面。倾斜于三个投影面的平面称为一般位置平面；平行于某一投影面的平面称为投影面平行面；垂直于某一投影面的平面称为投影面垂直面。下面分别介绍一下这三类平面的投影特性。

（一）一般位置平面

一般位置平面对三个投影面都倾斜，一般位置平面的三个投影都没有积聚性，而且都反映原平面图形的类似形状，但比原平面图形本身的实形小，如图 3-16 所示。

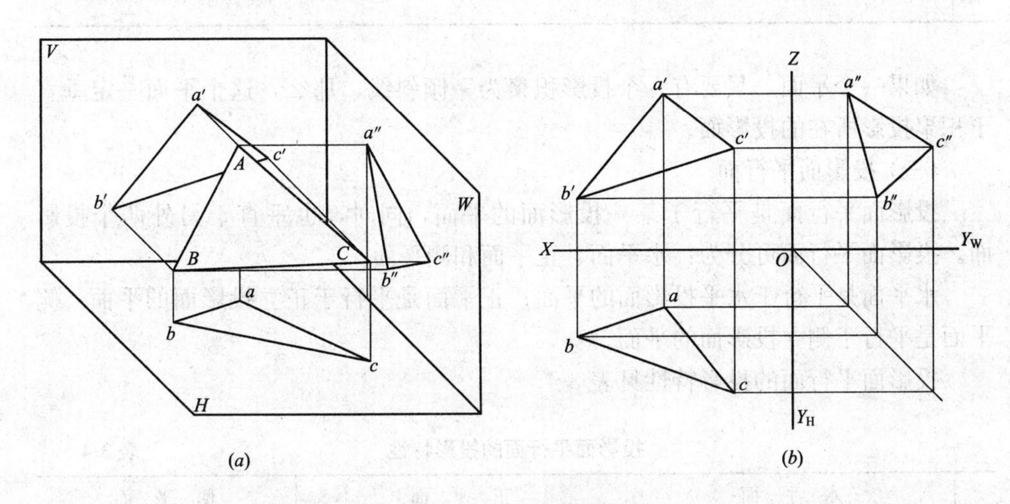

图 3-16　一般位置平面

(a)立体图；(b)投影图

（二）投影面垂直面

投影面垂直面是垂直于某一投影面的平面，对其余两个投影面倾斜。投影面垂直面可分为：铅垂面、正垂面和侧垂面。

铅垂面是垂直于水平投影面的平面；正垂面是垂直于正立投影面的平面；侧垂面是垂直于侧立投影面的平面。

投影面垂直面的投影特性见表 3-3。

投影面垂直面的投影特性　　　　表 3-3

	铅　垂　面	正　垂　面	侧　垂　面
立体面	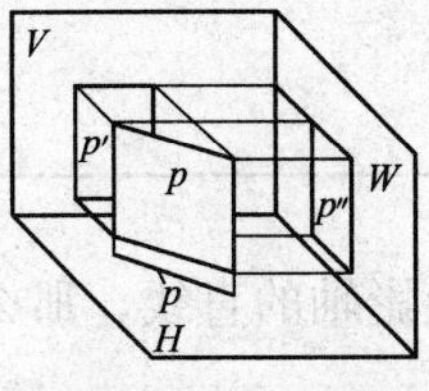	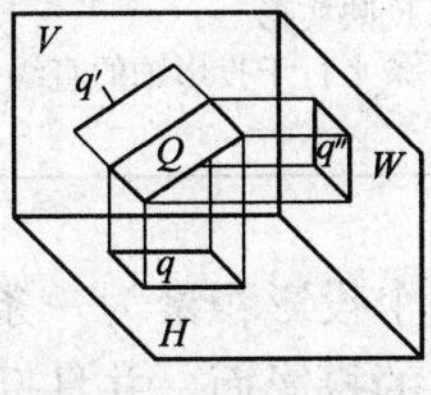	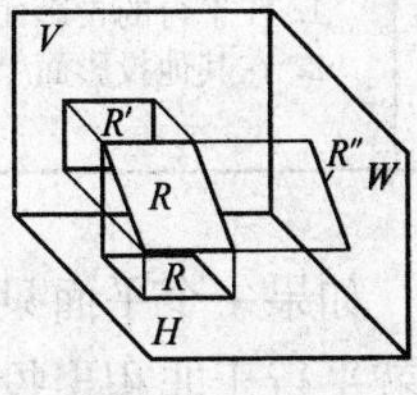

续表

	铅垂面	正垂面	侧垂面
投影图	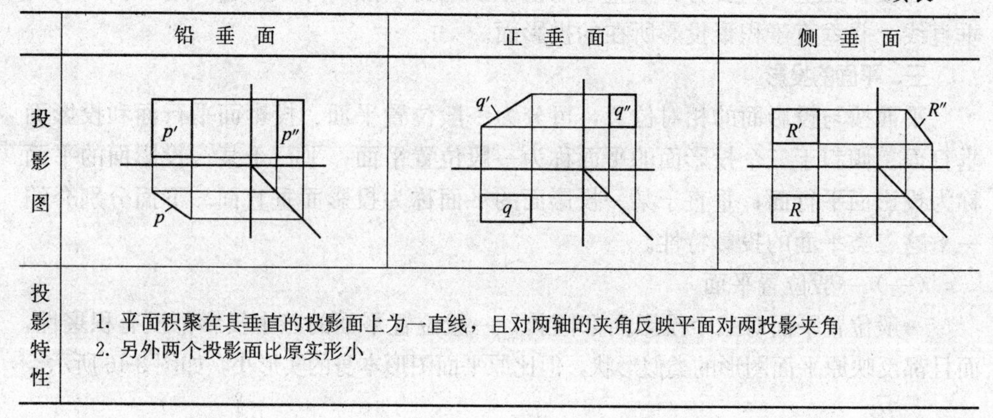		
投影特性	1. 平面积聚在其垂直的投影面上为一直线，且对两轴的夹角反映平面对两投影夹角 2. 另外两个投影面比原实形小		

如果一个平面，只要有一个投影积聚为一倾斜线，那么，这个平面一定垂直于积聚投影所在的投影面。

（三）投影面平行面

投影面平行面是平行于某一投影面的平面，同时，也垂直于另外两个投影面。投影面平行面可分为：水平面、正平面和侧平面。

水平面是平行于水平投影面的平面；正平面是平行于正立投影面的平面；侧平面是平行于侧立投影面的平面。

投影面平行面的投影特性见表 3-4。

投影面平行面的投影特性 **表 3-4**

	水平面	正平面	侧平面
立体面		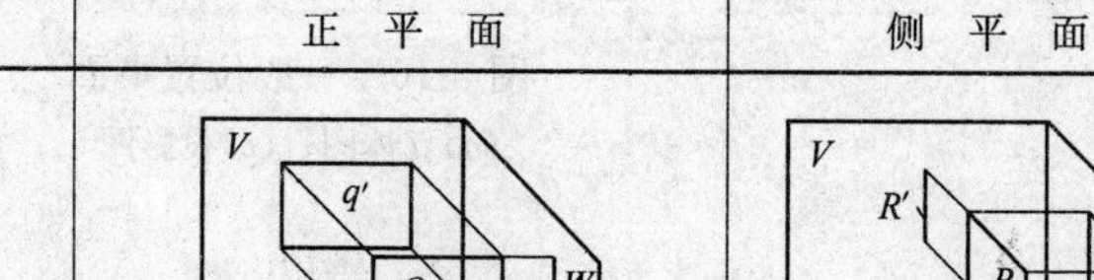	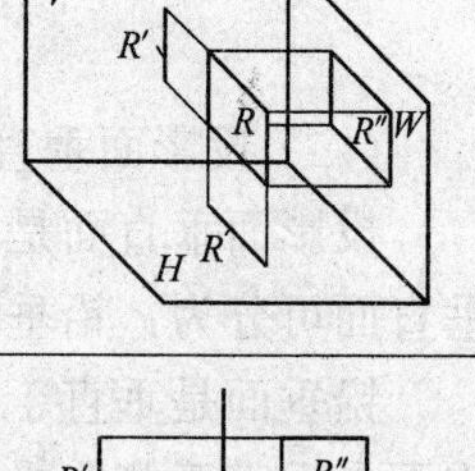
投影图		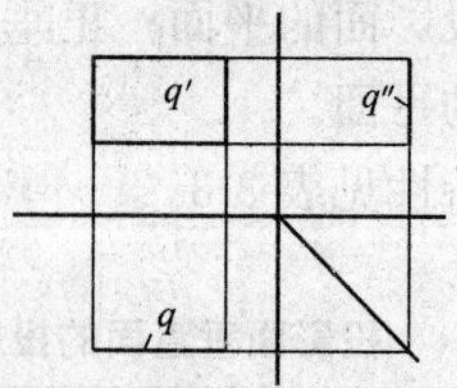	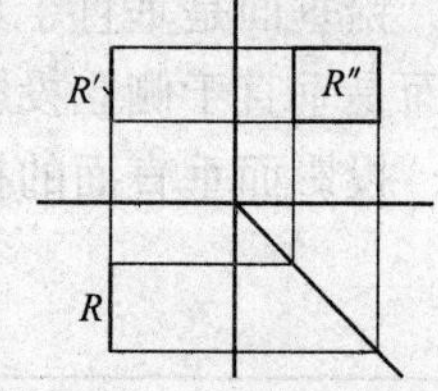
投影特性	1. 在平行的投影面上的投影反映实形 2. 在其他投影面上积聚为一条平行于投影轴的直线		

如果一个平面只要有一个投影积聚为一条平行于投影轴的直线，那么，该平面就平行于非积聚投影所在的投影面，并且反映实形。

【例 3-2】 已知正方形 $ABCD$ 平面垂直于 V 面以及 AB 的两面投影，求作此正方形的三面投影图，如图 3-17(a)所示。

分析： 因为正方形是一正垂面，AB 边是正平线，所以 AD、BC 是正垂线，$a'b'$ 长即为正方形各边的实长。作图方法如图 3-17(b)所示。

(1) 过 a、b 分别作 $ad \perp OX$ 轴、$bc \perp OX$ 轴，且截取 $ad = a'b'$，$bc = a'b'$；

(2) 连 dc 即为正方形 $ABCD$ 的水平投影；

(3) 正方形 $ABCD$ 是一正垂面，正面投影积聚 $a'b'$，分别求出 a''、b''、c''、d''，连线，即为正方形 $ABCD$ 的侧面投影。

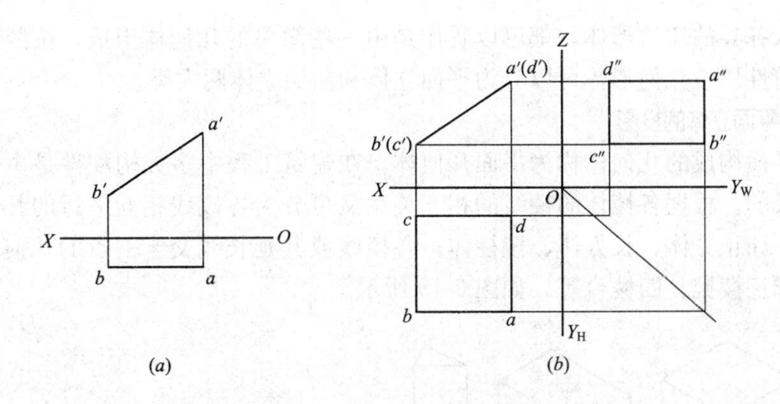

图 3-17　求作正方形的三面投影

(a)已知条件；(b)作图方法

【例 3-3】 以 AB 为边，求一般位置平面的三面投影，如图 3-18(a)所示。

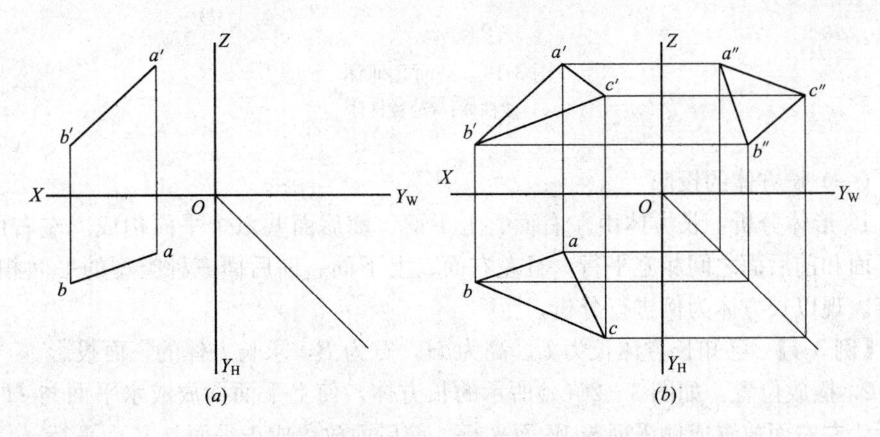

图 3-18　求一般平面的三面投影

(a)已知条件；(b)作图方法

分析： 因为 AB 是一般位置的直线，在图中任选一点 C，由一点 C 和一条直线 AB 则构成△ABC，根据平面投影特性可知，任选的三点所构成△ABC 应为一般位置平面，△ABC 在三个投影面的投影应显示三角形，具有类似性。

作图方法：如图 3-18(b)所示。

(1) 在 V 面上任选一点 c'，连接 $a'c'$、$b'c'$，构成△ABC 的 V 面投影△$a'b'c'$。

(2) 过 c' 向下作垂线进入 H 面，在 H 面内同样任选一点 c，$cc' \perp OX$ 且符合“长对正”投影特性。

(3) 根据投影特性“高平齐、宽相等”，求出 A、B、C 三点在 W 面的投影 a''、b''、c''，连接 $a''b''$、$a''c''$、$b''c''$，构成△ABC 的 W 面的投影△$a''b''c''$。加粗三个投影面内的三角形从而完成了一般平面△ABC 的三面投影图。

第四节　基本形体的投影

形状各异的建筑形体，都可以看作是由一些简单的几何体组成。按照形体的表面几何性质，几何形体可以分为平面立体和曲面立体两大类。

一、平面立体的投影

由平面构成的几何体称为平面几何体。在建筑工程中多数构配件是由平面几何体构成的。根据各棱体的棱线的相互关系又可分为各棱线相互平行的几何体—棱柱体，如正方体、长方体、棱柱体；各棱线或其延长线交于一点的几何体—棱锥体，如三棱锥、四棱台等，如图 3-19 所示。

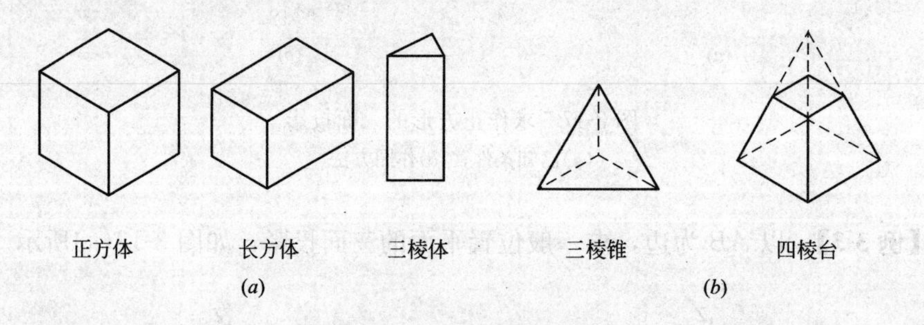

图 3-19　平面几何体

(a)棱柱体；(b)棱锥体

(一) 长方体的投影

1. 形体分析：长方体由左右面、上下面、前后面共六个平面构成。左右面、上下面和前后面之间相互平行，且左右面、上下面、前后面三种类型的平面相互垂直。现以长方体为例进行分析。

【例 3-4】 已知长方体长为 L，高为 H，宽为 B，求长方体的三面投影。

2. 摆放位置：如图 3－20(a)所示的长方体，使上下面摆放成水平面与 H 面平行，左右面放置成侧平面与 W 面平行，前后面放置成正平面与 V 面平行。

3. 投影分析：V 面投影为矩形，它既是前、后面的投影面(因为平行于 V 面，所以它反映实形且前后面对齐并重叠在一起)，四边形的上下两边也是上、下面的投影，因为两平面垂直于 V 面，所以有积聚性，其投影是直线。四边形的左右两边也是左、右面的投影，因为两平面垂直于 V 面，所以有积聚性，其投影是直线。同时四边形的四个顶点，还是长方体上与 V 面垂直棱线的投影(因为有积聚性四条棱线积聚成四个点)。

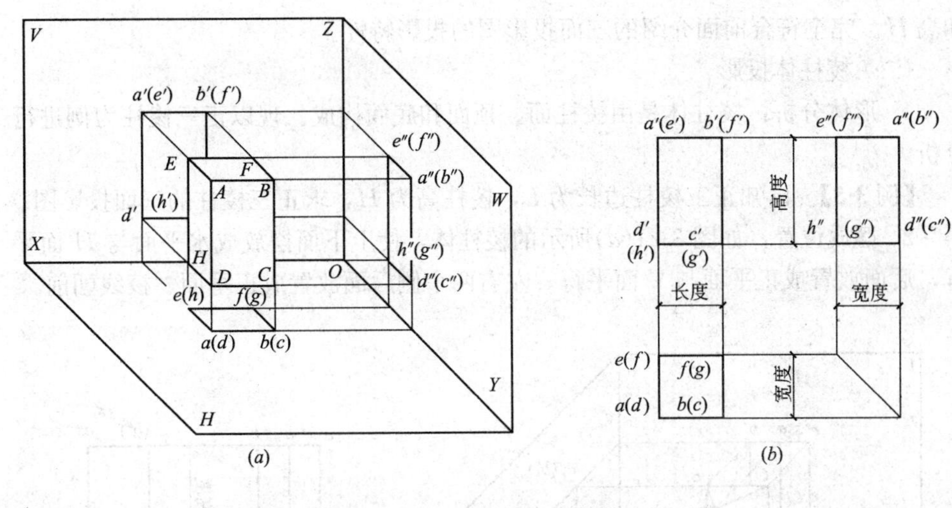

图 3-20　正四棱柱的投影

(*a*)立体图；(*b*)投影图

H 面投影为矩形，它也是上、下底面的投影面(因为平行于 *H* 面，所以它反映实形且上下面对齐并重叠在一起)，四边形的前后两边也是前、后面的投影，因为两平面垂直于 *H* 面，所以有积聚性，其投影是直线。四边形的左右两边也是左、右面的投影，因为两平面垂直于 *H* 面，也有积聚性，其投影是直线。同时四边形的四个顶点，还是长方体上与 *H* 面垂直棱线的投影(因为有积聚性四条棱线积聚成四个点)。

W 面投影为矩形，它既是左、右面的投影面(因为平行于 *W* 面，所以它反映实形且左右面对齐并重叠在一起)，四边形的上下两边也是上、下面的投影，因为两平面垂直于 *W* 面，所以有积聚性，其投影是直线。四边形的前后两边也是前、后面的投影，因为两平面垂直于 *W* 面，所以有积聚性，其投影是直线。同时四边形的四个顶点，还是长方体上与 *W* 面垂直棱线的投影(因为有积聚性四条棱线积聚成四个点)。

4. 作图步骤：如图 3-20(*b*)所示，长方体投影图的作图步骤如下：

(1) 根据视图分析先绘制长方体的 *V* 面投影，从投影分析中可知 *V* 面的投影为直角四边形，根据长方体的长 *L* 和高 *H*，绘制出直角四边形。

(2) 根据投影规律中的“长对正”绘制长方体的 *H* 面投影，从投影分析中已知 *H* 面的投影也为直角四边形，由 *V* 面的左右两边向下作垂直线进入 *H* 面，再根据长方体的宽度 *B*，在 *H* 面上截取长方体的宽，形成直角四边形。

(3) 根据投影规律中的“高平齐、宽相等”绘制长方体的 *W* 面投影，从投影分析中已知 *W* 面的投影也为直角四边形，由 *V* 面上下二边向右作水平线进入 *W* 面，在 *H* 面前后二边向右作平行 *X* 轴的二条直线与 45°线向上作垂线交于上下边的二直线，形成直角四边形。

5. 投影特征：从长方体的三面投影图上可以看出：正面投影反映出长方体的长 *L* 和高 *H*。水平投影面反映出长方体的长 *L* 和宽 *B*。侧面反映出长方体的宽 *B*

和高 H。完全符合前面介绍的三面投影图的投影特性。

（二）棱柱体投影

1. 形体分析：棱柱体是由棱柱面、顶面和底面构成。现以正三棱柱为例进行分析。

【例 3-5】 已知正三棱柱边长为 L，棱柱高为 H，求正三棱柱的三面投影图。

2. 摆放位置：如图 3-21(*a*)所示的棱柱体，使上下面摆放成水平面与 H 面平行，后面放置成正平面与 V 面平行，左右两个侧后面放置成正垂面、棱线朝前。

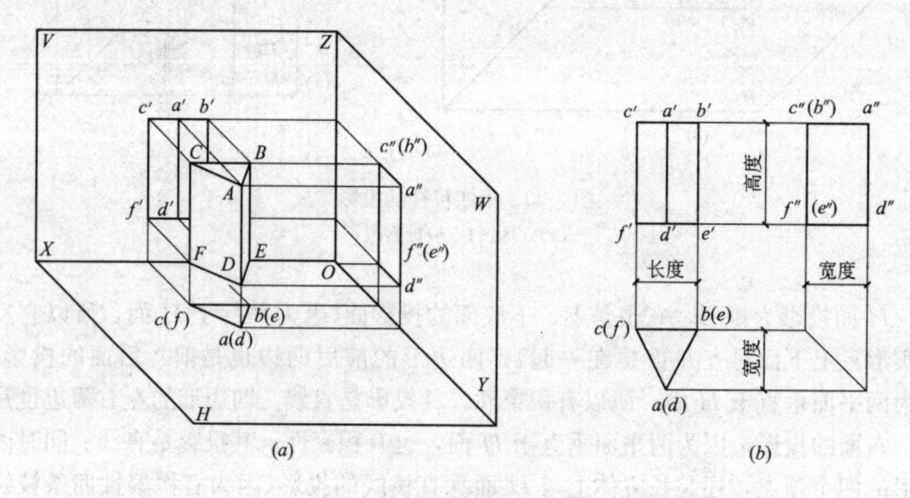

图 3-21　正三棱柱的投影

(*a*)立体图；(*b*)投影图

3. 投影分析：V 面投影为倒放日字，即由两个四边形构成，外围的轮廓就是与 V 面平行的后面也是一个正平面，左边的四边形就是左侧棱柱面，右边的四边形就是右边的棱柱面。上下两边也是上、下面的投影，因为两平面垂直于 V 面，所以有积聚性，其投影是直线。左、中、右垂直的三条线就是三条棱柱线的投影，因为与 V 面平行，反映实长，也是棱柱的高 H。

H 面投影为等边三角形，它也是上、下底面的投影面(因为平行于 H 面，所以它反映实形且上下面对齐并重叠在一起)，三条边的边长为 L，三条边也是三棱柱面的投影，因为三棱柱面垂直于 H 面，所以有积聚性，其投影是直线。

W 面投影为矩形，它既是三棱柱左侧面的投影面(因为是正垂面且不平行于 W 面，所以它反映的是相似形且左右面对齐并重叠在一起)，四边形的上下两边也是上、下面的投影，因为两平面垂直于 W 面，所以有积聚性，其投影是直线。四边形的前边也是前棱线、四边形的后边是后棱柱面的投影，因为后棱柱面平行于 V 面并垂直于 W 面，所以有积聚性，其投影是直线。

4. 作图步骤：如图 3-21(*b*)所示，三棱柱体投影图的作图步骤如下：

(1) 根据视图分析先绘制三棱柱体的 V 面投影，从投影分析中可知 V 面的投影为倒放日字形，垂直三条边，水平二条边，根据三棱柱体的边长 L 和高 H，绘制出直角四边形。在上下边长 L 上将两面三个中点相连，就画出了倒放的日字形。

(2) 根据投影规律中的“长对正”绘制三棱柱体的 H 面投影，从投影分析中已知 H 面的投影为等边三角形，由 V 面的左中右三条垂直棱体线向下作垂直线进入 H 面，再根据三棱柱体的边长 L，在 H 面作等边三角形。

(3) 根据投影规律中的“高平齐、宽相等”绘制三棱柱体的 W 面投影，从投影分析中已知 W 面的投影也为直角四边形，由 V 面上下二边向右作水平线进入 W 面，在 H 面前点、后边向右作平行 X 轴的二条直线与 45°线向上作垂线交于上下边的二直线，形成直角四边形。

5. 投影特征：从三棱柱体的三面投影图上可以看出：正面投影反映出三棱柱体的边长 L 和高 H。水平投影面反映出三棱柱体的边长 L 和投影宽度 B。侧面反映出三棱柱体的宽度 B 和高 H。完全符合前面介绍的三面投影图的投影特性。

(三) 棱锥体的投影

常见的锥体有正三棱锥、正四棱锥，棱锥体是由若干个三角形的棱锥面和底面构成，其投影仍是空间一般位置和特殊位置平面投影的集合，投影规律和方法同平面的投影相似。图示 3-22 所示为正三棱锥。

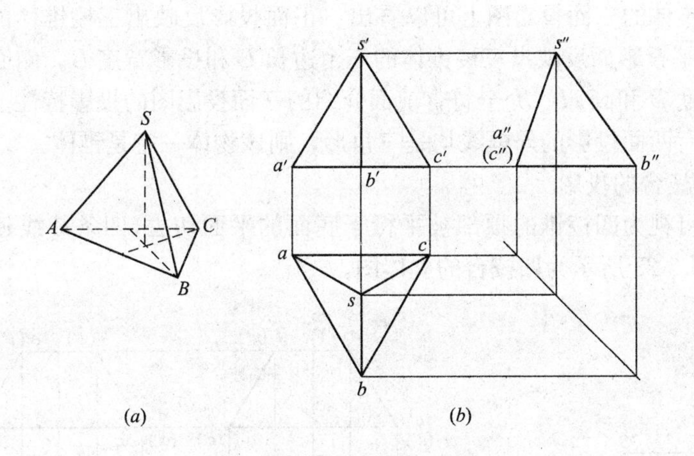

图 3-22　正三棱锥的三面投影
(a)立体图；(b)投影图

1. 形体分析

正三棱锥又称四面体，如图 3-22 所示。其底面为正三角形，由三个相等的等腰三角形组合而成。

2. 摆放位置

底面水平放置，轴线竖直通过底面的形心且与底面垂直，绕轴旋转三棱锥，使它的后棱面△SAC 垂直于 W 面，此时三棱锥的另外两棱面△SAB 和△SBC 均为一般位置平面，如图 3-22 中的立体图所示。

3. 投影分析

如图 3-22 所示，正三棱锥的底面的 H 面投影为正三角形(反映实形)，V、W 两面投影分别积聚为两条水平线，后棱面为侧垂面，在 W 面投影积聚为一条斜线，H 面和 V 面投影均为三角形(反映相似形)，而左右两棱面因为是一般位置平面，它的三面投影均为类似形。

4. 作图步骤

(1) 先作 H 面的投影，在 H 面中先画出等边三角形△abc，因为与 H 面平行，反映是实形，表达的是底面投影，再找到形心 s，也是棱锥高的投影，因为垂直 H 面，所以积聚成为一点 s，过 s 点与三角形的三个顶点 a、b、c 相连就是三个棱的边 SA、SB、SC。

(2) 作 V 面的投影，根据“长对正”的投影规律，在 H 面上过 a、b、s、c 四点向上作垂直线进入 V 面，作水平线交 a、b、c 的垂直线就是三条棱边 AB、AC、BC 在 V 面的投影，从 b' 向上量取棱锥高就是 S 点在 V 面的投影 s'。连接 $s'a'$、$s'b'$、$s'c'$、$a'c'$ 就是正三棱锥在 V 面的投影。

(3) 作 W 面的投影，已知 H、V 面的四个点的投影，根据投影规律“高平齐、宽相等”作出 s''、a''、b''、c'' 四个在 W 面的投影，连接 $s''a''(c'')$、$s''b''$、$a''b''$ 就是正三棱锥在 W 面的投影。

5. 投影特征

从三棱锥体的三面投影图上可以看出：正面投影反映出三棱锥体的底边长 L 和高 H。水平投影面反映出三棱锥体的三个边长 L 和投影宽度 B。侧面反映出三棱柱体的宽度 B 和高 H。完全符合前面介绍的三面投影图的投影特性。可以得结论：若物体有两面投影的外框线均是三角形，则该物体一定是锥体。

(四) 四棱台的投影

四棱台可视为四棱锥的顶部被平行于底面的平面切去(四条棱线延长仍汇交于锥顶)。图 3-23 所示为四棱台的立体图。

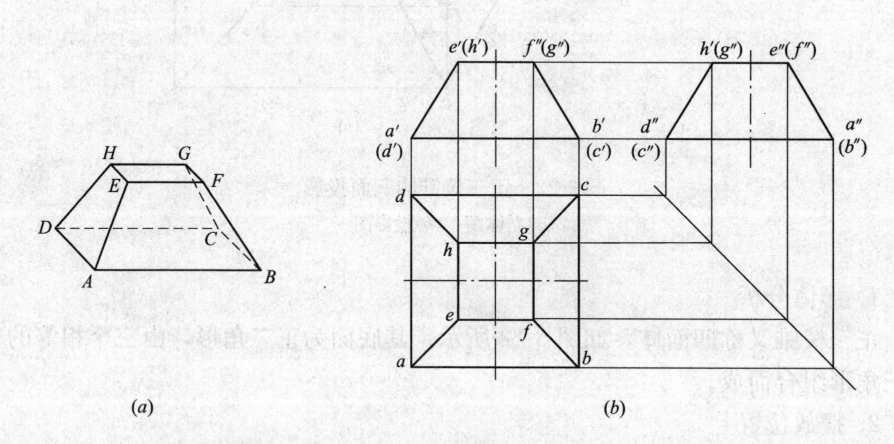

图 3-23　四棱台的三面投影

(a)已知条件；(b)作图方法

1. 形体分析

四棱台其底面为四边形，左右前后四个面则由四个等腰梯形构成。

2. 摆放位置

顶面和底面水平放置，平行于 H 面，左右侧棱面垂直于 V 面，前后侧棱面垂直于 W 面。

3. 投影分析

如图 3-23 所示，四棱台的顶面和底面的 H 面投影为正四边形(反映实形)，四条棱线因为是一般直线所以投影是斜线。左右侧棱面在 V 面的投影则为斜线，前后侧棱面在 V 面的投影因为与 V 面倾斜，所以显示成类似形为等腰梯形。前后侧棱面在 W 面的投影则为斜线，左右侧棱面在 W 面的投影因为与 W 面倾斜，所以显示成类似形为等腰梯形。

4. 作图步骤

(1) 先作 H 面的投影，在 H 面中根据四棱台的底边长和宽先画出底面的四边形，根据顶面的边长和宽再画出顶面投影即四边形，因为与 H 面平行，反映是实形，连接于小四边形的对应的顶点就是四棱台的棱线。

(2) 作 V 面的投影，根据"长对正"的投影规律，在 H 面上过顶面和底面左右四点向上作垂直线进入 V 面，在底面左右二条垂直线上作水平线作为四棱台的底面，在顶面左右二条垂直线上截取四棱台的高度 H，作出等到腰梯形也就是前后棱面的投影，其中上边为顶面的积聚投影，下边为底面投影，左斜边为四棱台的左侧棱面投影，右斜边为四棱台的右侧棱面投影。

(3) 作 W 面的投影，根据投影规律"高平齐、宽相等"作出左侧棱面的腰梯形，其中上边为顶面的积聚投影，下边为底面在 W 面的积聚投影，前斜边为四棱台的前侧棱面投影，后斜边为四棱台的后侧棱面投影。

5. 投影特征

从四棱台的三面投影图上可以看出：正面投影反映出四棱台的顶面和底面边长 L 和高 H。水平投影面反映出四棱台顶面和底边长 L 和宽 B，侧面反映出四棱台顶面和底面边的宽度 B 和高 H。完全符合前面介绍的三面投影图的投影特性。

二、曲面立体的投影

(一) 回转曲面体的有关概念

1. 回转体的形成

由曲面或曲面和平面围成的立体称为曲面体。常见的曲面体有圆柱、圆锥、圆球等。由于这些物体的曲表面均可看成是由一根动线绕着一固定轴线旋转而成，故这类形体又称为回转体。如图 3-24 所示，图中的固定轴线称为回转轴，动线称为母线。

当母线为直母线且平行于回转轴时，形成的曲面为圆柱面，如图 3-24(a)所示。

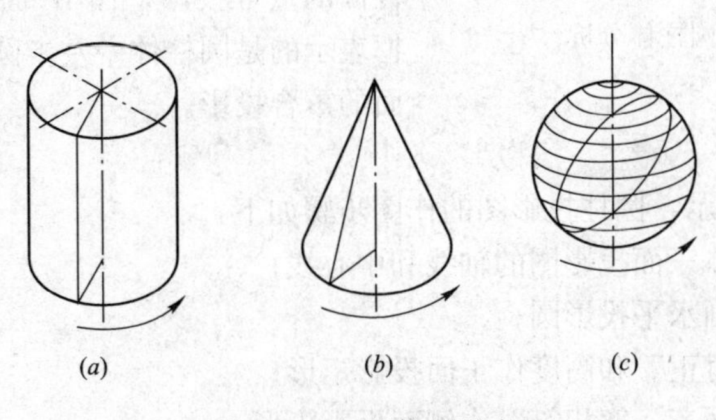

图 3-24 回转体的形式

当母线为直母线且与回转轴相交时，形成的曲面为圆锥面。圆锥面上所有母线交于一点，称为锥顶，如图 3-24(*b*)所示。

由圆母线绕其直径回转而成的曲面称为圆球面，如图 3-24(*c*)所示。

2. 素线和轮廓素线

素线：母线绕回转轴旋转到任一位置时，称为素线。

轮廓素线：将物体置于投影体系中，在投影时能构成物体轮廓的素线，称为轮廓素线。

显然轮廓素线的确定与投影体系及物体的摆放方位有关，不同的方位将产生不同的轮廓素线。通常当圆柱竖放时，我们常说的四条轮廓素线分别为：从前向后看时圆柱面上最左与最右的两条素线，和从左向右看时圆柱面上最前与最后的两条素线。

3. 纬圆

由回转体的形成可知，母线上任意一点的运动轨迹为圆，该圆垂直于轴线，此即为纬圆。

（二）圆柱体的投影

1. 形体分析

圆柱体由圆柱面和两个圆形的底面所围成。

2. 摆放位置

如图 3-25 所示为一直圆柱体，使其轴线垂直于水平面，则两底面互相平行且平行于水平面，圆柱面垂直于水平面。

3. 投影分析

H 面投影：为一圆形。它既是两底面的重合投影(实形)，又是圆柱面的积聚投影。

V 面投影：为一矩形。该矩形的上下两边线为上下两底面的积聚投影，而左右两边线则是圆柱面的左右两条轮廓素线。

W 面投影：为一矩形。该矩形与 V 面投影全等，但涵义不同。V 面投影中的矩形线框表示的是圆柱体中前半圆柱面与后半圆柱面的重合投影，而 W 面投影中的矩形线框表示的是圆柱体中左半圆柱面与右半圆柱面的重合投影。

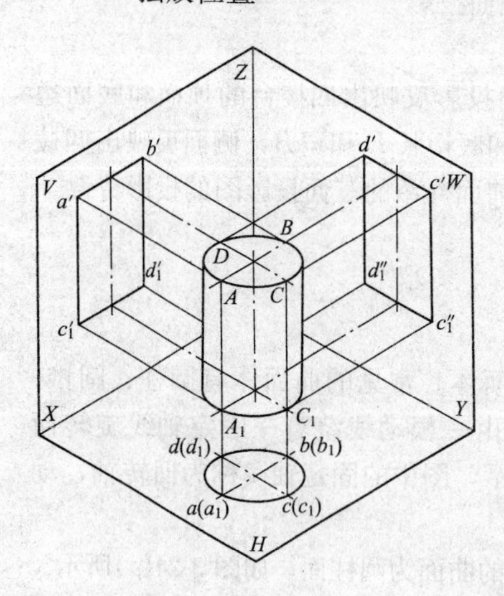

图 3-25　圆柱体分析

4. 作图步骤

如图 3-26 所示，圆柱投影图的作图步骤如下：

(1) 作圆柱体三面投影图的轴线和中心线；

(2) 由直径画水平投影圆；

(3) 由“长对正”和高度作正面投影矩形；

(4) 由“高平齐，宽相等”作侧面投影矩形。

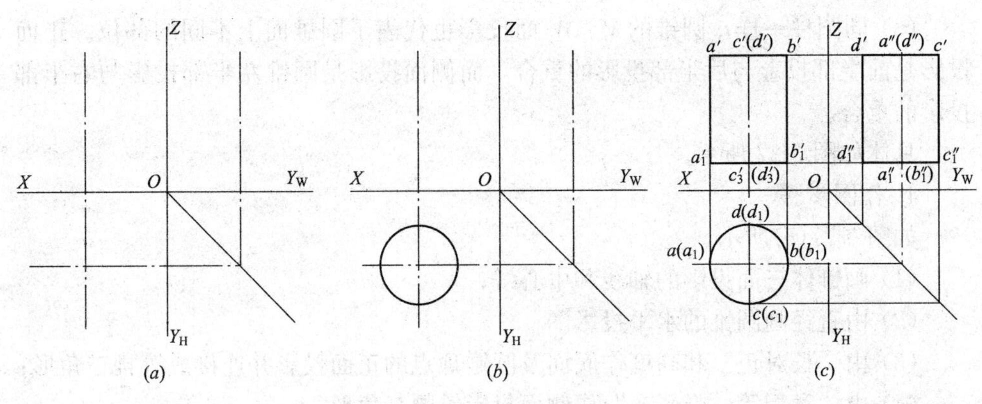

图 3-26 圆柱的投影

5. 投影特征

由上图可以看出，圆柱投影也符合柱体的投影特征——矩矩为柱。

（三）圆锥体的投影

1. 形体分析

圆锥体由圆锥面和底面围成。

2. 摆放位置

如图 3-27 所示，一直立的圆锥，轴线放置与水平面垂直，底面平行于水平面。

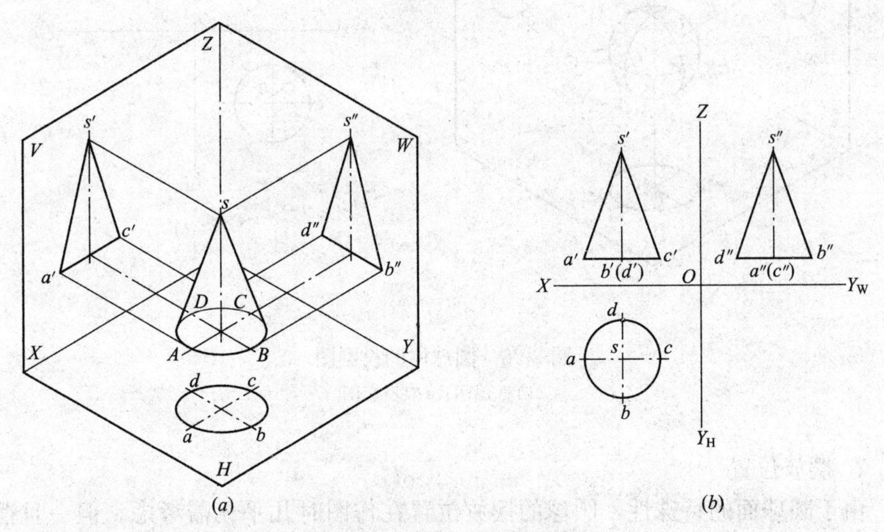

图 3-27 圆锥体的投影图

(a)直观图；(b)投影图

3. 投影分析

由于圆锥面同圆柱面一样，都是由母线绕轴线旋转而成的回转曲面，且本例中圆锥体的轴线也垂直于水平面，故它们的投影亦有许多共同之处。

（1）因为圆锥的底面平行于水平面，所以水平投影为圆且反映底面实形；

（2）圆锥面的 V 面、W 面投影也相等，且为两全等三角形——此即为“三三为锥”；

(3) 同圆柱一样，圆锥的V、W面投影也代表了圆锥面上不同的部位。正面投影是前半部投影与后半部投影的重合，而侧面投影是圆锥左半部投影与右半部投影的重合。

具体如图 3-27 所示。

4. 作图步骤

如图 3-27(*b*)所示。

(1) 画锥体三面投影的轴线和中心线；

(2) 由直径画圆锥的水平投影图；

(3) 由“长对正”和高度作底面及圆锥顶点的正面投影并连接成等腰三角形；

(4) 由“宽相等，高平齐”作侧面投影等腰三角形。

(四) 圆球体的投影

1. 形体分析

圆球体由圆球面围成，如图 3-28 所示。

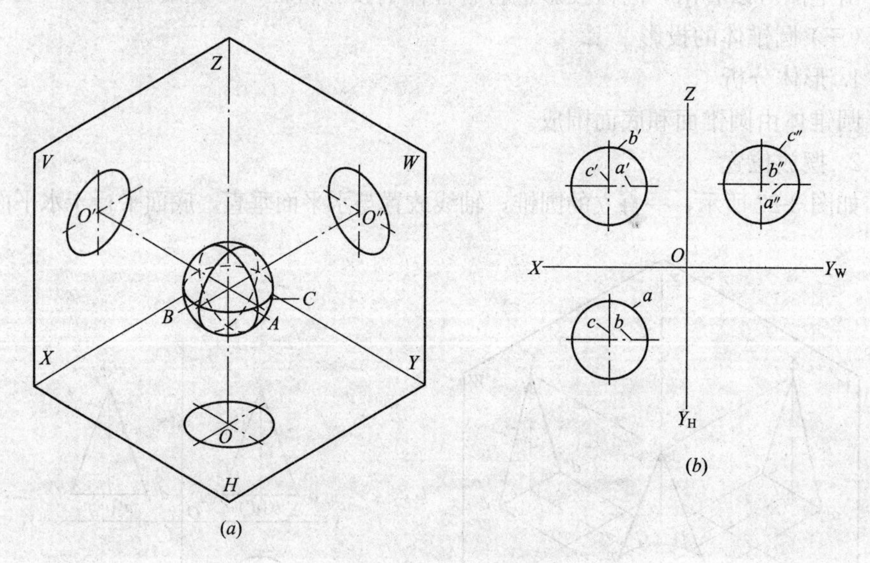

图 3-28　圆球体的投影图

(*a*)直观图；(*b*)投影图

2. 摆放位置

由于圆球面的特殊性，圆球的摆放位置在作图时几乎无需考虑。但一旦摆放位置确定，其有关的轮廓素线是和位置便是相对应的。

3. 投影分析

如图 3-28(*a*)所示，球体的三面投影均为与球的直径大小相等的圆，故又称为“三圆为球”。V面、H面和W面投影的三个圆分别是球体的前、上、左三个半球面的投影，后、下、右三个半球面的投影分别与之重合；三个圆周代表了球体上分别平行于正面、水平面和侧面的三条素线圆的投影。由图 a 我们还可看出：圆球面上直径最大的平行于水平面和侧面的圆A与圆C其正面投影分别积聚在过球心的水平与铅垂中心线上。

4. 作图步骤

(1) 画圆球面三投影圆的中心线；

(2) 以球的直径为直径画三个等大的圆，结果如图 3-28(b)所示。

三、相贯型组合体

(一) 平面立体与曲面立体相贯

由若干个几何体相贯组成的立体，称为相贯型组合体。其交线称为相贯线。相贯型组合体的投影关键是求相贯线。如图 3-29 所示，为一圆柱体和四棱柱相贯，根据几何体的各自尺寸可直接画出各面投影。关键是求 V 面投影的相贯线，可从 H 面投影中棱柱与圆柱的交点向上作垂线截 V 面的棱柱体得相贯线。

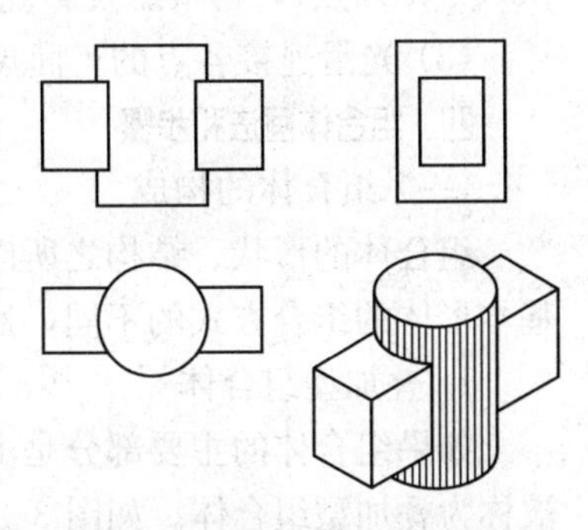

图 3-29 相贯型组合体及其投影

(二) 两曲面立体相贯

两曲面立体的相贯线一般情况下为封闭的空间曲线，特殊情况下也可能是平面曲线或直线段的组合。求相贯线的方法通常是利用积聚性法，有时也可用辅助平面法。

辅助平面法是求解曲面立体相贯线时常用的方法。在使用辅助平面法时，辅助平面的选择尤为重要，通常可取垂直于回转体轴线的平面为辅助面(对于圆柱体则可取平行于轴线)，这样可使其与两相贯体的交线是圆或直线，以便于解题。

【例 3-6】 如图 3-30 所示，试求正交两圆柱体的相贯线。

读图与分析：根据图 3-30(a)所示，两大小圆柱的轴线分别为铅垂线和侧垂线，两轴共面，故相贯线为一对称的、封闭的空间曲线。根据积聚性和共有性，该相贯线的水平投影积聚在小圆周上；侧面投影则积聚在大圆周的上部(与小圆柱重叠的部分)，由此即可求出相贯线的正面投影，这种方法就称为积聚性法。

作图步骤：如图 3-30(b)所示。

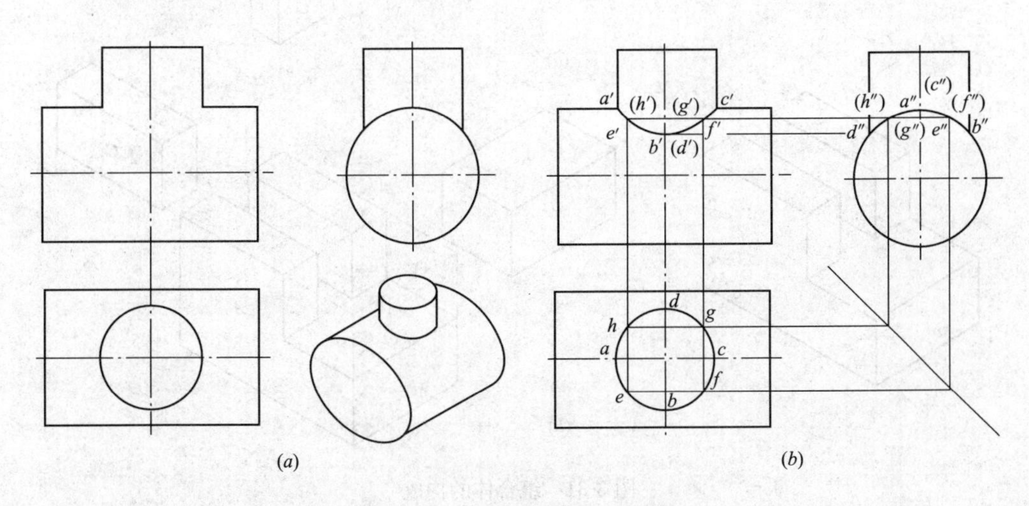

图 3-30 正交两圆柱体的相贯线

(1) 求控制点：所谓控制点通常是指相贯线上最左、最右、最上、最下、最前和最后的点，在本题中即 A、B、C、D 四点；

(2) 求中间点：找出小圆柱上四条前后左右对称素线的水平投影(积聚为 e、f、g、h 四点)，再根据投影规律求出对应投影；

(3) 光滑连接各点的正面投影，完成全图如图 3-30(*b*)所示。

四、组合体画法和步骤

(一) 组合体的构成

组合体的形状、结构之所以复杂，是因为它是由几个基本体组合而成。根据基本形体的组合方式的不同，通常可将组合体分为两类。

1. 叠加型组合体

如果组合体的主要部分是由若干个基本形体叠加而成为一个整体，该组合体被称为叠加型组合体。如图 3-31(*a*)所示，立体由三部分叠加而成，A 为一水平放置的长方体，B 是一个竖立在正中位置的四棱柱，C 为四块支撑板。

2. 切割型组合体

从一个基本形体上切割去若干基本形体而形成的组合体被称为切割型的组合体。图3-31(*b*)所示的组合体，可看成是在一长方体 A 的左上方切去一个长方体 B，然后，再在它的上中方切除长方体 C 而形成的。

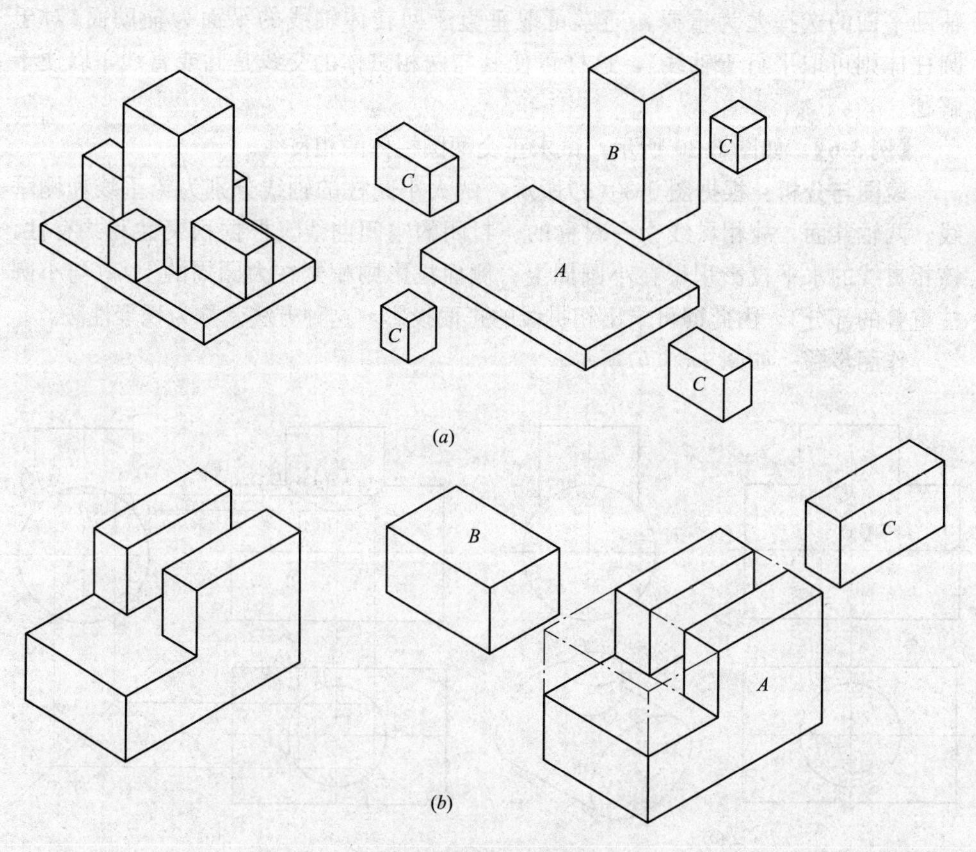

图 3-31　组合体的构成

(*a*)叠加型组合体；(*b*)切割型组合体

（二）形体分析法

形体分析法是认识组合体构成的基本方法，其实质为：假想组合体是由一些基本形体组合而成的，通过对这些基本形体的研究，间接地完成对复杂组合体的研究。其目的可用八个字来描述，即“化繁为简，化难为易”。应用形体分析法能解决有关组合体的各种问题：

（1）利用形体分析的成果及基本立体的投影特性，可以迅速、准确地绘制出组合体的视图；

（2）以形体分析法指导组合体的尺寸标注，可给初学者带来很大的方便；

（3）读图能力的培养是本课程的重要任务之一，应用形体分析法可帮助我们从部分读图入手并最终读懂全图。

总之，形体分析法是解决组合体问题的一种行之有效的方法，在后面的学习中应牢牢地把握这一方法。

（三）组合体视图的画法

绘制组合体的视图应按照先分析、再画图的步骤进行：

1. 视图分析

视图分析是绘制组合体视图的首要步骤，它通常包括以下几个方面的分析：

（1）物体的形体分析。如图 3-32(*a*)所示为一台阶，通过形体分析可以确定，它由三大部分叠加而成。其中，两边的边墙可看成是两个棱线水平的六棱柱；中间的三级踏步则可看成为一个横卧的八棱柱，如图 3-32(*b*)。

（2）物体摆放位置的确定。物体的摆放位置是指物体相对于投影面的位置，该位置的选取应以表达方便为前提，即应使物体上尽可能多的线(面)为投影面的特殊位置线(面)。对一般物体而言，这种位置也即物体的自然位置，所以常说的要使物体“摆平放正”也就是这个意思。对于建筑形体，首先应该考虑的是它的工作位置。图 3-32 所示的就是台阶的正常工作位置。

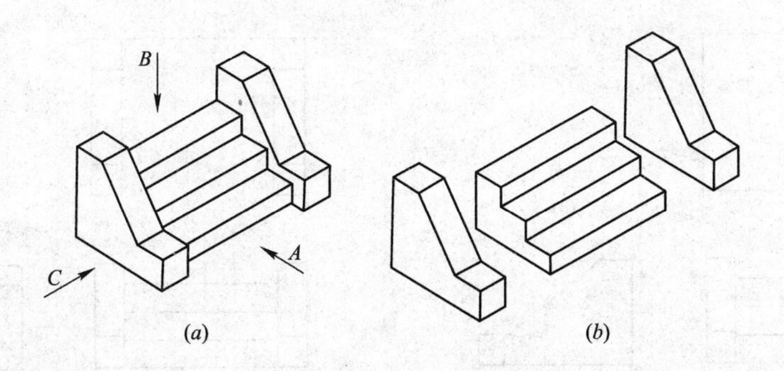

图 3-32　台阶的形体分析

（3）正视图的选择。由前面的介绍可知，正视图是基本视图中最重要的一个视图，所以在视图分析的过程中应重点考虑。其选择的原则为：

1）应使正视图能较多的反映物体的总体形状特征；

2）应使视图上的虚线尽可能少一些；

3）应合理利用图纸的幅面。

在对具体物体进行分析时，应综合考虑上述几点。如图 3-32 所示的台阶，如果选 C 向投影为正视图，它能较清晰地反映台阶踏步与两边墙的形状特征，而若从 A 向投影，则能很清晰地反映台阶踏步与两边墙的位置关系，即结构特征。但为了能同时满足虚线少的条件，应选 A 向作为正视图的投影方向。

(4) 视图数量的确定。此处的视图数量是指准确、清晰地表达物体时所必需的最少视图个数。确定视图数量的方法为：通过对物体形体的分析，确定物体各组成部分所需的视图数量，再减去标注尺寸后可以省去的视图数量，从而得出最终所需的视图数量及其名称。如图 3-32 中的台阶，在选取 A 向为正视图方向后，根据形体分析，可确定应用三个视图来表示：A 向为正视图；C 向为左视图；B 向为俯视图。

2. 画图步骤

(1) 选比例、定图幅、布置视图、画作图基准线

布置视图时应使视图之间及视图与图框之间间隔匀称并留有标注尺寸的空隙。为了方便定位，可先画出各视图所占范围(一般用矩形框表示)，如图 3-33(*a*)所示，然后目测并调整其间距，使布图均匀，最后画出各视图的对称轴线或基准线，如图 3-33(*b*)所示。

(2) 绘制视图的底稿

根据形体分析的结果，按照先画边墙再画踏步的顺序逐个绘制它们的三视图，如图 3-33(*b*)、(*c*)所示。

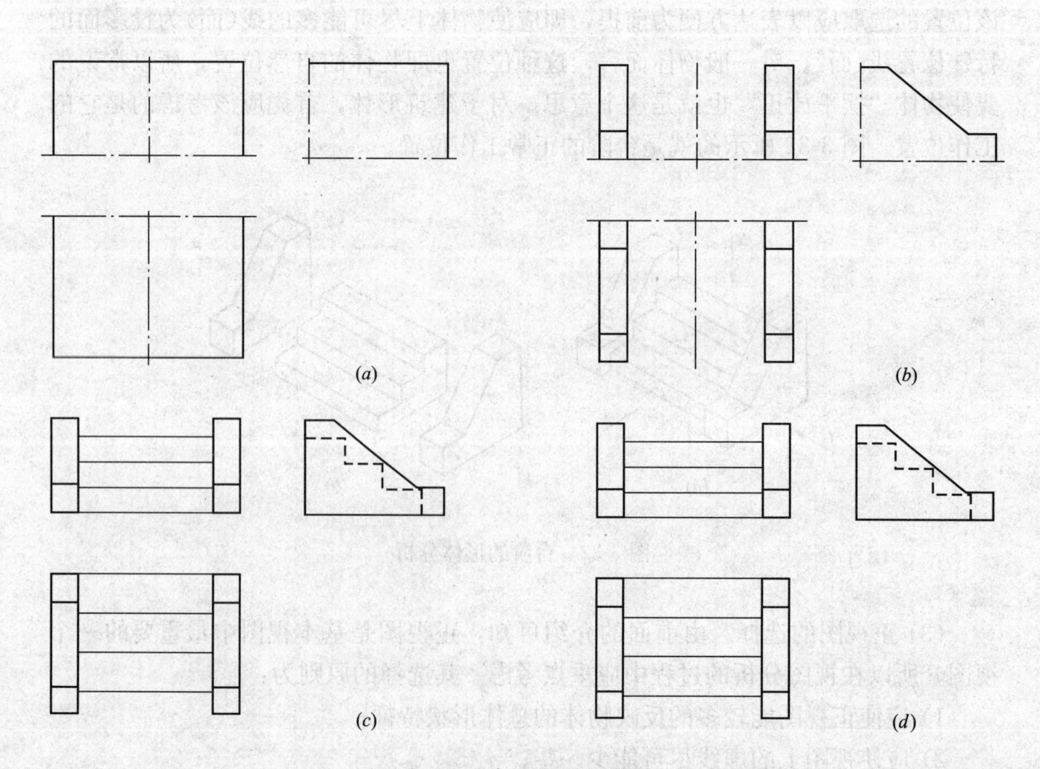

图 3-33　台阶的画图步骤

(3) 检查，描深

底稿完成后应作仔细检查。其检查的主要内容有：

1) 有无实际不存在的交线。因为形体分析法对组合体的分解是假想的，故按此法解题时，将可能在物体的各组成部分之间产生一些实际并不存在的交线。

2) 分析可见性。在组合过程中，物体各部分间存在着遮挡与被遮挡的关系。由此而产生的不可见轮廓线应用虚线表示。如图 3-33(*c*)中左视图上的踏步轮廓线，应画成虚线。

将上面检查后发现的错误一一更正，然后统一地描粗加深。如图 3-33(*d*)所示。

五、基本形体、组合体的尺寸标注

(一) 基本形体的尺寸标注

基本形体是构成组合体的基础，研究组合体的尺寸注法，首先应掌握基本形体的尺寸注法。

1. 平面立体的尺寸标注法

平面立体的尺寸数量与立体的具体形状有关，但总体看来，这些尺寸分属于三个方向，即平面立体上的长度、宽度和高度方向。如图 3-34 分别为长方体、四棱柱和正六棱柱的尺寸注法。其中，正六棱柱俯视图中所标的外接圆直径，既是长度尺寸也是宽度尺寸。故图 3-34(*c*)中的宽度尺寸 22 应省略不标。

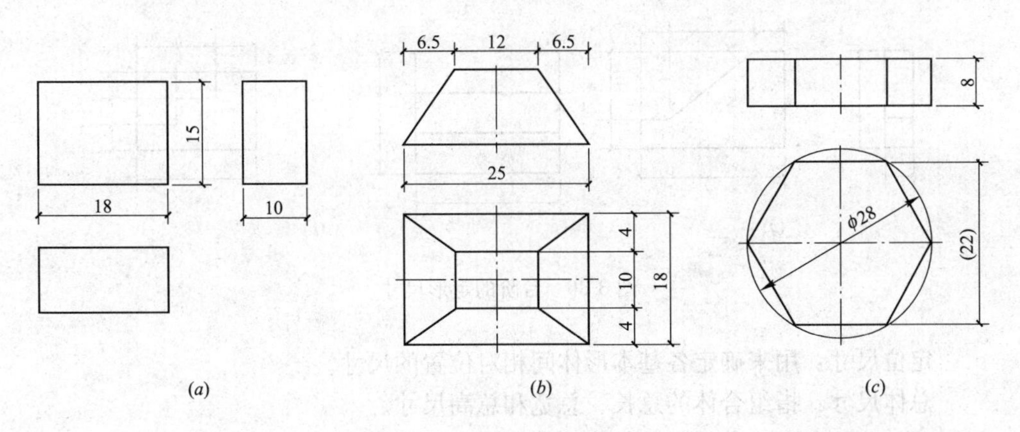

图 3-34　平面立体的尺寸标注

2. 回转体的尺寸标注法

由回转体的形成可知，回转体的尺寸标注应分为径向尺寸标注和轴向尺寸标注。如图 3-35 所示为回转体的尺寸标注举例。其中圆柱、圆锥、圆台的尺寸亦可集中标注在非圆视图上，此时组合体的视图数目可以减少一个，如图 3-35(*b*)中所示。对于圆球只需标注径向尺寸，但必须在直径符号前加注“*S*”。

(二) 组合体尺寸标注

1. 标注尺寸的基本要求

(1) 除了要满足上述尺寸标注的基本规定外，组合体的尺寸标注还必须保证尺寸齐全。所谓尺寸齐全是指下述的三种尺寸缺一不可。

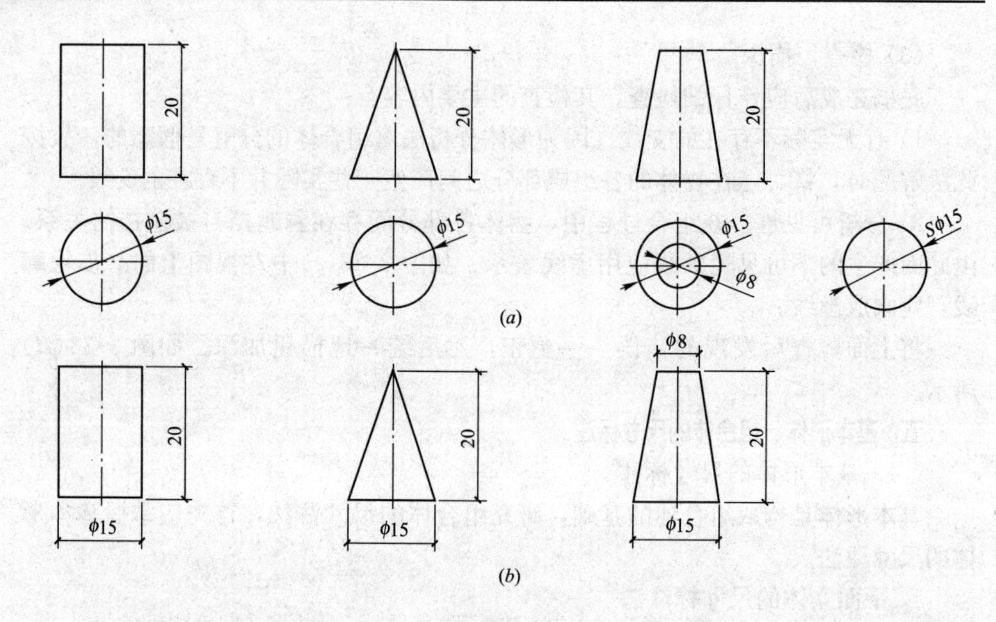

图 3-35 回转体的尺寸标注

定形尺寸：用来确定各基本形体大小形状的尺寸，如图 3-36 所示即为台阶各部分的定形尺寸。

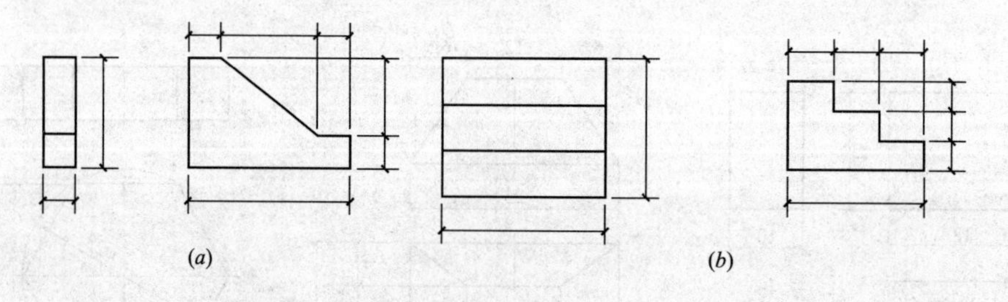

图 3-36 台阶的定形尺寸

定位尺寸：用来确定各基本形体间相对位置的尺寸。

总体尺寸：指组合体的总长、总宽和总高尺寸。

(2) 为了确保尺寸齐全，除了要借助于形体分析法外，还必须掌握合理的标注方法。下面以台阶为例说明组合体尺寸标注的方法和步骤：

第一，标注总体尺寸。如图 3-37，首先标注图中(1)、(2)和(3)三个尺寸，它们分别为台阶的总长、总宽和总高。在建筑设计中它们是确定台阶形状的最基本也是最重要的尺寸，故应首先标出。

第二，标注各部分的定形尺寸。图 3-37 中(4)、(5)、(6)、(7)、(8)、(9)均为边墙的定形尺寸，(10)、(11)、(12)为踏步的定形尺寸。而尺寸(2)、(3)既是台阶的总宽、总高，同时也是边墙的宽和高，故在此不必重复标注。由于台阶踏步的踏面宽和梯面高是均匀布置的，所以其定形尺寸亦可采用踏步数×踏步宽(或踏步数×梯面高)的形式，即图中尺寸(11)可标成 3×280＝840，(12)也可标为 3×150＝450。

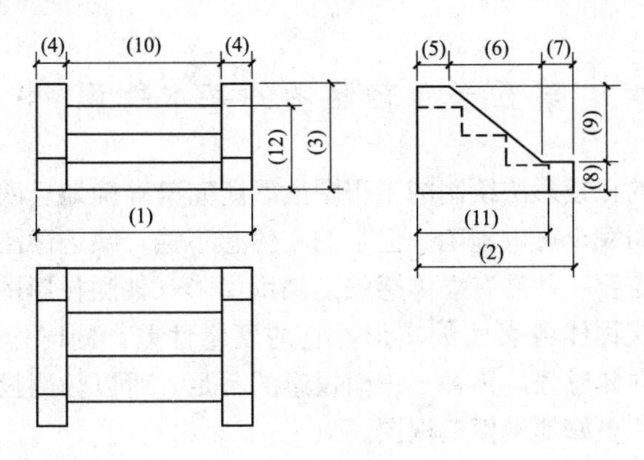

图 3-37　组合体尺寸标注举例

第三，标注各部分间的定位尺寸。本图中台阶各部分间的定位尺寸均与定形尺寸重复。例如：图中尺寸(10)既是边墙的长，也是踏步的定位尺寸。

第四，检查、调整。由于组合体形体通常都比较复杂，且上述三种尺寸间多有重复，故此项工作尤为重要。通过检查，补其遗漏，除其重复。

2. 有关的注意事项

为便于读图，组合体的尺寸标注还应注意以下几点：

(1) 为了保证图形的清晰，尺寸应尽量标注在视图以外；

(2) 定形尺寸应尽量标注在形状特征明显处；

(3) 与两视图相关的尺寸应尽量标注在两视图之间，如图 3-37 中的(1)、(2)、(3)，分别位于正视图和俯视图、正视图和左视图以及左视图和俯视图间；

(4) 为了保证尺寸的清晰，虚线上尽量不标注尺寸；

(5) 应合理地选择定位尺寸的尺寸基准。在标注组合体的尺寸时，常用的尺寸基准有物体的对称线、中心线、底面和一些重要端面等。如图 3-37 中长、宽、高的基准分别为台阶的左右对称线、后端面及底面；

(6) 截交线与相贯线的合理标柱。在标注带有截交线和相贯线的组合体时，对于那些可自然获得的尺寸，则不应标注。如图 3-38 所示，图中加( )号的尺寸不应标注。

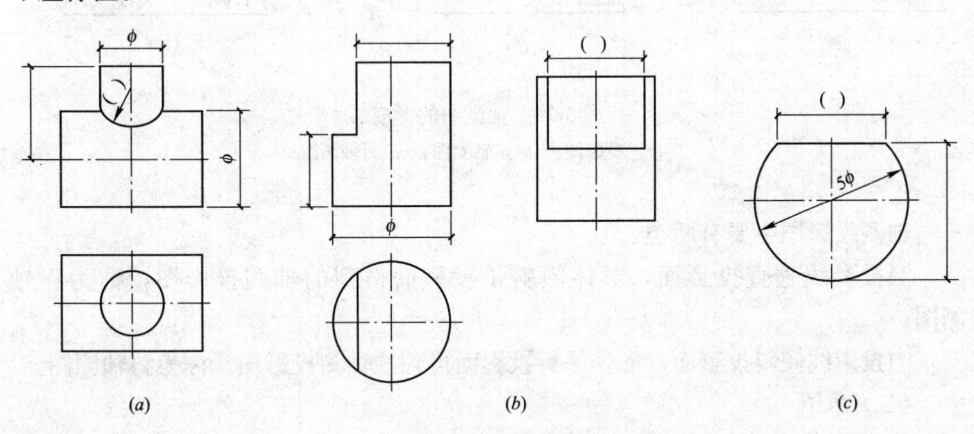

图 3-38　截交线和相贯线的尺寸标注

第五节 轴测图的基本知识

用前面介绍的正投影法绘制的工程图虽然能完整准确地反映出物体的形状和大小，依照此样图完全可以施工。但它的立体感不强，缺乏读图基础的人一般不容易看懂，有时需要一种具有立体感强的辅助图形—轴测投影图来表达。轴测投影图一般不易反映物体各表面的实形，它的度量性差，同时作图较三面投影复杂。但由于它的立体感强，弥补了三面投影的不足，所以轴测投影图作为辅助样图，可以帮助人们更好地读懂三视图。

一、基本概念

（一）轴测图的形成

我们知道形体的正投影有两个条件：

（1）投影线垂直于投影面。

（2）形体的主要面平行于投影面。

如果把两个条件中的任意一个去掉，即保持投影线垂直投影面，而使形体倾斜于投影面；或者保持形体的一个主要面平行于投影平面，而使投影线倾斜于投影面。这样按比例尺寸画得的投影图都能同时反映形体的长、宽、高三个方面的立体形象，并可按比例在轴上量取尺寸，这种投影图称为轴测投影图，简称轴测图，如图 3-39 所示。

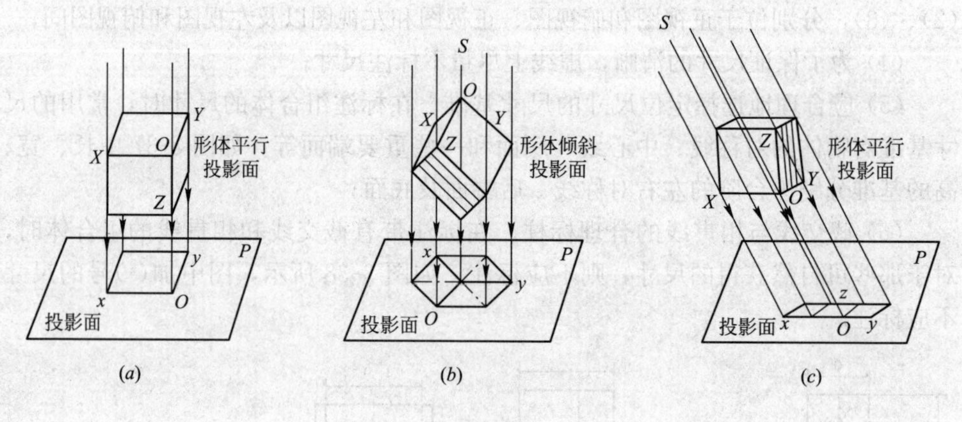

图 3-39 轴测图的形成

(*a*)正投影图；(*b*)正轴测图；(*c*)斜轴测图

轴测投影图主要有两类：

当投影线垂直投影面，形体倾斜于投影面得到的轴测投影图，称为正轴测图。

当投影线倾斜投影面，形体平行投影面得到的轴测投影图，称为斜轴测图。

（二）术语

（1）被选定的投影平面称为轴测投影面。

(2) 各坐标轴在轴测投影面上的投影称为轴测投影轴，简称轴测轴。

(3) 形体在轴测投影面上的投影称为轴测投影。

(4) 令线段 u 为直角坐标系上各个轴的长度单位，则 i、j、k 即为单位长度在轴测投影面上的投影长度。它与单位长度之比称为轴向变形系数或轴向缩短率。

如 $p=i/u$ 称为 X 轴向变形系数；$q=j/u$ 称为 Y 轴向变形系数；$r=k/u$ 称为 Z 轴向变形系数。

(5) 轴测投影平面与轴测轴之间的夹角称为轴间角。

二、轴测图的分类

轴测图的分类方法有两种：

(1) 按投影方向分。当投影方向 S 垂直于轴测投影面 P 时，称为正轴测图。当投影方向 S 倾斜于轴测投影面 P 时，称为斜轴测图。

(2) 按轴向变化率是否相等分。当 $p=q=r$ 时，称为正(或斜)等测图。当 $p=q\neq r$ 时，称为正(或斜)二测图。

在建筑制图中常用的轴测图有三种：正等测、正面斜二测和水平斜等测。

三、正等轴测图

(一) 正等测图的特点

如图 3-40 所示，当物体的三个坐标轴和轴测投影面 P 的倾角相等时，物体在 P 平面上的正投影即为物体的正等测图。其特点如下：

轴间角相等 $\angle XOY=\angle YOZ=\angle ZOX=120°$，如图 3-40($a$)所示。通常 OZ 轴总是竖直放置，而 OX、OY 轴的方向可以互换。

由几何原理可知，正等测图的轴向变化率相等，即 $p=q=r=0.82$，如图 3-40(b)所示。为了简化作图，制图标准规定 $p=q=r=1$，如图 3-40(c)所示。这就意味着用此比例画出的轴测图，从视图上要比理论图形大 1.22 倍，但这并不影响其对物体形状和结构的描述。

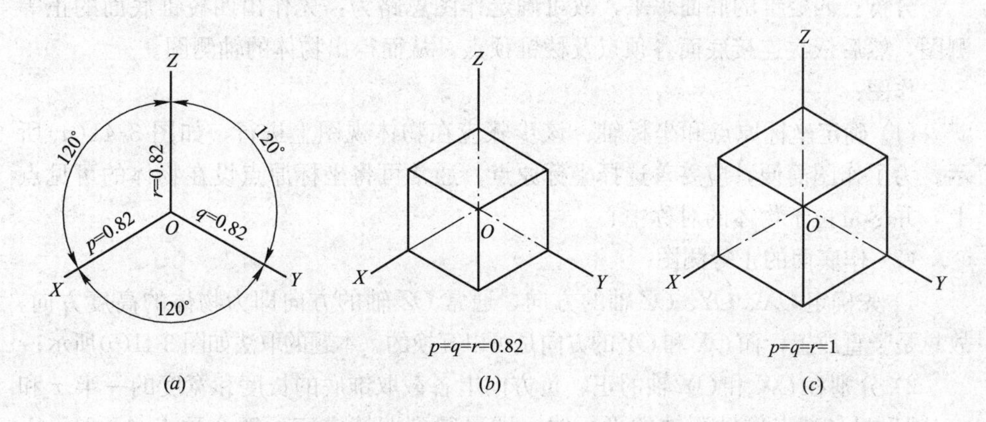

图 3-40 正等测图的轴间角和轴向变化率

(二) 平面体正等测图的画法

画轴测图的方法很多，常用的画平面体轴测图的方法有坐标法、特征面法、叠加法和切割法四种。

1. 坐标法

按物体的坐标值确定平面体上各特征点的轴测投影并连线，从而得到物体的轴测图，这种方法即为坐标法。坐标法是所有画轴测图的方法中最基本的一种，其他方法都是以该方法为基础的。

【例 3-7】 作图 3-41 所示四棱锥的正等测图。

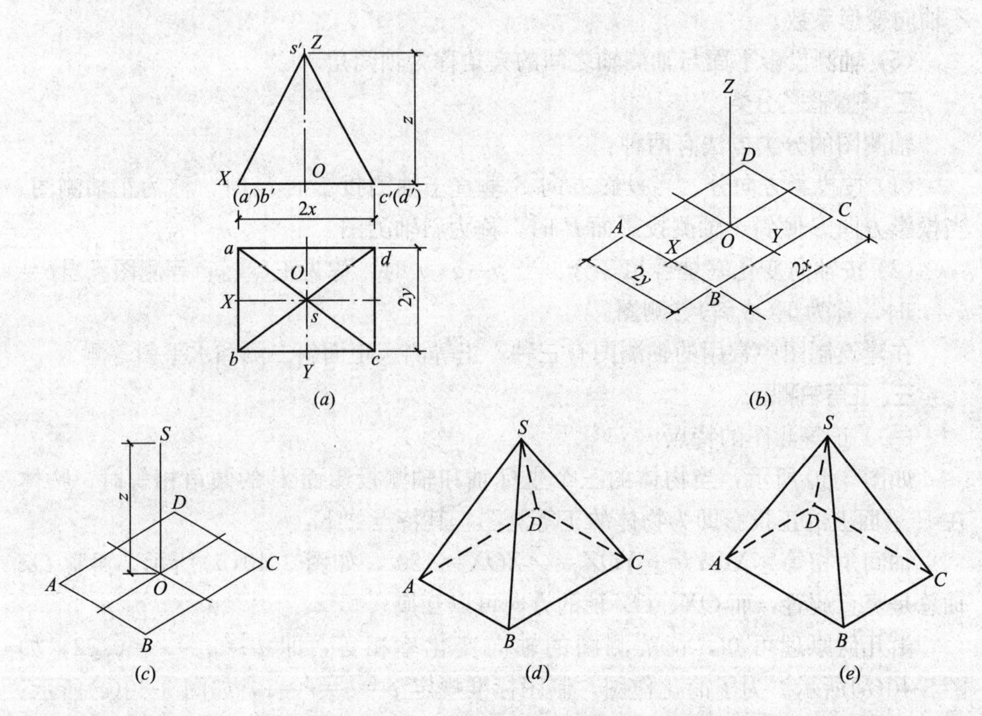

图 3-41　用坐标法画轴测图

分析：四棱锥的底面水平，故可确定作图思路为：先作出四棱锥底面的正等测图，然后依次连接底面各顶点及棱锥顶点，从而得出物体的轴测图。

作图：

(1) 确定坐标原点和坐标轴：该步骤应在物体视图上进行，如图 3-41(a)所示。为了作图简便，应妥善选择坐标原点。通常可将坐标原点设在物体的可见点上，并尽量位于物体的对称中心。

(2) 作底面的正等测图。

1) 先确定 OX、OY、OZ 轴的方向，通常 OZ 轴的方向即为物体的高度方向，故总是竖直放置，而 OX 和 OY 的方向是可以互换的。本题的取法如图 3-41(b)所示；

2) 分别在 OX 和 OY 轴的正、负方向上各截取锥底的长度和宽度的一半 x 和 y，然后过各截点作轴测轴的平行线，即可得到四棱锥底面四个顶点 A、B、C、D 的正等测投影，如图 3-41(b)所示；

3) 作四棱锥顶点的正等测图：在 OZ 轴上从 O 点向上量取棱锥的高 z，得四棱锥顶点的正等测投影，如图 3-41(c)所示；

4) 依次连接四棱锥顶点与底面对应点，检查后擦去作图线，描粗加深可见轮廓线，完成全图，如图 3-41(d)所示。

2. 特征面法

这是一种适用于柱体的绘制轴测图的方法。当柱体的某一端面较为复杂且能够反映柱体的形状特征时，我们可先画出该面的正等测图，然后再“扩展”成立体，这种方法被称为特征面法。

【例 3-8】 作出如图 3-42 所示物体的正等测图。

分析：由图可知，左视图反映了物体的形状特征，所以画图时应先画出物体左端面的正等测图，然后向长度方向延伸即可。

作图：

(1) 设坐标原点 O 和坐标轴，如图 3-42(a)所示；

(2) 作物体左端面的正等测图，如图 3-42(b)所示。注意：此时图中的两条斜线必须留待最后画出，其长度不能直接测量；

(3) 过物体左端面上的各顶点作 X 轴的平行线，并截取物体的长度 x，然后顺序连接各点得物体的正等测图；

(4) 仔细检查后，描粗可见轮廓线，得物体的正等测图，如图 3-42(c)所示。

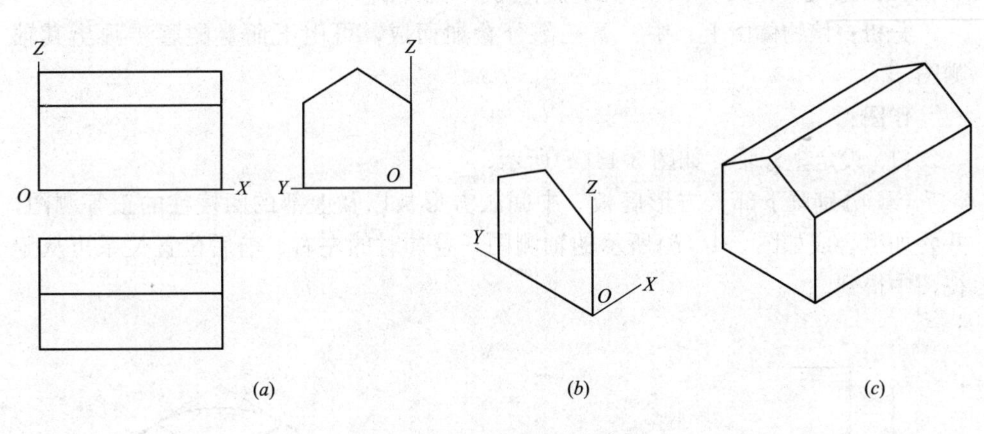

图 3-42　用特征法画轴测图

3. 切割法

当物体被看成为由基本体切割而成时，可按先画基本体然后再切割的顺序来画轴测图，这种方法就叫做切割法。

【例 3-9】 作图 3-43 所示物体的正等测图。

分析：该物体可看成为五棱柱被切去了两个三棱锥后所得到的立体，因而作图时可先作出五棱柱的正等测图，然后再切角。

作图：

(1) 设定坐标轴如图 3-43(a)所示；

(2) 由特征面法先画出五棱柱的轴测图，如图 3-43(b)所示；

(3) 如图沿 OX 轴的方向截取长度 x 得到三棱锥的顶点；

(4) 检查后擦去被切部分及有关的作图线，描粗加深物体的轮廓，如图 3-43(c)所示。

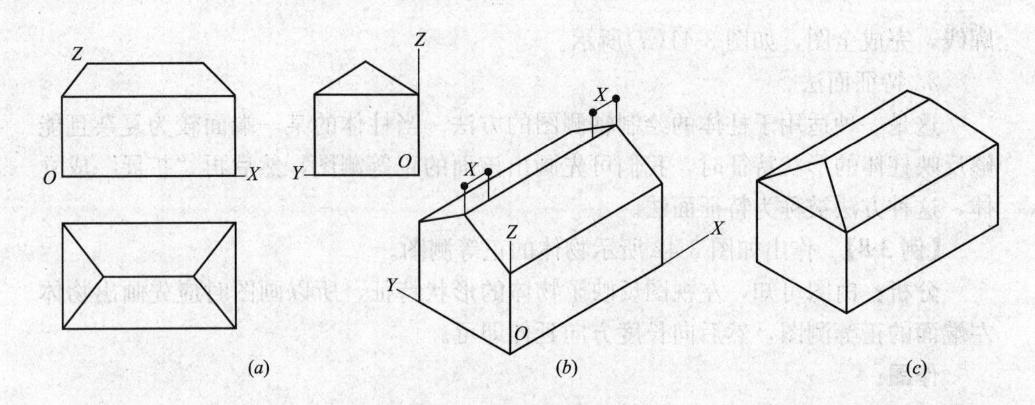

图 3-43　用切割法画轴测图

4. 叠加法

对于那些由几个基本体相加而成的物体，我们可以逐一画出其轴测图，然后再将各部分叠加起来，这种方法称为叠加法。

【例 3-10】 作图 3-44(*a*)所示物体的正等测图。

分析：该物体由上、中、下三部分叠加而成，可由下而上的逐步画出其轴测图。

作图：

(1) 设定坐标轴，如图 3-44(*a*)所示；

(2) 分别画下部长方形底板、中间长方形板以及上部的四棱柱的正等测图，并叠加组合成如图 3-44(*b*)所示的轴测图。叠加时的左右、前后位置关系可从俯视图中得到。

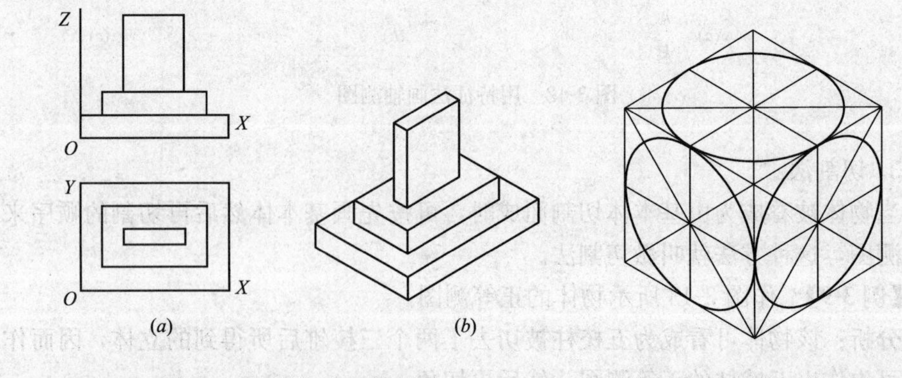

图 3-44　用叠加法画轴测图　　　　图 3-45　圆的正等测图

四、曲面体正等轴测图

平行于坐标面的圆的轴测投影是椭圆，如图 3-45 所示。位于立方体表面上的内切圆的正等测图都是椭圆，且大小相等。绘制这些椭圆可用四心扁圆法(又称为菱形法)。这是椭圆的近似画法，具体作法如下。

【例 3-11】 作图 3-46(*a*)所示圆柱体的正等测图。

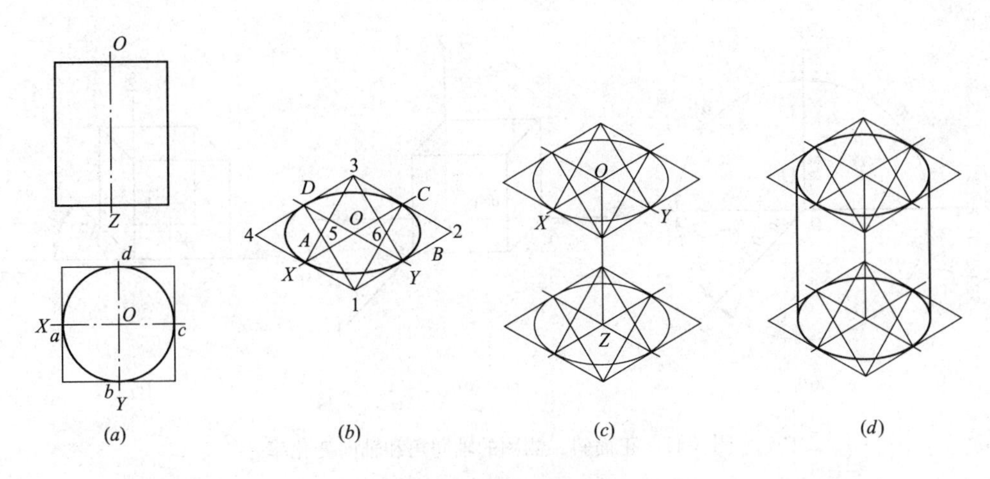

图 3-46　圆柱的正等测图画法

分析：该圆柱竖直放置，其顶圆和底圆平行于水平面，轴线为铅垂线。画图时，可先利用菱形法画出水平圆的正等测图，然后再利用特征面法画出柱体。

作图：

(1) 如图 3-46(a)所示，设坐标系，同时作圆的外接正方形，切点的水平投影为 a、b、c、d。

(2) 用菱形法画出顶圆的正等测图，如图 3-46(b)所示。具体步骤为：

1) 作与顶圆坐标轴相对应的轴测轴 OX、OY，且在它们上面分别截得 A、B、C、D 四点；

2) 过点 A、B、C、D 作 OX、OY 轴的平行线得菱形，此即为圆外接正方形的轴测投影；

3) 将菱形的两钝角顶点 1、3 与其四边中点 A、B、C、D 分别连线，得 $C1$、$D1$、$A3$、$B3$，它们两两相交得 5、6；

4) 分别以点 1 为圆心、$1C$ 长为半径作圆弧 CD；以点 3 为圆心、$3A$(长度等于 $1C$)为半径作圆弧 BA；以点 5 为圆心、$5A$ 为半径作圆弧 AD；以点 6 为圆心、$6B$(长度等于 $5A$)为半径作圆弧 BC。四段圆弧相连，近似成一椭圆，故又称为扁圆。

(3) 沿 Z 轴方向向下移动顶圆圆心(高度为圆柱的高)得底圆的圆心，然后再同样的作出底圆的正等测图，如图 3-46(c)所示。

(4) 作出两椭圆的公切线，检查后描粗加深完成全图，如图 3-46(d)所示。

五、斜轴测图

建筑工程中常用的斜轴测图有两种：正面斜二测图和水平斜等测图。

(一) 正面斜二测图的特点和画法

1. 形成及特点

如图 3-47 所示，将物体与轴测投影面 P 平行放置，然后用斜投影法作出其投影，此投影即称为物体的斜二测图，若 P 平面平行正立面，则称为正面斜二测图。其特点如下：

(1) 正面斜二测图能反映物体上与 V 面平行的外表面的实形。

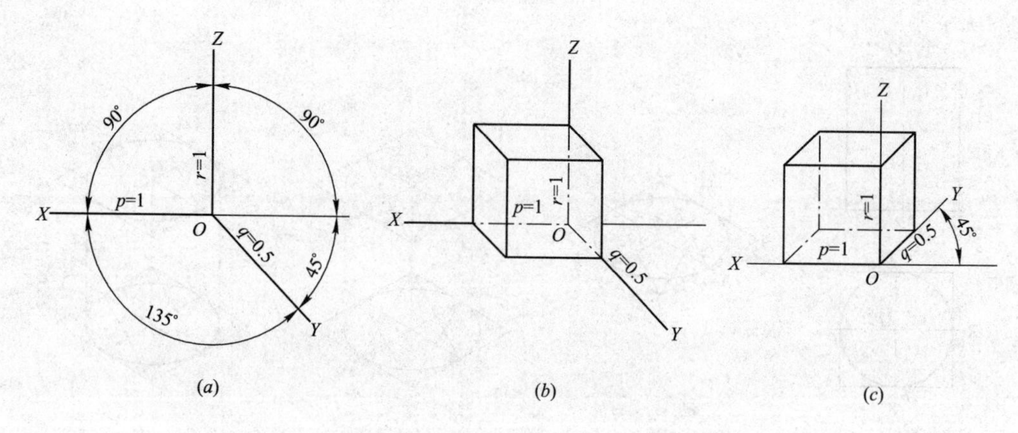

图 3-47　正面斜二测图的轴间角和轴向变化率

（2）其轴间角和轴向变化率分别为：

轴间角：$\angle XOZ=90°$，$\angle YOZ=\angle YOX=135°$；

轴向变化率：$p=r=1$，$q=0.5$。

2. 正面斜二测图的画法

由于斜二测图能反映物体正面的实形，所以常被用来表达正面（或侧面）形状较复杂的柱体。画图时应使物体的特征面与轴测投影面平行，然后利用特征面法求出物体的斜二测图。

【例 3-12】 作出拱门的正面斜二测图。

分析：如图 3-48 所示，拱门由地台、门身及顶板三部分组合而成，其中门身的正面形状带有圆弧较复杂，故应将该面作为正面斜二测图中的特征面。

作图：

（1）根据分析选取如图 3-48(*b*)所示的轴测轴；

（2）作地台的斜轴测图，并在地台面上确定拱门前墙的位置线，如图 3-48(*c*)所示；

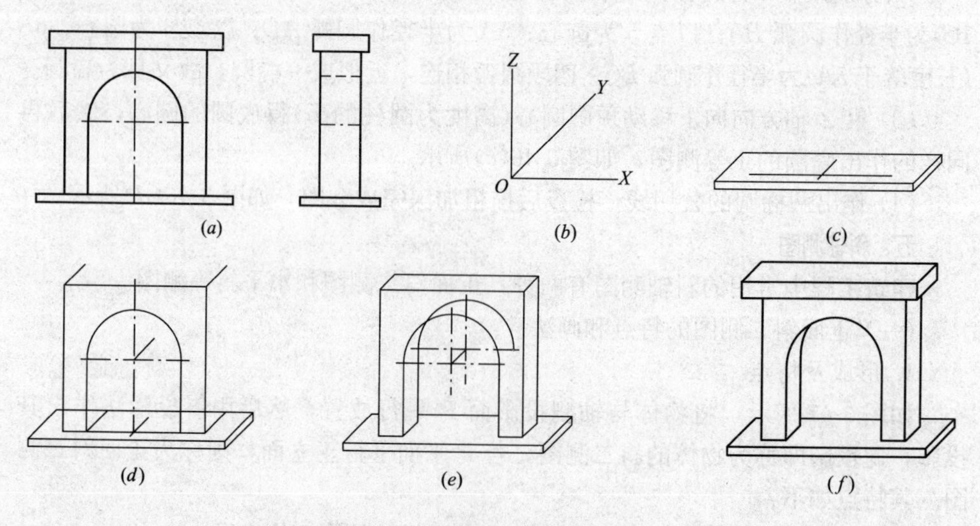

图 3-48　正面斜二测图的画法

(3) 如图 3-48(d)所示，画出拱门的前墙面［应与图 3-48(a)中的完全一致］，同时确定 Y 方向；

(4) 利用平移法完成拱门的斜轴测图，如图 3-48(e)所示；

(5) 画出顶板(注意顶板与拱门的相对位置)，检查后描粗加深完成全图，如图 3-48(f)所示。

(二) 水平面斜轴测图的特点和画法

如图 3-49(a)所示，保持物体及其与投影面的位置不变，P 平面平行于水平投影面，投影线与 P 平面倾斜，所得的轴测图被称为水平面斜轴测图。考虑到建筑形体的特点，习惯上将 OZ 轴竖直放置，即如图 3-49(b)所示。水平面斜轴测图的特点有：

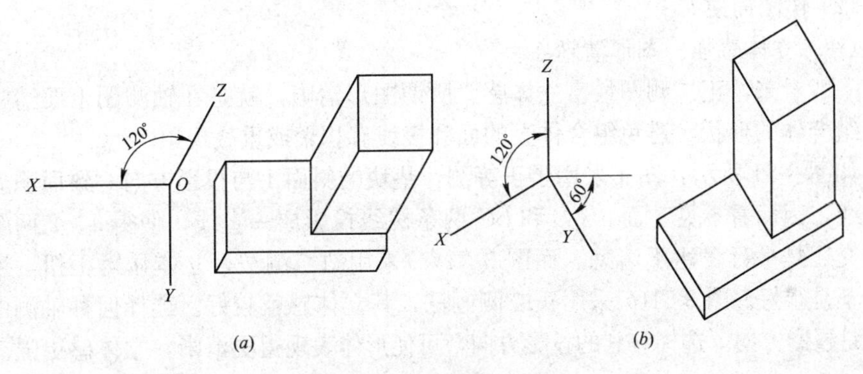

图 3-49　水平面斜轴测图

(1) 能反映物体上与水平面平行的表面的实形。

(2) 轴间角分别为：$\angle XOY=90°$，$\angle YOZ$ 和$\angle ZOX$ 则随着投影线与水平面间的倾角变化而变化。通常可令$\angle ZOX=120°$，则$\angle YOZ=150°$。

轴向变化率：$p=q=1$ 是始终成立的；当$\angle ZOX=120°$时，$r=1$ 亦成立。

(3) 具体作图时，只需将建筑物的平面图绕着 Z 轴旋转(通常按逆时针方向旋转 30°，然后再画高度尺寸即可。

(4) 画图举例。

【例 3-13】 作出如图 3-50(a)所示建筑小区的水平斜轴测图。

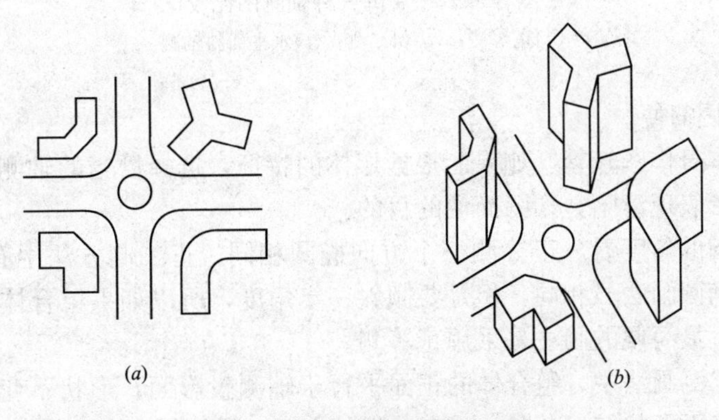

图 3-50　水平斜轴测图的画法

作图可按下列步骤进行：

(1) 将小区的平面布置图旋转到和水平方向成30°角的位置处；

(2) 从各建筑物的每个角点向上引垂线，并在垂线上量取相应的高度，画出建筑物的顶面的投影；

(3) 检查后擦除多余的图线，同时加深可见轮廓线，完成全图，如图3-50(*b*)所示。

六、轴测投影的选择

轴测图的立体感随着组合体、投影面和投影方向的不同而有很大区别。而在作图上也存在着繁简之分。所以在画轴测图时应满足以下两方面的要求：

(1) 立体感强，图形清晰。

(2) 作图简便。

(一) 立体感强、图形清晰

一般看来，正二测图最富立体感。所谓图形清晰，就是在轴测图上要清晰地反映组合体的形状，避免组合体上的面和棱线有积聚或重叠现象。

如图3-51所示，图*a*采用了正等测，垫块的斜面1与投影方向一致而积聚成一条线，因而看不见1面。*AB*和*BC*两条棱线投影成一直线，使得1、2两个面是相交还是平行表达不清楚。而图3-51(*c*)采用斜二测法，立体显得歪扭，视觉效果不是很好。图3-51(*b*)采用正二测画法，其立体感就较好。选择何种轴测图的依据是投影方向。选择有利的投影方向，可使形体表现得更清晰，立体感更强。

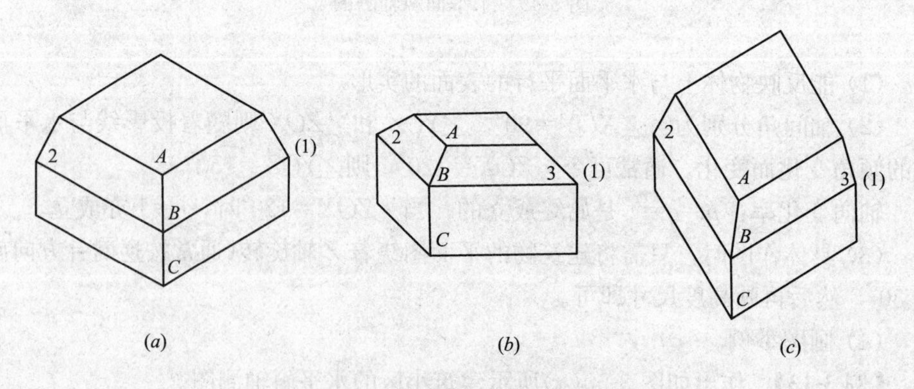

图3-51　垫块的三种轴测图比较

(*a*)正等测；(*b*)斜二测；(*c*)水平面斜轴测

(二) 作图简便

轴测图本身作图较繁，如果能根据形体的特征，选择恰当的轴测图方法，就容易实现图形表现清晰，作图简便的目的。

从画椭圆的角度看，正等测三个方向椭圆相同，正二测方法中有两种椭圆，斜二测中的椭圆画法虽相同，但是要倾斜一定角度，所以如果组合体的三个方向都有椭圆时，最简便的画法是采用正等测。

由于斜二测画法中，组合体的正面平行于轴测投影面，形状不变。所以当组合体的一个表面形状较复杂时，或者曲线较多时，采用斜二测画法最为简便。

第六节 视图的阅读

通过看视图而去想像与之对应的物体的形状和结构，这一过程被称为视图的阅读，简称读图。读图能力的培养是学习投影和识图的主要任务之一，也是本课程学习时的难点之一。掌握正确的读图方法，可为今后阅读专业图样打下良好的基础。

读图的方法很多。常用的读图方法有以下几种：

一、形体分析法

（一）思路和必备的基础知识

形体分析法是读图方法中最基本和最常用的方法。其思路为：先将物体分解为几个简单的基本几何体的组合，然后逐个想像出各基本几何体及部分的形状，再根据它们的相对位置和组合方式综合得出物体的总体形状及结构。

为了能顺利地运用形体分析法读图，要求读者必须熟悉一些常见的基本几何体及其“矩矩为柱，三三为锥，梯梯为台和三圆为球”的视图特征。同时为了准确地将组合体分解，还必须牢固掌握“长对正，宽相等，高平齐”的视图投影规律以及各立体间的相对位置关系。

（二）读图步骤

应用形体分析法读图，其步骤可概括为“分、找、想、合”四个字。现以图3-52所示三视图的识读为例加以说明。

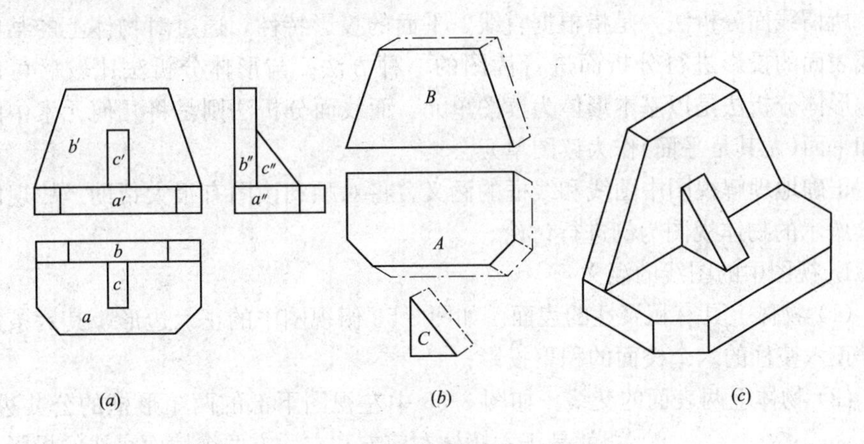

图 3-52 形体分析法读图的步骤

1. 分——分解一个视图

这是用形体分析法读图时的第一步，分解对象应是物体三视图中的某一个，该步骤的空间意义是假想着将物体分解成几部分。为了使分解的过程顺利，应从投影重叠较少（即结构特征较明显）的视图着手，本题中的左视图就是这样的视图。如图 3-52(a)，将物体的左视图按线框分解为 a''、b''和 c''。

2. 找——找出对应投影

找对应投影的依据是“长对正，宽相等，高平齐”的投影规律。在图 3-52(a)中找到的 a''、b''、c''的对应投影分别为正视图中的 a'、b'、c'和俯视图中的 a、b、c。

3. 想——分部分想形状

“想”的基础是对基本立体投影的熟悉程度。根据已有的 a、a'、a''和 b、b'、b''以及 c、c'、c''，对照基本立体投影特征中“矩矩为柱”，可以看出：A——为一水平放置的带有两个倒角的底板；B——为一竖直放置的梯形板；C——为一三角形支撑板。

前三步骤可重复进行，逐步深入将物体的各个细节想像清楚。本题进一步分析的各部分形体形状如图 3-52(b)所示。

4. 合——合起来想整体

“合”的过程是一个综合思考的过程。它要求读者熟练掌握视图与物体的位置对应关系。在本题中，根据左视图可以判定：底板 A 在最下面；B 板在 A 板的后上方；而 C 板则在 A 板的上方，同时在 B 板的前方。再由正视图补充得到：B 板的下底边与 A 板长度相等，而 C 板左右居中放置。最后综合上述，得物体的总体形状如图 3-52(c)所示。

二、线面分析法

(一) 有关的基本知识

当物体或物体的某一部分是由基本形体经多次切割而成，且切割后其形状与基本形体差异较大时(如图 3-52 所示物体的左半部分)；或虽然是基本形体，但由于工作时的需要而偏离了其正常的摆放位置时，再用形体分析法读图将非常困难，此时可运用线面分析法。

所谓线面分析法，是指根据直线、平面的投影特性，通过对物体上的某些边线或表面的投影进行分析而进行读图的一种方法。与形体分析法比较后可以发现，形体分析法是以基本形体为读图单元，而线面分析法则是将几何元素中的直线和平面(尤其是平面)作为读图单元。

正确地理解视图中图线和线框的涵义，将对顺利读图有很大帮助。故现以图 3-53 所示的物体视图为例进行讨论。

1. 视图中的图线的涵义

(1) 物体上具有积聚性的表面。如图 3-53 俯视图中的正六边形，其六条边线就是正六棱柱的六个棱面的积聚投影；

(2) 物体上两表面的交线。如图 3-53 中左视图下部的两矩形框的公共边线，就是正六棱柱左前方和左后方两个棱面交线的投影；

(3) 物体上曲表面的轮廓素线。如图 3-53 中正视图上部矩形线框的左右两条竖线，即为圆柱体的轮廓素线。

2. 视图中的图框的涵义

(1) 表示一个平面。如图 3-53 正、左视图中下部的几个矩形线框，它们分别表示了六棱柱的几个棱面的投影；

如图 3-53 正、左视图中上部的两个矩形线框，它们反映的是四棱柱面的投影；

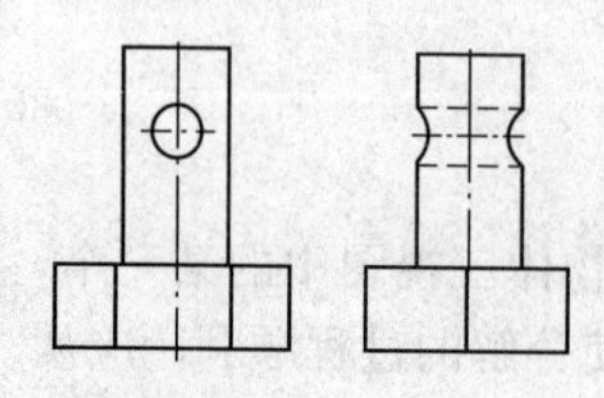

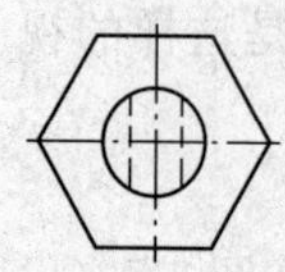

图 3-53 图线与线框的涵义

(2) 表示孔、洞、槽的投影。如图 3-53 左、俯视图中的虚线框，就表示了四楼柱上方的一个方孔的投影。

(二) 读图步骤

应用线面分析法读图时的步骤，亦可归纳为“分、找、想、合”四个字，其具体解释如下：

1. 分——分线框

物体视图中的每个线框通常都代表了物体上的一个表面，因此读图时，应对视图上所有的线框进行分析，不得遗漏。为了避免漏读某些线框，通常应从线框最多的视图入手，进行线框的划分。例如，图 3-54 所示的物体，可将它的左视图分为 a''、b'、c''、d''四个线框(线框 e''可由后面的步骤分析得到)。

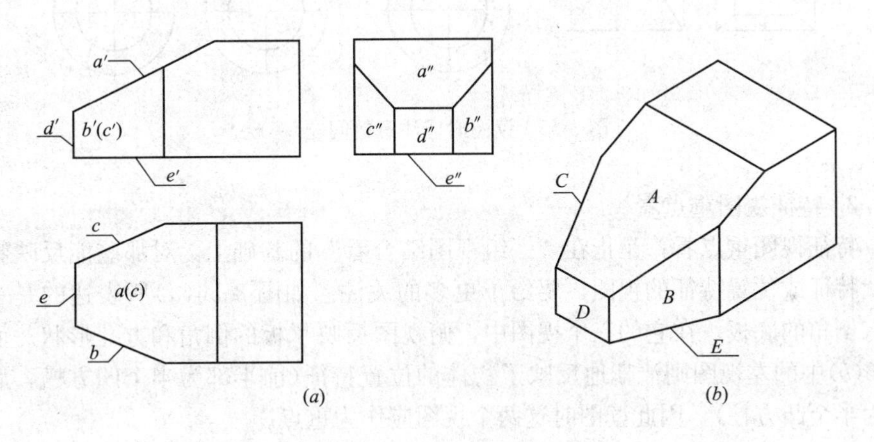

图 3-54　线面分析法读图步骤

2. 找——找对应投影

根据前面所讲平面的投影特性可知，除非积聚，否则平面各投影均为“类似形”。反之，可得到下述规律：“无类似形则必定积聚”。由此再加上投影规律，可方便地找到各线框所对应的另外两面投影。如图 3-54(a)，分析得到 a''、b''、c''、d''、e''的对应投影为 a'、a；b'、b；c'、c；d'、d 和 e'、e。

3. 想——想表面形状、位置

根据各线框的对应投影想出它们各自的形状和位置：A——正垂位置的六边形平面；B、C——铅垂位置的梯形平面，分别居于 D 的两旁前后对称；D——侧平位置的矩形平面；E——则为一水平面。

4. 合——合起来想整体

根据前面的分析综合考虑，想像出物体的真实形状。如图 3-54(b)所示，该物体是由一长方体被三个截平面切割所形成的。

三、读图时应注意的问题

1. 一组视图结合看

是指在读图时应充分利用所给各视图结合识读，不能只盯着一个视图看。

图 3-55 所示为五个基本形体，每个物体均给出两个视图。由该图可以看出，

其中前三个物体的正视图均为梯形，但千万不能因此得出结论说它们所表达的是同一个物体。因为结合俯视图读图后可以看出，它们分别表示的是四棱台、截角三棱柱(又称四坡屋面)和圆台。同理，虽然后三个物体的俯视图相同，但结合正视图读图后可知，第四个物体表达的是被截圆球，而最后一个则是一空心圆柱。

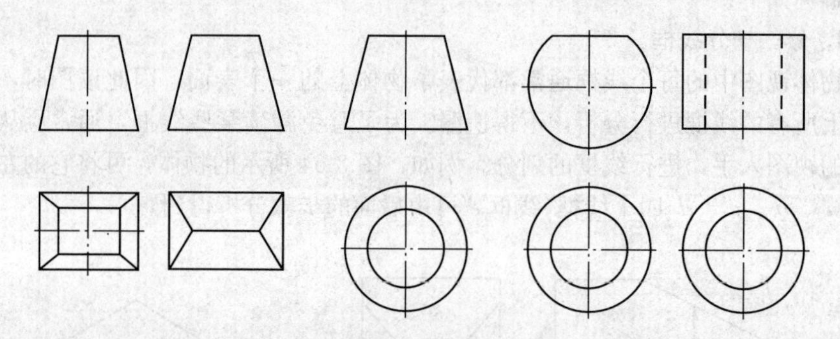

图 3-55　读图时应注意的问题(一)

2. 特征视图重点看

特征视图重点看，是指在“一组视图结合看”的基础上，对那些能反映物体形状特征或位置特征的视图，要给予更多的关注。如图 3-56(*a*)所表达的是一块带有倒角的底板，在它的三个视图中，俯视图反映了板的倒角和方孔形状。而图 3-56(*b*)中的左视图则清晰地反映了物体的位置特征(前半部为半个凹方槽，后半部为半个凸方柱)，因此读图时这两个视图应作为重点。

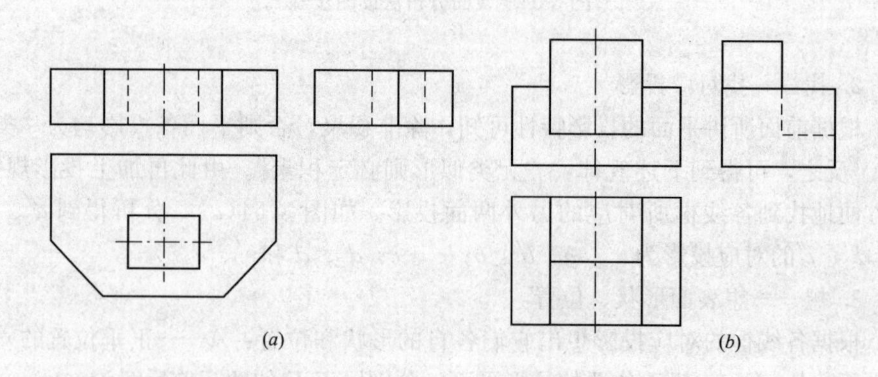

图 3-56　读图时应注意的问题(二)

3. 虚线、实线要分清

在物体的视图中，虚线和实线所表示的涵义完全不同(虚线表示的是物体上的不可见部分，如孔、洞、槽等)。对虚线、实线进行对比和分析，能帮助读者更好地读图。例如，图 3-57 所示的两个物体，它们的三视图很相似，惟一的区别就是正视图中的虚线和实线。

但正是这一微小的差别，就决定了两个物体完全不同的结构。所以在读图过程中，要特别重视虚、实线的分析。

图 3-57　读图时应注意的问题(三)

4. 选取合适的读图方法

由于组合体组合方式的复杂性，在实际读图时，有时很难确定某一组合体所属的类型，当然，也就无法确定它的读图方法。因此，读图方法的选取，也是读图时应重点注意的问题。通常，对于那些综合型的组合体，可采用“以形体分析法为主，线面分析法为辅”的方法。

四、训练读图的方法

训练读图能力的方法很多，本节只介绍其中的两种：补漏线和补视图。

(一) 补漏线

这是读图训练时常用的一种方法。通常出题者在给出的组合体视图上，有意地漏画一些图线(当然这些图线的漏画并不影响读者的读图)，要求读者在读懂视图后，补画出这些漏画的图线。

【例 3-14】 补全图 3-58 所示组合体三视图中漏画的图线。

读图：由图 a 初步判断这是一个以叠加为主的组合体，故应用形体分析法读图。按照前面介绍的“分、找、想、合”的步骤，从分解正视图入手，将其分为 a'、b'、c' 三部分，(b' 和 c' 间可加上一条假想的交线，以便于分析，但最后完成时应通过检查将其擦除。)最终可以得出图 3-58(b)所示的组合体。该组合体由三部分叠加而成：A 是一“L”形的底板(亦可看成是左前方缺角的长方形板)，位于组合体的下部；B 是一竖直放置的长方形板，它的前上方被切去 1/4 圆柱，它位于 A 的上部且与 A 右端平齐；C 为一三棱柱，放在 A 的上方、B 的左边。

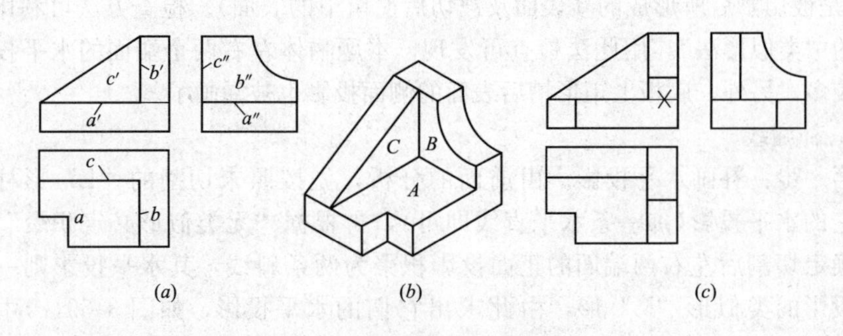

图 3-58　读图训练—补漏线(一)

补漏线：补漏线应分两步进行。

1. 查漏线

将已有的视图与读图结果比较，从而找出漏线的位置。为了防止遗漏，通常可从以下几个方面进行检查。

查轮廓线：按照组合体的构成，逐部分检查物体的各轮廓线。在本题中，A顶面的侧面投影及其缺口的正面和侧面投影、B上圆柱形缺口的水平和正面投影，都属于此类漏线。

查表面交线：根据组合体的组合方式，检查各表面交线和分界线。在本题c图中，加“×”的图线，因两连接表面平齐，故不应画出。

2. 补漏线

根据检查的结果，将图中漏画的图线补上。在补画漏线时，其位置和长度由投影规律确定。具体结果如图 3-58(*c*)所示。

【例 3-15】 补全图 3-59 所示组合体三视图中漏画的图线。

读图：由图 3-59(*a*)判断这是一个以切割为主的组合体，故只能用线面分析法读图。首先，可假想将正视图中的缺角补上［如图 3-59(*a*)中双点划线部分］，此时读图得到的是一横放的“L”形柱，在它的前部还开有一矩形凹槽；然后再分析被截切部分的情况，最后完整地想像出组合体的形状，如图 3-59(*b*)所示。

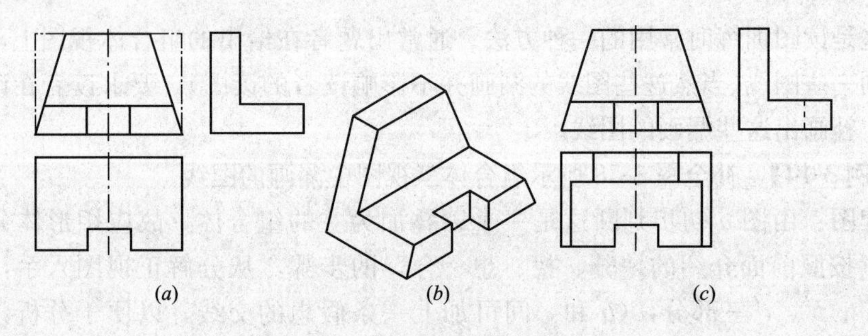

图 3-59　读图训练—补漏线(二)

(一) 补漏线

1. 查漏线

对于用线面分析法求解的组合体，查漏线的重点应放在检查各表面的投影上(特别是被切割后所形成的新表面及被切后遗留下的表面)。检查方法可利用前面所讲的“类似形法”。用此法检查可发现，本题物体左右两个端面的水平投影中漏线较多，另外，底板上矩形槽后表面的侧面投影也被漏画了。

2. 补漏线

第一步：补画水平投影。由前面的分析，先按照未切割的“L”形柱，补画出它的水平投影(加一条水平直线即可)，再根据“无类似形必定积聚”的原则，确定切割后左右两端面的正面投影积聚为两条斜线，其水平投影则一定是侧面投影的类似形“L”形，由此求出它们的水平投影，如图 3-59(*c*)中的俯视图。

第二步：根据"宽相等"补画底板矩形槽在左视图上所漏的虚线，如图 3-59(*c*)中的左视图所示。

(二) 补视图

这是进行读图训练时最为常见的一种方法。它要求读者根据已有的两个视图，想像出物体的形状和结构，并正确地补画出它的第三视图，从而达到训练读图能力的目的。

此类问题的求解过程通常也分为两步——读图和补图。

【例 3-16】 补画图 3-60(*a*)所示组合体的俯视图。

读图：本题读图时首先利用形体分析法。分解物体的左视图，如图 3-60(*a*)所示，分为a''、b''和c''三部分；根据"找、想、合"的步骤想像出它们各自的形状和相互间的位置关系。*A*—四棱柱；*B*—横卧着的三棱柱(两端被切割)，在 *A* 的正上方；*C*—卧放的六棱柱，在 *A* 的右前方。

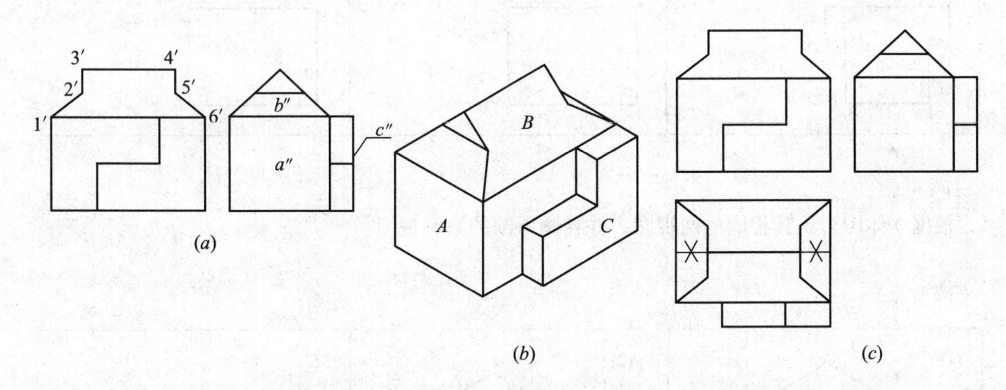

图 3-60　读图训练—补漏线(三)

在想像出物体大致外形后，再运用线面分析法确定 *B* 的两个端面形状。如图 3-60(*b*)所示，*B* 是由左右对称的两组共四个平面所截切。由于这四个切平面均垂直于正面，故在其上的投影应积聚为线［即图 3-60(*a*)中的$1'2'$、$2'3'$、$4'5'$、$5'6'$］。由投影规律找到对应的侧面投影，它们两两重合，分别为三角形和梯形。

补图：

(1) 补画出 *A*、*B*、*C* 三部分的水平投影(假想 *B* 未被切割)；

(2) 补画 *B* 上截交线的水平投影；

(3) 检查后擦去被切部分的轮廓线［即图 3-60(*c*)中加"×"的图线］。

复 习 思 考 题

1. 投影是如何分类的？各类投影有哪些特点？三面投影是如何形成的？
2. 平行投影特性有哪些特点？
3. 点、线、面的投影规律有哪些？
4. 如何根据投影图判定两点的相对位置？
5. 已知点 *A* 在 *W* 面上，它的三投影各自在何处？已知点 *B* 在 *X* 轴上，它的三投影有何特点？
6. 根据立体图辨认其相互对应的视图，并补画视图中所缺的图线。

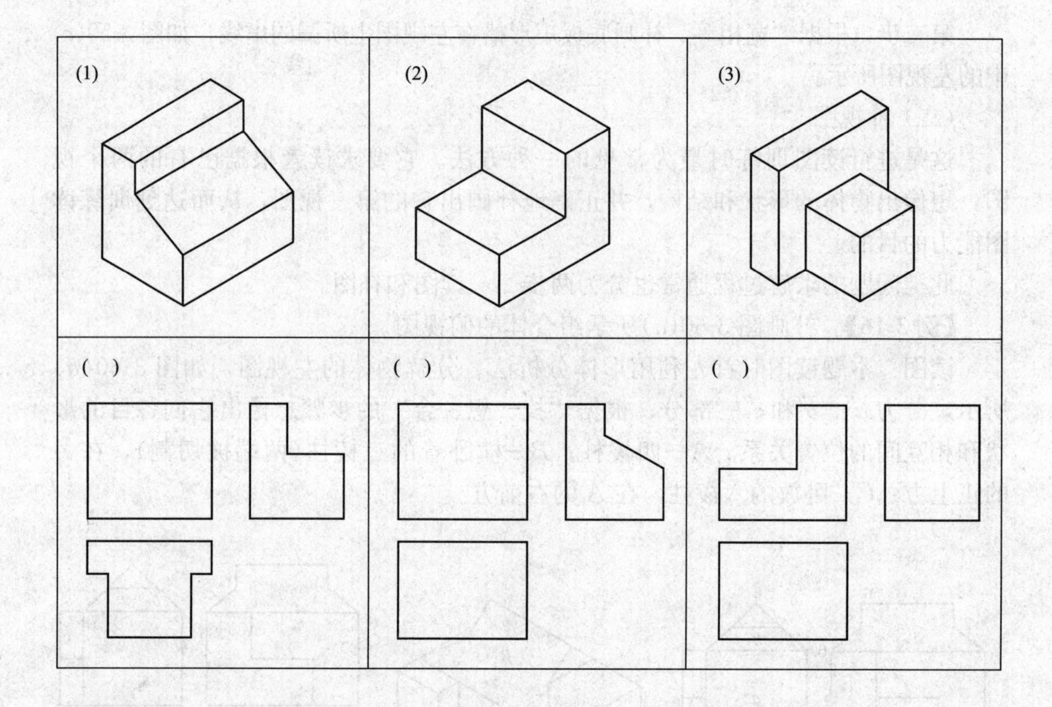

7. 根据立体图辨认其相应的两视图，并补画所缺的第三视图。

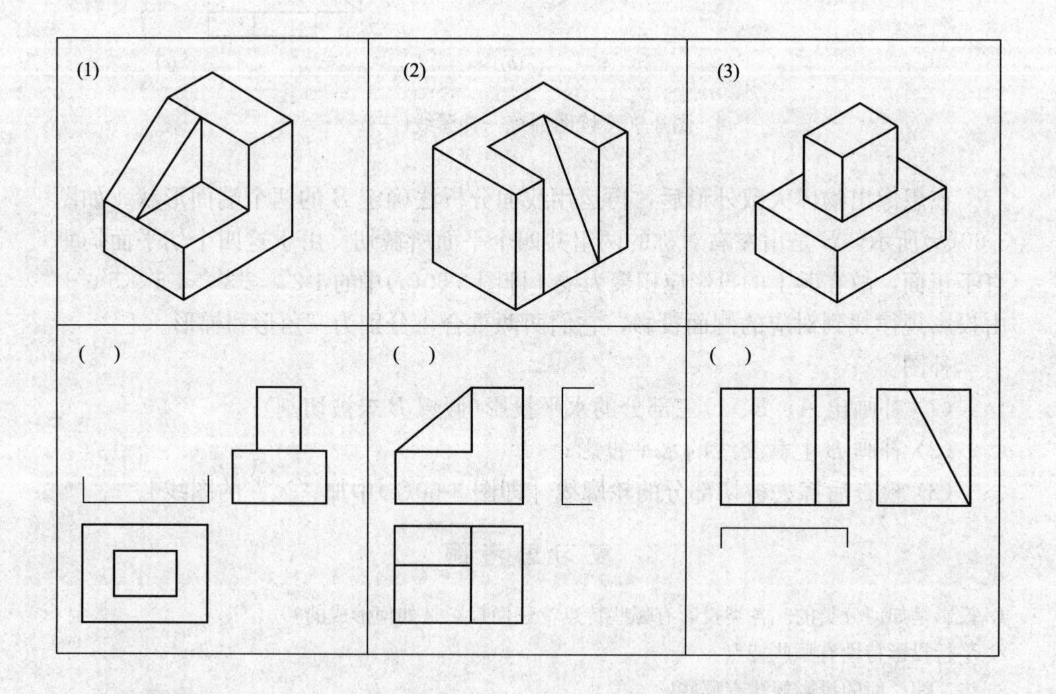

8. 在 V/H 投影体系中，两投影都是三角形，能否确定是一般位置平面？

9. 根据立体图，在投影图相应的位置注出直线、平面的符号，并判别与投影相对位置？

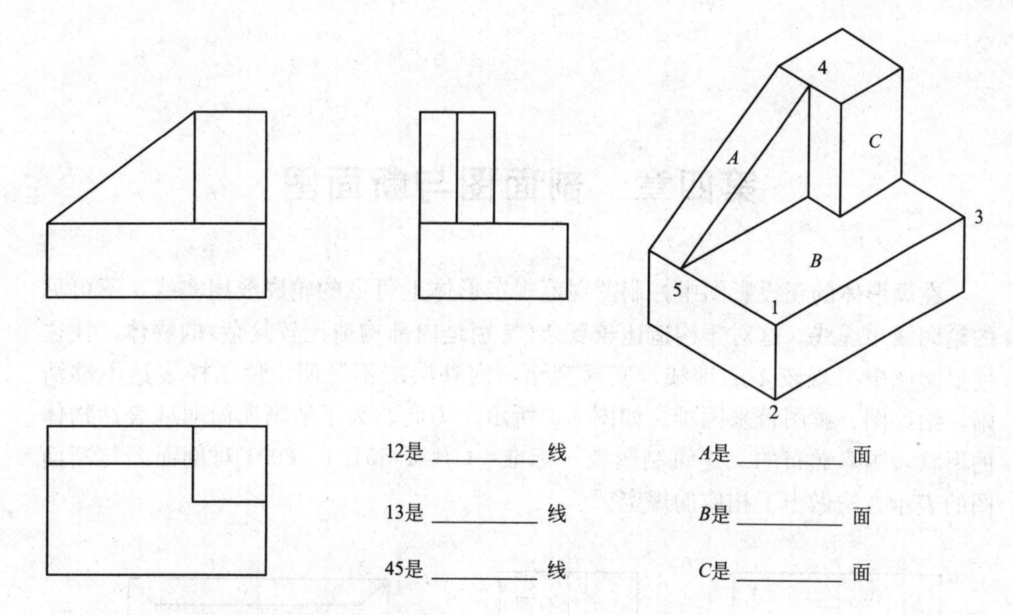

12是 ________ 线　　　A是 ________ 面

13是 ________ 线　　　B是 ________ 面

45是 ________ 线　　　C是 ________ 面

10. 平面立体投影图的主要特点是什么？
11. 圆柱截交线的求解方法有哪些？
12. 什么是立体的相贯线？两曲面立体的相贯线，其性质是什么？
13. 简述组合体及其组合方式。
14. 试述形体分析方法画图时的具体步骤。
15. 组成尺寸的基本要素是什么？如何确保标注组合体尺寸时，其尺寸的完整性？
16. 轴测图是怎样形成的？怎样区分正等测图和斜轴测图？
17. 读图时应注意的问题有哪些？常用的读图方法有哪些？

第四章　剖面图与断面图

在画形体的正投影图中，制图规范规定形体上可见的轮廓线用实线，不可见的轮廓线用虚线。这对于构造比较复杂(特别是内部构造比较复杂)的物体，往往使投影图中出现较多的虚线，实虚交错，内外层次不分明，使图样表达不够清晰，给绘图、读图带来困难。如图 4-1 所示。为此，为了清晰而简明地表达物体的形状，国家颁布的《建筑制图统一标准》GB/T 50104—2001 对剖面图与断面图的表示方法做出了相应的规定。

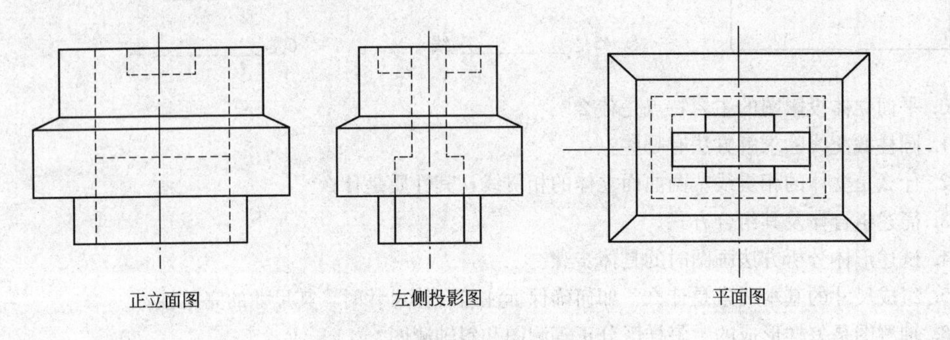

图 4-1　某形体的正投影图

第一节　剖　面　图

一、剖面图的概念

假想用剖切平面(P)剖开物体，将在观察者和剖切平面之间的部分移去，而将其余部分向投影面投射所得的图形称为剖面图，如图 4-2 所示。假想用一个通过独立杯形基础前后对称面的平面 P 将基础剖开，把 P 平面前的部分形体移开，将剩下部分向 V 面投影，这样得到的正视图，就是剖面图。剖开基础的平面(P)称为剖切平面。独立杯形基础被剖切后，其内槽原来不可见的虚线，变成了可见线条，用粗实线表示，如图 4-3 所示。

二、剖面图的画法

(一) 剖切位置线及剖切符号

剖切平面的位置可按需要选定。在有对称面时，一般选在对称面上或通过孔洞中心线，并且平行某一投影面，如图 4-4 所示。若将正面投影画成剖面图，应选平行于 V 面的前后对称面 P 作为剖切平面。若将侧面投影画成剖面图时，则应选平行于 W 面的左右对称面 R 作为剖切平面，其他类推。这样能使剖切后的图形完整，并反映实形。

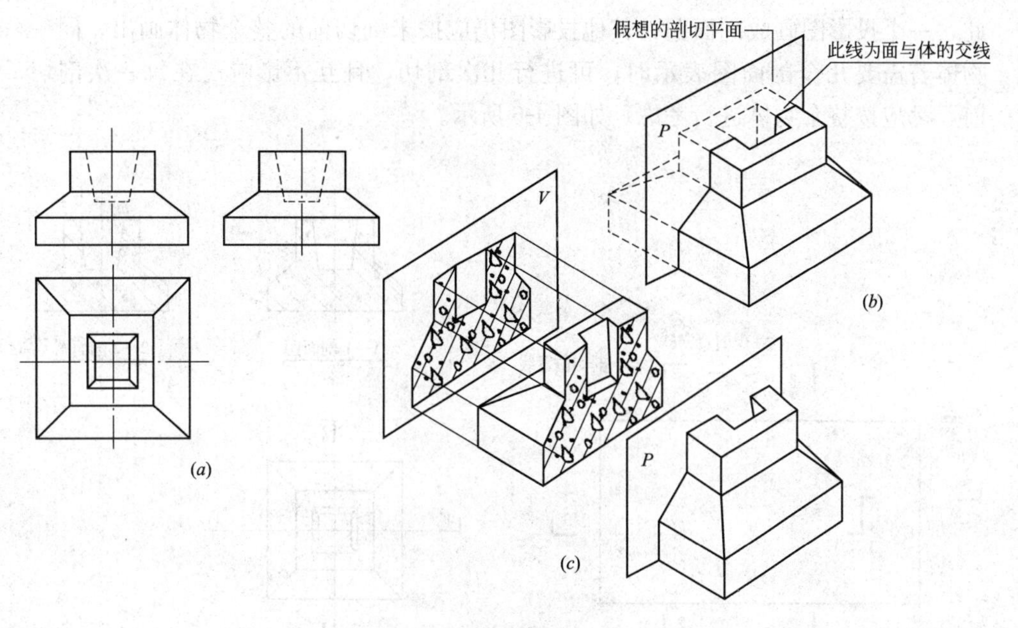

图 4-2　剖面图的形成
(*a*)三面投影图；(*b*)轴测图；(*c*)剖切轴测图

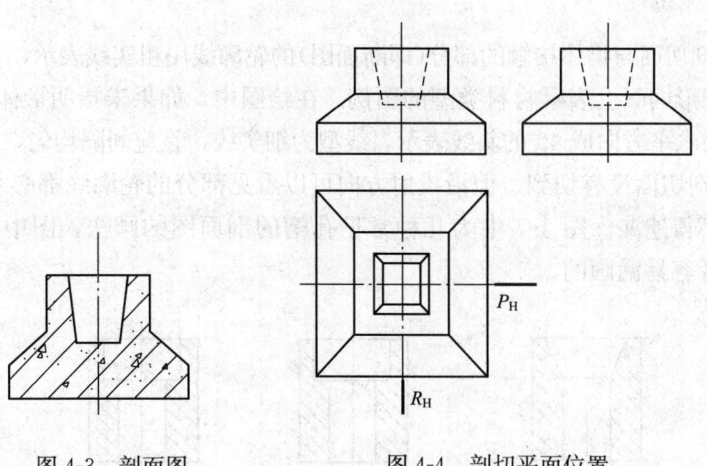

图 4-3　剖面图　　　　图 4-4　剖切平面位置

剖切面的位置不同，所得到的剖面图的形状也不同。因此，画剖面图时，必须用剖切符号标明剖切位置和投射方向，并予以编号。

剖面图的剖切符号应由剖切位置线及投射方向线组成。均应以粗实线绘制。剖切位置线的长度宜为 6～10mm；投射方向线应垂直于剖切位置线，长度应短于剖切位置线，宜为 4～6mm。绘制时，剖切符号不应与其他图线相接触。剖切符号的编号宜采用阿拉伯数字，按顺序由左至右，由下至上连续编排，并应注写在投射方向线的端部。需要转折的剖切位置线应相互垂直，其长度与投射方向线相同，同时应在转角的外侧加注与该符号相同的编号，如图 4-5 所示。

(二) 画剖面图应注意的问题

1. 剖切是一个假想的作图过程，目的是为了清楚地表达物体内部形状。因此，一个投影图画成剖面图，其他投影图仍应按未剖切前的整个物体画出。同一物体若需要几个剖面图表示时，可进行几次剖切，且互不影响。在每一次剖切前，都应按整个物体进行考虑，如图 4-6 所示。

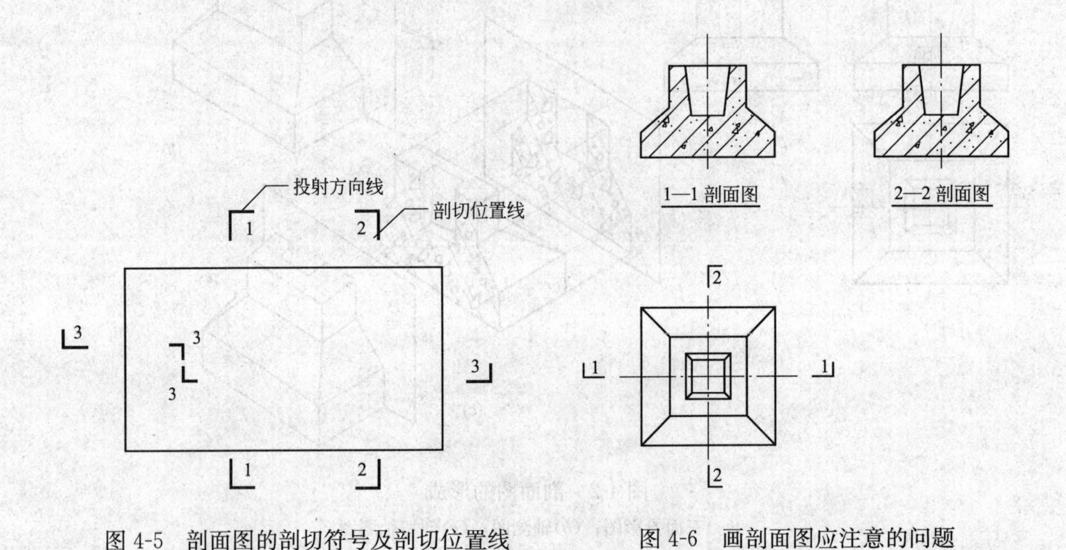

图 4-5　剖面图的剖切符号及剖切位置线　　图 4-6　画剖面图应注意的问题

2. 在剖切面与物体接触的部分(即断面图)的轮廓线用粗实线表示，并在该轮廓线围合的图形内画上表示材料类型的图例。在绘图中，如果未指明形体所用材料，图例可用与水平方向成 45°的斜线表示，线型为细实线，且应间隔均匀，疏密适度。

3. 对剖切面没有切到、但沿投射方向可以看见部分的轮廓线都必须用中粗实线画出。不得遗漏。图 4-7 中为几种常见孔槽的剖面图的画法，图中加“O”的线是初学者容易漏画的。

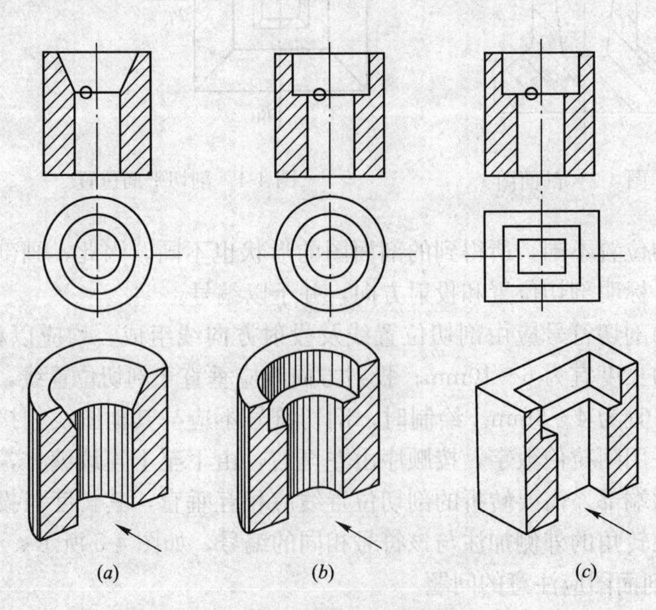

图 4-7　常见孔槽剖面图画法

4. 为了保持图面清晰，通常剖面图中不画虚线，但如果画少量的虚线就能减少视图的数量，且所加虚线对剖面图清晰程度的影响也不大时，可以在剖面图中画虚线。

5. 剖面图的名称用相应的编号代替，注写在相应的图样的下方，如图 4-6 中的图名标注。

（三）常用的剖切方法

对于许多内部形状变化较复杂的物体，常需要选用不同数量、位置的剖切平面来剖切物体，才能把它们内部的结构形状表达清楚。常用的剖切方法有用一个剖切面剖切、用两个或两个以上平行的剖切面剖切，用两个相交的剖切面剖切、分层剖切等。

1. 用一个剖切平面剖切

这是一种最简单，最常用的剖切方法。适用于一个剖切平面剖切后，就能把内部形状表示清楚的物体。如图 4-8 所示的台阶，用 1—1 平面剖切后，台阶和侧板的形状在 1—1 剖面图中就清楚了。

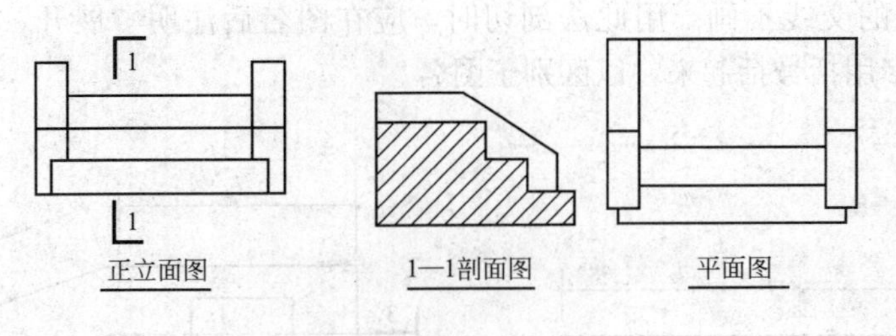

图 4-8　一个剖切平面

2. 用两个或两个以上互相平行的剖切平面剖切

有的物体内部结构层次较多，用一个剖切平面剖开物体不能将物体内部全部显示出来，可用两个或两个以上相互平行的剖切平面剖切。如图 4-9(*a*)所示的物体，具有三个不同形状和不同深度的孔。平面图虽将孔的形状和位置反映出来了，但各孔的深度不清晰。如图 4-9(*b*)所示，如果用三个平行于 *V* 面的剖切平面

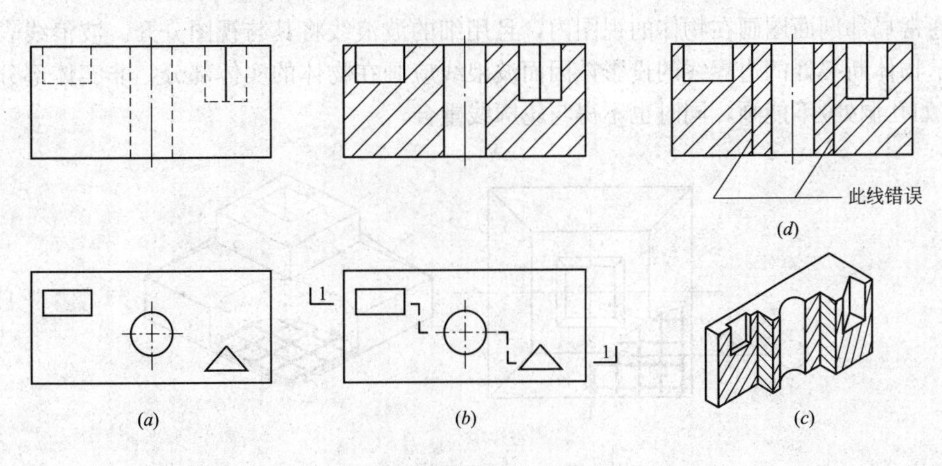

图 4-9　三个平行的剖切面

进行剖切，所得到的剖面图，即可表达各孔深度。从图中看出，几个互相平行的平面可以看成将一个剖切平面转折成几个互相平行的平面，因此这种剖切也称为阶梯剖切。

采用阶梯剖切画剖面图应注意以下两点：

(1) 标注剖切符号时，为使转折的剖切位置线不与其他图线发生混淆，应在转折处的外侧加注与该符号相同的编号，如图 4-9(*b*)中的平面图所示。

(2) 画剖面图时，应把几个平行的剖切平面视为一个剖切平面。在图中，不可画出平行的剖切平面所剖到的两个断面在转折处的分界线，图 4-9(*b*)是正确的，图 4-9(*d*)是错误的画法。

(3) 用两个相交剖切面的剖切，其剖切面的交线应垂直于某一投影面，其中应有一个剖切平面平行于投影面。如图 4-10 所示的物体，左半部平行于*V* 面，右半部与*V* 面倾斜。采用图 4-10 中 3-3 相交剖切平面剖切，具体位置用剖切符号标注在平面图上。画剖面图是先将不平行投影面部分，绕其两剖切平面的交线，旋转至与投影面平行，然后再投影。剖面图的总长度应为两线段长度之和(l_1+l_2)。两剖切平面的交线不画。用此法剖切时，应在图名后注明“展开”字样，并将“展开”二字用括号括起来，以区别于图名。

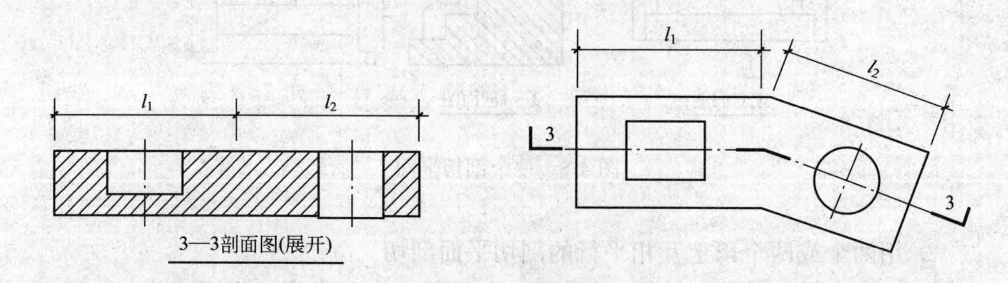

图 4-10　展开剖面图

3. 局部剖面图

用剖切平面局部地剖开物体所得的剖面图称为局部剖面图，如图 4-11 所示。通常局部剖面图画在物体的视图内，且用细的波浪线将其与视图分开。波浪线表示物体断裂处的边界线的投影，因而波浪线应画在物体的实体部分，非实体部分(如孔洞处)不能画，同时也不得与轮廓线重合。

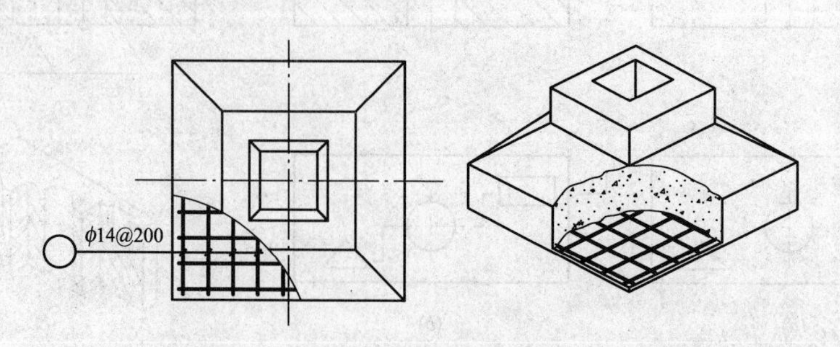

图 4-11　局部剖面图

因为局部剖面图就画在物体的视图内，所以它通常无须标注。

用几个互相平行的剖切平面分别将物体局部剖开，把几个局部剖面图重叠画在一个投影图上，用波浪线将各层的投影分开，这样的剖切称为分层局部剖面图。在建筑工程和装饰工程中，常使用分层剖切法用来表达物体各层不同的构造做法。图 4-12 所示的是某墙面的分层局部剖面图。图 4-13 所示的是某楼层地面的分层局部剖面图。

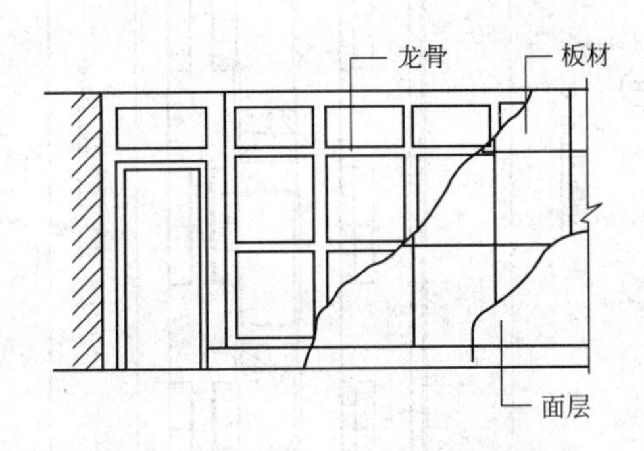

图 4-12 某墙面的分层局部剖面图

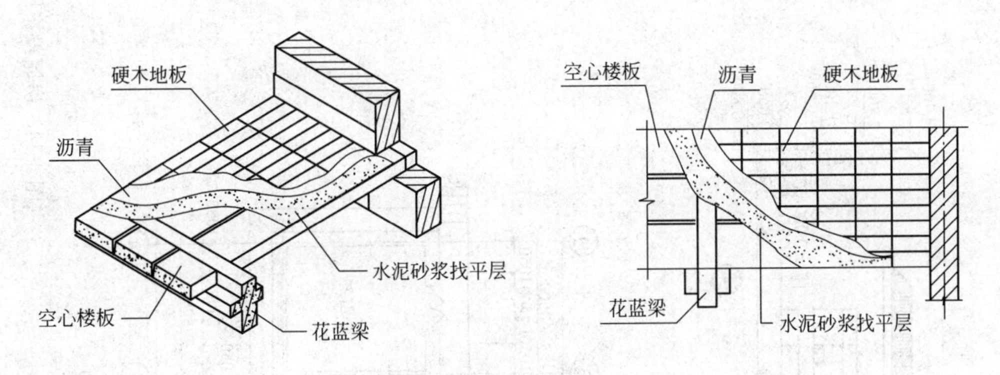

图 4-13 楼层地面分层局部剖面图

三、剖面图实例

图 4-14 所示的是剖面图在房屋建筑图中的应用实例。其中，平面图实际上是用一个假想的水平的剖切平面在门窗竖向高度的范围内将房屋全部剖开，移去上半部分后，从上向下观看时的剖面图。为了与剖面图区别，将之称为平面图。在正立面图中也不标注剖切符号。建筑平面图可表明建筑内外空间在水平方向各部分的关系，对剖到的墙应当画图例线，当绘图比例较小时(通常是 1∶50 以下)，图例线可用简化图例表示。如图 4-14 的墙体用两条粗实线表示。

由平面图中所示的剖切符号 1-1，可知侧面图位置是一个剖面图，它是在房屋被剖切后，把剖切平面左方的房屋移开，从右向左观看时得到的剖面图。建筑剖面图可表明垂直方向各部分的关系及构造，如门、窗洞口高度，屋面排水方式等。

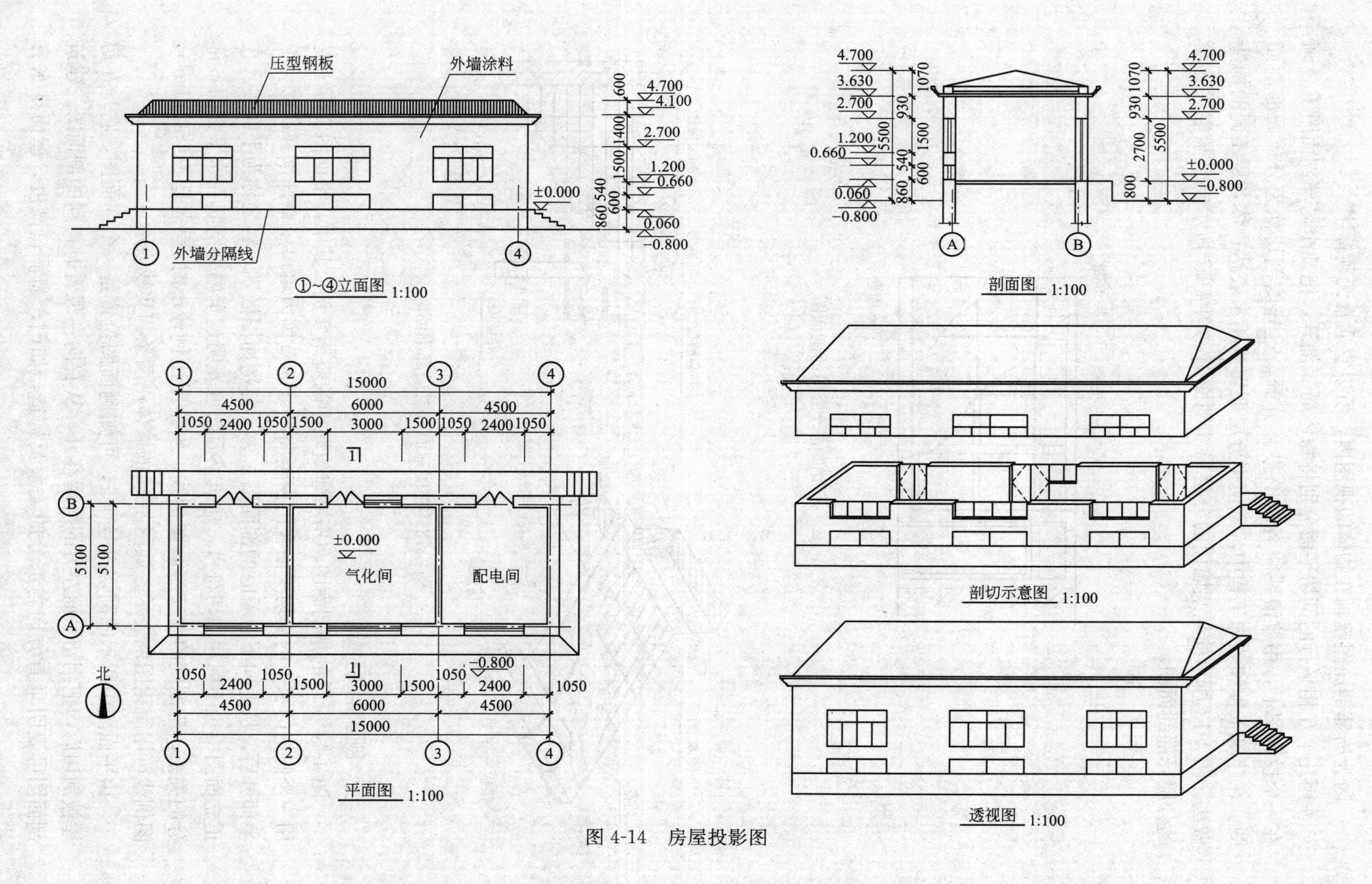
压型钢板
外墙涂料
外墙分隔线
①~④立面图 1:100
剖面图 1:100
平面图 1:100
气化间
配电间
北
剖切示意图 1:100
透视图 1:100

图 4-14　房屋投影图

第二节　断　面　图

一、断面图的概念

用假想剖切平面将物体切断，仅画出该剖切面与物体接触部分的图形，并在该图形内画上相应的材料图例，这样的图形称为断面图。如图 4-15(*b*)中“1—1”“2—2”即为断面图。图 4-15(*c*)中的“1—1”“2—2”为剖面图。比较图 4-15(*b*)和(*c*)可以发现，这两种表达方式虽然都是假想剖切后得到的，但二者之间存有几点区别：

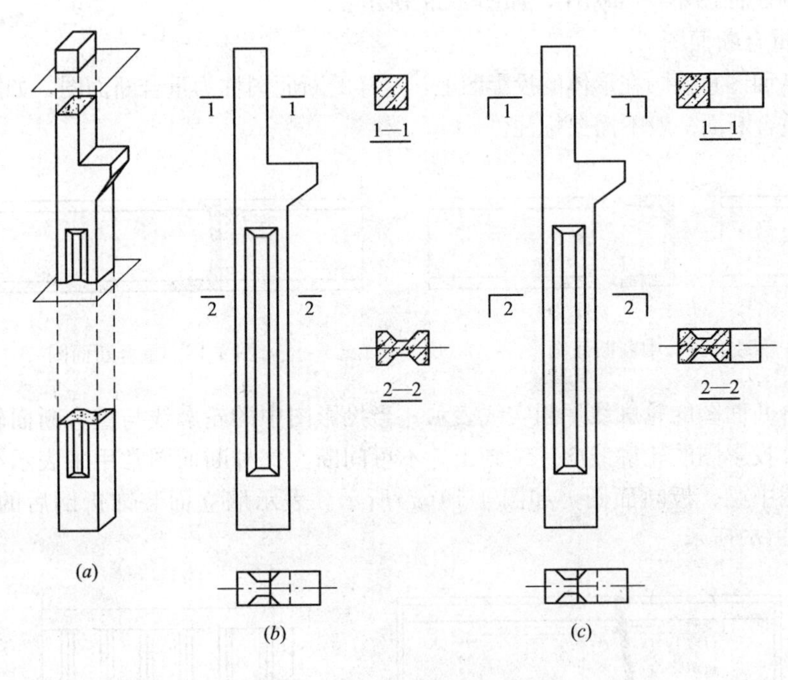

图 4-15　牛腿柱剖面图与断面图
(*a*)立体图；(*b*)断面图；(*c*)剖面图

1. 所表达形体的对象不同——断面图中只画物体被剖开后的截面投影；而剖面图除了要画出截面的投影，还要画出剖切后物体的剩余部分的投影。

2. 通常，剖面图可采用多个剖切平面；而断面图一般只使用单一剖切平面。

3. 画剖面图的目的是为了表达物体的内部形状和结构，而画断面图的目的则常用来表达物体中某一局部的断面形状。

二、断面图的画法

(一) 剖切平面位置及剖切符号

断面图的剖切平面的位置可根据要表达物体中某处的断面形状任意选定。

断面图的剖切符号仅用剖切位置线表示，剖切位置线仍用粗实线绘制，长度约 6～10mm。断面图剖切符号的编号宜采用阿拉伯数字，按顺序连续编排，并应注写在剖切位置线的一侧；编号所在的一侧应为该断面的剖视方向，如

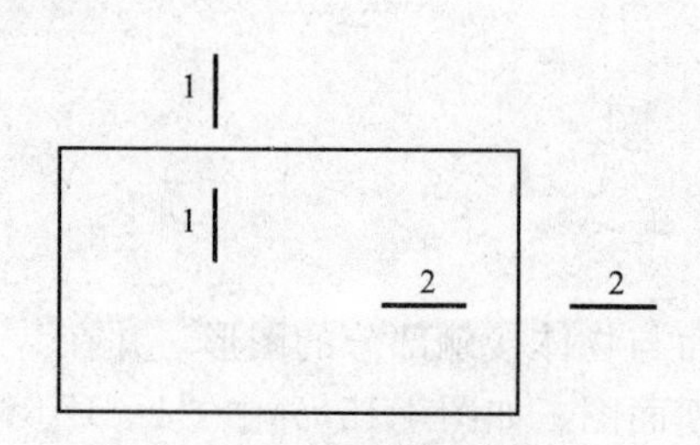

图 4-16 断面图的剖切符号

图 4-16 所示。

（二）断面图的画法

1. 移出断面图

将断面图画在物体投影轮廓线之外，称为移出断面图。为了便于看图，移出断面应尽量画在剖切位置线处。断面图的轮廓线用粗实线表示，如图 4-15(*b*)所示。

2. 中断断面图

将断面图画在杆件的中断处，称为中断断面图。适用于外形简单细长的杆件，中断断面图不需要标注，如图 4-17 所示。

3. 重合断面图

将断面图直接画在形体的投影图上，这样的断面图称为重合断面图，如图 4-18 所示。重合断面一般不需要标注。

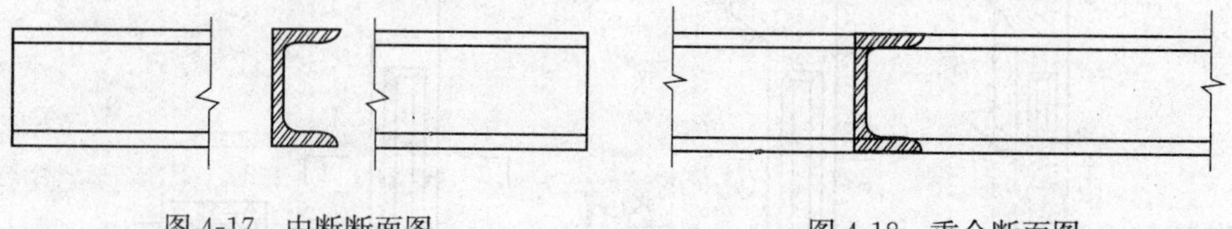

图 4-17 中断断面图　　图 4-18 重合断面图

重合断面图的轮廓线用粗实线表示。当投影图中的轮廓线与重合断面轮廓线重合时，投影图的轮廓线应连续画出，不可间断。这种断面图常用来表示结构平面布置图中梁、板断面图，如图 4-19(*a*)所示。表示墙立面装饰折倒后的形状，如图 4-19(*b*)所示。

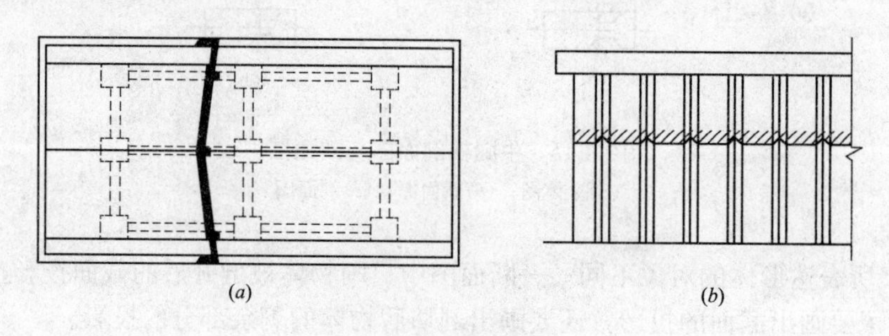

图 4-19 重合断面图
(*a*)结构平面；(*b*)墙立面

复习思考题

1. 剖面图与断面图是如何形成的？
2. 简述剖面图与断面图的异同点。
3. 剖面图标注的主要内容是什么？常见的剖面图的种类有哪些？
4. 断面图标注的主要内容是什么？常见的断面图的种类有哪些？
5. 剖面图的剖切符号和断面图的剖切符号都是什么样的？有何区别？剖切符号中每条线都表示什么？

第五章 民用建筑概述

第一节 民用建筑的构造组成

民用建筑通常是由基础、墙体或柱、楼板层、楼梯、屋顶、地坪、门窗等七个主要构造部分组成(图5-1)。这些组成部分构成了房屋的主体，它们在建筑的不同部位，发挥着不同的作用。房屋除了上述的七个主要组成部分之外，往往还有其他的构配件和设施，以保证建筑可以充分发挥其功能。如阳台、雨篷、台阶、散水、通风道等。

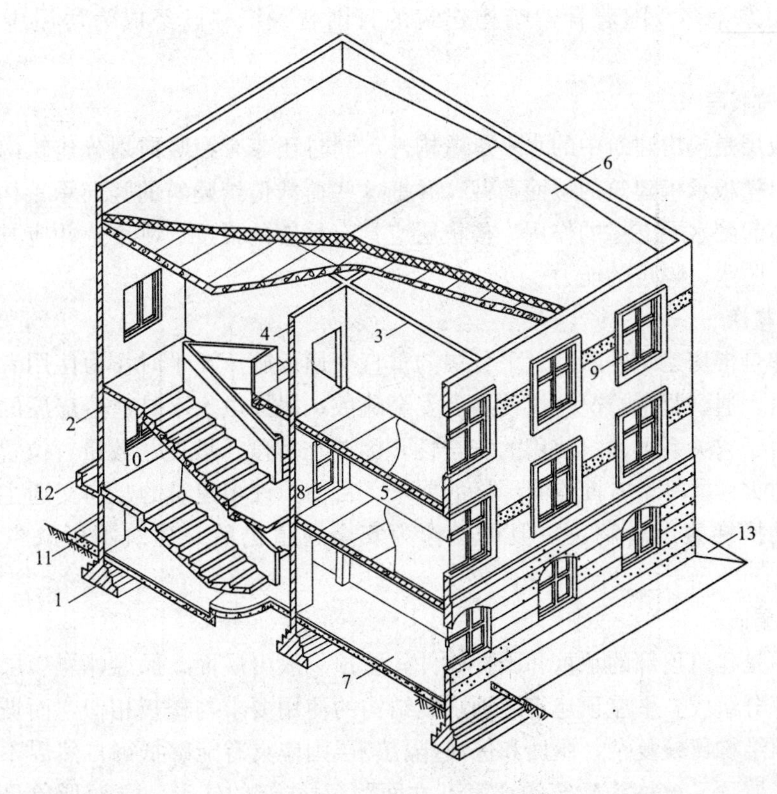

图5-1 民用建筑的构造组成

1—基础；2—外墙；3—内横墙；4—内纵墙；5—楼板；6—屋顶；7—地坪；8—门；9—窗；10—楼梯；11—台阶；12—雨篷；13—散水

一、基础

基础是建筑物最下部的承重构件，承担建筑的全部荷载，并要把这些荷载有效地传给地基。基础作为建筑的重要组成部分，是建筑物得以立足的根基。由于基础埋置于地下，而且不仅关系到建筑的使用功能，同时又属于建筑的隐蔽部分，因此在施工时可靠性和安全性的要求较高。所以基础应具有足够的强度、刚度和耐久性，并能抵御地下各种不良因素的侵袭。

二、墙体和柱

墙体是建筑物的重要构造组成部分。墙体在具有承重要求时，它承担屋顶和楼板层传来的各种荷载，并把它们传递给基础。外墙还具有围护功能，负有抵御自然界各种因素对室内侵袭的责任；内墙起到划分建筑内部空间，创造适用的室内环境的作用。墙体通常是建筑中自重最大，用材料和资金最多，施工量最大的组成部分，作用非常重要。因此，墙体应具有足够的强度、刚度、稳定性、良好的热功性能及防火、隔声、防水、耐久性能。墙体也是建筑自身改革面临课题最多的一个部分，节能环保、轻质高强、良好的施工和经济性能是当前墙体改革所面临的主要课题。

柱是建筑物的竖向承重构件，除了不具备围护和分隔的作用之外，其他要求与墙体相差不多。随着骨架结构建筑的日渐普及，柱已经成为房屋中常见的构件。

三、楼板层

楼板层是楼房建筑中的水平承重构件，同时还兼有在竖向划分建筑内部空间的功能。楼板承担建筑的楼面荷载，并把这些荷载传给建筑的竖向承重构件，同时对墙体起到水平支撑的作用。楼板层应具有足够的强度、刚度，并应具备足够的防火、防水、隔声的能力。

四、楼梯

楼梯是楼房建筑中联系上下各层的垂直交通设施。在平时作为使用者的竖向交通通道，遇到紧急情况时供使用者安全疏散。楼梯虽然不是建造房屋的目的所在，但由于它关系到建筑使用的安全性，因此在宽度、坡度、数量、位置，布局形式，防火性能等诸方面均有严格的要求。目前，许多建筑的竖向交通主要靠电梯、自动扶梯等设备解决，但楼梯作为安全通道仍然是建筑不可缺少的组成部分。

五、屋顶

屋顶是建筑顶部的承重和围护构件。屋顶一般由屋面、保温(隔热)层和承重结构三部分组成。平屋顶建筑屋顶承重结构的使用要求与楼板相似，而坡屋顶建筑的屋顶结构比较复杂，屋面和保温(隔热)层则应具有能够抵御自然界不良因素的能力。屋顶又被称为建筑的“第五立面”，对建筑的体形和立面形象具有较大的影响。

六、地坪

地坪是建筑底层房间与下部土层相接触的部分，它承担着底层房间的地面荷载。由于底层房间地坪下面往往是夯实的土壤，所以地坪的强度要求比楼板低，但其面层要具有良好的耐磨、防潮性能，有些地坪还要具有防水、保温的能力。

七、门窗

门是供人们内外交通及搬运家具设备之用，同时还兼有分隔房间，围护的作用，有时还能进行采光和通风。由于门是人及家具设备进出建筑及房间的通道，因此应有足够的宽度和高度，其数量和位置也应符合有关规范的要求。

窗的作用主要是采光和通风，作为围护结构的一部分目前也面临着节能方面的改革课题，同时在建筑的立面形象中也占有相当重要的地位。由于制作窗的材料往往比较脆弱和单薄，造价较高，同时窗又是围护结构的薄弱环节，因此在寒冷和严寒地区应合理的控制开窗的面积。

门和窗是上述建筑主要构造组成当中仅有的属于非承重结构的建筑构件。

第二节　民用建筑的等级

民用建筑是根据建筑物设计使用年限，防火性能，规模大小和重要性来划分等级的。

一、按建筑的设计使用年限分成四类

以建筑主体结构的正常使用年限分成下列四类：

1. 四类建筑的设计使用年限为 100 年，适用于纪念性建筑和特别重要的建筑。
2. 三类建筑的设计使用年限为 50 年，适用于普通建筑和构筑物。
3. 二类建筑的设计使用年限为 25 年，适用于易于替换结构构件的建筑。
4. 一类建筑的设计使用年限为 5 年，适用于临时性建筑。

二、按建筑的重要性和规模分成六级

建筑按照其重要性、规模、使用要求的不同，分成特级、一级、二级、三级、四级、五级等六个级别。具体划分见表 5-1。

民用建筑的等级　　**表 5-1**

工程等级	工程主要特征	工程范围举例
特级	1. 列为国家重点项目或以国际性活动为主的特高级大型公共建筑 2. 有全国性历史意义或技术要求特别复杂的中小型公共建筑 3. 30 层以上建筑 4. 高大空间有声、光等特殊要求的建筑物	国宾馆、国家大会堂、国际会议中心、国际体育中心、国际贸易中心、国际大型空港、国际综合俱乐部、重要历史纪念建筑、国家级图书馆、博物馆、美术馆、剧院、音乐厅，三级以上人防
一级	1. 高级大型公共建筑 2. 有地区性历史意义或技术要求复杂的中、小型公共建筑 3. 16 层以上 29 层以下住宅或超过 50m 高的公共建筑	高级宾馆、旅游宾馆、高级招待所、别墅、省级展览馆、博物馆、图书馆、科学实验研究楼(包括高等院校)、高级会堂、高级俱乐部。不小于 300 床位医院、疗养院、医疗技术楼、大型门诊楼、大中型体育馆、室内游泳馆、室内滑冰馆、大城市火车站、航运站、候机楼、摄影棚、邮电通讯楼、综合商业大楼、高级餐厅、四级人防、五级平战结合人防

续表

工程等级	工程主要特征	工程范围举例
二级	1. 中高级、大中型公共建筑 2. 技术要求较高的中小型建筑 3. 16层以上29层以下住宅	大专院校教学楼、档案楼、礼堂、电影院，部、省级机关办公楼、300床位以下医院、疗养院、地市级图书馆、文化馆、少年宫、俱乐部、排演厅、报告厅、风雨操场、大中城市汽车客运站、中等城市火车站、邮电局、多层综合商场、风味餐厅、高级小住宅等
三级	1. 中级、中型公共建筑 2. 7层以上(包括7层)15层以下有电梯住宅或框架结构的建筑	重点中学、中等专科学校、教学、试验楼、电教楼、社会旅馆、饭馆、招待所、浴室、邮电所、门诊部、百货大楼、托儿所、幼儿园、综合服务楼、一二层商场、多层食堂、小型车站等
四级	1. 一般中小型公共建筑 2. 7层以下无电梯的住宅，宿舍及砖混结构建筑	一般办公楼、中小学教学楼、单层食堂、单层汽车库、消防车库、防消站、蔬菜门市部、粮站、杂货店、阅览室、理发室、水冲式公共厕所等
五级	一、二层单功能，一般小跨度结构建筑	

三、按建筑的防火性能分级

对建筑产生破坏作用的外界因素很多，如火灾、地震、战争等，其中火灾是主要因素。由于几乎每一幢建筑都存在发生火灾的可能，而且一旦发生火灾将对建筑及使用者的生命财产造成巨大的危害。为了提高建筑对火灾的抵抗能力，在建筑构造上采取措施，控制火灾的发生和蔓延就显得非常重要。我国《建筑设计防火规范》GB 50016—2006 与《高层民用建筑设计防火规范》GB 50045—95 (2005年版)根据建筑材料和构件的燃烧性能及耐火极限，把建筑的耐火等级分为四级。

(一) 燃烧性能

建筑构件按照燃烧性能分成非燃烧体(或称不燃烧体)、难燃烧体和燃烧体。

1. 不燃烧体

用不燃烧材料制成的构件。不燃材料系指在空气中受到火烧或高温作用时不起火，不微燃、不炭化的材料。如金属材料和天然或人工的无机矿物材料就属于非燃烧体。

2. 难燃烧体

用难燃材料制成的构件或用可燃材料制成而用不燃材料作保护层的构件。难燃烧材料系指在空气中受到火烧或高温作用时难起火、难微燃、难炭化，当火源移走后燃烧或微燃立即停止的材料。如沥青混凝土、经过防火处理的木材、用有机物填充的混凝土和水泥刨花板等就属于难燃烧体。

3. 燃烧体

用燃烧材料做成的构件。燃烧材料系指在空气中受到火烧或高温作用时立即起火或微燃，而且火源移走后仍继续燃烧或微燃的材料，如木材、织物就属于燃烧体。

（二）耐火极限

耐火极限是指在标准耐火试验条件下，建筑构件、配件或结构从受到火的作用时起，到失去稳定性、完整性或隔热性时止的这段时间，用小时表示。

建筑构件出现了上述现象之一，就认为其达到了耐火极限。失去稳定性是指构件自身解体或垮塌。梁、楼板等受弯承重构件，挠曲速率发生突变，是失去稳定性的象征。完整性破坏是指楼板，隔墙等具有分隔作用的构件，在试验中出现穿透裂缝或较大的孔隙。失去隔热性是指具有分隔作用的构件在试验中背火面测温点测得平均温升到达140℃(不包括背火面的起始温度)；或背火面测温点中任意一点的温升到达180℃，或不考虑起始温度的情况下，背火面任一测点的温度到达220℃。

建筑耐火等级高的建筑其构件的燃烧性能就差，耐火极限的时间就长。在建筑当中相同材料的构件根据其作用和位置的不同，其要求的耐火极限也不相同。我国《建筑设计防火规范》GB 50016—2006和《高层民用建筑设计防火规范》GB 50045—95(2005年版)规定不同耐火等级建筑物主要构件的燃烧性能和耐火极限不应低于表5-2和表5-3的规定。

建筑物构件的燃烧性能和耐火极限　　表5-2

名称		耐火极限			
构件		一级	二级	三级	四级
墙	防火墙	不燃烧体3.00	不燃烧体3.00	不燃烧体3.00	不燃烧体3.00
	承重墙	不燃烧体3.00	不燃烧体2.50	不燃烧体2.00	难燃烧体0.50
	非承重墙	不燃烧体1.00	不燃烧体1.00	不燃烧体0.50	燃烧体
	楼梯间的墙、电梯井的墙、住宅单元之间的墙、住宅分户墙	不燃烧体2.00	不燃烧体2.00	不燃烧体1.50	难燃烧体0.50
	疏散走道两侧的隔墙	不燃烧体1.00	不燃烧体1.00	不燃烧体0.50	难燃烧体0.25
	房间隔墙	不燃烧体0.75	不燃烧体0.50	难燃烧体0.50	难燃烧体0.25
柱		不燃烧体3.00	不燃烧体2.50	不燃烧体2.00	难燃烧体0.50
梁		不燃烧体2.00	不燃烧体1.50	不燃烧体1.00	难燃烧体0.50
楼板		不燃烧体1.50	不燃烧体1.00	不燃烧体0.50	燃烧体
屋顶承重构件		不燃烧体1.50	不燃烧体1.00	燃烧体	燃烧体
疏散楼梯		不燃烧体1.50	不燃烧体1.00	不燃烧体0.50	燃烧体
吊顶(包括吊顶搁栅)		不燃烧体0.25	难燃烧体0.25	难燃烧体0.15	燃烧体

建筑构件的燃烧性能和耐火极限(高层建筑)　　表 5-3

燃烧性能和耐火极限(h) 构件名称		耐火等级	
		一级	二级
墙	防火墙	不燃烧体 3.00	不燃烧体 3.00
	承重墙、楼梯间、电梯井和住宅单元之间的墙、住宅分户墙	不燃烧体 2.00	不燃烧体 2.00
	非承重外墙、疏散走道两侧的隔墙	不燃烧体 1.00	不燃烧体 1.00
	房间隔墙	不燃烧体 0.75	不燃烧体 0.50
柱		不燃烧体 3.00	不燃烧体 2.50
梁		不燃烧体 2.00	不燃烧体 1.50
楼板、疏散楼梯、屋顶承重构件		不燃烧体 1.50	不燃烧体 1.00
吊顶		不燃烧体 0.25	不燃烧体 0.25

建筑的分级是根据其重要性和对社会生活影响程度来划分的。通常重要建筑的耐久年限长、耐火等级高。这样就导致建筑构件和设备的标准高，施工难度大，造价也高。因此，应当根据建筑的实际情况，合理的确定建筑的耐久年限和防火等级。

有些同类建筑根据其规模和设施的不同档次进行分级。如剧场分为特、甲、乙、丙四个等级；涉外旅馆分为一星～五星共五个等级，社会旅馆分为一级～六级共六个等级。

第三节　建筑标准化和模数协调

建筑业是我国国民经济的支柱产业之一，对人力、物力、财力的需求量极大，建筑业的发展状况还会对相关行业产生一定的影响。提高建筑业的生产效率，逐步改变目前建筑业劳动力密集、手工作业的落后局面，最终实现建筑工业化，是我国建筑业迫切要求解决的问题。建筑工业化的内容为：设计标准化，构配件业生产工厂化，施工机械化。设计标准化是实现其余两个方面目标的前提，只有实现了设计标准化，才能够简化建筑构配件的规格类型，为工厂生产商品化的建筑构配件创造基础条件，为建筑产业化、机械化施工打下基础。

一、建筑标准化

建筑标准化主要包括两个方面：首先是应制定各种法规、规范、标准和指标，使设计有章可循；其次是在诸如住宅等大量性建筑的设计中推行标准化设计。标准化设计可以借助国家或地区通用的标准图集来实现，设计者根据工程的具体情况选择标准构配件，避免无谓的重复劳动。构件生产厂家和施工单位也可以根据标准构配件的应用情况组织生产和施工，形成规模效益，提高生产效率。

实行建筑标准化，可以有效的减少建筑构配件的规格，在不同的建筑中采用标准构配件，进而提高施工效率，保证施工质量，降低造价。

二、建筑模数协调

由于建筑设计单位、施工单位、构配件生产厂家往往是各自独立的企业，甚至可能不属于同一行业。为协调建筑设计、施工及构配件生产之间的尺度关系，以达到简化构件类型、降低建筑造价，保证建筑质量，提高施工效率的目的。我国制定有《建筑模数统一协调标准》GBJ 2—86，用以约束和协调建筑的尺度关系。

(一) 模数

建筑模数是选定的标准尺度单位，作为建筑物、建筑构配件、建筑制品以及有关设备尺寸相互协调中的增值单位。

1. 基本模数

基本模数是模数协调中选用的基本单位，其数值为100mm，符号为M，即1M=100mm。整个建筑物及其一部分或建筑组合构件的模数化尺寸应为基本模数的倍数。

2. 导出模数

由于建筑中需要用模数协调的各部位尺度相差较大，仅仅靠基本模数就不能满足尺度的协调要求，因此在基本模数的基础上又发展了相互之间存在内在联系的导出模数。导出模数包括扩大模数和分模数。

(1) 扩大模数　扩大模数是基本模数的整数倍数。水平扩大模数基数为3M、6M、12M、15M、30M、60M，其相应的尺寸分别是300、600、1200、1500、3000、6000mm。竖向扩大模数基数为3M、6M，其相应的尺寸分别是300、600mm。

(2) 分模数　分模数是整数除基本模数的数值。分模数基数为1/10M、1/5M、1/2M，其相应的尺寸分别是10、20、50mm。

3. 模数数列及应用

模数数列是以选定的模数基数为基础而展开的模数系统，它可以保证不同建筑及其组成部分之间尺度的统一协调，有效的减少建筑尺寸的种类，并确保尺寸具有合理的灵活性。建筑物的所有尺寸除特殊情况之外，均应满足模数数列的要求。表5-4为我国现行的模数数列。

常用模数数列(mm)　　表5-4

模数名称	基本模数	扩大模数						分模数		
模数基数	1M	3M	6M	12M	15M	30M	60M	1/10M	1/5M	1/2M
基数数值	100	300	600	1200	1500	3000	6000	10	20	50
模数数列	100	300						10		
	200	600	600					20	20	
	300	900						30		
	400	1200	1200	1200				40	40	
	500	1500			1500			50		50
	600	1800	1800					60	60	

续表

模数名称	基本模数	扩大模数						分模数		
模数基数 基数数值	1M 100	3M 300	6M 600	12M 1200	15M 1500	30M 3000	60M 6000	1/10M 10	1/5M 20	1/2M 50
模数数列	700	2100						70		
	800	2400	2400	2400				80	80	
	900	2700						90		
	1000	3000	3000		3000	3000		100	100	100
	1100	3300						110		
	1200	3600	3600	3600				120	120	
	1300	3900						130		
	1400	4200	4200					140	140	
	1500	4500			4500			150		150
	1600	4800	4800	4800				160	160	
	1700	5100						170		
	1800	5400	5400					180	180	
	1900	5700						190		
	2000	6000	6000	6000	6000	6000	6000	200	200	200
	2100	6300							220	
	2200	6600		6600					240	
	2300	6900								250
	2400	7200	7200	7200					260	
	2500	7500			7500				280	
	2600		7800						300	300
	2700		8400	8400					320	
	2800		9000		9000	9000			340	
	2900		9600	9600						350
	3000				10500				360	
	3100			10800					380	
	3200			12000	12000	12000	12000		400	400
	3300					15000				450
	3400					18000	18000			500
	3500					21000				550
	3600					24000	24000			600
应用范围	主要用于建筑物层高、门窗洞口和构配件截面	1. 主要用于建筑物的开间或柱距、进深或跨度、层高、构配件截面尺寸和门窗洞口等处 2. 扩大模数 30M 数列按 3000mm 进级，其幅度可增至 360M；60M 数列按 6000mm 进级，其幅度可增至 360M						1. 主要用于缝隙、构造节点和构配件截面等处 2. 分模数 1/2M 数列按 50mm 进级，其幅度可增至 10M		

在确保使用要求与安全性的前提下，在建筑中采用预制构配件是实现建筑工业化的有效手段。例如：在确定建筑竖向承重构件的相互位置时，如能保证竖向承重构件之间的轴线间距符合模数数列的有关要求，就会在构件生产厂家选购到标准楼板或梁等水平构件。采用预制标准构件，对保证工程质量，提高生产效率有益。反之，如果建筑竖向承重构件之间轴线间距不符合模数数列的有关要求，就不能选购到标准水平构件，而要采用非标准构件或现场加工构件，这样往往会增加建筑造价和施工难度，使工期延长。

4. 几种尺寸

为了保证建筑物配件的安装与有关尺寸间的相互协调，在建筑模数协调中把尺寸分为标志尺寸、构造尺寸和实际尺寸。

(1) 标志尺寸　应符合模数数列的规定，用以标注建筑物定位轴面、定位面或定位轴线、定位线之间的垂直距离（如开间或柱距、进深或跨度、层高等），以及建筑构配件、建筑组合件、建筑制品以及有关设备界限之间的尺寸。

(2) 构造尺寸　建筑构配件、建筑组合件、建筑制品等的设计尺寸。一般情况下，标志尺寸减去构件之间的缝隙即为构造尺寸。

(3) 实际尺寸　建筑构配件、建筑组合件、建筑制品等生产制作后的实际尺寸。实际尺寸与构造尺寸之间的差数应符合该建筑制品有关公差的规定。

标志尺寸、构造尺寸及与二者之间缝隙尺寸的关系如图 5-2 所示。

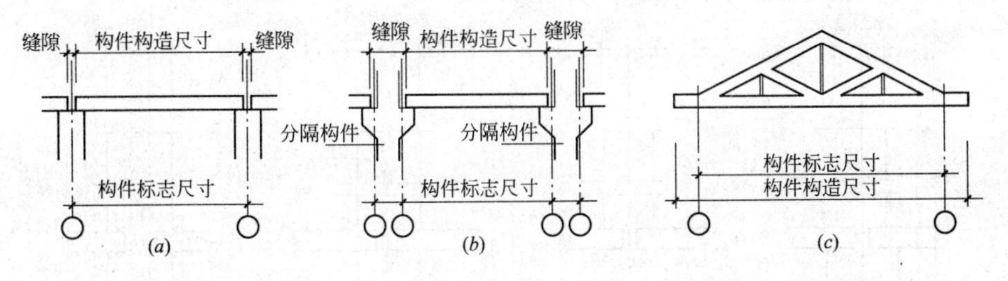

图 5-2　几种尺寸的关系

(*a*)标志尺寸大于构造尺寸；(*b*)有分隔构件连接时举例；(*c*)构造尺寸大于标志尺寸

第四节　定　位　轴　线

定位轴线是确定建筑构配件位置及相互关系的基准线。为了实现建筑工业化，尽量减少建筑空间尺寸参数的数量，就应当合理的选择定位轴线。我国发布了相应的技术标准，分别对砖混结构建筑和大板结构建筑的定位轴线划分原则作出了具体的规定。

建筑需要在水平和竖向两个方向进行定位，平面定位相对复杂一些。

以下介绍砖混结构的定位轴线，其他结构建筑的定位轴线也可以此为参考。

一、墙体的平面定位轴线

(一) 承重外墙的定位轴线

(1) 当底层墙体与顶层墙体厚度相同时，平面定位轴线与外墙内缘距离为

120mm，如图 5-3(*a*)所示。

(2) 当底层墙体与顶层墙体厚度不同时，平面定位轴线与顶层外墙内缘距离为 120mm，如图 5-3(*b*)所示。

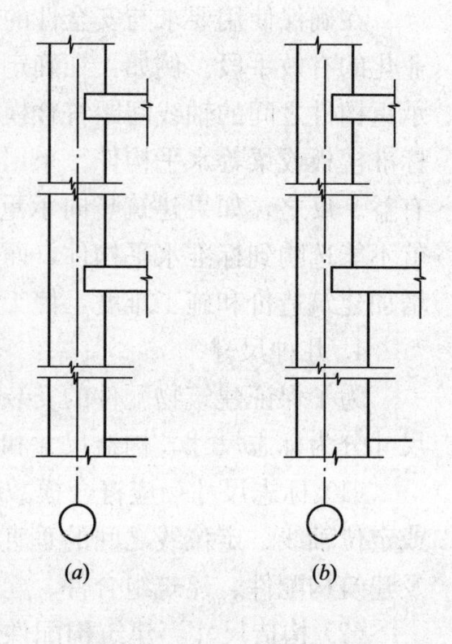

图 5-3　承重外墙定位轴线
(*a*)底层墙体与顶层墙体厚度相同；(*b*)底层墙体与顶层墙体厚度不同

(二) 承重内墙的定位轴线

承重内墙的平面定位轴线应与顶层内墙中线重合。为了减轻建筑自重和节省空间，承重内墙根据承载的实际情况，往往是变截面的，即下部墙体厚，上部墙厚薄。如果墙体是对称内缩，则平面定位轴线中分底层墙身，如图 5-4(*a*)所示。如果墙体是非对称内缩，则平面定位轴线中分底层墙身，如图 5-4(*b*)所示。

当内墙厚度≥370mm 时，为了便于圈梁或墙内竖向孔道的通过，往往采用双轴线形式，如图 5-4(*c*)所示。有时根据建筑空间的要求，把平面定位轴线设在距离内墙某一外缘 120mm 处，如图 5-4(*d*)所示。

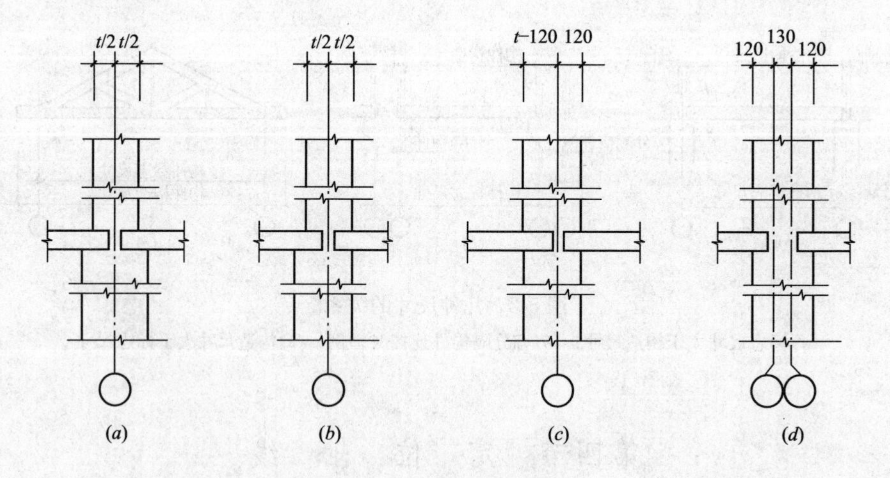

图 5-4　承重内墙定位轴线
(*a*)定位轴线中分底层墙身；(*b*)(*c*)定位轴线偏分底层墙身；(*d*)双轴线
注：*t*——顶层砖墙厚度

(三) 非承重墙定位轴线

由于非承重墙没有支撑上部水平承重构件的任务，因此平面定位轴线的定位就比较灵活。非承重墙除了可按承重墙定位轴线的规定进行定位之外，还可以使墙身内缘与平面定位轴线相重合。

(四) 变形缝处定位轴线

变形缝处通常设置双轴线。

（1）当变形缝处一侧为墙体，另一侧为墙垛时，墙垛的外缘应与平面定位轴线重合。墙体如果是外承重墙时，平面定位轴线距顶层墙内缘 120mm，如图 5-5(a)所示。墙体如果是非承重墙时，平面定位轴线应与顶层墙内缘重合，如图 5-5(b)所示。

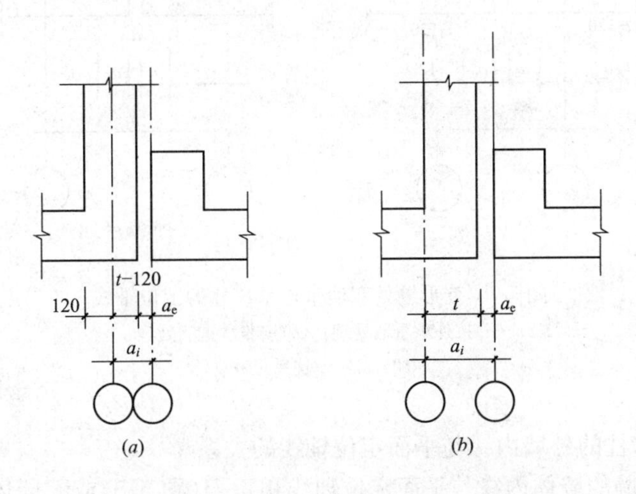

图 5-5　变形缝外墙与墙垛交界处定位轴线

(a)墙按外承重墙处理；(b)墙按非承重墙处理

注：a_i——插入距；a_e——变形缝宽度。

（2）当变形缝处两侧均为墙体时。如两侧墙体均为承重墙，平面定位轴线应分别设在距顶层墙体内缘 120mm 处，如图 5-6(a)所示。如两侧墙体均为非承重墙，平面定位轴线应分别与顶层墙体内缘重合，如图 5-6(b)所示；图 5-7 是带连系尺寸时双墙的定位。

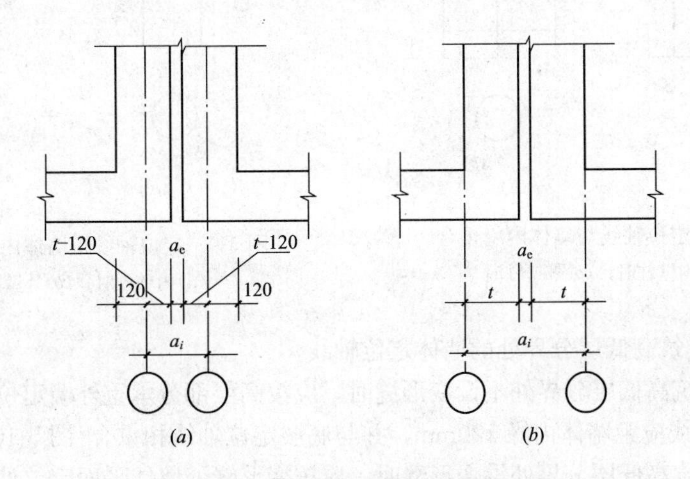

图 5-6　变形缝处两侧为墙体的定位轴线

(a)按外承重墙处理；(b)按非承重墙处理

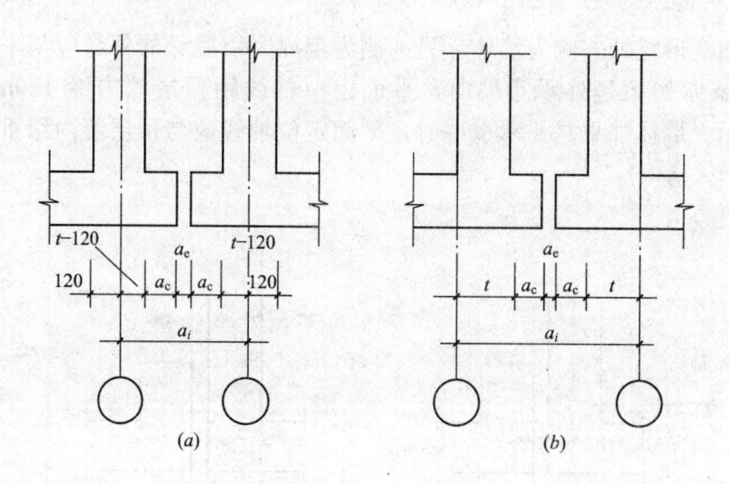

图 5-7　变形缝处双墙带连系尺寸的定位轴线

(a)按外承重墙处理；(b)按非承重墙处理

注：a_c——连系尺寸

（五）带壁柱的外墙内缘与平面定位轴线的关系

带壁柱外墙的墙体内缘与平面定位轴线相重合(图 5-8)或距墙体内缘 120mm 处与平面定位轴线相重合(图 5-9)

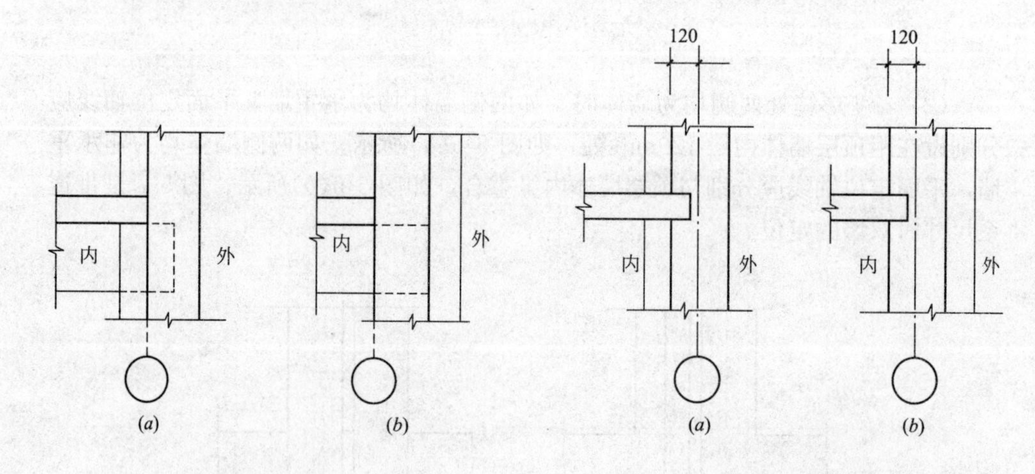

图 5-8　定位轴线与墙体内缘重合

(a)内壁柱时；(b)外壁柱时

图 5-9　定位轴线距墙体内缘 120mm

(a)内壁柱时；(b)外壁柱时

（六）建筑高低层分界处的墙体定位轴线

(1) 建筑高低层分界处不设变形缝时，应按高层部分承重外墙定位轴线处理，平面定位轴线应距墙体内缘 120mm，并与底层定位轴线相重合(图 5-10)。

(2) 建筑高低层分界处设变形缝时，应按变形缝处墙体平面定位处理。

（七）建筑底层为框架结构时

建筑底层为框架结构时，框架结构的定位轴线应与上部砖混结构平面定位轴线一致。

二、墙体的竖向定位

（1）砖墙楼地面竖向定位应与楼(地)面面层上表面重合，如图 5-11 所示。

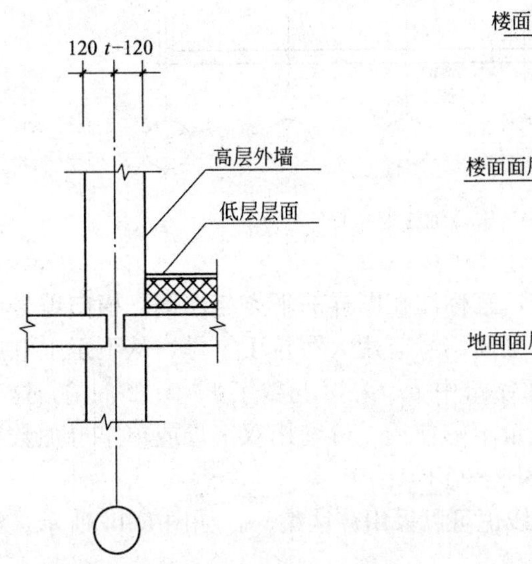

图5-10　高低层分界处不设变形缝时定位

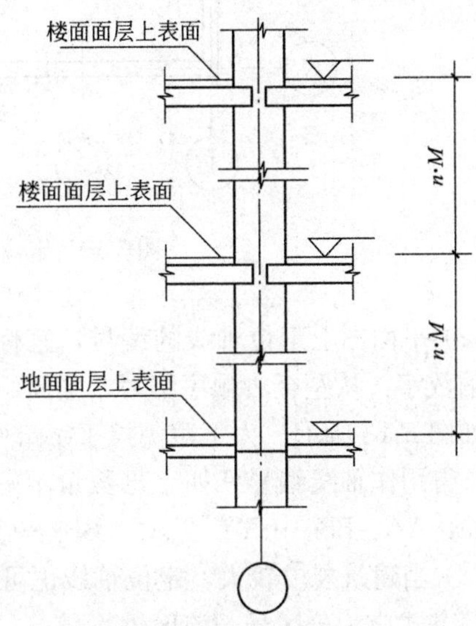

图 5-11　砖墙楼地面的竖向定位

（2）屋面竖向定位应为屋面结构层上表面与距墙内缘 120mm 处的外墙定位轴线的相交处，如图 5-12 所示。

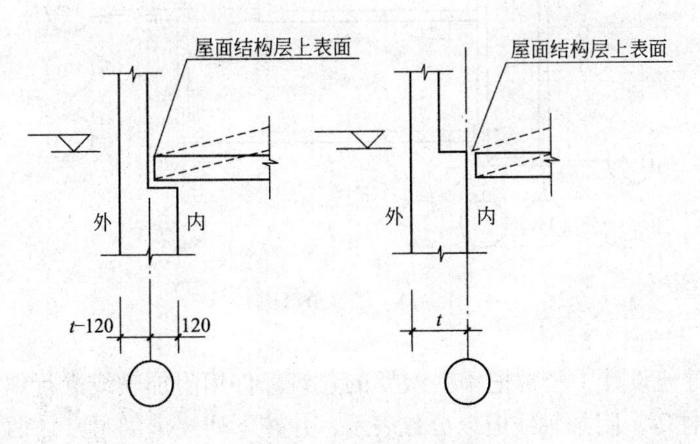

图 5-12　屋面竖向定位

三、定位轴线的编号

由于建筑中需要水平定位的墙或柱的数量较多，为了设计及施工的便利，定位轴线通常需要编号。定位轴线编号的规定如下：

（1）定位轴线应用细点划线绘制，轴线编号应注写在轴线端部的圆内。圆应用细实线绘制，直径为 8mm，详图上可增为 10mm。定位轴线圆的圆心，应在定位轴线的延长线或延长线的折线上。

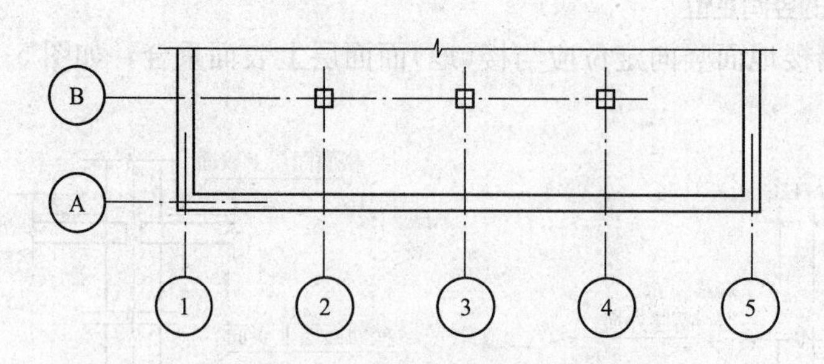

图 5-13　定位轴线编号顺序

(2) 平面图上定位轴线的编号，宜标注在图样的下方与左侧。横向编号应用阿拉伯数字，从左至右顺序编写，竖向编号应用大写拉丁字母，从下至上顺序编写。如图 5-13 所示。为了避免拉丁字母中 *I*、*O*、*Z* 与数字 1、0、2 混淆，这三个字母不得用作轴线编号。如字母数量不够使用，可增用双字母或单字母加数字注脚，如：AA、BB……YY 或 A1、B1……Y1。

(3) 当建筑规模较大，定位轴线也可以采用分区编号，如图 5-14 所示。编号的注写方式应为分区号—该区轴线号。

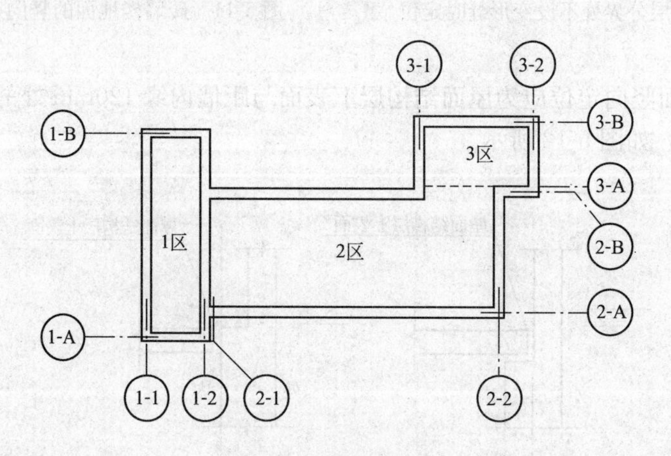

图 5-14　轴线分区编号

(4) 在建筑设计中经常把一些次要的建筑部件用附加轴线进行编号，如非承重墙、装饰柱等。附加轴线应以分数表示，并按下列规定编写：1)两根轴线之间的附加轴线，应以分母表示前一轴线的编号，分子表示附加轴线的编号，编号宜用阿拉伯数字顺序编号，如：(1/2) 表示 2 号轴线后附加的第一根轴线。(2/B) 表示 B 号轴线后附加的第二根轴线。2) 1 号轴线或 A 号轴线之前的附加轴线应以分母 01、0A 分别表示位于 1 号轴线或 A 号轴线之前的轴线，如：(1/01) 表示 1 号轴线之前附加的第一根轴线。(2/0A) 表示 A 号轴线之前附加的第二根轴线。

(5) 当一个详图适用几根定位轴线时，应同时注明各有关轴线的编号，如

图 5-15所示。通用详图的定位轴线，只画图不注写轴线编号。

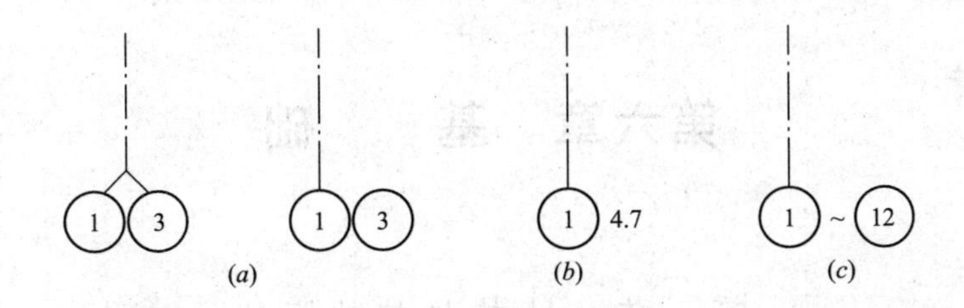

图 5-15 详图的轴线编号

(*a*)用于两根轴线；(*b*)用于三根或三根以上轴线；(*c*)用于三根以上连续编号的轴线

复习思考题

1. 民用建筑主要是由哪些部分组成的?
2. 耐火极限的涵义是什么?
3. 民用建筑的耐火等级是如何划分的?
4. 什么是基本模数？什么是扩大模数和分模数?
5. 模数协调的意义是什么？应当如何应用?
6. 标志尺寸、构造尺寸和实际尺寸的相互关系是什么?
7. 承重内墙的定位轴线是如何划分的?
8. 变形缝处为什么应设置双轴线?
9. 定位轴线为什么应当编号？标注的原则是什么?
10. 分区轴线应如何标注？分轴线应当如何标注?

第六章　基　　础

第一节　地基与基础概述

一、地基与基础的关系

在建筑工程中，将建筑上部结构所承受的各种荷载有效的传到地基上的结构构件称为基础，而支承基础的土体或岩体称为地基。基础是房屋建筑的重要组成部分，它承受建筑物上部结构传来的全部荷载，并将这些荷载连同自身重量一起有效的传到地基。地基不属于建筑物的组成部分，但它对保证建筑物的坚固耐久具有非常重要的作用。基础传给地基的荷载如果超过地基的承载能力，地基将会出现较大的沉降变形和失稳，甚至会出现土层的滑移，直接影响到建筑物的安全和正常使用。

基础的类型与构造并不完全决定于建筑物上部结构，它与地基土的性质有着密切关系。具有同样上部结构的建筑物建造在不同的地基上时，其基础的形式与构造可能是完全不同的。

因此，地基与基础之间，有着相互影响、相互制约的密切关系。

二、地基的分类

地基可分为天然地基和人工地基两大类。

凡具有足够的承载力和稳定性，不需要进行地基处理便能直接建造房屋的地基，称为“天然地基”。岩石、碎石土、砂土、粉土、黏性土等，一般可作为天然地基。当土层的承载能力较低或虽然土层较好，但因上部荷载较大，土层不能满足承受建筑物荷载的要求，必须对土层进行地基处理，以提高其承载能力，改善其变形性质或渗透性质，这种经过人工方法进行处理的地基称为“人工地基”。

人工地基的处理方法通常有换填垫层法、预压法、强夯法、强夯置换法、深层挤密法、化学加固法等。

1. 换填垫层法：挖去地表浅层软弱土层或不均匀土层，回填坚硬、较粗粒径的材料，并夯压密实，形成垫层的地基处理方法。

2. 预压法：对地基进行堆载或真空预压，使地基土固结的地基处理方法。

3. 强夯法：反复将夯锤提到高处使其自由落下，给地基以冲击和振动能量，将地基土夯实的地基处理方法。

4. 强夯置换法：将重锤提高到高处使其自由落下形成夯坑，并不断夯击坑内回填的砂石、钢渣等硬粒料，使其形成密实的墩体的地基处理方法。

5. 深层挤密法：主要是靠桩管打入或振入地基后对软弱土产生横向挤密作用，从而使土的压缩性减小，抗剪强度提高。通常有灰土挤密桩法，土挤密桩法、砂石桩法、振冲法、石灰桩法、夯实水泥土桩法等。

6. 化学加固法：将化学溶液或胶粘剂灌入土中，使土胶结以提高地基强度、减少沉降量或防渗的地基处理方法。其方法有高压喷射注浆法、深层搅拌法、水泥土搅拌法等。

三、对地基和基础的要求

为了保证建筑物的安全和正常使用，使基础工程做到安全可靠，经济合理、技术先进和便于施工，对地基和基础提出以下要求：

(一) 对地基的要求

1. 地基应具有一定的承载力和较小的压缩性。

2. 地基的承载力应分布均匀。

3. 在一定的承载条件下，地基应有一定的深度范围。

4. 尽量采用天然地基，以达到经济效益。

(二) 对基础的要求

1. 基础要有足够的强度，能够起到传递荷载的作用。

2. 基础的材料应具有耐久性，以保证建筑的持久使用。因为基础处于建筑物最下部并且埋在地下，对其维修或加固是很困难的。

3. 在选材上尽量就地取材，以降低造价。

第二节 基础的埋置深度及影响因素

一、基础的埋置深度

为确保建筑物的坚固安全，基础要埋入土层中一定的深度。一般把自室外设计地面标高至基础底部的垂直高度称为基础的埋置深度，简称埋深(如图 6-1)。

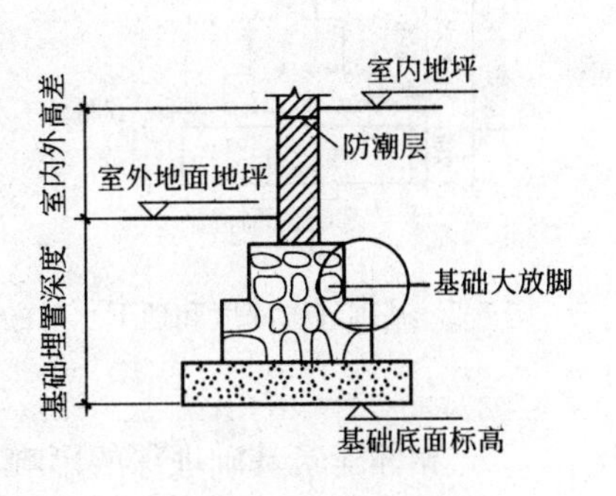

图 6-1 基础埋置深度

基础按埋置深度可分为浅基础和深基础两类。埋深小于 4m 称为浅基础，埋深大于 4 m 称为深基础。在满足地基稳定和变形的要求的前提下，基础宜浅埋。由于地表土层成分复杂，各方面的性能不够稳定，因此基础埋深不宜小于 0.5m。

二、影响基础埋深的因素

影响基础埋置深度的因素很多，主要有以下几方面：

1. 建筑物的用途及基础构造的影响

当建筑物设有地下室、地下管道或设备基础时，常须将基础局部或整体加深。为了保护基础不至露出地面，构造要求基础顶面离室外设计地面不得小于 100mm。

2. 作用在地基上的荷载大小和性质的影响

荷载有恒载和活载之分。其中恒载引起的沉降量最大，因此当恒载较大时，基础埋深应大一些。荷载按作用方向又有竖向和水平方向。当基础要承受较大水平荷载时，为了保证结构的稳定性，也常将埋深加大。

3. 工程地质和水文地质条件的影响

不同的建筑场地，土质情况往往也不同，就是同一地点，当深度不同的土层其性质也会有差异。因此，基础的埋置深度与场地的工程地质和水文地质条件有密切关系。在一般情况下，基础应设置在坚实的土层上，而不要设置在淤泥等软弱土层上。当表面软弱土层较厚时，可采用深基础或人工地基。采用哪种方案，要综合考虑结构安全、施工难易和材料用量等因素比较确定。

一般基础宜埋置在地下水位以上，以减少受化学污染的水对基础的侵蚀，有利于施工。当必须埋在地下水位以下时，宜将基础埋置在最低地下水位以下不小于 200mm 处，如图 6-2 所示。

4. 地基土冻胀和融陷的影响

寒冷地区土层会因气温变化而产生冻融现象，土层冰冻的深度称为冰冻线。当基础埋置深度在土层冰冻线以上时，如果基础底面以下的土层冰胀，会对基础产生向上的冻胀力，严重的会使基础上抬起拱；如果基础底面以下的土层解冻，冻胀力消失，使基础下沉。这样的过程会使建筑产生裂缝和破坏，因此，在寒冷地区基础埋深应在冰冻线以下 200mm 处，如图 6-3 所示。采暖建筑的内墙基础埋深可以根据建筑的具体情况进行适当的调整。对于处于不冻胀土(如碎石、卵石、粗砂、中砂等)其埋深可不考虑冰冻线的影响。

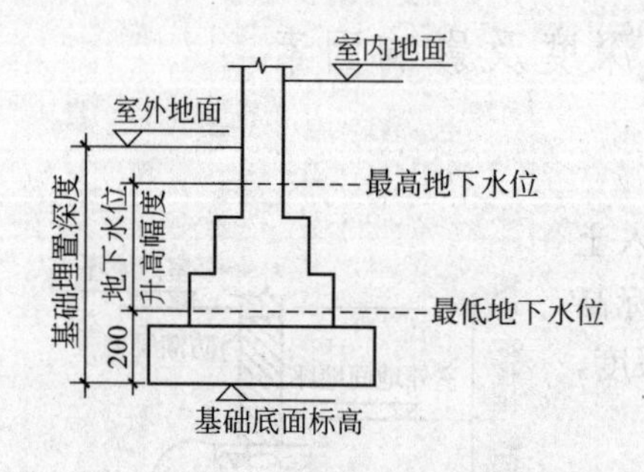

图 6-2　基础埋置深度和地下水位的关系

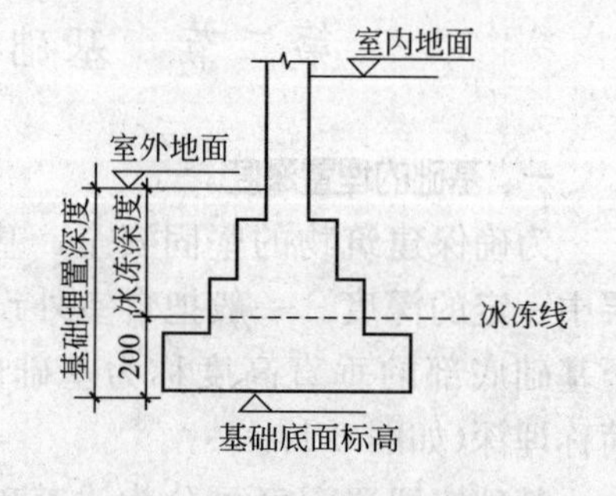

图 6-3　基础埋置深度和冰冻线的关系

5. 相邻建筑基础埋深的影响

当新建建筑物附近有原有建筑物时，为了保证原有建筑物的安全和正常使用，新建建筑物的基础埋深不宜大于原有建筑基础的埋深。当埋深大于原有建筑基础时，两基础间应保持一定净距，其数值应根据原有建筑荷载大小、基础形式和土质情况确定，一般取等于或大于两基础的埋置深度差，如图 6-4 所示。当上述要求不能满足时，应采取分段施工，设临时加固支撑、打板桩，地下连续墙等施工措施，使原有建筑物地基不被扰动。

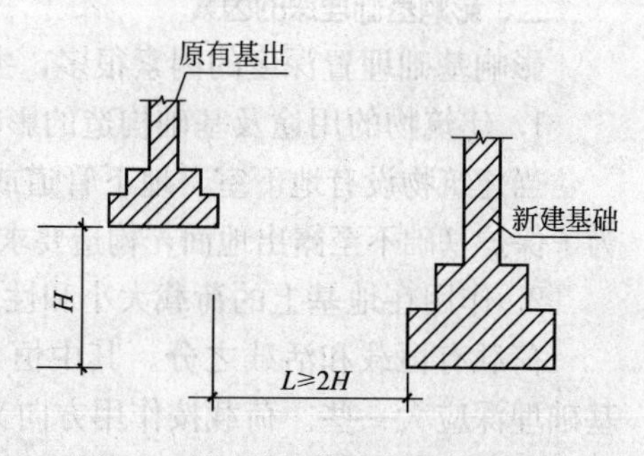

图 6-4　基础埋置深度与相邻基础的关系

第三节 基础的分类和构造

一、按基础的结构型式分类

（一）条形基础

当建筑物上部结构采用墙承重时，基础在地下按照墙体的走向设置，多做成与墙体形式相同的长条形，形成纵横向连续交叉的条形基础，如图 6-5 所示。条形基础施造简单、施工方便、造价较低、整体性好，与上部结构结合紧密常用于砖混结构建筑。

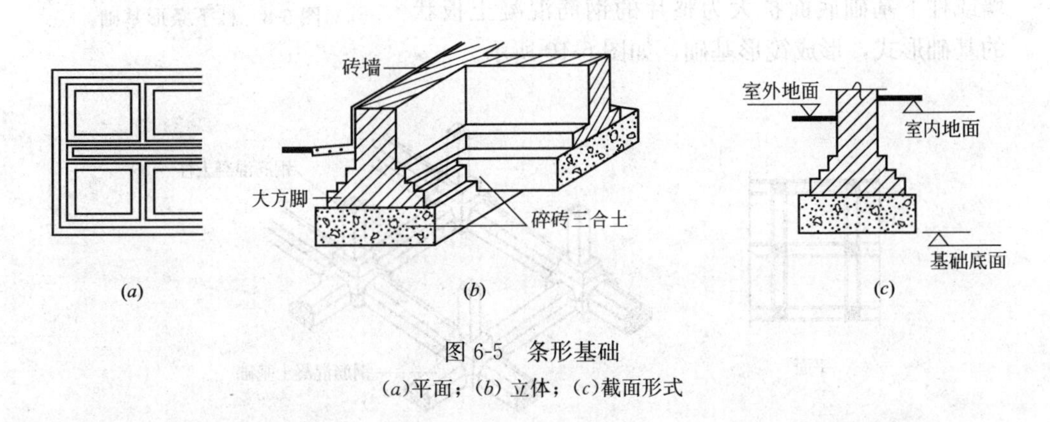

图 6-5 条形基础
(a)平面；(b) 立体；(c)截面形式

（二）独立基础

当建筑物的承重体系采用框架结构或单层排架及刚架结构时，其基础常用方形或矩形的单独基础，称为独立基础，如图 6-6 所示。当建筑是以墙体作为承重结构时，也可采用墙下独立基础，其构造是墙下设基础梁，以支承墙身荷载，基础梁支承在独立柱之间，如图 6-7 所示。独立基础的优点是减少土方工程量，节约基础材料。

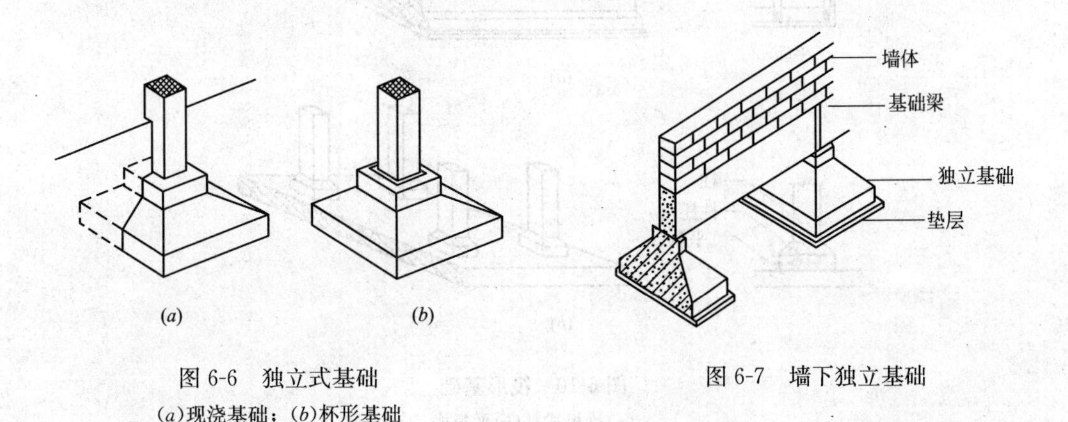

图 6-6 独立式基础
(a)现浇基础；(b)杯形基础

图 6-7 墙下独立基础

（三）柱下条形基础

当地基条件较差，此时在承重的结构柱下使用独立柱基础已经不能满足其承受荷载和整体性要求时，可将同一排柱子的基础连在一起，构成柱下条形基础，如图6-8所示。为了提高建筑物的整体性，以免各柱之间产生不均匀沉降，常将柱子基础沿纵、横两个方向都做成条形基础，形成井格式(图 6-9)。

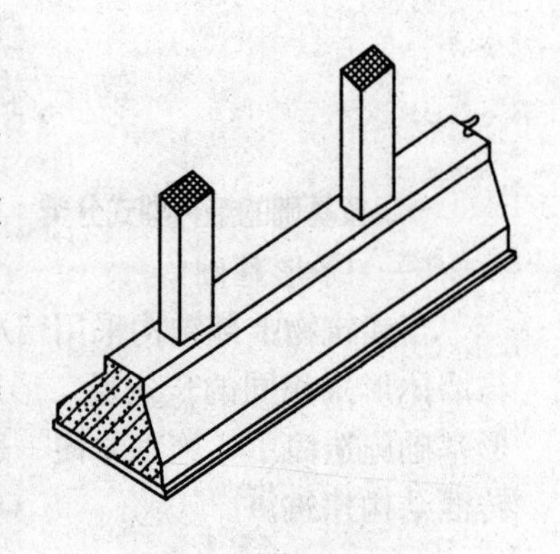

图 6-8 柱下条形基础

（四）筏形基础

当建筑物上部荷载较大，而建造地点的地基承载能力又比较差，单独依靠墙下条形基础或柱下条形基础已不能适应地基变形的需要时，可将墙或柱下基础底面扩大为整片的钢筋混凝土板状的基础形式，形成筏形基础，如图 6-10 所示。

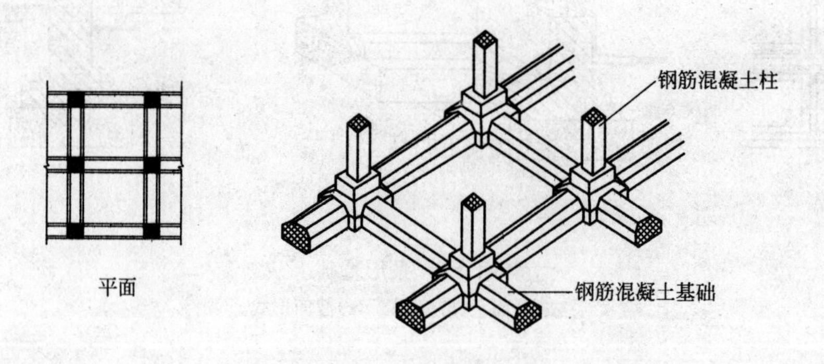

图 6-9 井格式柱下条形基础

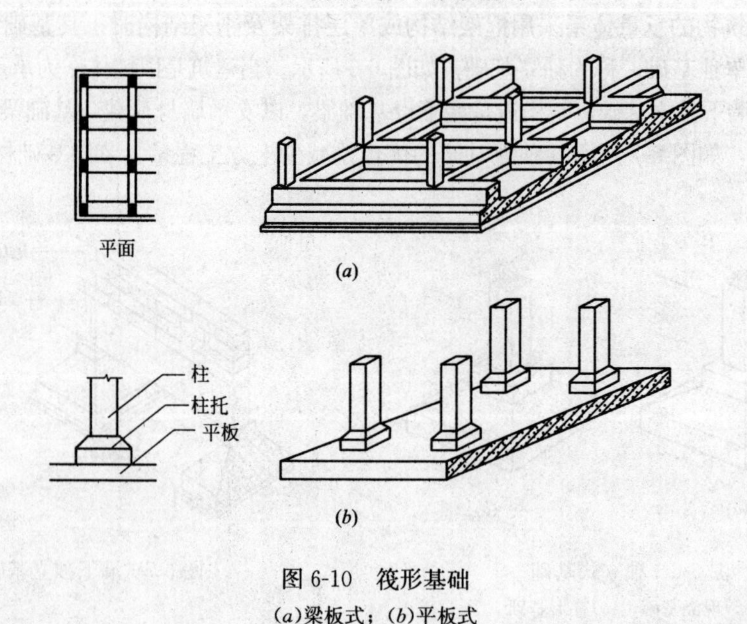

图 6-10 筏形基础
(*a*)梁板式；(*b*)平板式

筏形基础分为梁板式和平板式两种类型。梁板式筏形基础由钢筋混凝土筏板和肋梁组成，在构造上如同倒置的肋形楼盖；平板式筏形基础，一般由等厚的钢筋混凝土平板构成，构造上如同倒置的无梁楼盖。为了满足抗冲切要求，常在柱下做柱托。柱托可设在板上，也可设在板下。当设有地下室时，柱托应设在板底。

筏形基础的整体性好，能调节基础各部分的不均匀沉降。常用于建筑荷载较大的高层建筑。

（五）箱形基础

当筏形基础埋置深度较大时，为了避免回填土增加基础上的承受荷载，有效地调整基底压力和避免地基的不均匀沉降，可将筏形基础扩大，形成钢筋混凝土的底板、顶板和若干纵横墙组成的空心箱体作为房屋的基础，这种基础叫箱形基础，如图 6-11 所示。箱形基础中间的空间可作为地下室使用。箱形基础多用于荷载较大的高层建筑和设有地下室的建筑。

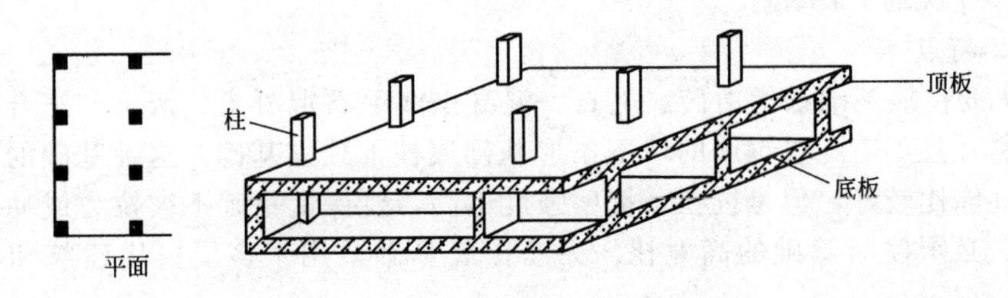

图 6-11 箱形基础

（六）桩基础

在建筑工程中，当地基浅层土质不良，无法满足建筑物对地基变形和强度方面的要求时，常采用桩基础。桩基础具有承载力高、沉降量小、节省基础材料、减少土方工程量、机械化施工程度高和缩短工期等优点。因此，是当前应用较为广泛的一种基础形式。

桩基础的类型很多。按桩的形状和竖向受力情况可分为摩擦型桩和端承型桩。摩擦型桩的桩顶竖向荷载主要由桩侧壁摩擦阻力承受，如图 6-12(*a*)所示。

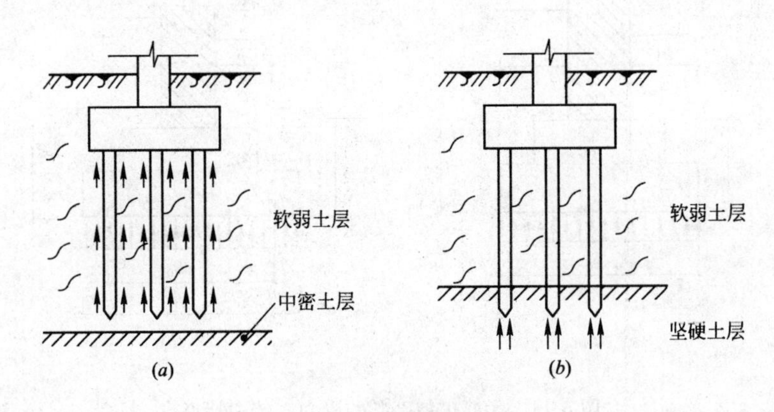

图 6-12 桩基础示意图

(*a*)摩擦型桩；(*b*)端承型桩

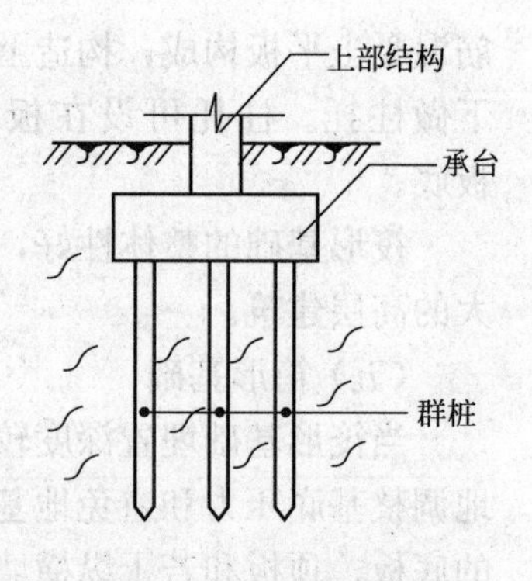

图 6-13　桩基础的组成

端承型桩的桩顶竖向荷载主要由桩端阻力承受，如图6-12(*b*)所示。按桩的材料分有混凝土桩、钢筋混凝土桩和钢桩。按桩的制作方法有预制桩和灌注桩两类。目前，较为多用的是钢筋混凝土预制桩和灌注桩。

桩基础是由承台和桩群组成，如图 6-13 所示。承台下桩的数量、间距和布置方式以及桩身尺寸是按设计确定的。在桩的顶部设置钢筋混凝土承台，以支承上部结构，使建筑物荷载均匀地传递给桩基。

二、按所用材料及受力特点分类

（一）无筋扩展基础

1. 特点

无筋扩展基础系指由砖、毛石、混凝土或毛石混凝土、灰土和三合土等为材料，且不需配置钢筋的墙下条形基础或柱下独立基础。这种基础的材料抗压性能比较好，但是抗拉、抗剪强度不高，要保证基础不被拉力或冲切力破坏，必须控制基础的高宽比。无筋扩展基础适用于多层民用建筑和轻型厂房。

2. 构造

无筋扩展基础的材料都属刚性材料，材料试验表明，由刚性材料构成的无筋扩展基础在荷载作用下破坏时，都是沿一定角度分布的，这个角称为刚性角。当基础底面宽度在刚性角之内，基础底面产生的拉应力小于材料所具有的抵抗能力，基础也不致破坏；当基础底面宽度在刚性角之外，基础底面将会开裂或破坏，而不再起传力作用，如图 6-14 所示。所以，无筋扩展基础的断面应在刚性角范围之内。

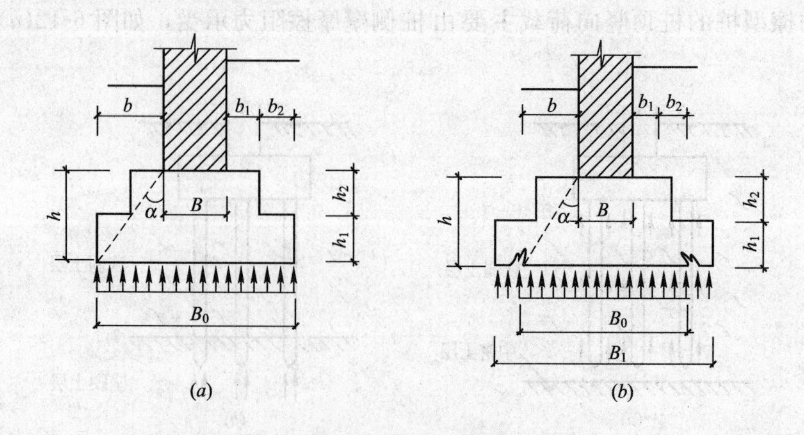

图 6-14　无筋扩展基础的受力、传力特点

(*a*)基础受力在刚性角范围内；(*b*)基础宽度超过刚性角范围而破坏

不同材料的无筋扩展基础的刚性角用 $\tan\alpha=\frac{b}{h}$ 来表示，其 b/h 的允许值见表6-1。

无筋扩展基础台阶宽高比(b/h)的允许值 表 6-1

名 称	材 料	台阶宽高比允许值 b/h		
		$P_k \leqslant 100$	$100 \leqslant P_k \leqslant 200$	$200 \leqslant P_k \leqslant 300$
混凝土基础	C15 混凝土	1∶1.00	1∶1.00	1∶1.25
毛石混凝土基础	C15 混凝土	1∶1.00	1∶1.25	1∶1.50
砖基础	砖不低于 MU10、砂浆不低于 M5	1∶1.50	1∶1.50	1∶1.50
毛石基础	砂浆不低于 M5	1∶1.25	1∶1.50	—
灰土基础	体积比为 3∶7 或 2∶8 的灰土，其最小干密度：粉土 1.55t/m^3 粉质黏土 1.50t/m^3 黏土 1.45t/m^3	1∶1.25	1∶1.50	—
三合土基础	体积比为 1∶2∶4～1∶3∶6（石灰∶砂∶骨料），每层约虚铺 220mm，夯至 150mm	1∶1.50	1∶2.00	—

注：P_k 为荷载效应标准组合时基础底面处的平均压力值(kPa)。

按表 6-1 要求的各种材料的无筋扩展基础，应符合图 6-15 的构造要求。当无筋扩展基础上部为钢筋混凝土柱时，构造做法如图 6-16 所示。

（二）扩展基础

1. 特点

将上部结构传来的荷载，通过向侧边扩展成一定底面积，使作用在基底的压应力等于或小于地基上的允许承载力，而基础内部的应力应同时满足材料本身的强度要求，这种起到压力扩散作用的基础称为扩展基础。它包括柱下钢筋混凝土独立基础和墙下钢筋混凝土条形基础。

当基础顶部的荷载较大或地基承载力较低时，就需要加大基础底部的宽度，以减小基底的压力。如果采用无筋扩展基础，则基础高度就要相应增加。这样就会增加基础自重，加大土方工程量，给施工带来麻烦。此时，可采用扩展基础。这种基础在底板配置钢筋，利用钢筋增强基础两侧扩大部分的受拉和受剪能力，使两侧扩大不受高宽比的限制，如图6-17 所示。扩展基础具有断面小、承载力大、经济效益较高等优点。

2. 构造

由于扩展基础的底部配以钢筋，利用钢筋来承受拉力，使基础底部能够承受较大弯矩。这时，基础宽度的加大不受刚性角的限制，可做得很宽、很薄。还可尽量浅埋。扩展基础构造做法如图 6-18 所示。

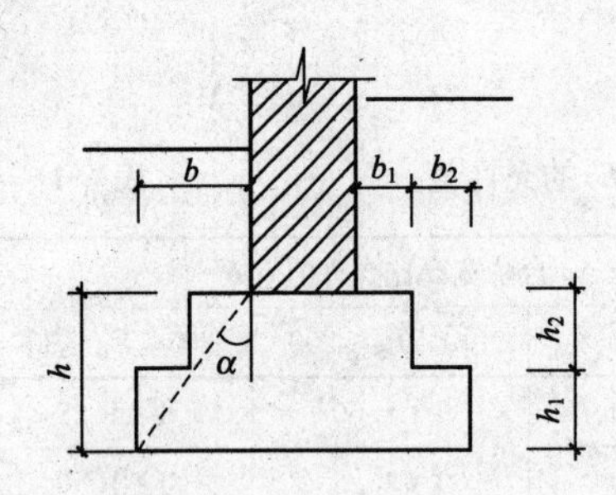

1. 混凝土基础　$h_1, h_2 \geqslant 200mm$
$b_1 \geqslant 150mm$
2. 毛石基础　$h_1, h_2 \geqslant 400mm$
$b_1 \geqslant 150mm$

(a)

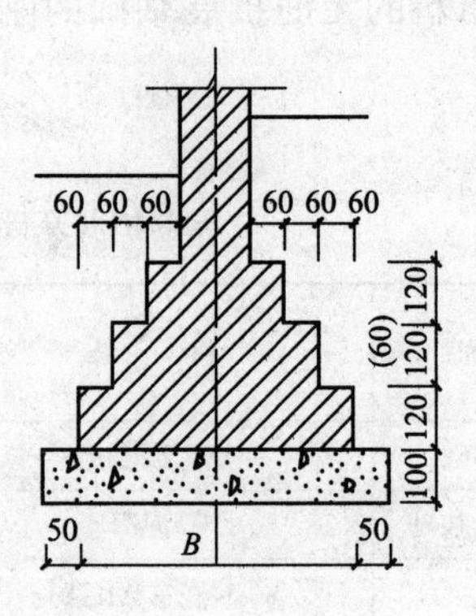

砖基础的台阶逐级向下放大，形成大放脚。
放脚方式：1. 两皮砖挑 1/4 砖长。
2. 两皮砖挑 1/4 砖长与一皮砖挑 1/4 砖长相间砌筑。

(b)

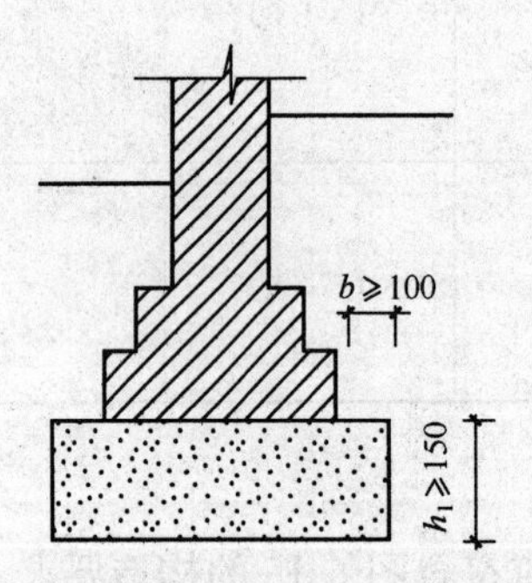

1. $b \geqslant 100mm$，h_1应取 150mm 的倍数。
2. 灰土基础：h_1取 150mm, 300mm, 450mm。
3. 三合土基础：$h_1 \geqslant 300mm$。

(c)

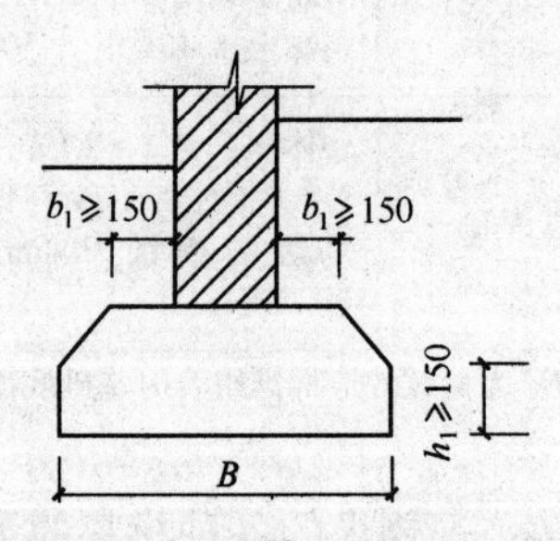

当$B \geqslant 2m$时，做成锥形，常用于混凝土基础。
其中：$b_1 \geqslant 150mm$，$h_1 \geqslant 150mm$。

(d)

图 6-15　无筋扩展基础构造示意图

(a)阶梯形基础；(b)砖基础；(c)灰土、三合土基础；(d)锥形基础

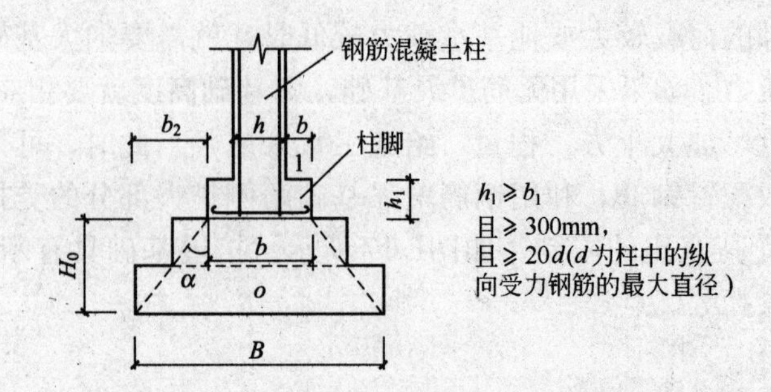

图 6-16　柱下无筋扩展基础连接构造示意图

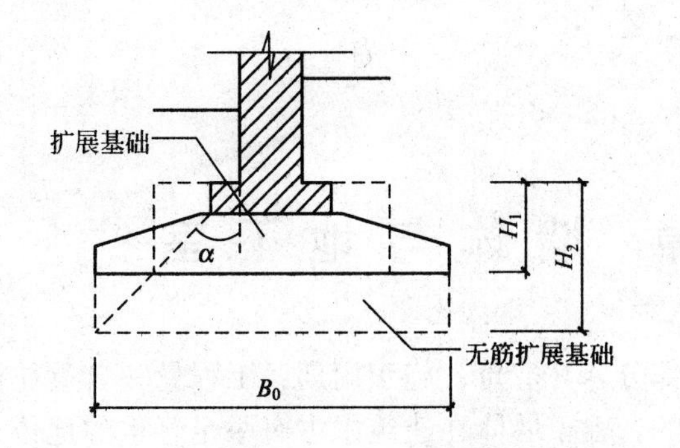

图 6-17 扩展基础与无筋扩展基础的比较

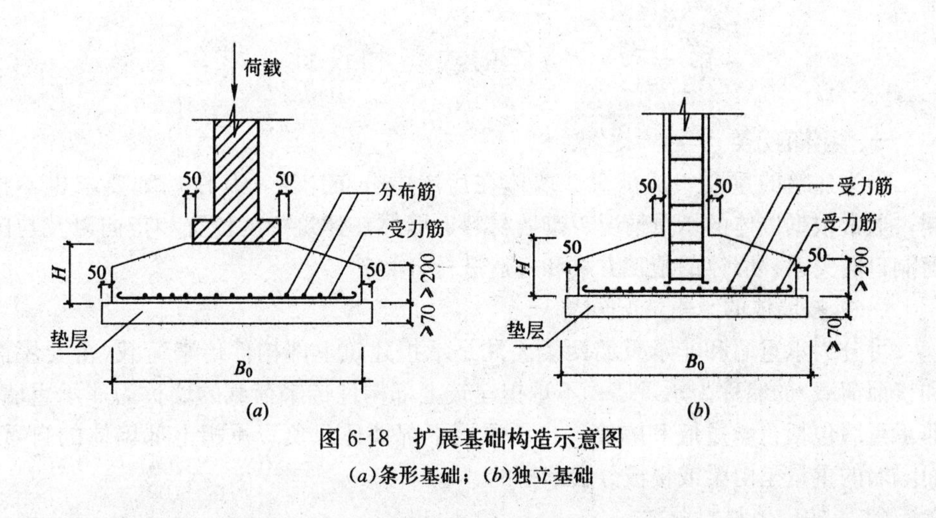

图 6-18 扩展基础构造示意图

(*a*)条形基础；(*b*)独立基础

注：1. 受力筋最小直径不宜小于 10mm，间距不宜大于 200mm，也不宜小于 100mm。

2. 分布筋直径不小于 8mm，间距不大于 300mm，每延米分布筋面积应不小于受力筋面积的 1/10。

3. 钢筋保护层厚度有垫层时不小于 40mm，无垫层时，不小于 70mm。

4. 混凝土强度等级不应低于 C20。

复习思考题

1. 什么是基础？它分为哪几类？
2. 什么是地基？它分为哪几类？
3. 对基础和地基有何要求？
4. 简述基础与地基的关系。
5. 什么是基础埋深？影响基础埋深的因素有哪些？
6. 什么是无筋扩展基础？什么是扩展基础？
7. 无筋扩展基础分为哪几种？各自构造要求这是什么？
8. 扩展基础分为哪几种？各自构造要求这是什么？
9. 什么是端承桩？什么是摩擦桩？

第七章　墙体与地下室

墙体是房屋的重要组成部分，其造价、施工周期、工程量和自重往往是房屋所有构件当中所占份额最大的。由于墙体在建筑中占有举足轻重的地位，而且存在着许多应当革新和改进的技术问题，因此人们长期以来一直围绕着墙体的技术和经济问题进行着不懈的努力和探索，并取得了一定的进展。

第一节　墙体的类型和设计要求

一、墙体的分类

作为建筑的重要组成部分，墙体在房屋中分布广泛，其作用和要求也不相同，通常根据墙体的承重情况、砌墙材料、墙体在建筑中的位置和走向以及与门窗洞口的关系、墙体的施工方式和构造进行分类。

（一）按墙体的承重情况分类

可分为承重墙和非承重墙两类。凡是承担建筑上部构件传来荷载（主要屋面和楼面荷载）的墙称为承重墙；不承担建筑上部构件传来荷载的墙称为非承重墙。非承重墙包括自承重墙和隔墙，自承重墙下部墙体只负责承担上部墙体的自重，而隔墙的重量是由梁或楼板分层承担的。

（二）按砌墙材料分类

较常见的有砖墙，砌块墙、石墙、混凝土墙、板材墙和幕墙等。

（三）按墙体在建筑中的位置、走向及与门窗洞口的关系分类

可分为外墙、内墙两类。沿建筑四周边缘布置的墙体称为外墙；被外墙所包围的墙体称为内墙。沿着建筑纵向布置的墙体称为纵墙；沿着建筑物横向布置的墙体称为横墙，首尾两端的横墙俗称山墙。在同一道墙上门窗洞口之间的墙体称为窗间墙；门窗洞口上下的墙体称为窗上或窗下墙。如图 7-1 所示。

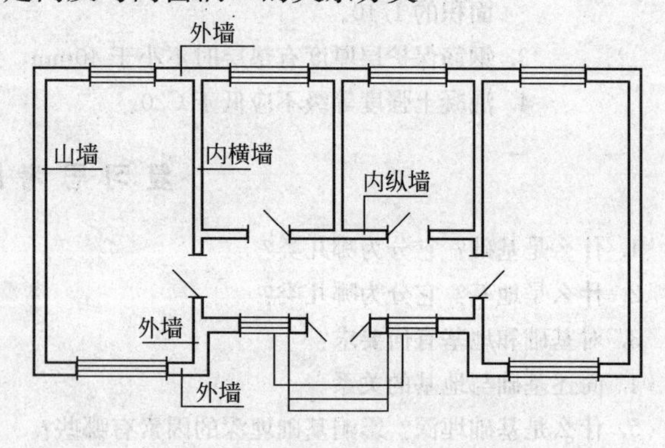

图 7-1　墙体的各部分名称

（四）按墙体的施工方式和构造分类

主要有叠砌式、版筑式、装配式三种。叠砌式是一种传统的砌墙方式，如实砌砖墙、空斗墙、砌块墙等；版筑墙的砌墙材料往往是散状或塑性材料，依靠事先在墙体部位设置模板，然后在模板内夯实或浇筑材料而形成墙体，如夯土墙、

滑模或大模板钢筋混凝土墙；装配式墙是在构件生产厂家事先制作墙体构件，在施工现场进行拼装，如大板墙、各种幕墙等。

二、墙体的作用

墙体的作用主要有以下三个方面：

（一）承重

承重墙承担建筑地上部分的全部竖向荷载及风荷载，是建筑主要的承重构件。

（二）围护

外墙是建筑围护结构的主体，担负着抵御自然界中风、霜、雨、雪及噪声，冷热，太阳辐射等不利因素侵袭的责任。

（三）分隔

墙体是建筑水平方向划分空间的构件，可以把建筑内部划分成不同的空间，界限室内与室外。

大多数墙体并不是经常同时具有上述的三个作用，根据建筑的结构形式和墙体的具体情况，往往只具备其中的一两个作用。

三、墙体的设计和使用要求

（一）具有足够的强度的稳定性

墙体的强度与构成墙体的材料有关，在确定墙体材料的基础上应通过结构计算来确定墙体的厚度，以满足强度的要求。

墙体的稳定性也是关系到墙体正常使用的重要问题。墙体的稳定性与墙体的长度、高度、厚度有关，在墙体的长度和高度确定了之后，一般可以采用增加墙体厚度、设置刚性横墙、加设圈梁，壁柱、墙垛的方法增加墙体稳定性。

（二）满足热工方面的要求

外墙是建筑围护结构的主体，其热工性能的好坏会对建筑的使用及能耗带来直接的影响，随着人类对能源消耗的日渐重视，建筑节能问题也被提高到一个前所未有的高度，并作为衡量建筑综合性能的一项重要指标。

按照《民用建筑热工设计规范》GB 50176—93 的规定，我国共划分五个热工设计分区：(1)严寒地区：最冷月平均温度小于等于－10℃的地区；(2)寒冷地区：最冷月平均温度在 0～－10℃的地区；(3)夏热冬冷地区：最冷月平均温度 0～－10℃，最热月平均温度 25～30℃的地区；(4)夏热冬暖地区：最冷月平均温度大于 10℃，最热月平均温度 25～29℃的地区；(5)温和地区：最冷月平均温度 0～13℃，最热月平均温度 18～25℃的地区。

北方寒冷地区要求建筑的外墙应具有良好的保温能力，在采暖期尽量减少热量损失，降低能耗，保证室内温度不致过低，不出现墙体内表面产生冷凝水的现象。为了使墙体具有足够的保温能力，应尽量选择导热系数小的墙体材料，但这些材料的强度往往较低，尽快生产出轻质高强、价格经济、施工方便定的墙体材料，是墙体改革所面临的主要问题之一。

南方炎热地区要求建筑的外墙应具有良好的隔热能力，以隔阻太阳的辐射热传入室内，防止室内温度过高。为使墙体具有隔热能力，除了可以采用导热系数小的墙体材料之外，还可以采用中空墙体。另外，合理的选择建筑朝向，良好的通风条件，浅颜色的外墙表面，也是提高墙体隔热降温效果的有效措施。

（三）满足防火的要求

建筑墙体应满足有关防火规范中对燃烧性能和耐火极限的要求，墙体的防火能力通常与材料燃烧性能和厚度有关。当建筑的单层建筑面积或长度达到一定指标时（见表 7-1、表 7-2），应划分防火分区，以防止火灾蔓延。防火分区一般利用防火墙进行分隔。

民用建筑的耐火极限、层数、长度及面积　　表 7-1

耐火等级	最多允许层数	防火分区间		备　注
		最大允许长度(m)	每层最大允许建筑面积（m^2）	
一二级		150	2500	1. 体育馆、剧院等的长度及面积可以放宽 2. 托儿所、幼儿园的儿童用房不应设在四层及四层以上
三级	5 层	100	1200	1. 托儿所、幼儿园的儿童用房不应设在三层及三层以上 2. 电影院、剧院、礼堂、食堂不应超过二层 3. 医院、疗养院不应超过三层
四级	2 层	60	600	学校、食堂、菜市场、托儿所、幼儿园、医院等不应超过一层

注：① 重要的公共建筑应采用一、二级耐火等级的建筑。商店、食堂、菜市场如采用一、二级耐火等级的建筑有困难，可采用三级耐火等级的建筑。
② 建筑物的长度，系指建筑物各分段中线长度的总和。如遇有不规则的平面而有各种不同量法时，应用较大值。

高层建筑每个防火分区允许最大建筑面积　　表 7-2

建筑类别	每个防火分区建筑面积（m^2）
一类建筑	1000
二类建筑	1500
地下室	500

注：① 设有自动灭火系统的防火分区，其允许最大建筑面积可按本表增加 1.00 倍。当局部设置自动灭火系统时，增加面积可按局部面积的 1.00 倍计算。
② 一类建筑的电信楼，其防火分区允许最大建筑面积可按本表增加 50%。

（四）满足隔声的要求

墙体是在建筑水平方向划分空间的构件，为了使人们获得安静舒适的工作和生活环境，提高私密性，避免相互干扰，墙体必须要有足够的隔声能力，并应符合国家有关隔声标准的要求。

声音是以空气传声和固体传声两个途径实现的。墙体应对空气传声具有足够的阻隔能力。增加墙体材料的面密度和厚度，选用密度大的墙体材料，设置中空墙体均是提高墙体隔声能力的有效手段。

此外，尽量减轻墙体材料自重，提高机械化施工程度、降低造价，也是影响墙体性能的重要参考因素。在地下部分的墙体还应具有可靠的防潮或防水能力。

四、墙的承重方案

墙体依照与上部水平承重构件(包括楼板、屋面板、梁)的关系不同，会产生不同的承重方案，应当根据建筑的实际情况及工程所在地预制构件的加工能力和施工水平合理的选择墙体的承重方案。墙的承重方案有以下四种：

(一) 横墙承重

横墙承重是将建筑的水平承重构件搁置在横墙上，即由横墙承担楼面及屋面荷载，如图 7-2(*a*)所示。

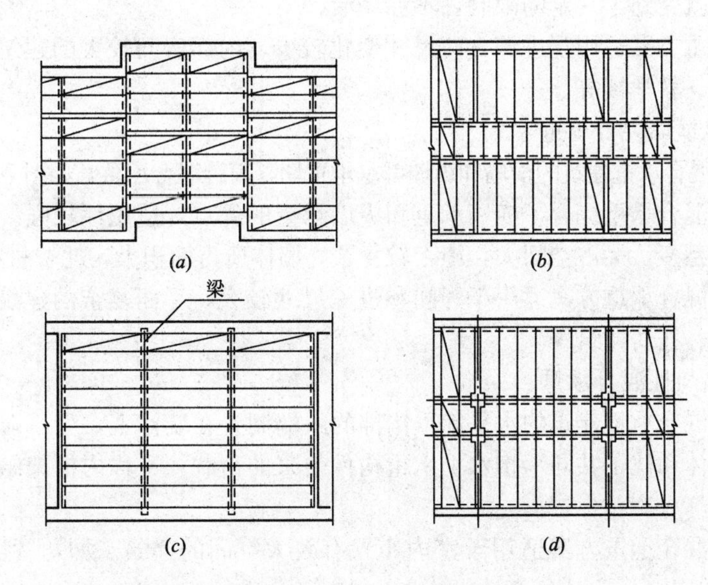

图 7-2　墙体的承重方案

(*a*)横墙承重；(*b*)纵墙承重；(*c*)纵横墙混合承重；(*d*)墙与柱混合承重

通常情况下建筑的横墙间距要小于纵墙间距，因此搁置在横墙上的水平承重构件的跨度小，其截面高度也小，可以节省钢材和混凝土的使用量，增加室内的净空高度。由于横墙是承重墙，具有足够的厚度，而且间距不大，所以能有效的增加建筑的刚度，提高建筑抵抗水平荷载的能力。由于内纵墙与上部水平承重构件之间没有传力的关系，因此内纵墙可以自由布置，在纵墙中开设门窗洞口也比较灵活。横墙承重方案有如下缺点：①由于横墙间距受到水平承重构件跨度和规格的限制，建筑开间尺寸变化不灵活，不易形成较大的室内空间；②墙体所占的面积较大，在建筑面积相同的情况下，使用面积相对较小，建筑的经济性较差。

横墙承重方案适用于房间开间不大、房间面积较小、尺寸变化不多的建筑。如，宿舍、旅馆、办公楼等。

(二) 纵墙承重

纵墙承重是将建筑的水平承重构件搁置在纵墙上，即由纵墙承担楼面及屋面荷载，如图 7-2(*b*)所示。

通常情况下建筑进深方向尺寸变化较小，因此搁置在纵墙上的水平承重构件的规格少，有利于施工，可以提高施工效率。横墙与上部水平承重构件之间没有传力关系，可以灵活布置，易于形成较大的房间。由于建筑中纵墙的累计长度要少于横墙，因此纵墙承重方案墙体所占面积相对横墙承重方案要小，使用面积相对较大，建筑的经济性较好。严寒和寒冷地区建筑的外墙为了满足热工要求厚度往往较大，纵墙承重可以充分发挥外纵墙的承重潜力。纵墙承重方案也有如下缺点：①水平承重构件的跨度较大，其自重和截面高度也较大，强度要求高，占用竖向空间较多。②由于横墙不承重，自身的强度和刚度较低，起不到抵抗水平荷载的作用，因此建筑的整体刚度较差。③为了保证纵墙的强度要求，在纵墙中开设门窗洞口就受到了一定的限制，不够灵活。

纵墙承重方案适用于进深方向尺寸变化较少，内部房间较大的建筑。如，住宅、办公楼、教学楼等。

（三）纵横墙混合承重

纵横墙混合承重建筑的横墙和纵墙都是承重墙，简称混合承重，如图 7-2(*c*)所示。

纵横墙混合承重综合了横墙承重和纵墙承重的优点，适用性较强。但水平承重构件的类型多，梁占空间大，施工较复杂，墙体所占面积大，耗费材料较多。

纵横墙混合承重方案适用于开间和进深尺寸较大，平面复杂的建筑。如，教学楼、医院、托幼建筑等。

（四）墙与柱混合承重

墙与柱混合承重建筑的水平承重构件的一端搁置在墙体上，另一端搁置在柱子上，由墙体和柱子共同承担水平承重构件传来的荷载，又称内框架结构，如图 7-2(*d*)所示。

墙与柱混合承重方案适用于室内布置有较大空间的建筑。如，餐厅、商店、阅览室等。

在一幢建筑中往往会出现几种不同的承重方案，应根据建筑的平面空间布局及使用要求，合理的进行选择。

第二节　墙体细部构造

墙体的施工方式主要有叠砌式、版筑式、装配式三种，其中叠砌式墙体在当前在普通建筑中采用得较为广泛。随着建筑材料生产水平的进步和建筑节能环保问题被重视，砌墙材料也发生了较大的变化。

普通黏土砖作为具有长久应用历史的建筑材料，为建筑的发展作出了不可替代的贡献，目前，仍然是我国部分地区一般建筑经常采用的墙体材料。但由于采集黏土制砖可能会占用耕地，破坏自然环境，而且普通黏土砖的自重较大、热功性能差、施工效率低，占用的结构空间大。因此普通黏土砖已经越来越不适应经济发展、建筑节能和建筑工业化的要求，我国已经开始限制普通黏土砖的使用。大力发展新型砌墙材料，如混凝土小型空心砌块、炉渣混凝土砌块、陶粒混凝土砌块或用工业废料制砖。尽快生产出涵盖黏土砖主要优点、技术成熟、价格低廉的砌墙材料，以便于在单层和多层建筑中使用，是目前建筑业亟待解决的技术问题之一。

由于墙体的细部构造要求与砌墙材料关系不大，因此仍然用砖墙为载体来介绍墙体细部构造。

一、砖墙的尺寸和组砌方式

（一）砖墙材料

1. 砖的种类

砖是传统的砌墙材料，按照砖的外观形状可以分成普通实心砖(标准砖)、多孔砖和空心砖三种。

普通实心砖的标准名称叫做烧结普通砖，是指没有孔洞或孔洞率小于15%的砖。普通实心砖中最常见的是黏土砖，另外还有炉渣砖、烧结粉煤灰砖等。

多孔砖是指孔洞率不小于15%，孔的直径小、数量多的砖，可以用于承重部位。

空心砖是指孔洞率不小于15%，孔的尺寸大，数量少的砖，只能用于非承重部位。

砖的强度等级是由其抗压强度和抗折强度综合确定的，分为：MU30、MU25、MU20、MU15、MU10、MU7.5六个等级。

2. 砖的尺寸

标准砖的规格为53mm×115mm×240mm，如图7-3(*a*)所示。在加入灰缝尺寸之后，砖的长、宽、厚之比为4∶2∶1，如图7-3(*b*)所示。即，一个砖长等于两个砖宽加灰缝(240mm＝2×115mm＋10mm)或等于四个砖厚加三个灰缝(240mm＝4×53mm＋3×9.5mm)。由于砖的生产历史大大早于模数协调确定的时间，因此，砖的规格与模数协调存在着不可协调之处，这给建筑的设计和施工带来了一定的麻烦。在工程实际中经常以一个砖宽加一个灰缝(115mm＋10mm＝125mm)为砌体的组合模数。

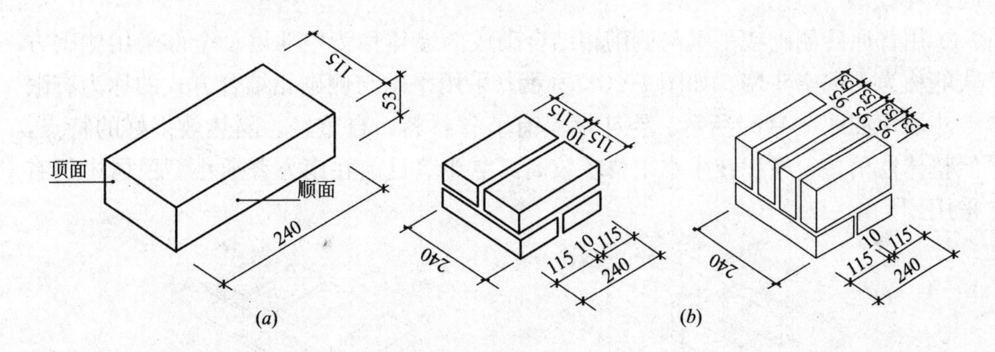

图7-3 标准砖的尺寸关系

(*a*)标准砖的尺寸；(*b*)标准砖的组合尺寸关系

多孔砖与空心砖的规格一般与普通砖在长、宽方向相同，而增加了厚度尺寸，并使之符合模数的要求，如240mm×115mm×95mm。长、宽、高均符合现有模数协调的多孔砖和空心砖并不多见，而是常见于新型材料的墙体砌块。

3. 砂浆

砂浆是重要的砌墙材料，它将砖粘结在一起形成砖砌体，砂浆的强度会对墙体的强度产生直接的影响。

砌筑墙体的砂浆主要有水泥砂浆、混合砂浆和石灰砂浆三种。墙体一般采用混合砂浆砌筑，水泥砂浆主要用于砌筑地下部分的墙体和基础，由于石灰砂浆的防水性能差、强度低，一般用于砌筑非承重墙或荷载较小的墙体。

砌墙用砂浆统称砌筑砂浆，用强度等级表示，共分为 M15、M10、M7.5、M5、M2.5、M1 和 M0.4 七个等级。

4. 砖墙的尺寸和组砌方式

(1) 砖墙的厚度尺寸。用普通砖砌筑的墙称为实心砖墙。由于普通黏土砖的尺寸是 240mm×115mm×53mm，所以实心砖墙的尺寸应为砖宽加灰缝（115mm+10mm=125mm）的倍数。砖墙的厚度尺寸见表 7-3。

砖墙的厚度尺寸（mm）　　**表 7-3**

墙厚名称	1/4 砖	1/2 砖	3/4 砖	1 砖	1 1/2 砖	2 砖	2 1/2 砖
标志尺寸	60	120	180	240	370	490	620
构造尺寸	53	115	178	240	365	490	615
习惯称呼	60 墙	12 墙	18 墙	24 墙	37 墙	49 墙	62 墙

(2) 砖墙的组砌方式　砖墙在砌筑时应遵循“内外搭接、上下错缝”的组砌原则，砖在砌体中相互咬合，使砌体不出现连续的垂直通缝以增加砌体的整体性，确保砌体的强度。砖与砖之间搭接和错缝的距离一般不小于 60mm。

砖墙的组砌方式有很多，应根据墙体厚度、墙面观感和施工便利进行选择，常见的组砌方式有全顺式、一顺一丁式、多顺一丁式、两平一侧式，每皮丁顺相间式等。

用普通砖侧砌或平砌与侧砌相结合砌成的墙体称为空斗墙。全部采用侧砌方式的称为无眠空斗墙，如图 7-4(*a*)所示。采用平砌与侧砌相结合方式的称为有眠空斗墙，如图 7-4(*b*)所示。空斗墙具有节省材料，自重轻、隔热效果好的特点，但整体性稍差，施工技术水平要求较高。空斗墙目前在南方普通小型民居中仍有采用。

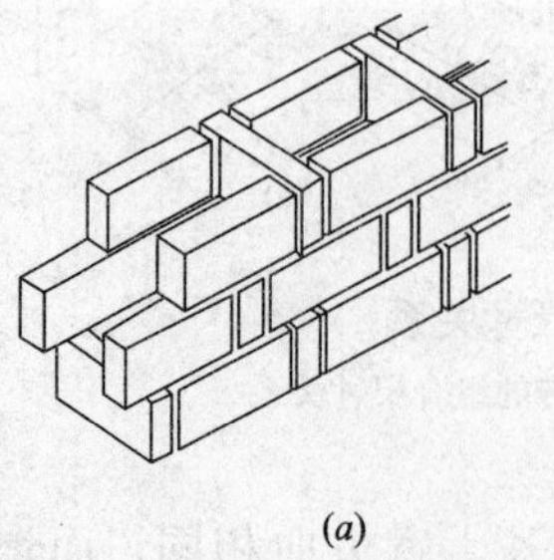

(*a*)　　(*b*)

图 7-4　空斗墙

(*a*)无眠空斗墙举例；(*b*)有眠空斗墙举例

二、砖墙的细部构造

（一）散水和明沟

为了保证建筑地下部分不受雨水侵蚀，控制基础周围土壤的含水率，确保基础的使用安全。经常采用在建筑物外墙根部四周设置散水或明沟的办法，把建筑物上部下落的雨水排走。

1. 散水

散水是沿建筑物外墙四周设置的向外倾斜的坡面，因此散水又称散水坡、护坡。散水的作用是把屋面下落的雨水排到远处，进而保护建筑四周的土壤，降低基础周围土壤的含水率。在降雨量较小的地区，散水是建筑物的必备构件。

散水的宽度一般为 600～1000mm。为保证屋面雨水能够落在散水上，当屋面采用无组织排水方式时，散水的宽度应比屋檐的挑出宽度大 200mm 左右。为了加快雨水的流速，散水表面应向外侧倾斜，坡度一般为 3%～5%。

散水最好采用不透水的材料作面层，如混凝土、砂浆等，在降水量较少的地区或临时建筑也可采用砖、块石做散水的面层。散水一般采用混凝土或碎砖混凝土做垫层，土壤冻深在 600mm 以上的地区，宜在散水垫层下面设置砂垫层，以免散水被土壤冻涨所破坏。砂垫层的厚度与土壤的冻涨程度有关，通常砂垫层的厚度在 300mm 左右。

散水垫层为刚性材料时，每隔 6～15m 应设置伸缩缝，伸缩缝及散水与建筑外墙交界处应用沥青填充。

散水构造举例，如图 7-5 所示。

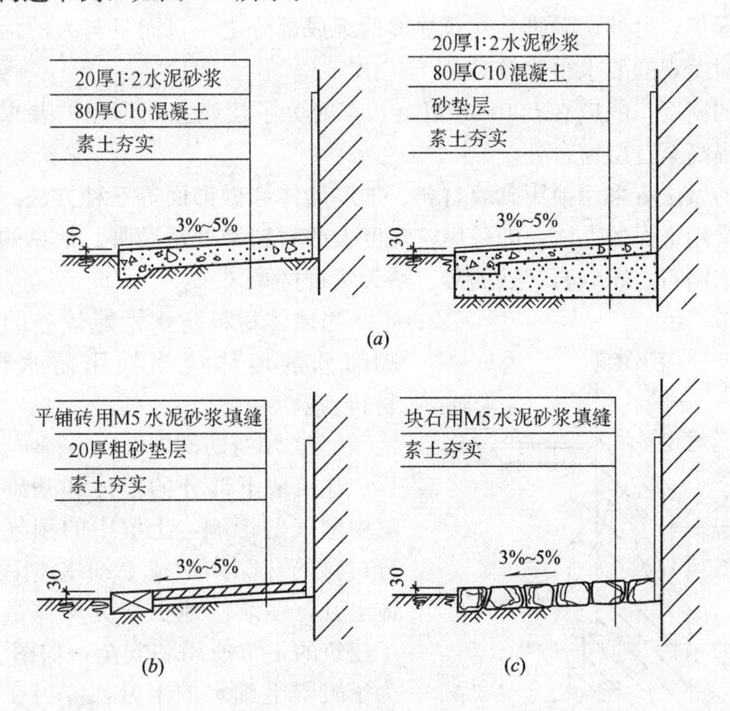

图 7-5　散水构造举例

(*a*)混凝土散水；(*b*)砖散水；(*c*)块石散水

2. 明沟

明沟又称阳沟、排水沟。明沟一般在降雨量较大的地区采用，布置在建筑物的四周，其作用是把屋面下落的雨水引导至排水管道。明沟通常采用混凝土浇筑，也可以用砖、石砌筑，并用水泥砂浆抹面。明沟的断面尺寸一般不少于宽180mm，深150mm，沟底应有不少于1%的纵向坡度。

图7-6是明沟的构造举例。

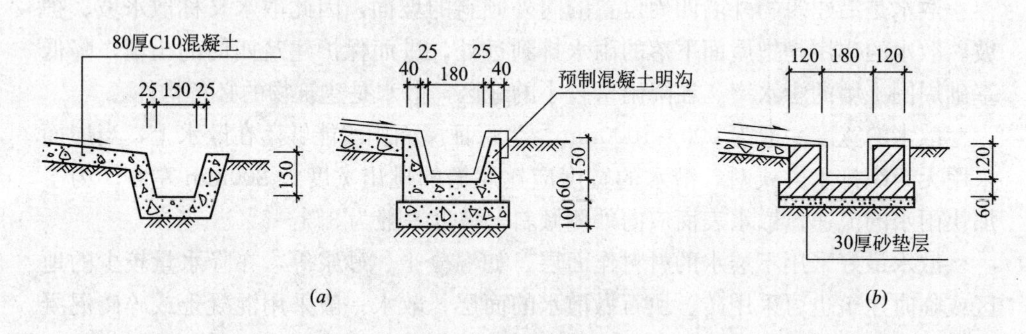

图7-6　明沟构造举例

(a)混凝土明沟；(b)砖砌明沟

(二) 勒脚

勒脚是外墙接近室外地面的部分。勒脚位于建筑墙体的下部，承担的上部荷载多，而且容易受到雨、雪的侵蚀和人为因素的破坏，因此需要对这部分墙体加以特殊的保护。另外，勒脚是建筑立面的组成部分之一，而且与人的活动空间接近，因此对美观的要求也比较高。

勒脚的高度一般应在500mm以上，有时为了建筑立面形象的要求，可以把勒脚顶部提高至首层窗台处。

勒脚的做法有采用换用砌墙材料、加厚墙体和做饰面等三种方法。现代建筑的勒脚通常用饰面的办法，即采用密实度大的材料来处理勒脚。常见的有水泥砂浆抹灰，水刷石、斩假石、贴面砖、贴天然石材等。

当墙体材料防水性能较差的时候，勒脚部分的墙体应当换用防水性能好的材料。

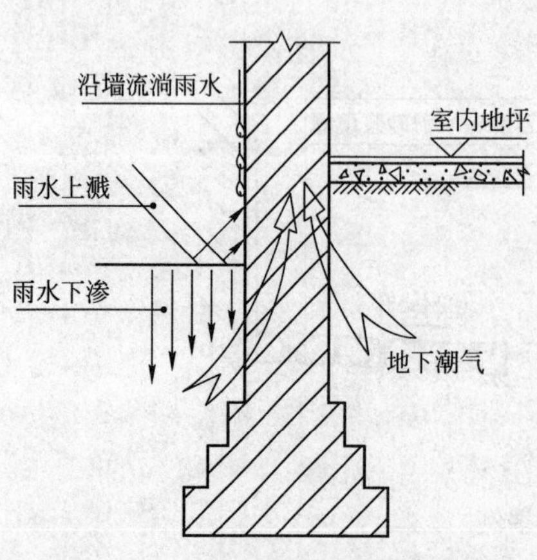

图7-7　地下潮气对墙身的影响示意

(三) 墙身防潮层

建筑地下部分的墙体和基础会受到土壤中潮气的影响，土壤中的潮气进入这部分材料的孔隙内形成毛细水，毛细水沿墙体上升，逐渐使地上部分墙体潮湿，影响了建筑的正常使用和安全，如图7-7所示。为了阻隔毛细水的上升，应当在墙体中设置防潮层。防潮层分为水平防潮层和垂直防潮层两种形式。

1. 水平防潮层

(1) 防潮层的位置

所有墙体的根部均应设置水平防潮层。为了防止地表水反渗的影响，防潮层应设置在距室外地面 150mm 以上的墙体内。同时，防潮层应设置在首层地坪结构层(如混凝土垫层)厚度范围之内的墙体之中，与地面垫层形成一个封闭的隔潮层。当首层地面为实铺时，防潮层的位置通常选择在－0.060 处，以保证隔潮的效果，如图 7-8(*a*)所示。防潮层的位置关系到防潮的效果，位置不当，就不能完全的阻隔地下的潮气，如图 7-8(*b*)、(*c*)所示。

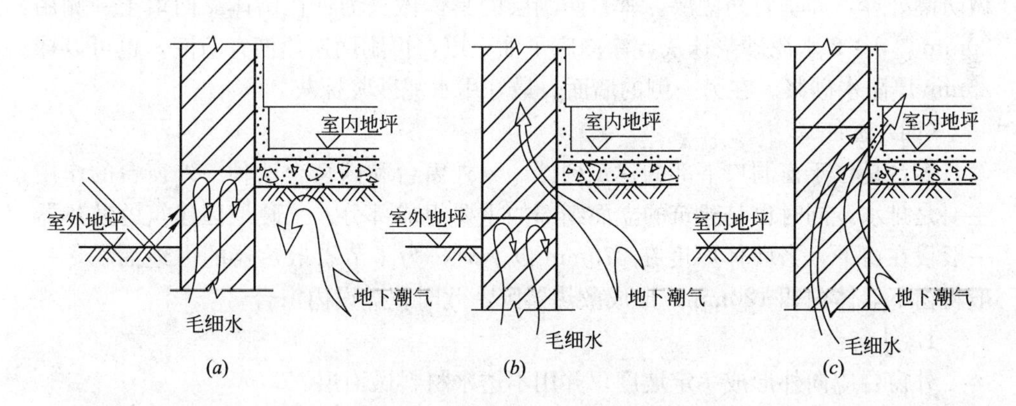

图 7-8　水平防潮层的位置
(*a*)位置适当；(*b*)位置偏低；(*c*)位置偏高

(2) 防潮层的做法

防潮层有以下几种常见做法：

1) 卷材防潮层。卷材防潮层的防潮性能较好，并具有相当的韧性，曾经被普遍的采用。但由于卷材防潮层不能与砂浆有效地粘结，会把上下墙体结构分隔开，破坏了建筑的整体性，对抗震不利。同时，卷材的使用寿命往往低于建筑的耐久年限，失效后将无法起到防潮的作用。因此，目前卷材防潮层在建筑中使用的较少。

卷材防潮层多采用沥青油毡，卷材防潮层分为干铺和粘贴两种做法。干铺法是在防潮层部位的墙体上用 20 厚 1∶3 水泥砂浆找平，然后干铺一层油毡；粘贴法是在找平层上做一毡二油防潮层。卷材的宽度应比墙体宽 20mm，搭接长度不小于 100mm。

2) 砂浆防潮层。砂浆防潮层解决了油毡防潮层的缺陷，目前在实际工程中应用较多。由于砂浆属刚性材料，易产生裂缝，在基础沉降量大或有较大振动的建筑中应慎重使用。

砂浆防潮层是在防潮层部位抹 25mm 厚掺入防水剂的 1∶2 水泥砂浆，防水剂的掺入量一般为水泥重量的 5%。也可以在防潮层部位用防水砂浆砌 3～5 皮砖，同样可以达到防潮的目的。

3) 细石混凝土防潮层。细石混凝土防潮层的优点较多，它不破坏建筑的整体性，抗裂性能好，防潮效果也好，但施工较复杂。在条件允许时，细石混凝土防潮层可以与基础圈梁一并设置。

细石混凝土防潮层是在防潮层部位设置 60mm 厚与墙体宽度相同的细石混凝土带，内配 3ϕ6 或 3ϕ8 钢筋。

2. 垂直防潮层

当室内地面出现高差或室内地面低于室外地面时。由于地面较低一侧房间下部一定范围内墙体的另外一侧为潮湿土壤。为了保证这部分墙的干燥，除了要分别按高差不同在墙内设置两道水平防潮层之外，还要对两道水平防潮之间的墙体做防潮处理，即垂直防潮层。垂直防潮层的具体做法为：在墙体靠回填土一侧用 20mm 厚 1：2 水泥砂浆抹灰，涂冷底子油一道，再刷两遍热沥青防潮，也可以抹 25mm 厚防水砂浆。在另一侧的墙面，最好用水泥砂浆抹灰。

（四）窗台

窗台是位于窗洞口下部的建筑构件，分外窗台和内窗台两种。外窗台的作用主要是排水，同时也是建筑的立面细部的重要组成部分。采暖地区建筑的散热器一般设在窗下，当墙体厚度在 370mm 以上时，为了节省散热器的占地面积，一般将窗下墙体内凹 120mm，形成散热器卧，此时就应设内窗台。

1. 外窗台

外窗台应向外形成一定坡度，并用不透水材料做面层。

外窗台有悬挑和不悬挑两种。悬挑窗台常用砖砌或采用预制混凝土，其挑出的尺寸应不小于 60mm。砖砌外窗台有平砌和侧砌两种，窗台的坡度可以利用斜砌的砖形成，也可以在砖表面抹灰形成。悬挑外窗台应在下边缘做滴水，一般为半圆形凹槽，以免排水时雨水沿窗台底面流至下部墙体。

设置外窗台的主要目的是为了保护窗台下部墙体不受雨水侵袭，但由于窗台下部的滴水构造在施工时质量往往不易保证，使部分雨水仍可流淌至窗下墙面，导致墙面留下脏水流淌的痕迹，影响建筑立面的美观。现在不少建筑取消了悬挑外窗台，只在窗洞口下部用砂浆或面砖等材料做成斜坡。窗上淌下的雨水沿墙面下流，由于流水量大，前面的脏水会被后面较清洁的雨水冲刷干净，反而不易在墙面上留下污痕。

2. 内窗台

内窗台的窗台板一般采用预制水磨石板或预制混凝土板制作，装修标准较高的房间也可以采用天然石材或仿石材料。窗台板一般靠窗间墙来支承，两端伸入墙内 60mm，沿内墙面挑出约 40mm。当窗下不设散热器卧时，也可以在窗洞下墙体中设置支架以固定窗台板。为了使散热器热量向上扩散，在窗洞口处形成热气幕，经常在窗台板上开设长形散热孔。

图 7-9 是几种常见窗台的举例。

（五）门窗过梁

为了满足建筑的使用要求，要在墙体中开设门窗洞口。为了承担洞口上传来的荷载，并把这些荷载传递给洞口两侧的墙体，常在门窗洞口上设置横梁，即门窗过梁。由于砖在砌筑时是相互咬合的，会在砌体内部产生“内拱”作用，因

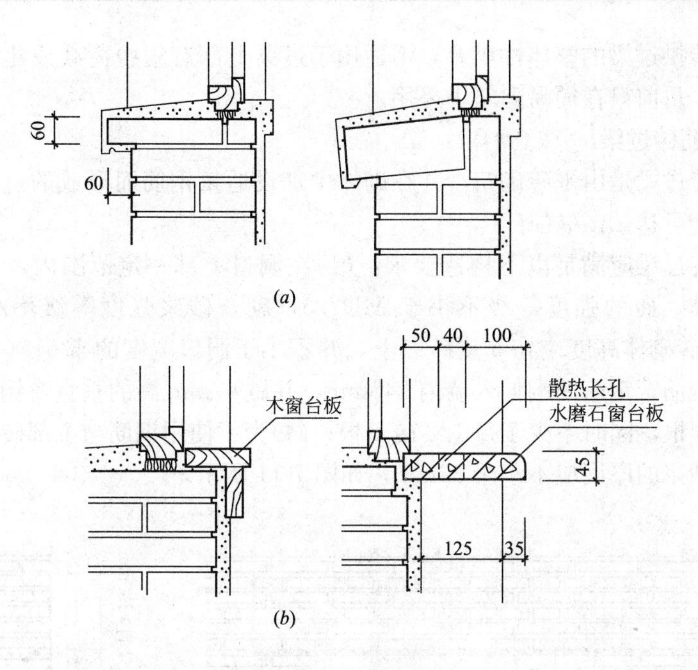

图 7-9　窗台构造

(a)外窗台；(b)内窗台

此，过梁并不承担其上部墙体的全部荷载，而是只承担了其中的一部分荷载，这部分荷载约为洞口跨度 1/3 高度范围内墙体的重量。当过梁的有效范围内有集中荷载存在时，则应另行计算过梁上的荷载数值。

过梁的种类较多，目前常见的有砖拱过梁、钢筋砖过梁和钢筋混凝土过梁三种，其中以钢筋混凝土过梁最为常见。

1. 砖拱过梁

砖拱过梁的历史较长，有平拱、弧拱两种类型，其中砖砌平拱过梁在建筑中采用较多。砖拱过梁应事先设置胎模，由砖侧砌而成，拱中央的砖垂直放置，称为拱心。两侧砖对称拱心分别向两侧倾斜，灰缝上宽下窄，靠材料之间产生的挤压摩擦力来支撑上部墙体。为了使砖拱能更好的工作，平拱的中心应比拱的两端略高，约为跨度的 1/50～1/100，如图 7-10 所示。砖砌平拱过梁的适用跨度多为 1.2m 之内。

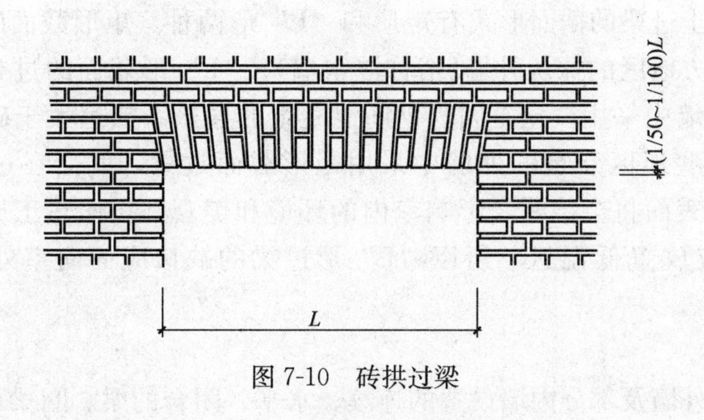

图 7-10　砖拱过梁

由于砖拱过梁的整体性稍差，不适用于过梁上部有集中荷载或建筑有振动荷载的情况，目前只在简易建筑中采用。

2. 钢筋砖过梁

钢筋砖过梁是由平砖砌筑，并在砌体中加设适量钢筋而形成的过梁，钢筋砖过梁的跨度可达 2m 左右。

钢筋砖过梁应满足以下构造要求：(1)在洞口上部一定范围内，采用强度较高的砖砌体，砖的强度等级不小于 MU7.5，砌筑砂浆强度等级不小于 M2.5；(2)这部分砖砌体高度应在 5 皮砖以上，并不小于洞口宽度的 1/5；(3)在砖砌体下部设置钢筋，钢筋两端伸入墙内 240mm，并做 60mm 高的垂直弯钩，钢筋的根数不少于 2 根，同时不少于每 1/2 砖 1 根；(4)为了使用钢筋与上部砖砌体共同工作，底面砂浆的厚度应不小于 30mm，如图 7-11 所示。

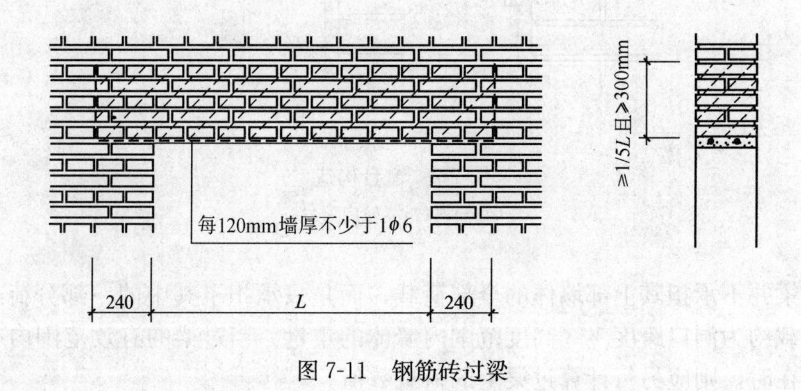

图 7-11 钢筋砖过梁

3. 钢筋混凝土过梁

钢筋混凝土过梁的适应性较强，目前在建筑中大量采用。按照施工方式的不同，钢筋混凝土过梁分成现浇和预制两种。

钢筋混凝过梁的截面尺寸和材料的配置，应根据上部荷载及过梁的跨度通过结构计算确定。为了避免局压破坏，过梁两端伸入墙体的长度应在 240mm 以上。为了便于过梁两端墙体的砌筑，钢筋混凝土过梁的高度应与砖的皮数尺寸相配合，如 120、180、240mm。钢筋混凝土过梁的宽度通常与墙厚相同，当墙面不抹灰时(俗称清水墙)，过梁的宽度应比墙厚小 20mm。

钢筋混凝土过梁的截面形式有矩形和“L”形两种。矩形截面的过梁，一般用于内墙或南方地区的抹灰外墙(俗称混水墙)。“L”形截面的过梁，多在严寒或寒冷地区外墙中采用。这是因为钢筋混凝土的导热系热远大于砖砌体的导热系数，如在这些地区建筑的外墙中采用矩形截面过梁，就会在过梁处产生热桥，过梁的内表面将会结露，影响室内的环境和美观。按照热工原理，保温性能好的材料应放置低温区，所以“L”形过梁的缺口应面向室外，如图 7-12 所示。

(六) 圈梁

圈梁是沿外墙及部分内墙设置的连续、水平、闭合的梁。圈梁可以增强建筑的整体刚度和整体性，对建筑起到腰箍的作用，防止由于地基不均匀沉降、振动及地震引起的墙体开裂，进而达到保证建筑结构安全的目的。

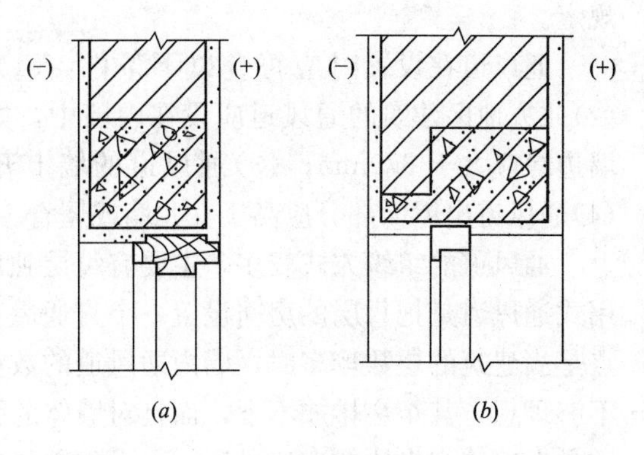

图 7-12　钢筋混凝土过梁
(a)矩形截面；(b)"L"形截面

圈梁多采用钢筋混凝土材料，其宽度宜与墙体厚度相同。当墙厚 d 大于 240mm 时，圈梁的宽度可以比墙体厚度小，但应不小于 $2/3d$。圈梁的高度一般不小 120mm，通常与砖的皮数尺寸相配合。由于圈梁的受力较复杂，而且不易事先估计确定，因此圈梁均按构造要求配置钢筋，一般纵向钢筋不应小于 4ϕ8，纵向钢筋应当对称布置，箍筋间距不大于 300mm。另外，还有钢筋砖圈梁，目前已经较少使用。

圈梁在建筑中往往不止设置一道，其数量应视建筑的高度、层数、地基情况和地震设防的构造要求而定。单层建筑至少设置一道，多层建筑一般隔层设置一道。在地震设防地区，往往要层层设置圈梁。圈梁除了在外墙和承重内纵墙中设置之外，还应根据建筑的结构及防震要求，每隔 16～32m 在横墙中设置圈梁，以使圈梁腰箍的作用能够充分的发挥。

圈梁通常设置在建筑的基础墙处，檐口处和楼板处、当屋面板、楼板与窗洞口间距较小，而且抗震设防等级较低时，也可以把圈梁设在窗洞口上皮，兼做过梁使用。

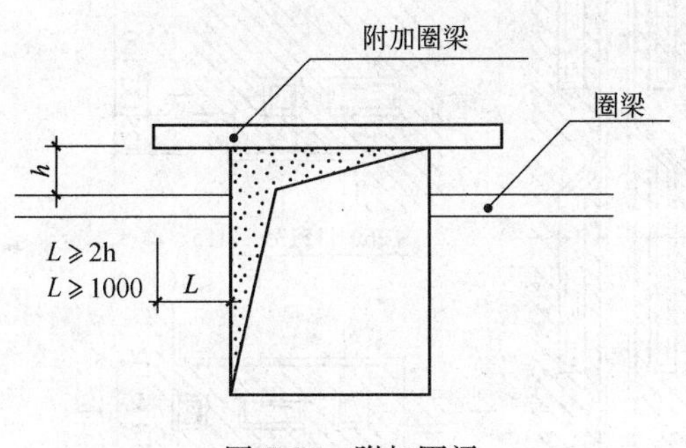

图 7-13　附加圈梁

圈梁应当连续、封闭的设置在同一水平面上。当圈梁被门窗洞口(如楼梯间窗洞口)截断时，应在洞口上方或下方设置附加圈梁。附加圈梁与圈梁的搭接长度不应小于二者垂直净距的两倍，也不应小于 1m，如图7-13所示。地震设防地区，圈梁应当完全封闭，不宜被洞口截断。

(七) 墙中孔道

砖墙中的竖向孔道主要有通风道、烟道、垃圾道。随着社会的进步，人民生活水平的提高，烟道在城市民用建筑中已经较少出现。

1. 通风道

通风道是墙体中常见的竖向孔道，其目的是为了排除房间内部的污浊空气和不良气味。虽然房间的通风换气主要是依靠窗来进行，但对一些无窗的房间或受气候条件限制在冬季无法开窗换气地区，就应当在人流集中、易产生烟气或不良气味的房间(如学校教学楼、厕所、灶间、住宅的厨房、卫生间等)设置通风道。通风道的截面尺寸与房间的容积有关，应满足有关卫生标准对房间换气次数的规定。

通风道在设置时应符合以下条件：(1)同层房间不应共用同一个通风道；(2)北方地区建筑的通风道应设在内墙中，如必须设在外墙，通风道的边缘距外墙边缘应大于 370mm；(3)通风道的墙上开口应距顶棚较近，一般为 300mm；(4)通风道出屋面部分应高于女儿墙或屋脊。

通风道的组织方式较多，主要有每层独用、隔层共用、子母式三种。每层独用式通风道是把每层的房间设置一个直通屋顶的通风道，优点是通风效果好，缺点是当建筑的层数较多时，墙内通风道的数量随层数增加，大部分通风道的位置不够理想，甚至会排放不下，而且对墙体的强度有较大的削弱。隔层共用式通风道是在墙体内设置两个通风道，上下重叠的房间隔层使用其中的一个通风道，优点是通风道的位置容易保证，墙内孔道少，缺点是通风道中途开口较多，通风效果差，容易串味。子母式通风道是由一大一小两个孔道组成，大孔道(母通风道)直通屋面，小孔道(子通风道)一端与大孔道相通，一端在墙上开口。子母式通风道综合了其他两种通风道的优点，目前在建筑中广泛采用。

砖砌子母式通风道中母通风道的截面尺寸是 260mm×135mm，子通风道的截面尺寸是 135mm×135mm。

砖砌子母式通风道的构造，如图 7-14 所示。按照构造要求，设置子母式通风道处的墙体厚度应不小于 370mm，当墙体的承重要求不高或不承重时，可以只把通风道所占区域内的墙体加厚至 370mm，以节省室内面积。

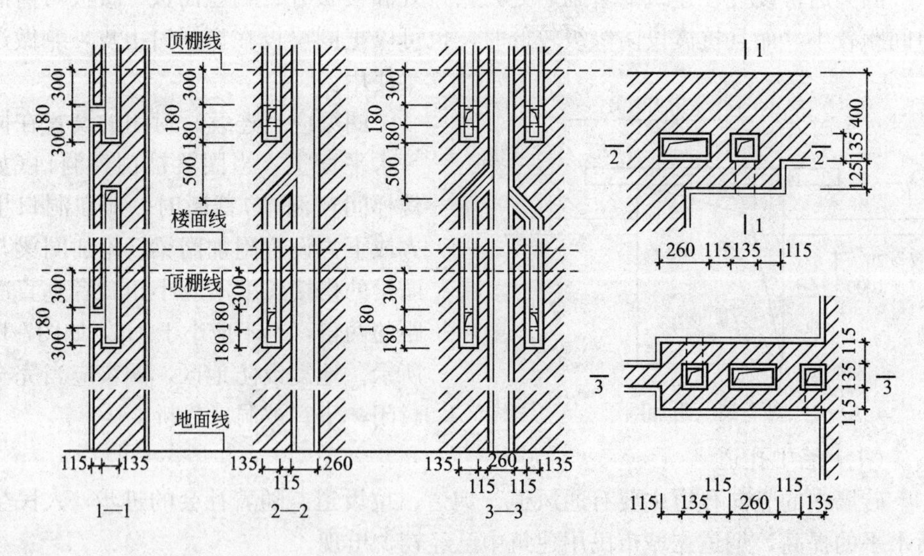

图 7-14　砖砌子母式通风道

由于砖砌通风道占用面积较多，施工复杂，而且极易堵塞。在条件允许时，也可以采用预制钢筋混凝土通风道(图 7-15)和预制浮石混凝土通风道(图 7-16)。

2. 垃圾管道

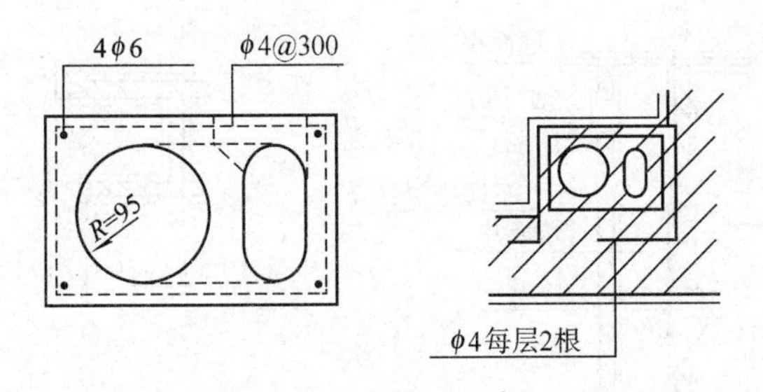

图 7-15 预制混凝土通风道

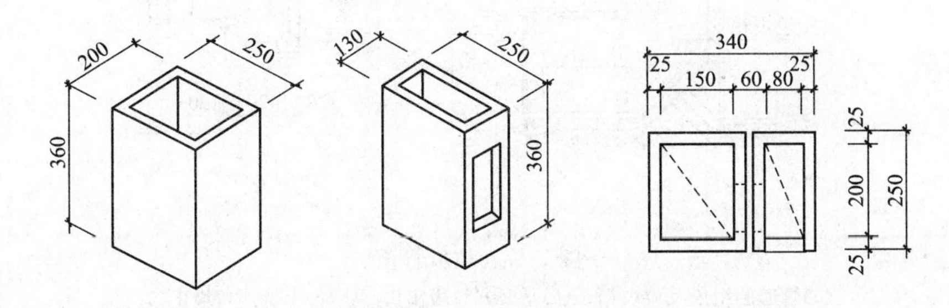

图 7-16 预制浮石混凝土通风道

垃圾管道是为了便于使用者倾倒垃圾而设置的管道。我国对垃圾管道的设置问题，在不同的建筑设计规范中均有所规定。宜设垃圾管道的建筑有：四层及四层以上宿舍；三层以上中小学教学楼；六层及六层以上办公楼等。由于垃圾管道在管理不善时容易对周围环境造成较大影响，因此垃圾管道的设置要认真慎重，妥善处理。有些建筑设计规范已经对垃圾管道的设置作出了与从前截然相反的新规定，《住宅设计规范》GB 50096—1999(2003 年版)中规定：住宅不宜设置垃圾管道。多宅住宅不设垃圾管道时，应根据垃圾收集方式设置相应设施。中高层及高层住宅不设置垃圾管道时，每层应设置封闭的垃圾收集空间。

为了收集垃圾的方便，垃圾管道一般应当靠外墙设置，垃圾倾倒口要设置在建筑的公共区域或独立的垃圾间中。保证管道内壁的平整、光滑和足够的截面尺寸(应不小于 500mm×500mm)是使垃圾管道正常使用的关键。垃圾管道应用不燃烧体材料砌筑，并有良好的抗渗能力。

图 7-17 是垃圾管道构造的举例。

(八) 抗震构造

由于砖墙的整体性较差，为了提高墙体的抗震能力和稳定性。我国有关规范对于地震设防地区砖混结构建筑的层数、高度、横墙间距、圈梁及墙垛的尺寸均作出了一定的限制，设置构造柱也是加强建筑整体性的有效手段之一，有数据表明，构造柱可以使墙体的抗剪强度提高 10%～30%。我国《建筑抗震设计规范》GB 50011—2001 对此作出了明确的规定，见表 7-4。

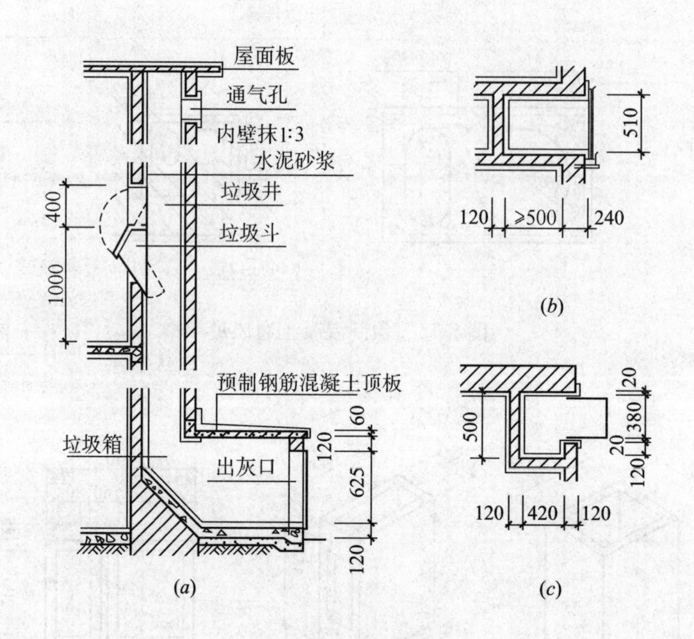

图 7-17　垃圾管道

(*a*)管道的组成及垃圾箱；(*b*)平开式垃圾出口门；(*c*)上翻式垃圾出口门

房屋的层数和总高度限值(m)　　**表 7-4**

房屋类别		最小墙厚(mm)	烈度							
			6		7		8		9	
			高度	层数	高度	层数	高度	层数	高度	层数
多层砌体	普通砖	240	24	8	21	7	18	6	12	4
	多孔砖	240	21	7	21	7	18	6	12	4
	多孔砖	190	21	7	18	6	15	5	—	—
	小砌块	190	21	7	21	7	18	6	—	—
底部框架、抗震墙		240	22	7	22	7	19	6	—	—
多排柱内框架		240	16	5	16	5	13	4	—	—

注：① 房屋的总高度指室外地面到主要屋面板板顶或檐口的高度，半地下室从地下室室内地面算起，全地下室和嵌固条件好的半地下室应允许从室外地面算起；应算到山尖墙的 1/2 处。

② 室内外高差大于 0.6m 时，房屋总高度应允许比表中数据适当增加，当不应多于 1m。

③ 本表小砌块砌体房屋不包括配筋混凝土小型空心砌块砌体房屋。

构造柱是从构造角度考虑而设置的，它与从承重角度考虑设置的柱在作用上完全不同。构造柱在墙体内部与水平设置的圈梁相连，形成了具有较大刚度的空间骨架，极大的增强了建筑的整体刚度，提高了墙体抗变形的能力。构造柱一般设置在建筑物的四角，内外墙体交接处、楼梯间、电梯间及部分较长墙体的中部。表 7-5 是构造柱的设置要求。

砖房构造柱的设置要求　　　表 7-5

<table>
<tr><th colspan="4">房 屋 层 数</th><th colspan="2" rowspan="2">设 置 部 位</th></tr>
<tr><th>6度</th><th>7度</th><th>8度</th><th>9度</th></tr>
<tr><td>四、五</td><td>三、四</td><td>二、三</td><td></td><td rowspan="3">• 外墙四角
• 错层部位横墙与外纵墙交接处
• 大房间内外墙交接处
• 较大洞口两侧</td><td>• 7、8度时，楼、电梯间的四角
• 隔15m或单元横墙与外纵墙交接处</td></tr>
<tr><td>六、七</td><td>五</td><td>四</td><td>二</td><td>• 隔开间横墙(轴线)与外墙交接处
• 山墙与内纵墙交接处
• 7～9度时，楼、电梯间的四角</td></tr>
<tr><td>八</td><td>六、七</td><td>五、六</td><td>三、四</td><td>• 内墙(轴线)与外墙交接处
• 内墙的局部较小墙垛处
• 7～9度时，楼、电梯间的四角
• 9度时内纵墙与横墙(轴线)交接处</td></tr>
</table>

构造柱的下端应锚固在钢筋混凝基础或基础圈梁中，上部与楼层圈梁连接。如圈梁为隔层设置时，应在不设圈梁的楼层设置配筋砖带。由于女儿墙的上部是自由端，而且位于建筑的顶部，受地震的影响最大。因此，构造柱应当通至女儿墙顶部，并与女儿墙顶部的钢筋混凝土压顶相连，而且女儿墙中的构造柱间距应当加密。构造柱的截面尺寸应不小于180mm×240mm。主筋采用4ϕ12为宜，箍筋间距不大于250mm。墙与柱之间应沿墙每500mm设2ϕ6拉结构筋，每边伸入墙内长度不小于1000mm(图7-18)。

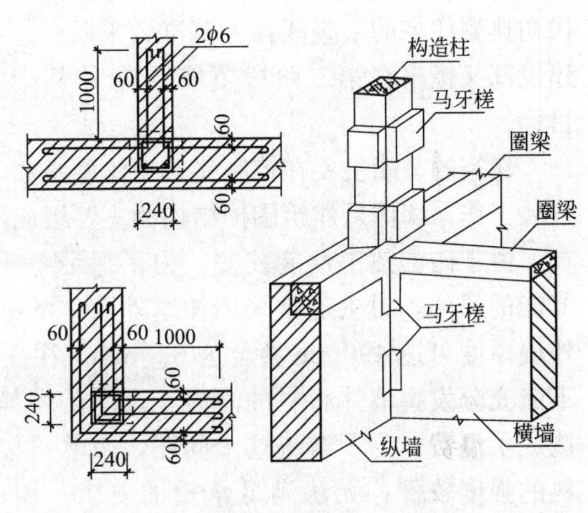

图7-18　构造柱的设置

构造柱在施工时应当先砌墙体，并留出马牙槎。随着墙体的上升，逐段现浇钢筋混凝土构造柱。

（九）防火墙

防火墙是建筑物中在平面划分防火分区的墙体。它具有在火灾时隔阻火势蔓延的作用，因此在构造上要满足防火墙的工作条件。防火墙在构造上有下列主要要求：

(1) 防火墙的耐火极限应不小于4.0小时。防火墙应当截断燃烧体或难燃烧体的屋顶结构，而且应高出非燃烧体屋面不小于400mm，高出燃烧体或难燃烧体屋面不小于500mm。当建筑物的屋盖材料为耐火极限不小于0.5小时的非燃烧体时，防火墙(包括纵向防火墙)可砌至屋面基层的底部，不必高出屋面。

(2) 防火墙中不应开设门窗洞口，如必须开设时，应采用甲级防火门窗，并能自动关闭。在防火墙内设置通风道时，其壁厚不应小于120mm。

(3) 为了确保隔火的作用，防火墙不宜设在建筑的转角处。如受条件限制必须设在转角处时，内转角两侧上的门窗洞口之间最近的水平距离不应小于4m。紧靠防火墙两侧的门窗洞口之间最近的水平距离不应小于2m。如果采用耐火极限不小于0.9小时的非燃烧体固定窗扇的采光窗(包括转角墙上的窗洞)，可不受距离的限制。

许多火灾事故证明，防火墙对隔阻火灾的蔓延具有十分重要的作用，因此对防火墙的设置和构造要求应当给予足够的重视。

(十) 复合墙体

建筑节能是当前我国建筑面临的重要技术问题之一，关系到可持续发展的问题。1986年，建设部颁布实施了《民用建筑节能设计标准(采暖居住建筑部分)》，标志着我国建筑节能工作的启动。1995年，建设部又颁布了新的《民用建筑节能设计标准(采暖居住建筑部分)》。它要求新建居住建筑的采暖能耗以上世纪80年代初典型住宅的采暖能耗为基准，采暖、空调(和照明)能耗节约50%。前不久，建设部又提出在第二阶段节能50%的基础上再节能30%，即总体节能65%的目标。

建筑的节能主要在控制建筑的体型系数、改善建筑围护结构的热工性能方面开展工作，墙体是建筑围护结构的主要组成部分，与建筑节能关系密切。

由于砖的热工性能较差，为了保证冬季的室内环境，减少热量损失，达到节能的目的，过去通常采用加厚外墙体的办法。我国严寒地区民用建筑的砖砌外墙厚度可达490mm甚至为620mm。往往大大超过了强度对墙体厚度的要求，不能充分发挥墙体材料的潜力。过厚的墙体使建筑的自重和占地面积增加，也造成了浪费。为了解决这个问题，虽然可以采用轻质墙体材料，但通常这些材料的强度较低，无法满足承重的要求。因此在砖混结构建筑中采用复合外墙体，在保证墙体具有承重能力的同时，改善墙体的热工性能，是一条可行的途径。

复合外墙主要有中填保温材料外墙、外保温外墙和内保温外墙三种。

目前在工程中应用较多的复合墙体保温材料有：岩棉、聚苯板、泡沫混凝土或加气混凝土等。

从节能的效果来看，外保温是一种理想的方案。传统的外保温一般采用外贴实心保温板材，在保温板与饰面材料之间加设钢筋网或纤维布的构造做法，由于板材的容重较小、强度较低、施工过程中容易折断或损坏。而且板材通常利用热熔的方法切割，表面平整而且有微小粉末存在，导致板材与墙体及饰面材料之间粘结的程度较差，板缝之间存在“热桥”现向，效果并不理想。近来，有关厂家开发生产出利用容重较高的EPS空心板材作为保温复合墙板的新工艺，这种保温板材采用模具成型，双面设置燕尾槽、板之间留有企口，并配有转角、门窗洞口专用模块，使板材之间形成密闭性良好的整体，改善了板材与墙体及饰面的粘结强度，使保温效果与可靠性得到极大地提高。

图 7-19 是复合墙体构造的举例。

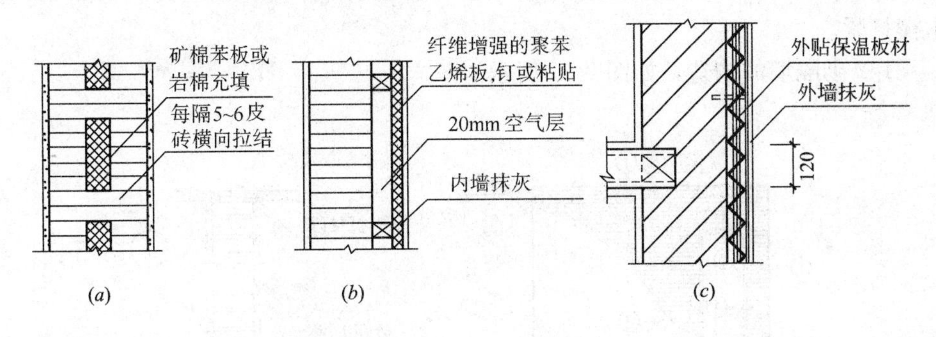

图 7-19　复合墙体
(a)中填保温材料外墙；(b)内保温外墙；(c)外保温外墙

第三节　隔　墙　构　造

隔墙是不具备承重功能，只是把建筑内部划分成不同空间的墙体。隔墙虽然不是构成建筑主体的构造，但对建筑的使用却有着重要的影响。

一、隔墙的构造要求

隔墙为了划分室内空间，其位置就比较灵活，一般不像承重墙那样自下而上贯通，位置重叠。隔墙通常依靠承墙梁或楼板支承，因此自重轻是隔墙应首先满足的要求。

其次，为了增加室内的有效使用面积，隔墙在满足稳定和其他功能要求的前提下，厚度应当尽量薄些。

隔墙还应具有良好的隔声能力及相当的耐火能力。对潮湿、多水的房间，隔墙应具有良好的防潮、防水性能。

由于建筑在使用过程中可能会对室内空间进行调整和重新划分。隔墙应具有良好的装配性能，尽量减少湿作业，提高施工效率。

二、隔墙的类型和构造

隔墙根据其材料和施工方式的不同，可以分成砌筑隔墙、立筋隔墙和条板隔墙。

(一) 砌筑隔墙

砌筑隔墙有砖砌隔墙和砌块隔墙两种。

1. 砖砌隔墙

砖砌隔墙是普通民用建筑中应用较广泛的一种隔墙。砖砌隔墙多采用普通砖砌筑，分成 1/4 砖厚和 1/2 砖厚两种。以 1/2 砖砌隔墙为主。

1/2 砖砌隔墙又称半砖隔墙；标志尺寸是 120mm，砌墙用的砂浆强度应不低于 M5。由于隔墙的厚度较薄，为确保墙体的稳定，应控制墙体的长度和高度。当墙体的长度超过 5m 或高度超过 3m 时，应当采取加固措施。具体方法是使隔墙与两端的承重墙或柱固接，同时在墙内每隔 500～800mm 设 2ϕ 6 通长拉结钢筋。为使隔墙的上端与楼板之间结合紧密，隔墙顶部采用斜砌立砖或每隔 1m 用木楔打紧。

1/2 砌隔墙的构造，如图 7-20 所示。

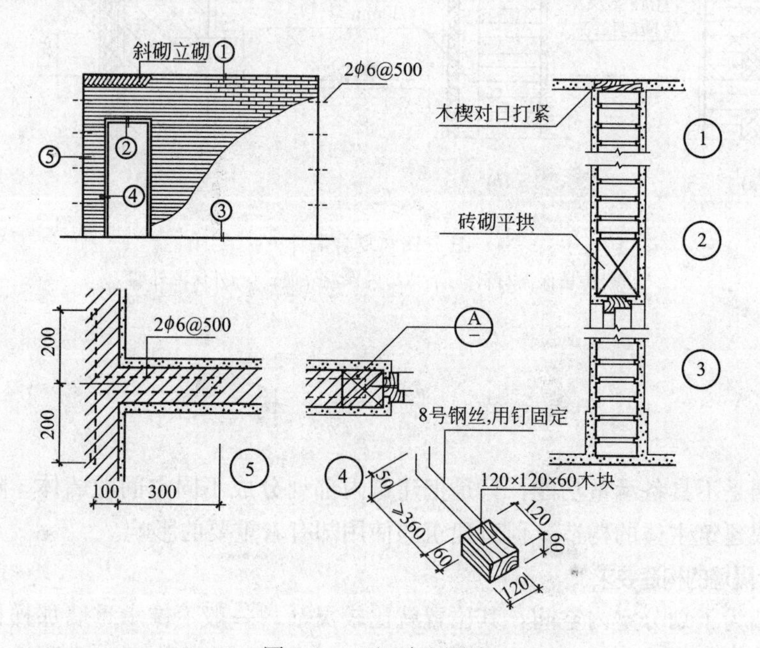

图 7-20　1/2 砖砌隔墙

1/4 砖砌隔墙系用标准砖侧砌，标志尺寸是 60mm，砌筑砂浆的强度不应低于 M5。其高度不应大于 2.8m，长度不应大于 3.0m。多用于建筑内部的一些小房间的墙体，如厕所、卫生间的隔墙。1/4 砖砌隔墙上最好不开设门窗洞口，而且应当用强度较高的砂浆抹面。

2. 砌块隔墙

由于结构的要求，1/2 砖砌隔墙一般不允许直接砌在楼板上，而是要由承墙梁支承。设置承重梁就使建筑构件的种类增多，施工时比较麻烦，有时承墙梁还会破坏下面房间顶棚空间的整体效果。

采用轻质砌块来砌筑隔墙，可以把隔墙直接砌在楼板上，不必再设承墙梁。目前应用较多的砌块有：炉渣混凝土砌块、陶粒混凝土砌块、加气混凝土砌块。炉渣混凝土砌块和陶粒混凝土砌块的厚度通常为 90mm，加气混凝土砌块多采用 100mm 厚。由于加气混凝土防水防潮的能力较差，因此在潮湿环境应慎重采用，或在表面做防潮处理。

另外，由于砌块的密度和强度较低，如需用在砌块隔墙上安装暖气散热片或电源开关、插座时，应预先在墙体内部设置埋件。

（二）立筋隔墙

立筋隔墙一般采用木材、薄壁型钢做骨架，用灰板条抹灰、钢丝网抹灰、纸面石膏板、吸声板或其他装饰面板做罩面的隔墙。这种隔墙具有自重轻、占地小、表面装饰较方便的特点，是建筑中应用较多的一种隔墙。

1. 灰板条隔墙

这是一种曾经大量采用的隔墙。由于它的防火性能差、耗费木材多，不适于在潮湿环境中工作，目前已经较少使用。

灰板条隔墙由木方加工而成的上槛、下槛、立筋(龙骨)、斜撑等构件组成骨架，然后在立筋上沿横向钉上灰板条，如图 7-21(*a*)所示。上槛、下槛分别固定在顶棚和楼板(或砖垄上)上、立筋再固定在上、下槛上。立筋一般采用 50mm×20mm 或 50mm×100mm 的木方。立筋的间距在 500mm～1000mm，斜撑间距约为 1500mm。

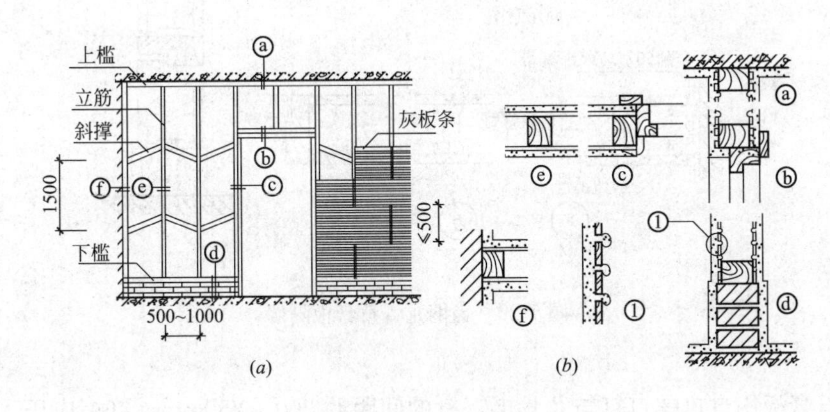

图 7-21 灰板条隔墙

(*a*)组成示意图；(*b*)细部构造

灰板条钉在立筋上，板条长边之间应留出 6～9mm 的缝隙，以便抹灰时灰浆能够挤入缝隙之中，使之能附着在灰板条上。灰板条应在立筋上接头，两根灰板条接头处应留出 3～5mm 的空隙，以免抹灰后灰板条膨胀相顶而弯曲，灰板条的接头连续高度应不超过 500mm，以免在墙面出现通长裂缝，如图 7-21(*b*)所示。为了使抹灰粘结牢固，灰板条表面不能够刨光，砂浆中应掺入麻刀或其他纤维材料。

为了保证墙体骨架的干燥，通常在下槛下方事先砌三皮砖，厚度 120mm。

2. 石膏板隔墙

石膏板隔墙是目前在建筑中使用较多的一种隔墙。石膏板是一种新型建筑材料，以石膏为主要原料，为了避免在运输和施工过程中板的折损，生产时即在板的两面贴上了面纸(一般为牛皮纸)，所以又称纸面石膏板。石膏板的自重轻、防火性能好，加工方便，价格不高。石膏板的厚度有 9、10、12、15mm 等数种，用于隔墙时多选用 12mm 厚石膏板。有时为了提高隔墙的耐火极限，也可以采用双层石膏板。石膏板的长度在 2000～3000mm，宽度一般为 800、900、1200mm。

石膏板隔墙的骨架可以采用薄壁型钢、木方和石膏板条。目前，采用薄壁型钢骨架的较多，又称为轻钢龙骨石膏板。

轻钢骨架由上槛、下槛、横龙骨、竖龙骨组成。组装骨架的薄壁型钢是工厂生产的定型产品，并配有组装需要的各种连接构件。竖龙骨的间距≤600mm，横龙的间距≤1500mm。当墙体高度在 4m 以上时，还应适当加密。图 7-22 是轻钢龙骨石膏板墙体的构造。

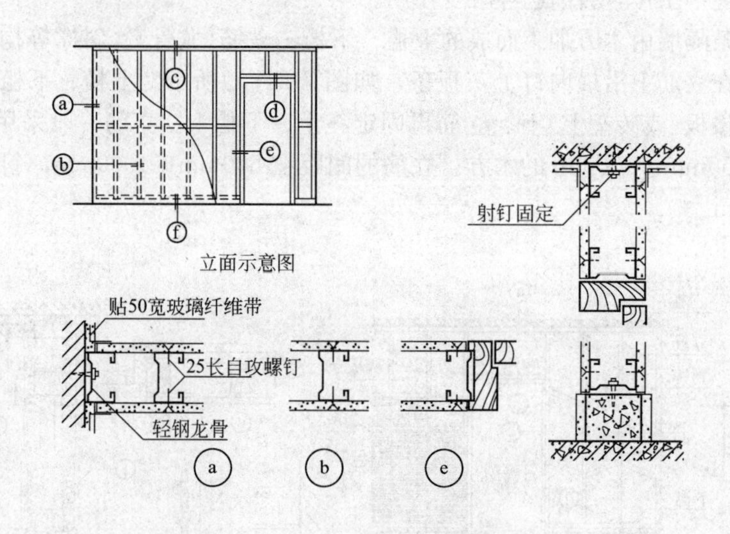

图 7-22　轻钢龙骨石膏板隔墙

石膏板用自攻螺钉钉与龙骨上，钉的间距约 200～250mm，钉帽应压入板内约 2mm，以便于刮腻子。石膏板在表面刮腻子之后就可以做饰面，如喷刷涂料、油漆、贴壁纸等。为了避免开裂，板的接缝处应加贴 50mm 宽玻璃纤维带、不干胶纸带(为了防火要求，不允许用普通的化纤布)或根据墙面观感要求，事先在板缝处预留凹缝。石膏板隔墙基本可以满足一般房间的隔声要求，如房间对隔声的要求较高，可以在龙骨之间填充吸声岩棉。

立筋隔墙还有钢丝(钢板)网抹灰隔墙和板条钢丝网抹灰隔墙。前者是用薄壁型钢做骨架，后者是用木方做骨架。上述两种隔墙的防火及防水性能比灰板条隔墙高，钢丝(钢板)网抹灰隔墙的隔声效果稍差。

(三) 条板隔墙

条板隔墙是采用构件生产厂家生产的轻质板材现场装配而成的隔墙。这种隔墙装配性好，属于干作业施工，施工速度快、防火性能好，但价格普遍偏高。目前，条板隔墙的材料及种类较多，常见的主要有石膏条板、水泥玻璃纤维空心条板、泰柏板等。

石膏条板和水泥玻璃纤维空心条板多为空心板，长度在 2400～3000mm，宽度一般为 600mm，厚度 60～80mm。主要用粘结砂浆和特制胶粘剂进行粘结安装。为使之结合紧密，板的侧面多做成企口。板之间采用立式拼接，当房间高度大于板长时，水平接缝应当错开至少 1/3 板长。

图 7-23 是水泥玻璃纤维空心条板隔墙的举例。

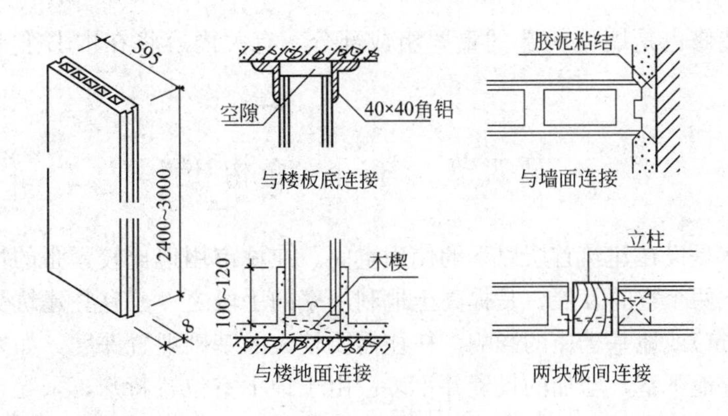

图 7-23 水泥玻璃纤维空心条板隔墙

泰柏板(PG板)是由点焊14号钢丝网笼和可发性聚苯乙烯泡沫塑料板组合而成的墙体材料，如图7-24所示。泰柏板可以根据实际尺寸进行加工，现场进行拼接组装。

泰柏板自重轻(约3.8kg/m^2，双面抹灰之后重约85kg/m^2)，保温、隔热的性能好(导热系数约0.037～0.044W/m·k)而且具有相当的强度(2.4m高的泰柏板，轴向允许荷载力约为74.4kN/m)。泰柏板不但可以用做隔墙，还可以用做建筑的非承重外墙、承重较小的内墙、屋面板和跨度较小的楼板。这种板材在高层建筑、旧有建筑改造加层的工程中应用广泛，是一种初步具备"轻质、高强"理想工作状态的建筑材料。泰柏板虽然具有较好的防火性能(有砂浆保护层时耐火极限可达1.3h以上)，但在高温下会散发出有毒气体。因此，不宜在建筑的疏散通道两侧使用。

泰柏板一般由膨胀螺柱与地面、顶棚或其他承重构件相连。接缝和转角处应加设连接网，图7-25是泰柏板构造的举例。

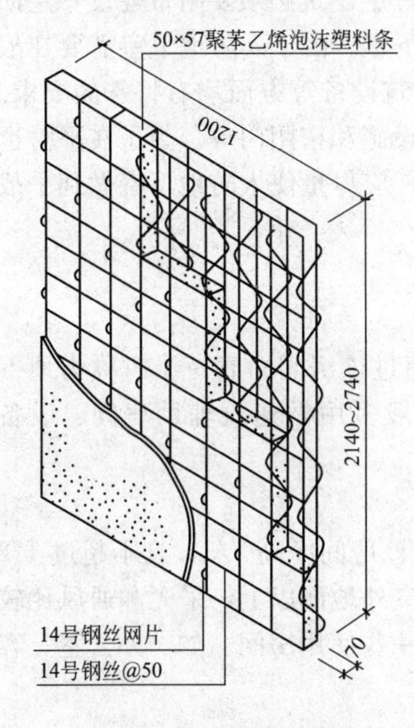

图 7-24 泰柏板隔墙

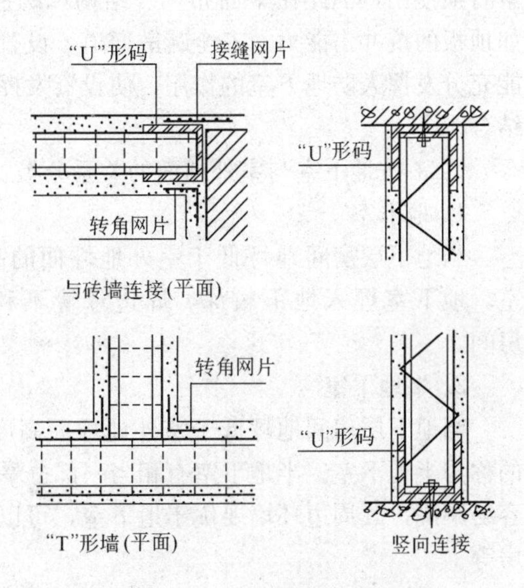

图 7-25 泰柏板连接构造

墙面装修也是墙体构造的重要组成部分，有关内容将在本书第十三章进行讲解。

第四节 地下室构造

地下室是设在建筑首层以下的使用空间。在城市用地比较紧张的情况下，把建筑向上下两个空间发展，是提高土地利用率的手段之一。有些建筑受结构要求(如高层建筑)或地基土质的影响，往往需要较大的基础埋置深度，如果能利用这个空间设置地下室，增加的投资并不多。由于地下室位置特殊，采光、通风不易解决。防潮、防水的要求高，处理不好将会对地下室的使用乃至整个建筑产生不良的影响。

一、地下室的分类

地下室主要是按照功能和与室外地面的位置关系进行分类。

(一) 按功能分类

1. 普通地下室

普通地下室是建筑空间在地下的延伸，通常为单层，有时根据需要可达数层。由于地下室的环境比地上房间差，因此住宅不允许设置在地下室。地下室可以布置一些无长期固定使用对象的公共场所或建筑的辅助房间，如营业厅、健身房、库房、设备间、停车库等。地下室的疏散和防火要求严格，尽量不要把人流集中的房间设置在地下室。

2. 人防地下室

人防地下室是战争时期人们隐蔽所，是国防的需要。我国对人防地下室的建设有明确的规定和专设的管理部门。人流集中的民用建筑必须要附带建设一定面积比例(通常是总建筑面积的2%以上)的人防地下室。由于人防地下室需要在战争时期使用，因此在平面布局、结构和构造、建筑设备等方面均有特殊的要求。如顶板的抗冲击能力、安全疏散通道、设置滤通设施和密闭门等。为了在平时也能充分发挥人防地下室的作用，使投资发挥效益，应尽量使人防地下室做到平战结合。

(二) 按地下室与室外地面的关系分类

1. 地下室

当地下层房间地坪低于室外地坪面的高度超过该房间净高一半时称为地下室。地下室埋入地下较深，周边环境不利，一般多用做建筑辅助房间、设备房间。

2. 半地下室

当地下层房间地坪低于室外地坪面高度超过该房间净高1/3，且不超过1/2的称为半地下室。半地下室有相当一部分暴露在室外地面以上，采光和通风比较容易解决，其周边环境要优于地下室，可以布置一些使用房间。如，办公室、客房等。

二、地下室的组成与构造要求

地下室由墙体、顶板、底板、门窗及采光井等部分组成。

(一) 墙体

地下室的墙体在承担上部结构所有荷载的同时，还要抵抗土壤的侧向压力。所以地下室墙体的强度、稳定性应十分可靠。地下室墙体的工作环境潮湿，墙体材料应当具有良好的防水、防潮性能。一般采用砖墙、混凝土墙或钢筋混凝土墙。

(二) 顶板

一般采用钢筋混凝板、通常与楼板相同。人防地下室为了防止空袭时炸弹的冲击破坏，要求顶板具有足够的强度和抗冲击能力。此时，顶板应为现浇钢筋混凝土或在预制混凝板上浇筑混凝土，形成叠合板。人防地下室顶板的厚度、跨度、强度应按照不同级别人防地下室的要求进行确定。人防地下室的顶板上面还应覆盖一定厚度的夯实土。

(三) 底板

地下室的底板应具有良好的整体性和较大的刚度，并应有抗渗能力。地下室底板多采用钢筋混凝土，还要根据地下水位的情况做防潮或防水处理。

(四) 门和窗

普通地下室的门窗与其他房间相同。人防地下室的门窗应满足密闭、防冲击的要求。一般采用钢门或钢筋混凝土门、平战结合人防地下室，可以采用自动防爆波窗，在平时用于采光和通风，战时封闭。

(五) 采光井

为了改善地下室的室内环境，在城市规划部门允许的情况下，为了增加开窗面积，一般可在窗外设置采光井。

采光井由侧墙、底板、遮雨或铁格栅组成。侧墙为砖砌，底板多为现浇混凝土。采光井底部抹灰应向外侧倾斜，并在井底低处设置排水管。

图 7-26 是采光井构造举例。

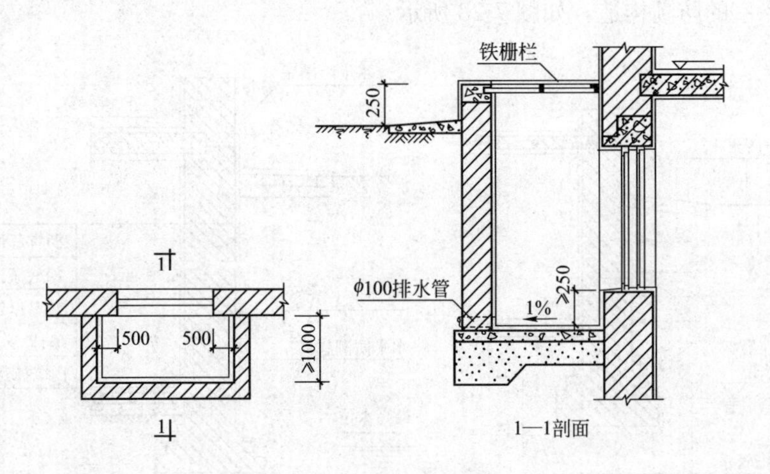

图 7-26 地下室采光井

三、地下室的交通和疏散问题

地下室的疏散要求高于建筑的地上部分。有关规范要求普通地下室的防火分区不超过 500m²。除了面积不大于 50m²，而且人数不超过 10 人的情况。地下室的每个防火分区至少应有两个安全出口（楼梯）。当地下室有两个以上的防火分区时，每个防火分区可以把通向另外一个防火分区的防火门作为第二安全出口，但此时每个防火分区必须有一个直通室外的安全出口。如果地下室的面积不大于 500m²，人数不超过 30 人，可以用垂直金属爬梯作为第二出口。地下室的楼梯可以与地上部分的楼梯连通使用，但要用乙级防火门分隔。

人防地下室也应至少设置两个安全出口，其中一个出口是独立的安全出口，应远离周围建筑，以免被坍塌的建筑所掩埋。独立安全出口一般是由一段水平地下通道与安全竖井相连。

四、地下室的防潮和防水构造

地下室的防潮和防水是确保地下室能够正常使用的关键环节，应根据现场的实际情况，确定防潮或防水的构造方案。做到安全可靠、万无一失。土壤中的地下水主要是地下潜水，其水位的高低与地势和地质情况有关。另外，对地表水、上层滞水、地下水的毛细管作用以及由于人为因素引起附近水文地质的改变等影响因素也要做出准确、慎重的判断。

（一）地下室的防潮

当地下水的常年设计水位和最高水位均在地下室底板标高之下，而且地下室周围没有其他因素形成的滞水时，地下室不受地下水的直接影响，墙体和底板只受无压水和土壤中毛细管水的影响，如图 7-27 所示。此时，地下室只需做防潮处理。

防潮处理的构造做法通常是首先在地下室墙体外表面抹 20mm 厚 1∶2 防水砂浆，地下室的底板也应做防潮处理。地下室墙体应用水泥砂浆砌筑，并在地下室地坪及首层地坪分设两道墙体水平防潮层。地下室墙体外侧周边要用透水性差的土壤分层回填夯实，如黏土、灰土等。

地下室的防潮构造，如图 7-28 所示。

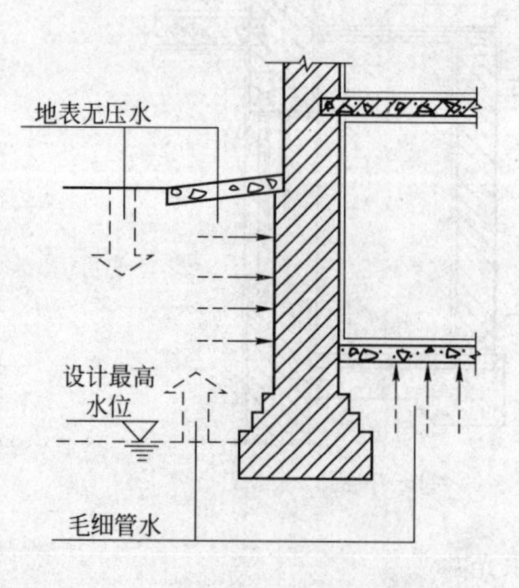

图 7-27　无压水和毛细管水的影响

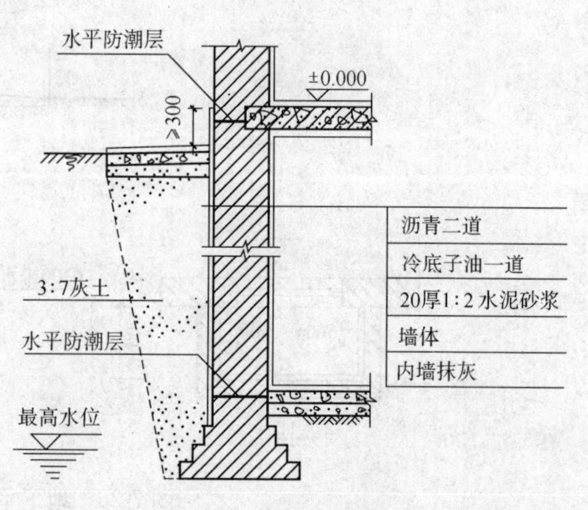

图 7-28　地下室防潮构造

（二）地下室的防水

当设计最高地下水位高于地下室底板顶面时，地下室底板和部分墙体就会受到地下水的侵袭。地下室墙体受到地下水侧压力影响，底板则受到地下水浮力的影响，此时需做防水处理，如图 7-29 所示。

地下室的防水按照要求分成四个级别。地下室防水的方案有隔水法、降排水法、综合法等三种。

1. 隔水法

隔水法利用各种材料的不透水性来隔绝地下室外围水及毛细管水的渗透，是目前采用较多的防水做法，如图 7-30(*a*)所示。

2. 降排水法

降排水法又分为外排法和内排法。其中外排法适用于地下水位高于地下室底板，而且采用防水设计在技术和经济上不合算的情况。一般是在建筑四周地下设置永久性降水设施，如盲沟排水。使地下水渗入地下陶管内排至城市排水干线，如图 7-30(*b*)所示。内排水法适用于常年水位低于地下室底板，但最高水位高于地下室底板(≤500mm)的情况。一般是用永久性自流排水系统把地下室的水排至集水坑再用水泵排至城市排水干线。为了避免在动力中断时引起水位回升，应在地下室底板上设置隔水间层，如图 7-30(*c*)所示。

3. 综合排水法

综合排水法一般在防水要求较高的地下室采用，即在做隔水法防水的同时，还要设置内部排水设施，如图 7-30(*d*)所示。

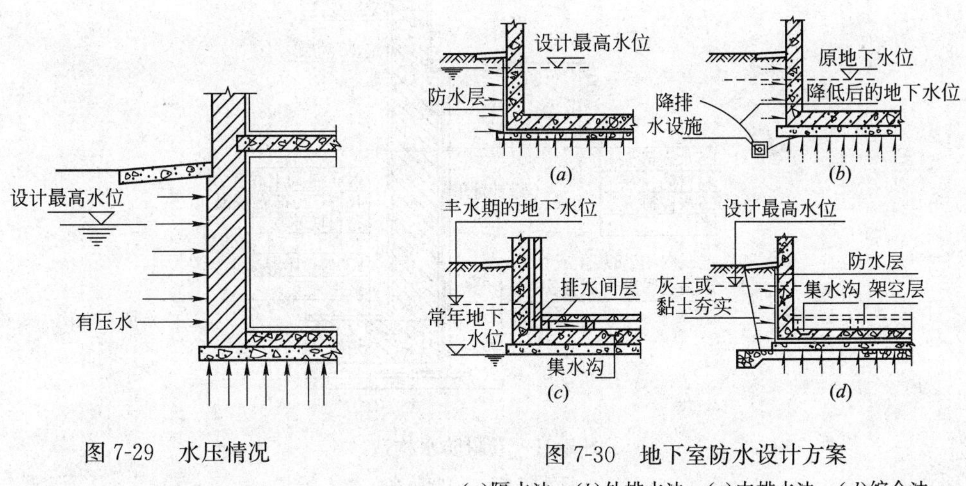

图 7-29 水压情况

图 7-30 地下室防水设计方案

(*a*)隔水法；(*b*)外排水法；(*c*)内排水法；(*d*)综合法

隔水法是采用最多的一种地下室防水方法。分为卷材防水(柔性防水)和构件自防水(刚性防水)两类。

1. 卷材防水

卷材防水是用沥青系防水卷材或其他卷材(如 SBS 卷材、SBC 卷材、三元乙丙橡胶防水卷材等)作防水材料。防水卷材粘贴在墙体外侧称外防水，粘贴在墙体内侧称内防水。由于外防水的防水效果好，因此应用较多。内防水一般在补救或修缮工程中应用较多。

当采用油毡防水层时，油毡的层数应根据地下水的最大水头确定，见表 7-6。其他卷材的层数应根据厂家说明及有关标准图集的规定进行选择。

石油沥青油毡层数的确定 **表 7-6**

最大计算水头(m)	卷材所承受的压力(MPa)	卷材层数(层)	说　明
0		1～2	防无压水
小于 3	0.01～0.05	3	防有压水
3～6	0.05～0.1	4	防有压水
6～12	0.1～0.2	5	防有压水
大于 12	0.2～0.5	6	防有压水

注：最大计算水头指设计最高水位高于地下室底板下皮标高的高度。

卷材防水在施工时应首先做地下室底板的防水，然后把卷材沿地下室地坪连续粘贴到墙体外表面。地下室地面防水首先在基底浇筑 C10 混凝土垫层，厚度约为 100mm。然后粘贴卷材，再在卷材上抹 20 厚 1∶3 水泥砂浆，最后浇筑钢筋混凝土底板。墙体外表面先抹 20mm 厚 1∶3 水泥砂浆，刷冷底子油，然后粘贴卷材，卷材的粘贴应错缝，相邻卷材搭接宽度不小于 100mm。卷材最上部应高出最高水位 500mm 左右，外侧砌半砖护墙。图 7-31 是卷材防水构造的举例。

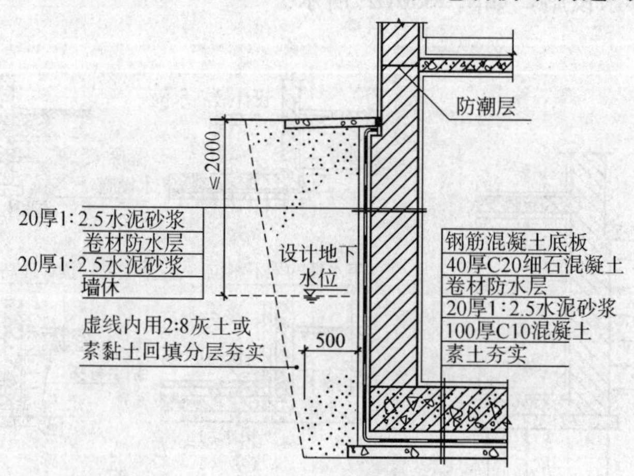

图 7-31　卷材防水构造

(*a*)外防水；(*b*)内防水

卷材防水要慎重处理水平防水层和垂直防水层的交换处和平面交角处的构造，如果处理不当易在该处发生渗漏。一般应在这些部位加设卷材，转角部位的找平层应做成圆弧形，在墙面与底板的转角处，应把卷材接缝留在底面上，并距墙的根部 600mm 以上。

地下室采光井管道穿墙处及变形缝处是地下室防水薄弱环节，防水层应进行特殊的构造处理。

2. 构件自防水

当建筑高度较大或地下室层数较多时，地下室的墙体往往采用钢筋混凝土结构。如果把地下室的墙体和底板用防水混凝土整体浇筑在一起，可以使地下室的墙体和底板在具有承重和围护功能的同时，具备防水的能力。防水混凝土的配制在满足强度的同时，重点考虑了抗渗的要求。石子骨料的用量相对减少，适当增加砂率和水泥用量。水泥砂浆除了满足填充粘结作用之外，还能在粗骨料周围形成一定数量的质量好的包裹层，把粗骨料充分的隔离开，提高了混凝土的密实性和抗渗性。为了保证防水效果，防水混凝土墙体的底板应具有一定的厚度，具体规定见表 7-7。

结构最小厚度(mm) **表 7-7**

结构类别		最小厚度(mm)
钢筋混凝土墙	结构单排配筋	大于 200
	结构双排配筋	大于 250
钢筋混凝土底板或无筋混凝土底板结构		大于 150

在构件自防水中还可以采用外加剂防水混凝土和膨胀防水混凝土。外加剂防水混凝土通过在混凝土中掺入微量有机或无机外加剂来改善混凝土内部组织结构，使其有较好的和易性，提高混凝土的密实性和抗渗性。常用的外加剂有引气剂、减水剂、三乙醇胺、氯化铁等。膨胀混凝土通过使用膨胀水泥或在水泥中掺入适用膨胀剂，使混凝土在硬化过程中产生膨胀，弥补混凝土冷干收缩形成的孔隙，提高混凝土的密实性而达到防水目的。常用的膨胀剂有“U”形膨胀剂(UFA)、硫铝酸钙膨胀剂等。

图 7-32 是防水混凝土自防水构造举例。

地下室的防水属于建筑的隐蔽工程。由于地下的情况复杂，有时一些突发事故(如供水管线漏水)也会对建筑的地下室防水带来不利的影响。对一些重要的地下室往往在构件自防水的基础上加设卷材防水，形成“刚柔结合”防水形式，以提高防水的可靠性。

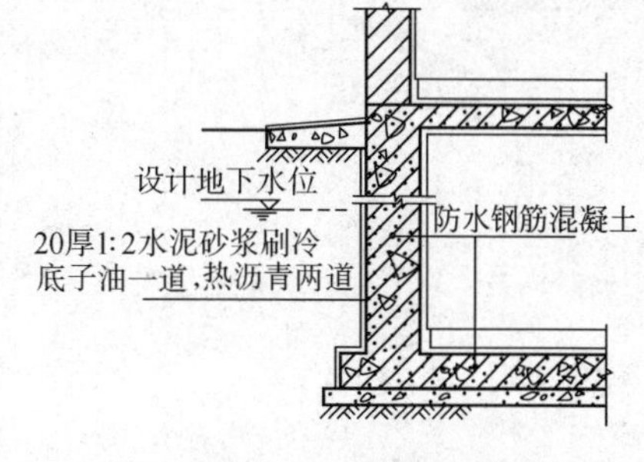

图 7-32 防水混凝土自防水构造

复习思考题

1. 墙的分类原则主要有哪些?
2. 墙的作用是什么?
3. 砖墙有哪些主要的优缺点?
4. 墙的承重方案有几种? 各自有什么优缺点?
5. 我国共划分几个热工设计分区? 各自的温度范围是多少?
6. 砖的基本尺寸和组砌原则是什么?

7. 防潮层的作用是什么？位置应当如何确定？
8. 过梁主要有哪几种？构造如何？
9. 圈梁的作用是什么？一般设置在什么位置？
10. 通风道的布置形式有哪几种？砖砌子母式通风道的构造做法如何？
11. 简述构造柱的作用及构造。
12. 隔墙的种类和构造要求有哪些？
13. 简述地下室的分类和组成。
14. 地下室何时应做防潮处理？其基本构造做法如何？
15. 地下室何时应做防水处理？其基本构造做法如何？

第八章　楼板层和地面

楼板层是用来分隔建筑空间的水平承重构件，它在竖向将建筑物分成许多个楼层。楼板层可将使用荷载连同其自重有效地传递给其他的竖向支撑构件，即墙或柱，再由墙或柱传递给基础。在砖混结构建筑中，楼板层对墙体起着水平支撑作用；它还具有一定的隔声、防水、防火等功能。

地层是分隔建筑物最底层房间与下部土壤的水平构件，它承受着作用在上面的各种荷载，并将这些荷载安全地传给地基，分为实铺和架空两种类型。

楼地层要求具有足够的强度和刚度，以保证在荷载作用下安全和正常使用；楼地层的材料和构造做法应能满足建筑防火、防水和隔声的要求；在楼板层设计中还应考虑有关设备管线的敷设要求。

阳台与雨篷也是建筑物中的水平构件。阳台是楼板层伸出建筑物外墙以外的部分，主要用于室外活动；雨篷设在建筑物外墙出入口的上方，用来遮挡雨雪。

第一节　楼板层的基本构成及其分类

一、楼板层的基本构成

楼板层一般由面层、结构层和顶棚层等几个基本层次组成，如图 8-1 所示。

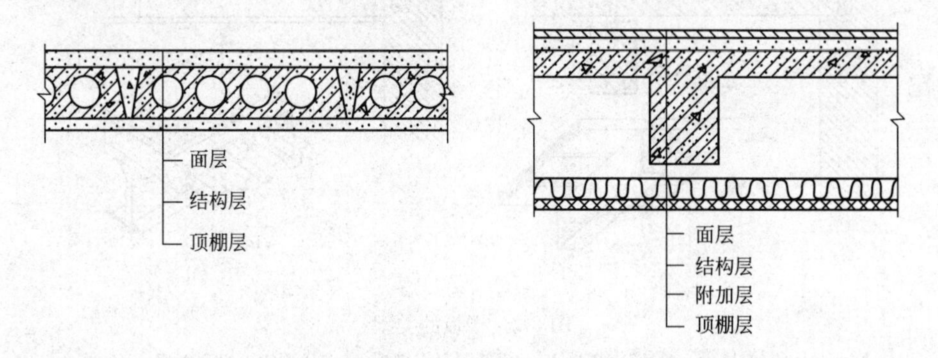

图 8-1　楼板层的组成

1. 面层

面层又称楼面或地面，是楼板上表面的构造层，也是室内空间下部的装修层。面层对结构层起着保护作用，使结构层免受损坏，同时，也起装饰室内的作用。根据各房间的功能要求不同，面层有多种不同的做法。

2. 结构层

结构层位于面层和顶棚层之间，是楼板层的承重部分，包括板、梁等构件。

结构层承受整个楼板层的全部荷载，并对楼板层的隔声、防火等起主要作用。

3. 附加层

附加层通常设置在面层和结构层之间，有时也布置在结构层和顶棚之间，主要有管线敷设层、隔声层、防水层、保温或隔热层等。管线敷设层是用来敷设水平设备暗管线的构造层；隔声层是为隔绝撞击声而设的构造层；防水层是用来防止水渗透的构造层；保温或隔热层是改善热工性能的构造层。

4. 顶棚层

顶棚层是楼板层下表面的构造层，也是室内空间上部的装修层，又称天花、天棚。顶棚的主要功能是保护楼板、安装灯具、装饰室内空间以及满足室内的特殊使用要求。

二、楼板的类型

根据楼板结构层所使用的材料不同，可分为以下几种类型，如图 8-2 所示。

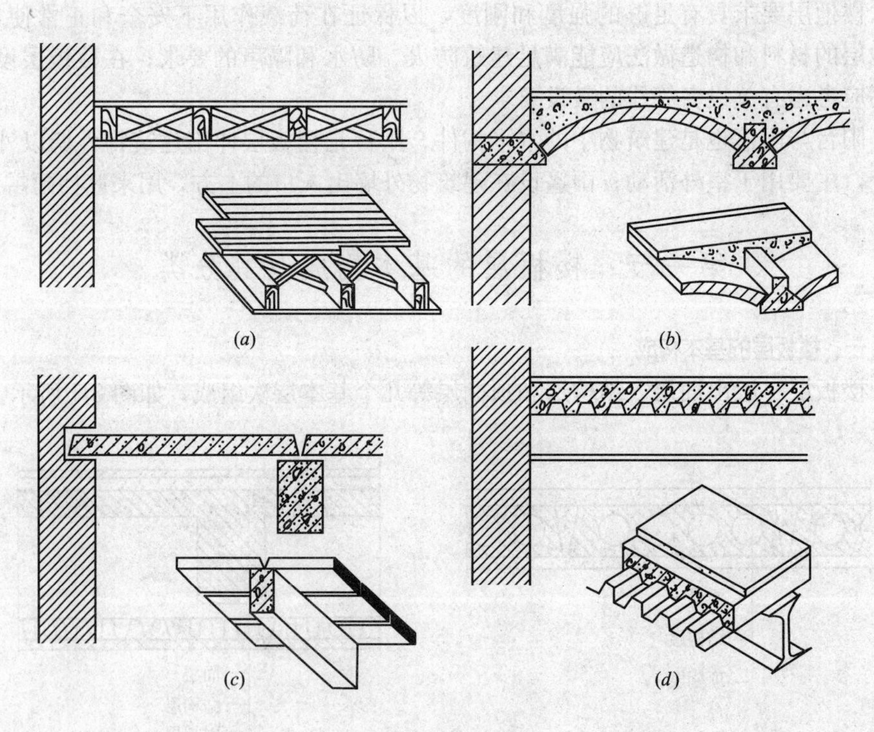

图 8-2 楼板的类型

(*a*)木楼板；(*b*)砖拱楼板；(*c*)钢筋混凝土楼板；(*d*)压型钢板组合楼板

1. 木楼板

木楼板是我国传统做法，采用木梁承重，上表面做木地板，下表面通常做板条抹灰顶棚。具有自重轻、构造简单等优点，但其耐火性、耐久性、隔声能力较差，为节约木材，现在已很少采用。

2. 砖拱楼板

砖拱楼板可以节约钢材、水泥，但自重较大、占用竖向空间大、而且抗震性能差，施工复杂，目前已经很少使用。

3. 钢筋混凝土楼板

钢筋混凝土楼板强度高，刚度好，有较强的耐久性和防火性能，具有良好的可塑性，便于工业化生产和机械化施工，是目前我国房屋建筑中广泛采用的一种楼板形式。

4. 压型钢板组合楼板

压型钢板组合楼板是在钢筋混凝土基础上发展起来的，这种组合体系是利用凹凸相间的压型薄钢板作衬板与现浇混凝土浇筑在一起而形成的钢衬板组合楼板，既提高了楼板的强度和刚度，又加快了施工进度。近年来应用日益广泛，主要用于大空间、高层民用建筑和大跨度工业厂房中。

第二节 钢筋混凝土楼板

钢筋混凝土楼板按施工方式不同，分为现浇整体式钢筋混凝土楼板、预制装配式钢筋混凝土楼板和装配整体式钢筋混凝土楼板三种类型。

一、现浇整体式钢筋混凝土楼板

现浇整体式钢筋混凝土楼板是在施工现场经支模、绑扎钢筋、浇筑混凝土等施工工序，再养护达到一定强度后拆除模板而成型的楼板结构。由于楼板为整体浇筑成型，因此，结构的整体性强、刚度好，有利于抗震，但现场湿作业量大，施工速度较慢，施工工期较长，主要适用于平面布置不规则，尺寸不符合模数要求或管道穿越较多的楼面，以及对整体刚度要求较高的高层建筑。随着高层建筑的日益增多、建筑抗震设防标准提高、施工技术的不断革新和工具式钢模板的发展，现浇钢筋混凝土楼板的应用逐渐增多。

现浇钢筋混凝土楼板按其结构类型不同，可分为板式楼板、梁板式楼板、井式楼板、无梁楼板。此外，还有压型钢板混凝土组合楼板。

(一) 板式楼板

将楼板现浇成一块平板，并直接支承在墙上，这种楼板称为板式楼板。板式楼板底面平整，便于支模施工，是最简单的一种形式，适用于平面尺寸较小的房间(如住宅中的厨房、卫生间等)以及公共建筑的走廊。

楼板按其支撑情况和受力特点分为单向板和双向板。当板的长边尺寸 l_2 与短边尺寸 l_1 之比 l_2/l_1 不小于 2 时，在荷载作用下，楼板基本上只在 l_1 方向上挠曲变形，而在 l_2 方向上的挠曲很小，这表明荷载基本沿 l_1 方向传递，称为单向板，如图 8-3(a)所示。当 l_2/l_1 不大于 2 时，楼板在两个方向都挠曲，即荷载沿两个方向传递，称为双向板，如图 8-3(b)所示。

(二) 梁板式楼板

当房间的跨度较大时，若仍采用板式楼板，会因板跨较大而增加板厚。这不仅使材料用量增多，板的自重加大，而且使板的自重在楼板荷载中所占的比重增加。为了使楼板结构的受力和传力更为合理，应采取措施控制板的跨度，通常可在板下设梁来增加板的支点，从而减小板跨。这时，楼板上的荷载先由板传给梁，再由梁传给墙或柱。这种由板和梁组成的楼板称为梁板式楼板，如图 8-4 所示。

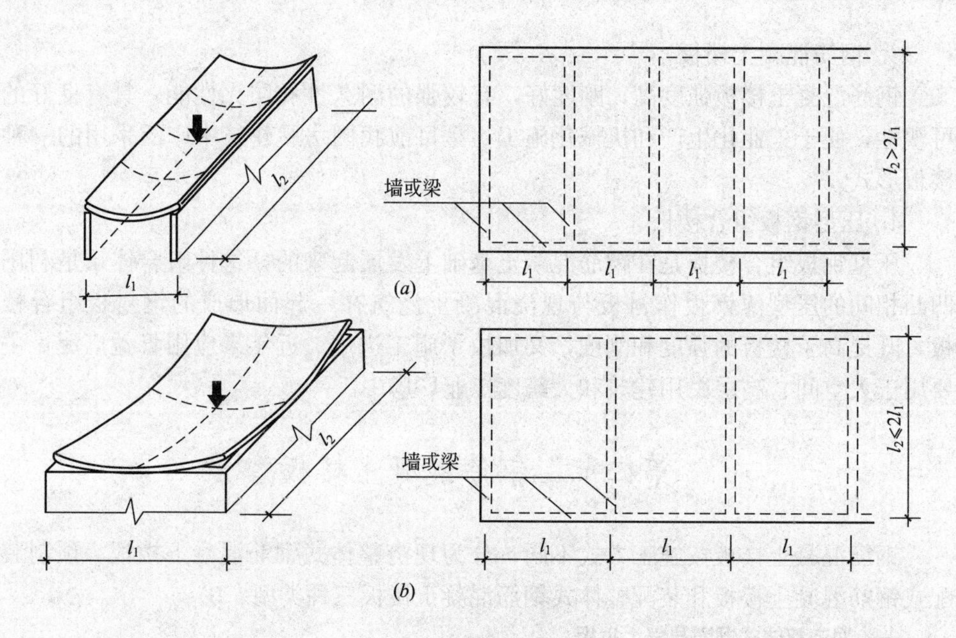

图 8-3 楼板的传力方式

(a)单向板；(b)双向板

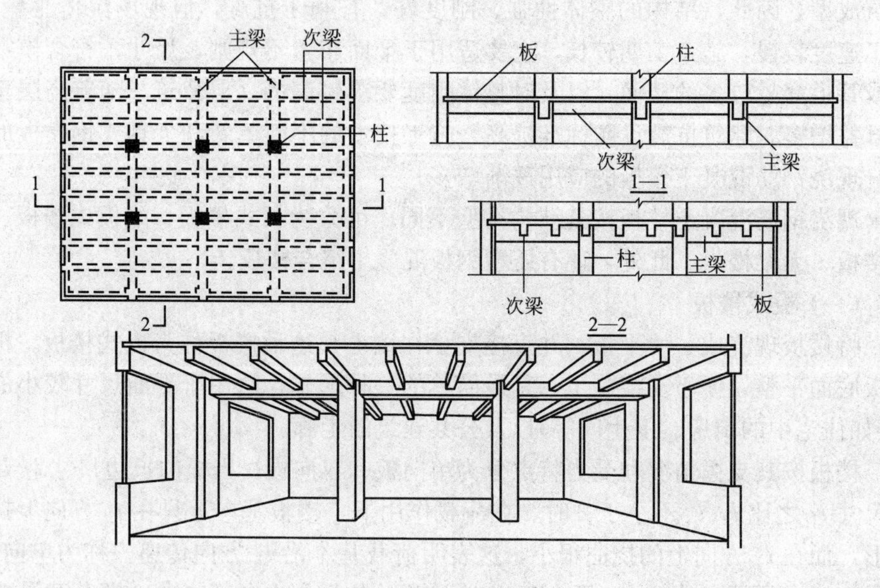

图 8-4 梁板式楼板

梁板式楼板通常在纵横两个方向都设置梁，有主梁和次梁之分。主梁和次梁的布置应整齐有规律，并应考虑建筑物的使用要求、房间的大小形状以及荷载作用情况等。一般主梁沿房间短跨方向布置，次梁则垂直于主梁布置。对短向跨度不大的房间，也可以只沿房间短跨方向布置一种梁。除了考虑承重要求之外，梁的布置还应考虑经济合理性。一般主梁的经济跨度为 5～8m，主梁的高度为跨度的1/14～1/8，主梁的宽度为高度的 1/3～1/2。主梁的间距即为次梁的跨度，次梁的跨度一般为4～6m，次梁的高度为跨度的1/18～1/12，次梁的宽度为高度的1/3～1/2。次梁的间距即为板的跨度，一般为1.7～2.7m，板的厚度一般为60～80mm。

（三）井式楼板

对平面尺寸较大且平面形状为方形或近于方形的房间或门厅，可将两个方向的梁等间距布置，并采用相同的梁高，形成井字形梁，称为井字梁式楼板或井式楼板，如图8-5所示。它是梁式楼板的一种特殊布置形式，井式楼板无主梁、次梁之分。井式楼板的梁通常采用正交正放或正交斜放的布置方式，由于布置规整，故具有较好的装饰性。一般多用于公共建筑的门厅或大厅。

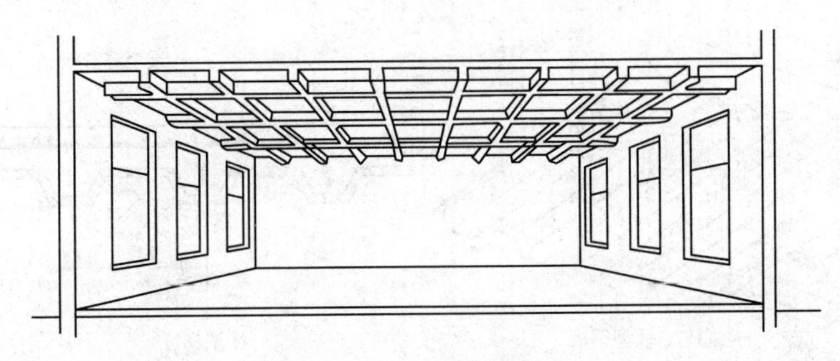

图8-5　井式楼板

（四）无梁楼板

对平面尺寸较大的房间或门厅，有时楼板层也可以不设梁，直接将板支承于柱上，这种楼板称为无梁楼板，如图8-6所示。无梁楼板分无柱帽和有柱帽两种类型，当荷载较大时，为避免楼板太厚，应采用有柱帽无梁楼板，以增加板在柱上

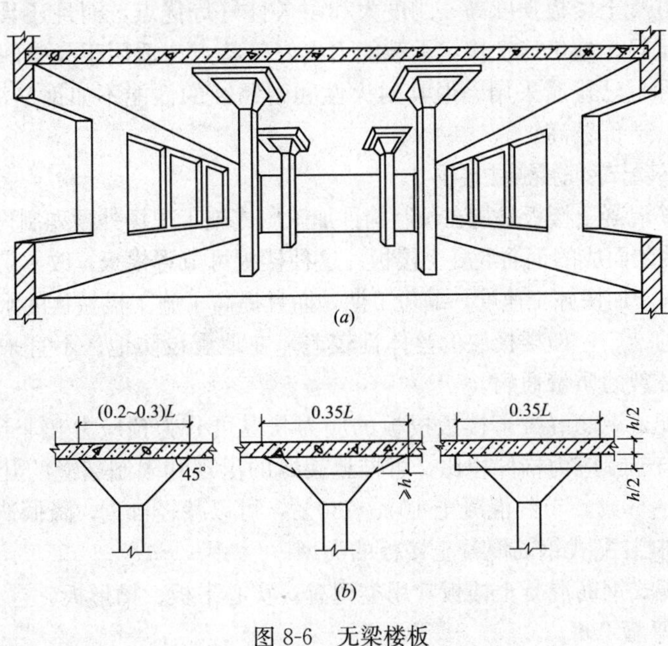

图8-6　无梁楼板

(a)无梁楼板透视；(b)柱帽形式

的支承面积。当楼面荷载较小时，可采用无柱帽楼板。无梁楼板的柱网应尽量按方形网格布置，跨度在 6m 左右较为经济，板的最小厚度通常为 150mm，且不小于板跨的 1/35～1/32。这种楼板多用于楼面荷载较大的展览馆、商店、仓库等建筑。

（五）压型钢板混凝土组合楼板

压型钢板混凝土组合楼板是利用凹凸相间的压型薄钢板做衬板与现浇混凝土浇筑在一起支承在钢梁上构成整体型楼板，又称钢衬板组合楼板。

压型钢板混凝土组合楼板主要由楼面层、组合板和钢梁三部分组成。组合板包括混凝土和钢衬板。此外，还可根据需要吊顶棚，如图 8-7 所示。组合楼板的经济跨度在 2～3m 之间。

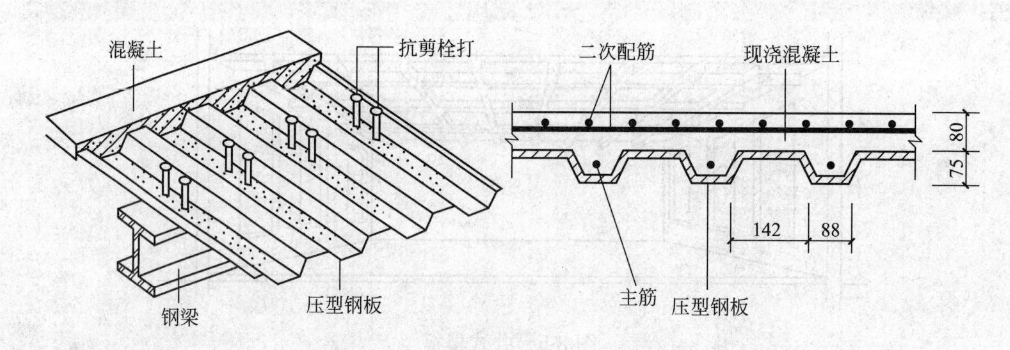

图 8-7　压型钢板混凝土组合楼板

压型钢板混凝土组合楼板，以压型钢板作衬板来现浇混凝土，使压型钢板和混凝土浇筑在一起共同作用。压型钢板用来承受楼板下部的拉应力，同时也是浇筑混凝土的永久性模板。此外，还可利用压型钢板的空隙敷设管线。这种楼板不仅具有钢筋混凝土楼板强度高、刚度大和耐久性好等优点，而且还具有比钢筋混凝土楼板自重轻，施工速度快，承载能力更好等特点。适用于大空间建筑和高层建筑，在国际上已普遍采用。但其耐火性和耐锈蚀的性能不如钢筋混凝土楼板，且用钢量大，造价较高。

二、预制装配式钢筋混凝土楼板

预制钢筋混凝土楼板是指在预制构件加工厂或施工现场外预先制做，然后再运到施工现场装配而成的钢筋混凝土楼板。这种楼板可节省模板，改善劳动条件，提高劳动生产率，加快施工速度，缩短工期，而且提高了施工机械化的水平，有利于建筑工业化的推广，但楼板层的整体性较差，在地震设防地区不宜采用，而且容易产生板缝开裂的质量通病。

预制装配式钢筋混凝土楼板按板的应力状况可分为预应力和非预应力两种。预应力构件与非预应力构件相比，可推迟裂缝的出现和限制裂缝的开展，并且节省钢材 30％～50％，节约混凝土 10％～30％，可以减轻自重，降低造价。

（一）预制装配式钢筋混凝土楼板的类型

预制装配式钢筋混凝土楼板常用类型有：实心平板、槽形板、空心板三种。

1. 实心平板

预制实心平板跨度较小，上下表面平整，制作简单，但隔声效果较差，一般用于跨度较小的房间或走廊。

实心平板的两端支承在墙或梁上，其跨度一般不超过 2.4m，板宽多为 500～900mm，板厚可取跨度的 1/30，常用 60～80mm，如图 8-8 所示。

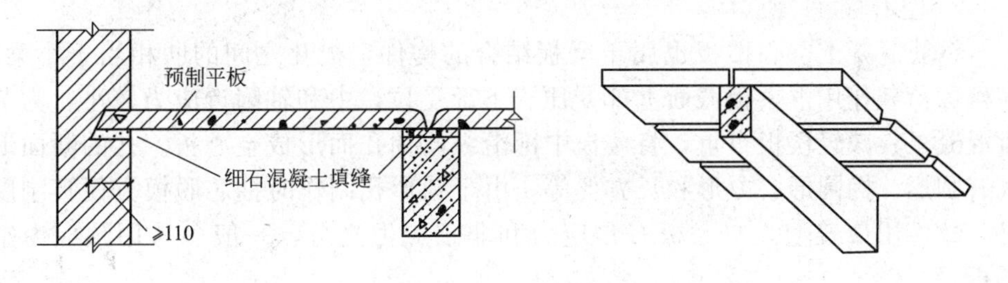

图 8-8　实心平板

2. 槽形板

槽形板是一种梁板结合的构件。肋设于板的两侧，相当于小梁，用来承受板的荷载。为便于搁置和提高板的刚度，在板的两端常设端肋封闭。跨度较大的板，为提高刚度，还应在板的中部增设横肋。槽形板有预应力和非预应力两种。

由于楼面的荷载主要由板两侧的肋来承担，故槽形板的厚度较小，而跨度可以较大，特别是预应力板，一般槽形板的板厚约为 25～30mm，肋高为 150～300mm，板宽为 500～1200mm，板跨为 3～6m。

槽形板的搁置方式有两种：一种是正置，即肋向下搁置。这种搁置方式板的受力合理，但板底不平，有碍观瞻，也不利于室内采光，通常需要设吊顶棚来解决美观和隔声等问题，也可直接用于观瞻要求不高的房间，如图 8-9(*a*)所示。另

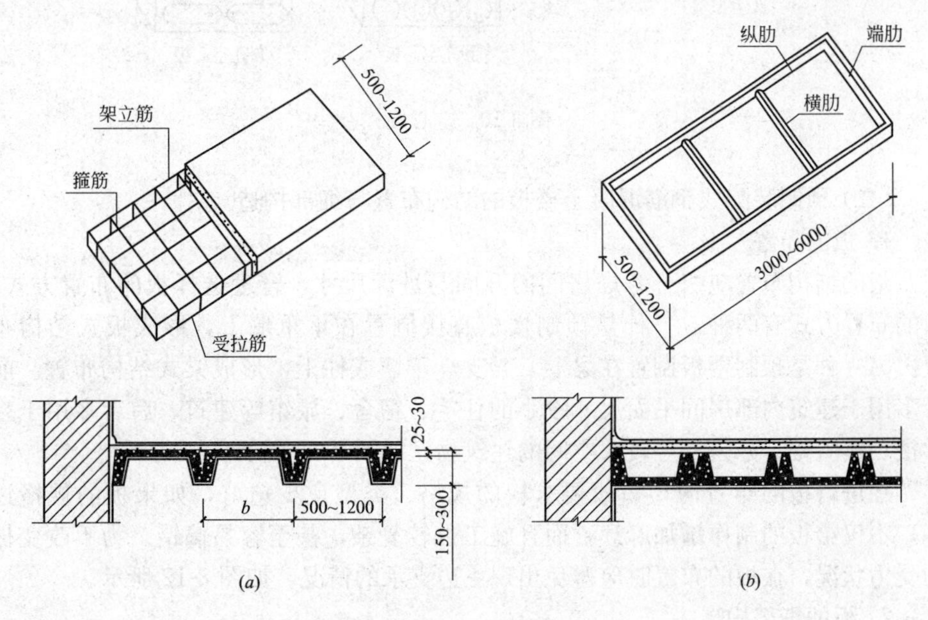

图 8-9　槽形板

(*a*)正置槽形板；(*b*)倒置槽形板

一种是倒置，即肋向上搁置。这种搁置方式可使板底平整，但板受力不甚合理，材料用量稍多，需要对楼面进行特别的处理。为提高板的隔声能力，可在槽内填充隔声材料，如图 8-9(*b*)所示。

3. 空心板

钢筋混凝土空心楼板也属于梁板结合的构件，板孔之间的肋相当于小梁。在楼面荷载作用下，板截面上部受压、下部受拉，中和轴附近应力较小，为节省混凝土、减轻楼板自重，将楼板中部沿纵向抽孔而形成空心板。孔的断面形式有圆形、椭圆形、方形和长方形等，由于圆形孔制作时抽芯脱模方便且刚度好，故应用最普遍。空心板有预应力和非预应力之分，一般多采用预应力空心板。

空心板上下表面平整，隔声效果较实心平板和槽形板好，是预制板中应用最广泛的一种类型，但空心板不能任意开洞，故不宜用于管道穿越较多的房间。

空心板的厚度一般为 110～240mm，视板的跨度而定，宽度为 500～1200mm，跨度为 2.4～7.2m，较为经济的跨度为 3.0～6.0m，如图 8-10 所示。

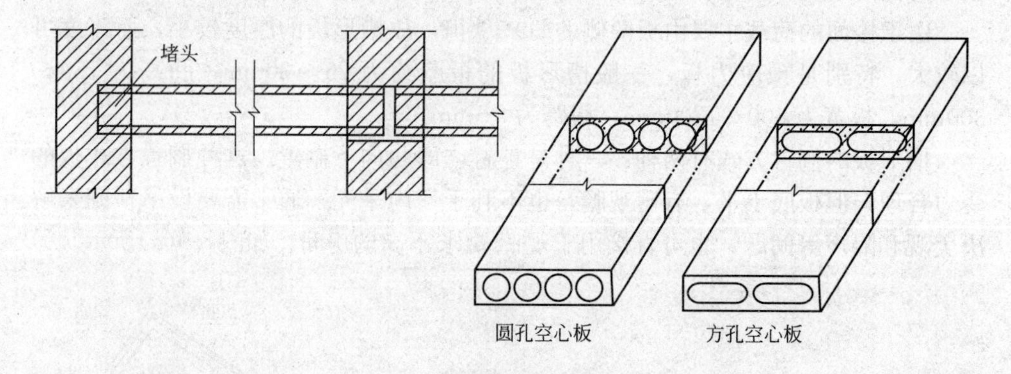

图 8-10 空心板

(二) 预制装配式钢筋混凝土楼板的结构布置与细部构造

1. 板的布置

板的结构布置应综合考虑房间的开间与进深尺寸，合理选择板的布置方式。板的布置方式有两种：一种是预制楼板直接搁置在承重墙上，形成板式结构布置。另一种是预制楼板搁置在梁上，梁支承于墙或柱上，形成梁式结构布置。前者多用于建筑内部房间平面尺寸较小的住宅、宿舍、旅馆等建筑，后者多用于教学楼、实验楼、办公楼等较大空间的建筑物，如图 8-11 所示。

在进行板的布置时，一般要求板的规格、类型愈少愈好，如果板的规格过多，不仅给板的制作增加麻烦，而且施工也较复杂，甚至容易搞错。为不改变板的受力状况，在板的布置时应避免出现三边支承的情况，如图 8-12 所示。

2. 板的细部构造

(1) 板的搁置要求。当板在墙上搁置时，必须有足够的搁置长度，一般不宜

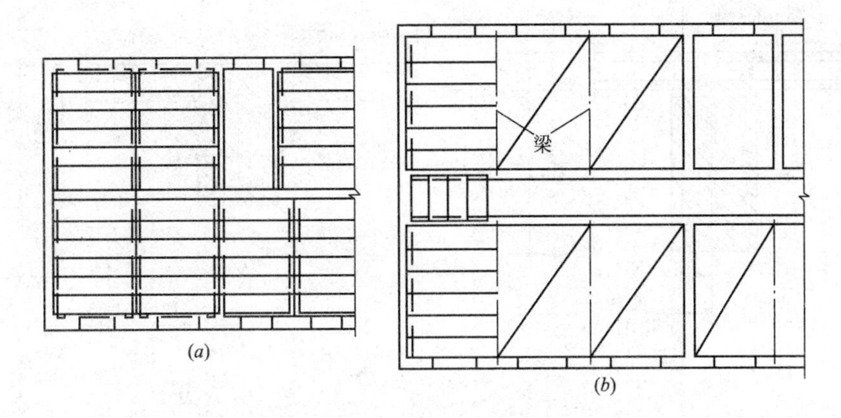

图 8-11 预制楼板的结构布置
(a)板式结构布置；(b)梁板式结构布置

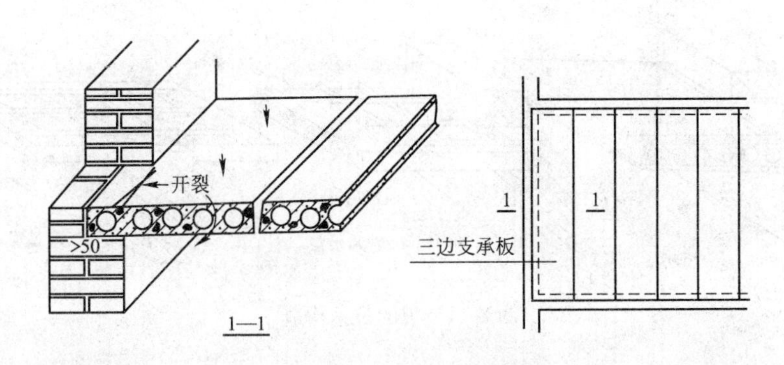

图 8-12 三边支承的板

小于 100mm。为使板与墙有较好的连接，在板安装时，应先在墙上铺设水泥砂浆即坐浆，厚度不小于 10mm，板端缝内须用细石混凝土或水泥砂浆灌实。若采用空心板，在板安装前，应在板的两端用砖块或混凝土堵孔，以防板端在搁置处被压坏，同时，也可避免板缝灌浆时细石混凝土流入孔内。

板在梁上的搁置方式有两种：一种是搁置在梁的顶面，如矩形梁，如图 8-13(a)所示。另一种是搁置在梁出挑的翼缘上，如花篮梁、十字梁，如图 8-13(b)所示。后一种搁置方式，板的上表面与梁的顶面相平齐，若梁高不变，楼板结构所占的高度就比前一种搁置方式小一个板厚，使室内的净空高度增加。但应注意板的跨度并非梁的中心距，而是减去梁顶面宽度之后的尺寸。板搁置在梁上的构造要求和做法与搁置在墙上时基本相同，只是板在梁上的搁置长度应不小于 80mm。

为了增加建筑物的整体刚度，可用钢筋将板与墙、板与板或板与梁之间进行拉结，拉结钢筋的配置视建筑物对整体刚度的要求及抗震要求而定，图 8-14 为板的拉结构造示例。

(2) 板缝处理。板的接缝有端缝和侧缝之分。端缝的处理一般是用细石混凝

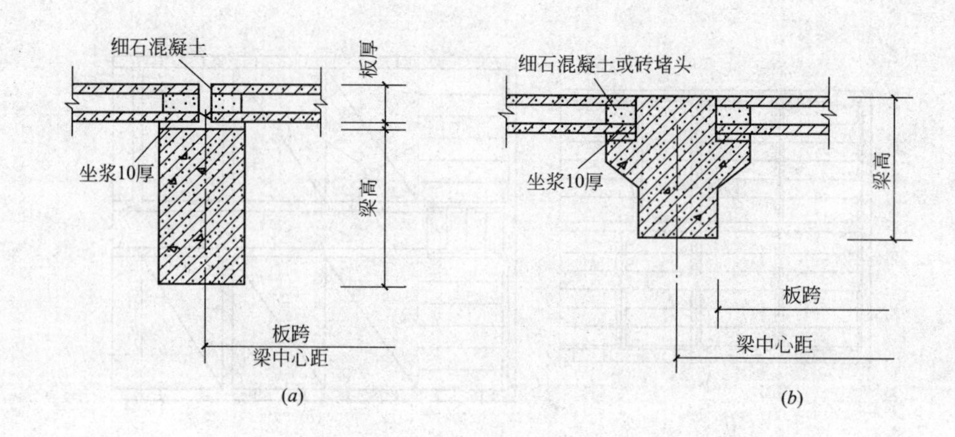

图 8-13　板在梁上的搁置

(a)楼板搁在矩形梁顶面；(b)楼板搁在花篮梁上

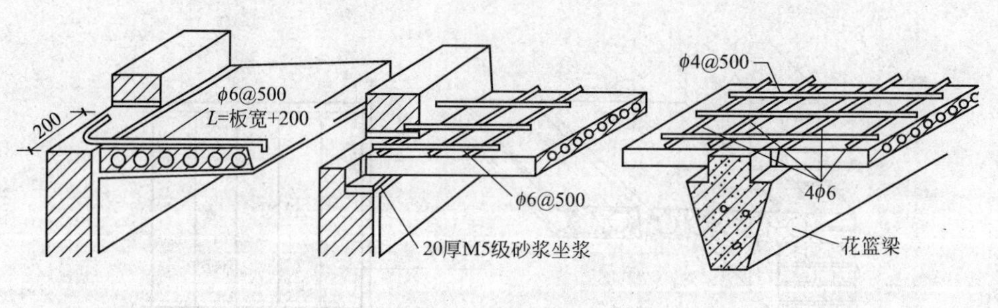

图 8-14　板的拉结构造

土灌缝，使之相互连接，为了增强建筑物的整体性和抗震性能，可将板端外露的钢筋交错搭接在一起，或加钢筋网片，并用细石混凝土灌实。

板的侧缝起着协调板与板之间共同工作的作用，为了加强楼板的整体性，侧缝内应用细石混凝土灌实。板的侧缝一般有“V”形缝、“U”形缝和凹槽缝三种形式，“V”形缝和“U”形缝便于灌缝，多在板较薄时采用。凹槽缝连接牢固，楼板整体性好，相邻的板之间共同工作的效果较好，如图 8-15 所示。

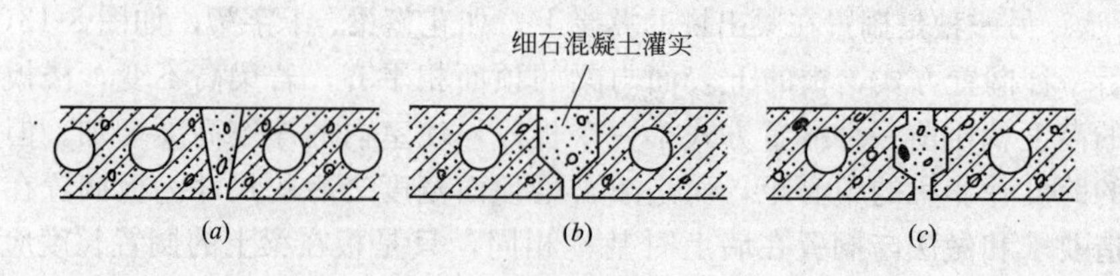

图 8-15　侧缝接缝形式

(a)“V” 形缝；(b)“U” 形缝；(c)凹槽缝

在布置房间楼板时，板宽方向的尺寸(即板的宽度之和)与房间的平面尺寸之间可能会出现差额，即留有不足以排开一块板的缝隙。可根据不同情况采取相应的措施来解决。当剩余缝隙较小时，可调整板缝的宽度，即将各板缝的宽度适当加大，调整后的板缝宽度宜小于 50mm。当板缝宽度大于或等于 50mm 时，应在灌缝的混凝土中配置钢筋。当缝隙为120～200mm 之间，且在靠墙处有管道穿过时，可用局部现浇钢筋混凝土板带的办法补缝。当缝隙大于 200mm 时，需重新调整板的规格。

(3) 楼板与隔墙。当楼板上设置轻质隔墙时，由于其自重轻，隔墙可搁置于楼板的任一位置。若为自重较大的隔墙(如砖隔墙、砌块隔墙等)，一般应在其下部设置隔墙梁。如经过结构计算允许隔墙设置在楼板上时，则应避免将隔墙搁置在一块板上。当隔墙与板跨平行时，通常将隔墙设置在两块板的接缝处。采用槽形板的楼板，隔墙可直接搁置在板的纵肋上，如图 8-16(*a*)所示。若采用空心板，须在隔墙下的板缝处设现浇钢筋混凝土板带或梁来支承隔墙，如图 8-16(*b*)、(*c*)所示。

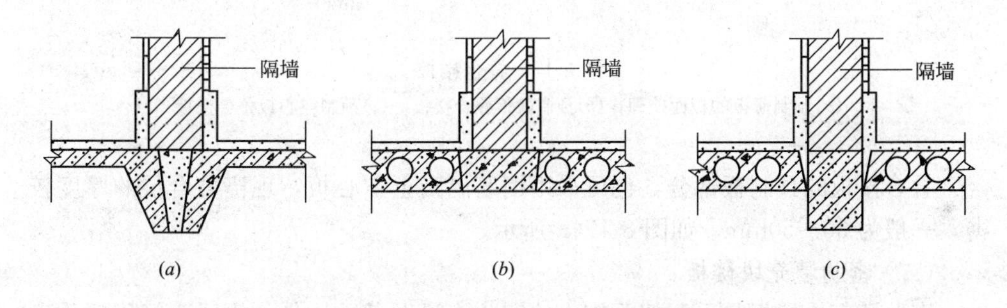

图 8-16　楼板上立隔墙的构造

(*a*)隔墙支承于纵肋上；(*b*)隔墙支承于现浇板带上；(*c*)隔墙支承于梁上

三、装配整体式钢筋混凝土楼板

装配整体式钢筋混凝土楼板是先将楼板中的部分构件预制，现场安装后，再浇筑混凝土面层而形成的整体楼板。这种楼板的整体性较好，又可节省模板，施工速度也较快，集中了现浇和预制钢筋混凝土楼板的优点。

(一) 叠合楼板

叠合楼板是由预制板和现浇钢筋混凝土层叠合而成的装配整体式楼板。预制板既是楼板结构的组成部分之一，又是现浇钢筋混凝土叠合层的永久性模板，现浇叠合层内可敷设水平设备管线。叠合楼板整体性好，刚度大，可节省模板，而且板的上下表面平整，便于饰面层装修，适用于对整体刚度要求较高的高层建筑和大开间建筑。

叠合楼板的预制板部分，通常采用预应力或非预应力薄板，板的跨度一般为 4～6m，预应力薄板最大可达 9m，板的宽度一般为 1.1～1.8m，板厚通常为50～70mm。叠合楼板的总厚度一般为 150～250mm。为使预制薄板与现浇叠合层牢固地结合在一起，可将预制薄板的板面做适当处理，如板面刻槽、板面露出结合钢筋等，如图 8-17 所示。

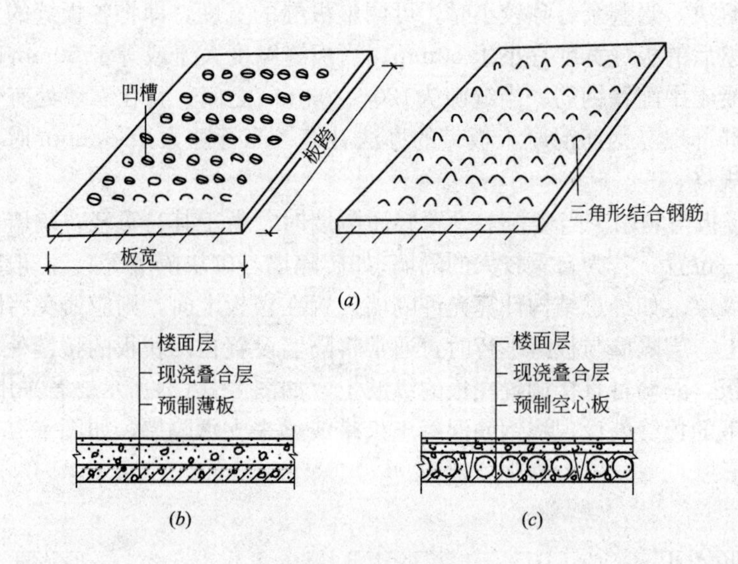

图 8-17　叠合楼板

(a)预制薄板的板面处理；(b)预制薄板叠合楼板；(c)预制空心板叠合楼板

叠合楼板的预制板部分，也可采用钢筋混凝土空心板，现浇叠合层的厚度较薄，一般为 30～50mm，如图 8-17(c)所示。

（二）密肋填充块楼板

密肋填充块楼板是采用间距较小的密肋小梁做承重构件，小梁之间用轻质砌块填充，并在上面整浇面层而形成的楼板。密肋小梁有现浇和预制两种。

现浇密肋填充块楼板是以陶土空心砖、矿渣混凝土空心块等作为肋间填充块来现浇密肋和面板而成。填充块与肋和面板相接触的部位带有凹槽，用来与现浇的肋、板咬接，加强楼板的整体性。肋的间距一般为 300～600mm，面板的厚度一般为 40～50mm，如图 8-18(a)所示。

预制小梁填充块楼板的小梁采用预制倒“T”形断面混凝土梁，在小梁之间填充陶土空心砖、矿渣混凝土空心块、煤渣空心砖等填充块，上面现浇混凝土面层而成，如图 8-18(b)所示。

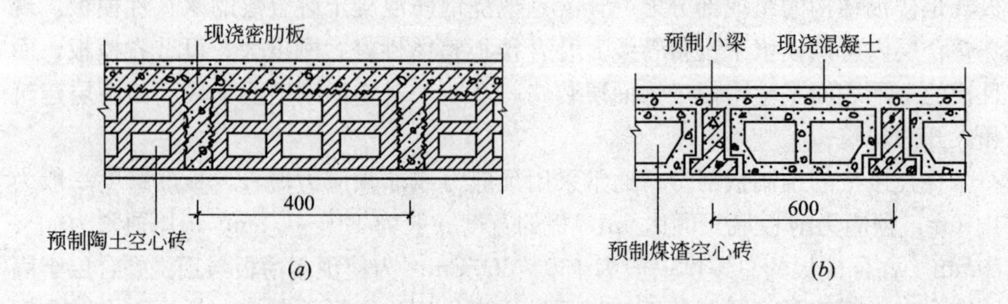

图 8-18　密肋填充块楼板

(a)现浇密肋填充块楼板；(b)预制小梁填充块楼板

第三节 楼地层的防潮、防水及隔声构造

一、地层防潮

地层与土层直接接触，土壤中的水分因毛细现象作用上升引起地面受潮，严重影响室内卫生和使用。当室内空气相对湿度较大时，由于地表温度较低会在地面产生结露现象，引起地面受潮。为有效防止室内受潮，避免地面结构层受潮而破坏，需对地层做必要的防潮处理。

（一）保温地面

对地下水位低，地基土壤干燥的地区，可在水泥地坪以下铺设一层150mm厚1∶3水泥煤渣保温层，以降低地坪温度差，如图8-19(*a*)所示。在地下水位较高地区，可将保温层设在面层与混凝土结构层之间，并在保温层下铺防水层，上铺30mm厚细石混凝土层，最后做面层，如图8-19(*c*)所示。

（二）吸湿地面

一般采用黏土砖、大阶砖、陶土防潮砖做地面的面层。由于这些材料中存在大量孔隙，当返潮时，面层会暂时吸收少量冷凝水，待空气湿度较小时，水分又能自动蒸发掉，因此地面不会感到有明显的潮湿现象，如图8-19(*b*)所示。

（三）防潮地面

在地面垫层和面层之间加设防潮层的做法称为防潮地面。其一般构造为：先刷冷底子油一道，再铺设热沥青、油毡等防水材料，阻止潮气上升；也可在垫层下均匀铺设卵石、碎石或粗砂等，切断毛细水的通路，如图8-19(*d*)所示。

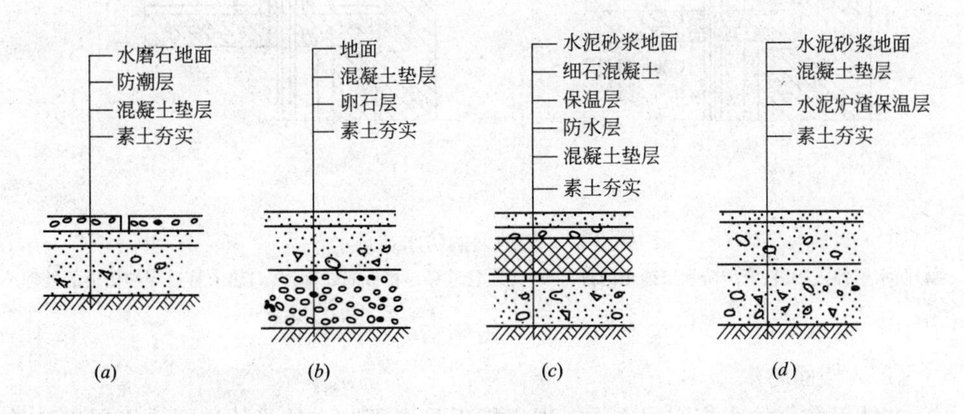

图8-19 地面防潮构造

(*a*)设防潮层；(*b*)铺卵石层；(*c*)设保温层和防水层；(*d*)设保温层

（四）架空式地坪

将底层地坪架空，使地坪不接触土壤，形成通风间层，以改变地面的温度状况，同时带走地下潮气。

二、楼地层防水

建筑物内的厕所、盥洗室、淋浴间等房间由于使用功能的要求，往往容易积

水，处理不当容易发生渗水漏水现象。为不影响房间的正常使用，应做好这些房间楼地层的排水和防水构造。

（一）楼地面排水

为使楼地面排水畅通，需将楼地面设置一定的坡度，一般为1%～1.5%，并在最低处设置地漏。为防止积水外溢，用水房间的地面应比相邻房间或走道的地面低20～30mm，或在门口做20～30mm高的挡水门槛，如图8-20(*b*)所示。

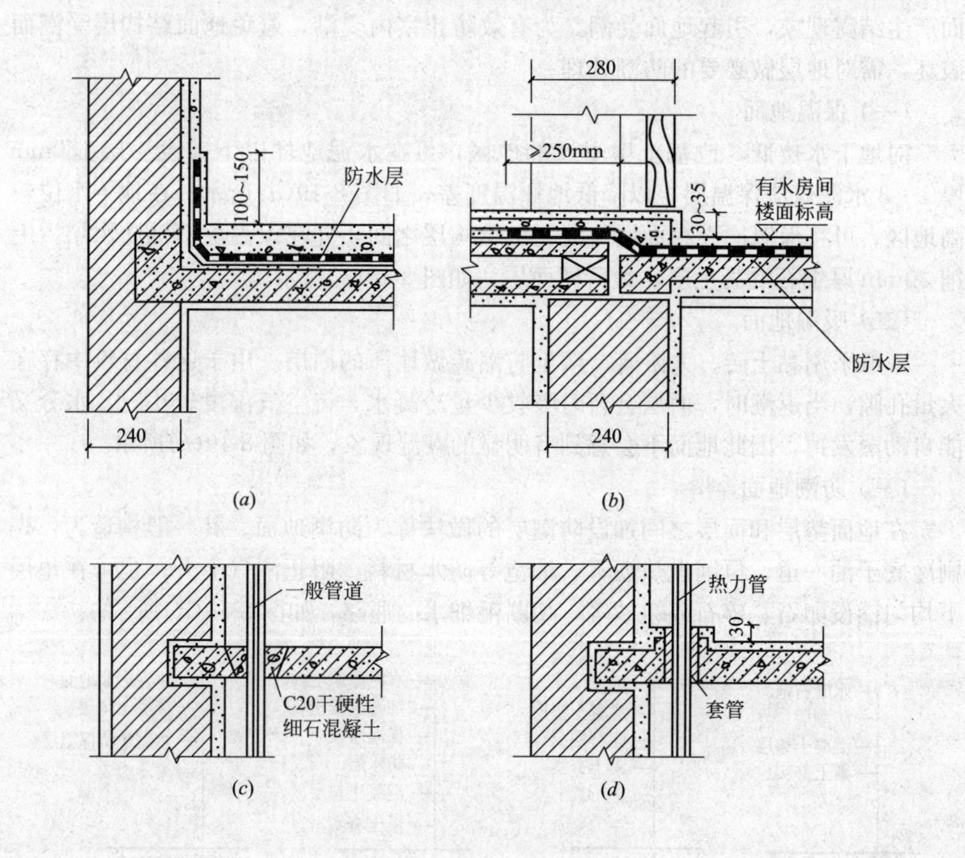

图8-20　楼地面的防水与排水

(*a*)防水层伸入踢脚；(*b*)防水层铺至门外；(*c*)普通管道穿越楼板的处理；(*d*)热力管道穿越楼板的处理

（二）楼面防水

在楼面防水的众多方案之中，现浇楼板是楼面防水的最佳选择，面层也应选择防水性能较好的材料。对防水要求较高的房间，还需在结构层与面层之间增设一道防水层。常用材料有防水砂浆、防水涂料、防水卷材等。同时，将防水层沿四周墙身上升150～200mm，如图8-20(*a*)所示。

当有竖向设备管道穿越楼板层时，应在管线周围做好防水密封处理。一般在管道周围用C20干硬性细石混凝土密实填充，再用二布二油橡胶酸性沥青防水涂料做密封处理。热力管道穿越楼板时，应在穿越处埋设套管(管径比热力管道稍大)，套管高出地面约30mm，如图8-20(*c*)、(*d*)所示。

三、楼层隔声

为避免上下楼层之间的相互干扰，楼层应满足一定的隔声要求。噪声的传播主要有两种途径：一是固体传声，如楼上人的行走、家具的拖动、撞击楼板等声音；二是空气传声。楼层隔声的重点是隔绝固体传声，减弱固体的撞击能量，可采取以下几项措施：

（一）采用弹性面层材料

在楼层地面上铺设弹性材料，如铺设木板、地毯等，以降低楼板的振动，从而减弱固体传声。这种方法效果明显，是目前最常用的构造措施。

（二）采用弹性垫层材料

在楼板结构层与面层之间铺设片状、条状、块状的弹性垫层材料，如木丝板、甘蔗板、软木板、矿棉毡等，使面层与结构层分开，形成浮筑楼板，以减弱楼板的振动，进而达到隔声的目的。

（三）增设吊顶

在楼层下做吊顶，利用隔绝空气声的措施来阻止声音的传播，也是一种有效的隔声措施，其隔声效果取决于吊顶的面层材料，应尽量选用密实、吸声、整体性好的材料。吊顶的挂钩宜选用弹性连接。

第四节 雨篷与阳台

一、雨篷

雨篷是建筑入口处和顶层阳台上部用来遮挡雨雪，保护外门免受雨淋的构件。

雨篷形式多样，以材料和结构可分为钢筋混凝土雨篷、钢结构悬挑雨篷、玻璃采光雨篷、软面折叠多用雨篷等。

（一）钢筋混凝土雨篷

当挑出长度较大时，雨篷由梁、板、柱组成，其构造与楼板相同；当挑出长度较小时，雨篷与凸阳台一样做成悬臂构件，一般由雨篷梁和雨篷板组成，如图8-21所示。

（二）钢结构悬挑雨篷

钢结构悬挑雨篷由支撑系统、骨架系统和板面系统三部分组成。

（三）玻璃采光雨篷

玻璃采光雨篷是用阳光板、钢化玻璃作雨篷面板的新型透光雨篷。

其特点是结构轻巧，造型美观，透明新颖，富有现代感，也是现代建筑中广泛采用的一种雨篷。

二、阳台

阳台是多层和高层建筑中人们接触室外的平台，可供使用者在上面休息、眺望、晾晒衣物或从事其他活动。同时，良好的阳台造型设计还可以增加建筑物的外观美感。

（一）阳台的形式

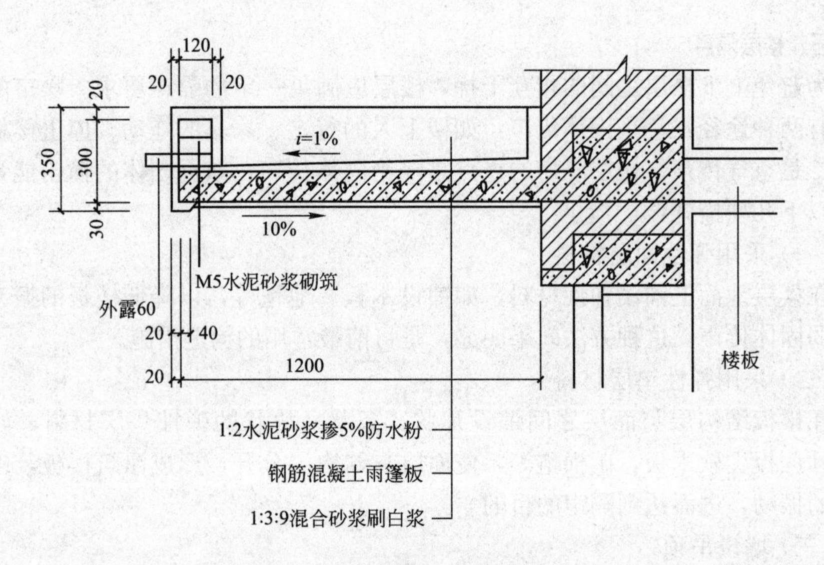

图 8-21　钢筋混凝土雨篷构造

按阳台与外墙的相对位置不同，可分为凸阳台、凹阳台、半凸半凹阳台及转角阳台，如图 8-22 所示；按施工方法不同，还可分为预制阳台和现浇阳台；住宅建筑根据使用功能的不同，又可以分为生活阳台和服务阳台。

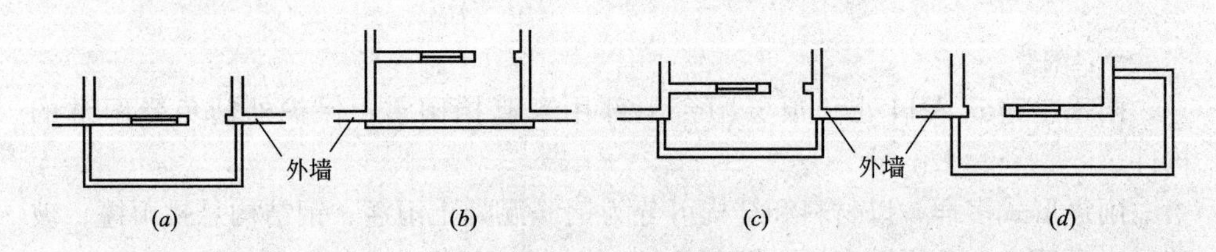

图 8-22　阳台的类型

(*a*)挑阳台；(*b*)凹阳台；(*c*)半凸半凹阳台；(*d*)转角阳台

1. 凸阳台

阳台的结构形式、布置方式及材料应与建筑物的楼板结构布置统一考虑。目前，采用最多的是现浇钢筋混凝土结构或预制装配式钢筋混凝土结构。阳台的平面尺寸宜与相连的房间开间或进深尺寸进行统一布置，以利于室内和阳台的使用及结构布置。凸阳台的承重结构一般为悬挑式结构，按悬挑方式不同，有挑梁式、挑板式和压梁式三种。

(1) 挑梁式。由内承重横墙上挑出悬臂梁，在悬臂梁上铺设预制板或现浇板的形式称为挑梁式阳台。阳台荷载通过挑梁传给内承重墙，由压在挑梁上的墙体和楼板来抵抗阳台的倾覆力矩，这种结构受力合理，阳台的长度可包含几个房间的开间形成通长阳台。挑梁端头设边梁以加强阳台的整体性，并承受阳台栏杆重量，如图 8-23(*a*)所示。

(2) 挑板式。挑板式阳台是将楼板延伸挑出墙外，形成阳台板。由于阳台板与楼板是一整体，楼板的重量和墙的重量构成阳台板的抗倾覆力矩，保证阳台板

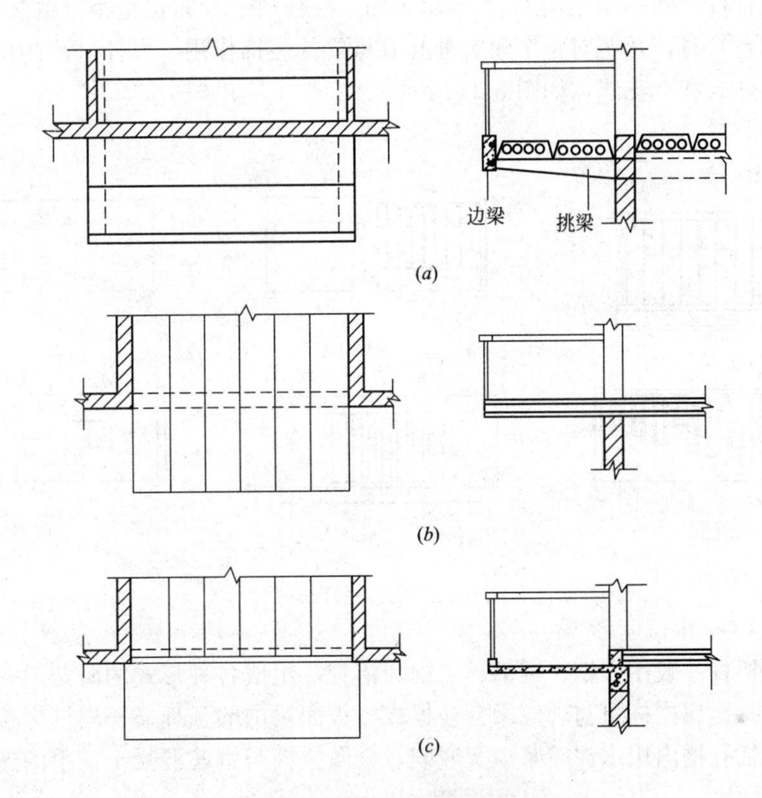

图 8-23　凸阳台结构布置

(a)挑梁式；(b)挑板式；(c)压梁式

的稳定。挑板式阳台板底平整美观，若采用现浇式工艺，还可以将阳台平面制成半圆形、弧形、多边形等形式，增加房屋形体美观，如图 8-23(b)所示。

(3) 压梁式。压梁式阳台是将凸阳台板与墙梁整浇在一起，墙梁可用加大的圈梁代替，此时梁和梁上的墙构成阳台板后部压重。由于墙梁受扭，故阳台悬挑尺寸不宜过大，一般在 1.2m 以内为宜。当梁上部的墙开洞较大时，可将梁向两侧延伸至不开洞部分，必要时还可以伸入内墙来确保安全，如图 8-23(c)所示。

2. 凹阳台

凹阳台一般采用墙承式结构，将阳台板直接搁置在墙体上，阳台板的跨度和板型一般与房间楼板相同。这种阳台支承结构简单，施工方便。

3. 半凸半凹阳台

这种阳台的承重结构，可参照凸阳台的各种做法处理。

(二) 阳台的细部构造

1. 阳台的栏杆和栏板

栏杆和栏板是阳台的围护结构，它还承担使用者对阳台侧壁的水平推力，因此必须具有足够的强度和适当的高度，以保证使用安全。低层、多层住宅阳台栏杆(板)净高不低于 1.05m，中高层住宅阳台栏板(杆)净高不低于 1.1m，空花栏杆其垂直杆件之间的净距离不大于 130mm。栏杆(板)同时也是很好的装饰构件，不仅对阳台自身，乃至对整个建筑都起着重要的装饰作用。栏杆(板)的形式按外形分为实体式和空花式，如图 8-24 所示。

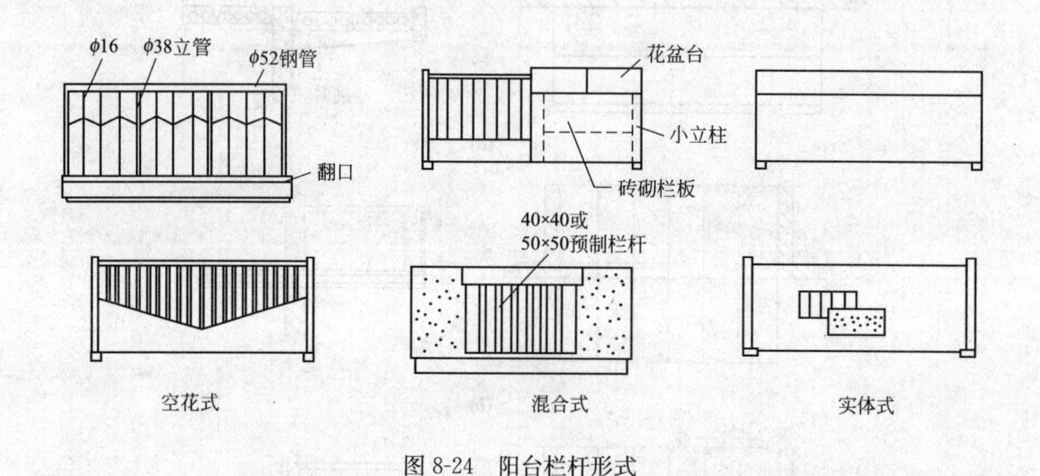

图 8-24　阳台栏杆形式

金属栏杆一般用方钢、圆钢、扁钢和钢管等组成各种形式的漏花，一般需做防锈处理。金属栏杆可与现浇阳台楼板或楼板面梁内的预埋通长扁铁焊接，亦可插入预留插孔槽内用水泥砂浆填实嵌固，金属栏杆与钢筋混凝土扶手的连接。如图 8-25 所示。

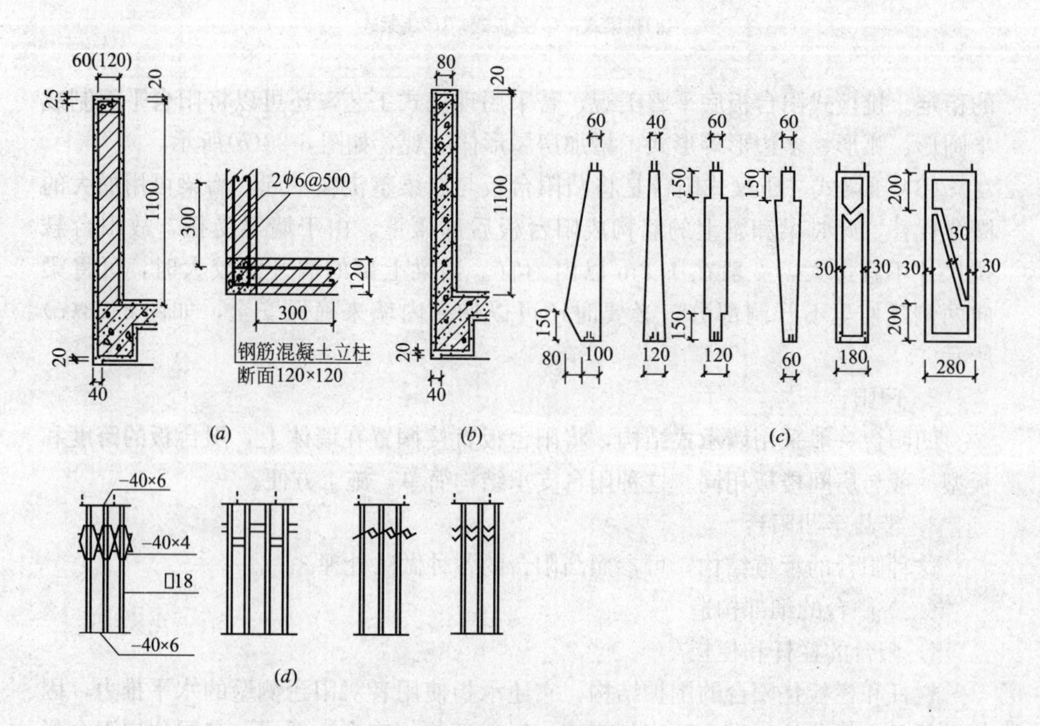

图 8-25　栏杆构造

(*a*)砖砌栏板；(*b*)钢筋混凝土栏板；(*c*)钢筋混凝土栏板；(*d*)金属栏杆

钢筋混凝土栏杆(板)分为现浇和预制两种，预制混凝土栏杆(板)要求构件表面光洁，现浇混凝土栏杆(板)与扶手，楼板可以整体浇筑，阳台的整体性较好，坚固安全。采用混凝土栏杆(板)可节省钢材，栏杆与栏板的结合形式多样。目前，使用较多的现浇钢筋混凝土栏杆(板)与阳台板或阳台梁以及扶手的连接可将混凝土栏杆(板)中的钢筋与阳台板或面梁、扶手内主筋锚固绑扎，然后整体现浇。对预制混凝土栏杆(板)，则用预埋钢板焊接，也可预留插筋插入预留孔内用水泥砂浆灌筑，如图 8-25 所示。

砖砌栏板的厚度一般为 60mm 或 120mm，当栏板厚度为 120mm 时，应在栏板上部设置加入通长钢筋的现浇混凝土压顶，并设置 120mm×120mm 钢筋混凝土小构造柱，留出钢筋与栏板和扶手拉接，如图 8-25 所示。当栏板厚度为 60mm 时，还要在栏板外侧加设双向钢筋网片，并与压顶、阳台板及外墙连接牢固。

2. 阳台的排水处理

为防止阳台上的雨水等流入室内，阳台的地面应较室内地面低 20～50mm，阳台的排水分为外排水和内排水。外排水适应于低层或多层建筑，此时，阳台地面向两侧做出 5‰的坡度，在阳台的外侧栏板设 ϕ50 的镀锌钢管或硬质塑料管，并伸出阳台栏板外面不少于 80mm，以防落水溅到下面的阳台上。内排水适用于高层建筑或某些有特殊要求的建筑，一般是在阳台内侧设置地漏和排水立管，将积水引入地下管网，如图 8-26 所示。

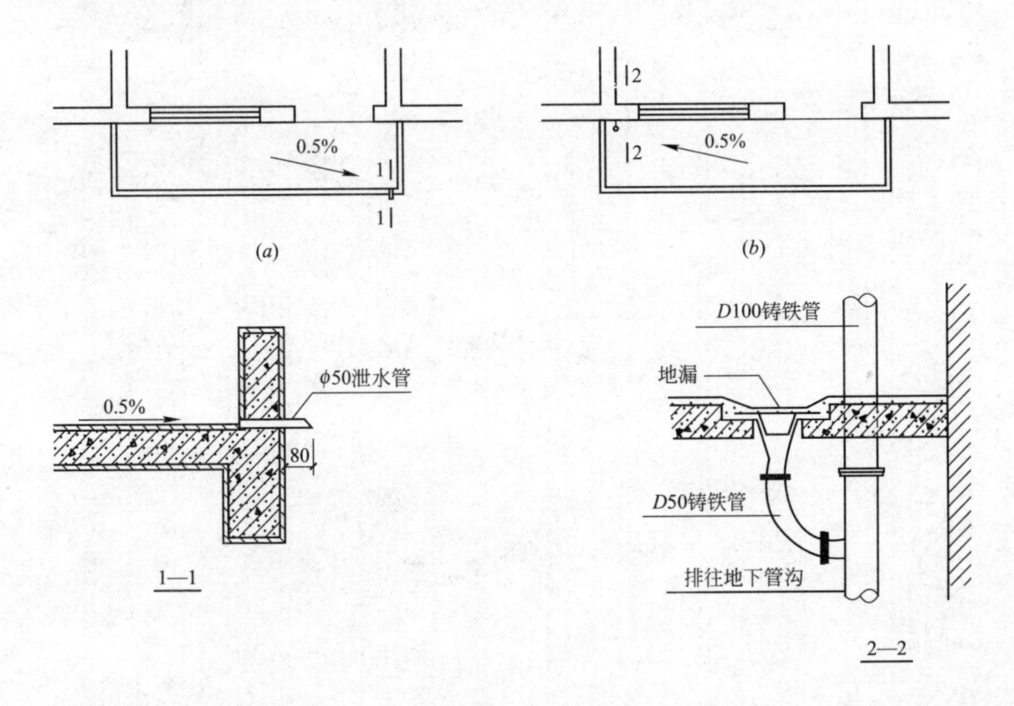

图 8-26　阳台排水构造
(a)水落管排水；(b)排水管排水

复习思考题

1. 楼板层有哪些部分组成？各部分起什么作用？
2. 现浇钢筋混凝土楼板有哪些特点？有几种结构形式？
3. 预制装配式钢筋混凝土楼板具有哪些特点？常见的预制板有哪几种形式？
4. 预制混凝土楼板搁置在墙或梁上时，有哪些要求？
5. 压型钢板组合楼板的构造特点是什么？
6. 调整预制板缝的方法有哪些？
7. 为什么预制板不能出现三边支承的情况？
8. 使用花篮梁有什么优点？
9. 常见阳台有哪几种类型？
10. 用图表示隔墙在楼板上的搁置构造方式？

第九章　楼梯与电梯

楼梯是联系建筑上下层的垂直交通设施，应满足人们正常时垂直交通，紧急时安全疏散的要求，其数量、位置、平面形式应符合有关规范和标准的规定，并应考虑楼梯对建筑整体空间效果的影响。

电梯是现代多层、高层建筑中常用的垂直交通设施。在高层建筑中，电梯是解决垂直交通的主要设备，但由于电梯的运动需要电力能源，在停电、检修及紧急情况下需要停止运动，因此楼梯作为安全疏散通道仍然不能取消。

根据建筑的规模、功能及使用的要求，有时设置自动扶梯、坡道和爬梯，它们也是建筑的垂直交通设施。

第一节　楼梯的类型和设计要求

一、楼梯的类型

建筑中楼梯的形式多种多样，应当根据建筑及使用功能的不同进行选择。楼梯的分类一般按以下原则进行：

（一）按照楼梯的材料分类

分成钢筋混凝土楼梯、钢楼梯、木楼梯及组合材料（如型钢混凝土楼梯、钢木楼梯、型钢骨架玻璃踏步楼梯）楼梯。

（二）按照楼梯的位置分类

分成室内楼梯和室外楼梯。

（三）按照楼梯的使用性质分类

分成主要楼梯、辅助楼梯、疏散楼梯及消防楼梯。

（四）按照楼梯间的平面形式分类

分成开敞楼梯间、封闭楼梯间、防烟楼梯间，如图 9-1 所示。

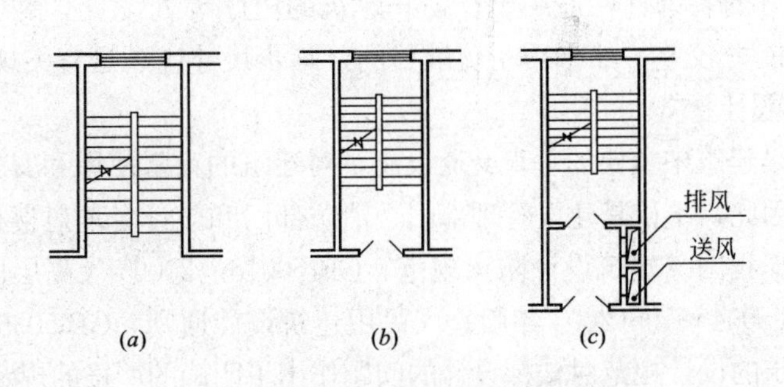

图 9-1　楼梯间平面图

(*a*)开敞楼梯间；(*b*)封闭楼梯间；(*c*)防烟楼梯间

(五) 按照楼梯的平面形式分类

根据楼梯的平面形式主要可分成单跑直楼梯、双跑直楼梯、双跑平行楼梯、三跑楼梯、双分平行楼梯、双合平行楼梯、转角楼梯、双分转角楼梯、交叉楼梯、剪刀楼梯、螺旋楼梯等，如图 9-2 所示。

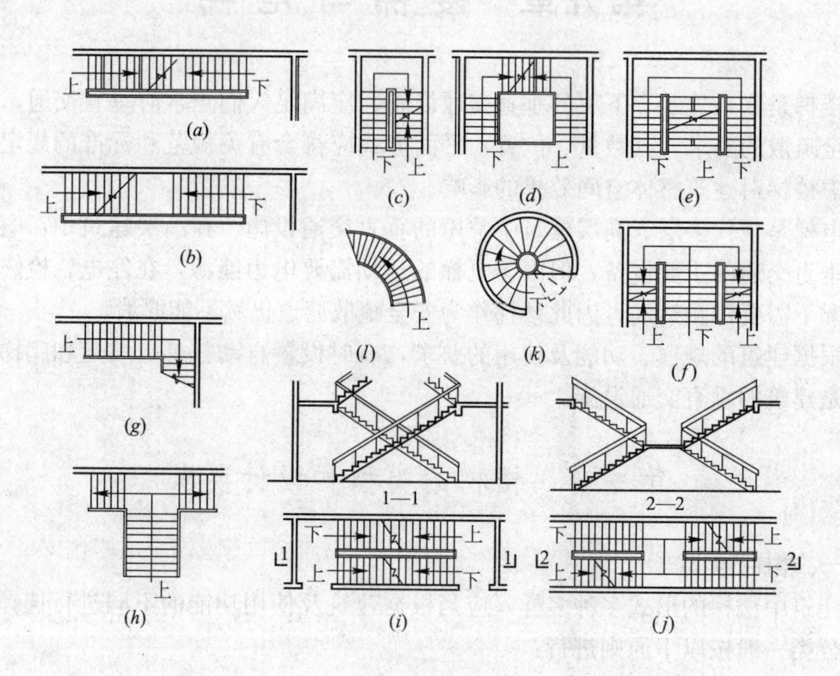

图 9-2　楼梯平面形式

(*a*)单跑直楼梯；(*b*)双跑直楼梯；(*c*)双跑平行楼梯；(*d*)三跑楼梯；(*e*)双分平行楼梯；(*f*)双合平行楼梯；(*g*)转角楼梯；(*h*)双分转角楼梯；(*i*)交叉楼梯；(*j*)剪刀楼梯；(*k*)螺旋楼梯；(*l*)弧线楼梯

楼梯的平面形式是根据其使用要求，建筑功能，平面和空间的特点以及楼梯在建筑中的位置等因素确定的。目前，在建筑中采用较多的是双跑平行楼梯(又简称为双跑楼梯或两段式楼梯)，其他诸如三跑楼梯，双分平行楼梯、双合平行楼梯等均是在双跑平行楼梯的基础上变化而成的。弧线楼梯和螺旋楼梯对建筑室内空间具有良好的装饰性，适用于在公共建筑的门厅等处设置。由于其踏步是扇面形的，交通能力较差，如果用于疏散目的，踏步尺寸应满足有关规范的要求。

二、楼梯的设计要求

由于楼梯是建筑中重要的垂直交通设施，对建筑的正常使用和安全性负有不可替代的责任。因此，不论是建设管理部门、消防部门和设计者均对楼梯的设计给予了足够的重视。我国《建筑设计防火规范》GB 50016—2006、《高层民用建筑设计防火规范》GB 50045—95(2005 年版)、《民用建筑设计通则》GB 50352—2005 及其他一些单项建筑的设计规范对楼梯设计的问题作出了明确的严格的规定。

(一) 基本要求

(1) 楼梯在建筑中位置应当标志明显、交通便利、方便使用。

(2) 楼梯应与建筑的出口关系紧密、连接方便，楼梯间的底层一般均应设置直接对外出口。

(3) 当建筑中设置数部楼梯时，其分布应符合建筑内部人流的通行要求。

(二) 楼梯的数量和总宽度

(1) 除个别的高层住宅之外，高层建筑中至少要设两个或两个以上的楼梯。

(2) 普通公共建筑一般至少要设两个或两个以上的楼梯。如果符合表 9-1 的规定，也可以只设一个楼梯。

设置一个疏散楼梯的条件　　**表 9-1**

耐火等级	层　数	每层最大建筑面积(m^2)	人　数
一、二级	三层	500	第二、三层人数之和不超过 100 人
三级	三层	200	第二、三层人数之和不超过 50 人
四级	二层	200	第二层人数之和不超过 30 人

注：本表不适用于医院、疗养院、老年人建筑、托儿所和幼儿园儿童用房。

(3) 设有不少于 2 个疏散楼梯的一、二级耐火等级的公共建筑，如顶层局部升高时，其高出部分的层数不超过 2 层，每层建筑面积不超过 $200m^2$，人数之和不超过 50 人时，可设一个楼梯。但应另设一个直通平屋面的安全出口。

(4) 人流集中的公共建筑中楼梯的总宽度按照每 100 人应占有的楼梯宽度计算(又称百人指标)。百人指标与建筑的功能及使用人数有关。如剧院、电影院、礼堂建筑应满足：坐席数≤1200 个时，楼梯的总宽度≥1.00m/100 人；坐席数≤2500 个时，楼梯的总宽度≥0.75m/100 人。体育馆建筑应满足：3000～5000 个坐席时，楼梯的总宽度≥0.50m/100 人；5001～10000 个坐席时，楼梯的总宽度≥0.43m/100 人；10001～20000 个坐席时，楼梯的总宽度≥0.37m/100 人。

(三) 对楼梯间的要求

楼梯间一般分开敞、封闭和防烟三种形式，对它们的要求也不相同。

1. 开敞楼梯间的设置要求

开敞楼梯间是建筑中较常见的楼梯间形式。但由于这种楼梯间与楼层是连通的，在火灾时犹如高耸的烟囱，既拔烟又抽火，垂直方向烟的流动速度可达 3～4m/s，烟气在短时间内就能通过开敞楼梯间向上扩散，对人流的疏散及隔阻火灾蔓延不利。因此，当建筑的层数较多或对防火要求较高时，就应当采用封闭楼梯间或防烟楼梯间。

2. 封闭楼梯间的设置要求

(1) 设置条件　医院、疗养院的病房楼、多层旅馆、超过 2 层的商店等人员密集的公共建筑和超过 5 层的其他公共建筑的室内疏散楼梯均应设置封闭楼梯间。部分高层建筑，只要符合相关要求也应设置封闭楼梯间。

(2) 设置要求　封闭楼梯间的内墙上，除在同层开设通向公共走道的疏散门外，不应开设其他房间的门窗，也不能布置可燃气体管道和有关液体管道。

楼梯间门应向疏散方向开启。

3. 防烟楼梯间的设置要求

(1) 设置条件　一类高层建筑和除单元式及通廊式住宅外的建筑高度超过32m的二类高层建筑以及塔式住宅，均应设置防烟楼梯间。

(2) 设置要求　楼梯间入口处应设置前室、阳台或凹廊。前室的面积：公共建筑不应小于6.0m^2，居住建筑不应小于4.5m^2。

楼梯间前室的内墙上，除在同层开设通向公共走道的疏散门外，不应开设其他房间的门窗，也不能布置可燃气体管道和有关液体管道。

楼梯间前室应有良好的通风条件。开窗面积不应小于2.0m^2，无开窗条件的前室，应设置机械送风、排风设施。

楼梯间及前室应设置乙级防火门，并向疏散方向开启。

4. 其他要求

(1) 封闭楼梯间和防烟楼梯间一般均应通至房顶。

(2) 超过6层的组合式单元住宅和宿舍，各单元的楼梯间均应通至平屋顶，如果进户门采用乙级防火门时，可以不通至屋顶。

(四) 楼梯间的间距和位置

多层建筑楼梯间的间距和位置应符合表9-2的要求。

安全疏散距离　　**表9-2**

直接通向疏散走道的房间疏散门至最近安全出口的最大距离(m)

名称	位于两个安全出口之间的疏散门			位于袋形走道两侧或尽端的疏散门		
	耐火等级			耐火等级		
	一、二级	三级	四级	一、二级	三级	四级
托儿所、幼儿园	25	20	—	20	15	—
医院、疗养院	35	30	—	20	15	—
学校	35	30	—	22	20	—
其他民用建筑	40	35	25	22	20	15

注：1. 一、二级耐火等级的建筑物内的观众厅、多功能厅、餐厅、营业厅和阅览室等，由室内任何一点至最近安全出口的直线距离不大于30m；
2. 敞开式外廊建筑的房间疏散门至安全出口的最大距离可按本表增加5m；
3. 建筑物内全部设置自动喷水灭火系统时，其安全疏散距离可按本表规定增加25%；
4. 房间内任一点到该房间直接通向疏散走道的疏散门的距离计算：住宅应为最远房间内任一点到户门的距离，跃层式住宅内的户内楼梯的距离可按其梯段总长度的水平投影尺寸计算。

高层建筑楼梯间的间距和位置应符合表9-3的规定。

安全疏散距离　　**表9-3**

高层建筑		房间门或住宅户门至最近的外部出口或楼梯间的最大距离(m)	
		位于两个安全出口之间的房间	位于袋形走廊两侧或尽端的房间
医院	病房部分	24	12
	其他部分	30	15
旅馆、展览馆、教学楼		30	15
其他		40	20

第二节 楼梯的组成和尺度

一、楼梯的组成

楼梯一般是由楼梯段、楼梯平台和栏杆扶手组成的，如图9-3所示。

（一）楼梯段

楼梯段是由若干个踏步构成的。每个踏步一般由两个相互垂直的平面组成，供人们行走时踏脚的水平面称为踏面，与踏面垂直的平面称为踢面。踏面和踢面之间的尺寸关系决定了楼梯的坡度。为了使人们上下楼梯时不致过度疲劳及保证每段楼梯均有明显的高度感，我国规定每段楼梯的踏步数量应在3～18步。

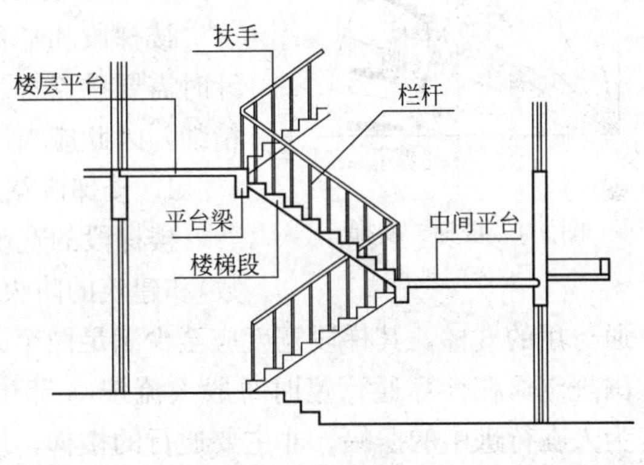

图9-3 楼梯的组成

（二）楼梯平台

楼梯平台是连系两个楼梯段的水平构件。设置平台主要是为了解决楼梯段的转折，同时也使人们在上下楼时能在此处稍做休息。楼梯平台一般分成两种：与楼层标高一致的平台通常称为楼层平台，位于两个楼层之间的平台通常称为中间平台。

（三）栏杆和扶手

大多数楼梯段至少有一侧临空。为了确保使用安全，应在楼梯段的临空边缘设置栏杆或栏板。当楼梯宽度较大时，还应当根据有关规定的要求在楼梯段的中部加设栏杆或栏板。在栏板上部供人们用手扶持的连续斜向配件，称为扶手。

二、楼梯的坡度

楼梯的坡度是指楼梯段沿水平面倾斜的角度。一般认为，楼梯的坡度小，踏步就平缓、行走就较舒适。反之，行走就较吃力。但楼梯段的坡度越小，它的水平投影面积就越大，即楼梯占用的面积大，这样就会影响建筑的经济性。因此，应当兼顾使用性和经济性二者的要求，根据具体情况合理的进行选择。对人流集中、交通大的建筑，楼梯的坡度应小些，如医院、影剧院等。对使用人数较少，交通量小的建筑，楼梯的坡度可以略大些，如住宅、别墅等。

楼梯的允许坡度范围在23°～45°之间。正常情况下应当把楼梯坡度控制在38°以内，一般认为30°是楼梯的适宜坡度。坡度大于45°时，由于坡度较陡，人们已经不容易自如地上下，需要借助扶手的助力扶持，此时称为爬梯。由于爬梯对使用者的体力和持物情况有较多的限制，因此在民用建筑中并不多见，一般只是在通往屋顶、电梯机房等非公共区域时采用。坡度小于23°时，由于坡度较缓，往往把其处理成斜面就可以解决通行的问题，此时称为坡道。过去在医院建筑中应用得较多，主要是为解决病床车的交通问题。由于坡道占面积较大，现在电梯和自动扶梯在建筑中已经大量采用，坡道在建筑内部已经很少见了，而在市政工程中应用的较多。

楼梯、爬梯、坡道的坡度范围如图 9-4 所示。

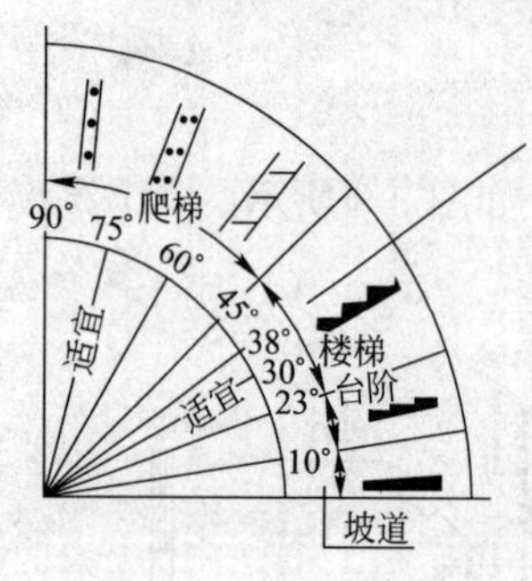

图 9-4　楼梯、爬梯、坡道的坡度

楼梯的坡度有两种表示方法：一种是用楼梯段和水平面的夹角表示；另一种是用踏面和踢面的投影长度之比表示。在实际工程中采用后者的居多。

三、楼梯段及平台尺寸

楼梯段和平台构成了楼梯的行走通道，是楼梯设计时需要重点解决的核心问题。由于楼梯的尺度比较精细，因此应当严格按设计意图进行施工。

1. 楼梯段宽度

楼梯段的宽度是根据通行人数的多少(设计人流股数)和建筑的防火要求确定的。通常情况下，作为主要通行用的楼梯，其梯段宽度应至少满足两个人相对通行(即不小于两股人流)。我国规定，在计算通行量时每股人流按 0.55＋(0～0.15)m 计算，其中 0～0.15m 为人在行进中的摆幅。非主要通行的楼梯，应满足单人携带物品通过的需要。此时，梯段的净宽一般不应小于 900mm，如图 9-5 所示。住宅套内楼梯的梯段净宽应满足以下规定：当梯段一边临空时，不应小于 0.75m；当梯段两侧有墙时，不应小于 0.9m。

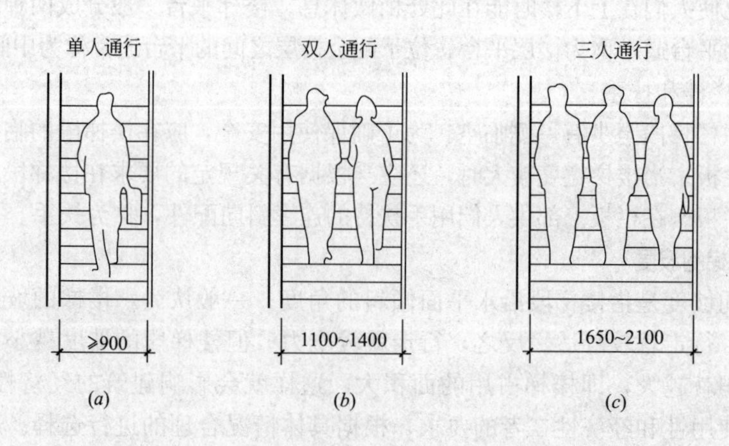

图 9-5　楼梯段的宽度

(*a*)单人通行；(*b*)双人通行；(*c*)三人通行

综上所述，作为主要通行用的楼梯，其供人通行的有效宽度(即楼梯段净宽)不应小于 1.20m(相当于两股人流通行的最小宽度)。层数不超过 6 层的单元式住宅一边设有栏杆的疏散楼梯，其梯段的最小净宽可以不小于 1.0m。梯段的净宽是指扶手中心线至楼梯间墙面的水平距离。在实际工程中往往根据护栏的构造，通过控制楼梯段宽度来保证梯段的净宽度。

2. 平台尺寸

为了搬运家具设备的方便和通行的顺畅，楼梯平台深宽不应小于楼梯段净宽，并且不小于1.2m。平台的净深是指扶手处平台的宽度。双跑直楼梯对中间平台的深度也作出了具体的规定。图9-6是梯段宽度与平台深度关系的示意图。

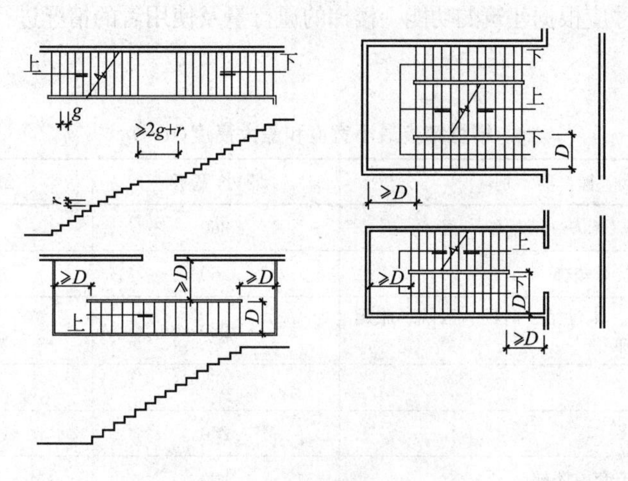

图9-6　楼梯段和平台的尺寸关系

D—梯段净宽度；g—踏面尺寸；r—踢面尺寸

有些建筑为满足特定的需要，在上述要求的基础上，对楼梯及平台的尺寸另行作出了具体的规定，在实际工程中应当加以遵守。如《综合医院建筑设计规范》JGJ 49—88规定：医院建筑主楼梯的梯段宽度不应小于1.65m；主楼梯和疏散楼梯的平台深度不应小于2.0m。

3. 楼梯井

两段楼梯之间的空隙，称为楼梯井。楼梯井一般是为楼梯施工方便和安置栏杆扶手而设置的，其宽度一般在100mm左右。但公共建筑楼梯井的净宽一般不应小于150mm。有儿童经常使用的楼梯，当楼梯井净宽大于200mm时，必须采取安全措施，防止儿童坠落。

四、踏步尺寸

踏步是由踏面和踢面组成，踏步的水平面称为踏面，踏步的垂直面称为踢面，二者投影长度之比决定了楼梯的坡度。由于踏步是楼梯中与人体接触的部位之一，因此其尺度是否合适就显得十分重要。一般认为，踏面的宽度应大于成年男子脚的长度，使人们在上下楼梯时脚可以全部落在踏面上，以保证行走时的舒适。踢面的高度取决于踏面的宽度，因为二者之和应与人的跨步长度相近，过大或过小，行走时均会感到不方便。计算踏步宽度和高度可以利用下面的经验公式，并参见图9-7。

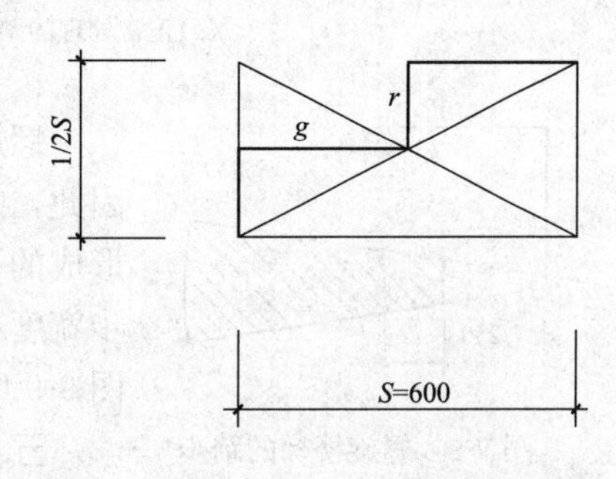

图9-7　踏步尺寸和跨步长度的关系

$$2r+g=S=600\text{mm}$$

式中　r——踏步高度；

g——踏步宽度；

S——跨步长度。

600 为妇女及儿童跨步长度。

踏步的尺寸应根据建筑的功能、楼梯的通行量及使用者的情况进行选择。具体规定见表 9-4。

楼梯踏步最小宽度和最大高度(mm) **表 9-4**

楼 梯 类 别	最 小 宽 度	最 大 高 度
住宅共用楼梯	260	175
幼儿园、小学校等楼梯	260	150
电影院、剧场、体育馆、商场、医院、旅馆和大中学校等楼梯	280	160
其他建筑楼梯	260	170
专用疏散楼梯	250	180
服务楼梯、住宅套内楼梯	220	200

由于踏步的宽度往往受到楼梯间进深的限制，可以在踏步的细部进行适当变化来增加踏面的有效尺寸，如采取加做踏步檐或使踢面倾斜，如图 9-8 所示。踏步檐的挑出尺寸一般不大于 20mm，尺寸过大会给行走带来不便。

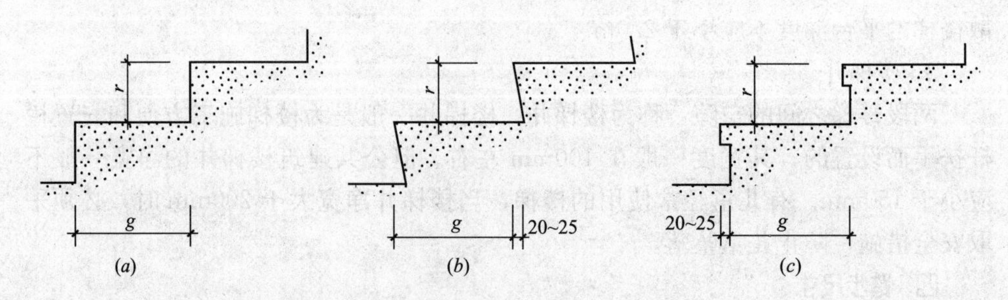

图 9-8 踏步尺寸

(a)正常处理的踏步；(b)踢面倾斜；(c)加做踏步檐

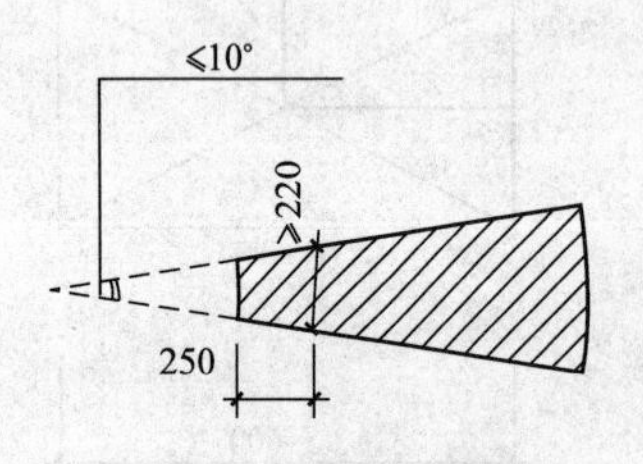

图 9-9 螺旋楼梯的踏步

螺旋楼梯的踏步平面通常是扇形的，对疏散不利。因此，螺旋楼梯不宜用于疏散。只有踏步上下两级所形成的平面角度不超过 10°，而且离扶手 0.25m 处的踏步宽度超过 0.22m 时，螺旋楼梯才可以用于疏散，如图 9-9 所示。

五、楼梯的净空高度

楼梯的净空高度包括楼梯段之间的净高和平台过道处的净高。

楼梯段之间的净高是指梯段空间的最小高度，即下段楼梯踏步前缘至上方梯段下表面的垂直距离。梯段之间的净高与人体尺度、楼梯的坡度有关。平台过道处的净高是指平台过道地面至上部结构最低点(通常为平台梁)的垂直距离。平台过道处净高与人体尺度有关。在确定这两个净高时，还应充分考虑人们肩扛物品对空间的实际需要，避免由于碰头而产生压抑感。我国规定，楼梯段之间的净高不应小于 2.2m，平台过道处净高不应小于 2.0m。起止踏步前缘与顶部凸出物内边缘线的水平距离不应小于 0.3m，如图 9-10 所示。

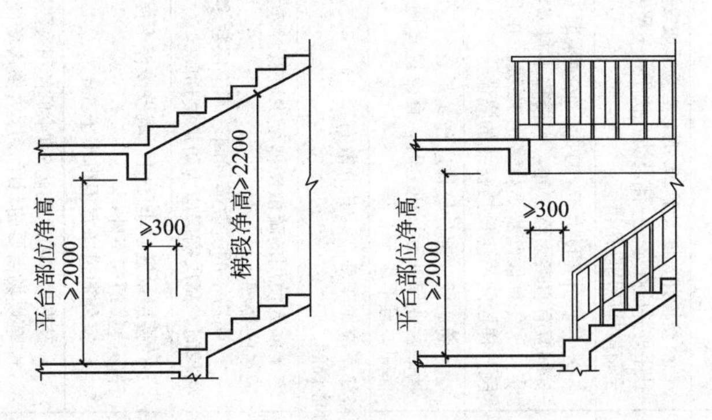

图 9-10 梯段及平台部位净高要求

通常楼梯段之间的净高与房间的净高相差不大，一般可以满足不小于 2.2m 的要求。

平台过道处净高不小于 2.0m 的要求，往往不容易自然实现，必须要经过仔细设计和调整才行。例如：单元式住宅通常把单元门设在楼梯间首层，做为人行通道，其入口处平台过道净高应不小于 2.0m。假如，住宅的首层层高为 3.0m，则第一个休息平台的标高为 1.5m，此时平台下过道净高约为 1.2m，距 2.0m 要求相差较远。为了使平台过道处净高满足不小于 2.0m 的要求，主要采用两种办法：(1)在建筑室内外高差较大的前提下，降低平台下过道处地面标高。(2)增加第一段楼梯的踏步数(而不是改变楼梯的坡度)，将第一个休息平台位置上移。在采用办法(2)时，要注意的问题有：1)此时第一段楼梯是整部楼梯中最长的一段，仍然要保证梯段宽度和平台深度之间的相互关系。2)当层高较小时，应核验第一、三楼梯段之间的净高是否满足不小于 2.2m 的要求。

图 9-11 是楼梯间入口处净空尺寸调整的示意图。

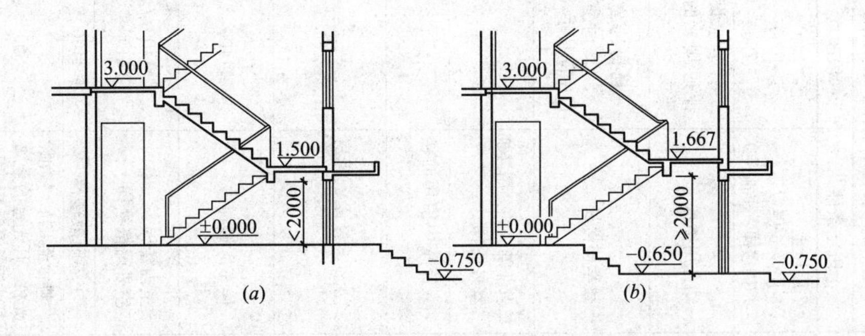

图 9-11 楼梯间入口处净空尺寸的调整

(a)调整前；(b)调整后

各类建筑对楼梯的要求 表 9-5

<table>
<tr><th rowspan="2">建筑类别</th><th colspan="4">在限定条件下对梯段净宽及踏步的要求</th><th rowspan="2">栏杆高度与要求</th><th rowspan="2">中间平台深度要求</th><th rowspan="2">其他</th></tr>
<tr><th>限定条件</th><th>梯段净宽</th><th>踏步高度</th><th>踏步宽度</th></tr>
<tr><td>住宅</td><td>7层以上
6层及6层以下
户内楼梯(一面临空)</td><td>≥1100
≥1000
≥750</td><td>≤175
≤175
≥200</td><td>≥260
≥260
≥220</td><td>不宜小于900，栏杆垂直杆件间净空不应大于110</td><td>深度≥梯段净宽，且≥1.20m</td><td>• 楼梯井宽度大于200时，必须采取防止儿童攀滑的措施</td></tr>
<tr><td>托儿所
幼儿园</td><td>幼儿用楼梯</td><td>符合《设计通则》的要求</td><td>≤150</td><td>≥260</td><td>幼儿扶手不应高于600，栏杆垂直线饰间净距≤110</td><td>符合《设计通则》的要求</td><td>• 楼梯井宽度大于200时，必须采取安全措施，• 除设成人扶手外并应在靠墙一侧设幼儿扶手，• 严寒寒冷地区设室外安全疏散梯应用防滑措施</td></tr>
<tr><td rowspan="2">中小学</td><td rowspan="2">教学楼楼梯</td><td rowspan="2">梯段净宽≥3000时宜设中间扶手</td><td>中学≤160
小学≤150</td><td>中学≥280
小学≥260</td><td rowspan="2">室内栏杆≥900
室外栏杆≥1100
不应采用易于攀登的花饰</td><td rowspan="2">符合《设计通则》的要求</td><td rowspan="2">• 楼梯井宽度大于200时，必须采取安全保护措施，• 楼梯间应有直接天然采光，• 楼梯不得采用螺旋梯或扇形踏步，• 每梯段踏步不得多于18级，并不得少于3级，• 梯段与梯段间不应设挡视线的隔墙</td></tr>
<tr><td colspan="2">梯段坡度不应大于30°</td></tr>
<tr><td>商店</td><td>营业部分的公用楼梯
室外阶梯</td><td>≥1400</td><td>≤160
≤150</td><td>≥280
≥300</td><td colspan="2">符合《设计通则》的要求</td><td>• 商店营业部分楼梯应作疏散计算，大型百货商店、商场的营业层在五层以上时，宜设置直通屋顶平台的疏散楼梯间，且不少于2座</td></tr>
<tr><td>疗养院</td><td>人流集中使用的楼梯</td><td>≥1650</td><td colspan="3">符合《设计通则》的要求</td><td colspan="2">• 主体建筑的疏散楼梯不应少于2个，并分散布置
• 室内楼梯应设置楼梯间</td></tr>
<tr><td>综合医院</td><td>门诊、急诊、病房楼</td><td>≥1650</td><td>≤160</td><td>≥280</td><td>符合《设计通则》的要求</td><td>主楼梯和疏散楼梯的平台深度不宜小于2000</td><td>• 病人使用的疏散楼梯至少应有一座为天然采光和自然通风的楼梯，
• 病房楼的疏散楼梯间，不论层数多少，均应为封闭式楼梯间，高层病房应为防烟楼梯间</td></tr>
<tr><td>公路汽车客运站</td><td>候车厅楼梯</td><td>≥1400</td><td>≤170</td><td>≥260</td><td colspan="2">符合《设计通则》的要求</td><td>• 楼层设置候车厅时，疏散楼梯不得小于两个，疏散楼梯应直接通向室外，
• 室外通道净宽不得小于3m</td></tr>
<tr><td>电影院</td><td>室内楼梯
室外疏散楼梯</td><td>≥1400
≥1100</td><td>≤160</td><td>≥280</td><td colspan="2">符合《设计通则》的要求</td><td>• 疏散楼梯的宽度应按观众的使用人数进行计算，
• 有候场需要的门厅，厅内供入场使用的主楼梯不应作为疏散楼梯</td></tr>
<tr><td rowspan="2">剧场</td><td>主要疏散楼梯</td><td>≥1100</td><td>≤160</td><td>≥280</td><td rowspan="2">高度不应小于850，应设置坚固且连续的扶手</td><td rowspan="2">深度≥梯段宽度并不小于1100</td><td rowspan="2">连续踏步不超过18步，超过18步时每增加一步，踏步放宽10，高度相应降低，但最多不超过22步，不得采用螺旋楼梯，采用弧形梯段时，离踏步窄端扶手250处踏步宽不应小于220宽，端扶手处踏步宽不应大于500</td></tr>
<tr><td>舞台至天桥、棚顶、光桥、耳光室的金属梯或钢筋混凝土楼梯</td><td>≥600</td><td colspan="2">坡度不应大于60°，不应采用垂直爬梯</td></tr>
</table>

注：表列有关要求引自规范，GB 50352—2005、GB 50096—1999(2003年版)、JGJ 39—87、GBJ 99—86、JGJ 48—88、JGJ 40—87、JGJ 49—88、JGJ 60—99、JGJ 58—88、JGJ 57—2000。

六、栏杆和扶手

楼梯栏杆是楼梯的安全设施。一般情况下，当楼梯段的垂直高度大于1.0m时，就应当在梯段的临空一侧设置栏杆。楼梯至少应在梯段临空一侧设置扶手，梯段净宽达三股人流时应两侧设扶手，四股人流时应加设中间扶手。

楼梯的栏杆和扶手是与人体尺度关系密切的建筑构件，应合理的确定栏杆高度。栏杆高度是指踏步前缘至上方扶手中心线的垂直距离。一般室内楼梯栏杆高度不应小于0.9m；室外楼梯栏杆高度不应小于1.05m；高层建筑室外楼梯栏杆高度不应小于1.1m。如果靠楼梯井一侧水平栏杆长度超过0.5m，其高度不应小于1.05m。有一些建筑根据使用要求对楼梯栏杆高度作了具体的规定，应参照单项建筑设计规范的规定执行。

楼梯栏杆应用坚固、耐久的材料制作，并具有一定的强度和抵抗侧向推力的能力。同时，还应充分考虑到栏杆对建筑室内空间的装饰效果，应具有美观的形象。栏杆顶部的侧向推力可按下面取值：住宅、宿舍、办公楼、旅馆、医院、托儿所、幼儿园为0.5kN/m；学校、食堂、剧场、电影院、车站、展览馆、体育场为1.0kN/m。

扶手应选用坚固、耐磨、光滑、美观的材料制作。

楼梯是建筑中尺度琐碎，设计精细，施工要求较高的构件。表9-5是各类建筑对楼梯的要求。

第三节 钢筋混凝土楼梯构造

楼梯按照构成材料的不同，可以分成钢筋混凝土楼梯、木楼梯、钢楼梯和用几种材料制成的组合材料楼梯。由于楼梯是建筑中重要的安全疏散设施，对其自身耐火性能要求较高，因此作为燃烧体的木材显然不宜用来制作楼梯。钢材是非燃烧体，但受热后易产生变形，一般要经特殊的防火处理之后，才能用于制作楼梯。钢筋混凝土的耐火和耐久性能均好于木材和钢材，因此在民用建筑中大量的采用钢筋混凝土楼梯。钢筋混凝土楼梯有现浇和预制装配两大类。

现浇钢筋混凝土楼梯的楼梯段和平台是整体浇筑在一起的，其整体性好、刚度大，施工时不需要大型起重设备，但施工进度慢、耗费模板多、施工程序较复杂。预制装配钢筋混凝土楼梯施工进度快、受气候影响小、构件由工厂生产、质量容易保证，但施工时需要配套的起重设备、投资较多、灵活性差。

由于建筑的层高、楼梯间的开间、进深及建筑的功能均对楼梯的尺寸有直接的影响，而且楼梯的平面形式多种多样。因此，目前除了成片建设的大量性建筑(如住宅小区)之外，建筑中较多采用的是现浇钢筋混凝土楼梯。

一、现浇钢筋混凝土楼梯构造

现浇钢筋混凝土楼梯可以根据楼梯段的传力与结构形式的不同，分成板式和梁式楼梯两种。

(一) 板式楼梯

板式楼梯的梯段分别与上下两端的平台梁整浇在一起，由平台梁支承。梯段相当于是一块斜放的现浇板，平台梁是支座，如图9-12(*a*)所示。梯段内的受力钢筋沿梯段的长向布置，平台梁的间距即为梯段的结构跨度(约等于梯段踏面之和)。从力学和结构角度要求，梯段板的跨度大或梯段上使用荷载大，都将导致梯段板的截面高度加大。所以板式楼梯适用于荷载较小、建筑层高较小(建筑层高对梯段长度有直接影响)的情况，如住宅、宿舍建筑。

有时为了保证平台过道处的净空高度，可以在板式楼梯的局部位置取消平台梁，这种楼梯称之为折板式楼梯，如图 9-12(*b*)所示。此时，板的跨度应为梯段水平投影长度与平台深度尺寸之和。

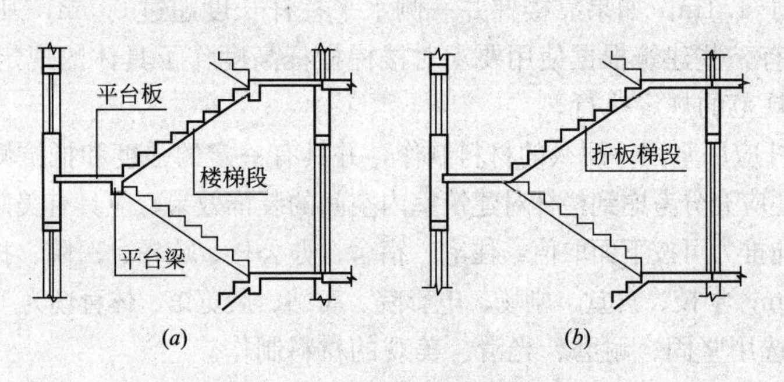

图 9-12　板式楼梯

(*a*)板式；(*b*)折板式

(二) 梁式楼梯

梁式楼梯的踏步板搁置在斜梁上，斜梁由上下两端的平台梁支承，如图 9-13(*a*)所示。梁式楼梯段的宽度相当于踏步板的跨度，平台梁的间距即为斜梁的跨度(约等于斜梁的水平投影长度)。由于通常梯段的宽度要小于梯段的水平投影，因此踏步板的跨度就比较小，梯段的荷载主要由斜梁承担，并传递给平台梁。梁式楼梯适用于荷载较大，建筑层高较大的情况，如商场、教学楼等公共建筑。

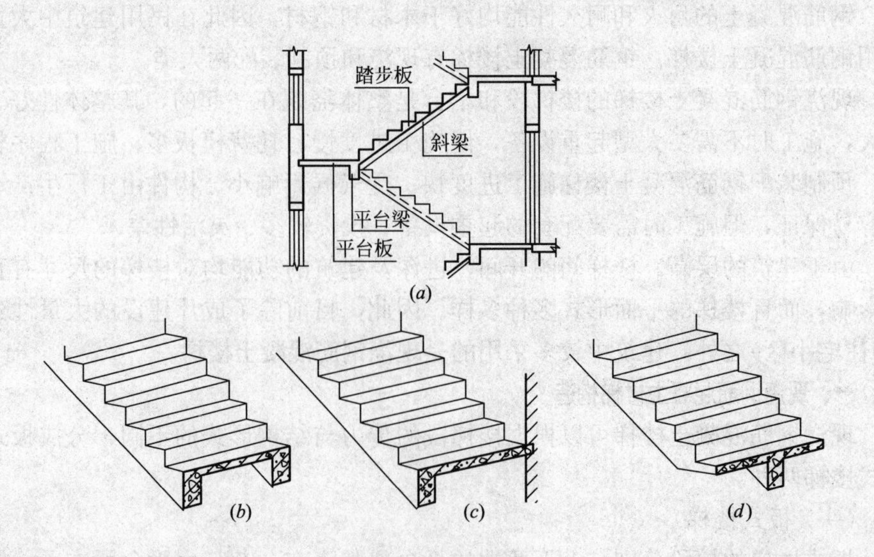

图 9-13　梁式楼梯

(*a*)斜梁与平台梁的支承关系；(*b*)梯段两侧设斜梁；(*c*)梯段一侧设斜梁；(*d*)梯段中间设斜梁

梁式楼梯的斜梁一般设置在梯段的两侧，如图 9-13(*b*)所示。有时为了节省材料在梯段靠承重墙一侧不设斜梁，而由墙体支承踏步板。此时，踏步板一端搁置在斜梁上，另一端搁置在墙上，如图 9-13(*c*)所示。个别楼梯的斜梁设置在梯段的中部，形成踏步板向两侧悬挑的受力形式，如图 9-13(*d*)所示。

梁式楼梯的斜梁一般暴露在踏步板的下面，从梯段侧面就能够看见踏步，俗称为明步楼梯，如图 9-14(*a*)所示。明步楼梯在梯段下部形成梁的暗角容易积灰，梯段侧面经常被清洗踏步的脏水污染，影响美观。另一种做法是把斜梁反设到踏步板上面，此时梯段下面是平整的斜面，俗称为暗步楼梯，如图 9-14(*b*)所示。暗步楼梯弥补了明步楼梯的缺陷，但斜梁宽度要满足结构的要求，导致梯段的净宽变小。

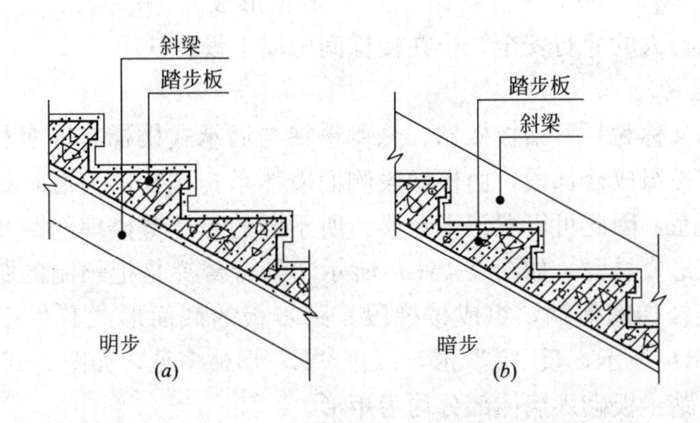

图 9-14 明步楼梯和暗步楼梯

(*a*)明步楼梯；(*b*)暗步楼梯

二、预制装配式钢筋混凝土楼梯

预制装配式钢筋混凝土楼梯的构造形式较多。根据组成楼梯的构件尺寸及装配的程度，可以分成小型构件装配式和中、大型构件装配式两类。

（一）小型构件装配式楼梯

小型构件装配式楼梯的构件尺寸小，重量轻，数量多，一般把踏步板作为基本构件。具有构件生产、运输、安装方便的优点，但也存在着施工难度大、施工进度慢，往往需要现场湿作业配合的不足。

小型构件装配式楼梯主要有墙承式、悬挑式和梁承式三种。

1. 墙承式楼梯

墙承式楼梯是把预制的踏步板搁置在两侧的墙上，并按事先设计好的布置方案，依次升降、移动，最后形成楼梯段。此时，踏步板相当于一块简支板，摆脱了对平台梁的依赖。由于墙承式楼梯要依靠两侧的墙体为支座，与通常至少一侧临空的楼梯段在空间感觉上有较大的不同。墙承式楼梯适用于二层建筑的直跑楼梯或中间设有电梯井道的三跑楼梯。双跑平行楼梯如果采用墙承式，必须在原楼梯井处设置承重墙，作为踏步板的支座，如图 9-15 所示。但楼梯间中部设墙之后，使楼梯间的空间感觉发生了很大的变化，阻挡了视线、光线，感觉空间狭窄

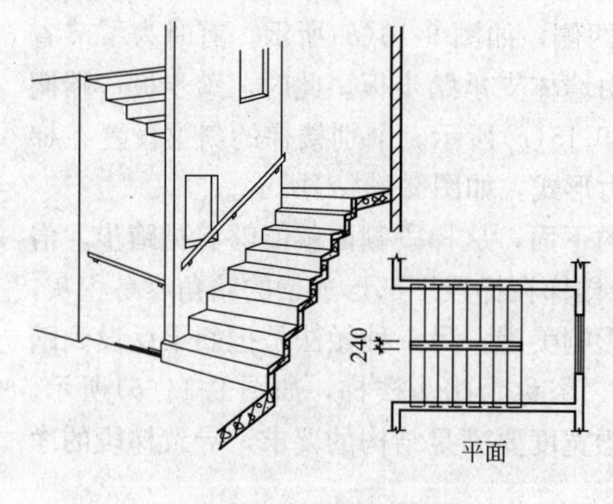

图 9-15 墙承式楼梯

了，在搬运大件家具设备时会感到不方便。为了解决梯段直接通视的问题，可以在楼梯井处墙体的适当部位开设洞口，以便瞭望。由于墙承式楼梯的踏步板与平台之间没有传力的关系，因此可以不设平台梁，平台下面的净高要比一般楼梯的大。

墙承式楼梯的踏步板可以做成"L"形，也可以做成三角形。平台板可以采用实心板，也可以采用空心板和槽形板。

为了确保行人的通行安全，应在楼梯间侧墙上设置扶手。

2. 悬臂楼梯

悬臂楼梯又称为悬臂踏板楼梯。悬臂楼梯与墙承式楼梯有许多相似之处。它是由单个踏步板组成楼梯段，由楼梯段侧面墙体承担楼梯的荷载，梯段与平台之间没有传力关系，因此可以取消平台梁。所不同的是悬臂楼梯的踏步板一端嵌入墙内，另一端形成悬臂，如图 9-16(*a*)所示。悬臂楼梯是把预制的踏步板，根据设计依次砌入楼梯间侧墙，组成楼梯段。踏步板的截面形式有一字形，正"L"形，如图 9-16(*b*)所示，反"L"形，以正"L"形最多见，如图 9-16(*c*)所示。为了施工方便，踏步板砌入墙体部分均为矩形。

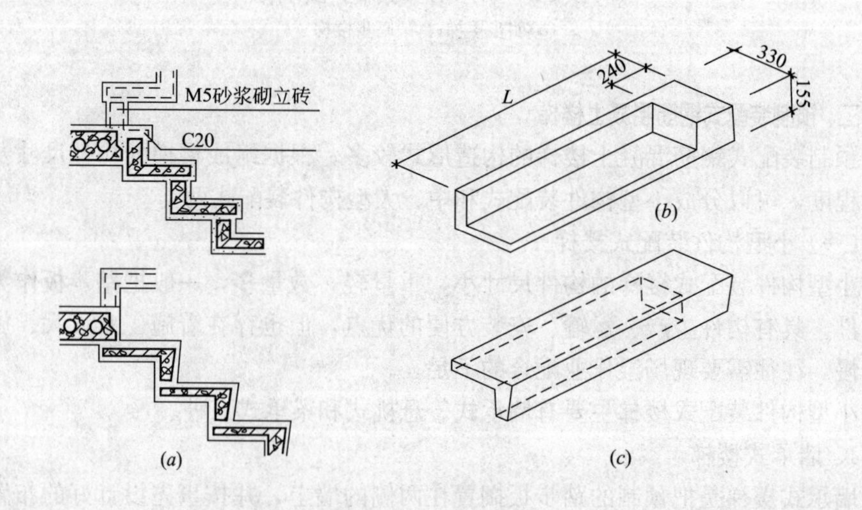

图 9-16 悬臂楼梯

(*a*)悬臂楼梯；(*b*)正"L"形踏步板；(*c*)反"L"形踏步板

悬臂楼梯的悬臂长度一般不超过 1.5m，可以满足大部分民用建筑对楼梯的要求，但在具有冲击荷载的建筑中或地震区不宜采用。楼梯的平台板可以采用钢筋混凝土实心板、空心板和槽形板，搁置在楼梯间两侧墙体上。

悬挂式楼梯与悬臂楼梯的不同之处在于踏步板的另一端是用金属拉杆悬挂在上部结构上，如图 9-17 所示。适用于在单跑直楼梯和双跑直楼梯中采用，外观轻巧，安装较复杂，要求的精度较高。一般在小型建筑或非公共区域的楼梯采用，踏步板也可以用金属或木材制作。

3. 梁承式楼梯

梁承式楼梯是装配而成的梁式楼梯。梁承式楼梯由踏步板、斜梁、平台梁和平台板等基本构件组成。这些基本构件的关系为：踏步板搁置在斜梁上，斜梁搁置在平台梁上，平台梁搁置在两边侧墙上，而平台板可以搁置在两边侧墙上，也可以一边搁在墙上，另一边搁在平台梁上。图 9-18 是梁承式楼梯的平面举例。

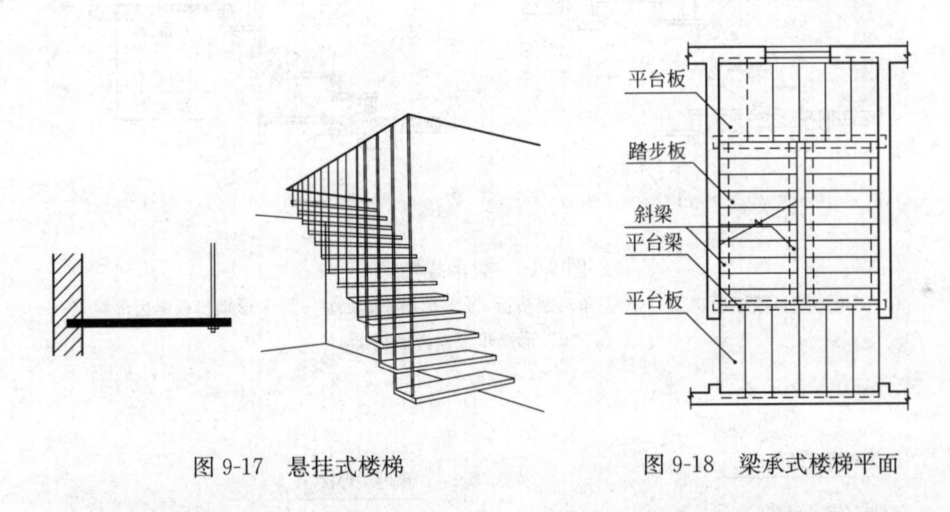

图 9-17 悬挂式楼梯

图 9-18 梁承式楼梯平面

梁承式楼梯的荷载由斜梁承担和传递，因此可以适应梯段宽度较大、荷载较大、建筑层高较大的情况。适用于在公共建筑中使用。

梁承式楼梯的踏步板截面可以是三角形，正“L”形、反“L”形和“一”字形。斜梁分矩形、“L”形、锯齿形三种。三角形踏步板配合矩形斜梁拼装之后形成明步楼梯，如图 9-19(*a*)所示，三角形踏步板配合“L”形斜梁拼装之后形成暗步楼梯，如图 9-19(*b*)所示。采用三角形踏步板的梁承式楼梯具有梯段底面平整的优点。“L”形和“一”字形踏步板应与锯齿形斜梁配合使用，当采用“一”字形踏步板时，一般用侧砌墙作为踏步的踢面，如图 9-19(*c*)所示。如采用“L”形踏步板时，要求斜梁锯齿的尺寸和踏步板尺寸应相互配合、协调，避免出现踏步架空和倾斜的现象，如图 9-19(*d*)所示。

预制踏步板与斜梁之间应由水泥砂浆铺垫，逐个叠置。锯齿形斜梁应预设插铁并与“一”字形及“L”形踏步板的预留孔插接。

为了使平台梁下能留有足够的净高，平台梁一般做成“L”形截面。斜梁搁置在平台梁挑出的翼缘部分。为确保二者的连接牢固，可以用插铁插接，也可以利用预埋件焊接，如图 9-20 所示。

为了节省楼梯所占空间，上行和下行梯段最好在同一位置起步和止步。由于

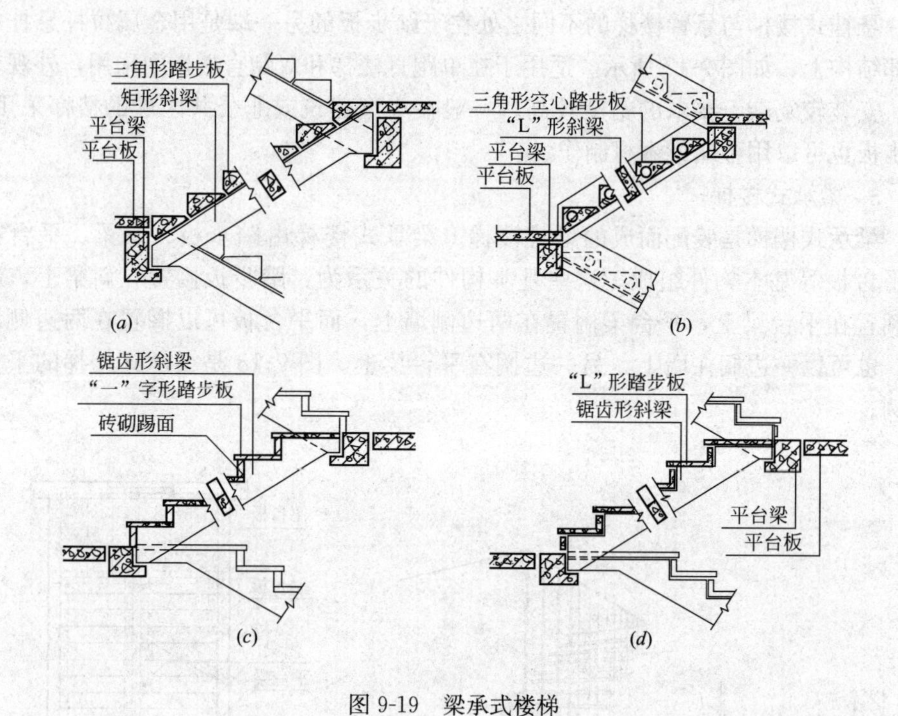

图 9-19　梁承式楼梯

(*a*)三角形踏步板矩形斜梁；(*b*)三角形踏步板"L"形斜梁；(*c*)"一"字形踏步板锯齿形斜梁；(*d*)"L"形踏步板锯齿形斜梁

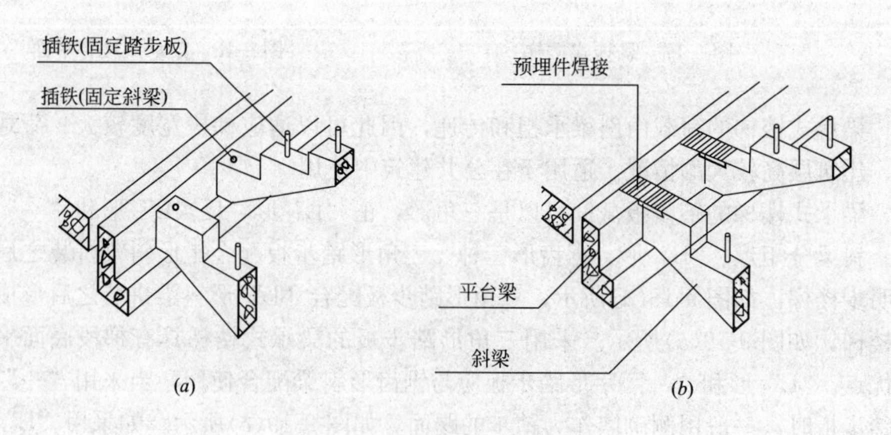

图 9-20　斜梁与平台梁的连接

(*a*)插铁连接；(*b*)预埋件焊接

现浇钢筋混凝土楼梯是在现场绑扎钢筋的，因此可以顺利地做到这一点，如图 9-21(*a*)所示。预制装配式楼梯为了减少构件的类型，往往要求上行和下行梯段应在同一高度进入平台梁，容易形成上下梯段错开一步或半步起止步的局面，如图 9-21(*b*)所示，导致楼梯间进深尺寸增大，对节省面积不利。为了解决这个问题，可以把平台梁降低，如图9-21(*c*)所示或把斜梁做成折线形，如图 9-21(*d*)所示。在处理此处构造时，应根据工程实际选择合适的方案，并与结构专业配合好。

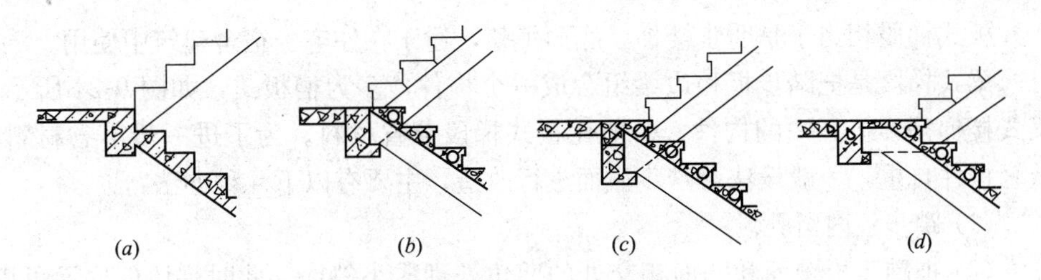

图 9-21　楼梯起止步的处理

(a)现浇楼梯可以同时起止步；(b)踏步错开一步；

(c)平台梁位置降低；(d)斜梁做成折线形

（二）中型、大型构件装配式楼梯

中型、大型构件装配式楼梯一般是把楼梯段和平台板作为基本构件。构件的规格和数量少，装配容易、施工速度快。但需要有相当的吊装设备进行配合，适于在成片建设的大量性建筑中使用。

1. 平台板

平台板有带梁和不带梁两种。

带梁平台板是把平台梁和平台板制作成为一个构件。平台板一般采用槽形板，其中一个边肋截面加大，并留出缺口，以供搁置楼梯段用，如图 9-22 所示。楼梯顶层平台板的细部处理与其他各层略有不同，边肋的一半留有缺口，另一半不留缺口。但应预留埋件或插孔，供安装栏杆用。

当构件预制和吊装能力不高时，可以把平台板和平台梁制作成两个构件。此时，平台的构件与梁承式楼梯相同。

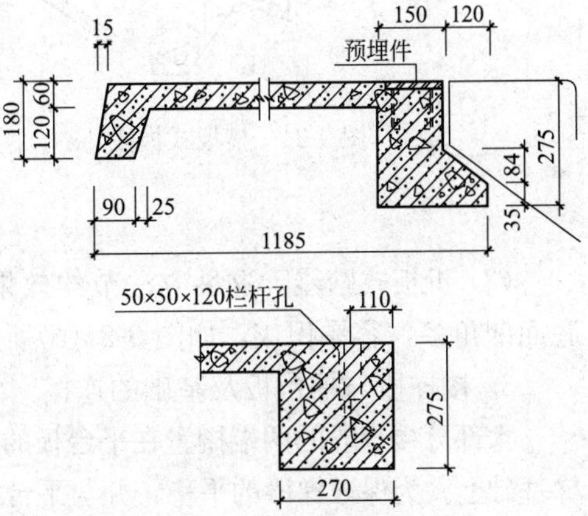

图 9-22　带梁平台板

2. 楼梯段

楼梯段有板式和梁式两种。

板式梯段相当于是搁置在平台板上的斜板，有实心和空心之分。实心梯段加工简单，但自重较大，如图 9-23(a)所示。空心梯段自重较小，如图 9-23(b)所示，多为横向留孔，孔形可为圆形或三角形。

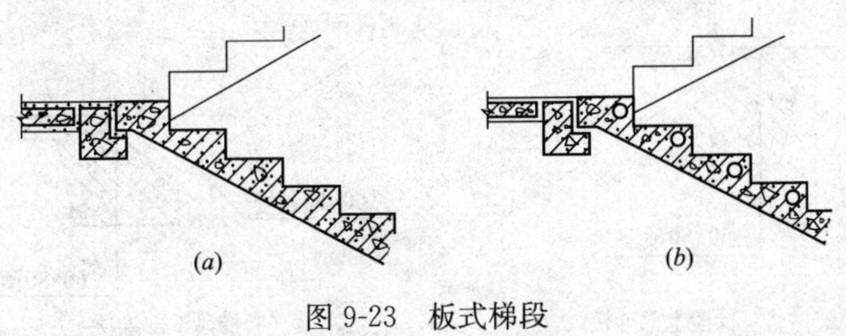

图 9-23　板式梯段

(a)实心梯段；(b)空心梯段

板式梯段相当于是明步楼梯，底面平整，适于在住宅、宿舍建筑中使用。

梁式梯段是把踏步板和边梁组合成一个构件，多为槽板式，如图 9-24 所示。梁式楼梯是梁板合一的构件，一般比板式梯段节省材料。为了进一步节省材料、减轻构件自重，一般设法对踏步截面进行改造，主要有以下几种办法：

(1) 踏步板内留孔。

(2) 把踏步板踏面和踢面相交处的凹角处理成小斜面。此时梯段的底面可以提高约10～20mm，如图 9-25(*a*)所示。

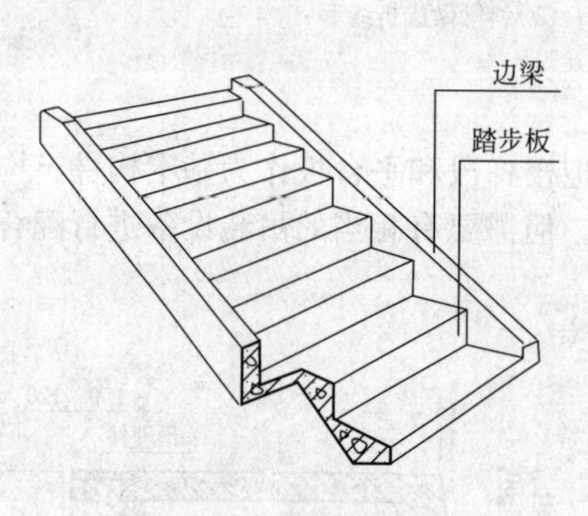

图 9-24　槽板式梯段

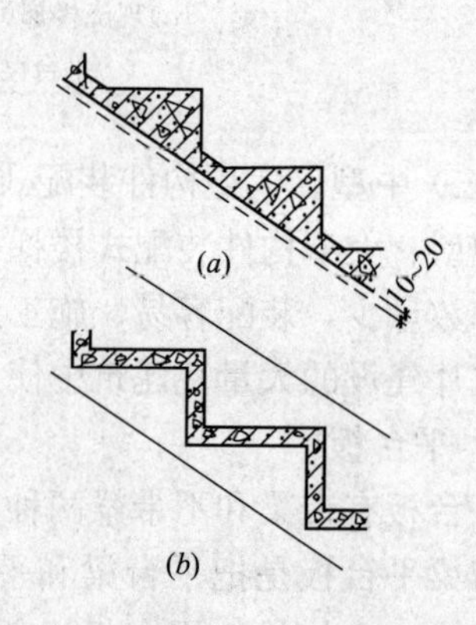

图 9-25　槽板式梯段的节约方法
(*a*)处理凹角；(*b*)折板式踏步

(3) 折板式踏步。这种方法节约效果最明显，但加工梯段时比较麻烦，梯段底面凹角多，容易积灰，如图 9-25(*b*)所示。

3. 楼梯段与平台板及基础的连接

大部分楼梯段的两端搁置在平台板的边肋上，只有首层楼梯段的下端搁置在楼梯基础上。为保证梯段的平稳，并与平台板接触良好，应当先在平台边肋上用水泥砂浆坐浆，然后再安装楼梯段。梯段和平台板之间的缝隙要用水泥砂浆填塞密实。梯段和边肋的对应部位应事先预留埋件并焊牢，以确保梯段和平台板能形成一个整体。楼梯基础的顶部一般设置钢筋混凝土基础梁，并留有缺口，便于同首层楼梯段连接。

图 9-26 是楼梯段与平台板连接的构造举例。

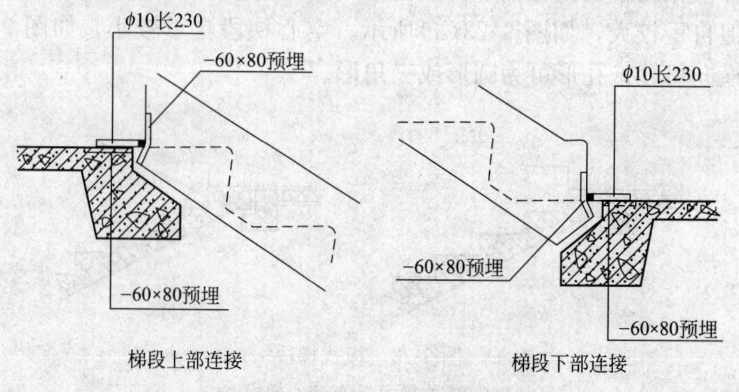

图 9-26　楼梯段与平台板的连接

把楼梯段和平台板制作成为一个构件，就形成了梯段带平台预制楼梯。一个梯段可以带一个平台，也可以一个梯段带两个平台。每层楼梯由两个相同的构件组成，施工速度快。但构件制作和运输比较麻烦，施工现场需要有大型吊装设备，以满足安装的要求。这种楼梯常用于大型预制装配式建筑。

第四节　楼梯的细部构造

楼梯是建筑中与人体接触频繁的构件，在使用过程中磨损大，容易受到人为因素的破坏。施工时应当对楼梯的踏步面层、踏步细部、栏杆和扶手进行适当的构造处理，这对保证楼梯的正常使用和保持建筑的形象美观非常重要。

一、踏步的面层和细部处理

踏步面层应当平整光滑，耐磨性好。一般认为，凡是可以用来做室内地坪面层的材料，均可以用来做踏步面层。常见的踏步面层有水泥砂浆、水磨石、铺地面砖、各种天然石材、塑胶材料等。面层材料要便于清扫，并应当具有相当的装饰效果。中型、大型装配式钢筋混凝土楼梯，如果是用钢模板制作的，由于其表面比较平整光滑，为了节省造价，可以直接使用，不再另做面层。

因为踏步面层比较光滑且尺度较小，行人容易滑跌。在人流集中的建筑或紧急情况下，发生这种现象是非常危险的。因此，在踏步前缘应有防滑措施，这对于人流集中建筑的楼梯就显得更加重要。踏步前缘也是踏步磨损最厉害的部位，同时也容易受到其他硬物的破坏。设置防滑措施，可以提高踏步前缘的耐磨程度，起到保护作用。

图 9-27 是常见的几种踏步防滑构造。

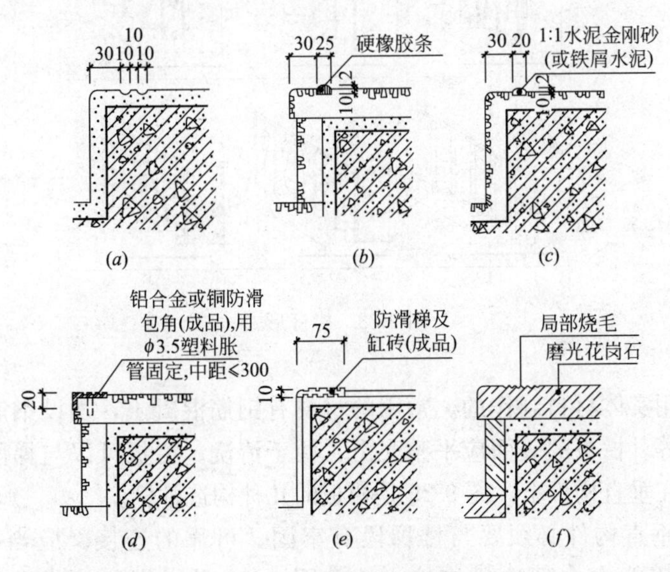

图 9-27　踏步防滑构造

(a)水泥砂浆踏步留防滑槽；(b)橡胶防滑条；(c)水泥金刚砂防滑条；(d)铝合金或铜防滑包角；(e)缸砖面踏步防滑砖；(f)花岗石踏步烧毛防滑条

二、栏杆和扶手

为了保证楼梯的使用安全，应在楼梯段的临空一侧设置栏杆或栏板，并在其上部设置扶手。当楼梯的宽度较大时，还应在梯段的另一侧及中间增设扶手。栏杆、栏板和扶手也是具有较强装饰作用的建筑构件，对材料、格式、色彩、质感均有较高的要求。

栏杆在楼梯中采用较多。栏杆多采用金属材料制作，如钢材、铝材、铸铁花饰等。用相同或不同规格的金属型材拼接、组合成不同的图案，使之在确保安全的同时，又能起到装饰作用，如图 9-28 所示。栏杆应有足够的强度，能够保证在人多拥挤时楼梯的使用安全。栏杆的垂直构件之间的净间距不应大于 110mm，经常有儿童活动的建筑，栏杆应设计成儿童不易攀登的分格形式，以确保安全。

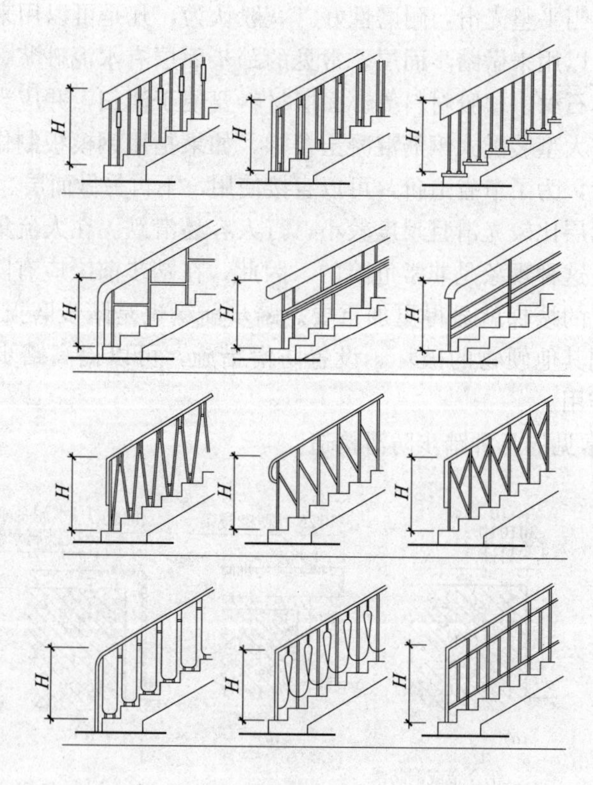

图 9-28　栏杆形式

栏板是用实体材料制作的。常用的材料有钢筋混凝土，加设钢筋网的砌体、木材、玻璃等。栏板的表面应平整光滑，便于清洗。栏板可以与梯段直接相连，也可以安装在垂直构件上。图 9-29 是栏板的几种构造举例。

栏杆的垂直构件必须要与楼梯段有牢固、可靠的连接。应当根据工程实际情况和施工能力合理选择连接方式。图 9-30 是栏杆与楼梯段连接构造的示例。

扶手可以用优质硬木、金属型材(铁管、不锈钢、铝合金等)、工程塑料及水

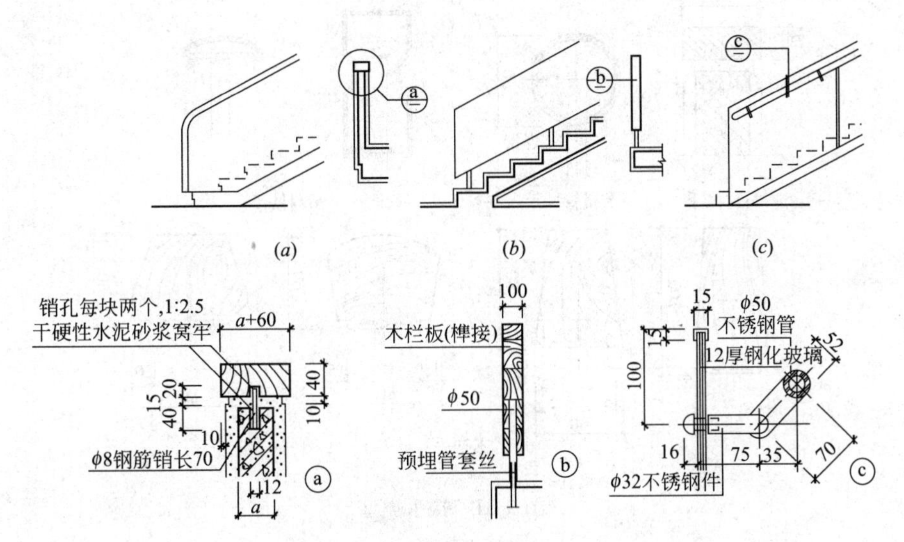

图 9-29　栏板构造
(a)钢筋混凝土栏板；(b)木栏板；(c)玻璃栏板

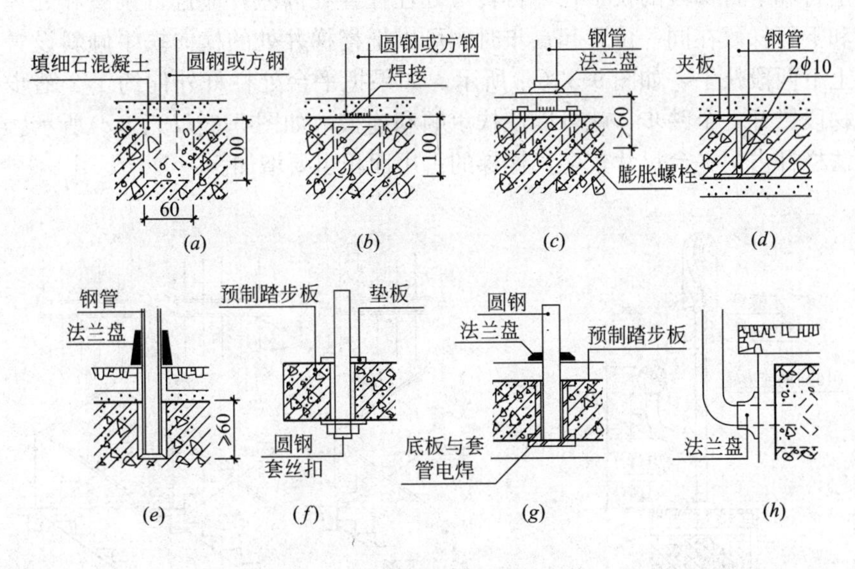

图 9-30　栏杆与楼梯段的连接

泥砂浆抹灰、水磨石、天然石材等材料制作。室外楼梯不宜使用木扶手，以免淋雨后变形和开裂。不论何种材料的扶手，其表面必须要光滑、圆顺，便于使用者扶持。绝大多数扶手是连续设置的，接头处应当仔细处理，使之平滑过渡。金属扶手通常与栏杆焊接，抹灰类扶手系在栏板上端直接饰面。木及塑料扶手在安装之前应事先在栏杆顶部设置通长的斜倾扁铁、扁铁上预留安装钉孔，然后把扶手安放在扁铁上，并固定好。

图 9-31 是几种常见扶手的示例。

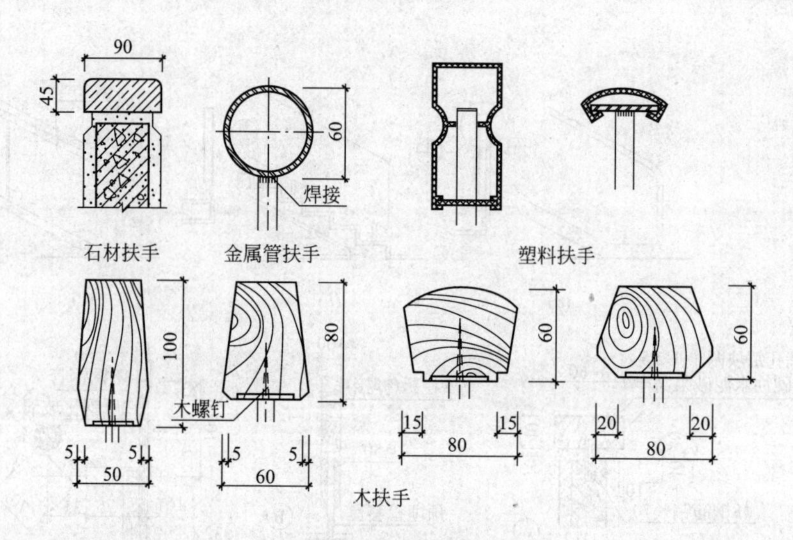

图 9-31　扶手类型

托儿所、幼儿园等以儿童为主要使用对象的建筑，为了满足成人与儿童共用楼梯的要求，一般在距踏步 600mm 处再加设一道扶手，如图 9-32 所示。

上行和下行梯段的扶手在平台转弯处往往存在高差，应进行调整和处理。当上行和下行梯段在同一位置起点步时，可以把楼梯井处的横向扶手倾斜设置，并连接上下两段扶手，如图 9-33(*a*)所示，如果把平台处栏杆外伸约 1/2 踏步或将上下梯段错开一个踏步，就可以使扶手顺利连接，如图 9-33(*b*)、(*c*)所示。但这种做法栏杆占用平台尺寸较多，楼梯的占用面积也要增加。

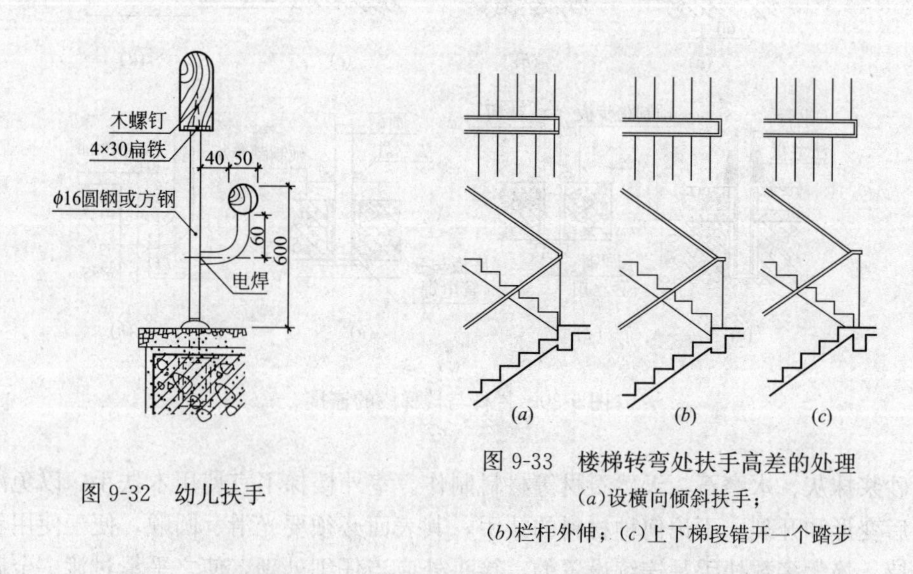

图 9-32　幼儿扶手

图 9-33　楼梯转弯处扶手高差的处理
(*a*)设横向倾斜扶手；
(*b*)栏杆外伸；(*c*)上下梯段错开一个踏步

第五节　台阶与坡道

台阶和坡道通常设在室外，是建筑入口与室外地面的过渡。设置台阶是为人们进出建筑提供方便，坡道是为车辆及残疾人而设置的，有时会把台阶和坡道合并在一起。从规划要求看，台阶和坡道视为建筑主体的一部分，不允许进入道路红线。

为了防止雨水灌入，保持室内干燥，建筑首层室内地面与室外地面均设有高差。台阶和坡道的基本功能就是解决室内外高差带来的垂直交通问题，因此，在一般情况下台阶的踏步数不多，坡道长度不大。有些建筑由于使用功能或精神功能的需要，设有较大的室内外高差，此时就需要大型的台阶和坡道与其配合。台阶和坡道与建筑入口关系密切，具有相当的装饰作用，美观要求较高。

一、台阶

（一）台阶的形式和尺寸

台阶的平面形式多种多样，应当根据建筑功能及周围基地的情况进行选择。较常见的台阶形式有：单面踏步、两面踏步、三面踏步、单面踏步带花池（花台）等。有的台阶还附带花池和方形石、栏杆等。部分大型公共建筑经常把行车坡道与台阶合并成为一个构件，强调了建筑入口的重要性，以达到提高建筑身份的目的。图 9-34 是几种常见台阶的示例。

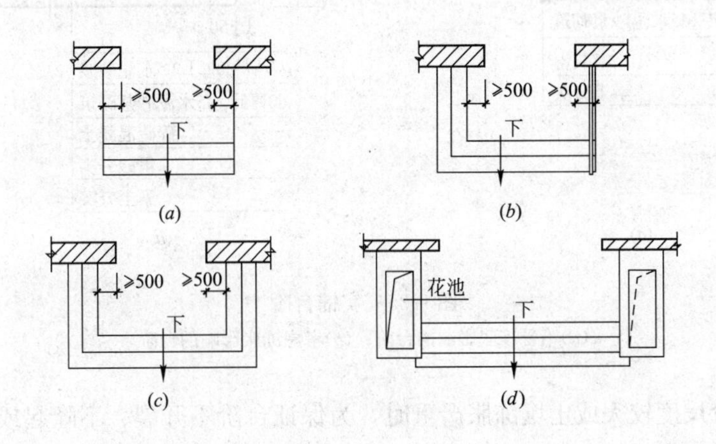

图 9-34 台阶的形式

(*a*)单面踏步；(*b*)两面踏步；(*c*)三面踏步；(*d*)单面踏步带花池

台阶的宽度应大于所连通的门洞口宽度，一般至少每边应宽出 500mm。室外台阶的深度不应小于 1.0m。由于室外台阶受雨、雪的影响较大，因此坡度宜平缓些。公共建筑室内外台阶踏步的踏面宽度不宜小于 300mm，踢面高度不宜大于 150mm，并不宜小于 100mm，踏步应防滑。

（二）台阶的基本要求

为使台阶能满足交通和疏散的需要，台阶的设置应满足如下要求：

（1）人流密集场所台阶的高度超过 0.7m 并侧面临空时，应有防护设施。

（2）影剧院、体育馆观众厅疏散出口门内外 1.40m 范围内不能设台阶踏步。

（3）室内台阶踏步数不应少于 2 步。

(4) 台阶和踏步应充分考虑雨、雪天气时的通行安全，宜用防滑性能好的面层材料。

(三) 台阶的构造

台阶分实铺和架空两种构造形式，大多数台阶采用实铺。实铺台阶的构造与室内地坪的构造差不多，包括基层、垫层和面层，如图 9-35(*a*)所示。基层是夯实土；垫层多为混凝土、碎砖混凝土或砌砖；面层有整体和铺贴两大类，如水泥砂浆、水磨石、剁斧石、缸砖、天然石材等。在严寒地区，为保证台阶不受土壤冻胀的影响，应把台阶下部一定深度范围内的原土换掉，改设砂垫层，如图 9-35(*b*)所示。

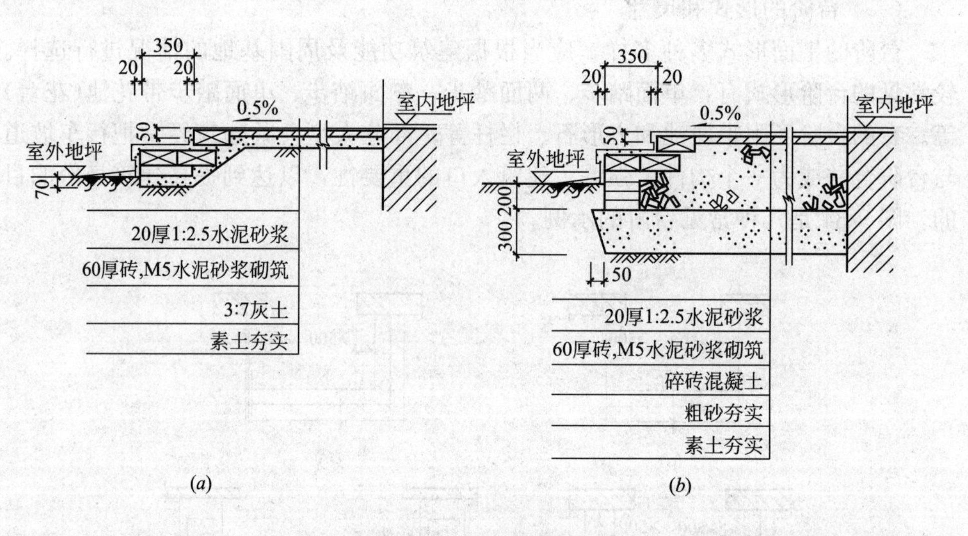

图 9-35　实铺台阶
(*a*)不受冻胀影响的台阶；(*b*)考虑冻胀影响的台阶

当台阶尺度较大或土壤冻胀严重时，为保证台阶不开裂、不隆起或塌陷，往往选用架空台阶。架空台阶的平台板和踏步板均为预制混凝土板，分别搁置在梁上或砖砌地垄墙上。图9-36是设有砖砌地垄墙的架空台阶构造示例。

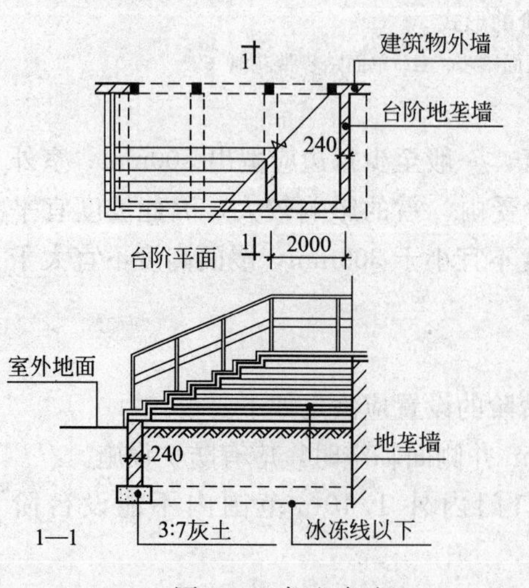

图 9-36　架空台阶

由于台阶与建筑主体在自重、承载及构造方面差异较大，因此大多数台阶在结构上和建筑主体是分开的，一般是在建筑主体工程完成之后，再进行台阶的施工。台阶与建筑主体之间要注意解决好两个问题：首先，处理好台阶与建筑之间的沉降缝，常见的做法是在接缝处嵌入一根10mm厚防腐木条；其次，为防止台阶上积水向室内流淌，台阶应向外侧做

0.5%～1%找坡，而且台阶面层标高应比首层室内地面标高低10mm左右。

二、坡道

（一）坡道的分类

坡道按照其用途的不同，可以分成行车坡道和轮椅坡道两类。

行车坡道分为普通行车坡道与回车坡道两种，如图9-37(*a*)、(*b*)所示。普通行车坡道布置在有车辆进出的建筑入口处，如：车库、库房等。回车坡道与台阶踏步组合在一起，可以减少使用者的行走距离。回车坡道一般布置在某些大型公共建筑的入口处，如：重要办公楼、旅馆、医院等。

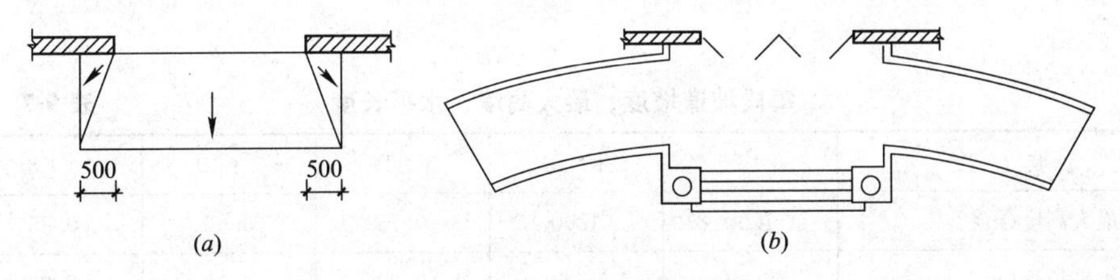

图9-37 行车坡道

(*a*)普通行车坡道；(*b*)回车坡道

轮椅坡道是专供残疾人使用的。随着我国社会文明程度的提高，为使残疾人能平等的参与社会活动，应在为公众服务的建筑设置方便残疾人使用的设施，轮椅坡道是其中之一。我国专门制定了《城市道路和建筑物无障碍设计规范》JGJ 50—2001，对有关问题作了明确的规定。

（二）坡道的尺寸和坡度

普通行车坡道的宽度应大于所连通的门洞口宽度，每边至少在500mm以上。坡道的坡度与建筑的室内外高差及坡道的面层处理方法有关。光滑材料面层坡道的坡度不大于1∶12；粗糙材料面层的坡道(包括设置防滑条的坡道）的坡度不大于1∶6；带防滑齿坡道的坡度不大于1∶4。

回车坡道的宽度与坡道的半径及通行车辆的规格有关，一般坡道的坡度不大于1∶10。

由于轮椅坡道是供残疾人使用的，因此有一些特殊的规定。这些规定主要有：(1)不同位置的坡道，其坡度和宽度应符合表9-6的规定。(2)每段坡道的坡度、允许最大高度和水平长度，应符合表9-7的规定。(3)当坡道的高度和长度超过表9-7的规定时，应在坡道中部设休息平台，其深度不应小于1.50m。(4)坡道在转弯处应设休息平台，休息平台的深度不应小于1.50m。(5)在坡道的起点及终点，应留有深度不小于1.50m的轮椅缓冲地带。(6)坡道两侧应在0.9m高度处设扶手，两段坡道之间的扶手应保持连贯，如图9-38所示。(7)坡道起点及终点处的扶手，应水平延伸0.3m以上。(8)坡道两侧凌空时，在栏杆下端宜设高度不小于50mm的安全挡台，如图9-38所示。

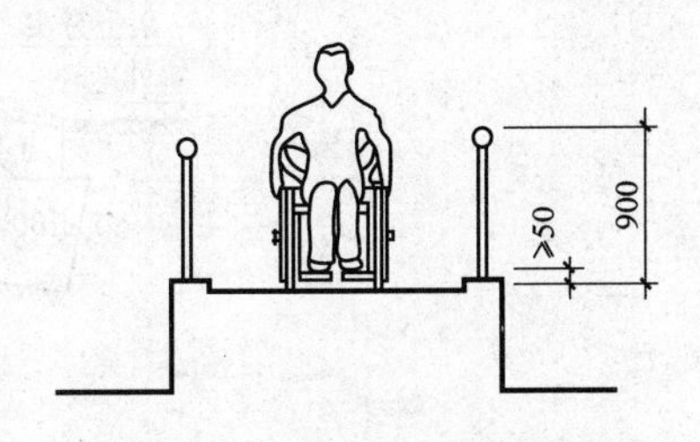

图9-38 坡道扶手和安全挡台

不同位置坡道的坡度和宽度 **表 9-6**

坡道位置	最大坡度	最小宽度(m)
只有台阶的建筑入口	1∶12	≥1.20
只设坡道的建筑入口	1∶20	≥1.50
室内走道	1∶12	≥1.00
室外通路	1∶20	≥1.50
困难地段	1∶10～1∶8	≥1.20

每段坡道坡度、最大高度、水平长度 **表 9-7**

坡　度	1∶20	1∶16	1∶12	1∶10	1∶8
最大高度(m)	1.50	1.00	0.75	0.60	0.35
水平长度(m)	30.00	16.00	9.00	6.00	2.80

注：1∶10～1∶8 坡度的坡道只限用于受场地改建的建筑物和室外通路。

（三）坡道的构造

坡道一般均采用实铺，构造要求与台阶基本相同。垫层的强度和厚度应根据坡道长度及上部荷载的大小进行选择，严寒地区的坡道同样需要在垫层下部设置砂垫层。图 9-39 是坡道的构造示例。

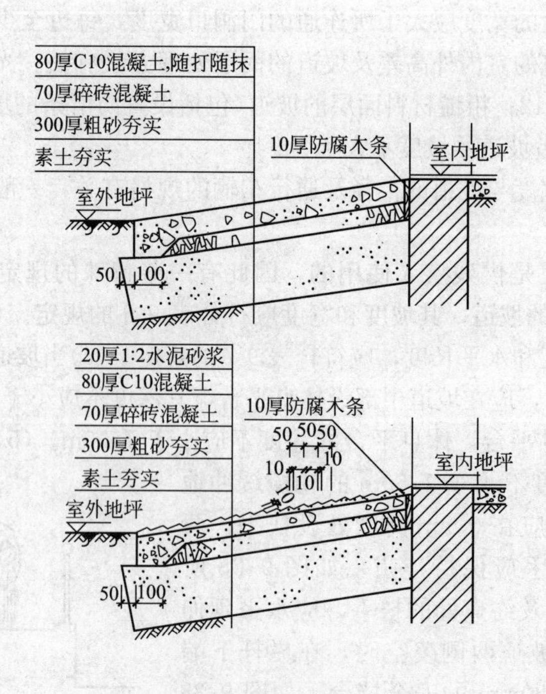

图 9-39　坡道构造

第六节 电梯及自动扶梯

电梯是多层及高层建筑中常用的竖向交通设备，主要是为了解决人们在上下楼时的体力及时间的消耗问题。我国一些单项建筑的设计规范对电梯的设置作出了明确的规定，如，7层及7层以上或顶层入口层楼面距室外设计地面的高度超过16m以上的住宅；4层及4层以上的门诊楼或病房楼等建筑。有些建筑虽然层数不多，但由于建筑级别较高或使用的特殊需要，往往也设置电梯，如，高级宾馆、多层仓库等。部分高层及超高层建筑，为了满足疏散和救火的需要，还要设置消防电梯。

自动扶梯是人流集中的大型公共建筑常用的建筑设备。在大型商场、展览馆、火车站、航空港等建筑设置自动扶梯，会对方便使用者、疏导人流起到很大的作用。有些占地面积大，交通量大的建筑还要设置自动步道，以解决建筑内部的长距离水平交通，如大型航空港等建筑。

电梯及自动扶梯的安装及调试一般由生产厂家或专业公司负责。不同厂家提供的设备尺寸、规格和安装要求均有所不同，土建专业应按照厂家的要求预留出足够的安装空间和设备的基础设施。

一、电梯

（一）电梯的分类和规格

1. 按照电梯的用途分类

电梯根据用途的不同可以分为：乘客电梯、住宅电梯、病床电梯、客货电梯、载货电梯、杂物电梯等。

2. 按照电梯的拖动方式分类

电梯根据动力拖动的方式不同可以分为：交流拖动（包括单速、双速、调速）电梯、直流拖动电梯、液压电梯等。

3. 按照消防要求分类

电梯根据消防要求可以分为：普通乘客电梯和消防电梯。

目前，多采用载重量做为划分电梯的规格标准（如400、1000、2000kg），而不用载客人数来划分电梯规格。电梯的载重量和运行速度等技术指标，在生产厂家的产品说明书中均有详细指示。

（二）电梯的组成

电梯由井道、机房和轿厢三部分组成，如图9-40所示。其中，轿厢是由电梯厂生产的，并由专业公司负责安装，但其规格、尺寸等指标是确定机房和井道布局、尺寸和构造的决定因素。

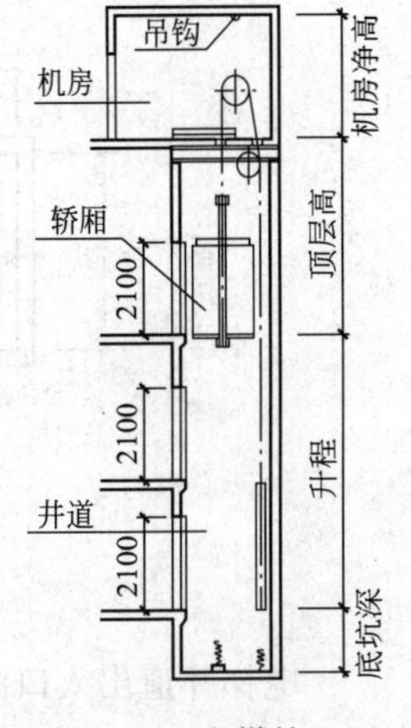

图9-40 电梯的组成示意图

1. 井道

电梯井道是电梯轿厢运行的通道。井道内部设置电梯导轨、平衡配重等电梯运行配件，并设有电梯出入口。电梯井道可以用砖砌筑，也可以采用现浇钢筋混凝土井道。砖砌井道在竖向一般每隔一段距离应设置钢筋混凝土圈梁，供固定导轨等设备用。井道的净宽、净深尺寸应当满足生产厂家提出的安装要求。

电梯井道应只供电梯使用，不允许布置无关的管线。速度超过 2m/s 的载客电梯，应在井道顶部和底部设置不小于 600mm×600mm 带百叶窗的通风孔。

为了便于电梯的检修，安装和设置缓冲器，井道的顶部和底部应当留有足够的空间，如图 9-40 所示。其尺寸与电梯运行速度有关，具体规定见表 9-8，也可查电梯说明书。

电梯井道底坑深度及顶层高度表 **表 9-8**

速度(m/s)	底坑深度 P 顶层高度 Q	乘客电梯载重量(kg)					住宅电梯载重量(kg)		
		630	800	1000	1250	1600	400	630	1000
0.63	P(mm)	1500	1500	1700	1900	1900	1400		
	Q(mm)	3800	3800	4200	4400	4400	3700		
1.00	P	1500	1500	1700	1900	1900	1500		
	Q	3800	3800	4200	4400	4400	3800		
1.60	P	1700	1700	1700	1900	1900	1700		
	Q	4000	4000	4200	4400	4400	4000		
2.50	P	*	2800	2800	2800	2800	*	2800	2800
	Q	*	5000	5200	5400	5400	*	5000	5000

注：① P、Q 尺寸系由《电梯及其井道、机房的型式、基本参数与尺寸》JB 1435—74 列出。

② * 属非标准电梯。

井道可供单台电梯使用，也可供两台电梯共用。图 9-41 是住宅电梯井道平面示例。

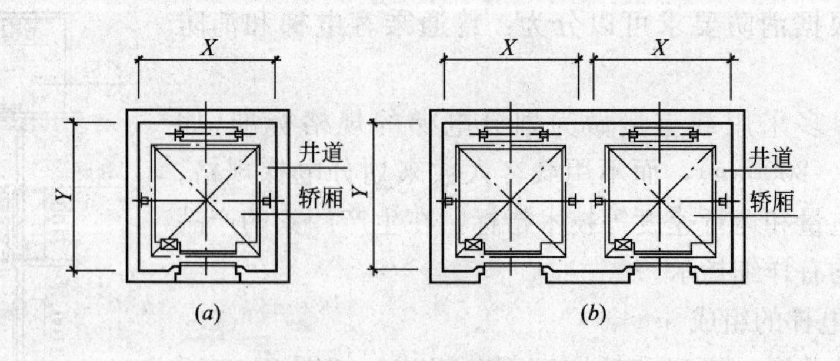

图 9-41 电梯井道
(a)单台电梯井道；(b)两台电梯井道

电梯井道出入口的门套应当进行装修，图 9-42 是门套的构造做法的几种示例。电梯出入口地面应设置地坎，并向电梯井道内挑出牛腿，图 9-43 是牛腿和地坎构造做法的几种示例。

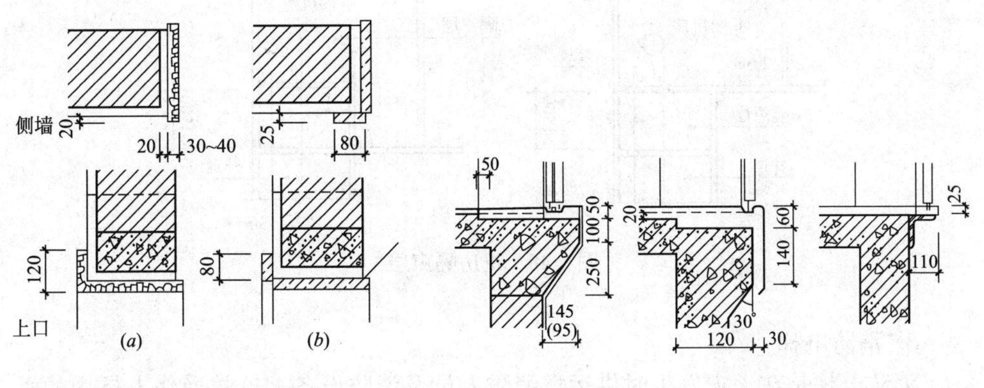

图 9-42 门套的构造
(*a*)水磨石门套；(*b*)大理石门套

图 9-43 牛腿、地坎的构造

2. 机房

电梯机房一般设在电梯井道的顶部，少数电梯把机房设在井道底层的侧面(如液压电梯)。机房的平面及剖面尺寸均应满足布置机械及电控设备的需要，并留有足够的管理、维护空间。同时，要把室内温度控制在设备运行的允许范围之内。由于机房的面积要大于井道的面积，因此允许机房平面位置任意向井道平面相邻两个方向伸出，如图 9-44 所示。通往机房的通道、楼梯和门的宽度不应小于 1.20m。电梯机房的平面、剖面尺寸及内部设备布置、孔洞位置和尺寸均由电梯生产厂家给出，图 9-45 是电梯机房平面的示例。

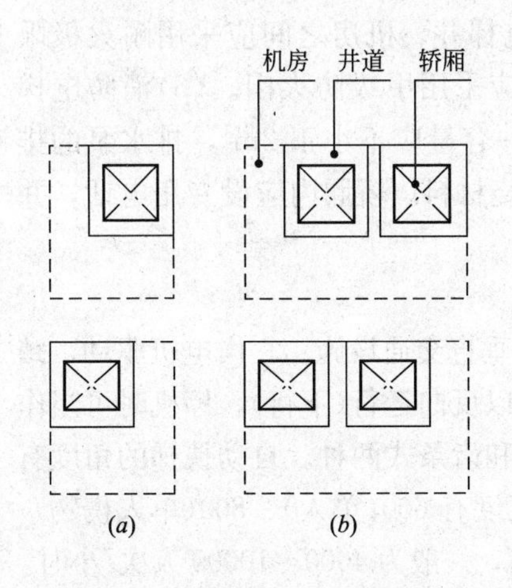

图 9-44 电梯机房与井道的关系
(*a*)单台电梯机房；(*b*)双台电梯机房

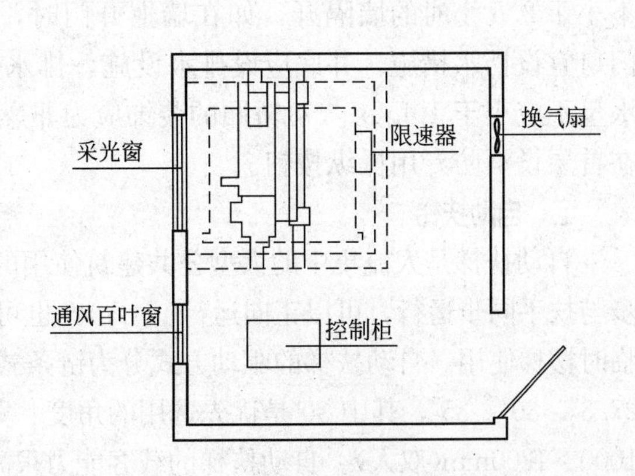

图 9-45 电梯机房平面

由于电梯运行时设备噪声较大，会对井道周边房间产生影响。为了减少噪声，有时在机房下部设置隔声层，如图 9-46 所示。

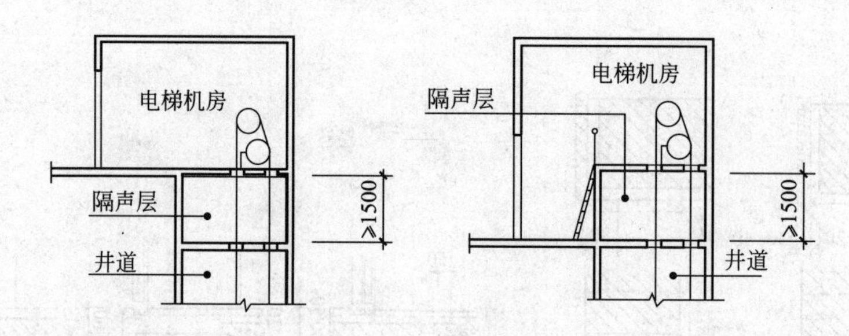

图 9-46 机房隔声层

3. 消防电梯

消防电梯是在火灾发生时供运送消防人员及消防设备，抢救受伤人员用的垂直交通工具。建筑符合下列条件之一时，应设置消防电梯：(1)一类高层建筑；(2)塔式住宅；(3)12 层及 12 层以上的单元式住宅和通廊式住宅；(4)高度超过 32m 的其他二类公共建筑。

消防电梯的数量与建筑主体每层建筑面积有关，多台消防电梯在建筑中应设置在不同的防火分区之内。

消防电梯的布置、动力系统、运行速度和装修及通信等均有特殊的要求。主要有以下几项：(1)消防电梯应设前室。前室面积：住宅不小于 $4.5m^2$，公共建筑不小于 $6.0m^2$。与防烟楼梯间共用前室时，住宅不小于 $6.0m^2$，公共建筑不小于 $10.0m^2$。(2)前室宜靠外墙设置，在首层应设置直通室外的出口或经过不超过 30m 的通道通向室外。前室的门应当采用乙级防火门或具有停滞功能的防火卷帘。(3)电梯载重量不小于 800kg 时消防电梯的行驶速度应按从首层到顶层的运行时间不超 60s 计算确定。(4)消防电梯可与客梯或工作电梯兼用，但应符合消防电梯的要求。(5)消防电梯井、机房与相邻的电梯井、机房之间应采用耐火极限不小于 2.5 小时的墙隔开，如在墙上开门时，应采用甲级防火门。(6)消防电梯门口宜设挡水措施，井底应设排水设施，排水井容量应不小于 $2m^3$，排水泵的排水量不应小于 10L/s。(7)轿厢的装饰应为非燃烧材料。轿厢内应设专用电话，并在首层设消防专用操纵按钮。

二、自动扶梯

自动扶梯是人流集中的大型公共建筑使用的垂直交通设施。它由电机驱动，踏步与扶手同步运行，可以正向运行(上行)，也可以反向运行(下行)，停机时可当作临时楼梯使用。自动扶梯的驱动方式分为链条式和齿条式两种。自动扶梯的角度有 27.3°、30°、35°，其中 30°是优先选用的角度。宽度有 600(单人)、800(单人携物)、1000、1200mm(双人)。自动扶梯的载客能力很高，一般为 4000～10000 人次/小时。

自动扶梯一般设在室内，也可以设在室外。根据自动扶梯在建筑中的位置及建筑平面布局，自动扶梯的布置方式主要有以下几种：

(一) 并联排列式

楼层交通乘客流动可以连续，升降两个方向交通均分离清楚，外观豪华，但安装面积大，如图 9-47(*a*)所示。

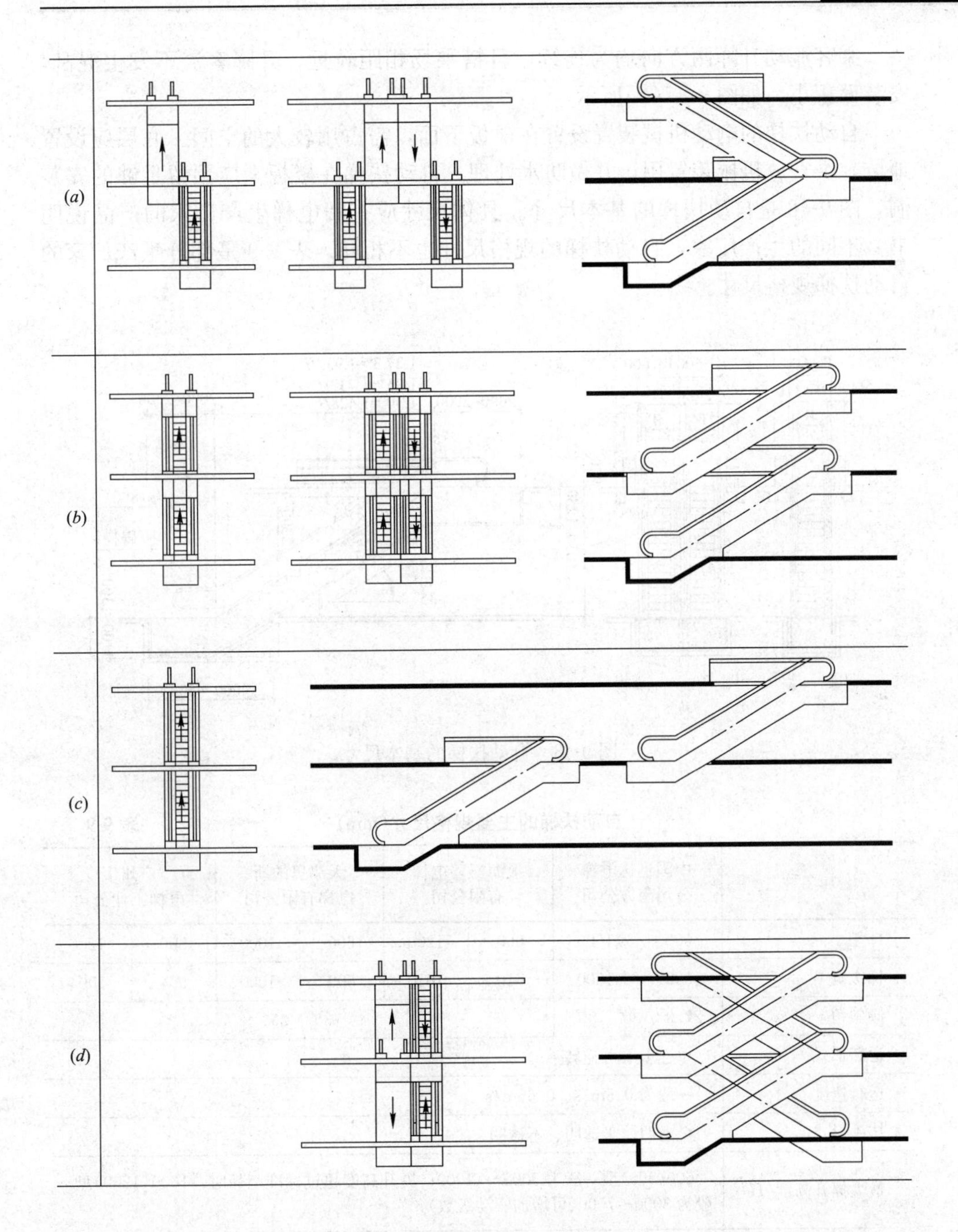

图 9-47 自动扶梯的布置形式

(a)并联排列式；(b)平行排列式；(c)串联排列式；(d)交叉排列式

（二）平行排列式

安装面积小，但楼层交通不连续，如图 9-47(b)所示。

（三）串联排列式

楼层交通乘客流动可以连续，如图 9-47(c)所示。

（四）交叉排列式

乘客流动升降两方向均为连续，且搭乘场相距较远，升降客流不发生混乱，安装面积小，如图 9-47(d)所示

自动扶梯的电动机械装置设置在楼板下面，需占用较大的空间。底层应设置地坑，供安放机械装置用，并做防水处理。自动扶梯在楼板上应预留足够的安装洞，图 9-48 是自动扶梯的基本尺寸。具体尺寸应查阅电梯生产厂家的产品说明书。不同的生产厂家，自动扶梯的规格尺寸也不相同。表 9-9 是部分生产厂家的自动扶梯规格尺寸。

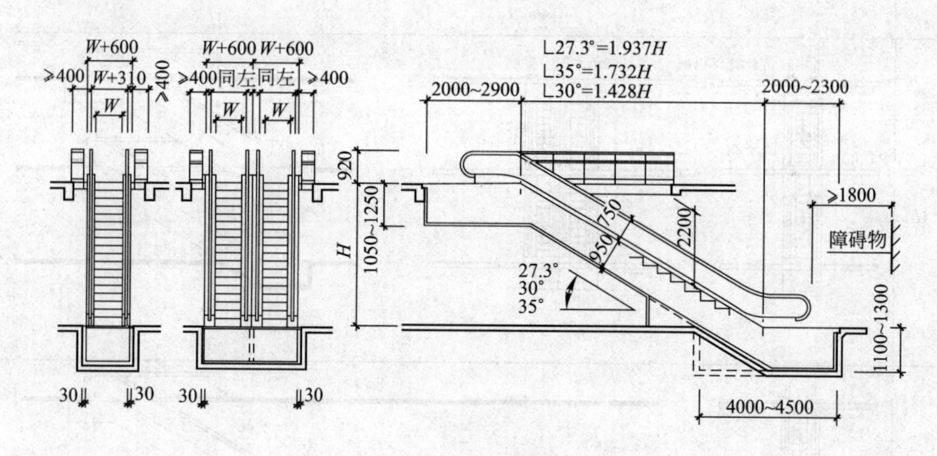

图 9-48　自动扶梯的基本尺寸

自动扶梯的主要规格尺寸(mm)　　**表 9-9**

公司名称	中国迅达电梯公司南方公司		上海三菱电梯有限公司		天津奥的斯电梯有限公司		广州市电梯工业公司	
梯型	600	1000	800	1200	600	1000	800	1200
梯级宽 W	600	1000	610	1010	600	1000	604	1004
倾斜角	27.3°、30°、35°		30°、35°					
运转形式	单速上下可逆转							
运行速度	一般为 0.5m/s、0.65m/s							
扶手形式	全透明、半透明、不透明							
最大提升高度(H)	600(800)型一般为 3000～11000；提升高度超过标准产品时，1000(1200)型一般为 3000～7000(可增加驱动级数)							
输送能力	5000 人/h(梯级宽 600、速度 0.5m/s) 8000 人/h(梯级宽 1000、速度 0.5m/s)							
电源	动力：380V(50Hz)、功率一般为 7.5～15kW 照明：220V(50Hz)							

自动扶梯对建筑室内具有较强的装饰作用，扶手多为特制的耐磨胶带，有多种颜色。栏板分为玻璃、不锈钢板、装饰面板等几种。有时还辅助以灯具照明，

以增强其美观性。

由于自动扶梯在安装及运行时，需要在楼板上开洞，此处楼板已经不能起到分隔防火分区的作用。如果上下两层建筑面积总和超过防火分区面积要求时，应按照防火要求用防火卷帘封闭自动扶梯井。

复习思考题

1. 楼梯的作用是什么？
2. 楼梯由哪几部分组成？
3. 楼梯、爬梯和坡道各自适应的坡度范围是多少？楼梯的适宜坡度是多少？
4. 民用建筑设置一部楼梯的条件是什么？
5. 楼梯间的种类有哪几种？各自的特点是什么？
6. 楼梯段的最小净宽有何规定？平台宽度和梯段宽度的关系如何？
7. 楼梯的净空高度有哪些规定？原因是什么？如何进行调整？
8. 现浇钢筋混凝土楼梯有哪几种？各自的特点是什么？
9. 明步楼梯和暗步楼梯各自具有什么特点？
10. 预制钢筋悬臂踏步楼梯有什么特点？平台构造如何处理？
11. 预制混凝土踏步板的节约措施有几种？
12. 楼梯踏步的防滑措施有哪些？
13. 台阶的平面形式有几种？
14. 电梯主要由哪几部分组成？
15. 自动扶梯的布置形式有几种？各自有什么特点？

第十章　窗　和　门

窗和门是建筑物的主要构造组成之一，但不具备结构方面的功能。窗在建筑中的主要作用是采光、通风和日照；门的主要作用是交通联系，并兼有采光、通风的功能。在构造上，窗和门还具有保温、隔声、防雨、防火、防风沙等作用。另外，窗和门对建筑物的体形与立面设计有很大影响。因此，窗和门要满足开启灵活、关闭紧密、坚固耐久、便于擦洗、造型美观，还要尽量符合模数等方面的要求。

第一节　窗

一、窗的分类

(一) 按开启方式分类

依据窗的开启方式不同，可分为：固定窗、平开窗、上悬窗、中悬窗、立旋窗、水平推拉窗、垂直推拉窗等，如图 10-1 所示。

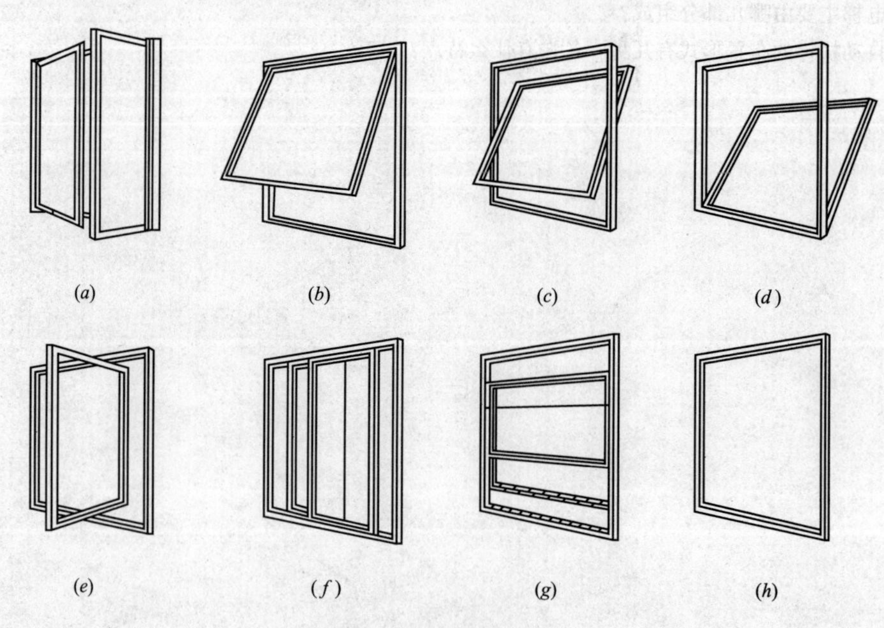

图 10-1　窗的开启方式

(a)平开窗；(b)上悬窗；(c)中悬窗；(d)下悬窗；(e)立旋窗；(f)水平推拉窗；(g)垂直推拉窗；(h)固定窗

1. 固定窗

固定窗将玻璃安装在窗框上，不设窗扇，不能开启，仅作采光、日照和眺望用，构造简单，密闭性能较好。

2. 平开窗

平开窗将玻璃安装在窗扇上，窗扇通过铰链与窗框连接，有内开和外开之分。它构造简单，制作、安装、维修、开启等都比较方便，在一般建筑中应用最广泛。

3. 悬窗

悬窗按旋转轴的位置不同，可分为上悬窗、中悬窗和下悬窗三种。上悬和中悬窗向外开，防雨效果好，且有利于通风，尤其用于高窗时，开启较为方便；下悬窗防雨性能较差，且开启时占据较多的室内空间，多用于有特殊要求的房间。

4. 立旋窗

立旋窗的窗扇可以沿竖轴转动。竖轴可设在窗扇中心，也可以略偏于窗扇一侧。立旋窗的通风效果好，但密闭性能较差。

5. 推拉窗

推拉窗根据推拉方向不同分为水平推拉窗和垂直推拉窗两种。水平推拉窗需要在窗扇上下设轨槽，垂直推拉窗要有滑轮及平衡措施。推拉窗开启时不占据室内外空间，窗扇和玻璃的尺寸可以较大，但它不能作到全洞口开启，通风效果受到影响。多用于铝合金窗和塑料窗。

（二）按框料分类

按窗所用的材料不同，可分为木窗、钢窗、铝合金窗和塑料窗单一材料的窗。以及塑钢窗、铝塑窗等复合材料的窗。

（三）按层数分类

按层数不同分为单层窗和多层窗。

（四）按镶嵌材料分类

按窗扇所镶嵌的透光材料不同，可分为玻璃窗、百叶窗和纱窗。

二、窗的组成和尺度

窗主要由窗框、窗扇和五金零件三部分组成。窗框又称窗樘，一般由上框、下框、中横框、中竖框及边框等组成。窗扇由上冒头、中冒头(窗芯)、下冒头及边梃组成。窗扇与窗框用五金零件连接，常用的五金零件有铰链、风钩、插销、拉手及导轨、滑轮等。窗框与墙的连接处，为满足不同的要求，有时加设贴脸、窗台板、窗帘盒等，图 10-2 为平开木窗的组成示意。

窗的尺度既要满足采光、通风与日照的需要，又要符合建筑立面设计及建筑模数协调的要求。我国大部分地区标准窗的尺寸均采用 3M 的扩大模数，常用的高、宽尺寸有：600、900、1200、1500、1800、2100、2400mm 等。

三、平开木窗的构造

（一）窗框

1. 窗框的断面形式与尺寸

窗框的断面形式与尺寸主要由窗扇的层数、窗扇厚度、开启方式、窗洞口尺寸及当地风力大小来确定，一般多为经验尺寸，图 10-3 为常见窗框尺寸的举例。图中虚线为毛料尺寸，粗实线为刨光后的设计尺寸(净尺寸)，中横框若加披水或滴水槽，其宽度还需增加 20～30mm。

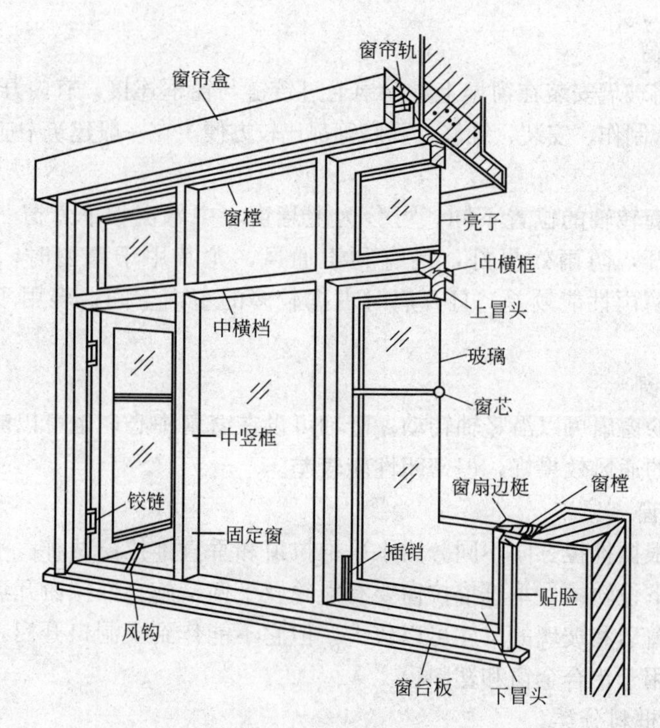

图 10-2　平开木窗的组成

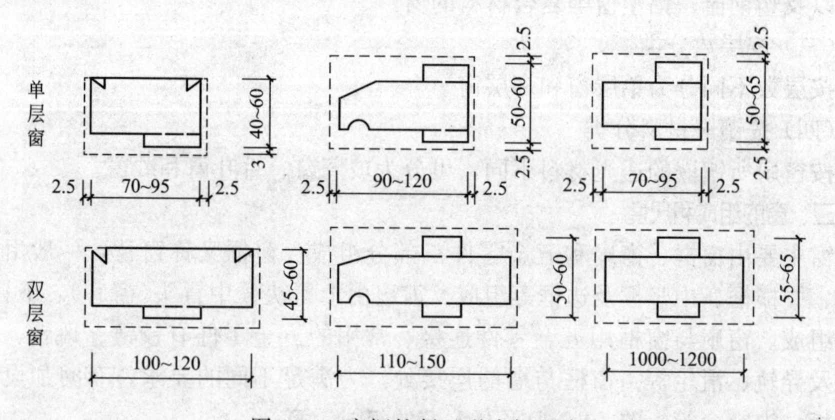

图 10-3　窗框的断面形式与尺寸

2. 窗框的安装

窗框的安装方式有立口和塞口两种。立口又称立樘子，施工时先将窗框立好，后砌窗间墙。立口的优点是窗框与墙体结合紧密、牢固；缺点是施工中安设窗框和砌墙相互影响，若施工组织不当，影响施工进度，而且窗框容易在施工过程中受损。

塞口是砌墙时先留出窗洞口，然后再安装窗框。在洞口两侧每隔 500～700mm 预埋一块防腐木砖，安装窗框时，用长钉或螺钉将窗框钉在木砖上，每边的固定点不少于两个，为便于安装，预留洞口应比窗框外缘尺寸稍大 20～30mm。塞口安装施工方便，但框与墙间的缝隙较大。

3. 窗框与墙的关系

窗框在墙洞中的位置，要根据房间的使用要求、墙体的材料与厚度确定。有窗框内平、窗框居中和窗框外平三种情况，如图 10-4 所示。窗框内平时，对室内开启的窗扇，可贴在内墙面，少占室内空间。当墙体较厚时，窗框居中布置，外侧可设窗台，内侧可做窗台板。窗框外平多用于板材墙或厚度较薄的外墙。

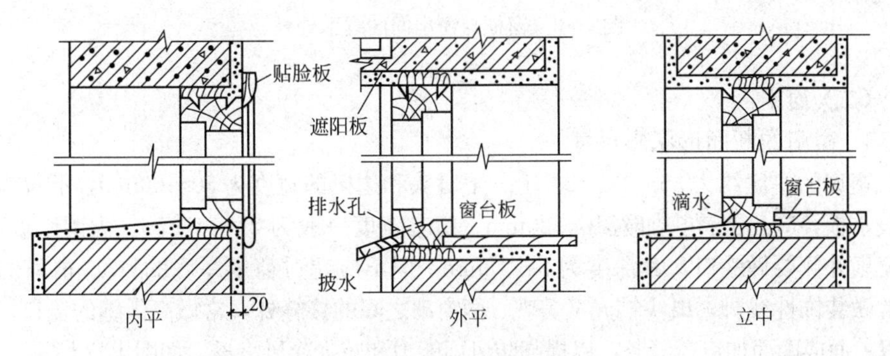

图 10-4 窗框在墙洞中的位置

窗框与墙间的缝隙应填塞密实，以满足防风、挡雨、保温、隔声等要求。一般情况下，洞口边缘可采用平口，用砂浆或油膏嵌缝。为保证嵌缝牢固，常在窗框靠墙一侧内外两角做灰口。寒冷地区在洞口两侧外缘做高低口为宜，缝内填弹性密封材料，以增强密闭效果；标准较高的常做贴脸或筒子板。木窗框靠墙一面，易受潮变形，通常当窗框的宽度大于 120mm 时，在窗框外侧开槽（俗称背槽），并做防腐处理，如图 10-5 所示。

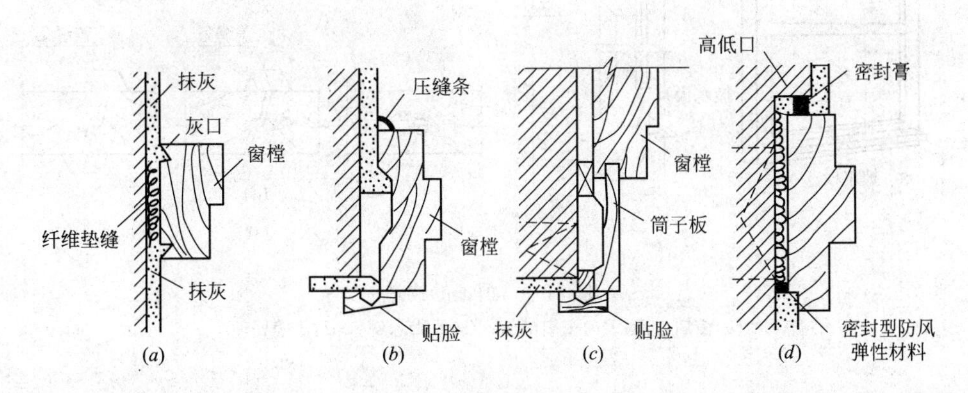

图 10-5 窗框的墙缝处理

(*a*)平口抹灰；(*b*)贴脸；(*c*)筒子板和贴脸；(*d*)高低缝填密封材料

4. 窗框与窗扇的连接

窗扇与窗框之间既要开启方便，又要关闭紧密。通常在窗框上做裁口（也叫铲口），深度约 10～12mm，也可以钉小木条形成裁口，以节约木料，如图 10-6(*a*)、(*b*)所示。在窗框接触面处窗扇一侧做斜面，可以保证扇、框外表面接口处缝隙最小，如图 10-6(*c*)所示。为了提高防风挡雨能力，可以在裁口处设回风槽，以减小风压和渗透量或在裁口处装密封条，如图 10-6(*d*)、(*e*)所示。

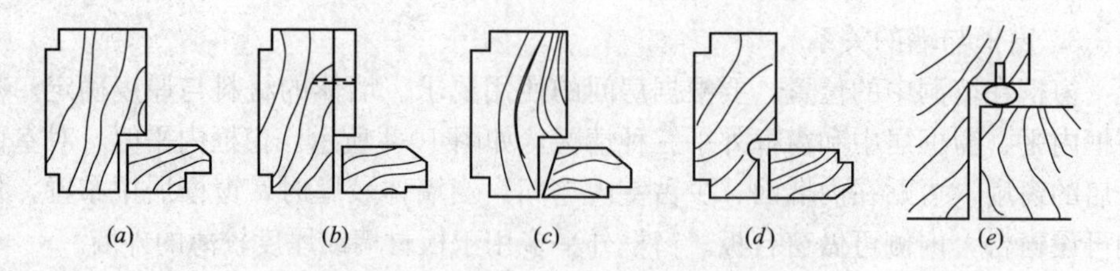

图 10-6　窗框与窗扇间的缝隙处理

（二）窗扇

1. 窗扇的断面形状和尺寸

窗扇的厚度约为 35～42mm。上、下冒头和边梃的宽度为 50～60mm，下冒头若加披水板，应比上冒头加宽 10～25mm。窗芯宽度一般为 27～40mm。为镶嵌玻璃，在窗扇外侧要做裁口，其深度为 8～12mm，但不应超过窗扇厚度的1/3。窗料的内侧常做装饰性线脚，既少挡光又美观。两窗扇之间的接缝处，常做高低缝的盖口，也可以一面或两面加钉盖缝条，以提高防风雨能力和减少冷风渗透，如图 10-7 所示。

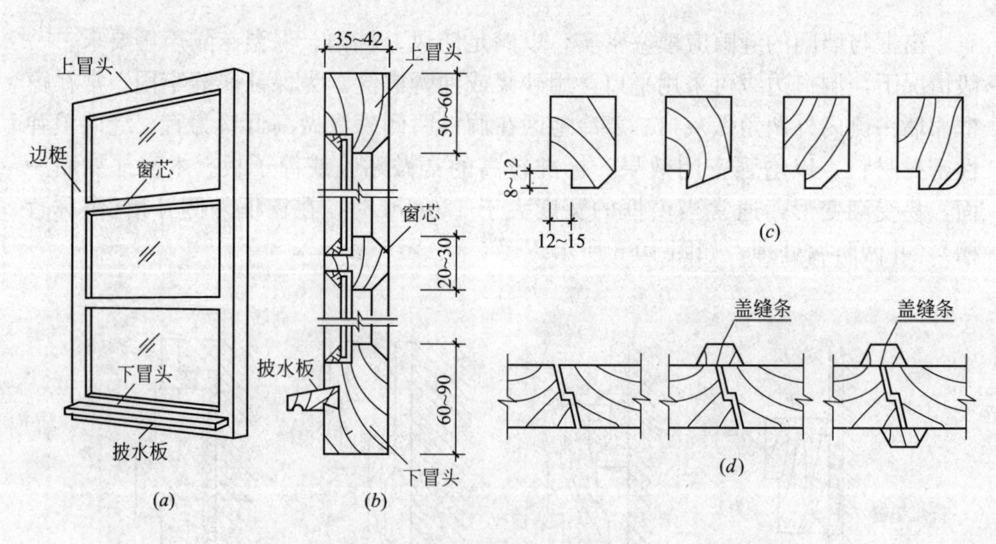

图 10-7　窗扇的构造

(a)窗扇立面；(b)窗扇剖面；(c)线脚示例；(d)盖缝处理

2. 玻璃的选择和安装

普通窗一般均采用 3mm 厚无色透明的平板玻璃，若单块玻璃的面积较大时，可选用 6mm 加厚玻璃，同时应加大窗扇用料的尺寸与刚度。为了满足保温、隔声、遮挡视线以及防晒等特殊要求，可选用双层中空玻璃、磨砂玻璃、压花玻璃或钢化玻璃等。玻璃的安装，一般先用小铁钉固定在窗扇上，然后用油灰（桐油石灰）或玻璃密封膏镶嵌成斜角形，或者用小木条镶钉。

（三）双层窗

房间为了满足密闭、保温以及隔声等特殊要求，常需设置双层窗，依据其窗扇和窗框的构造方法不同，常用有以下几种形式：

1. 内外开窗

在一个窗框上设内外双裁口，安装两个窗扇，一扇外开，一扇内开，如图 10-8(*b*)所示。这种窗内外扇的形式、尺寸完全相同，构造简单，夏季为防蚊蝇，内扇可以取下，改换成纱扇。纱扇重量轻，窗料可小一些。

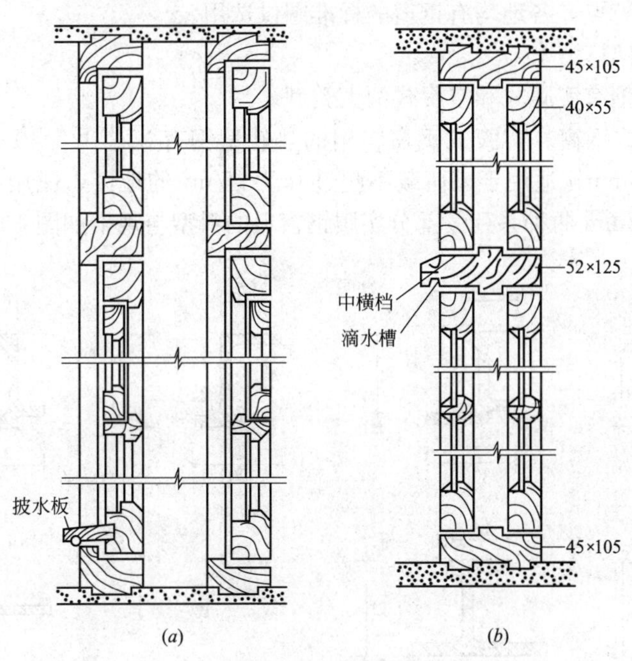

图 10-8 双层窗构造

(*a*)分框内开双层窗；(*b*)单框内外开双层窗

2. 分框双层窗

这种窗的窗扇可以内开或外开，但为了方便擦玻璃，内外窗扇通常都采用内开。寒冷地区的墙体较厚，宜采用这种双层窗，内外窗扇之间净距不宜过大，一般为 100mm 左右，以免形成空气对流，加大窗子的对外传热，如图 10-8(*a*)所示。

由于寒冷地区的通风要求不高，较大面积的窗可设置一些固定扇，既能满足通风要求，又能利用固定扇而省去一些中横框或中竖框，还可以提高窗的密闭性。

3. 双层玻璃窗和中空玻璃窗

双层玻璃窗即在一个窗扇上安装两层玻璃。增加玻璃的层数主要是利用玻璃间的空气间层来提高保温和隔声能力。其间层宜控制在 10～15mm 之间，一般不宜封闭，在窗扇的上、下冒头须做透气孔。双层玻璃如改用中空玻璃，可简化窗的构造，节省材料。中空玻璃是由两层或三层平板玻璃四周用夹条粘接密封而成，中间抽换干燥空气或惰性气体，并在夹条内放置干燥剂。它是保温窗的发展方向之一，但生产工艺复杂，成本较高，目前应用较少。

另外，还有子母窗扇的组合方式，目前比较少见。

四、金属窗的构造

建筑工程中常用的金属窗有钢窗和铝合金窗两种。

(一) 钢窗

钢窗与木窗相比具有强度高、刚度大、耐久、耐火性能好，外形美观以及便于工厂化生产等特点。另外，钢窗的透光系数较大，与同样大小洞口的木窗相比，其透光面积增加15%左右，但钢窗易受酸碱和有害气体的腐蚀，其加工精度和观感稍差，目前较少在民用建筑中使用。我国钢窗的生产已具备标准化、工厂化和商品化的特点，各地均有钢窗的标准图供选用。

1. 钢窗料型

钢窗的料型有实腹式和空腹式两大类型。

(1) 实腹式钢窗。实腹式钢窗料用的热轧型钢有25、32、40mm三种系列，肋厚2.5～4.5mm，适用于风荷载不超过0.7kN/m² 的地区。民用建筑中窗料多用25mm和32mm两种系列。部分实腹钢窗料的料型与规格如图10-9所示。

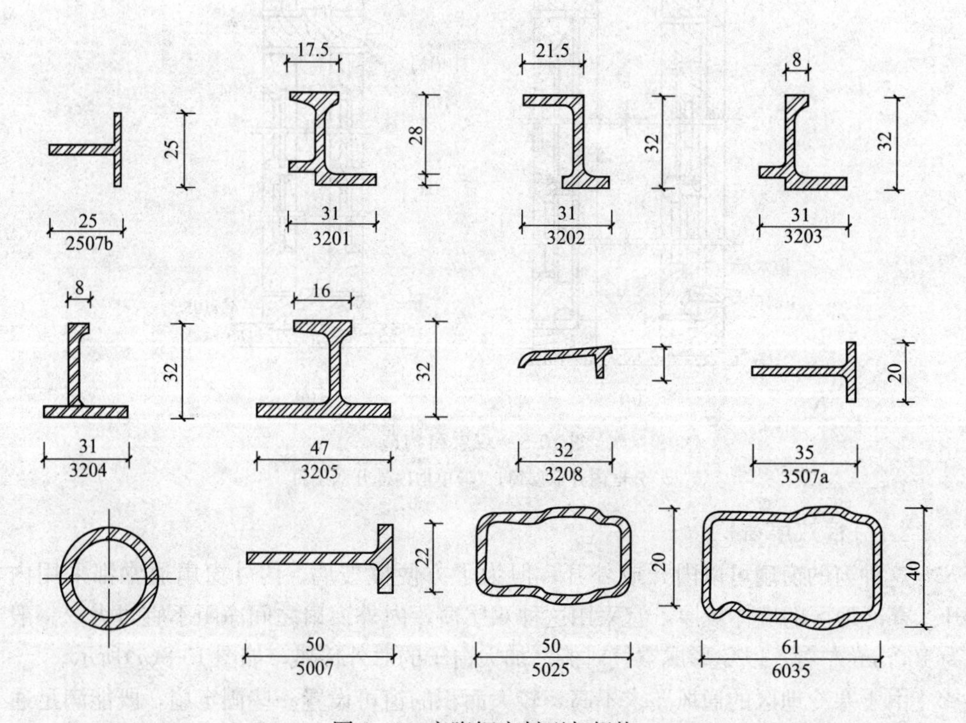

图10-9 实腹钢窗料型与规格

(2) 空腹式钢窗。空腹式钢门窗料是采用低碳钢经冷轧、焊接而成的异形管状薄壁钢材，壁厚1.2～2.5mm。目前，在我国分为京式和沪式两种类型，如图10-10所示。

空腹式钢窗料壁薄，重量轻，节约钢材，但不耐锈蚀，应注意保护和维修。一般在成型后，内外表面需做防锈处理，以提高防锈蚀的能力。

2. 钢窗的构造

(1) 基本形式钢窗。为了适应不同窗洞口尺寸的需要，便于窗的组合和运输，钢窗都以标准化的系列窗规格做为基本单元。其高度和宽度均以3M(300mm)为模数，常用的钢窗高度和宽度为600、900、1200、1500、1800、2100mm。大型钢窗就是由这些基本单元进行组合而成的。

实腹式钢窗的构造如图 10-11 所示。空腹式钢窗的构造如图 10-12 所示。

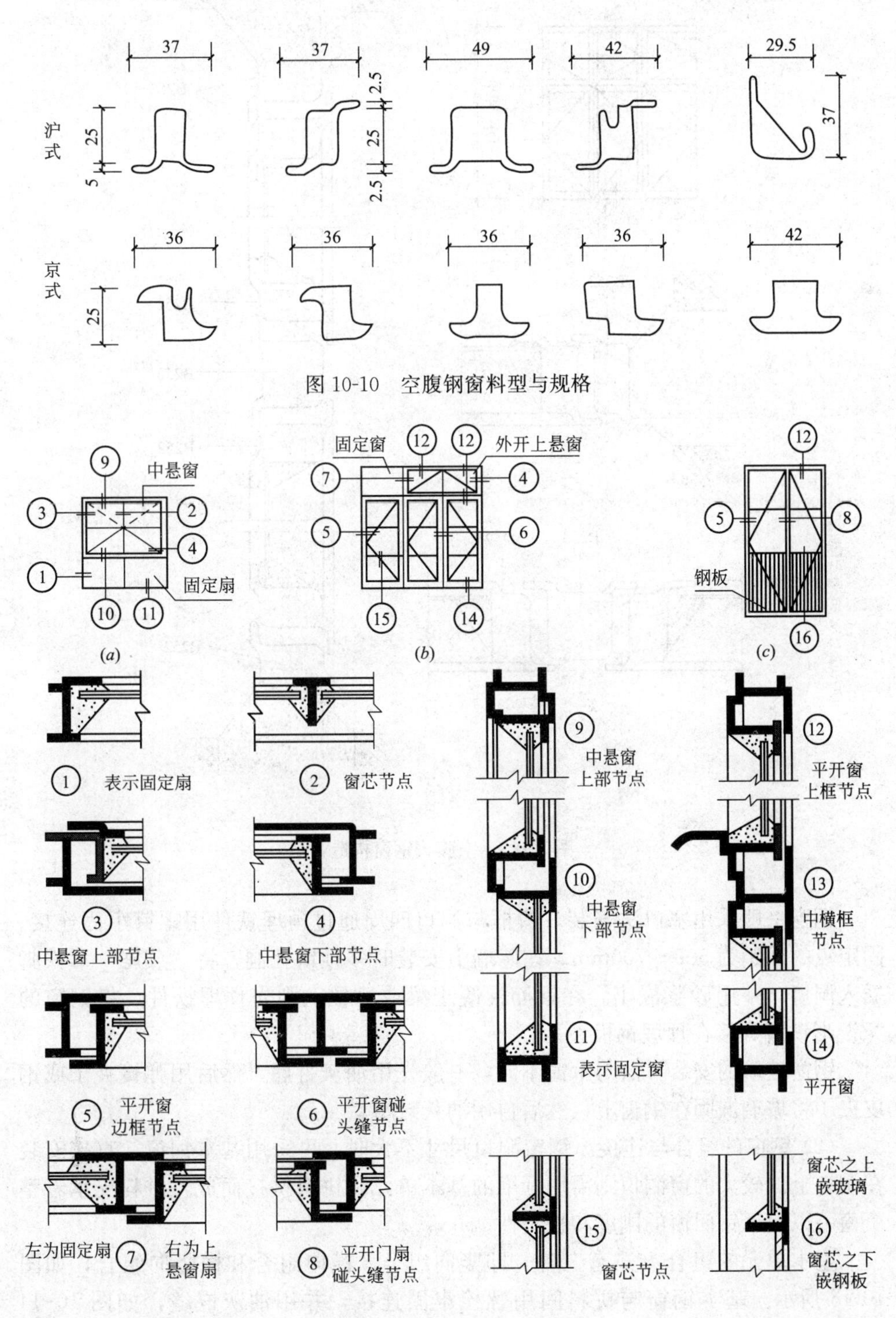

图 10-10 空腹钢窗料型与规格

图 10-11 实腹式钢窗构造

(*a*)中悬窗；(*b*)平开窗；(*c*)平开门

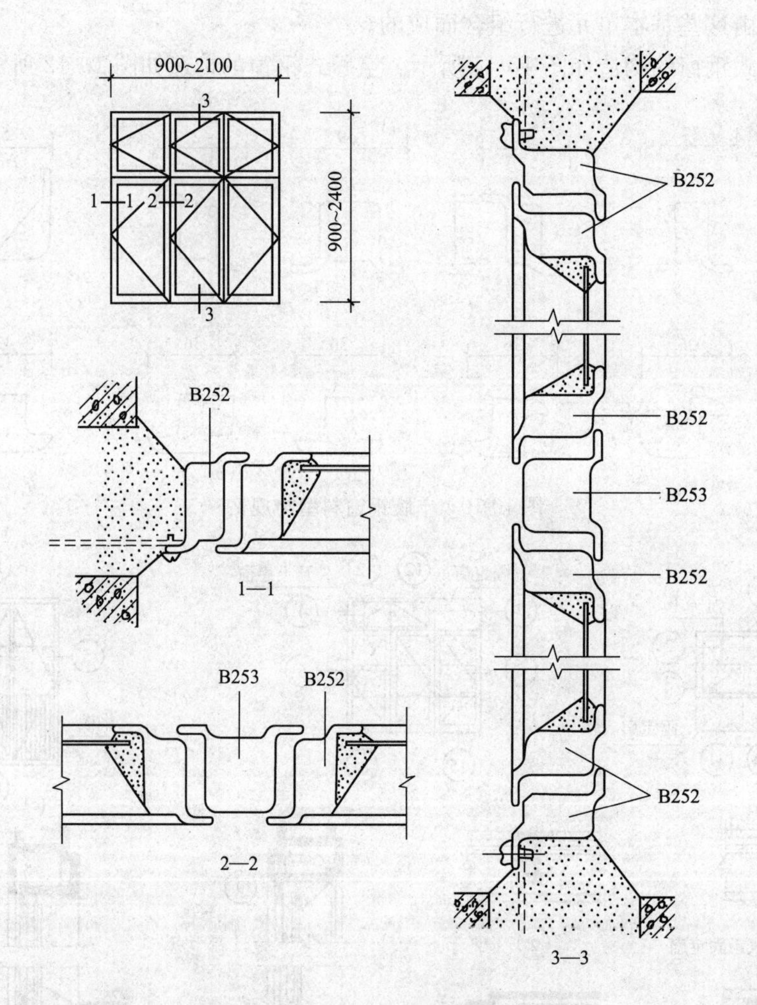

图 10-12　空腹式钢窗构造

钢窗一般采用塞口法安装，窗框与洞口四周通过预埋铁件用螺钉牢固连接。固定点的间距为 500～700mm。在砖墙上安装时多预留孔洞，将"燕尾"形铁脚插入洞口，并用砂浆嵌牢。在钢筋混凝土梁或墙柱上则先预埋铁件，将钢窗的"Z"形铁脚焊接在预埋钢板上。

钢窗玻璃的安装方法与木窗不同，一般先用油灰打底，然后用弹簧夹子或钢皮夹子将玻璃嵌固在钢窗上，然后再用油灰封闭。

(2) 钢窗的组合与连接。钢窗洞口尺寸不大时，可采用基本钢窗，直接安装在洞口上。较大的窗洞口则需用标准的基本单元和拼料拼接而成，拼料支承着整个窗，以保证钢门窗的刚度和稳定性。

基本单元的组合方式有三种，即竖向组合、横向组合和横竖向组合，如图 10-13 所示。基本钢窗与拼料间用螺栓牢固连接，并用油灰嵌缝，如图 10-14 所示。

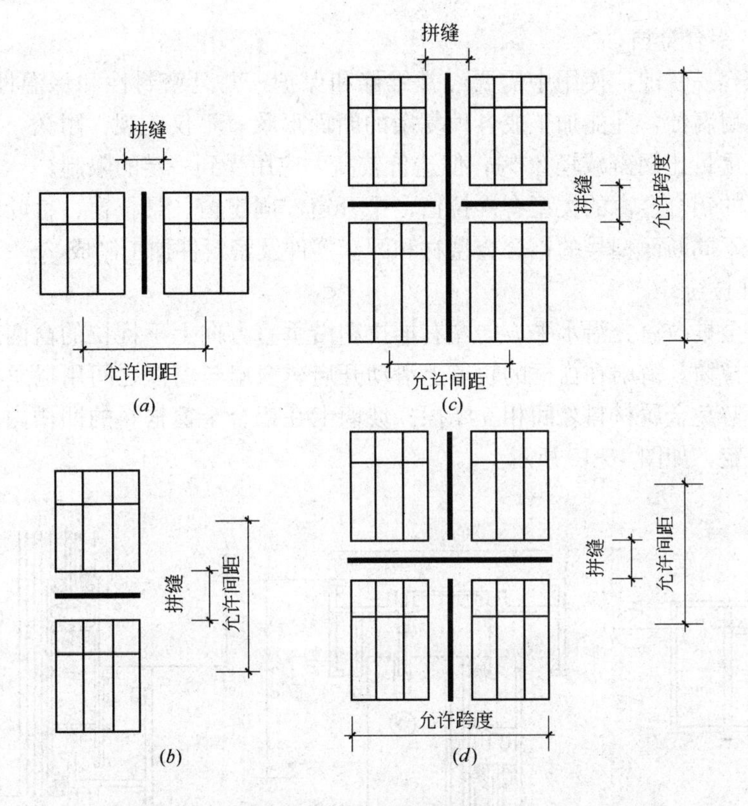

图 10-13 钢窗组合方式

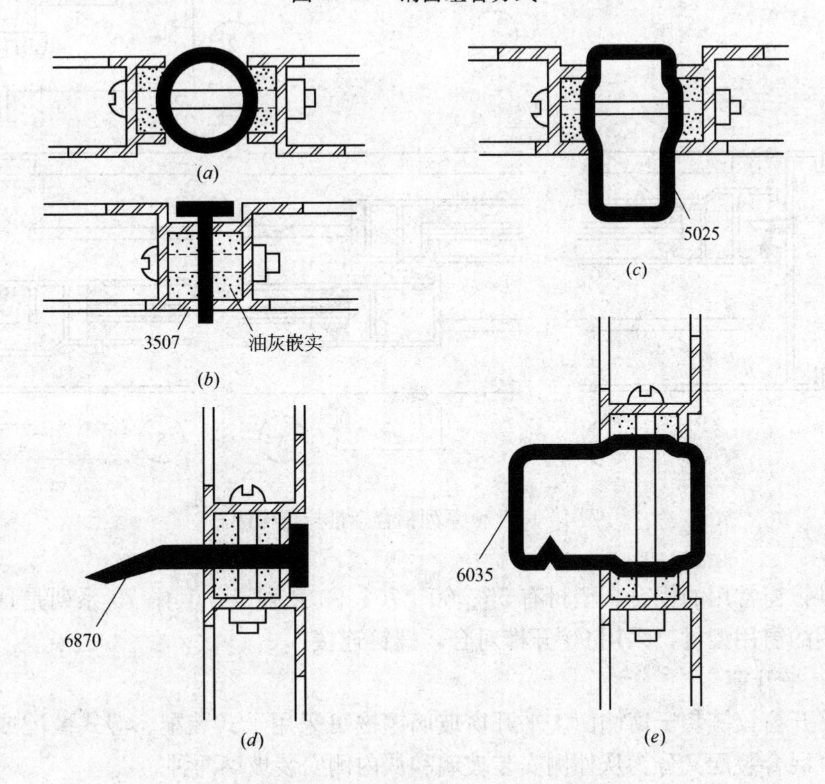

图 10-14 基本钢窗与拼料的连接

（二）铝合金窗

钢窗容易锈蚀，使用中需要经常维修和保护，并且密封性和保温性能较差，而铝合金耐腐蚀，并能加工成各种复杂的断面形状，不仅美观、耐久，而且密封性很好，重量比钢窗减轻 20%，但造价较高，应用受到一定的限制。

常见的铝合金窗的类型有推拉窗、平开窗、固定窗、悬挂窗、百叶窗等。各种窗都由不同断面型号的铝合金型材和配套零件及密封件加工制成。

1. 推拉窗

铝合金推拉窗分沿水平方向左右推拉和沿垂直方向上下推拉的窗两种，常采用水平推拉窗。窗扇在窗框的轨道上滑动开启。窗扇与窗框之间用尼龙密封条进行密封，避免金属材料之间相互摩擦。玻璃卡在铝合金窗框料的凹槽内，并用橡胶压条固定，如图 10-15 所示。

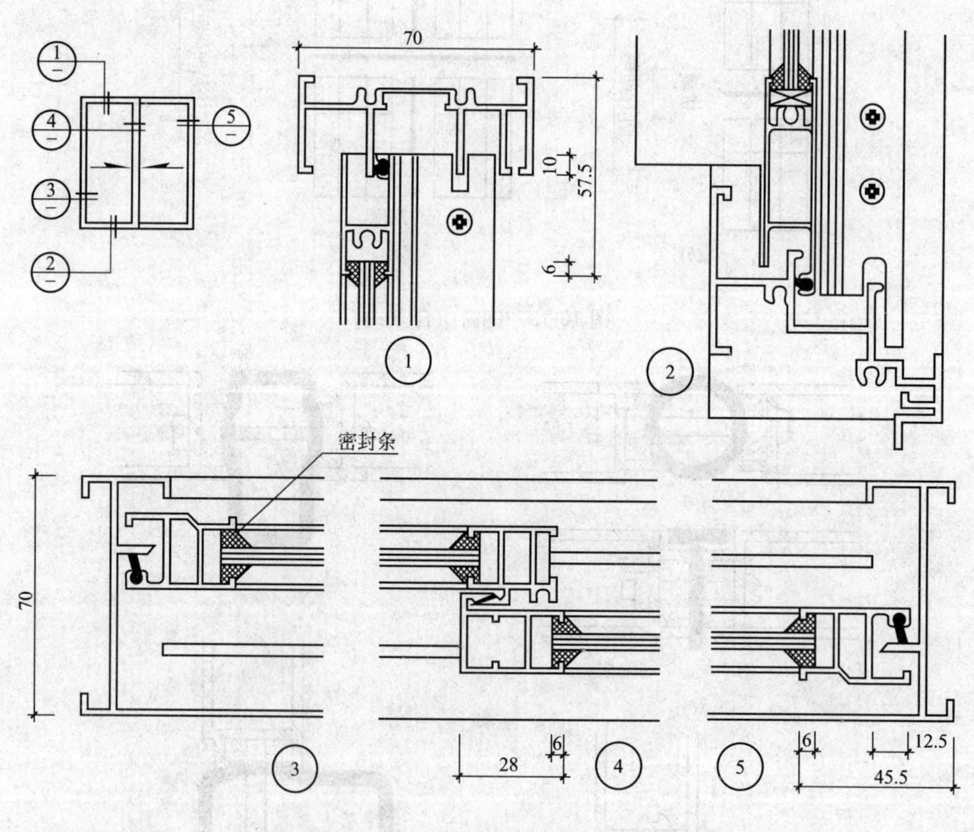

图 10-15　70 系列铝合金推拉窗构造

推拉窗常用的铝合金型材有 55、60、70、90 系列等，其中 70 系列是目前广泛采用的窗用型材，采用 90°开榫对合，螺钉连接。

2. 平开窗

平开窗铰链装于窗侧面。平开窗玻璃镶嵌可采用干式装配、湿式装配或混合装配。混合装配又分为从外侧安装玻璃和从内侧安装玻璃两种。

干式装配是采用密封条嵌入玻璃与槽壁的空隙将玻璃固定。湿式装配是在玻璃与槽壁的空腔内注入密封胶填缝，密封胶固化后将玻璃固定，并将缝隙密封起来。混合装配是一侧空腔嵌密封条，另一侧空腔注入密封胶填缝密封固定。

铝合金窗安装时，一般采用塞口的方法安装，将窗框在抹灰前立于窗洞处，与墙内预埋件对正，然后用木楔将三边固定，经检验确定窗框水平、垂直、无翘曲后，用连接件将铝合金窗框固定在墙(或梁、柱)上，最后填入软填料或其他密封材料封固。窗框与墙体之间多采用预埋铁件、燕尾铁脚、膨胀螺栓、射钉固定等方式连接，如图 10-16 所示。

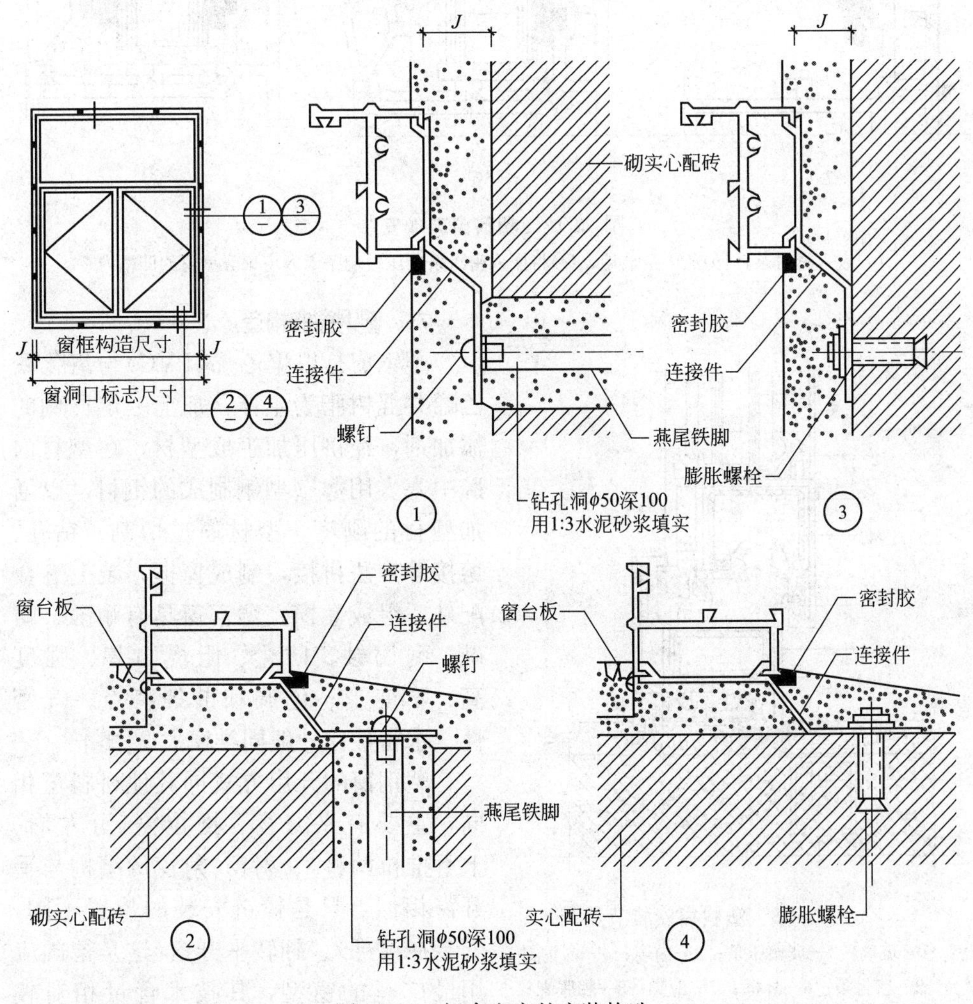

图 10-16 铝合金窗的安装构造

五、塑料窗的构造

塑料窗是采用 PVC 工程塑料为原料，经专用挤压机具挤压形成空心型材，并用该型材作为窗的框料。其主要特性是刚性强、耐冲击；耐腐蚀性能好，使用寿命长；隔热性能好；气密性、水密性、隔声性能好；装饰性能好，价格合理；阻燃性好，电绝缘性好。

塑料窗按其型材尺寸分 50、60、80、90 和 100 系列。各系列的号码为型材断面的标志宽度。窗扇面积越大，所需型材的断面尺寸也越大；塑料窗按开启方式分平开窗、推拉窗、旋转窗及固定窗；塑料窗按窗扇结构方式分单玻、双玻、三玻、百叶窗和气窗。

塑料门窗构造与铝合金门窗相似，玻璃安装示意如图 10-17 所示。塑料窗安装节点如图 10-18 所示。

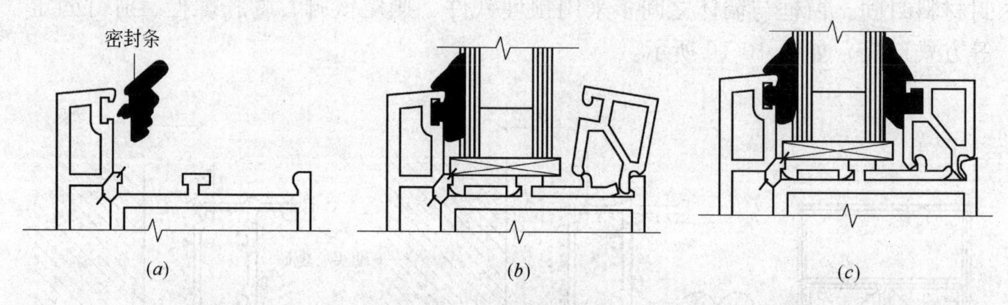

图 10-17　塑料窗玻璃安装

(a)嵌入密封条；(b)放中空玻璃；(c)将嵌入密封条的压玻璃条卡入窗扇异型材的凹槽内

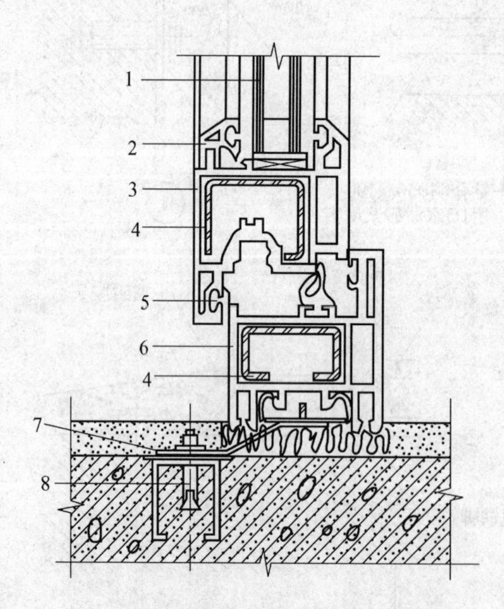

图 10-18　塑料窗安装节点

1—玻璃；2—玻璃压条；3—内扇；4—内钢衬；5—密封条；6—外框；7—地脚；8—膨胀螺栓

六、塑钢窗的构造

塑钢窗是以聚乙烯(PVC)与氯化聚乙烯共混树脂为主体，加上一定比例的添加剂，经挤压加工成型材，在型材内腔中塞入用薄壁型钢制成的钢衬，以增加型材的刚度。型材通过切割、钻孔、熔接等方法拼接，制成窗框，装上五金配件后组成套窗。塑钢窗具有耐酸、耐碱、耐腐蚀、防尘、阻燃自熄、强度高、不变形、色调和谐等特点。气密性、水密性比一般同类窗大 2～5 倍。

塑钢窗的开启方式同其他材料窗相同，主要有平开窗、推拉窗(分左右、上下推拉两种)、射窗(射窗的结构与平开窗相似，只是铰链安装的位置不同，安装在顶部)、翻转平开窗(这是德国应用最广泛的窗型，其技术含量相对较高。它通过转动执手选择门窗的关闭，向内平开及顶部向内上悬，从而达到密封、通风、适量通风及防盗的目的。其五金件多为国外进口，价格相对较高)。

塑钢窗按其使用性能分为“一般型”和“全防腐型”两大类。两者的区别是除其塑料型材本身均具有抗腐蚀性能外，两者所不同的是五金件的材质选择不同。“一般型”塑钢窗所选用的五金件，主要是金属制品，适用于一般工业与民用建筑；“全防腐型”塑钢窗，除紧固件特制外，所有配套的“五金件”均为优质工程塑料制品。适用于有氯、氯化氢、硫化氢、二氧化硫等腐蚀性气体作用下的化工、冶金、造纸、纺织等工业建筑，以及沿海盐雾地区的民用建筑。

88系列塑钢推拉窗的构造如图10-19所示。

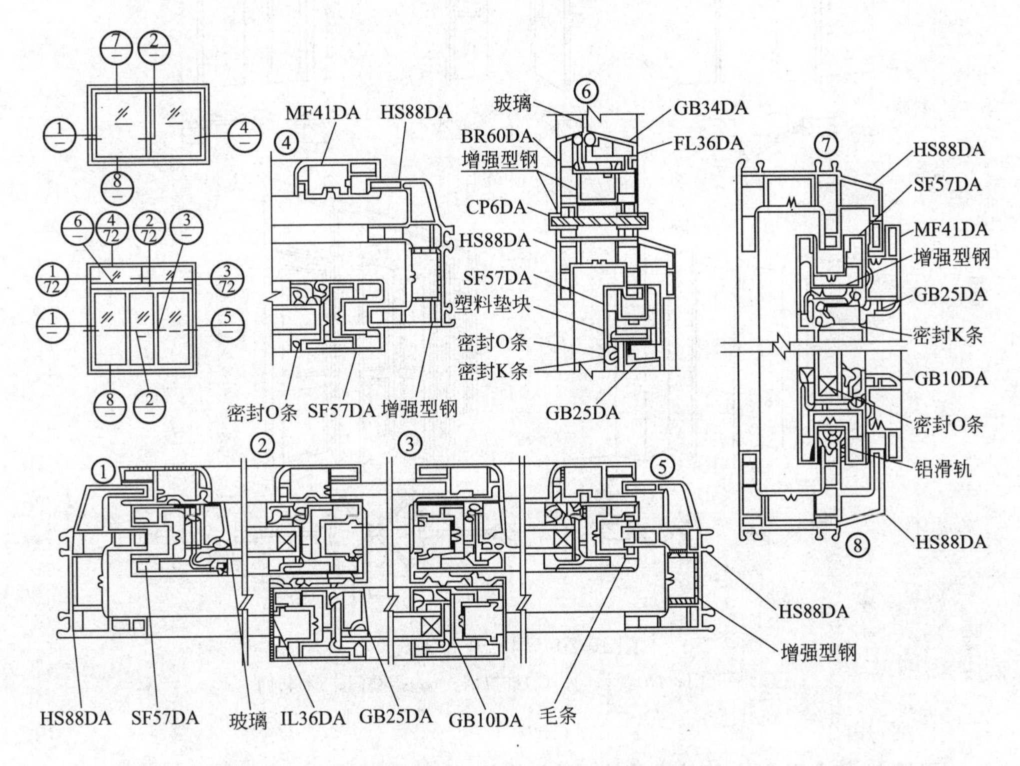

图10-19 88系列塑钢推拉窗构造

塑料型材通常为白色，观感效果单一。为了改善窗的外观效果，可以通过双色共挤、彩色薄膜、喷塑着色等工艺制成彩色塑料型材。

七、铝塑窗

当建筑对塑料窗的外观要求较高时，可以采用在塑料型材外侧包上彩色铝合金饰面型材的制作方法，称为铝塑窗。铝塑窗的外观与铝合金窗相似，不褪色、观感效果好。

断桥式铝塑复合窗是铝塑窗家族中性能最为突出的，它是用塑料型材将室内外两层铝合金面材分隔开，杜绝了热桥现象。同时，具有外形美观、气密性好、隔音效果好、节能效果好的特点。

第二节 门

一、门的分类

(一) 按开启方式分类

门按开启方式不同，可分为：平开门、弹簧门、推拉门、折叠门、转门等，如图10-20所示。

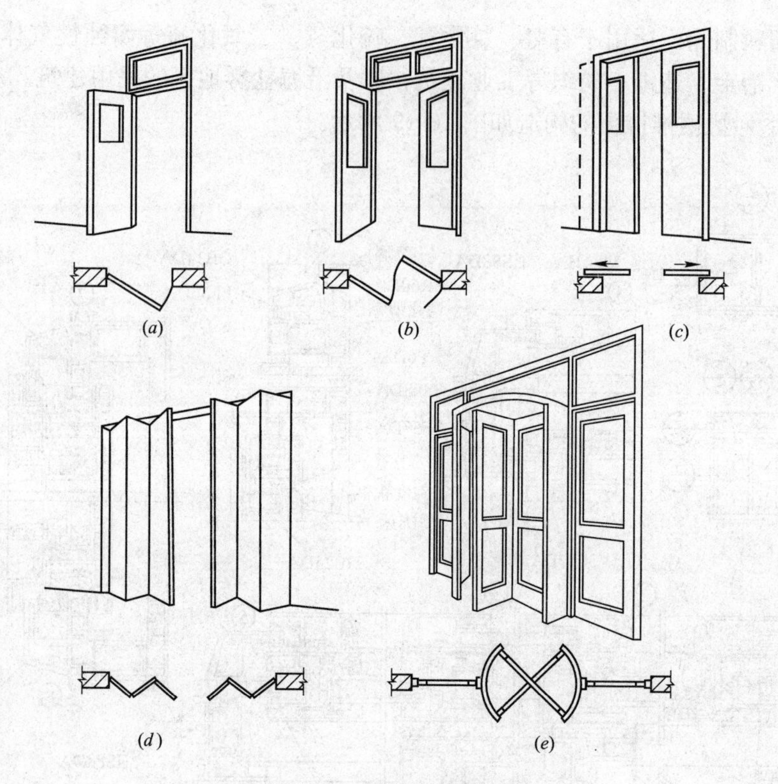

图 10-20　门的开启方式

(a)平开门；(b)弹簧门；(c)推拉门；(d)折叠门；(e)转门

1. 平开门

平开门是水平方向开启的门，门扇绕侧边安装的铰链转动，分单扇、双扇，内开和外开等形式。平开门具有构造简单，开启灵活，制作安装和维修方便等特点，属一般建筑中最常见的门。

2. 弹簧门

弹簧门也是水平方向开启的门，与平开门的区别在于侧边用弹簧铰链或下边用地弹簧代替普通铰链，开启后能自动关闭。有单向弹簧门和双向弹簧门之分，单向弹簧门常用于有自闭要求的房间，一般为单扇。如封闭楼梯间门、卫生间的门、纱门等。双向弹簧门多用于人流出入频繁或有自动关闭要求的公共场所，多为双扇门。如建筑物出入口的门、商场商店的门等。双向弹簧门扇上一般要安装玻璃，避免出入人流相互碰撞。

3. 推拉门

门扇开启时沿上、下设置的轨道左右滑行，有单扇和双扇两种。按轨道设置位置不同分为上挂式和下滑式。推拉门占用面积小，受力合理，不易变形，但构造复杂。

4. 折叠门

由多扇门拼合而成，开启后门扇可折叠在一起推移到洞口的一侧或两侧，占用空间少。简单的折叠门，可以只在侧边安装铰链，复杂的还要在门的上边或下边装导轨及转动五金配件。

5. 转门

由两个对称的圆弧形门套和多个门扇组成。门扇有三扇或四扇之分，用同一竖轴组合成夹角相等，在圆弧形门套内水平旋转的门，对防止内外空气对流有一定的作用。它可以作为人员进出较频繁，且有采暖或空调设备的公共建筑的外门。在转门的两旁还应设平开门或弹簧门，以作为不需要空气调节的季节或大量人流疏散之用。转门构造复杂，造价较高，一般工程中使用很少。

另外，还有上翻门、升降门、卷帘门等形式，一般适用于门洞口较大，有特殊要求的房间。

（二）按门所用材料分

按门所用的材料不同，可分为木门、钢门、铝合金门、塑料门及塑钢门等。木门制作加工方便，价格低廉，应用广泛，但防火能力较差。钢门强度高，防火性能好，透光率高，在建筑上应用很广，但钢门保温较差，易锈蚀。铝合金门美观，有良好的装饰性和密闭性，但成本高，保温差。塑料门同时具有木材的保温性和铝材的装饰性，是近年来为节约木材和有色金属发展起来的新品种，其刚度和耐久性还有待于进一步提高。另外，还有一种全玻璃门，主要用于标准较高的公共建筑中的出入口，它具有简洁、美观、视线无阻挡及构造简单等特点。

（三）按门的功能分

按门的功能不同可分为：普通门、保温门、隔声门、防火门、防盗门以及其他特殊要求的门等。

二、平开木门的组成和尺度

平开木门主要由门框、门扇、亮子和五金零件组成。门框又称门樘，由上槛、中槛和边框等组成，多扇门还有中竖框。门扇由上冒头、中冒头、下冒头和边梃等组成。为了通风采光，可在门的上部设亮子，有固定、平开及上、中、下悬等形式，其构造同窗扇。门框与墙间的缝隙常用木条盖缝，称门头线(俗称贴脸)。门上常见的五金零件有铰链、门锁、插销、拉手、停门器，风钩等，如图 10-21所示。

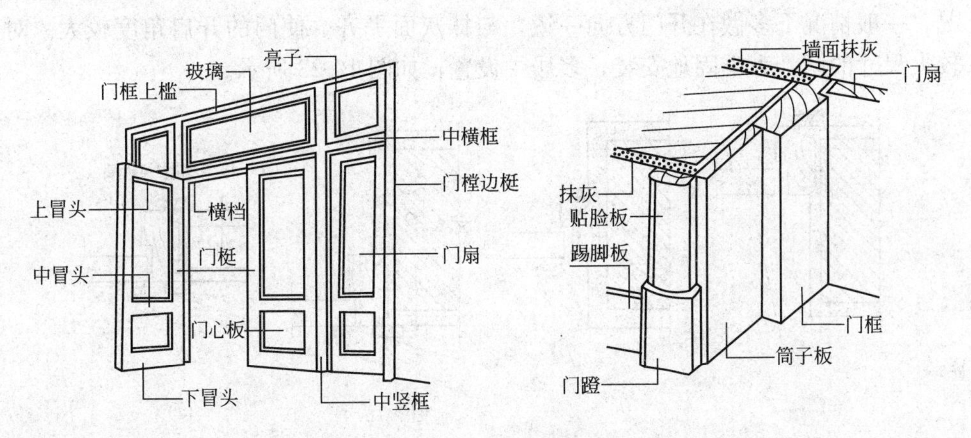

图 10-21 平开木门的组成

平开木门的洞口尺寸可根据交通、运输以及疏散要求来确定。一般情况下，门的宽度为：800～1000mm（单扇），1200～1800mm（双扇）。门的高度为：2000～2100mm，有亮子时可适当增高 300～600mm。对于大型公共建筑，门的尺度可根据需要另行确定。

三、平开木门的构造

（一）门框

1. 门框的断面形状和尺寸

门框的断面形状与窗框类似，但由于门受到的各种冲撞荷载比窗大，故门框的断面尺寸要适当增加，如图 10-22 所示。

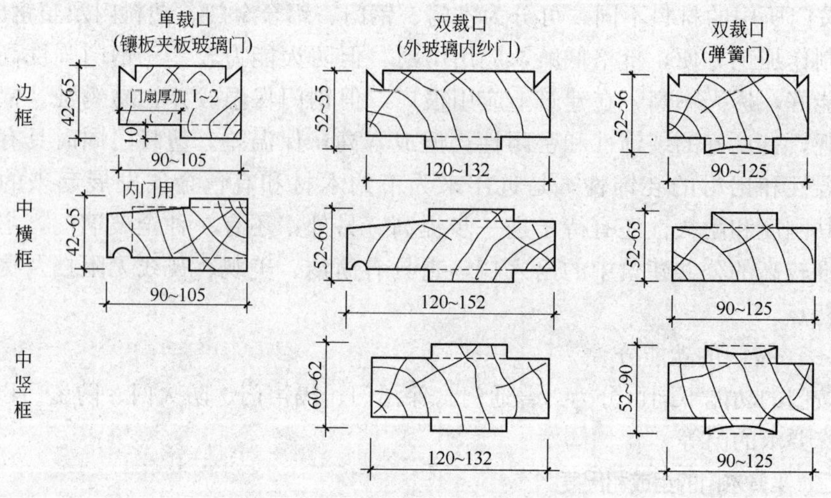

图 10-22　门框的断面形状和尺寸

2. 门框的安装

门框的安装与窗框相同，分立口和塞口两种施工方法。工厂化生产的成品门，其安装多采用塞口法施工。

3. 门框与墙的关系

门框在墙洞中的位置同窗框一样，有门框内平、门框居中和门框外平三种情况。一般情况下多做在开门方向一边，与抹灰面平齐，使门的开启角度较大。对较大尺寸的门，为牢固地安装，多居中设置，如图 10-23 所示。

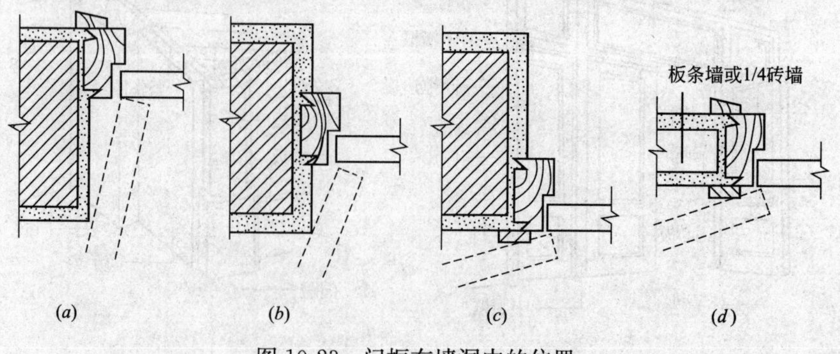

图 10-23　门框在墙洞中的位置

(a)外平；(b)立中；(c)内平；(d)内外平

门框的墙缝处理与窗框相似，但应更牢固。门框靠墙一边应开防止因受潮而变形的背槽，并做防潮处理。门框外侧的内外角做灰口，缝内填弹性密封材料。

（二）门扇

根据门扇的不同构造形式，民用建筑中常见的门可分为夹板门和镶板门两大类。

1. 夹板门

夹板门门扇由骨架和面板组成，骨架通常采用(32～35)mm×(34～36)mm的木料制做，内部用小木料做成格形纵横肋条，肋距视木料尺寸而定，一般为300mm左右。在上部设小通气孔，保持内部干燥，防止面板变形。面板可用胶合板、硬质纤维板或塑料板等，用胶结材料双面胶结在骨架上。门的四周可用15～20mm厚的木条镶边，以取得整齐美观的效果。根据功能的需要，夹板门上也可以局部加玻璃或百叶，一般在装玻璃或百叶处，做一个木框，用压条镶嵌。图10-24是常见的夹板门构造示例。

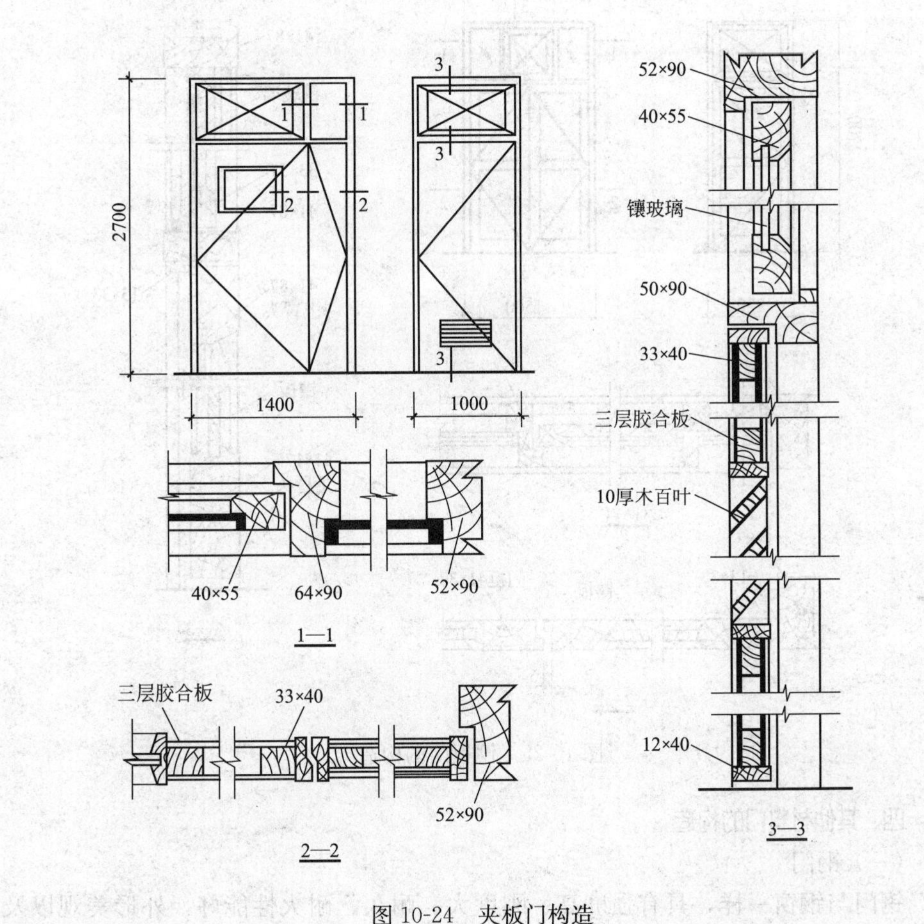

图10-24 夹板门构造

2. 镶板门

镶板门门扇由骨架和门芯板组成。骨架一般由上冒头、下冒头及边梃组成，有时中间还有中冒头或竖向中梃。门芯板可采用木板、胶合板、硬质纤维板及塑料板等。有时门芯板可部分或全部采用玻璃，则称为半玻璃（镶板）门或全玻璃（镶板）门。与镶板门类似的还有纱门、百叶门等。

木制门芯板一般用10～15mm厚的木板拼装成整块，镶入边梃和冒头中，板缝应结合紧密。实际工程中常用的接缝形式为高低缝和企口缝。门芯板在边梃和冒头中的镶嵌方式有暗槽、单面槽及双边压条三种。工程中用得较多的是暗槽，其他两种方法多用于玻璃、纱门及百叶门。

镶板门门扇骨架的厚度一般为40～45mm。上冒头、中间冒头和边梃的宽度一般为75～120mm，下冒头的宽度习惯上同踢脚高度，一般为200mm左右。中冒头为了便于开槽装锁，其宽度可适当增加，以弥补开槽对中冒头材料的削弱。图10-25是常用的镶板门的实例。

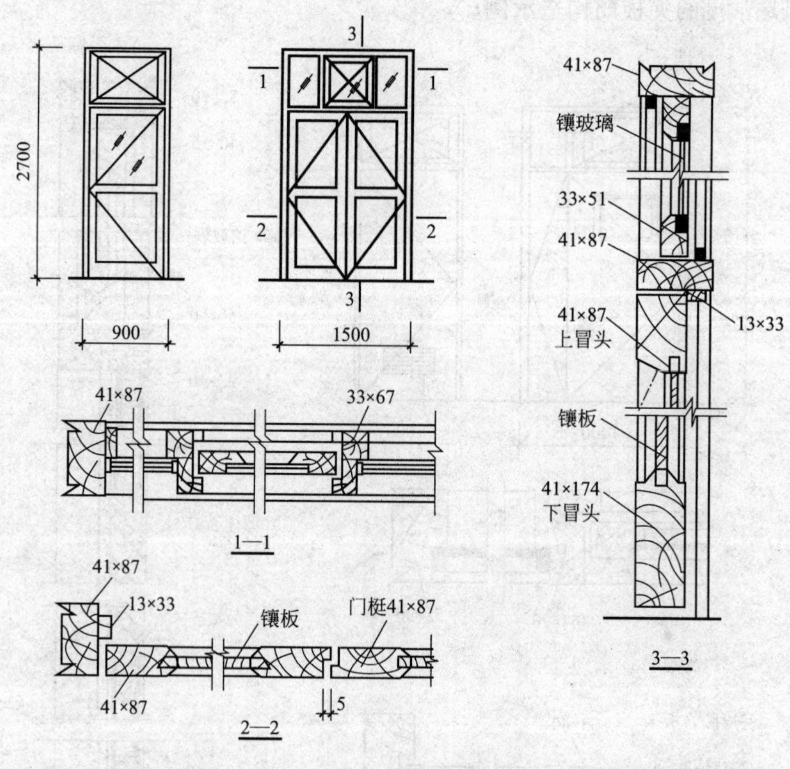

图10-25 镶板门的构造

四、其他材料门的构造

（一）钢门

钢门与钢窗一样，具有强度高、刚度大、耐久、耐火性能好，外形美观以及便于工厂化生产等特点。钢门的料型有实腹式和空腹式两大类型。钢门的安装方法采用塞口法，门框与洞口四周通过预埋铁件用螺钉牢固连接。钢门的构造可参照钢窗的构造做法。

（二）铝合金门

铝合金门的特性与铝合金窗相同。铝合金门的开启方式可以推拉，也可采用平开。铝合金门的构造及施工方法可参照铝合金窗的构造做法。铝合金地弹簧门的构造如图 10-26 所示。

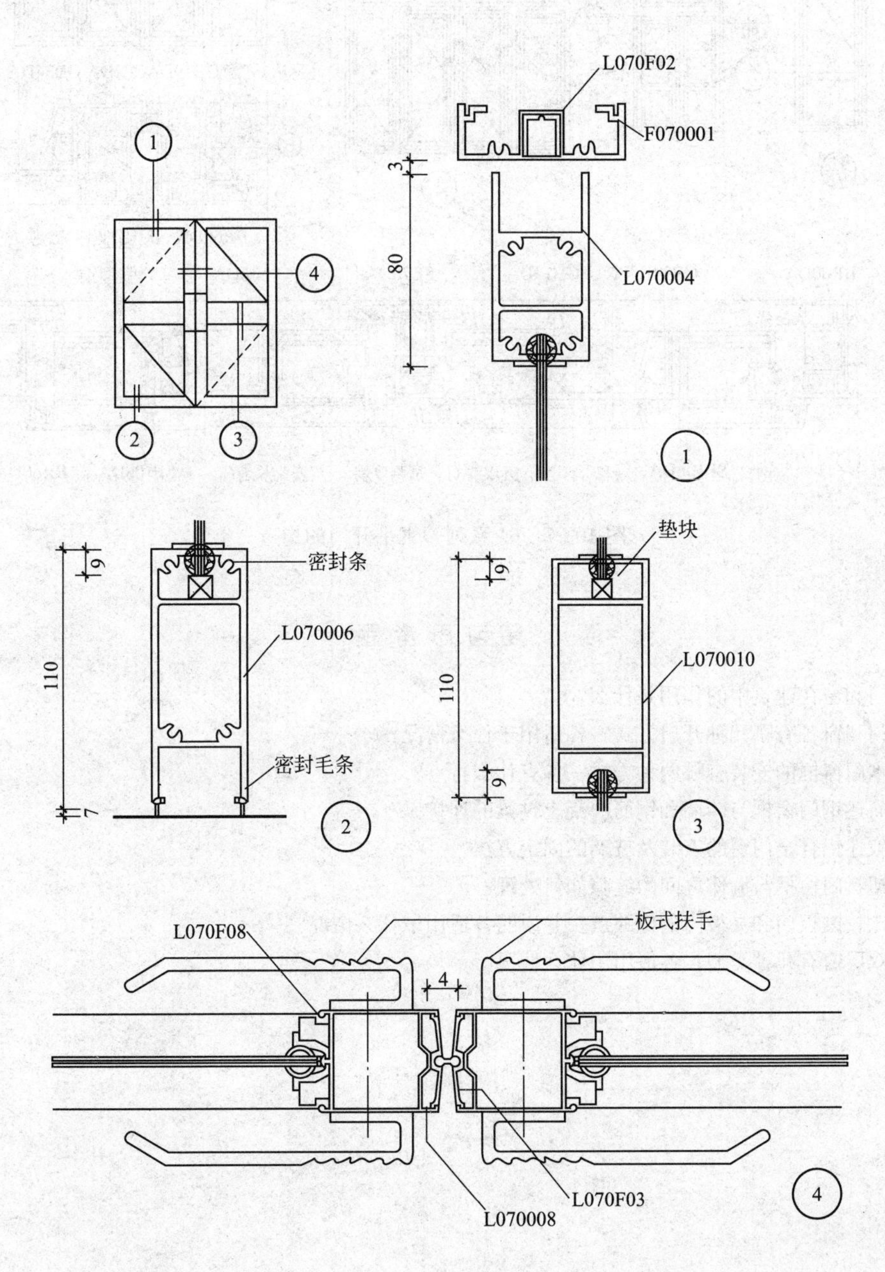

图 10-26 铝合金地弹簧门的构造

（三）塑料门与塑钢门

塑料门与塑钢门的特性、材料、施工方法及细部构造可参照塑料窗与塑钢窗的构造做法，图 10-27 是常用的塑钢平开门的构造举例。

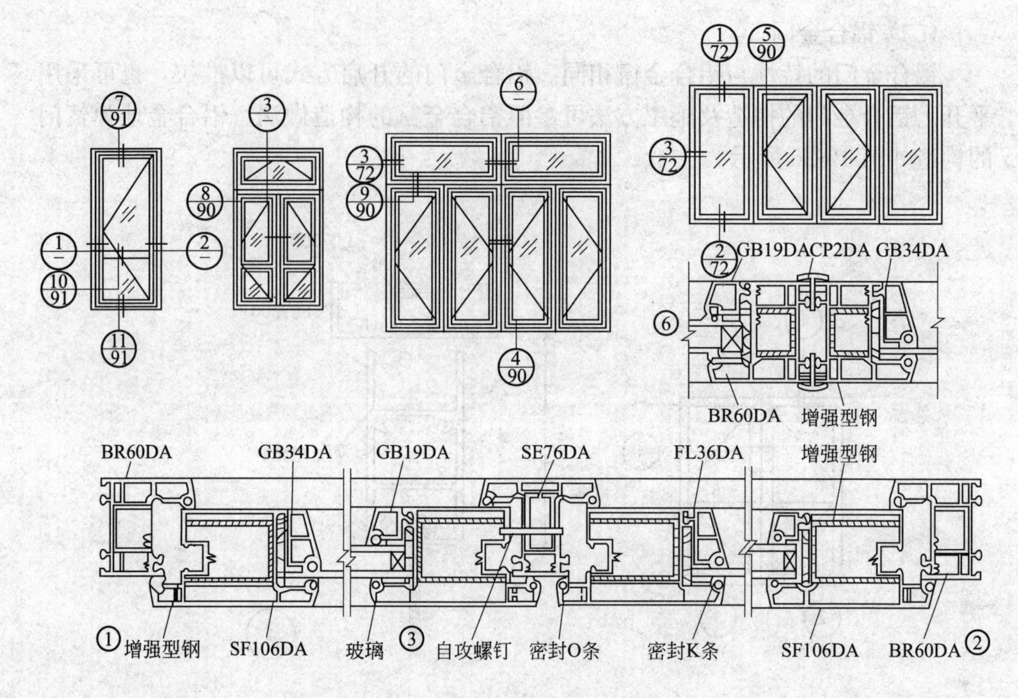

图 10-27　60 系列塑钢平开门的构造

复习思考题

1. 门和窗在建筑中的作用是什么？
2. 门和窗各有哪几种开启方式？各适用于什么情况？
3. 木门窗框的安装有哪两种方式？各有什么特点？
4. 简述钢门窗框与砖墙和钢筋混凝土过梁的连接。
5. 叙述铝合金门窗的安装及玻璃的固定方法。
6. 塑料门窗框与墙体之间的缝隙如何处理？
7. 比较镶板门和夹板门的优缺点？并说明各适用于什么情况？
8. 双层窗有几种类型？各适用于什么情况？

第十一章　屋　　顶

屋顶是建筑物围护结构的一部分。其主要功能表现在两个方面：一是起围护作用，抵御风、雨、雪、太阳辐射和气温变化等方面的影响；二是起承重作用，它承受作用于屋面上的所有荷载，包括：屋顶自重、积雪荷载、施工荷载以及上人屋面的活荷载等。同时，屋顶是构成建筑的外观和体形的重要元素，是建筑立面的重要组成部分。因此，屋顶必须具备坚固耐久、防水排水、保温隔热、抵御侵蚀等功能。还应满足自重轻、构造简单、施工方便、经济适用、造型和色彩美观等方面的要求。

第一节　屋顶的坡度和类型

一、屋顶的坡度

屋顶坡度与屋面排水要求和结构的要求有关，坡度的大小一般要考虑屋面选用的防水材料、当地降雨量大小、屋顶结构形式、建筑造型等因素。屋顶坡度太小容易渗漏，坡度太大又浪费材料。所以要综合考虑，合理确定屋顶排水坡度。从排水角度考虑，排水坡度越大越好；但从经济性、维修方便以及上人活动等方面考虑，又要求坡度越小越好。此外，屋面坡度的大小还取决于屋面材料的防水性能，采用防水性能好、单块面积大的屋面材料时，屋面坡度可以小一些，如油毡、钢板等；采用黏土瓦、小青瓦等单块面积小、接缝多的屋面材料时，坡度就必须大一些。图 11-1 列出了不同屋面防水材料适宜的坡度范围。

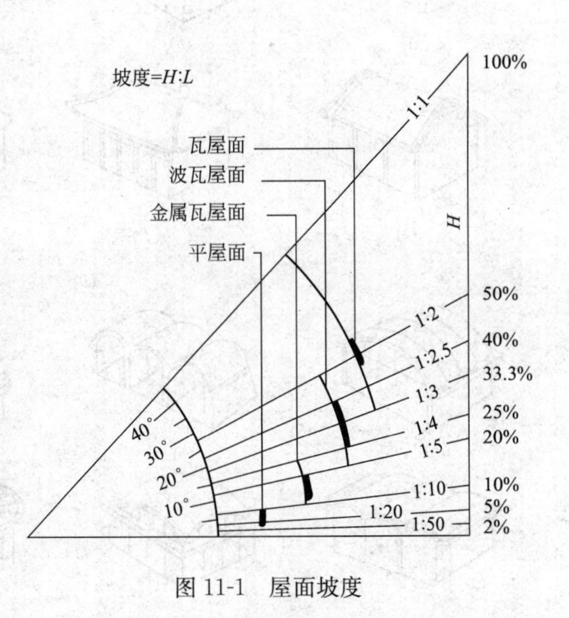

图 11-1　屋面坡度

常用的屋面坡度表示方法有斜率法、百分比法和角度法，如图 11-2 所示。斜率法是以屋顶斜面的垂直投影高度与其水平投影长度之比来表示，如 1∶5 等。较小的坡度则常用百分率，即以屋顶倾斜面的垂直投影高度与其水平投影长度的百分比值来表示，如 2%、5%等。较大的坡度有时也用角度，即以倾斜屋面与水平面所成的夹角表示。

二、屋顶的类型

屋顶的类型与建筑物的屋面材料、屋顶结构类型以及建筑造型要求等因素有关。常见的屋顶类型有平屋顶、坡屋顶、曲面屋顶、折板屋顶等，图 11-3 为常见

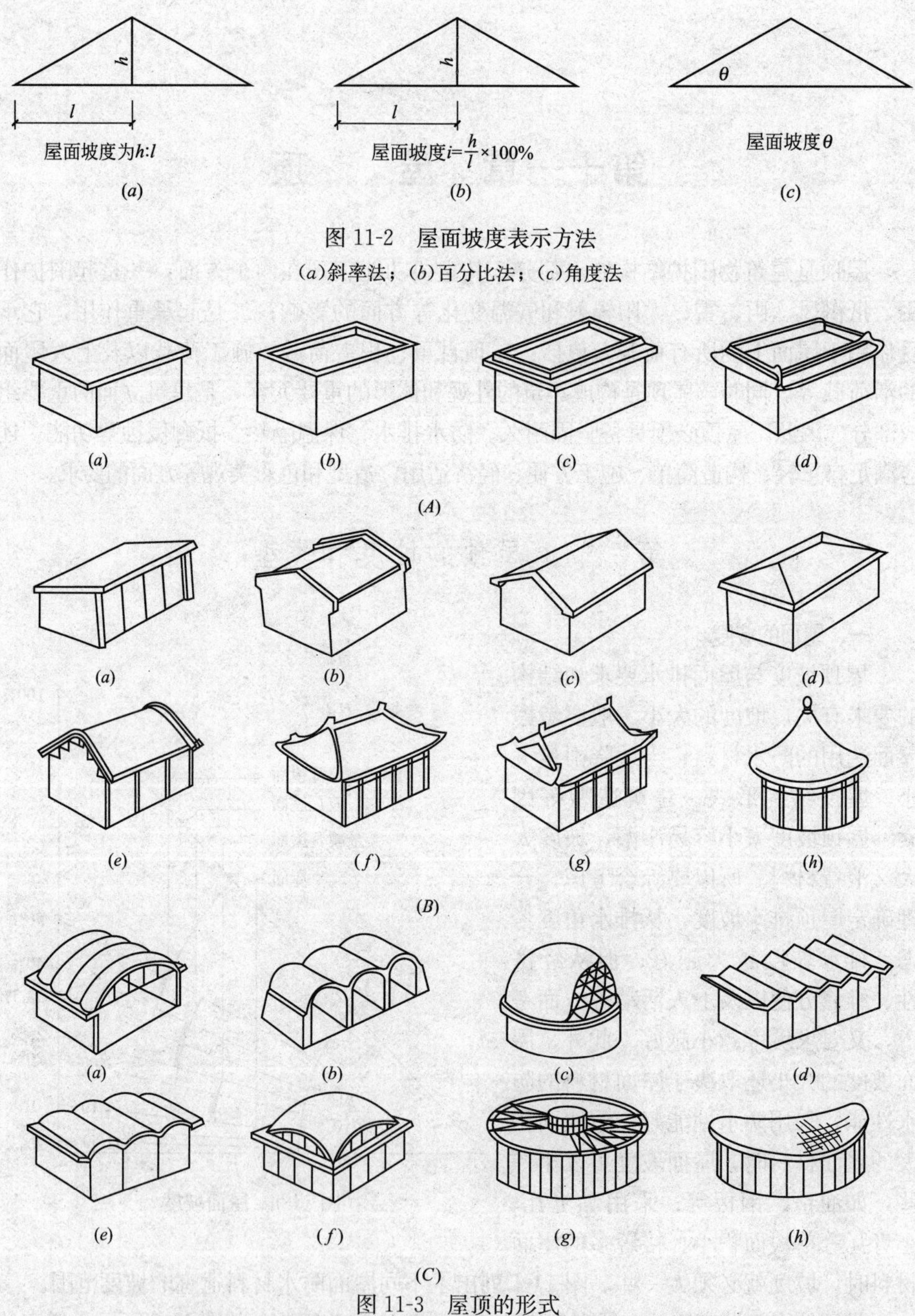

图 11-2　屋面坡度表示方法

(a)斜率法；(b)百分比法；(c)角度法

图 11-3　屋顶的形式

(A)平屋顶

(a)挑檐平屋顶；(b)女儿墙平屋顶；(c)挑檐女儿墙平屋顶；(d)卷檐顶平屋顶

(B)坡屋顶

(a)单坡顶；(b)硬山两坡顶；(c)悬山两坡顶；(d)四坡顶；

(e)卷棚顶；(f)庑殿顶；(g)歇山顶；(h)圆攒尖顶

(C)曲面屋顶

(a)双曲拱屋顶；(b)砖石拱屋顶；(c)球形网壳屋顶；(d)V 形折板屋顶；

(e)筒壳屋顶；(f)扁壳屋顶；(g)车轮形悬索屋顶；(h)索形悬索屋顶

屋顶的示例。

(一) 平屋顶

通常把屋面坡度小于5%的屋顶称为平屋顶。平屋顶的主要特点是构造简单、节约材料、屋面平缓，常用做屋顶花园、露台等。常用坡度为1%～3%。如图11-3(a)所示。

(二) 坡屋顶

屋面坡度大于10%的屋顶称为坡屋顶。坡屋顶在我国有着悠久的历史，由于坡屋顶造型丰富多彩，并能就地取材，至今仍被广泛应用。

坡屋顶按其分坡的多少可分为单坡屋顶、双坡屋顶和四坡屋顶。当建筑物进深不大时，可选用单坡顶，当建筑物进深较大时，宜采用双坡顶或四坡顶。双坡屋顶有硬山和悬山之分，硬山是指房屋两端山墙高出屋面，山墙封住屋面；悬山是指屋顶的两端挑出山墙外面，屋面盖住山墙。古建筑中的庑殿屋顶和歇山屋顶均属于四坡屋顶。图11-3(b)为坡屋顶的举例。

(三) 曲面屋顶

曲面屋顶是由各种薄壳结构、悬索结构、网膜结构以及网架结构等作为屋顶承重结构的屋顶，如双曲拱屋顶、扁壳屋顶、鞍形悬索屋顶等。这类结构的受力合理，能充分发挥材料的力学性能，因而能节约材料，自重也比较轻。但是，这类屋顶施工复杂，造价高，故常用于大跨度的大型公共建筑中。图11-3(c)为曲面屋顶的示例。

第二节 平屋顶的构造

平屋顶具有构造简单，节约材料，造价低廉，预制装配化程度高，施工方便，屋面便于利用的优点，同时也存在着造型单一、顶层房间物理环境稍差的缺陷。目前，平屋顶仍是我国一般建筑工程中较常见的屋顶形式。

一、平屋顶的组成

平屋顶一般由面层(防水层)、保温隔热层、结构层和顶棚层等四部分组成。因各地气候条件不同，所以其组成也略有差异。比如，在我国南方地区，一般不设保温层，而北方地区则很少设隔热层。

(一) 面层(防水层)

平屋顶坡度较小、排水缓慢，要加强面层的防水构造处理。平屋顶一般选用防水性能好和单块面积较大的屋面防水材料，并采取有效的接缝处理措施来增强屋面的抗渗能力。目前，在工程中常用的有柔性防水和刚性防水两种形式。

(二) 保温层或隔热层

为防止冬、夏季顶层房间过冷或过热，需在屋顶构造中设置保温层或隔热层。保温层、隔热层通常设置在结构层与防水层之间。常用的保温材料有无机粒状材料和块状制品，如膨胀珍珠岩、水泥蛭石、聚苯乙烯泡沫塑料板等。

(三) 结构层

平屋顶主要采用钢筋混凝土结构。按施工方法不同，有现浇钢筋混凝土结构、预制装配式混凝土结构和装配整体式钢筋混凝土结构三种形式。

(四) 顶棚层

顶棚层的作用及构造做法与楼板层顶棚层基本相同，有直接抹灰顶棚和吊顶棚两大类。

二、平屋顶的排水

为了迅速排除屋面雨水，首先应选择适宜的排水坡度，确定合理的排水方式，做好屋顶排水组织设计。平屋面的常用排水坡度为1%～3%，其坡度的形成有两种方式，即构造找坡和结构找坡，如图 11-4 所示。构造找坡又称材料找坡或垫置坡度，是在水平的屋面板上面，采用轻质材料垫置出屋面排水坡度，找坡材料多用炉渣等轻质材料。当保温层为松散材料时，也可利用保温材料本身做成不均匀厚度来形成一定的坡度。结构找坡又称搁置坡度，它是将屋面板搁放在有一定倾斜度的梁或墙上，而形成屋面的坡度，不需另做找坡材料层，从而减少了屋面荷载，施工简单、造价低，但顶棚是斜面，往往需设吊顶棚。

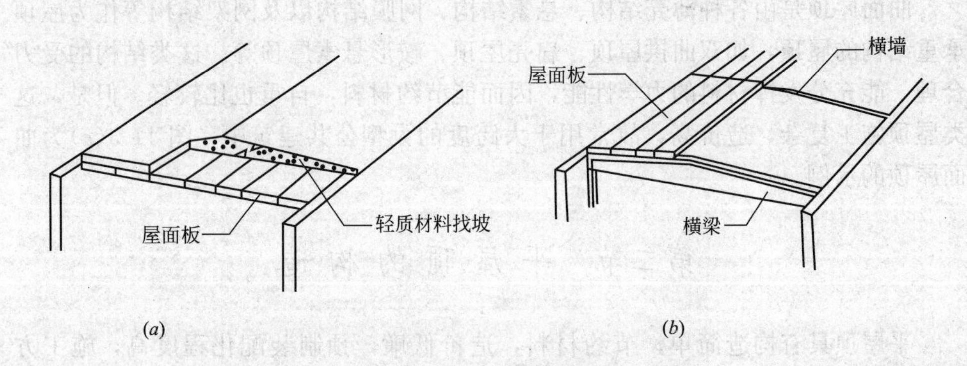

图 11-4　平屋顶坡度的形成

(*a*)材料找坡；(*b*)结构找坡

平屋顶的排水方式分为无组织排水和有组织排水两大类。

(一) 无组织排水

无组织排水又称自由落水，是指屋面的雨水由檐口自由滴落到室外地面的排水方式。这种排水方式不需设置天沟、雨水管进行导流，具有构造简单，造价低廉，不易漏雨和堵塞的优点。建筑物较高或雨量较大时，屋檐落水将沿檐口形成水帘，雨水四溅，危害墙身和环境。因此，这种排水方式主要适用于少雨地区的低层建筑中。

(二) 有组织排水

有组织排水多用于高度较大或较为重要的建筑，以及年降水量较大地区的建筑，宜采用有组织排水方式。有组织排水是将屋面划分成若干区域，按一定的排水坡度把屋面雨水有组织地引导到檐沟或雨水口，通过雨水管排到散水或明沟中，如图 11-5 所示。与自由落水相比，这种方式构造较复杂，造价较高。有组织排水分为外排水和内排水两种形式。

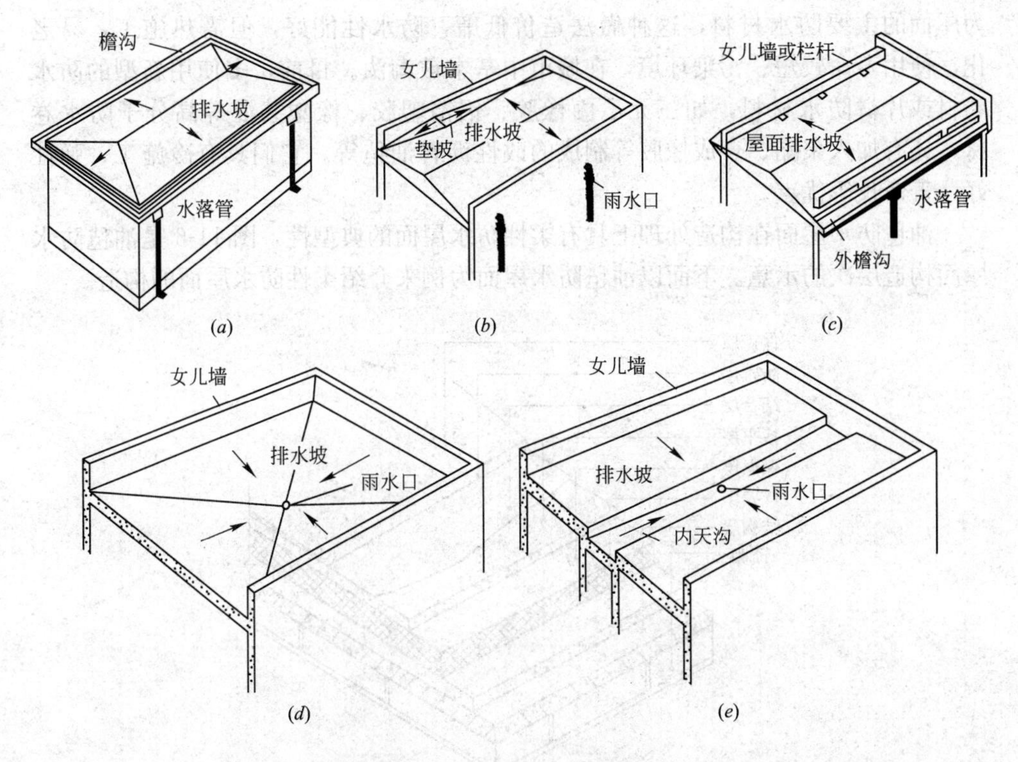

图 11-5 平屋顶有组织排水

(*a*)挑檐沟外排水；(*b*)女儿墙外排水；(*c*)女儿墙外檐沟外排水；(*d*)内排水；(*e*)内天沟排水

1. 外排水

外排水根据檐口做法不同可分为檐沟外排水和女儿墙外排水。檐沟外排水是根据建筑物的跨度和立面造型的需要，将屋面做成单坡、双坡或四坡，相应地在单面、双面或四面设置排水檐沟。雨水从屋面排至檐沟，沟内垫出不小于0.5%的纵向坡度，把雨水引向雨水口，再经落水管排到地面的明沟和散水；女儿墙外排水是在女儿墙内侧设内檐沟或垫坡，雨水口穿过女儿墙，在女儿墙外面设落水管，如图 11-5(*a*)、(*b*)、(*c*)所示。

2. 内排水

多跨房屋的中间跨、高层建筑及严寒地区(为防止室外落水管冻结堵塞)的建筑等不宜在外墙设置落水管，这时可采用内排水，雨水由屋面天沟汇集，经雨水口和室内雨水管排入地下排水系统，如图 11-5(*d*)、(*e*)所示。

三、平屋顶的防水构造

按防水层的做法不同，平屋顶的防水构造分为柔性防水屋面、刚性防水屋面和粉剂防水屋面等几种形式。

(一) 柔性防水屋面

柔性防水屋面是将柔性的防水卷材或片材用胶结材料粘贴在屋面上，形成一个大面积的封闭防水覆盖层，又称卷材防水屋面。这种防水层具有一定的延伸性，能适应温度变化而引起的屋面变形。在传统的构造做法中多使用沥青油毡做为屋面的主要防水材料，这种做法造价低廉，防水性能好，但需热施工，易老化、使用寿命较短、污染环境，在城市中基本被淘汰。目前，多使用新型的防水卷材或片材防水材料，如三元乙丙橡胶、铝箔塑胶、橡塑共混等高分子防水卷材，还有加入聚酯、合成橡胶等制成的改性沥青油毡等。它们具有冷施工、弹性好、寿命长等优点。

油毡防水屋面在构造处理上具有柔性防水屋面的典型性，图 11-6 是油毡防水屋面构造层次的示意。下面以油毡防水屋面为例来介绍柔性防水屋面的构造。

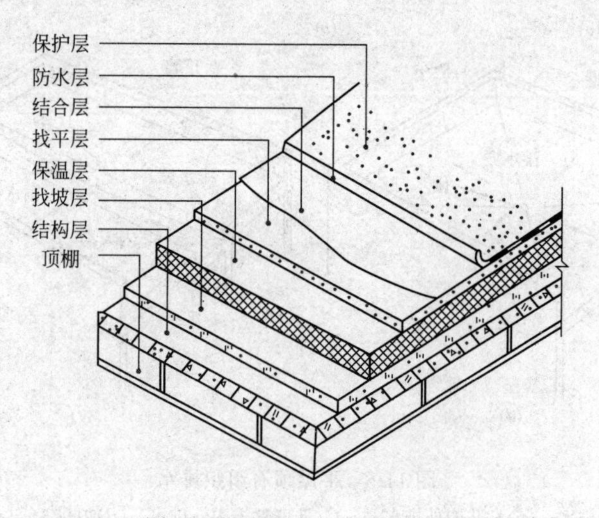

图 11-6　油毡防水屋面的构造

1. 油毡防水屋面的构造组成

(1) 找平层。防水卷材应铺设在表面平整的找平层上，找平层一般设在结构层或保温层上面，采用 1∶3 水泥砂浆进行找平，厚度约为 15～20mm，作为卷材屋面的基层。

(2) 结合层。由于砂浆中水分的蒸发在找平层表面形成小的孔隙和小颗粒粉尘，严重影响了沥青胶与找平层的粘结。因此，必须在找平层上预先涂刷一层既能和沥青胶粘结，又容易渗入水泥砂浆表层的沥青溶液。这种溶液是用柴油或汽油作为溶剂将沥青稀释，称为冷底子油。冷底子油是卷材面层与找平层的结合层。

(3) 防水层。油毡防水层是由沥青胶结材料和卷材交替粘合而形成的屋面整体防水覆盖层。它的层次顺序为：沥青胶——油毡——沥青胶——油毡——沥青胶……。一般情况下，屋面铺两层卷材，在卷材与找平层之间、卷材之间、上层表面共涂浇三层沥青粘结，称为二毡三油。当屋面防水的标准较高时，往往采用多层铺贴的方式，如三毡四油、四毡五油。

平屋顶铺贴卷材，一般有垂直屋脊和平行屋脊两种做法。通常以平行屋脊铺设较多，即从屋檐开始平行于屋脊由下向上铺设，上下边搭接 80～120mm，左右边搭接 100～150mm，并在屋脊处用整幅油毡压住坡面油毡。为了防止沥青胶结材料因厚度过大而发生龟裂，每层沥青胶结材料的厚度要控制在 1～1.5mm 以内，最大不应超过 2mm。为保证卷材屋面的防水效果，在铺贴卷材时，必须要求基层干燥，避免基层的湿气存留在卷材层内。另外，有时室内水蒸气透过结构层渗入卷材下。这两种情形下的水蒸气在太阳辐射热的作用下，将气化膨胀，从而导致卷材起鼓，鼓泡的绉褶和破裂将使屋面漏水，如图 11-7 所示。因此，在铺设第一层油毡时，将粘结材料沥青涂刷成点状或条状，如图 11-8 所示，点与条之间的空隙即作为排汽的通道，将蒸汽排出。

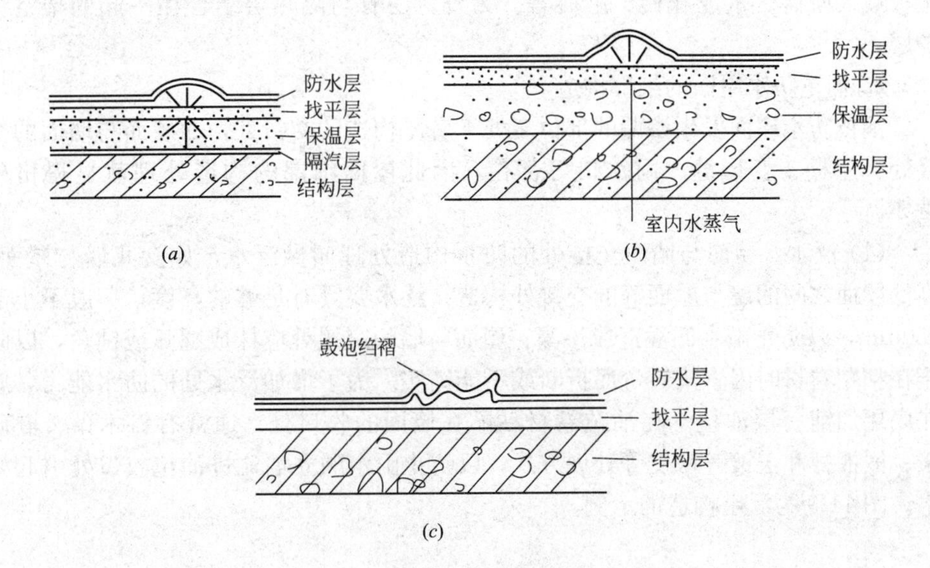

图 11-7 卷材防水层鼓泡的形成与破裂

(a)隔汽层以上含水；(b)室内水蒸气渗入；(c)鼓泡的皱褶和破裂

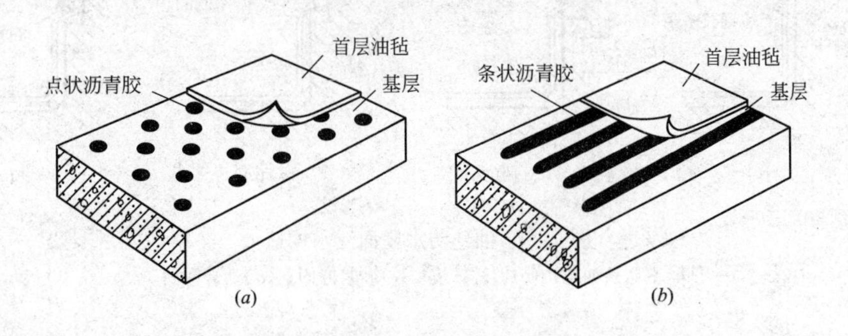

图 11-8 基层与卷材间的蒸汽扩散层

(a)沥青胶点状粘贴；(b)条状粘贴

(4) 保护层。油毡防水层的表面呈黑色，最易吸热，夏季表面温度可达 60～80℃以上，沥青会因高温而流淌。由于温度不断变化，油毡很容易老化。为防止沥青老化，延长油毡防水层的使用寿命，需在防水层之上增设保护层。

保护层的做法分上人和不上人两种。不上人保护层目前有两种做法：一是砾砂保护层。其做法是在最上面的油毡上涂沥青胶后，满粘一层 3～6mm 粒径的粗砂，俗称绿豆砂。砂子色浅，能够反射太阳辐射热。二是铝银粉涂料保护层。它是由铝银粉、清漆、熟桐油和汽油调配而成，将它直接涂刷在油毡表面，可形成一层银白色，类似金属面的光滑薄膜，不仅可降低屋顶表面温度15℃以上，还有利于排水，且自重较小，综合造价也不高。目前正逐步推广应用。上人屋面保护层有现浇混凝土和铺贴块材保护层两种做法。前者一般是在防水层上浇筑30～60mm厚的细石混凝土面层(根据需要，可以内置钢筋网)，每2m左右留一分格缝，缝内用沥青胶嵌满。后者一般用20mm厚的水泥砂浆或干砂层铺设预制混凝土板或大阶砖、水泥花砖、缸砖等。另外，还有与隔热层结合在一起的架空保护层。

2. 油毡防水屋面的细部构造

油毡防水屋面发生渗漏的部位多处于房屋构造的交接处，如屋面与墙面的交接处、屋檐、变形缝、雨水口等部位，因此屋面细部的构造处理就显得格外重要。

(1) 泛水。屋面与墙面交接处的防水构造处理叫做泛水，如女儿墙与屋面、高低屋面之间的墙与屋面等的交接处构造。泛水要具有足够的高度，一般不小于250mm，以防止雨水四溢造成渗漏。屋面与墙的交接处应抹成圆弧或钝角，以防止在粘贴卷材时因直角转弯而折断或不能铺实。为了增加泛水处的防水能力，应在底层加铺一层油毡。在油毡卷材粘贴在墙面的收口处，通常有钉木条、嵌砂浆、嵌油膏和盖镀锌铁皮等处理方式，以防止雨水顺立墙流进油毡收口处引起漏水。图11-9为泛水构造的示例。

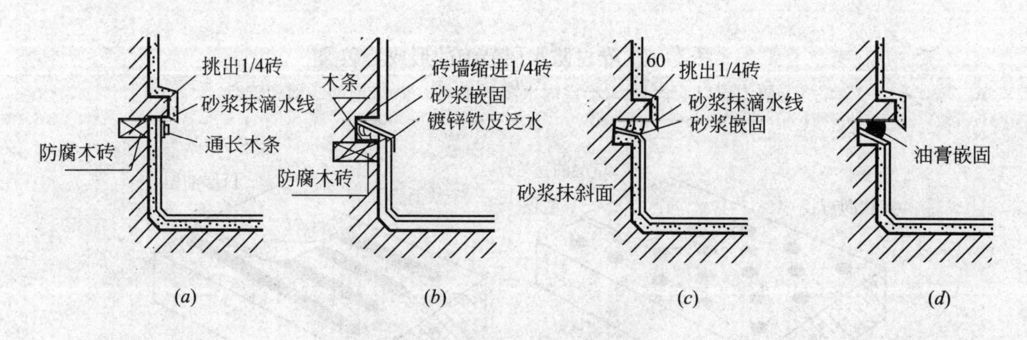

图11-9　油毡防水屋面泛水构造

(*a*)木压条油毡；(*b*)镀锌铁皮；(*c*)砂浆嵌固；(*d*)油膏嵌固

(2) 檐口构造。在檐口部位的油毡防水层均易开裂、渗水，因此，必须做好油毡防水层在檐口处的收头处理。对于自由落水檐口，为使屋面雨水迅速排除，一般在距檐口0.2～0.5m范围内的屋面坡度不宜小于15%。檐口处要做滴水线，并用1∶3水泥砂浆抹面。卷材收头处采用油膏嵌缝，上面再撒绿豆砂保护，或镀锌铁皮出挑。图11-10为自由落水檐口构造的示例。

有组织排水的檐口有外挑檐口、女儿墙带檐沟檐口等多种形式。檐沟内要加铺一层油毡，檐口油毡收头处，可用砂浆压实、嵌油膏和插铁卡等方法处理。图11-11为有组织排水檐口构造的示例。

(3) 雨水口构造。雨水口是将屋面雨水排至雨水管的连通构件，应排水通

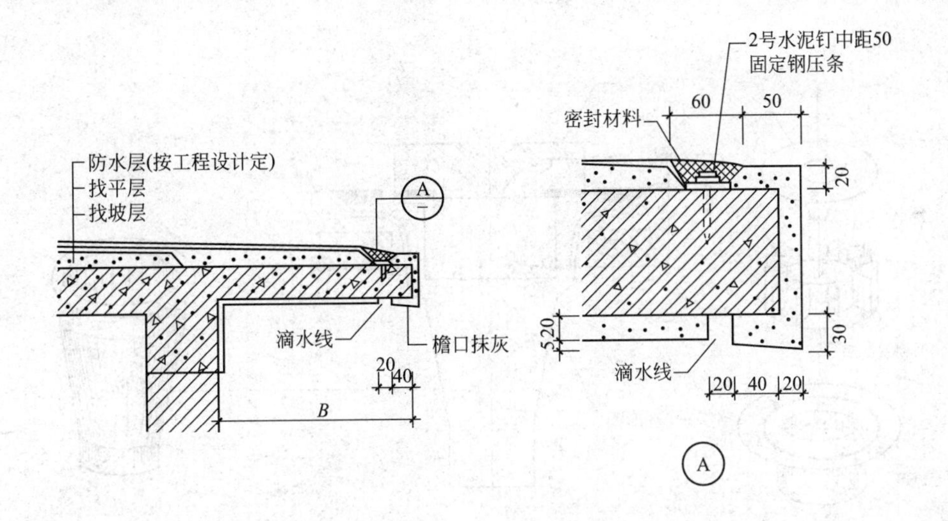

图 11-10 自由落水檐口构造

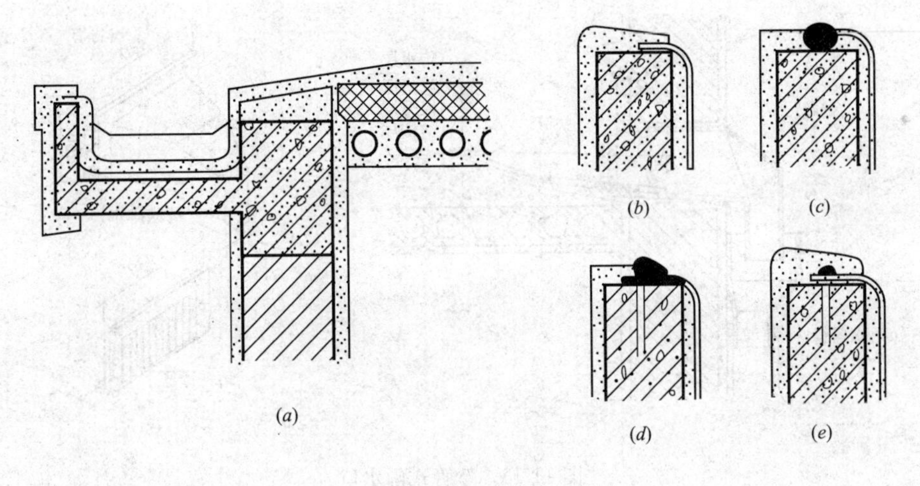

图 11-11 有组织排水檐口构造

(*a*)檐口构造；(*b*)砂浆压毡收头；(*c*)油膏压毡收头；(*d*)插铁油膏压毡收头；(*e*)插铁砂浆压毡收头

畅，不易堵塞和渗漏。雨水口分为直管式和弯管式两类，直管式适用于中间天沟、挑檐沟和女儿墙内排水天沟的水平雨水口；弯管式则适用于女儿墙的垂直雨水口。直管式雨水口一般用铸铁或钢板制造，有各种型号，根据降水量和汇水面积进行选择。它由套管、环形筒、顶盖底座和顶盖儿部分组成，如图11-12所示。弯管式雨水口呈 90°弯曲状，由弯曲套管和铸铁管两部分组成，如图11-13 所示。

(二) 刚性防水屋面

刚性防水屋面用防水砂浆或细石混凝土等刚性材料做防水面层。由于防水砂浆中掺有防水剂，它堵塞了毛细孔道；而细石混凝土是通过一系列精加工排除多余水分，从而提高了它们的防水性能。防水砂浆和防水混凝土的抗拉强度低，属

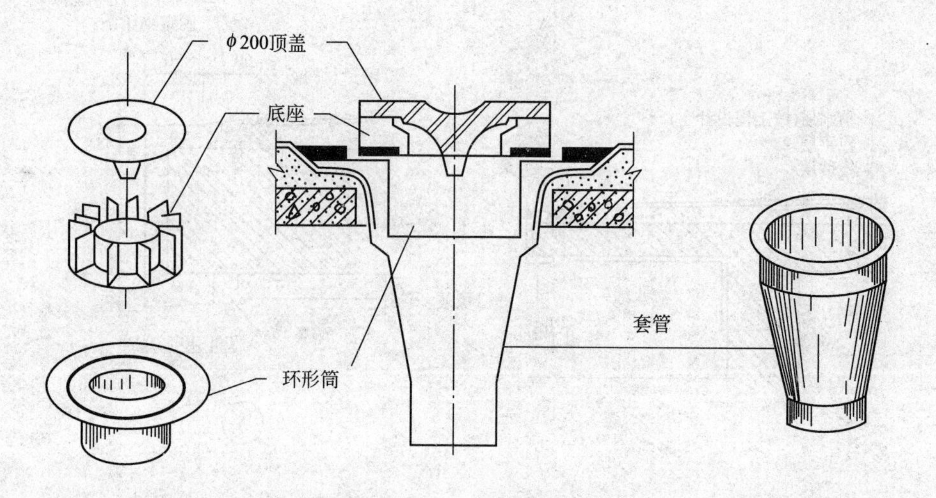

图 11-12　直管式雨水口

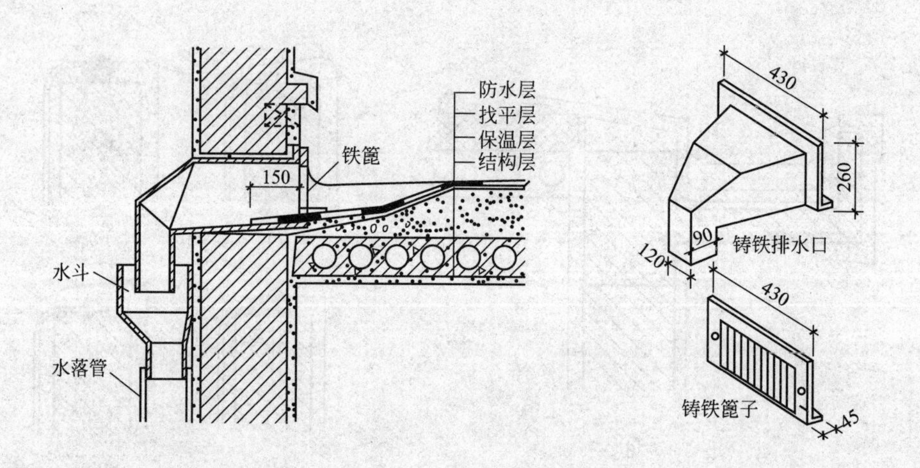

图 11-13　弯管式雨水口

于脆性材料，故称为刚性防水屋面。这种屋面的主要优点是构造简单、施工方便、造价低，但容易受温度变化和结构变形的影响产生开裂。刚性防水屋面多用于南方地区。

下面以混凝土防水屋面为例介绍刚性防水屋面的一般构造。

1. 混凝土防水屋面的构造层次

(1) 防水层。采用不低于 C25 的细石混凝土整体浇筑，其厚度不应小于 40mm，并在混凝土中配置 ϕ4@100～200mm 的双向钢筋网片，以防止混凝土产生温度裂缝。为了提高混凝土的抗裂和抗渗性能，在细石混凝土防水层中，应掺入外加剂，如膨胀剂、防水剂等。

(2) 隔离层。结构层在荷载作用下产生挠曲变形，在温度变化时产生伸缩变形。因结构层较防水层厚，其刚度也大，当结构层产生上述变形时，就会将防水层拉裂，为了减少结构层变形对防水层的不利影响，应在防水层与结构层之间设置隔离层。隔离层可采用纸筋灰、强度等级较小的砂浆或薄砂层上干铺一层油毡等做法。

(3) 找平层。当结构层为预制装配式混凝土楼板时，应做找平层。找平层采用1∶3水泥砂浆，厚度为10～20mm。若采用现浇钢筋混凝土整体结构时，可不设找平层。

(4) 结构层。采用现浇钢筋混凝土楼板或预制装配式混凝土楼板。

2. 混凝土防水屋面的细部构造

混凝土防水屋面与油毡防水屋面一样，要做好泛水、天沟、檐口、雨水口等部位的细部构造，同时还应做好防水层的分仓缝。

(1) 分仓缝。分仓缝又称分格缝。大面积的钢筋混凝土防水层，因受外界温度的变化而出现热胀冷缩，可能导致混凝土开裂；在荷载作用下，屋面板产生挠曲变形，板的支承端翘起，也可能引起混凝土防水层破裂，从而造成屋面渗漏。如果在这些部位预留好分仓缝，便可避免防水层开裂。分仓缝间距应控制在屋面因温度变化产生变形的许可范围内，分仓缝设在结构变形敏感的部位。其划分的面积一般在15～25m^{2}左右，间距控制在3～5m。一般原则是分仓缝应设置在预制板的支承端、屋面的转折处、板与墙的交接处，分仓缝应与板缝上下对齐，如图11-14所示。分仓缝宽度宜为20mm左右，缝内填沥青麻丝等弹性材料，上口嵌油膏或覆盖油毡条，如图11-15所示。

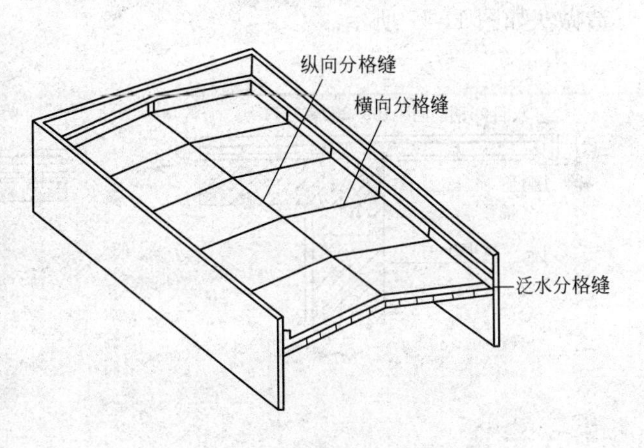

图11-14 分仓缝位置

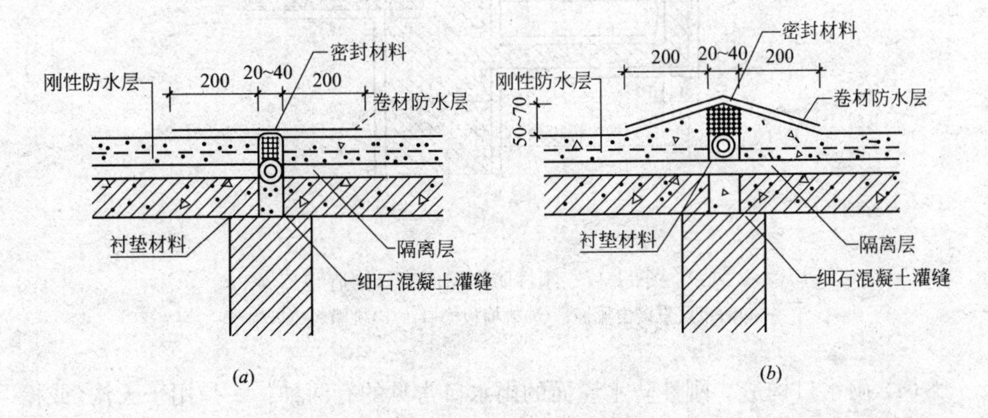

图11-15 分仓缝节点构造
(a)平缝；(b)凸缝

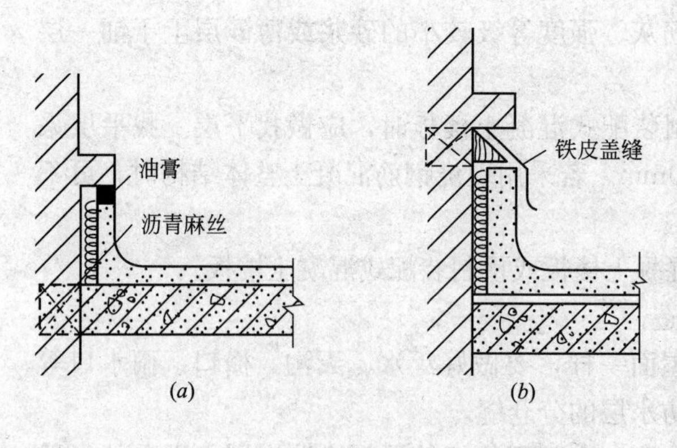

图 11-16 刚性防水屋面泛水构造

(a)油膏嵌缝；(b)镀锌铁皮盖缝

(2) 泛水构造。刚性防水屋面的泛水构造与油毡防水屋面基本相同，即泛水应有足够高度，一般不小于 250mm。泛水与屋面防水层应一次浇筑，不留施工缝；转角处浇成圆弧形；泛水上端也应有挡雨措施。刚性屋面泛水与凸出屋面的结构物(女儿墙、通风道等)之间必须留分仓缝，以避免因两者变形不一致而导致泛水开裂，如图 11-16 所示。

(3) 檐口构造。刚性防水屋面常用的檐口形式有自由落水挑檐口、挑檐沟檐口、女儿墙外排水檐口等。其构造做法如图 11-17 所示。

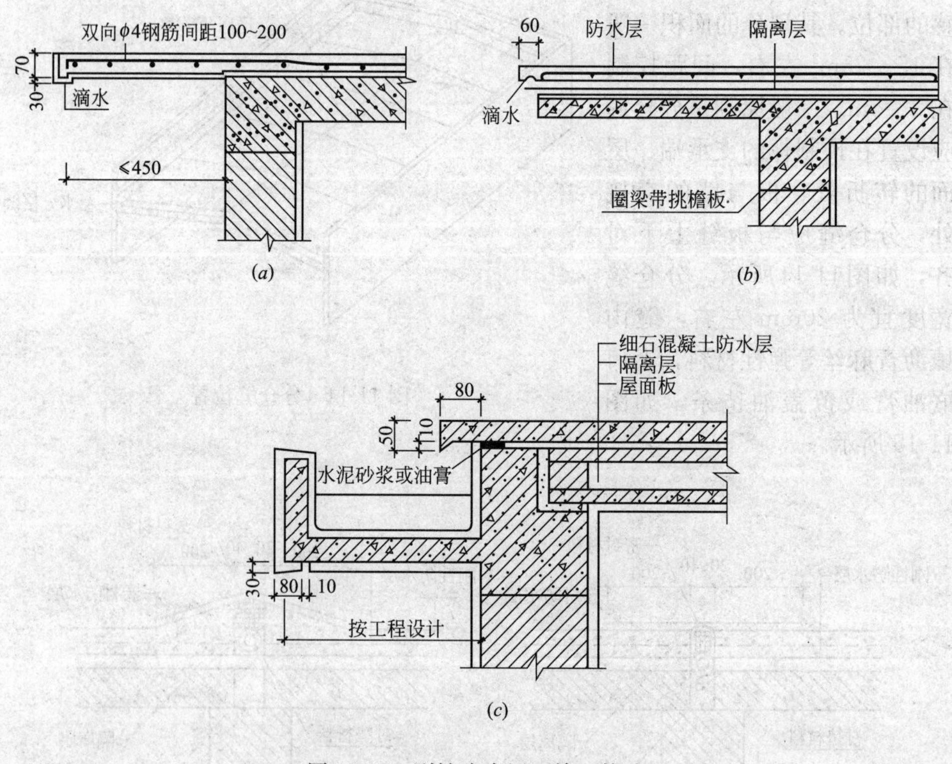

图 11-17 刚性防水屋面檐口构造

(a)防水层直接出挑檐；(b)挑檐板檐口；(c)挑檐沟檐口构造

(4) 雨水口构造。刚性防水屋面的雨水口常见的有两种：一是用于天沟(或檐沟)的直管式雨水口，二是用于女儿墙外排水的弯管式雨水口。其构造做法如图 11-18 所示。

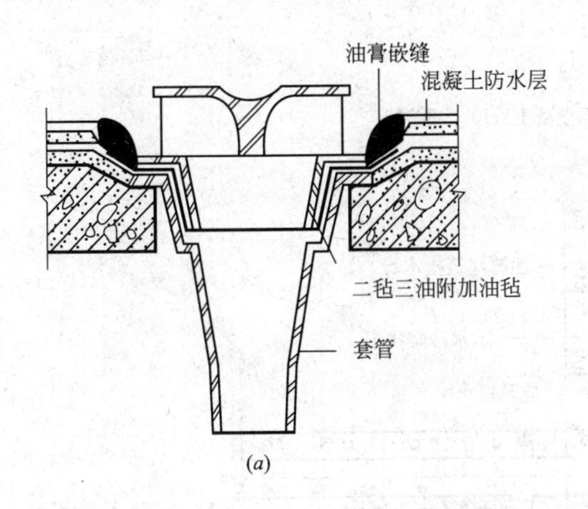

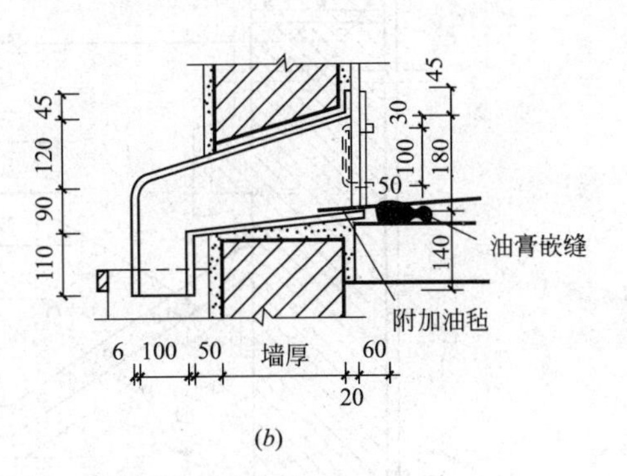

图 11-18　刚性防水屋面雨水口构造

(a)直管式雨水口；(b)弯管式雨水口

（三）粉剂防水屋面

粉剂防水屋面又称拒水粉防水，是以硬脂酸钙为主要原料，通过特定的化学反应组成的复合型粉状防水材料。它是一种不同于柔性防水和刚性防水的新型防水形式。这种防水层透气而不透水，有极好的憎水性和随动性，构造简单，施工快捷。

粉剂防水屋面的构造是先在基层上抹1∶3水泥砂浆找平层或做细石混凝土层，再铺5～7mm厚的建筑拒水粉，如图11-19所示。为避免保护层施工时，粉剂防水层的整体性受到破坏，常在防水层与保护层之间做一层隔离层，即用成卷的普通纸或无纺布铺盖于防水层上。为避免粉剂防水层在使用过程中受外力作用而破坏，常需在防水层之上做保护层加以保护，保护层材料可分为铺贴类和整浇类两大类。铺贴类常用水泥砖、缸砖、黏土砖或预制混凝土板等；整浇类常选用细石混凝土或水泥砂浆。

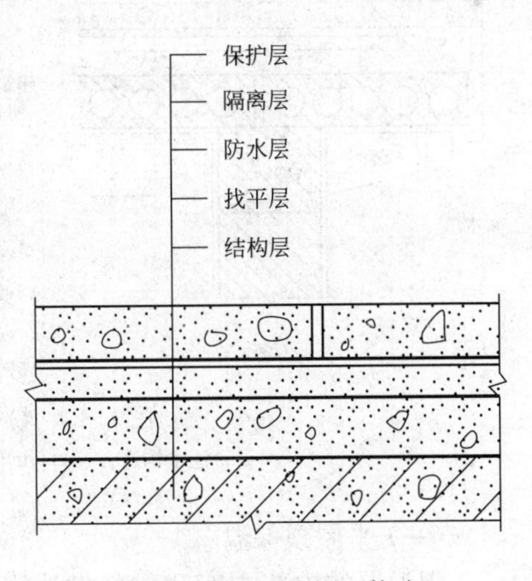

图 11-19　粉剂防水屋面构造

为保证良好的防水效果，当遇到檐口、天沟、变形缝等薄弱部位时，其防水粉应适当加厚。粉剂防水屋面的分格缝、泛水、檐口等部位的设置原则及细部构造处理与刚性防水屋面大致相同，其细部构造做法如图11-20所示。

四、平屋顶的保温与隔热

屋顶属建筑物的外围护结构，不仅有遮风、挡雨的功能，还应满足保温与隔热的功能要求。在寒冷地区为防止建筑物的热量散失过多、过快，须在屋顶结构中设置保温层。夏季在太阳辐射热和室外高温空气的综合作用下，通过屋顶传入室内大量的热量，必须从构造上采取相应的隔热措施。

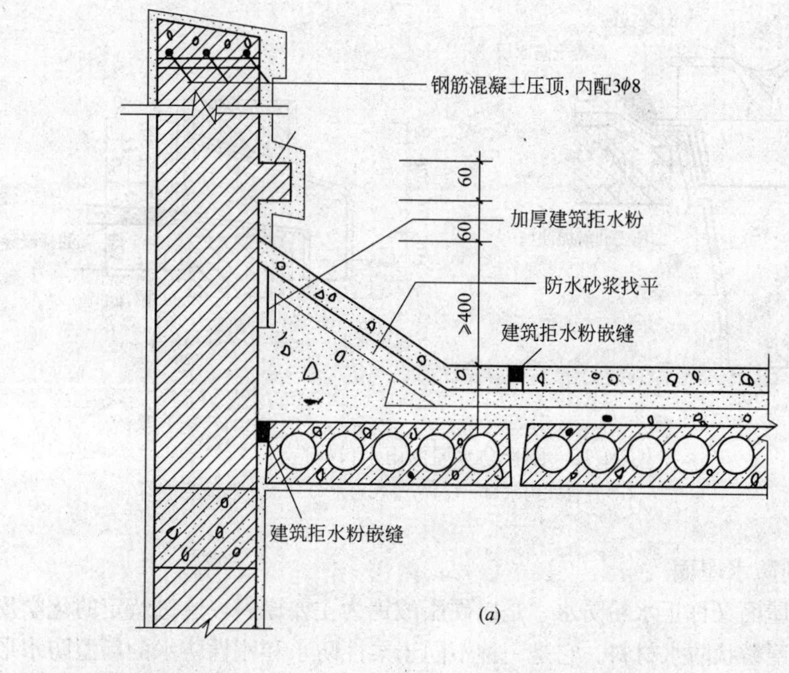

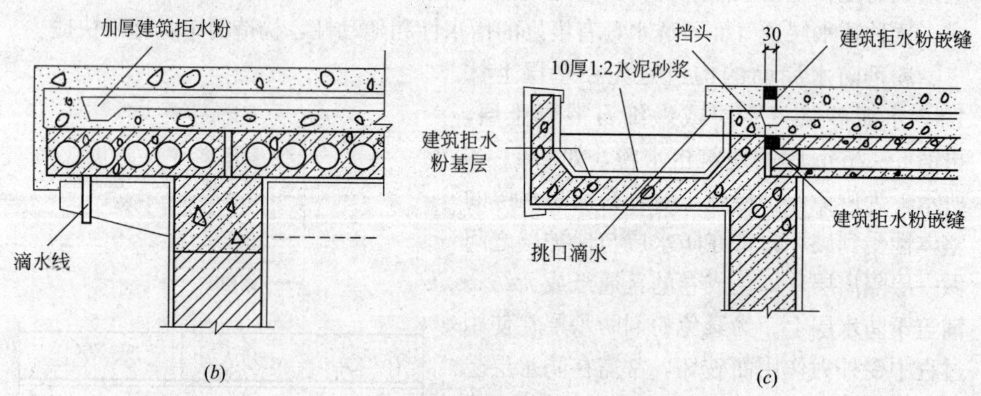

图 11-20　粉剂防水屋面细部构造

(a)泛水构造；(b)自由落水挑檐；(c)有组织排水挑檐沟

（一）平屋顶保温

保温层的构造方案和材料做法需根据使用要求、气候条件、屋顶的结构形式、防水处理方法等因素来具体考虑确定。

1. 屋面保温材料

屋面保温材料应选用轻质、多孔、导热系数小的材料。有散料、现场浇筑的拌合物、板块料等三大类。常用的散料有炉渣、矿渣、膨胀珍珠岩等。现浇式保温层是在结构层上用轻骨料（矿渣、陶粒、蛭石、珍珠岩等）与石灰或水泥拌合，浇筑而成。常用的保温层板块有预制膨胀珍珠石板、膨胀蛭石板、加气混凝土块、聚苯乙烯泡沫塑料板等。

2. 保温层的位置

根据屋顶结构层、防水层和保温层的相对位置不同，可归纳为以下几种情况：

(1) 保温层设在防水层之下，结构层之上。这种形式构造简单，施工方便，是目前应用最广泛的一种形式，如图 11-21(*a*)所示。

(2) 保温层与结构层相结合的复合板材。有两种常用做法：一是为槽板内设置保温层，这种做法可减少施工工序，提高工业化施工水平，但造价偏高，如图 11-21(*b*)、(*c*)所示。另一种为保温材料与结构层融为一体，如加气的配筋混凝土屋面板。这种构件既能承重又能达到保温效果，施工简单，成本低，但其板的承载力较小，耐久性也差，多适用于标准较低且不上人的屋顶中，如图 11-21(*d*)所示。

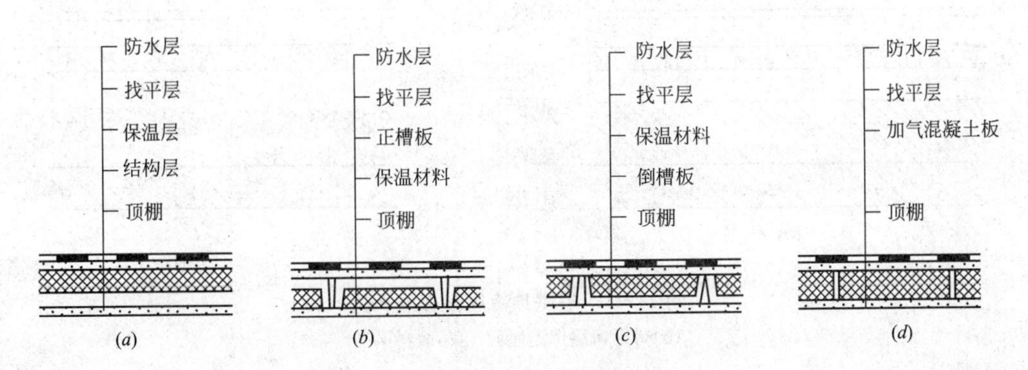

图 11-21 保温层位置

(*a*)在结构层上；(*b*)嵌入槽板中；(*c*)嵌入倒槽板中；(*d*)与结构层合一

(3) 保温层设置在防水层之上，亦称"倒铺法"保温。其构造层次为保温层、防水层、结构层，如图 11-22 所示。其优点是防水层被覆盖在保温层之下，而不受阳光及气候变化的影响，热温差较小，同时防水层不易受到来自外界的机械损伤，延长了使用寿命。该屋面保温材料宜采用吸湿性小的憎水材料，如聚苯乙烯泡沫塑料板或聚氨酯泡沫塑料板。在保温层上应设保护层，以防表面破损及延缓保温材料的老化过程。

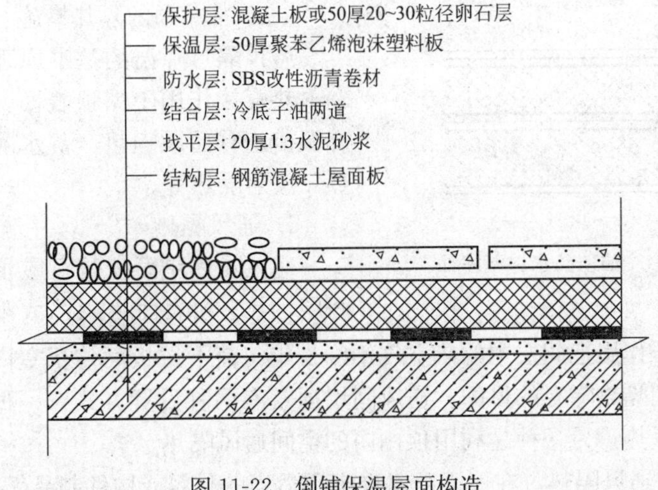

图 11-22 倒铺保温屋面构造

(4) 防水层与保温层之间设空气间层的保温屋面。由于空气间层的设置，室内采暖的热量不能直接影响屋面防水层，故把它称为“冷屋顶保温体系”。这种做法的保温屋顶，无论平屋顶或坡屋顶均可采用。平屋顶的冷屋面保温做法常用垫块架空预制板，形成空气间层，再在上面做找平层和防水层。其空气间层的主要作用是，带走穿过顶棚和保温层的蒸汽以及保温层散发出来的水蒸气；并防止屋顶深部水的凝结，带走太阳辐射热通过屋面防水层传下来的部分热量。因此，空气间层必须保证通风流畅，否则会降低保温效果，如图 11-23 所示。

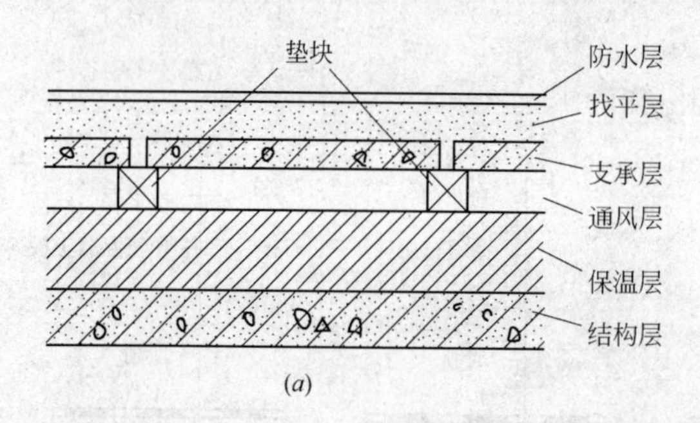

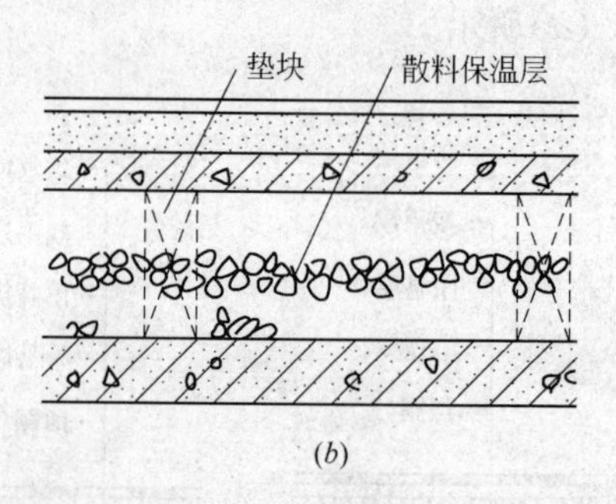

图 11-23　平屋顶冷屋面保温构造

(a)带通风层保温屋面；(b)散料保温

保护层：绿豆砂（粒径 3～6 不带棱角）
防水层：二毡三油（或三毡四油）
结合层：冷底子油一道
找平层：1:3 水泥砂浆
保温层：经热工计算确定
找坡层：1:8 水泥炉渣，最薄处 15 厚
隔汽层：经计算确定
找平层：1:3 水泥砂浆
结构层：钢筋混凝土板（预制或现浇）

图 11-24　油毡防水保温屋面

3. 隔蒸汽层的设置

当保温层设在结构层之上，并在保温层上直接做防水层时，在保温层下要设置隔蒸汽层。隔汽层的作用是防止室内水蒸气透过结构层，渗入保温层内，使保温材料受潮，影响保温效果。隔汽层的做法通常是在结构层上做找平层，再在其上涂热沥青一道或铺一毡二油。油毡防水保温平屋顶构造如图 11-24 所示。

(二) 平屋顶的隔热措施

屋顶隔热降温的基本原理是减少太阳辐射热直接作用于屋顶表面。常见的隔热降温措施有通风隔热、蓄水隔热、植被隔热、反射隔热等。

1. 通风隔热

通风隔热屋面就是在屋顶中设置通风间层，其上层表面可遮挡太阳辐射热，由于风压和热压作用把间层中的热空气不断带走，使下层板面传至室内的热量大为减少，以达到隔热降温的目的。通风间层通常有两种设置方式：一种是在屋面上的架空通风隔热，另一种是利用顶棚内的空间通风隔热。

(1) 架空通风隔热。在屋面防水层上用适当的材料或构件制品做架空隔热层。

这种屋面不仅能达到通风降温、隔热防晒的目的，还可以保护屋面防水层。图11-25为架空通风隔热层的示例。

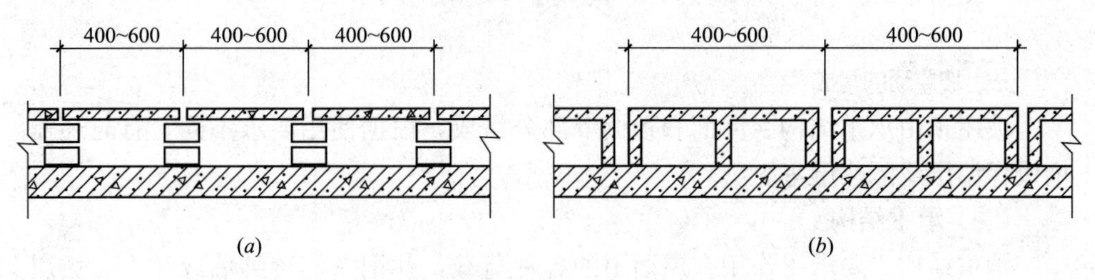

图 11-25 架空隔热屋面构造

(a)预制混凝土板或大阶砖架空层；(b)预制混凝土山形板架空层

(2) 顶棚通风隔热。利用顶棚与屋顶之间的空间作通风隔热层，一般在屋面板下吊顶棚，檐墙上开设通风口，如图 11-26 所示。

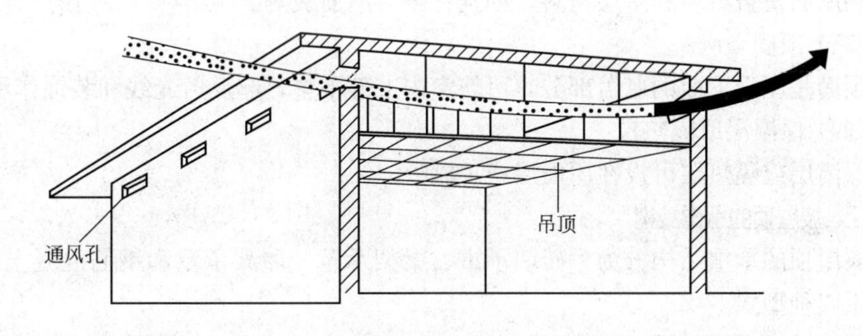

图 11-26 顶棚通风隔热屋面

2. 蓄水隔热

蓄水屋面就是在平屋顶上蓄积一定深度的水，利用水吸收大量太阳辐射和室外气温的热量，将热量散发，以减少屋顶吸收热能，从而达到降温隔热的目的。水层对屋面还可以起到保护作用。如混凝土防水屋面在水的养护下，可以减轻由于温度变化引起的裂缝和延缓混凝土的碳化。如沥青材料和嵌缝胶泥等防水屋面，在水的养护下，可以推迟老化过程，延长使用寿命。

3. 反射降温隔热

屋面受到太阳辐射后，一部分辐射热量为屋面材料所吸收，另一部分被反射出去，反射的辐射热与入射热量之比称为屋面材料的反射率。这一比值的大小取决于屋面表面材料的颜色和粗糙程度，色浅而光滑的表面比色深而粗糙的表面具有更大的反射率。在设计中，应恰当地利用材料的这一特性。例如，采用浅颜色的砾石铺面，或在屋面上涂刷一层白色涂料等。

4. 植被屋面

在屋面防水层上覆盖种植土，种植各种绿色植物。利用植物的蒸发和光合作用，吸收太阳辐射热，因此可以达到隔热降温的作用。这种屋面有利于美化环境，净化空气，但增加了屋顶荷载，结构处理较复杂。

第三节　坡屋顶的构造

一、坡屋顶的组成

坡屋顶由承重结构、屋面和顶棚等部分组成，根据使用要求不同，有时还需增设保温层或隔热层等。

（一）承重结构

承重结构主要承受作用在屋面上的各种荷载，并把它们传到墙或柱上。坡屋顶的承重结构一般由椽条、檩条、屋架或大梁等组成。现代仿古建筑中，多采用钢筋混凝土梁板结构。

（二）屋面

屋面是屋顶的上覆盖层，直接承受风、雨、雪和太阳辐射等大自然的作用。它包括屋面覆盖材料和基层材料，如挂瓦条、屋面板等。

（三）顶棚

顶棚是屋顶下面的遮盖部分，可使室内上部平整，起反射光线和装饰作用。

（四）保温层或隔热层

保温层或隔热层可设在屋面层或顶棚处。

二、坡屋顶的承重结构

坡屋顶的承重结构分为：砖墙承重、梁架承重、屋架承重和钢筋混凝土屋面板承重四种型式。

（一）砖墙承重（硬山搁檩）

横墙间距较小时，可将横墙顶部做成坡形，直接搁置檩条，即为砖墙承重。这类结构形式亦叫做硬山搁檩，如图 11-27 所示。

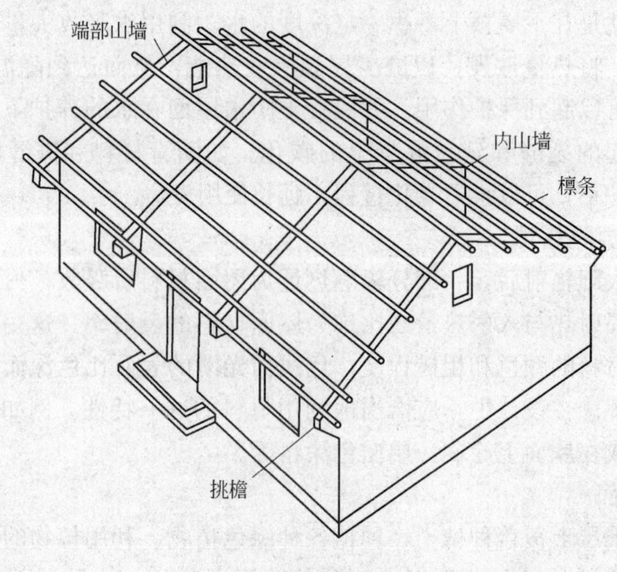

图 11-27　砖墙承重

（二）梁架承重

这是我国传统的木结构形式，它由柱和梁组成排架，檩条置于梁间承受屋面荷载并将各排架联系成为一完整骨架。内外墙体均填充在骨架之间，仅起分隔和围护作用，不承受荷载。梁架交接点为榫齿结合，整体性和抗震性较好。这种结构形式的梁受力不够合理，梁截面需要较大，耐火及耐久性均差，维修费用高，现已很少采用，如图 11-28 所示。

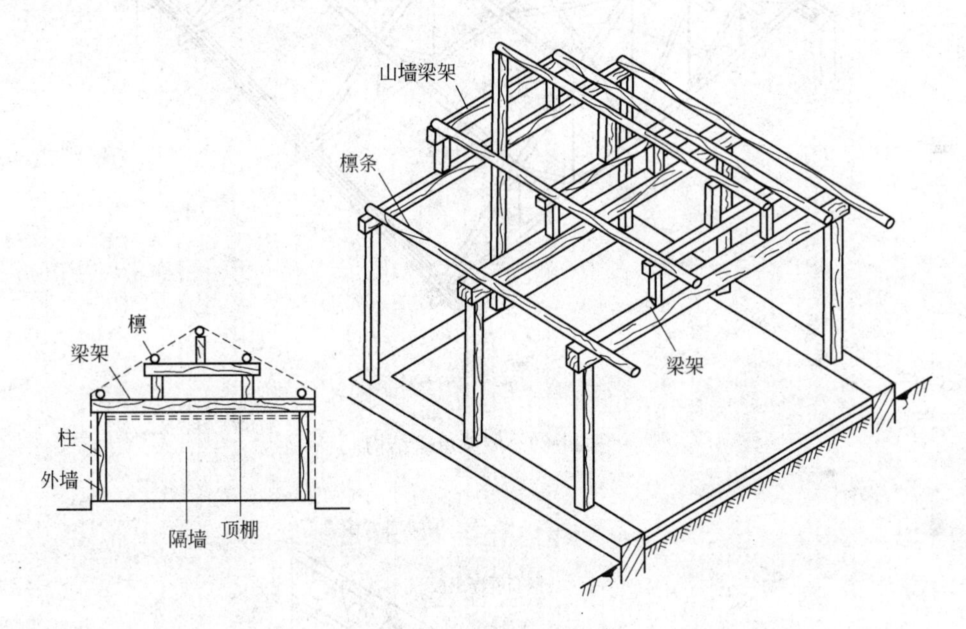

图 11-28　梁架承重结构

（三）屋架承重

用做屋顶承重结构的桁架叫屋架。屋架支承于墙或柱上，可根据排水坡度和空间要求，组成三角形、梯形、矩形、多边形屋架。屋架中各杆件受力较合理，因而杆件截面较小，且能获得较大跨度和空间。木制屋架跨度可达 18m，钢筋混凝土屋架跨度可达 24m，钢屋架跨度可达 36m 以上，如图 11-29 所示。

（四）钢筋混凝土屋面板承重

钢筋混凝土屋面板承重，在横墙、屋架或斜梁上倾斜搁置现浇或预制钢筋混凝土屋面板(类似于平屋顶的结构找坡屋面板的搁置方式)来作为坡屋顶的承重结构。

这种承重方式构造简单，节省木材，提高了建筑物的防火性能和耐久性，近年来常用于住宅建筑和风景园林建筑的屋顶，如图 11-30 所示。

三、坡屋顶的排水

坡屋顶排水有两种形式：无组织排水和有组织排水。

（一）无组织排水

一般在少雨地区或低层建筑中采用这种排水方式，构造简单且施工方便，造价低廉，如图 11-31(a)所示。

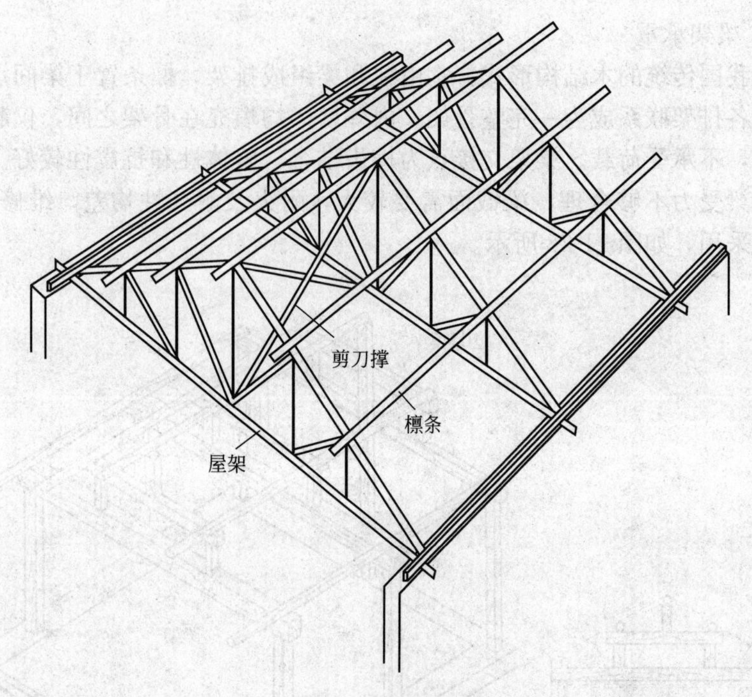

图 11-29　屋架承重结构

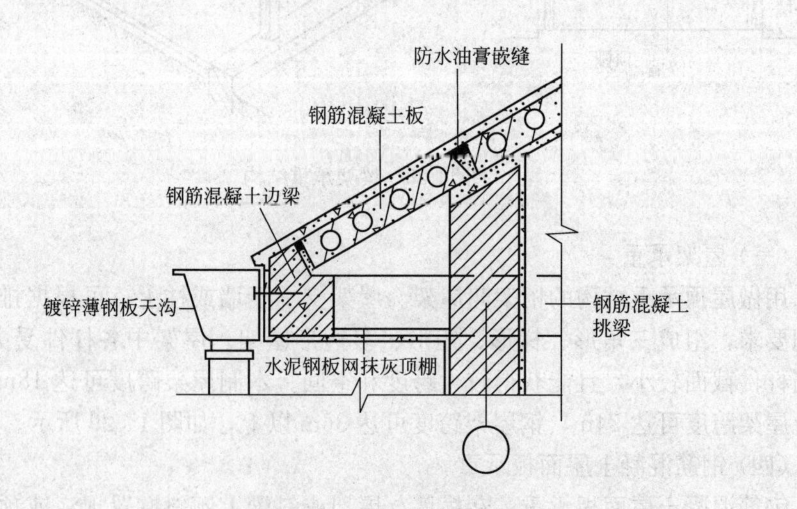

图 11-30　钢筋混凝土屋面板承重结构瓦屋面

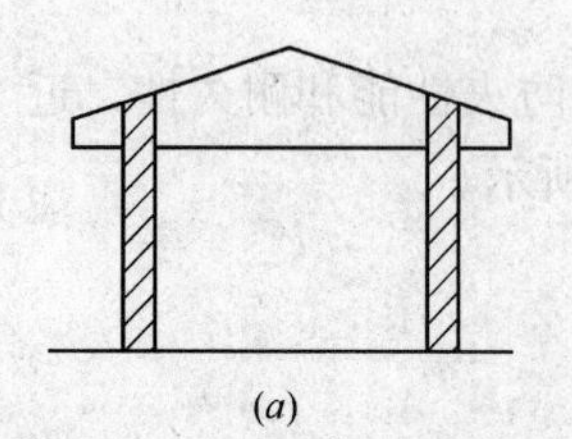

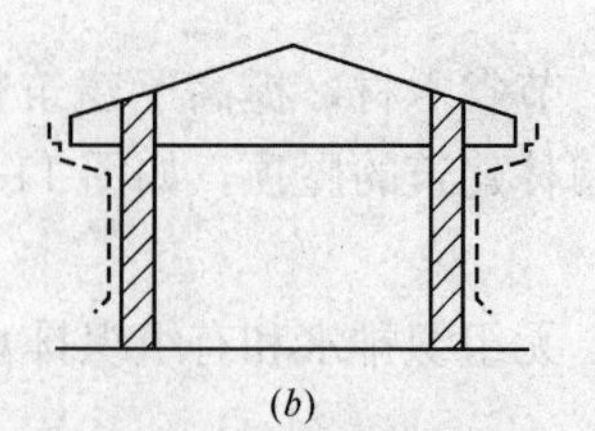

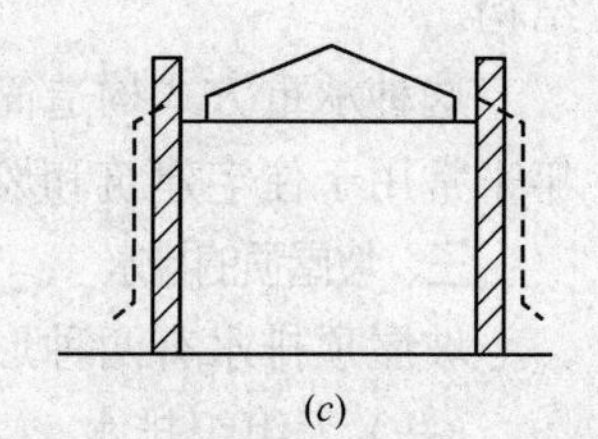

(*a*)　(*b*)　(*c*)

图 11-31　坡屋顶排水方式

(*a*) 无组织外排水；(*b*) 檐沟外排水；(*c*) 檐沟女儿墙外排水

(二) 有组织排水

有组织排水又分为：挑檐沟外排水和女儿墙檐沟外排水。

1. 挑檐沟外排水

在坡屋顶挑檐处悬挂檐沟，雨水流向檐沟，经雨水管排至地面，如图 11-31(*b*)所示。

2. 女儿墙檐沟外排水

在屋顶四周做女儿墙，女儿墙内再做檐沟，雨水流向檐沟，经雨水管排至地面，如图 11-31(*c*)所示。

四、坡屋顶的屋面构造

根据坡屋顶面层防水材料的种类不同，可将坡屋顶屋面划分为：平瓦屋面、波形瓦屋面、压型钢板屋面以及构件自防水屋面等。

(一) 平瓦屋面

平瓦有黏土瓦和水泥瓦两种，黏土瓦又称机制平瓦，是用黏土焙烧而成。一般尺寸为长 400mm，宽 230mm，厚 50mm(净厚约为 20mm)。为防止下滑，瓦背面设有挂钩，可以挂在挂瓦条上。平瓦屋面根据使用要求和基层材料不同，一般有以下几种铺法：

1. 冷滩瓦屋面

冷滩瓦屋面是平瓦屋面中最简单的构造做法，即在椽条上钉挂瓦条后直接挂瓦，如图 11-32 所示。椽条截面尺寸约为 50mm×50mm，挂瓦条截面尺寸视椽条间距而定。间距为 400mm 时，挂瓦条尺寸约为 30mm×30mm。冷滩瓦屋面构造简单、造价较低，但雨雪容易飘入室内，且屋顶的保温效果差，目前已经很少采用。

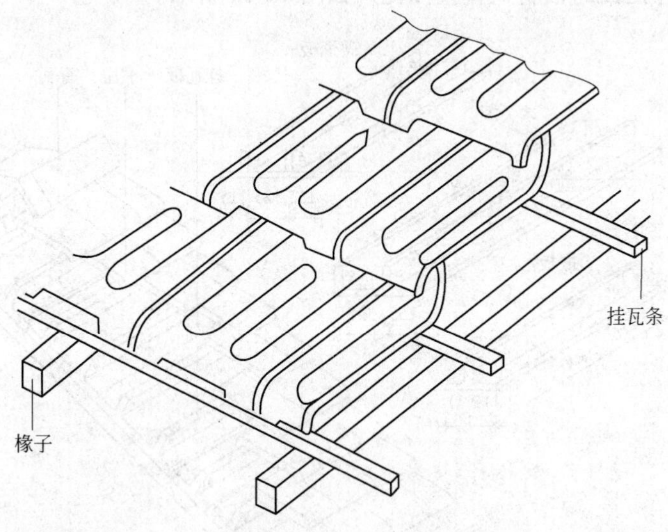

图 11-32 冷滩瓦屋面

2. 屋面板平瓦屋面

屋面板平瓦屋面，也叫木望板瓦屋面。先在檩条上平铺一层厚 15～20mm 的木板(又叫望板)，在板上满铺一层油毡，做为辅助防水层，油毡可平行屋脊方向铺设，从檐口铺到屋脊，搭接不小于 80mm，并用板条(称顺水条)钉牢，板条方向与檐口垂直，上面再钉挂瓦条，这样使挂瓦条与油毡之间留有空隙，以利排水，如图 11-33 所示。

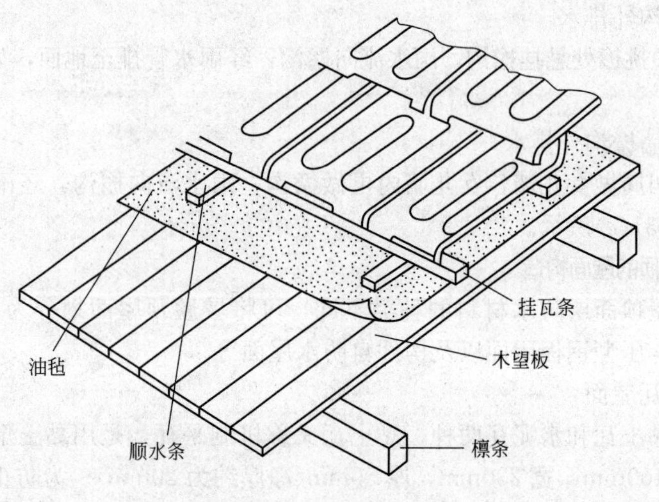

图 11-33　屋面板平瓦屋面

3. 钢筋混凝土板平瓦屋面

钢筋混凝土板平瓦屋面，是以钢筋混凝土板(现浇板、预制空心板、挂瓦板等)为瓦屋面基层，然后盖瓦的平瓦屋面。

钢筋混凝土板平瓦屋面的构造可分为以下两种：

① 将断面形状呈倒 T 形或 F 形的预制钢筋混凝土挂瓦板固定在横墙或屋架上，然后在挂瓦板的板肋上直接挂瓦，如图 11-34 所示。

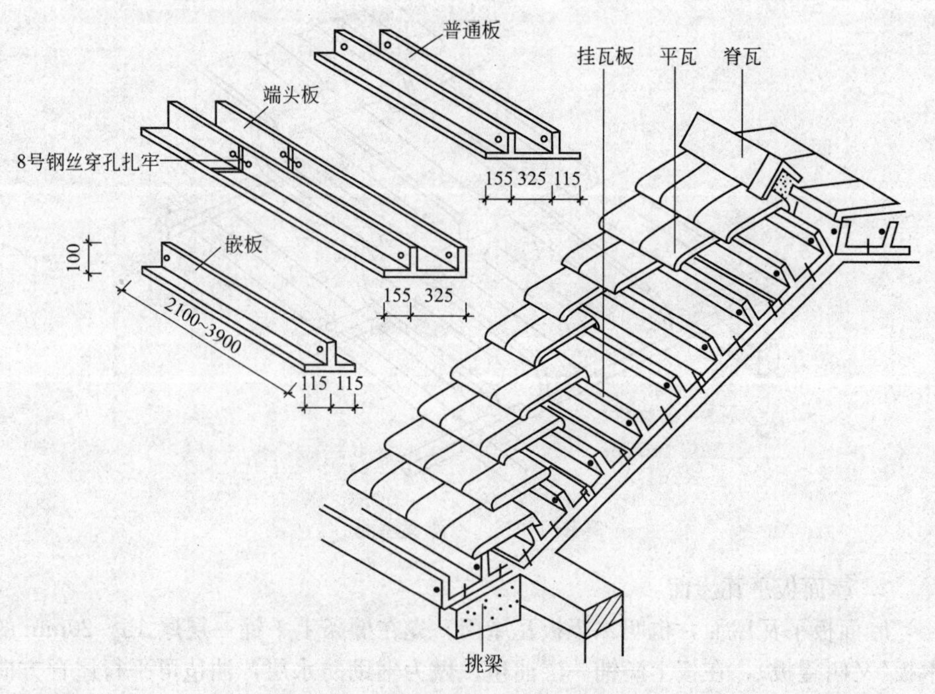

图 11-34　钢筋混凝土挂瓦板平瓦屋面

② 采用钢筋混凝土屋面板作为屋顶的结构层，上面盖瓦，盖瓦的方式有三种：上面固定挂瓦条挂瓦；用草泥或煤渣灰窝瓦泥背的厚度宜为 30～50mm；在屋面板上直接浇筑防水水泥砂浆并贴瓦或齿形面砖（又称装饰瓦），如图 11-35 所示。

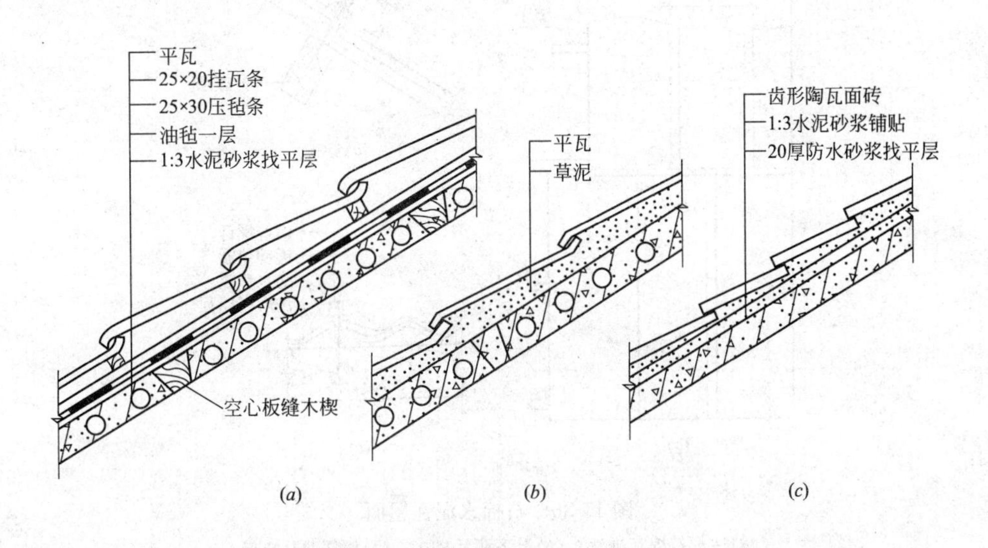

图 11-35　钢筋混凝土屋面板盖瓦屋面

(*a*)挂瓦条挂瓦；(*b*)草泥窝瓦；(*c*)砂浆贴瓦

（二）波形瓦屋面

波形瓦可用石棉水泥、塑料、玻璃钢等材料制成，其中以石棉水泥波形瓦应用最多。石棉水泥瓦屋面具有重量轻、构造简单、施工方便、造价低廉等优点，但易脆裂，保温隔热性能较差，多用于室内要求不高的建筑。石棉水泥瓦分为大波瓦、中波瓦和小波瓦三种规格。

石棉水泥瓦尺寸较大，且具有一定的刚度，可直接铺钉在檩条上，檩条的间距要保证每张瓦至少有三个支承点。瓦的上下搭接长度不小于 100mm，左右方向也应满足一定的搭接要求，并应在适当部位去角，以保证搭接处瓦的层数不致过多，如图 11-36 所示。

此外，在工程中常用的还有：塑料波形瓦屋面、玻璃钢瓦屋面，它们的构造方法与石棉水泥瓦基本相同。

（三）金属压型钢板屋面

金属压型钢板是以镀锌钢板为基料，经轧制成型，并敷以各种防腐涂层和彩色烤漆而成的轻质屋面板。具有多种规格，有的中间填充了保温材料，成为夹芯板，可提高屋顶的保温效果。具有防水、保温和承重三重功效。压型钢板屋面一般与钢屋架配合使用。

这种屋面板具有自重轻，施工方便，抗震好，装饰性和耐久性强的特点。

1. 金属压型板屋面的基本构造

压型钢板与檩条的连接固定应采用带防水垫圈的镀锌螺栓（螺钉）在波峰固

定。当压型钢板波高超过 35mm 时，压型钢板应通过钢支架与檩条相连，檩条多为槽钢、工字钢等，如图 11-37 所示。

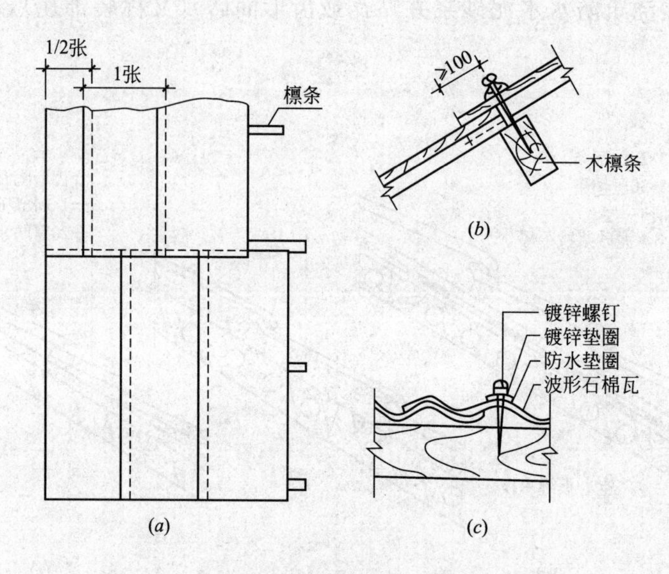

图 11-36　石棉水泥瓦屋面

(a)波形石棉瓦铺法；(b)上下两瓦搭接；(c)相邻两瓦搭接

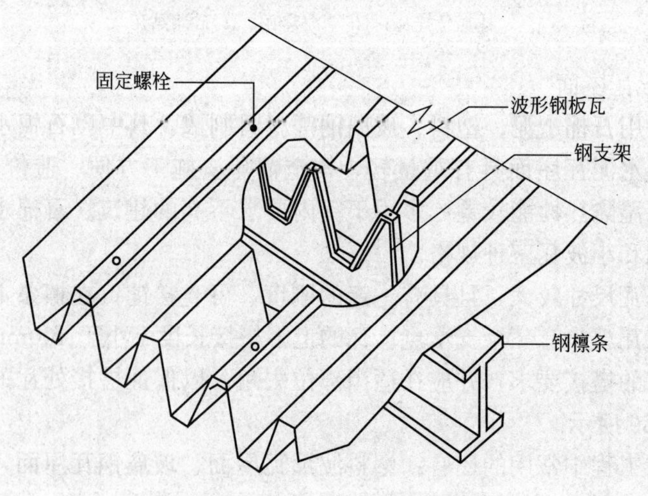

图 11-37　彩色压型钢板屋面

2. 金属压型板屋面的细部构造

压型钢板屋面檐口、山墙泛水构造，如图 11-38 所示。

(四) 沥青瓦屋面

沥青瓦又称为橡皮瓦，是近年引进的一种具有良好装饰效果的屋面防水材料，这种瓦是用沥青类材料把多层胎纸进行粘接，然后在其表面粘贴上石屑。沥青瓦适用于坡度较大的屋顶，一般先在屋面做卷材防水层，然后按照事先设计好的铺贴方案把瓦钉在坡屋顶上，由于这种瓦沥青类材料的软化点较低，经过一段

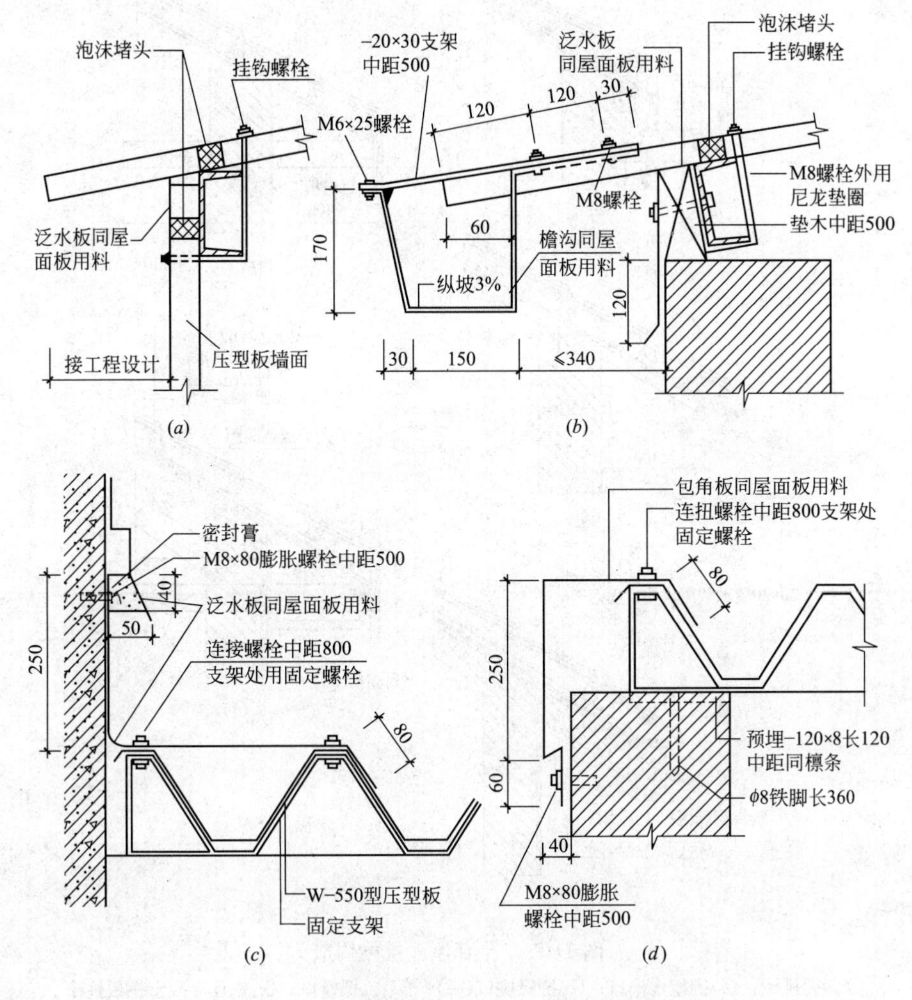

图 11-38 压型钢板屋面檐口、山墙泛水构造

(a)挑檐构造；(b)挑檐沟构造；(c)山墙泛水构造；(d)山墙包角

时间之后，在高温的作用下底层沥青就会与屋面卷材粘贴在一起。

五、坡屋顶的细部构造

平瓦屋面是坡屋顶中应用最多的一种形式，其细部构造主要包括：檐口、天沟、屋脊等。

(一) 檐口构造

1. 纵墙檐口

纵墙檐口根据构造方法不同有挑檐和封檐两种形式。挑檐有砖挑檐、屋面板挑檐、挑檐木挑檐、挑椽檐口和挑檩檐口等形式，如图 11-39 所示。将檐墙砌出屋面就形成女儿墙包檐口构造。此时，在屋面与女儿墙处必须设天沟，天沟最好采用预制天沟板，沟内铺油毡防水层，并将油毡一直铺到女儿墙上形成泛水，如图 11-40 所示。

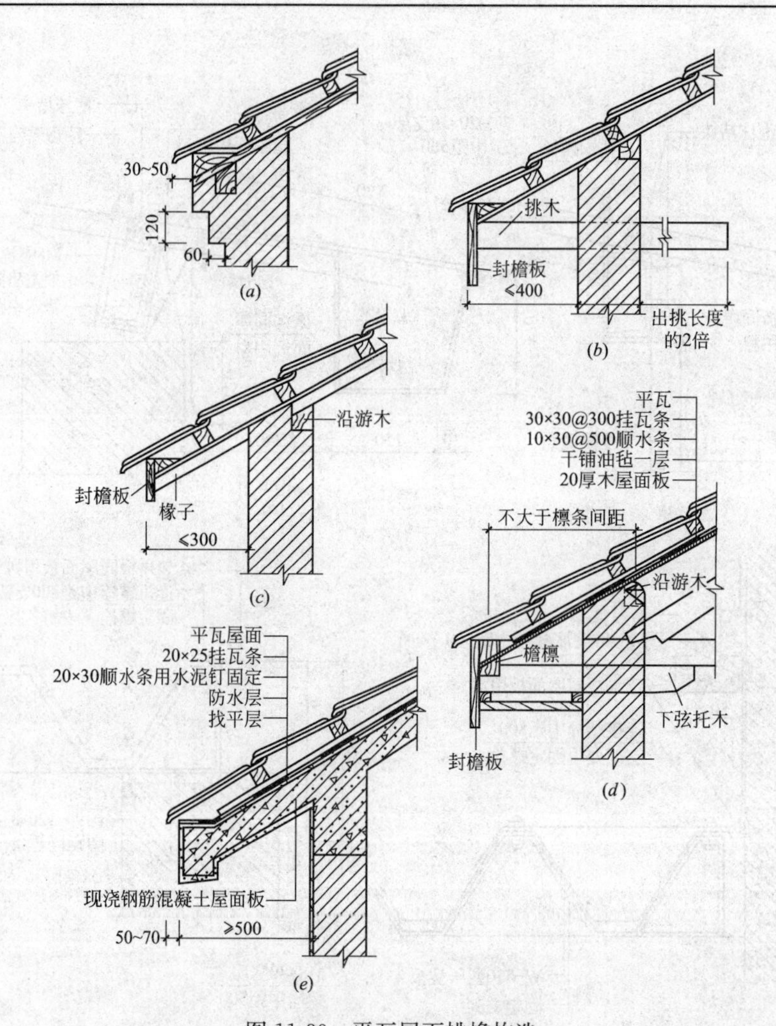

图 11-39　平瓦屋面挑檐构造

(*a*)砖挑檐；(*b*)挑檐木檐口；(*c*)挑椽檐口(一)；(*d*)挑檩檐口；(*e*)钢筋混凝土挑板挑檐

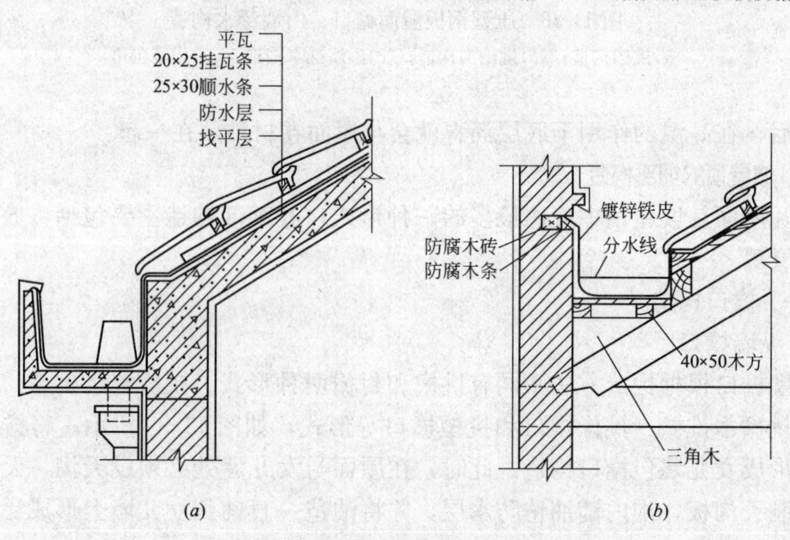

图 11-40　纵墙有组织排水檐口构造

(*a*)挑檐沟构造；(*b*)女儿墙封檐构造

2. 山墙檐口

山墙檐口可分为山墙挑檐(悬山)和山墙封檐(硬山)两种做法。

悬山屋顶的檐口构造，先将檩条挑出山墙形成悬山，檩条端部钉木封檐板，沿山墙挑檐的一行瓦，应用 1∶2.5 的水泥砂浆做出披水线，将瓦封固，如图 11-41所示。

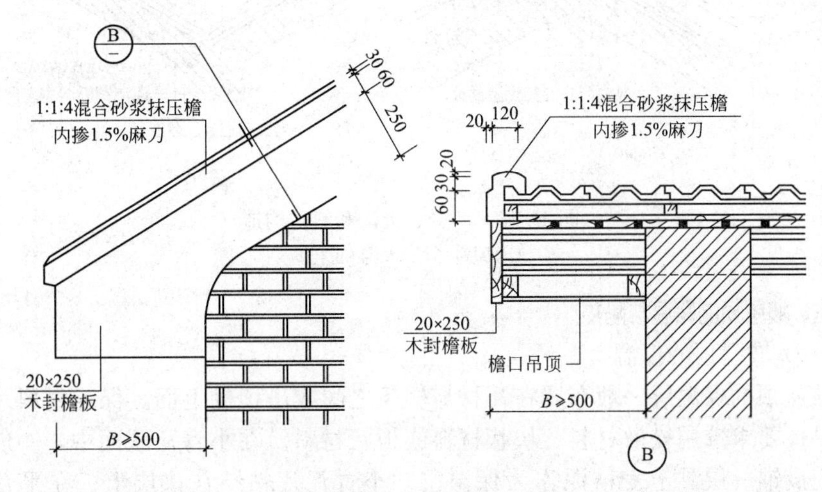

图 11-41 平瓦屋面悬山构造

硬山的做法有山墙与屋面等高或高出屋面形成山墙女儿墙两种。等高做法是山墙砌至屋面高度，屋面铺瓦盖过山墙，然后用水泥麻刀砂浆嵌填，再用 1∶3 水泥砂浆抹瓦出线。当山墙高出屋面时，女儿墙与屋面交接处应做泛水处理，一般用水泥石灰麻刀砂浆抹成泛水，如图 11-42 所示。

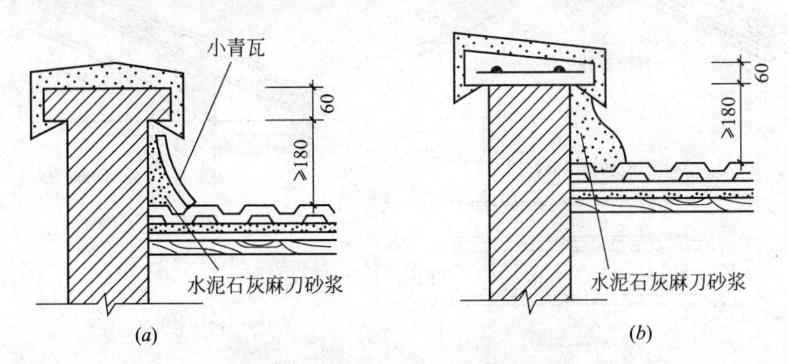

图 11-42 平瓦屋面硬山檐口构造

(a)小青瓦泛水；(b)砂浆泛水

(二) 屋脊、天沟和斜沟构造

互为相反的坡面在高处相交形成屋脊，屋脊处应用 V 形脊瓦盖缝。在等高跨和高低跨相交处，通常需要设置天沟，而两个相互垂直的屋面相交处则形成斜沟。斜沟应有足够的断面，上口宽度不宜小于 300～500mm，一般用镀锌铁皮铺于木基层上，镀锌铁皮伸入瓦片下面至少 150mm。高低跨和包檐天沟若采用镀锌铁皮防水层时，应从天沟内延伸到立墙上形成泛水，如图 11-43 所示。

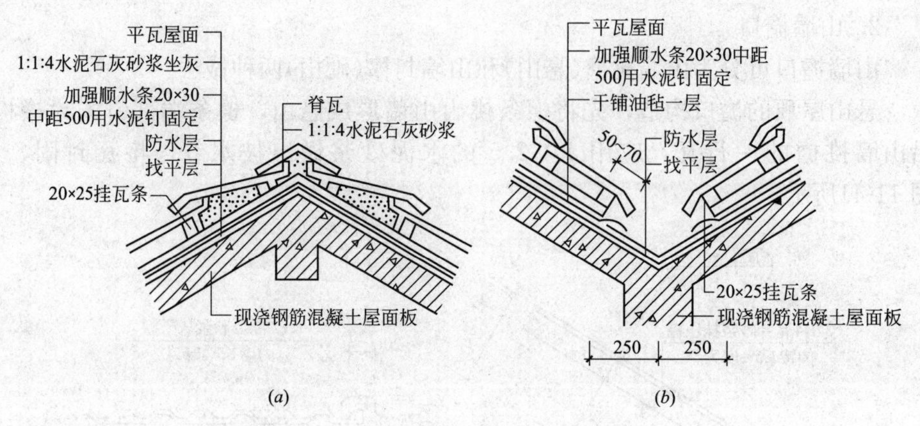

图 11-43　屋脊、天沟和斜沟构造

(a)屋脊；(b)天沟和斜沟

六、坡屋顶的保温与隔热

（一）坡屋顶的保温

坡屋顶的保温层一般布置在瓦材与檩条之间或吊顶棚上面。保温材料可根据工程具体要求选用松散材料、块状材料或板状材料。在小青瓦屋面中，一般采用基层上满铺一层黏土麦秸泥作为保温层，小青瓦片粘结在该层上；在平瓦屋面中，可将保温层填充在檩条之间；在设有吊顶的坡屋顶中，常常将保温层铺设在吊顶棚之上，可起到保温和隔热双重作用。图 11-44 为坡屋顶保温层位置的示例。

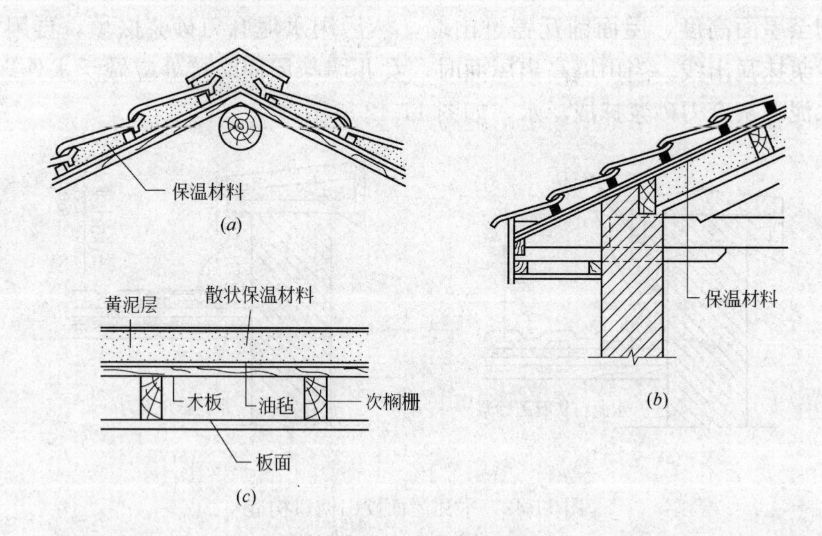

图 11-44　坡屋顶保温构造

(a) 瓦材下面设保温层；(b) 檩条间设保温层；(c) 顶棚上设保温层

（二）坡屋顶的隔热

炎热地区将坡屋顶做成双层，由檐口处进风，屋脊处排风，利用空气流动带走一部分热量，以降低瓦底面的温度，也可利用檩条的间距通风。另外，坡屋顶设吊顶时，可在山墙上、屋顶的坡面、檐口以及屋脊等处设通风口，由于吊顶空间较大，可利用组织穿堂风达到隔热隔温的效果，如图 11-45 所示。

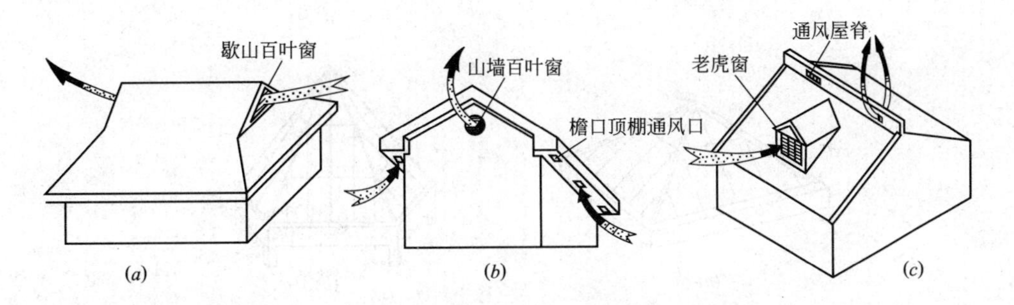

图 11-45 坡屋顶通风隔热

(a)歇山百叶窗；(b)山墙百叶窗和檐口通风口；(c)老虎窗与通风屋脊

七、采光屋顶

采光屋顶是指建筑物的屋顶全部或部分由金属骨架和透光的覆盖构件所取代，形成既具有一般屋面隔热、防风雨的功能，又具有较强的采光和装饰功能的屋顶。

采光屋顶具有如下特点：

① 在提供遮风避雨的室内环境的同时，又将室外的光影变化引入室内，使人有置身于室外开敞空间的感觉，从而满足了人们追求自然情趣的美好愿望。

② 充足的自然采光不仅减少了人工照明的开支，而且可通过温室效应降低采暖费用，满足建筑追求高效节能的要求。

③ 丰富多样的采光屋顶造型，增强了建筑的艺术感。

(一) 采光屋顶的类型及构造要求

1. 采光屋顶的类型

采光屋顶可按造型和屋顶透光材料分类。

按造型分为方锥形、多角锥形、斜坡式、拱形和穹形等多种形式，如图 11-46所示。

按透光材料分，目前大致有两大类，即玻璃屋顶和阳光板(简称 PC 板)屋顶。

2. 采光屋顶的构造要求

(1) 满足良好的光环境和热环境的要求；

(2) 满足强度安全方面的要求；

(3) 满足水密性方面的要求；

(4) 满足防结露的要求；

(5) 满足防火要求；

(6) 满足防雷击的要求。

(二) 采光屋顶的构造

1. 采光屋顶的构造组成

采光屋顶一般由采光屋面板、骨架、连接件和密封材料组成，如图 11-47 所示。

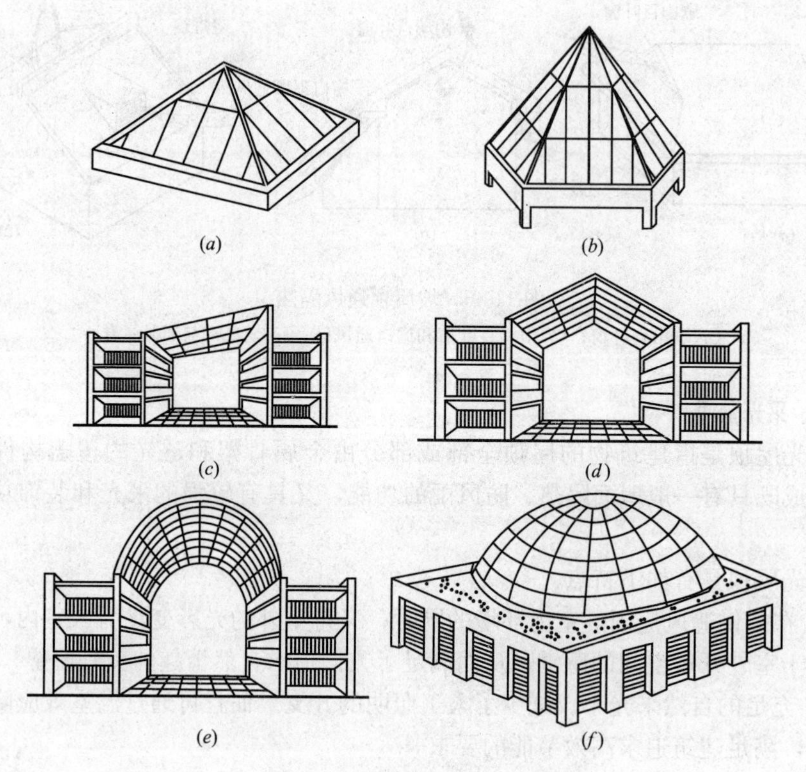

图 11-46　采光屋顶的类型

(a)方锥形采光罩；(b)多角锥玻璃顶；(c)单坡式玻璃顶；

(d)双坡式玻璃顶；(e)拱形玻璃顶；(f)穹形玻璃顶

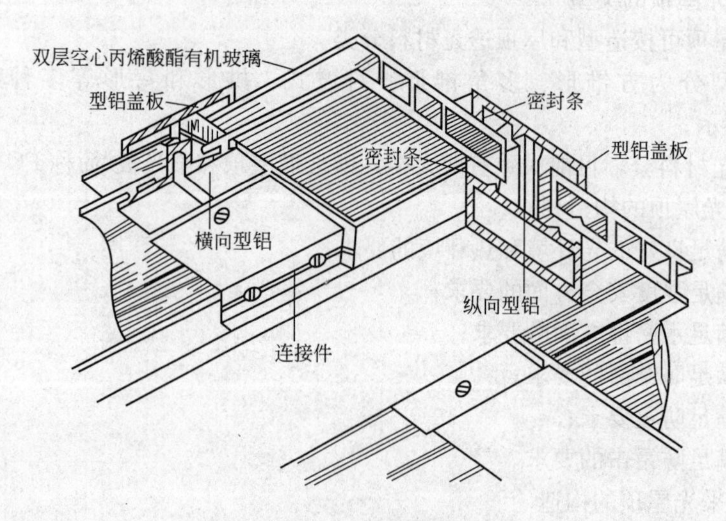

图 11-47　一般玻璃屋面的组成

2. 采光屋顶的构造方式

采光屋顶的玻璃与骨架的连接有露骨架的嵌装和不露骨架的整体式或分体式外装等，如图 11-48 所示。

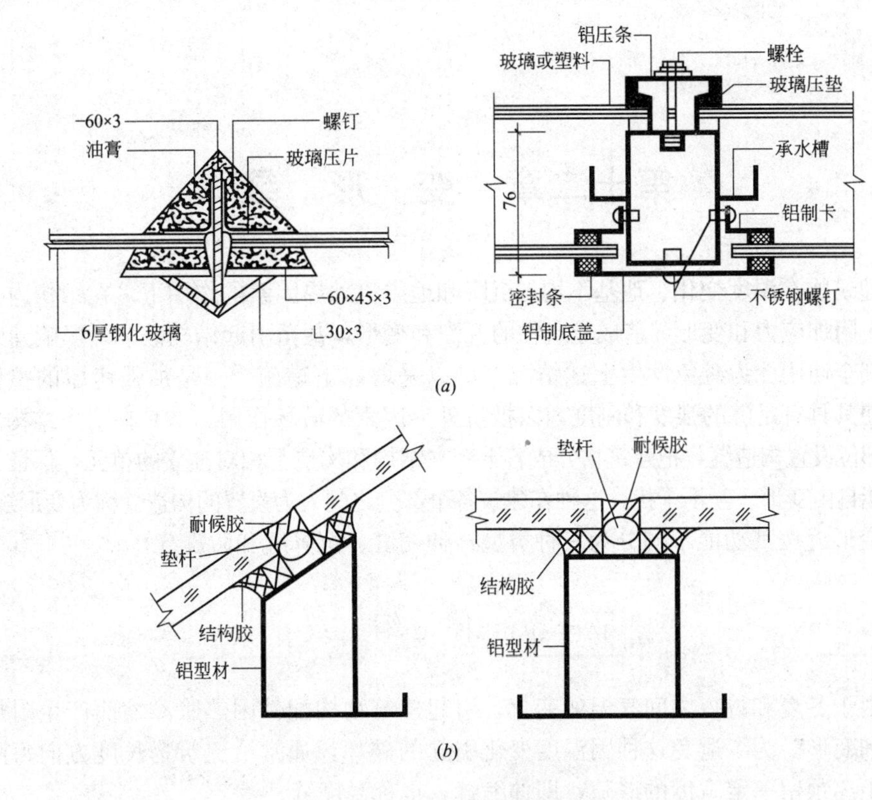

图 11-48 玻璃安装构造

(a)明框嵌装玻璃；(b)隐框外装

露骨架的嵌装是采用型钢或铝合金型材压条固定玻璃，接缝处用密封材料密封；不露骨架的外装是采用专用的结构胶将玻璃直接粘结在骨架上，玻璃间的接缝用密封材料密封。

复习思考题

1. 屋顶外形有哪些形式？
2. 屋顶由哪几部分组成？它们的作用是什么？
3. 屋顶坡度的形成方法有几种？各有什么特点？
4. 屋顶排水方式有哪几种？
5. 什么是刚性防水屋面？其构造层次有哪些？为什么要设隔离层？
6. 什么是分仓缝？为什么要设分仓缝？应设置在哪些部位？
7. 油毡防水屋面的构造层次有哪些？各起什么作用？
8. 什么是粉剂防水屋面？粉剂防水屋面的构造有哪些？
9. 平屋顶的隔热降温措施有哪些？每种做法有何特点？
10. 根据保温层在屋顶中的位置不同，保温屋顶有哪几种做法？
11. 隔汽层的作用是什么？为什么油毡防水屋面要考虑排气措施？
12. 坡屋顶的保温与隔热有哪些措施？
13. 平瓦屋面有哪几种做法？
14. 坡屋顶常用的承重结构有哪些？

第十二章 变 形 缝

建筑物在温度变化、地基不均匀沉降和地震等外界因素的作用下，在结构内部将产生附加应力和变形，造成建筑物的开裂和变形，甚至引起结构破坏，影响建筑物的安全使用。为避免发生上述情况，可以采取以下措施：一是加强房屋的整体性，使其具有足够的强度和刚度，以抵抗外界因素的破坏作用。二是在房屋结构薄弱的部位设置构造缝，把建筑物分成若干个在结构和构造上相对独立的单元，保证各部分能自由变形、互不干扰。这种在建筑各个部分之间人为设置的构造缝称为变形缝。

变形缝按其功能不同分为三种类型：伸缩缝、沉降缝和防震缝。

第一节 伸 缩 缝

由于冬夏和昼夜之间气温的变化，引起建筑物构配件因热胀冷缩而产生附加应力和变形。为了避免这种因温度变化引起的破坏，通常沿建筑物长度方向每隔一定距离预留一定宽度的缝隙，即伸缩缝，也称温度缝。

一、伸缩缝的设置

伸缩缝的设置间距与建筑物所用结构材料、结构类型、施工方式、建筑所处环境等因素有关。表 12-1 和表 12-2 对砌体结构和钢筋混凝土结构建筑的伸缩缝最大设置间距给出了规定。

砌体结构房屋伸缩缝的最大间距 **表 12-1**

<table>
<tr><th>砌 体 类 别</th><th colspan="2">屋顶或楼板层的类别</th><th>间距(m)</th></tr>
<tr><td rowspan="3">各 种 砌 体</td><td>整体式或装配整体式钢筋混凝土结构</td><td>有保温层或隔热层的屋顶、楼板层
无保温层或隔热层的屋顶</td><td>50
40</td></tr>
<tr><td>装配式无檩体系钢筋混凝土结构</td><td>有保温层或隔热层的屋顶
无保温层或隔热层的屋顶</td><td>60
50</td></tr>
<tr><td>装配式有檩体系钢筋混凝土结构</td><td>有保温层或隔热层的屋顶
无保温层或隔热层的屋顶</td><td>75
60</td></tr>
<tr><td>普通黏土、
空心砖砌体</td><td colspan="2" rowspan="3">黏土瓦或石棉水泥瓦屋顶
木屋顶或楼板层
砖石屋顶或楼板层</td><td>100</td></tr>
<tr><td>石砌体</td><td>80</td></tr>
<tr><td>硅酸盐砖、硅酸盐砌块
和混凝土砌块砌体</td><td>75</td></tr>
</table>

注：① 层高大于 5m 的混合结构单层房屋，其伸缩缝间距可按表中数值乘以 1.3 采用，但当墙体采用硅酸盐砖、硅酸盐砌块和混凝土砌块砌筑时，不得大于 75m。

② 温差较大且变化频繁地区和严寒地区不采暖的房屋及构筑物墙体的伸缩缝最大间距，应按表中数值予以适当减少后采用。

钢筋混凝土结构房屋伸缩缝的最大间距　　表 12-2

项次	结构类型		室内或土中(m)	露天(m)
1	排架结构	装配式	100	70
2	框架结构	装配式 现浇式	75 55	50 35
3	剪力墙结构	装配式 现浇式	65 45	40 30
4	挡土墙及地下室墙壁等结构	装配式 现浇式	40 30	30 20

注：① 如有充分依据或可靠措施，表中数值可以增减。
② 当屋面板上部无保温或隔热措施时，框架、剪力墙结构的伸缩缝间距，可按表中露天栏的数值选用，排架结构可按适当低于室内栏的数值选用。
③ 排架结构的柱顶面(从基础顶面算起)低于 8m 时，宜适当减少伸缩缝间距。
④ 外墙装配内墙现浇的剪力墙结构，其伸缩缝最大间距按现浇式一栏的数值选用。滑模施工的剪力墙结构，宜适当减小伸缩缝间距。现浇墙体在施工中应采取措施减少混凝土收缩应力。

二、伸缩缝的构造

伸缩缝要求将建筑物的墙体、楼层、屋顶等地面以上的构件在结构和构造上全部断开，由于基础埋置在地下，受温度变化影响较小，不必断开。缝宽一般在20～40mm。

（一）墙体伸缩缝构造

根据墙体的厚度和所用材料不同，伸缩缝可做成平缝、错口缝和企口缝等形式，如图 12-1 所示。为减少外界环境对室内环境的影响以及考虑建筑立面处理的要求，需对伸缩缝进行嵌缝和盖缝处理，缝内一般填沥青麻丝、油膏、泡沫塑料等材料。当缝口较宽时，还应用镀锌铁皮、彩色钢板、铝皮等金属调节片覆盖，如图 12-2 所示。

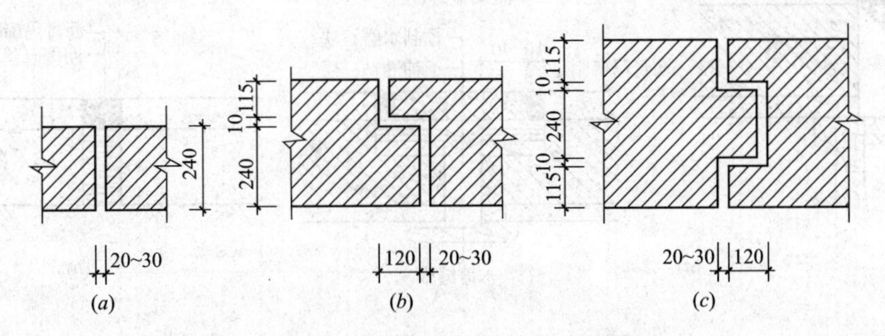

图 12-1　砖墙伸缩缝截面形式
(a)平缝；(b)错口缝；(c)企口缝

（二）楼地板层伸缩缝构造

楼地板层伸缩缝的位置和缝宽应与墙体、屋顶变形缝一致。缝的处理应满足地面平整、光洁、防滑、防水和防尘等要求。可用油膏、沥青麻丝、橡胶、金属等弹性材料封缝。上铺活动盖板或橡胶、塑料板等地面材料。顶棚盖缝条只固定一侧，以保证两侧构件能自由伸缩变形，如图 12-3 所示。

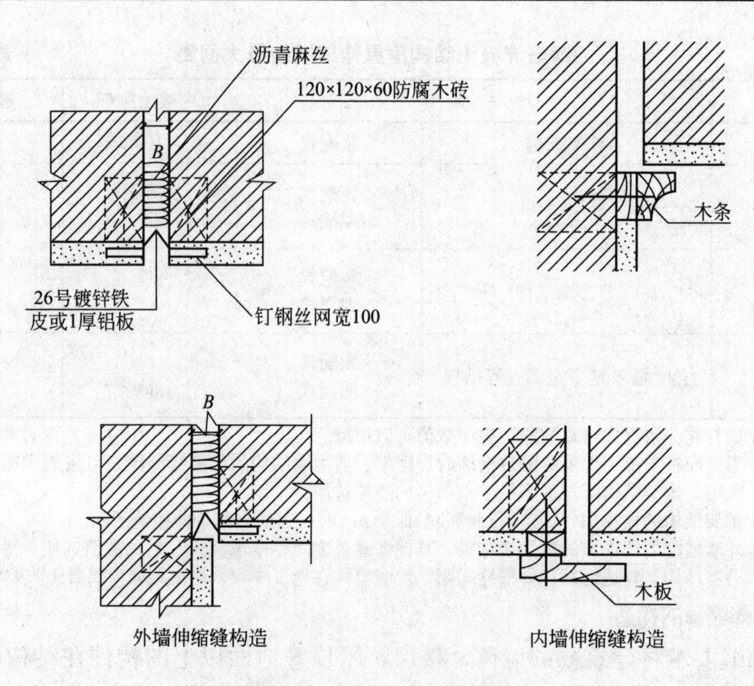

图 12-2　墙体伸缩缝构造

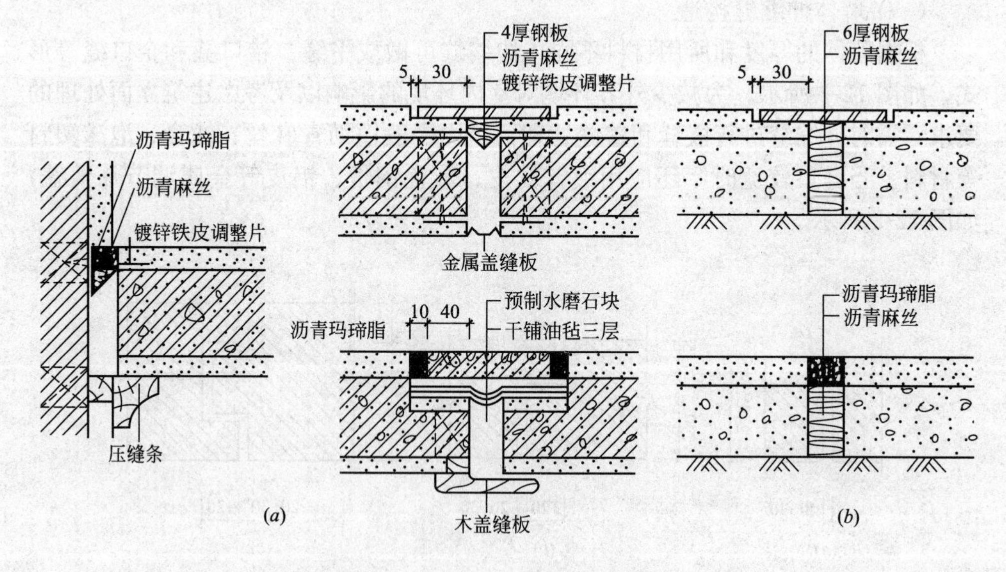

图 12-3　楼地面、顶棚伸缩缝构造

(a)楼面变形缝；(b)地面变形缝

（三）屋顶伸缩缝构造

屋顶伸缩缝的处理应考虑屋面的防水构造和使用功能要求。一般不上人屋面可在伸缩缝两侧加砌矮墙，并做好泛水处理，但在盖缝处应保证自由伸缩而不漏水，上人屋面一般采用油膏嵌缝并做泛水。等高屋面变形缝如图 12-4 所示，不等高屋面变形缝如图 12-5 所示。

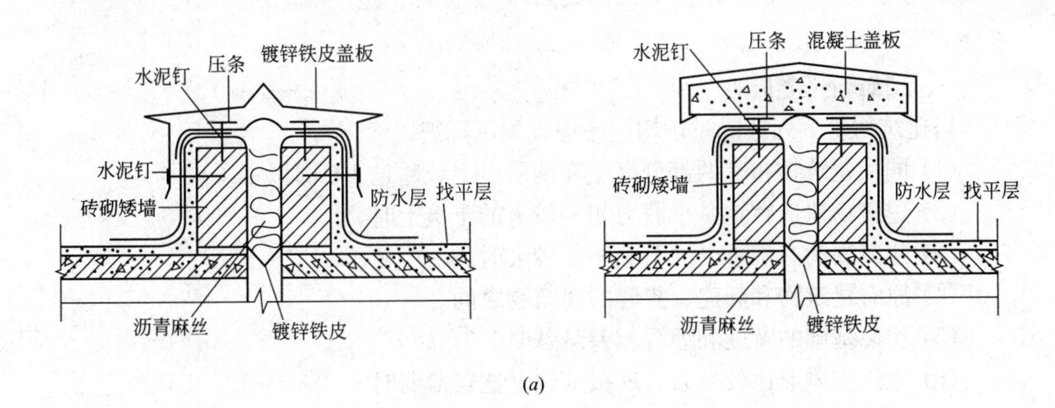

(*a*)

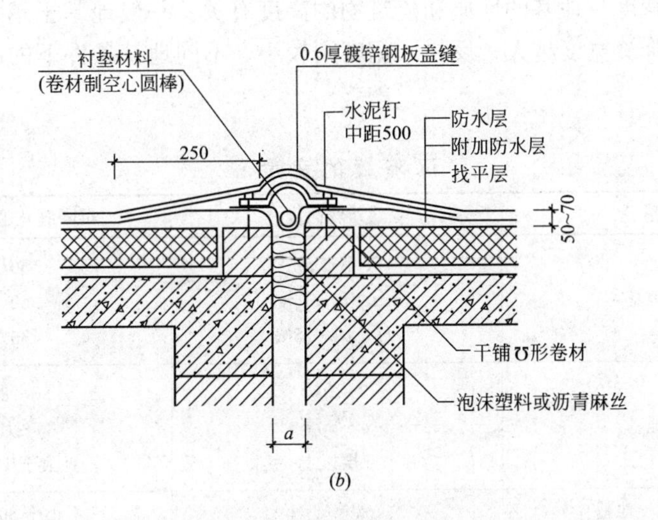

(*b*)

图 12-4　等高屋面伸缩缝构造

(*a*)不上人屋面伸缩缝；(*b*)上人屋面伸缩缝

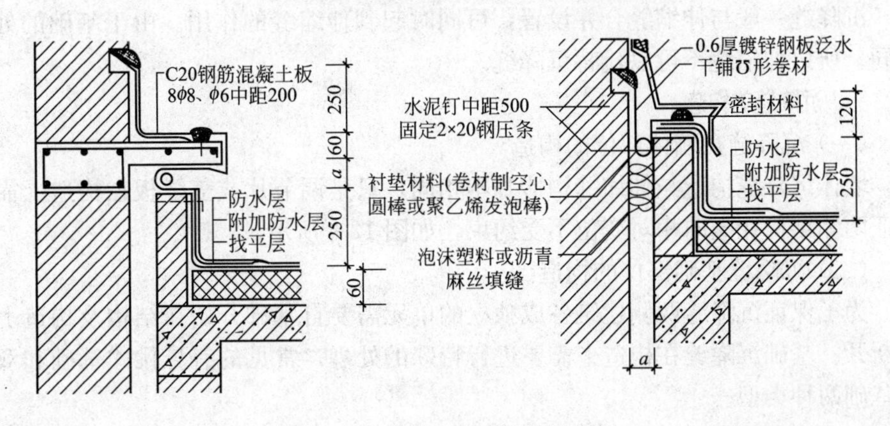

图 12-5　不等高屋面伸缩缝构造

第二节　沉　降　缝

沉降缝是为了预防建筑物各部分由于不均匀沉降引起的破坏而设置的变

形缝。

一、沉降缝的设置原则

当建筑物有下列情况时，均应考虑设置沉降缝：

(1) 同一建筑物相邻两部分高差在两层以上或超过 10m 时。

(2) 建筑物建造在地基承载力相差较大的土壤上时。

(3) 建筑物的基础承受的荷载相差较大时。

(4) 原有建筑物和新建、扩建的建筑物之间。

(5) 相邻基础的宽度和埋深相差悬殊时。

(6) 建筑物体形比较复杂，连接部位又比较薄弱时。

沉降缝的宽度与地基的性质和建筑物的高度有关。一般地基土越软弱、建筑高度越大，沉降缝宽度越大；反之，宽度则较小。不同地基条件下的沉降宽度见表 12-3。

沉 降 缝 的 宽 度 **表 12-3**

地 基 情 况	建筑物高度	沉降缝宽度(mm)
一般地基	H 小于 5m H=5～10m H=10～15m	30 50 70
软弱地基	2～3 层 4～5 层 5 层以上	50～80 80～120 大于 120
湿陷性黄土地基		不小于 30～70

沉降缝一般与伸缩缝合并设置，可同时起到伸缩缝的作用。由于基础的处理不同，所以伸缩缝不可以代替沉降缝。

二、沉降缝的构造

(一) 沉降缝在墙体部位的构造

墙体沉降缝构造与伸缩缝构造基本相同，只是调节片或盖缝板在构造上需要保证两侧结构在竖向相对变位不受约束，如图 12-6 所示。

(二) 沉降缝基础部位的构造

为了保证沉降缝两侧建筑各成独立的单元需要自基础开始在结构及构造上完全断开。基础沉降缝在构造上需要进行特殊的处理，常见的有悬挑式基础和双墙式基础两种类型。

1. 悬挑式基础

为使沉降缝两侧结构单元能上下自由沉降又互不影响，可在缝的一侧做成挑梁基础。若在沉降缝的两侧设置双墙，则在挑梁端部增设横梁，在横梁上砌墙。挑梁基础方案可用于沉降缝两侧基础埋深较大以及新建筑与原有建筑相邻等情况，如图 12-7(a)所示。

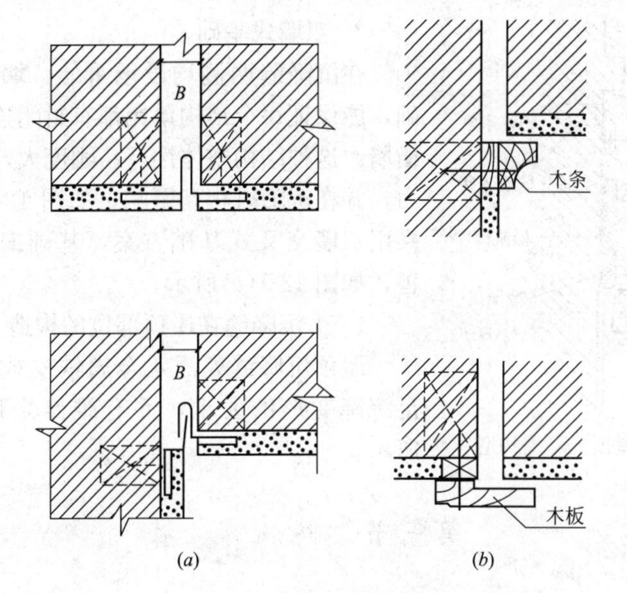

(*a*) (*b*)

图 12-6 墙体沉降缝构造

(*a*)外墙沉降缝；(*b*)内墙沉降缝

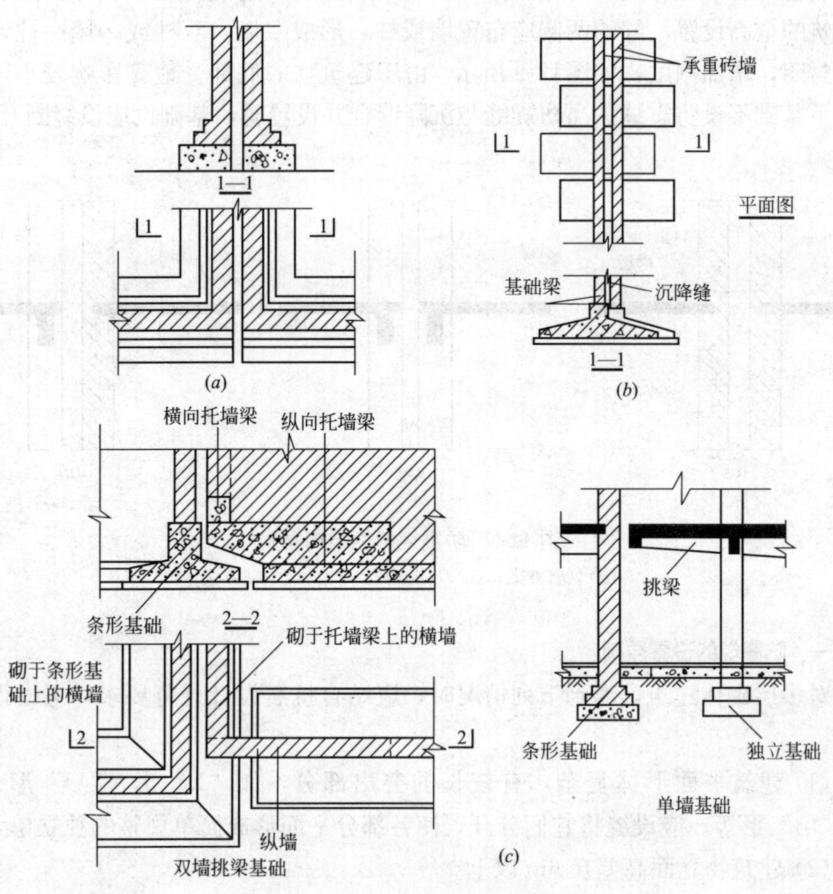

(*a*) (*b*) (*c*)

图 12-7 沉降缝处基础处理示意图

(*a*)双墙式；(*b*)交叉式；(*c*)悬挑式

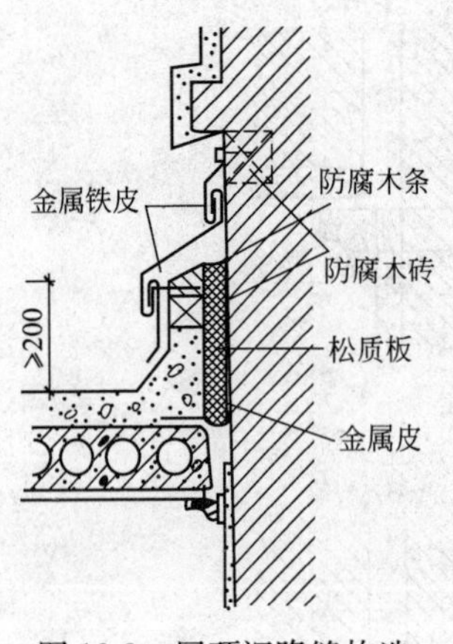

图 12-8　屋顶沉降缝构造

2. 双墙式基础

在沉降缝两侧均设承重墙，墙下有各自的基础，能保证每个结构单元都有封闭连续的基础和纵横墙。这种结构整体性好、刚度大，但基础偏心受力，并在沉降时相互影响，如图 12-7(*b*)所示。若采用双墙交叉式基础方案，基础偏心受力将会改善，如图 12-7(*c*)所示。

（三）沉降缝在屋顶部位的构造

屋顶沉降缝处泛水金属铁皮或其他构件应满足沉降变形的要求，并有维修余地，如图 12-8 所示。

第三节　防　震　缝

防震缝的作用是将建筑物分成若干体型简单、结构刚度均匀的独立单元，防止建筑物的各部分在地震时相互拉伸、挤压或扭转，造成变形和破坏。防震缝应沿建筑的全高设置，缝的两侧应布置墙或柱，形成双墙、双柱或一墙一柱，使各部分封闭，增加刚度，如图12-9 所示。由于建筑物的底部受地震影响较小，一般情况下基础不设防震缝。当防震缝与沉降缝合并设置时，基础也应设缝断开。

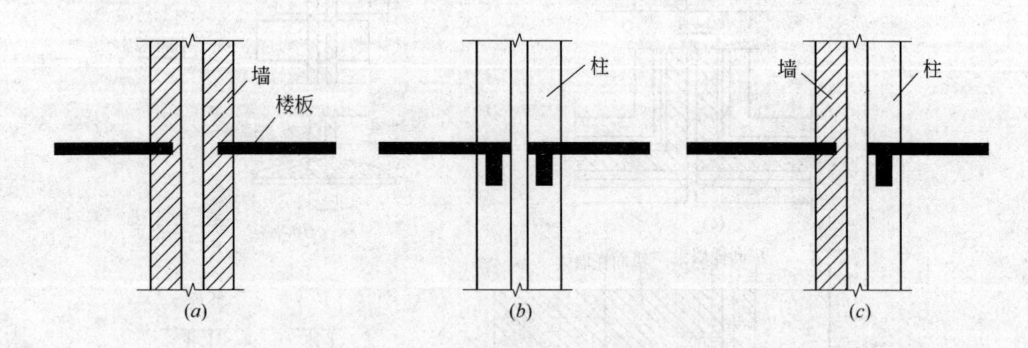

图 12-9　防震缝两侧结构布置

(*a*)双墙方案；(*b*)双柱方案；(*c*)一墙一柱方案

一、防震缝的设置原则

对多层砌体建筑，遇到下列情况时，应结合抗震设计规范要求，考虑设置防震缝。

(1) 建筑平面形体复杂，有较长的突出部分，如“L”形、“U”形、“T”形、“山”形等，应设缝将它们分开，使各部分平面形成简单规整的独立单元。

(2) 建筑物立面高差在 6m 以上。

(3) 建筑有错层且错层楼板高差较大。

(4) 建筑物相邻部分的结构刚度和质量相差悬殊时。

防震缝的宽度一般根据所在地区的地震烈度和建筑物的高度来确定。一般多层砌体结构建筑的缝宽为50～100mm。多层钢筋混凝土框架结构中，建筑物高度在15m及15m以下时，缝宽为70mm。当建筑物高度超过15m时，按地震烈度在缝宽70mm的基础上增大的缝宽为：

地震烈度7度，建筑物每增高4m，缝宽增加20mm。

地震烈度8度，建筑物每增高3m，缝宽增加20mm。

地震烈度9度，建筑物每增高2m，缝宽增加20mm。

二、防震缝的构造

由于防震缝的宽度较大，因此在构造上应充分考虑盖缝条的牢固性和适应变形的能力，做好防水、防风，图12-10墙身防震缝的构造示例。

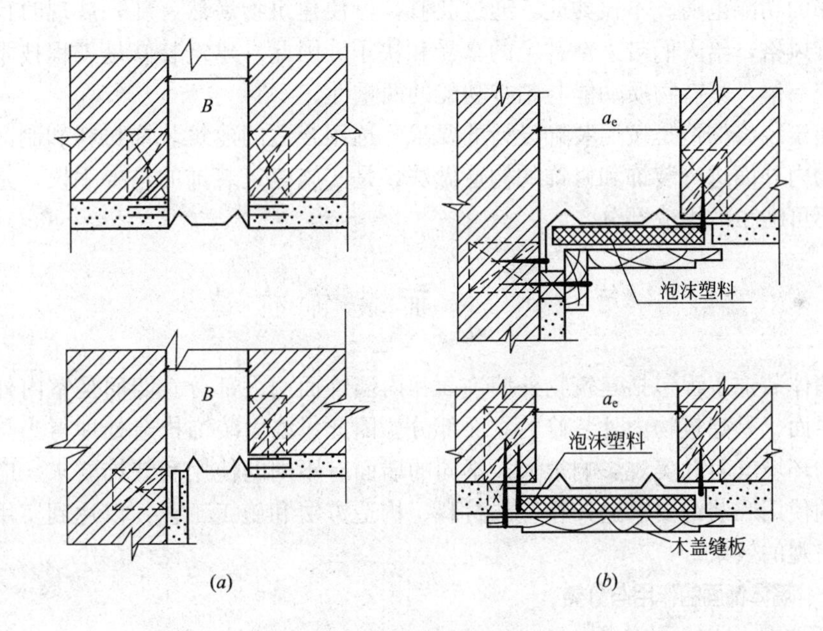

图12-10 墙身防震缝构造

(*a*)外墙防震缝构造；(*b*)内墙防震缝构造

复习思考题

1. 变形缝的作用是什么？它有哪几种类型？
2. 什么情况下设置伸缩缝？其宽度一般为多少？
3. 什么情况下设置沉降缝？怎样确定沉降缝的宽度？
4. 什么情况下设置防震缝？确定其宽度的依据是什么？
5. 基础沉降缝的构造方法有哪几种？
6. 墙体中变形缝的截面形式有哪几种？
7. 伸缩缝、沉降缝和防震缝各有什么特点？试比较其构造上的异同。
8. 在什么情况下可将伸缩缝、沉降缝和防震缝合并设置？应注意什么问题？

第十三章　建筑装修构造

建筑装修是指建筑主体工程完成以后所进行的装潢与修饰处理。是建筑物不可缺少的有机组成部分。建筑物无论室内室外，都不可避免地要遭到风吹、日晒、雨淋和周围有害介质的侵蚀。对建筑进行装修可以保护主体结构，使之延长寿命。同时，房屋内部温度、湿度、光学、声响的调节，灰尘、射线的防御，也是装修的功能范畴。不仅如此，通过装修，可使建筑物焕然一新，展现时代风貌和民族风格，给人们带来精神上的享受和快乐。因此，建筑装修是工程技术与艺术的统一体，具有物质功能与精神功能的两重性。

建筑装修构造是按照装饰设计的要求，选用合适的建筑装饰材料和制品，对建筑物内外面进行装饰和修饰的构造做法，是实施建筑装饰的重要手段，是装饰设计不可缺少的组成部分。

第一节　墙面装饰构造

墙体装饰工程包括建筑物外墙饰面和内墙饰面两大部分。墙面是室内外空间的侧界面，是建筑物内外装修的立面部分。因此，墙面装饰构造处理得当与否对空间的环境气氛和美观影响很大。不同的墙面有不同的使用和装饰要求，应根据不同的使用和装饰要求选择相应的材料、构造方法和施工工艺，以达到实用、经济、美观的效果。

一、墙体饰面的作用与分类

(一) 墙体饰面的作用

1. 保护墙体

建筑物的墙体是建筑物的重要组成部分，由于外墙面直接与外界接触，容易受到风、霜、雨、雪的直接侵袭和温度剧烈变化、腐蚀性气体和微生物的作用，使墙体耐久性受到严重的影响。内墙虽然处于室内，不会受到风、霜、雨、雪的侵袭，但室内墙面在使用过程中，也会因各种因素受到影响，例如浴室、厕所等处，室内相对湿度较高，墙面会被溅湿或需水洗刷，墙体容易受潮。

因此。墙面装饰工程应起到提高墙体的耐久性，弥补和改善墙体在功能方面不足的作用。

2. 美化立面

建筑物的外观效果，虽然主要取决于该建筑的总体效果，如建筑的体量、形式、比例、尺度、虚实对比等，但墙面装饰所表现的质感、色彩、线形等也是构成总体效果的重要因素，采用不同的外墙面材料与不同的构造，在建筑外观上会产生出不同的装饰效果。

建筑的内墙饰面在不同程度上起到装饰美化建筑内部环境的作用，由于人们有相当长的时间是在室内活动，与墙面的距离较近，甚至人体还可能与墙面接触，所以在选择室内墙面装饰材料时要特别注意质感、纹样、图案和色彩对人的生理状况和心理情绪的影响。

3. 改善墙体的物理性能和使用条件

第一是可改善墙体的热工性能。由于饰面层使用了一些具有特殊性能的材料，从而提高了墙体保温、隔热、隔声等功能。如，现代建筑中大量采用的吸热和热反射玻璃，能吸收或反射太阳辐射热能的50%～70%，从而可以大大节约能源，改善室内温度。又如，当墙体本身热工性能不能满足使用要求时，可以在墙体内侧结合饰面做保温或隔热处理，从而提高墙体的保温与隔热能力。

第二是可以改善室内的光环境。室内墙面经过装饰，表面平整光滑，不仅便于清扫和保持卫生，而且可以增加光线的反射，提高室内照度，保证人们在室内的正常工作和生活需要。

第三是可以辅助墙体的声学功能，如反射声波、吸声、隔声等。影剧院、音乐厅等公共建筑就是通过墙面、顶棚和地面上不同饰面材料所具有的反射声波及吸声的性能，达到控制混响时间，改善音质和改善使用环境的目的。

（二）墙体饰面分类

建筑的墙体饰面类型，按材料和施工方法的不同可分为抹灰类、贴面类、涂刷类、板材类、卷材类、罩面板类、清水墙面类、幕墙类等。

二、抹灰类墙体饰面构造

抹灰类饰面是用各种加色的或不加色的水泥砂浆或石灰砂浆、混合砂浆、石膏砂浆、以及水泥石碴浆等做成的各种饰面抹灰层。这种做法的优点是材料来源广泛、取材容易、施工方便、技术要求不高、造价较低、与墙体粘结牢固，并具有一定厚度，对保护墙体，改善和弥补墙体材料在功能上的不足有明显的作用。这类做法也存在不少缺点：多数为手工操作，工效低，湿作业量大，劳动强度高，砂浆年久易产生龟裂、粉化、剥落等现象。此类饰面属于中、低档装饰。

（一）抹灰类饰面的构造层次及类型

1. 抹灰类饰面的构造层次

为保证抹灰平整、牢固，避免龟裂、脱落，抹灰应分层进行，每层不宜太厚。各种抹灰层的厚度应视基层材料的性质、所选用的砂浆种类和抹灰质量的要求而定。抹灰类饰面一般应由底层、中间层、饰面层三部分组成，如图13-1所示。

(1) 抹灰底层

底层是对墙体基层的表面处理，其作用是保证饰面层与墙体连接牢固及饰面层的平整度。墙体基层的材料不同，底层处理的方法亦不相同。

砖墙面的底层：由于砖墙面是手工砌筑，墙面灰缝中砂浆的饱和程度很难保证均匀，所以墙面一般比较粗糙易造成凹凸不平。这种情况虽对墙体与底层抹灰间的粘结力有利，但若平整度相差过大，则对饰面不利。所以，底层厚度应控制在10mm左右，配比为1∶1∶6的水泥石灰砂浆是最普通的底层砂浆。

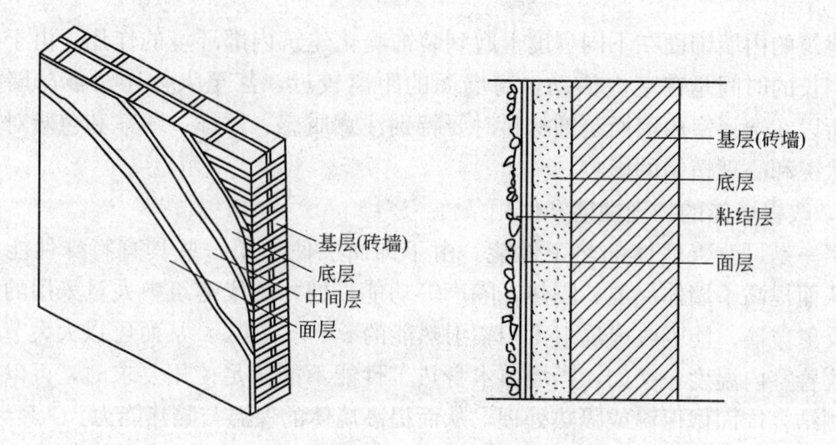

图 13-1　抹灰饰面构造层次示意

轻质砌块墙体：由于轻质砌块的表面孔隙大，吸水性极强，所以抹灰砂浆中的水分极易被吸收，从而导致墙体与底层抹灰间的粘结力较低，而且易脱落。处理方法是在墙面满钉 0.7mm 直径镀锌钢丝网(网格尺寸 20mm×20mm)，再做抹灰。

混凝土墙体：混凝土墙体大多采用模板浇筑而成，所以表面比较光滑，基至还有残留的脱模油，这将影响墙体与底层抹灰的连接。为保证墙体与底层抹灰二者之间有足够的粘结力，在做底层抹灰前，必须采用方法对基层进行处理。

(2) 中间层

中间层是保证装饰质量的关键层，主要作用是找平与粘结，还可弥补底层砂浆的干缩裂缝等缺陷。根据墙体平整度与饰面质量的要求不同，中间层可以一次抹成，也可以分多次抹成，用料一般与底层相同。

(3) 饰面层

饰面层主要起装饰作用，要求表面平整、色彩均匀、无裂纹，可以做成各种不同质感的表面。

2. 抹灰类饰面的类型

根据抹灰面层所用材料和施工方式的不同，抹灰类型常见的有一般抹灰和装饰抹灰两类。

(二) 一般抹灰的构造

1. 一般抹灰的种类、特点、适用范围

一般抹灰系指采用石灰砂浆、混合砂浆、聚合物水泥砂浆、麻刀灰、纸筋灰等作建筑物墙体的面层抹灰和石膏浆罩面。按建筑标准及不同墙体，一般抹灰可分为高级、中级、普通三种标准。高级抹灰由一层底层、数层中间层、一层面层构成。适用于要求较高的建筑。中级抹灰由一层底层、一层中间层、一层面层构成。适用于一般住宅、公共建筑和工业建筑。普通抹灰由一层底层、一层面层构成。

2. 抹灰的基本构造

抹灰层的总厚度依位置不同而异，一般外墙抹灰为 20～25mm，内墙抹灰为 15～20mm。

（1）底层抹灰砂浆的种类及厚度

底层抹灰砂浆的种类及厚度是根据基层与饰面材料来选定的，其厚度为 5～15mm 不等，有中层抹灰的取较小值，无中层抹灰的取较大值。底层抹灰砂浆可采用石灰砂浆、水泥砂浆或混合砂浆。

（2）中间层抹灰厚度及遍数

中间层抹灰厚度及遍数应视装饰等级及基层平整度来定，其厚度一般不超过 10mm，中间层抹灰材料一般与底层相同。

（3）面层处理

为使面层表面平整，达到使用和美观要求，其厚度一般在 3～10mm。所用材料为各种抹灰砂浆或麻刀灰、纸筋灰等。

在建筑的不同部位，基层材料不同时，砂浆种类的选择及分层做法厚度的控制，可参考表 13-1。

抹灰层厚度的控制及适用砂浆种类（mm） **表 13-1**

项目		底层		中层		面层		总厚度
		砂浆种类	厚度	砂浆种类	厚度	砂浆种类	厚度	
内墙面	砖墙	石灰砂浆 1:3	6	石灰砂浆 1:3	10	纸筋灰浆、普通级做法一遍；中级做法二遍；高级做法三遍，最后一遍用滤浆灰。高级做法厚度为 3.5	2.5	18.5
		混合砂浆 1:1:6	6	混合砂浆 1:1:6	10		2.5	18.5
	砖墙（高级）	水泥砂浆 1:3	6	水泥砂浆 1:3	10		2.5	18.5
	砖墙（防潮）	混合砂浆 1:1:6	6	混合砂浆 1:1:6	10		2.5	18.5
	混凝土	水泥砂浆 1:3	6	水泥砂浆 1:2.5	10		2.5	18.5
	加气混凝土	混合砂浆 1:1:6	6	混合砂浆 1:1:6	10		2.5	18.5
		石灰砂浆 1:3	6	石灰砂浆 1:3	10		2.5	18.5
	钢丝网板条	水泥纸筋砂浆 1:3:4	8	水泥纸筋砂浆 1:3:4	10		2.5	20.5
外墙面	砖墙	水泥砂浆 1:3	8～6	水泥砂浆 1:3	8	水泥砂浆 1:2.5	10	24～26
	混凝土	混合砂浆 1:1:6	8～6	混合砂浆 1:1:6	8	水泥砂浆 1:2.5	10	24～26
		水泥砂浆 1:3	8～6	水泥砂浆 1:3	8	水泥砂浆 1:2.5	10	24～26
	加气混凝土	108 胶溶液处理	—	5%108 胶水泥刮腻子	—	混合砂浆 1:1:6	8～10	8～10
梁柱	混凝土梁柱	混合砂浆 1:1:1.4	6	混合砂浆 1:1:5	10	纸筋灰浆，三次罩面，第三次滤浆灰	3.5	19.5
	砖柱	混合砂浆 1:1:6	8	混合砂浆 1:1:4	10		3.5	21.5
阳台雨篷	侧面	水泥砂浆 1:3	5	水泥砂浆 1:2.5	6	水泥砂浆 1:2	10	21
其他	挑檐、腰线、窗套、窗台线、遮阳板	水泥砂浆 1:3	5	水泥砂浆 1:2.5	8	水泥砂浆 1:2	10	23

室外墙面由于面积较大，饰面材料易因干缩或冷缩而开裂，而且由于手工操作压抹不均匀或材料调配不精确以及气候条件等的影响，大面积的抹灰易产生色彩不匀，表面不平整等缺陷。因此，为便于施工和保证装饰质量，对于大面积的

抹灰面，通常可划分成小块来进行。这种分块与设缝，既是构造和施工上的需要，也有利于日后的维修工作，同时也有利于立面的美观。分块的大小应与建筑立面处理相结合，分块缝的宽度应根据建筑物的体量及表面材料的质地而决定。用于外墙面时，分块缝缝宽以不小于 20mm 为宜。抹灰面设缝的方式有凸线、凹线、嵌线三种，其形式如图 13-2 所示。

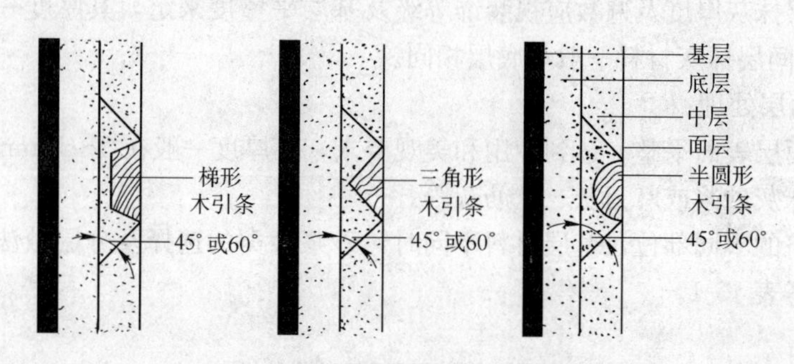

图 13-2　抹灰面的分块与设缝

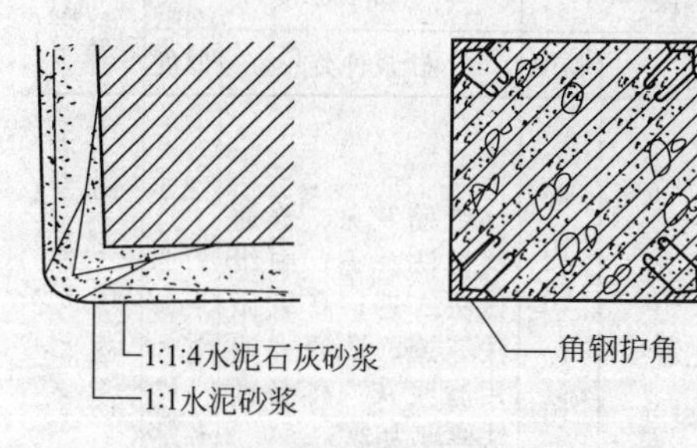

图 13-3　墙和柱的护角

室内抹灰材料一般强度较差，阳角处容易碰损。因此，通常在抹灰前先在内墙阳角、门洞转角、柱子四角等处，用强度较高的 1∶2 水泥砂浆抹出或用预埋角钢做成护角，如图 13-3 所示。护角高度一般为 2m 高。

3. 一般抹灰饰面做法

一般抹灰饰面做法见表 13-2。

一般抹灰饰面做法　　**表 13-2**

抹灰名称	底层		中层		应用范围
	材料	厚度(mm)	材料	厚度(mm)	
混合砂浆抹灰	1∶1∶6 混合砂浆	12	1∶1∶6 混合砂浆	8	一般砖、石、砌块墙面均可选用
水泥砂浆抹灰	1∶3 水泥砂浆	14	1∶2.5 水泥砂浆	6	室外饰面及室内需防潮的房间及浴厕墙裙、建筑物阳角
纸筋麻刀灰	1∶3 石灰砂浆	13	纸筋灰或麻刀灰、玻璃丝罩面	2	一般民用建筑砖、石、砌块内墙面
石膏灰罩面	1∶2～1∶3 麻刀灰砂浆	13	石膏灰罩面	2～3	高级装修的墙面和室内顶棚抹灰的罩面
水砂面层抹灰	1∶2～1∶3 麻刀灰砂浆	13	1∶3～4 水砂抹面	3～4	较高级住宅或办公楼房的内墙抹灰
膨胀珍珠岩浆罩面	1∶2～1∶3 麻刀灰砂浆	13	水泥∶石灰膏∶膨胀珍珠岩＝100∶10～20∶3～5(质量比)罩面	2	保温、隔热要求较高的建筑的抹灰

（三）装饰抹灰构造

装饰抹灰一般是指采用水泥、石灰砂浆等抹灰的基本材料，除对墙面做一般抹灰之外，利用不同的施工操作方法将其直接做成饰面层。它除了具有与一般抹灰相同的功能外，还因其本身装饰工艺的特殊性而显示出鲜明的艺术特色和强烈的装饰效果。但是，装饰抹灰的工艺大多属于传统的工艺，工效较低，目前已较少采用。本书仅简要介绍其中几种做法。

1. 聚合物水泥砂浆喷涂、滚涂、弹涂饰面

所谓聚合物水泥砂浆，就是在普通砂浆中掺入适量的有机聚合物，以改善原来材料性能方面的某些不足，例如，掺入聚乙烯醇缩甲醛胶(108 胶)、聚醋酸乙烯乳液等。

(1) 喷涂饰面：这种饰面是用挤压砂浆泵或喷斗将聚合物砂浆喷布到墙体表面而形成的饰面层。有表面灰浆饱满呈波纹状的波面喷涂和表面布满点状的粒状喷涂。

(2) 滚涂饰面：这种饰面是在聚合物砂浆抹面后立即用特制的滚子在表面滚压出花纹，再用甲醛硅酸钠疏水剂溶液罩面而成。滚涂操作分为干滚和湿滚两种方法。前者滚涂时辊子不蘸水滚压两遍，表面滚毛，均匀即可，压出的花纹印痕深，工效高；后者滚涂时辊子反复蘸水，滚出的花纹印痕浅，轮廓线型饱满，花纹可修补，工效低。

(3) 弹涂饰面：这种饰面是在墙体表面刷一遍聚合物水泥色浆后，用弹涂器分几遍将不同色彩的聚合物水泥浆弹在已涂刷的涂层上，形成 3～5mm 大小的扁圆形花点，再喷罩甲醛硅树脂或聚乙烯醇缩丁醛酒精溶液而形成的装饰层。不同颜色的组合和浆点可形成不同的质感，并有类似于干粘石的装饰效果。

2. 拉毛、甩毛饰面

(1) 拉毛饰面：拉毛饰面分水泥拉毛和油漆拉毛饰面。水泥拉毛一般采用普通水泥掺适量石灰膏的素浆或掺入适量砂子的砂浆。水泥拉毛又分为用棕刷操作的小拉毛和用铁抹子操作的大拉毛两种，小拉毛掺入含水泥量为 5%～12%的石灰膏。大拉毛掺入含水泥量为 20%～25%的石灰膏，再掺入适量砂子，以避免龟裂。如掺入少量的纸筋可以提高抗拉强度，以减少开裂。油漆拉毛又可分石膏拉毛和油拉毛，通常多用于室内抹灰。石膏拉毛是将石膏粉加入适量水，进行不停地搅拌，待过了水硬期后用刮刀平整地刮在做好的垫层上，然后进行拉毛工序，干燥后上油漆或涂料。油拉毛是将石膏粉加入适量水，不停地搅拌，待水硬期过后，加入油料均匀拌合，然后刮在做好的垫层上约 3～5mm 厚，再进行拉毛工序，待干燥后上油漆或其他涂料。

(2) 甩毛饰面：这种饰面是将面层灰浆用竹丝刷等工具甩在墙面上的一种装饰抹灰做法。甩毛墙面的构造做法是抹 1∶3 水泥砂浆底子灰，厚度 13～15mm，待底子灰达到五六成干时，刷一遍水泥浆或水泥色浆，再做水泥砂浆或石灰浆甩毛。

3. 水刷石、干粘石饰面

(1) 水刷石饰面：这种饰面是石渣类材料饰面的传统做法，制作前必须在墙

面分格引条线部位先固定好木条，然后将配制的石碴浆抹在中底层上与分格木条刮平，待半凝固后，用喷枪、水壶喷水或者用硬毛刷蘸水，刷去表面的水泥浆，使石子半露。

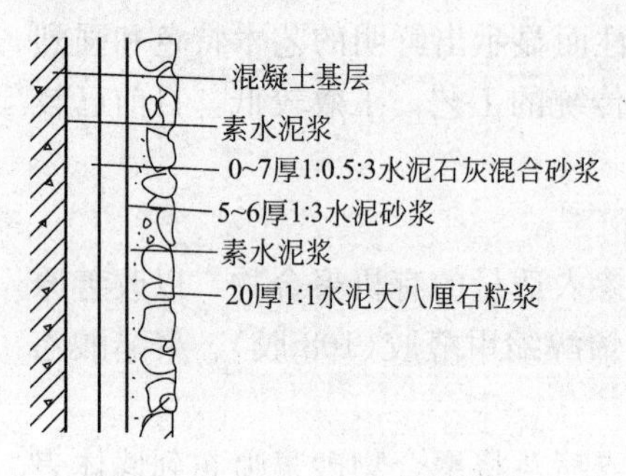

图 13-4　水刷石饰面分层构造

水刷石的构造作法为：采用 15mm 厚 1∶3水泥砂浆打底刮毛，在其底灰上先薄刮一层素水泥浆，然后抹水泥石碴浆，水泥石碴配合比依石子粒径大小而有所不同。采用 8mm 的大八厘骨料时，水泥∶石子为 1∶1；采用 6mm 的中八厘骨料时，比例为 1∶1.5。抹灰层厚度通常取石碴粒径的 2.5 倍。水刷石饰面的分层构造如图 13-4 所示，彩色石粒的规格、品种及质量要求见表 13-3。

彩色石粒的规格、品种及质量要求　　**表 13-3**

序号	规格与粒径的关系		常用品种	质量要求
	规格俗称	粒径(mm)		
1	大二分	约 20	东北红、东北绿、丹东绿、盖平红、粉黄绿、玉泉灰、旺青、晚霞、白云石、云彩绿、红王花、奶油白、竹根霞、苏州黑、黄花玉、南京红、雪浪、松香石、墨玉	颗粒坚韧、有棱角、洁净、不含有风化的石粒、黏土、碱质及其他有机物等有害杂质，使用时应冲洗干净
2	一分半	约 15		
3	大八厘	约 8		
4	中大八厘	约 6		
5	小大八厘	约 4		
6	米粒石	0.3～1.2		

(2) 干粘石：这种饰面是将彩色石粒直接粘在砂浆层上的一种装饰抹灰做法。这种做法与水刷石相比，既节约水泥 30%、石粒 50%等原料，又能减少湿作业，明显提高工效 50%。

干粘石饰面的构造做法是采用 12mm 厚 1∶3 水泥砂浆打底，并扫毛或划出纹道，中层用 6mm 厚 1∶3 水泥砂浆，面层为粘结砂浆。其常用配比为1∶1.5∶0.15 或 1∶2∶0.15(水泥∶砂∶108 胶)。冬期施工时，应采用前一配比，为了提高其抗冻性和防止析白，还应加入水泥量为 2%的氯化钙和 0.3%的木质素磺酸钙。粘结砂浆抹平后，应立即开始撒石粒，先甩四周易干的部位，然后甩中间，要求做到大面均匀，边角不漏粘。待到粘结砂浆表面均匀粘满石碴后，用拍子压平拍实，使石碴埋入粘结砂浆 1/2 以上。

(3) 机喷干粘石：喷粘石的主要特点是在干粘石饰面做法的基础上，改用压缩空气带动的喷斗喷射石碴代替用手甩石碴的饰面做法，工效快、劳动强度低，石碴也粘结牢固，其装饰效果和手工粘石相同。

4. 斩假石、拉假石饰面

(1) 斩假石饰面：斩假石又名“剁假石饰面”、“人造假石饰面”，这种饰面一般是以水泥石碴浆作面层，待凝结硬化、具有一定强度后，用斧子及各种凿子等工具在面层上剁斩出类似石材经雕琢的纹理效果的一种人造石料装饰方法。其质感分主纹剁斧、棱点剁斧和花锤剁斧三种，如图 13-5 所示。斩假石饰面质朴素雅，美观大方，有真实感，装饰效果好，但工效低，劳动强度大，造价高，而且易于产生裂缝。

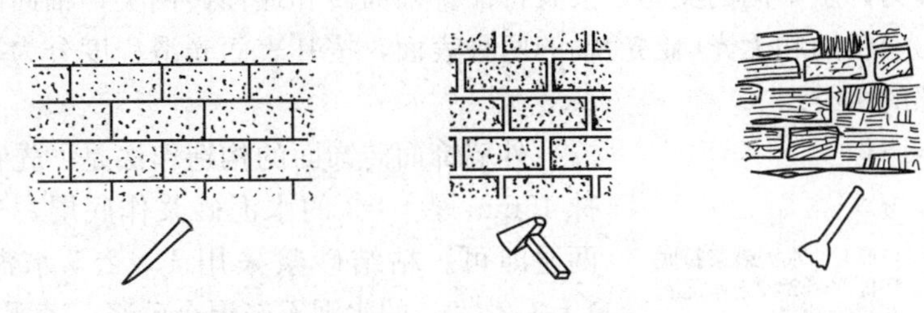

图 13-5　斩假石的几种不同效果

斩假石饰面的构造做法是：先用 15mm 厚 1∶3 水泥砂浆打底，然后刷一遍素水泥浆(内掺水重 3%～5%的 108 胶)，随即抹 10mm 厚配比 1∶1.25 的水泥石碴浆。石碴用粒径 2mm 的白色米粒石，内掺 30%粒经在 0.3mm 左右的白云石屑。为了达到不同的装饰效果，可以在配比中加入各种配色骨料及颜料。为便于操作和达到模仿不同天然石材的装饰效果，一般在阴阳角及分格缝周边留 15～20mm 边框线不剁。边框线处也可以和天然石材处理方式一样，改为横方向剁纹。

(2) 拉假石饰面：这种饰面是使用锯齿形工具，在水泥石碴浆终凝时，挠刮去表面水泥浆而显露出石碴，这种做法有类似斩假石的装饰效果，但相比之下，其劳动强度低、工效高。由于操作工艺特点不同，拉假石饰面石碴外露程度不如斩假石，水泥的颜色对整个饰面色彩的影响较大，所以常在水泥中加颜料，以增强其色彩效果。

拉假石饰面的构造做法是：先用 1∶3 水泥砂浆做底刮糙，厚 15mm，待底层刮糙的干躁程度达到 70%左右时，再在基层上刮水泥浆一遍，抹水泥石碴浆面层。常用配合比是 1∶1.25 水泥石英砂(或白云石屑)，厚度为 8～10mm。操作时，待面层吸水后用靠尺检查平整度，然后用木抹子搓平，顺直，再用钢抹子压一遍。最后待水泥终凝后，用抓耙子依着靠尺按同一方向挠刮，除去表面水泥浆，露出石碴。拉纹深度一般以 1～2mm 为宜，拉纹的宽度一般以 3～3.5mm 为宜。

三、贴面类墙体饰面构造

贴面类饰面是指一些天然的或人造的材料，在现场通过构造连接或镶贴于墙体表面，由此而形成的墙体饰面。由于材料的形状、重量、适用部位不同，它们之间的构造方法也有一定的差异。轻而小的块材可以直接镶贴，大而厚的块材则必须采用贴挂或干挂方式，以保证它们与主体结构连接牢固。

贴面类饰面坚固耐用、色泽稳定、易清洗且耐腐防水、装饰效果丰富，可用于内、外墙体，但这类饰面铺贴技术要求高，有的品种块材色差和尺寸误差较大，质量较低的釉面砖还存在釉层易脱落等缺点。

（一）外墙饰面的基本构造

1. 外墙饰面砖饰面

外墙饰面砖多数是以陶土为原料，压制成型后经1100℃左右高温煅烧而成的。面砖分为许多不同的类型，按其特征有釉面砖和通体砖两类；釉面砖又可分为有光(亮光)釉的和无光(亚光)釉的两种表面，按其表面光滑程度分为平滑的和带纹理质感的两类。

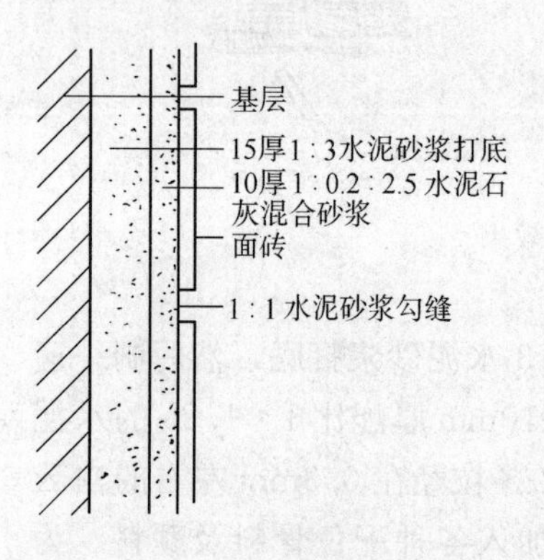

图13-6 面砖饰面构造示意

外墙饰面砖饰面的构造作法是：先在基层上抹15mm厚1∶3的水泥砂浆作底层，分层抹平两遍即可。粘结砂浆采用1∶2.5水泥砂浆或1∶0.2∶2.5的水泥石灰混合砂浆，若采用掺108胶(水泥重的5%～10%)的1∶2.5水泥砂浆则粘贴更好，其粘结砂浆的厚度不小于10mm。然后在其上贴面砖，并用1∶1水泥细砂浆填缝。面砖饰面构造示意如图13-6所示。面砖的断面形式宜采用背部带有凹槽的，这种凹槽截面可以增强面砖和砂浆之间的结合力。

2. 人造、天然石板材外墙饰面

天然石材具有强度高、质地密实、坚硬和色泽雅致等优点。天然石材按其厚度可分为普通板、厚板和薄板三种。通常厚度在20mm左右的称为普通板，厚度在50～100mm的称为厚板，厚度在7～10mm的称为薄板。厚度在100mm以上的石材称为块材。常用的饰面石料有大理石、花岗石、青石板等。

大理石是一种变质岩，属于中硬石材，由于大理石板材表面硬度并不大，而且化学稳定性和大气稳定性不是太好，一般宜用于室内。

花岗岩是火成岩中分布最广的岩石，是一种典型的深成岩，属于硬石材。它是由长石、石英和云母组成。其构造密实、抗压强度较高、孔隙率及吸水率较小，抗冻性和耐磨性能均好，并具有良好的抵抗风化性能。花岗石外饰面从装饰质感分为剁斧、蘑菇石和磨光三种。

(1) 传统钢筋网挂贴法

传统的普通板大理石、花岗石饰面板材安装时，首先在砌墙时预埋镀锌铁钩，并在铁钩内立竖筋，间距500～1000mm，然后按面板位置在竖筋上绑扎横筋，构成一个$\phi6$的钢筋网。如果基层未预埋钢筋，可用金属胀管螺栓固定预埋件，然后进行绑扎或焊接竖筋和横筋。板材上端两边打眼、剔槽，用铜丝或不锈钢丝穿过孔洞将板材绑扎在横筋上。板与墙身之间留30mm左右间隙，施工时将活动木楔插入缝内，以调整和控制缝宽。上下板之间用“Z”形铜丝钩钩住，待石板校正后，在石板与墙面之间分层浇筑1∶2.5水泥砂浆。灌浆宜分层灌入，每次浇注高度不宜超过板高的1/3。每次间隔时间为1～2小时。最上部浇注高度应距板材上皮50mm，不得和板材上皮齐平，以便和上层石板一并浇注结合在一起，如图13-7所示。

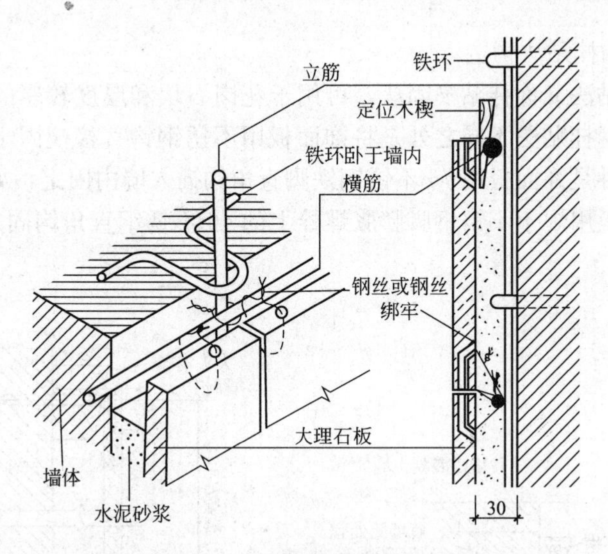

图 13-7 传统钢筋网挂贴法构造

(2) 改进后的钢筋网挂贴法

传统的钢筋网挂贴法构造的缺点是施工较为复杂。人们通过对多年的施工经验的总结，对传统钢筋网挂贴法的构造和做法进行了改进：首先，将钢筋网简化，只拉横向钢筋。取消竖向钢筋；第二，将加工艰难的打洞、剔槽工作改为只剔槽，不打眼或少打眼，改进后的钢筋网挂贴法的构造如图 13-8 所示。

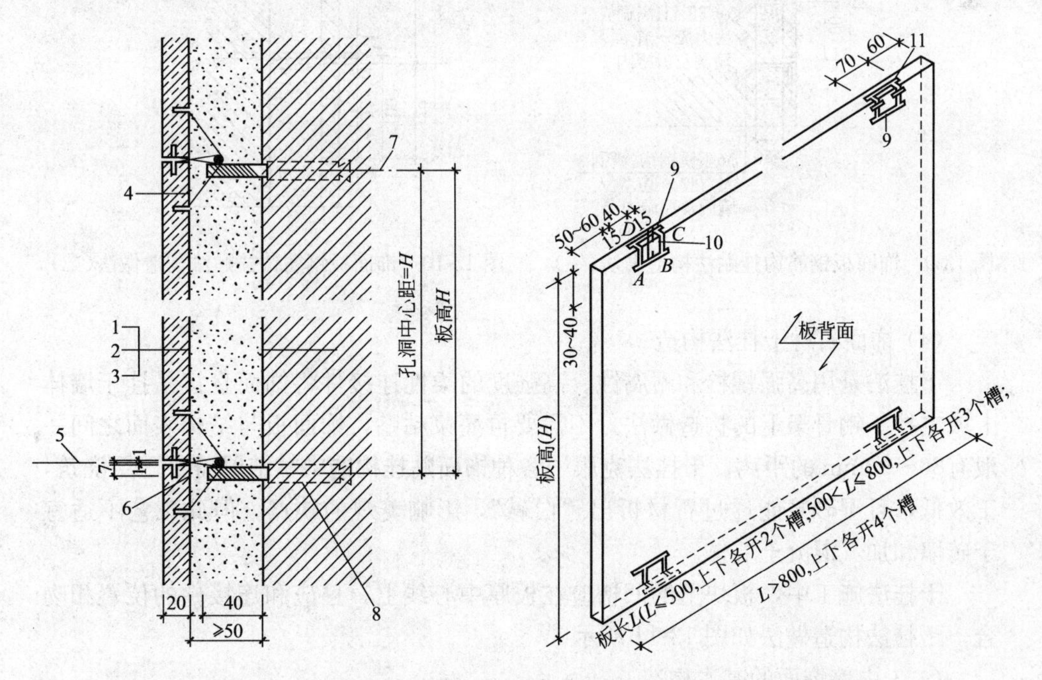

图 13-8 改进后的钢筋网挂贴法构造

1—砖墙基层；2—1∶2.5 水泥砂浆；3—饰面石板；4—18 号铜丝双股；5—缝中心，钢筋中心线；6—ϕ6 通长钢筋与膨胀螺栓焊牢；7—孔洞中心线；8—M10×100 不锈钢膨胀螺栓；9—横槽；10—竖槽；11—横槽(槽宽 2.5)

(3) 钢筋钩挂贴法构造

钢筋钩挂贴法又称挂贴楔固法，可用于花岗石块和厚度较厚的板材安装。它与传统的钢筋网挂贴法不同之处是将饰面板用不锈钢钩直接楔固于墙内，有两种构造做法：一种是饰面板用 $\phi6$ 不锈钢铁脚直角钩插入墙内固定，如图 13-9 所示；另一种是饰面板用焊于不锈钢脚膨胀螺栓上的 $\phi6$ 不锈钢直角钩固定，如图 13-10 所示。

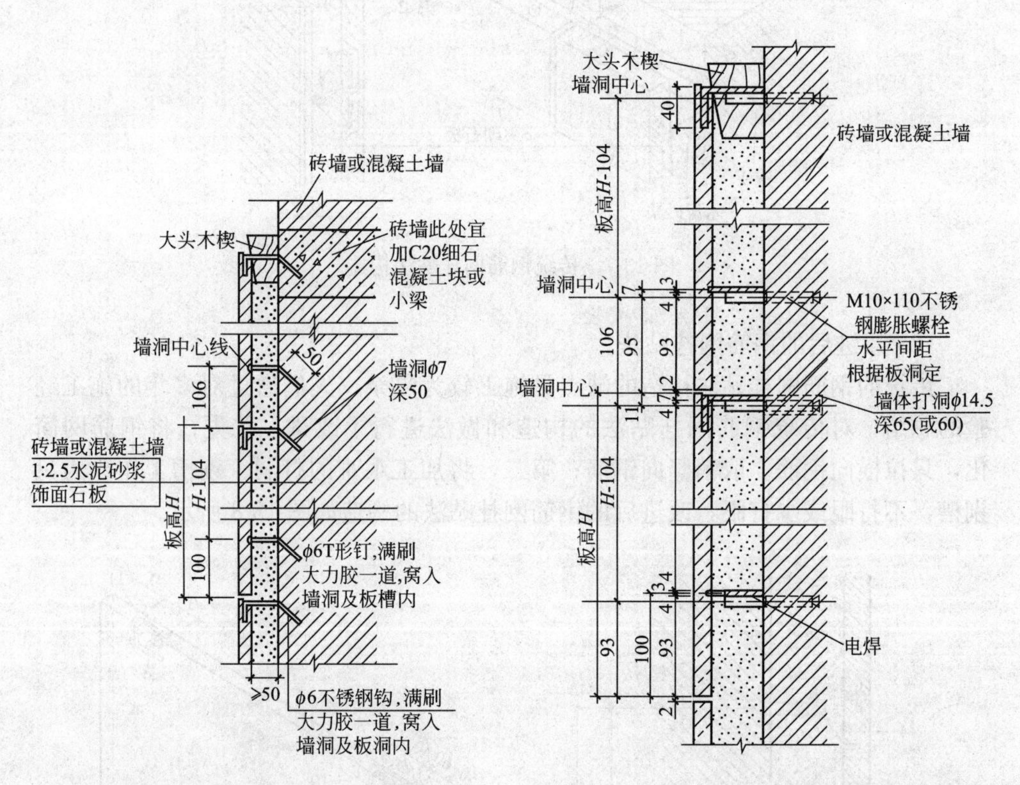

图 13-9　饰面板钢筋钩挂贴法构造做法(一)　　图 13-10　饰面板钢筋钩挂贴法构造做法(二)

(4) 饰面石材干挂法构造

干挂法是用高强螺栓和耐腐蚀、高强度的柔性连接件将饰面直接吊挂于墙体上或空挂于钢骨架上的构造做法，不需要再灌浆粘贴，饰面板与结构表面之间一般有80～90mm 的距离。干挂法克服了各种饰面贴挂构造中粘结层需要逐层浇筑，工效低，且湿砂浆能透过石材析出“白碱”，影响美观的缺点。但此工艺不适宜于砖墙和加气混凝土墙体。

干挂法施工中，板块上的凹槽应在板厚中心线上，且应和连接件的位置相吻合，干挂法构造做法如图 13-11 所示。

(二) 内墙饰面的基本构造

1. 内墙釉面砖饰面

内墙釉面砖又称瓷砖，它是用瓷土或优质陶土烧制成的饰面材料。瓷砖底胎一般呈白色，表面可以上白色釉或其他颜色的釉。釉面砖表面光滑、美观、吸水

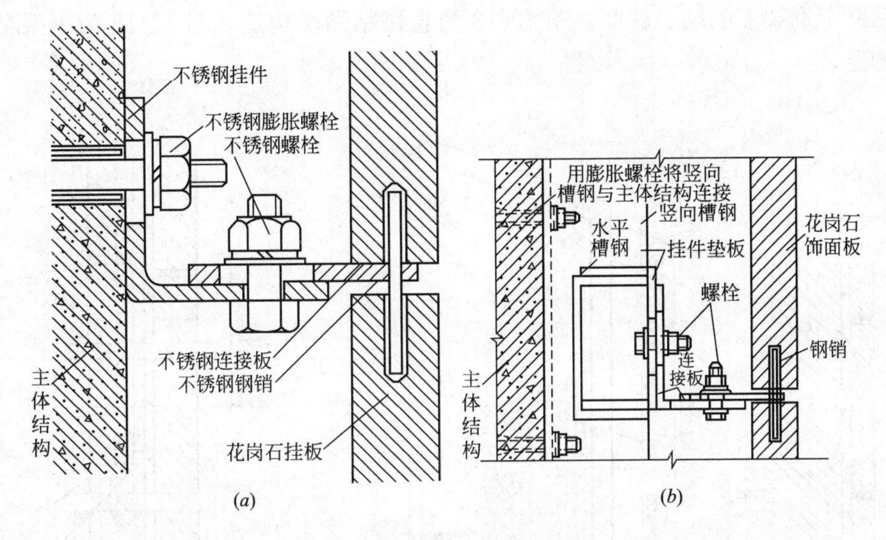

图 13-11 饰面板干挂法构造

(a)直接干挂法；(b)间接干挂法

率较低、不易积垢、清洁方便，但由于釉面砖是多孔的精陶体，长期与空气接触过程中，会吸收水分而产生吸湿膨胀现象，当坯体湿膨胀的程度增长到使釉面处于张应力状态，应力超过釉的抗裂强度时，会使釉面发生开裂，因此釉面砖只适用于室内厨房、卫生间、浴室等墙面。

目前，釉面砖的尺寸规格繁多，厚度约为 5～6mm。有些规格的釉面砖，在转弯或结束部位，均另有阳角条、阴角条、压条或带边的釉面砖配件供选用。

粘贴釉面砖的一般构造做法是：用 1∶3 水泥砂浆做底层抹灰，粘结砂浆用 1∶0.3∶3的水泥石灰膏混合砂浆，厚度为 10～15mm。粘贴砂浆也可用掺 5%～7%的 108 胶的水泥素浆，厚度为 2～3mm。为便于清洗和防水，要求安装紧密，一般不留灰缝，细缝用白水泥擦平。

2. 人造、天然石材内墙饰面

人造、天然石材内墙饰面构造做法基本上同外墙，根据板材规格、厚度、位置的不同，可采用钢筋网挂贴法、钢筋钩挂贴法、干挂法和粘贴法。

粘贴法又分为聚酯砂浆粘接法和树脂胶粘接法两种做法。树脂粘接法具有施工简单、经济、可靠、快捷的优点。在我国，目前采用树脂胶粘贴石材板饰面的施工时，树脂胶粘剂基本上采用进口产品，如澳大利亚之宝大力胶。采用大力胶粘贴石材板除具有干挂法的优点外，还具有施工周期短、进度快；任何复杂的墙面柱面造型均可施工；饰面石材与墙体距离仅有 5mm，扩大室内使用面积；高度不受限制，综合造价低等优点。

大力胶粘贴石材可根据粘贴高度和支承结构的不同，采用直接粘贴法、加厚粘贴法、粘贴锚固法、钢架粘贴法等四种做法。直接粘贴法和加厚粘贴法适合于高度小于 9m 的内墙，粘贴锚固法适合于高度大于 9m 的内墙，钢架粘贴法适合于粘贴于钢架上的墙、柱面。图 13-12 为直接粘贴法构造，图 13-13 为钢架粘贴法构造。

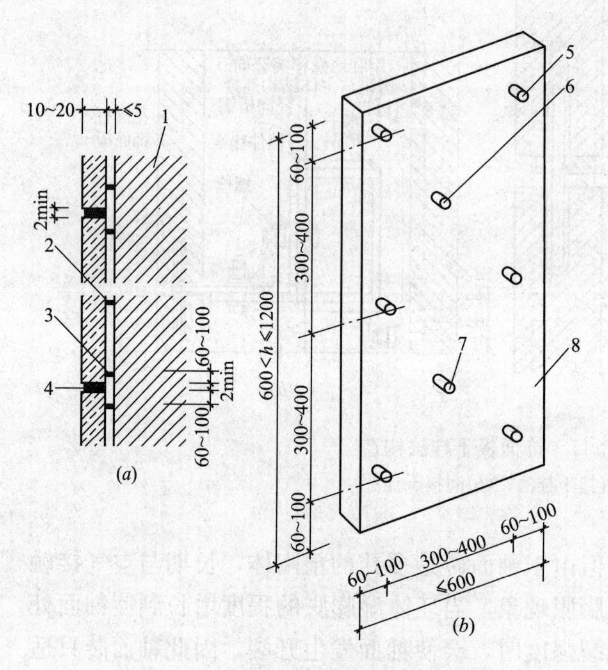

图 13-12　内墙石材直接粘贴法构造

(a)基本构造；(b)饰面板背面涂大力胶位置

1—砖墙或混凝土墙；2—快干型大力胶；3—慢干型大力胶；4—透明型大力胶镶缝；5—慢干型大力胶(四边用)；6—快干型大力胶(中间用)；7—居中心；8—板背面

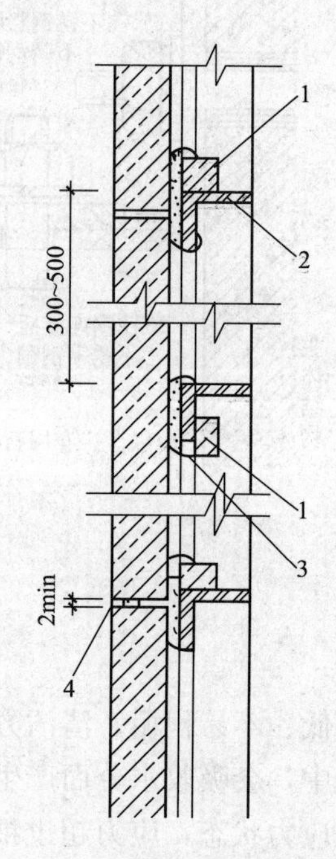

图 13-13　内墙石材钢架粘贴法构造

1—加强石块，石块用大力胶与钢架粘牢；2—钢架；3—4～5 厚大力胶；4—透明型大力胶调色勾缝

3. 艺术砖石类饰面

艺术砖、文化石能创造一种奇特的立面装饰效果，其制品主要是天然石材或人造石材，也包括一些仿制效果逼真的陶瓷类、薄型烧结砖类以及树脂塑料类等不同材质的产品，此类制品，可采用水泥(砂)浆进行粘贴施工。通常是在结构基体表面，先用 1：3 水泥砂浆找平(厚度 7mm)，再用水泥砂浆(或水泥素浆、聚合物水泥浆、聚合物水泥砂浆等)粘贴。有的人造石制品由于质量较轻，也可采用配套胶粘剂进行粘贴；有的产品则备有安装配件，施工时采用干挂法作业。

文化墙耐力板是以树脂塑料为基材加工而成的墙面装饰板块，将砌块砌筑成凹凸镶贴的效果，使板块表面呈浮雕状，耐力板的饰面施工不可采用湿作业，而采用钉结固定，图 13-14 为耐力板在水平和垂直方向的搭接做法。

4. 其他内墙饰面

除上述材料以外，内墙装饰贴面材料还有陶瓷锦砖(又称马赛克)、玻璃锦砖，但这些材料由于湿作业多，装饰效果一般，目前已较少采用。

此外，目前已出现面积较大但厚度很薄的人造板材产品，如单块面积为 1000mm×2000mm 的纤瓷板，厚度仅为 4mm，可用专用胶粘剂贴在找平层上，

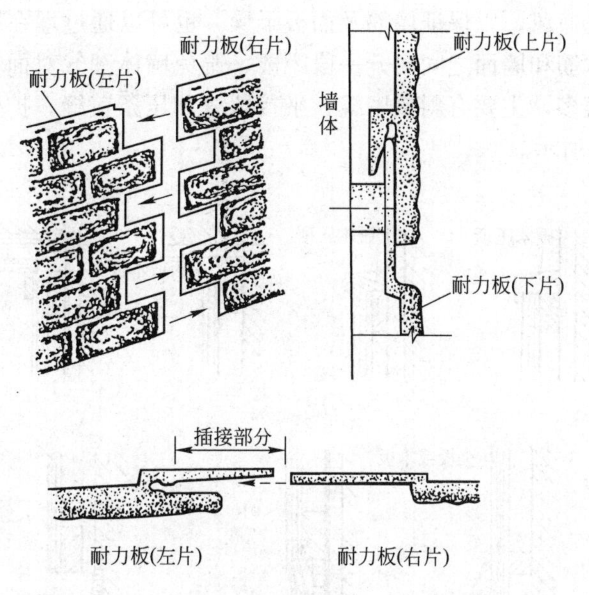

图 13-14　耐力板在水平及垂直方向的衔接构造

形成墙面饰面层。这种纤瓷板既可用作内墙装饰，也可用于外墙饰面，但因造价较高，目前还未能大量采用。

四、罩面板类饰面

罩面板类饰面是指用木板、胶合板、纤维板、石膏板、石棉水泥板、玻璃和金属薄板等材料制成的各类饰面板，通过镶、钉、拼贴等构造手法构成的墙面饰面。这类饰面是建筑装饰中的一种传统工艺和现代材料相结合的装饰方法。如不锈钢板、塑料板、镜面玻璃等饰面，这类做法具有无湿作业，饰面耐久性好，装饰效果丰富的优点，所以得到了装饰行业的广泛采用。

（一）罩面板类饰面的基本构造

这类饰面的基本构造做法，是在墙体或结构主体上先固定龙骨骨架，形成饰面板的结构层，然后利用粘贴、紧固件连接、嵌条定位等方法，将饰面板安装在龙骨骨架上，形成各类饰面板的装饰面层。有的饰面板还需要在骨架上先铺钉基层板(如纤维板、胶合板、木工板等)，贴装饰面板，这要根据饰面板的特性和装饰部位来确定。

（二）木质饰面板饰面构造

木质饰面板具有纹理和色泽丰富、接触感好的装饰效果，有薄实木板和人造板两种，既可以做成护墙板也可以做成墙裙。作为有吸声、扩声、消声等物理要求的墙面，常选用穿孔夹板、软质纤维板、装饰吸声板、硬木格条等。硬木格条常用于回风口、送风口等墙面。

木质饰面板饰面的具体做法是：先在墙面预埋防腐木砖，再钉立木骨架，木骨架的断面采用(20～40)mm×(20～40)mm，木骨架由竖筋和横筋组成，间距为400～600mm，为了防止墙体的潮气使面板产生翘曲，应采取防潮构造措施。一般做法是：先用防潮砂浆抹面，干燥后刷一遍 821 涂膜橡胶，必要时在护壁板上、下留透气孔通风，以保证墙筋及面板干燥。也可以通过埋在墙体内木砖的出挑，使面板、木筋和墙面之间离开一段距离，避免墙体潮气对面板的影响。板与板的拼接方式很多，主要有斜接密缝、平接留缝和压条盖缝。护壁板上、下部位构造如图 13-15 所示。

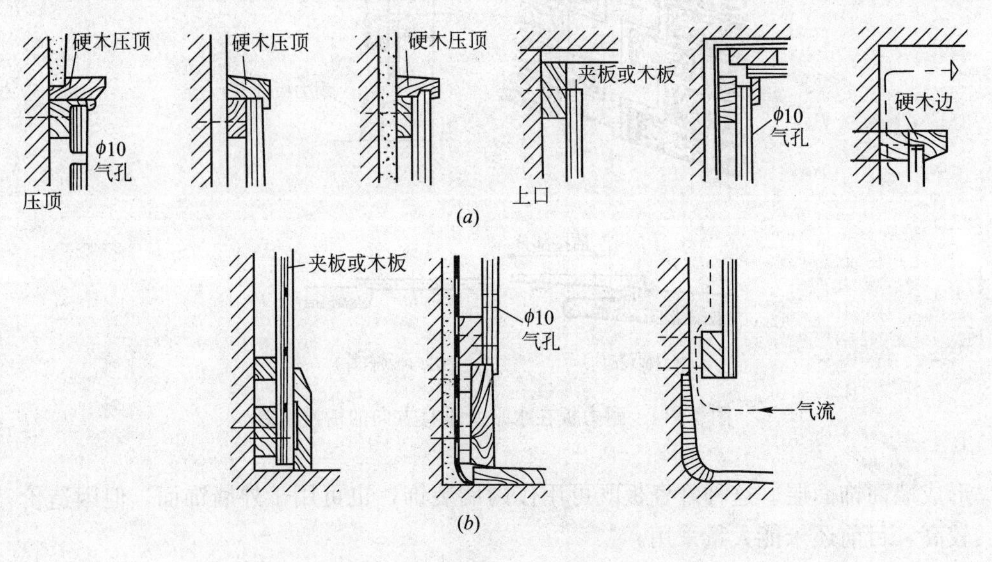

图 13-15　护壁板上、下部位构造

(a)上部位；(b)下部位

（三）金属饰面板饰面构造

金属薄板饰面是利用一些轻金属，如铝、铜、铝合金、不锈钢等，经加工制成薄板，也可在这些薄板上做烤漆、喷漆、镀锌、搪瓷、电化覆盖塑料等处理，然后用来做室内外墙面装饰。用这些材料做成墙面饰面，坚固耐久，美观新颖，装饰效果好。特别是各种铝合金装饰板，花纹精巧、别致、色泽美观大方。

金属薄板表面可以制成平板形、波纹形、卷边或凹凸条纹等表面，也可用铝板网做吸声墙面。

金属薄板一般安装在型钢或铝合金型材所构成的骨架上。骨架包括横、竖杆。由于型钢强度高、焊接方便、价格便宜、操作简便，所以用型钢做骨架的较多。型钢、铝材骨架均通过连接件与主体结构固定。连接件一般通过在墙面上打膨胀螺栓或与结构物上的预埋件焊接等方法固定。

金属薄板由于材料品种的不同和所处部位的不同，构造连接方式也有变化。常用的方法有两种：一种是直接固定，即将金属薄板用螺栓直接固定在型钢上；另一种是利用金属薄板便于拉伸、冲压成型的特点，做成各种形状，然后将其压卡在特制的龙骨上。前者耐久性好，常用于外墙饰面工程；后者则施工方便，适宜内墙装饰。这两种方法也可以混合使用。

金属薄板固定后，应注意板缝处理。板缝的处理方法有两种。一种直接采用密缝胶填缝，另一种是采用压条遮盖板缝。室外板缝应做防雨水渗漏处理。

金属板墙面的基本构造层次如图 13-16 所示。

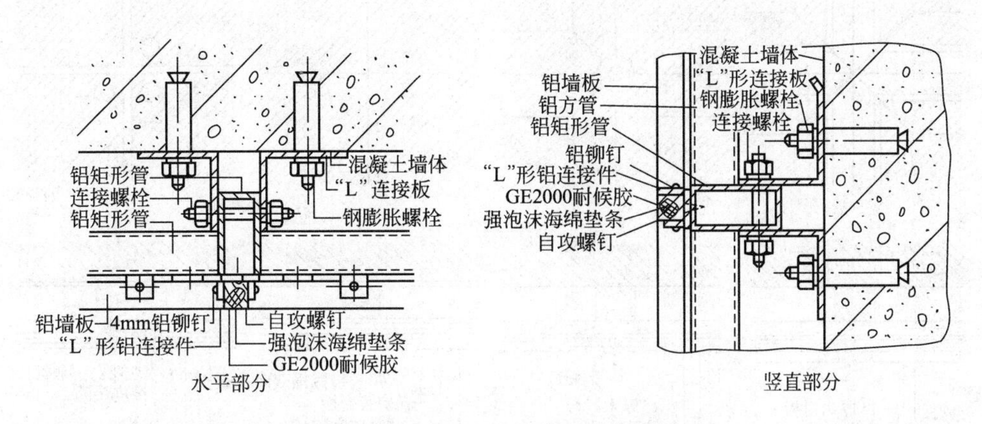

图 13-16　金属板墙面的基本构造层次示意图

（四）玻璃装饰板饰面构造

玻璃装饰板的种类繁多，如激光玻璃装饰板、微晶玻璃装饰板、幻影玻璃装饰板、彩金玻璃装饰板、珍珠玻璃装饰板、宝石玻璃装饰板、浮雕玻璃装饰板、镜面玻璃板、无线遥控聚光有声动感画面玻璃装饰板等。玻璃装饰板光滑易清洁，用于室内可以起到活跃气氛，扩大空间等作用。

1. 镜面玻璃板饰面构造

镜面玻璃板饰面构造分为有龙骨做法和无龙骨做法两种。

有龙骨做法：首先是在墙基层上涂防水建筑胶粉防潮层，然后安装防腐防火木龙骨，再于木龙骨上安装阻燃型胶合板，最后固定镜面玻璃。玻璃固定方法主要有四种：一是螺钉固定法：在玻璃上钻孔，用不锈钢螺钉或铜螺钉直接把玻璃固定在木筋上；二是托压固定法：用硬木、塑料、金属(铝合金、不锈钢、铜)等材料制成的压条压住玻璃，而压条是用螺钉固定于木筋上的；三是嵌钉固定法：在玻璃的拼接处用嵌钉固定，嵌钉固定在木筋上；四是粘贴固定法：用环氧树脂把玻璃直接粘在衬板上。镜面玻璃板饰面构造方法如图 13-17 所示。

无龙骨做法：首先用 10mm 厚 1∶0.3∶3 水泥石灰膏砂浆打底，6mm 厚 1∶0.3∶2.5水泥石灰膏找平，压实后满涂防水建筑胶粉防潮层，做镜面玻璃保护层(粘贴牛皮纸或铝箔一层)，最后用强力胶粘贴镜面玻璃。

2. 激光玻璃装饰板饰面构造

激光玻璃装饰板饰面构造分为龙骨无底板胶贴法和龙骨有底板胶贴法两种。

无底板胶贴做法：首先修整墙面后做防潮层，然后安装防腐防火木龙骨或轻钢龙骨，最后在龙骨上粘贴激光玻璃装饰板。

有底板胶贴做法：修整墙面后做防潮层，然后安装防腐防火木龙骨或轻钢龙骨，在龙骨上先钉底板(胶合板或纸面石膏板)，最后在底板上粘贴激光玻璃装饰板。

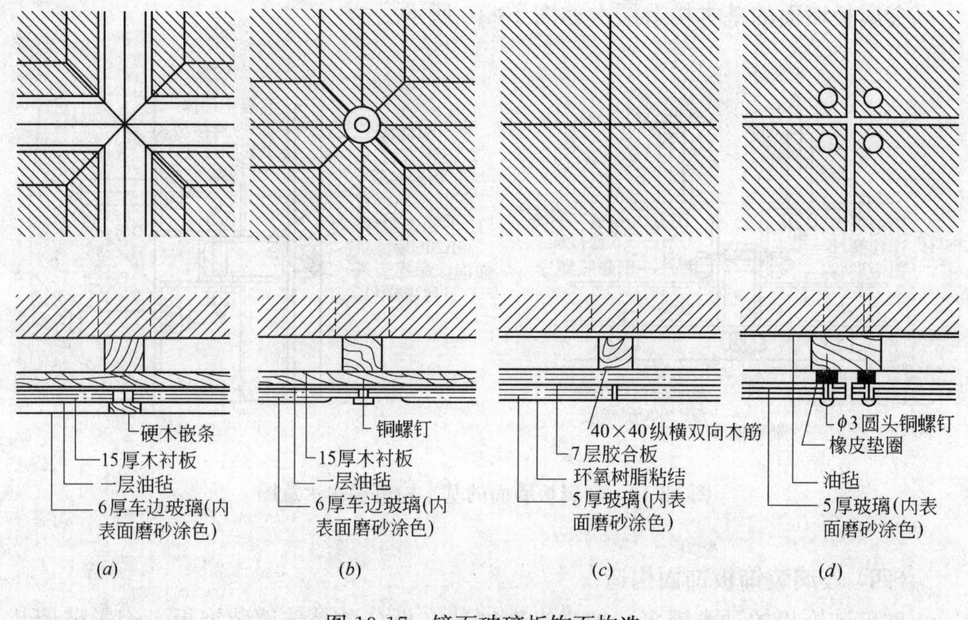

图 13-17 镜面玻璃板饰面构造

(*a*)嵌条；(*b*)嵌钉；(*c*)粘贴；(*d*)螺钉

五、裱糊饰面构造

裱糊类饰面一般指用裱糊的方法将墙纸、织物或微薄木等装饰在内墙面的一种饰面。这类饰面装饰性强，饰面材料在色彩、纹理和图案等方面比较丰富、品种众多，选择性很大，可形成绚丽多彩、质感温暖、古雅精致、色泽自然逼真等多种装饰效果。由于饰面材料是一种柔性材料，适宜于曲面、弯角、转折、线脚等处成型粘贴，不但可获得连续的饰面，而且减少了拼接，简化了施工工序。在现代室内装修中经常使用的墙体饰面卷材有塑料墙纸、墙布、纤维壁纸、木屑壁纸、金属箔壁纸、皮革、人造革、锦锻、微薄木等。

（一）壁纸饰面

1. 壁纸饰面的种类及特点

壁纸的品种繁多，有普通壁纸、发泡壁纸、麻草壁纸、纺织纤维壁纸、特种壁纸，特种墙纸又有耐水墙纸、防火墙纸、抗静电墙纸、防污墙纸、吸声墙纸、金属墙纸、彩色砂粒墙纸等。

2. 壁纸饰面构造

(1) 基层处理：各种墙纸均应粘贴在具有一定强度，表面平整、光洁、干净、不疏松掉粉的基层上。裱糊前，应先在基层刮腻子，然后用砂纸磨平，以使裱糊壁纸的基层表面达到平整光滑、颜色一致，为了避免基层吸水过快，还应对基层进行封闭处理，处理方法：在基层表面满刷一遍清漆或按 1∶0.5～1 稀释的 108 胶水。

(2) 壁纸的预处理：由于塑料壁纸多数为纸基，遇水或胶水后，自由膨胀变形较大，故裱贴壁纸前，应预先进行预处理。无毒塑料壁纸裱糊前应在壁纸背面刷清水一遍，立即刷胶，或先将壁纸在水槽中浸泡 3～5min，取出后将多余的水抖净，再静置大约15分钟，然后刷胶裱糊。复合壁纸不得浸水，裱糊前应在壁纸背面涂刷胶粘剂，放置数分钟。裱糊时，应在基层表面涂刷胶粘剂。纺织纤维壁纸也不宜在水中浸泡，裱糊前宜用湿布清洁背面。

(3) 裱贴壁纸，拼缝修饰：裱糊墙纸的关键在裱贴的过程和拼缝技术。粘贴时注意保持纸面平整，防止出现气泡，并对拼缝处进行压实。

(二) 墙布饰面

1. 玻璃纤维墙布和无纺墙布饰面的特点

墙布按纤维材料分，有玻璃纤维墙布、纯棉墙布、化纤装饰墙布、无纺墙布等类型。

玻璃纤维墙布是以玻璃纤维布作为基材，表面涂布树脂，经染色、印花等工艺制成的墙布。这种饰面材料强度大，韧性好、耐水、耐火，可用水擦洗。本身有布纹质感，经套色印花后有较好的装饰效果，适用于室内饰面。但玻璃纤维墙布的盖底力稍差。

无纺墙布是采用棉、麻等天然纤维或涤纶、晴纶等合成纤维，经过无纺成型、上树脂、印制彩色花纹而制成的一种新型高级饰面材料。无纺布具有挺括、富有弹性、不易折断、表面光洁而又有羊毛绒感、色彩鲜艳、图案雅致、不褪色等优点，且具有一定透气性，并可擦洗，施工简便。

纯棉墙布是以纯棉平布为基材，经过表面涂耐磨树脂处理和印花等工序制成。具有无光、无毒、无味、吸声、耐擦洗、静电小、强度大、蠕变性小等优点。

化纤装饰墙布是以化纤布为基材，经过一定处理后印花制成。具有无毒、无味、透气、防潮、耐磨等优点。

2. 墙布饰面的构造

裱糊玻璃纤维墙布和无纺墙布的方法大体与纸基墙纸类同，不同之处有以下四点：

(1) 这两种材料不需吸水膨胀，应直接裱糊。如预先湿水反而会因表面树脂涂层稍有膨胀而使墙布起皱，贴上墙后也难以平伏。

(2) 这两种材料的材性与纸基不同，宜用聚醋酸乙烯乳液作为胶粘剂。粘贴玻璃纤维墙布时，胶粘剂配比为聚醋酸乙烯乳液：2.5%羧甲基纤维素溶液为1：6。粘贴无纺墙布时，胶粘剂配比为：聚醋酸乙烯乳液：2.5%羧甲基纤维素溶液：水为5：4：1。

(3) 这两种材料盖底力稍差，如基层表面颜色较深时，应在胶粘剂中掺入10%白色涂料(如白色乳胶漆之类)。当相邻部位的基层颜色有深浅时更应注意，以免完成的裱糊面色泽有差异。

(4) 裱贴这两种材料，墙布背面不要刷胶粘剂，而要将胶粘剂刷在基层上。因为墙布有细小孔隙，本身吸湿很少，如果将胶粘剂刷在墙布背面，胶粘剂的胶会印透表面而出现胶痕，影响美观。

六、软包饰面

(一) 软包饰面的特点

软包饰面是当代室内一种高级装饰材料，其格调高雅、质地柔软、保温、耐磨、易清洁，并且有吸声、消震等特性。常被用于有吸声要求的会议室、会客室、客房、起居室等，也可用于健身房、练功房、幼儿园等要求防止碰撞的房间，以及酒吧台、餐厅，使环境优雅、舒适，也适用于电话间、录音室等声学要求较高的房间。

软包墙面由芯材和面材组成，芯材通常采用阻燃型泡沫塑料或矿渣棉。面材通常采用装饰织物和皮革。

软包工程由木基层板、木龙骨、填充料、面层铺钉而成。填充料、纺织面料、木龙骨、木基层板等应进行防火处理，木质材料还须经防腐、防蛀处理。木基层板可以采用阻燃型胶合板等材料。

（二）软包饰面的构造做法

软包饰面的做法与木护壁相似，分为无吸声层和有吸声层两种做法。

1. 无吸声层做法：墙面先找平并进行防潮处理，用1∶0.3∶3水泥石灰膏砂浆找平，厚度为12mm，并涂刷一层防水建筑胶粉防潮层。将木龙骨固定于墙内预埋的防腐木砖上，然后将底层阻燃型胶合板(或FC板、埃特尼板)就位，并将面料压封于木龙骨上，底层及面料钉完一块，再继续钉下一块，直至全部钉完为止。最后用高级金属饰条(如钛合金饰条或8K不锈钢饰条等)或其他装饰条收口，如图13-18所示。

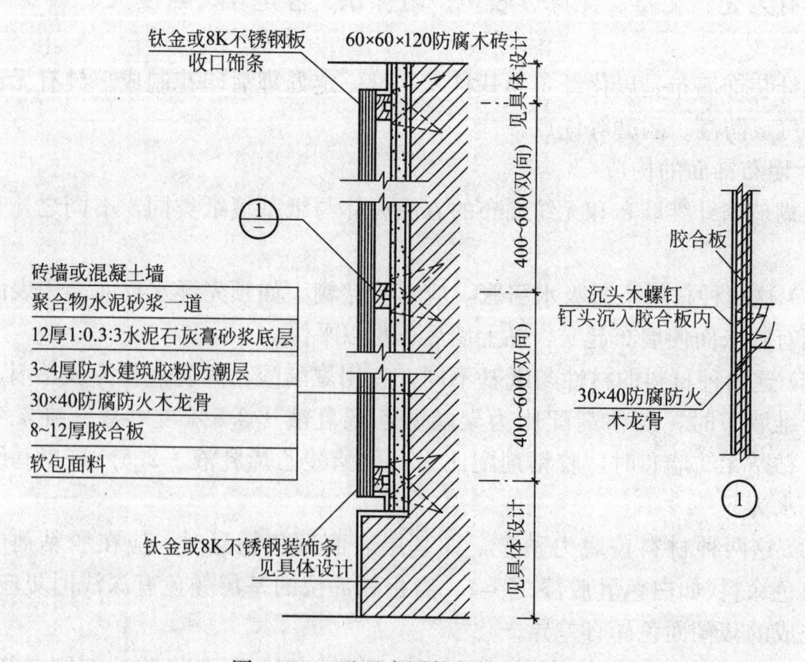

图13-18　无吸声层软包饰面构造

2. 有吸声层做法：墙面找平层、防潮处理、木龙骨、底层阻燃型胶合板木基层板等均同无吸声层做法，然后以饰面材料包矿棉(或海绵、泡沫塑料、棕丝、玻璃棉、自熄性泡沫塑料)等吸声层覆于胶合板上，并用暗钉将其钉在木龙骨上，再在四角处加钉镜面不锈钢大帽头装饰钉，胶合板底层、吸声层及软包面层钉完一块后，再继续铺钉下一块，直至最后全部完工，如图 13-19 所示。

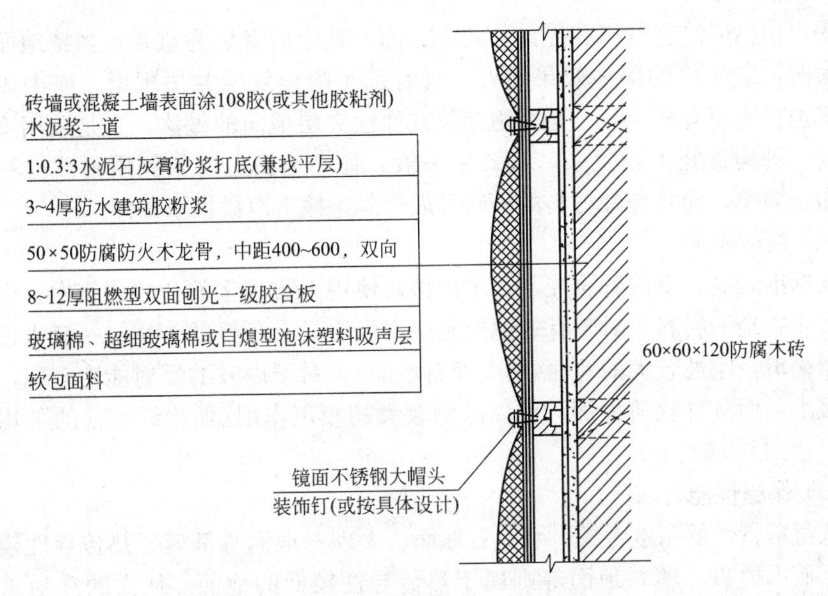

图 13-19　吸声层软包饰面构造

第二节　楼地面装饰构造

楼地面是楼层地面和底层地面(地坪)的总称，它是建筑室内空间的一个重要部位，是人们日常生活、工作、生产、学习时必须接触的部分，也是建筑中直接承受荷载，经常受到摩擦、清扫和冲洗的部分。楼地面在人的视线范围内所占的比例很大，对室内整体装饰设计起十分重要的作用。因而，楼地面装饰设计除了要符合人们使用上、功能上的要求外，还必须考虑人们在精神上的追求和享受，做到美观、舒适。

一、楼地面饰面的作用

1. 保护楼板或地坪

保护楼板或地坪是楼地面饰面应满足的基本要求。建筑结构的使用寿命与使用条件及使用环境有很大的关系，楼地面的饰面层在一定程度上缓解了外力对结构构件的直接作用，起到一种保护作用。它可以起到耐磨、防碰撞破坏，以及防止水渗透而引起楼板内钢筋锈蚀等作用，这样就保护了结构构件，尤其是材料强度较低或材料耐久性较差的结构构件。从而提高结构构件的使用寿命。

2. 满足正常使用要求

人们使用房屋的楼面和地面，因房间的功能不同而有不同的要求，除一般要求坚固、耐磨、平整、不易起灰和易于清洁等以外，对于某些房间，还需要考虑其他使用要求。如居室和人们长时间停留的房间，要求面层具有较好的蓄热性和弹性，如厨房和卫生间等房间，则要求耐火和耐水等。因此，必须根据建筑的要求考虑以下一些功能。

(1) 隔声要求

隔声包括隔绝空气声和撞击声两个方面，其中后者更为重要。当楼地面的质量较大时，空气声的隔绝效果较好，且有助于防止发生共振现象。撞击声的隔绝，其途径主要有两个：一是采用浮筑或弹性夹层地面的做法，二是采用弹性地面。前一种构造施工较复杂，且效果一般。弹性地面主要是利用弹性材料作面层，做法简单，而且弹性材料的不断发展为隔绝撞击声提供了条件。

(2) 吸声要求

在标准较高，室内音质控制要求严格，使用人数较多的公共建筑中，合理的选择和布置地面材料，对于有效地控制室内噪声具有积极的作用。一般来说，表面致密光滑，刚性较大的地面(如大理石地面)，对于声波的反射能力较强，吸声能力极小，而各种软质地面，可以起到较大的吸声作用(如化纤地毯的平均吸声系数可达到 0.55)。

(3) 保温性能要求

从材料特性的角度考虑，水磨石地面、大理石地面等都属于热传导性较高的材料，而木地板、塑料地面等则属于热传导性较低的地面。从人的感受角度考虑，要注意人们会以某种地面材料的导热性能的认识来评价整个建筑空间的保温特性。因此，对于地面做法的保温性能的要求，宜结合材料的导热性能，暖气负载与冷气负载的相对份额的大小，人的感受以及人在这一空间活动的特性等因素加以综合考虑。如，起居室、卧室等采用水磨石、缸砖、锦砖等作地面材料时，因这些材料在冬季容易传导人们足部的热量而使人感到不舒服。即使在采暖或空调建筑中，为保证楼地面的温度与该房间的温度相差不超过规定的数值，也应在楼地面垫层中设置保温材料，以减少能量损失。

(4) 弹性要求

当一个不太大的力作用于一个刚性较大的物体，如混凝土楼板时，此时楼板将作用于它上面的力全部反作用于施加这个力的物体之上。与此相反当作用于一个有弹性的物体如橡胶板时则反作用力要小于原来所施加的力。这是因为弹性材料的变形具有吸收冲击能量的性能，冲力很大的物体接触到弹性物体其所受到的反冲力比原先要小得多。因此，人在具有一定弹性的地面上行走，感觉比较舒适，对一些装饰标准较高的建筑室内地面，应尽可能地采用具有一定弹性的材料作为地面的装饰面层。

3. 装饰方面的要求

楼地面的装饰是整个工程的重要组成部分，对整个室内的装饰效果有很大影响。它与顶棚共同构成了室内空间的上下水平要素，楼地面的装饰与空间的实用机能也有紧密的联系，例如，室内行走路线的标志具有视觉诱导的功能。楼地面的图案与色彩设计，对烘托室内环境气氛具有一定的作用。楼地面饰面材料的质感，可与环境构成统一对比的关系，例如，环境要素中质感的主基调是精细的话，楼地面饰面材料如选择较粗旷的质感，则可产生鲜明对比的效果。

二、整体面层楼地面构造

整体面层楼地面是指在现场一次性捣抹楼、地面面层。一般造价较低，施工简便。它包括水泥砂浆楼地面、现浇水磨石楼地面、涂布楼地面等。

（一）水泥砂浆楼地面

水泥砂浆楼地面属于一种普通的楼地面做法，是直接在现浇混凝土楼板或垫层或水泥砂浆找平层上施工的一种传统的整体地面。由于水泥砂浆楼地面属低档地面，具有造价低、不易滑倒、施工方便的优点，但不耐磨，易起砂、起灰。

水泥砂浆楼地面是以水泥砂浆为面层材料，其做法有两种，即单层和双层做法，单层做法是在楼板或垫层上直接抹一层 20mm 厚 1∶2.5 水泥砂浆；双层做法是先抹一层 12mm 厚 1∶2 水泥砂浆找平层，再抹 13mm 厚的 1∶1.5～2 水泥砂浆面层。有防滑要求的水泥地面，可将水泥砂浆面层做成各种纹样，以增大摩擦力。水泥砂浆地面、楼面构造做法见表 13-4、表 13-5。

水泥砂浆地面构造做法 **表 13-4**

序号	构造层次	做法	说明
1	面层	20mm 厚 1∶2.5 水泥砂浆	设计如分格应在平面图中绘出分格线
2	结合层	刷水泥浆一道（内掺建筑胶）	
3	垫层	60mm 厚 C15 混凝土垫层 粒径 5～32mm 卵石，灌 M2.5 混合砂浆振捣密实或 150mm 厚 3∶7 灰土	
4	基土	素土夯实	

水泥砂浆楼面构造做法 **表 13-5**

序号	构造层次	做法	说明
1	面层	20mm 厚 1∶2.5 水泥砂浆	各种不同填充层的厚度应适应不同暗管敷设的需要。暗管敷设时应以细石混凝土满包卧牢
2	结合层	刷水泥浆一道（内掺建筑胶）	
3	填充层	60mm 厚 1∶6 水泥焦渣或 CL7.5 轻集料混凝土	
4	楼板	现浇钢筋混凝土楼板或预制楼板现浇叠合层	

（二）现浇水磨石楼地面

水磨石楼地面与普通水泥楼地面不同，它具有色彩丰富，图案组合多样的饰面效果。其中面层平整光洁、坚固耐用、整体性好、耐磨、耐污染、耐腐蚀和易清洗。现浇水磨石地面按材料配制和表面打磨精度，分为普通水磨石地面和高级美术水磨石地面。目前，水磨石面层施工普遍存在打磨精度不高，表面反光率达不到设计要求以及现场湿作业时间长、工序多等问题，限制了其在较高级场所的应用。

现浇水磨石楼地面是在水泥砂浆或混凝土垫层上按设计要求进行分格、抹水泥石子浆，凝固硬化后，磨光露出石渣，并经补浆、细磨、打蜡后制成。

现浇水磨石地面的构造做法为：首先在基层上用1∶3水泥砂浆找平10～20mm厚。当有预埋管道和受力构造要求时，应采用不小于30mm厚的细石混凝土找平。为实现装饰图案，防止面层开裂，常需对面层进行分格，因此，应先在找平层上镶嵌分格条，如图13-20所示。然后，用1∶1.5～2.5的水泥石子浆浇入整平，待硬结后用磨石机磨光，最后补浆、打蜡、养护。现浇水磨石地面、楼面做法见表13-6、表13-7。

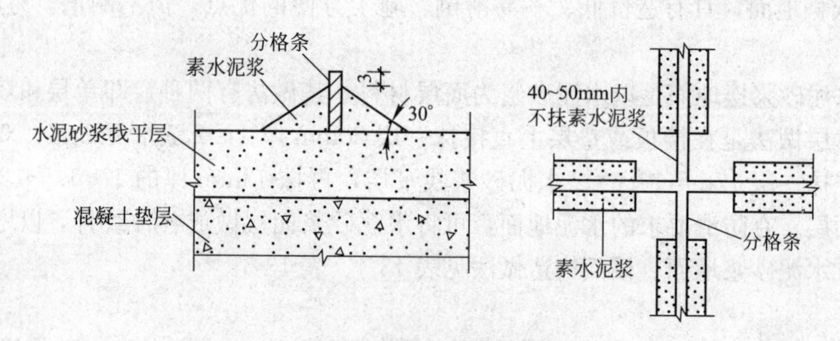

图13-20　分格条固定示意图

现浇水磨石地面构造做法　　**表13-6**

序号	构造层次	做　法	说　明
1	面　层	10mm厚1∶2.5水泥彩色石子，表面磨光打蜡	（1）平面图应绘出分格线 （2）水泥、石子颜色、粒径等由设计定
2	结合层	20mm厚1∶3水泥砂浆结合层干后卧格条（两端打孔穿22号镀锌铁丝卧牢，每米四眼）	
3	垫　层	刷水泥浆一道（内掺建筑胶） 60mm厚C15混凝土垫层 粒径5～32mm卵石，灌M2.5混合砂浆振捣密实或150mm厚3∶7灰土	
4	基　土	素土夯实	

现浇水磨石楼面构造做法　　**表13-7**

序号	构造层次	做　法	说　明
1	面　层	10mm厚1∶2.5水泥彩色石子，表面磨光打蜡	（1）平面图应绘出分格线 （2）水泥、石子颜色、粒径等由设计定
2	结合层	20mm厚1∶3水泥砂浆结合层干后卧格条	
3	填充层	刷水泥浆一道（内掺建筑胶） 60mm厚1∶6水泥焦渣或CL7.5轻集料混凝土	
4	楼　板	现浇钢筋混凝土楼板或预制楼板现浇叠合层	

三、块材式楼地面构造

块材地面，是指由各种不同形状的板（块）状材料做成的装修地面。目前，常用的主要包括陶瓷锦砖、缸砖、陶瓷地砖以及天然大理石、花岗石、人造石、碎拼大理石等。这类地面属于中高档做法，应用十分广泛。其特点是花色品种多样，耐磨损、易清洁、强度高、刚性大。但具有造价偏高、工效偏低的缺点，一般适用于人流活动较大，地面磨损频率高的场所及比较潮湿的场所。块材地面属于刚性地面，适宜铺在整体性、刚性较好的细石混凝土或预制板基层上。

（一）块材式楼地面的基本构造

块材式楼地面的构造层次如图 13-21 所示。各层构造要点如下：

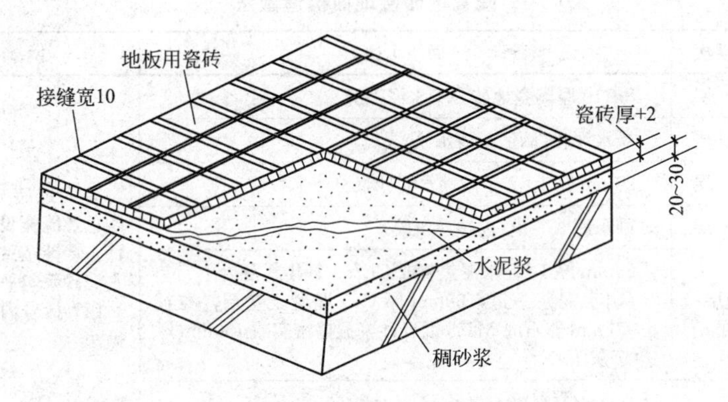

图 13-21 块材式楼地面构造层次示意图

1. 基层处理

块材楼地面铺砌前，应清扫基层，使其无灰渣，并刷一道素水泥浆以增加粘结力。

2. 水泥砂浆结合层

水泥砂浆结合层又是找平层，应严格控制其稠度，以保证粘结牢固及面层的平整度。因干硬性水泥砂浆具有水分少、强度高、密实度好、成型早及凝结硬化过程中收缩率小等优点，因此，结合层宜采用干硬性水泥砂浆，配合比常用 1∶1～1∶3(水泥∶砂子)，针入度 2～4cm。铺至厚度为 20～30mm。对于需要经常清洗并排水的地面，尚应设排水坡度。

3. 面砖铺贴

首先进行试铺。试铺的目的有以下四点：

(1) 检查板面标高是否与构造设计标高相吻合。

(2) 砂浆面层是否平整或达到规定的泛水坡度。

(3) 调整块材的纹理和色彩，避免过大色差。

(4) 检查板面尺寸是否一致，并调整板缝。

正式铺贴前，在干硬性水泥砂浆上浇一层 0.5mm 厚素水泥浆。

（二）块材式楼地面构造做法

1. 陶瓷地砖楼地面

陶瓷地砖品种较多，有釉面地砖、无釉全瓷地砖、无釉全瓷抛光地砖、无釉全瓷防滑砖等。陶瓷地砖多用于中、高档的楼地面工程，应用十分广泛。陶瓷地砖的品种创新很快，劈离砖、麻面砖、渗花砖、玻化砖等都是近年来市场上常见的陶瓷地砖新品种。

彩色陶瓷地砖，简称彩釉砖，其表面有平面和立体浮雕的；有镜面和防滑亚光面的；有纹点和仿花岗石、大理石图案的。彩釉缸砖色彩瑰丽，丰富多变，具有极强的装饰性和耐久性，一般用于装饰等级较高的工程。彩色陶瓷地砖楼地面的构造做法见表 13-8。

陶瓷地砖楼地面构造做法　　表 13-8

序号	构造层次	做　法	说　明
1	面　层	8～10 厚陶瓷地砖，干水泥擦缝	(1) 地砖规格、品种、颜色及缝宽设计见工程设计，要求宽缝时用 1∶1 水泥砂浆勾平缝 (2) 括号内为地面构造做法
2	结合层	撒水泥粉(洒适量清水)	
3	找平层	20mm 厚 1∶3 干硬性水泥砂浆	
4	结合层	刷水泥浆一道(内掺建筑胶)	
5	填充层(垫层)	60mm 厚 1∶6 水泥焦渣或 CL7.5 轻集料混凝土 (刷水泥浆一道，60mm 厚 C15 混凝土垫层，粒径 5～32mm 卵石灌 M2.5 混合砂浆振捣密实或 150mm 厚 3∶7 灰土)	
6	楼板(基土)	现浇钢筋混凝土楼板 (素土夯实)	

无釉陶瓷地砖，简称无釉砖，是专用于铺地的耐磨无釉面砖。具有质坚、耐磨、硬度大、强度大、耐冲击、耐久、吸水率小的特点。缸砖是无釉砖中的一种，为高温烧成的小型块材，多为红棕色，其形状有正方形、六角形、八角形等，尺寸为 100mm×100mm、150mm×150mm。缸砖强度较高、耐磨性好、耐水、耐酸、耐碱、耐油、施工方便。缸砖楼地面的构造做法见表 13-9。

缸砖楼地面构造做法　　表 13-9

序号	构造层次	做　法	说　明
1	面　层	10～19 缸砖，干水泥擦缝	(1) 缸砖规格、品种、颜色及缝宽设计见工程设计，要求宽缝时用 1∶1 水泥砂浆勾平缝 (2) 括号内为地面构造做法
2	结合层	30mm 厚 1∶3 干硬性水泥砂浆结合层，表面撒水泥粉	
3	填充层(垫层)	60mm 厚 1∶6 水泥焦渣或 CL7.5 轻集料混凝土 (刷水泥浆一道，60mm 厚 C15 混凝土垫层，粒径 5～32mm 卵石灌 M2.5 混合砂浆振捣密实或 150mm 厚 3∶7 灰土)	
4	楼板(基土)	现浇钢筋混凝土楼板 (素土夯实)	

2. 大理石板、花岗石板楼地面

大理石、花岗石板是具有特殊质感的高级装饰材料，一般用于宾馆的大厅或要求高的卫生间，公共建筑的门厅、休息厅、营业厅等房间的楼地面。花岗石板也可以用于室外地面，但大理石板不得用于室外地面。

大理石板、花岗石板一般为 20～30mm 厚，常用尺寸为 600mm×600mm 或 1200mm×1200mm。其构造做法为：先在刚性平整的垫层上抹 30mm 厚 1∶3 干硬性水泥砂浆，然后在其上铺贴板、块，并用素水泥浆填缝。大理石、花岗石楼地面的构造做法见表 13-10。大理石地面的砌式构造如图 13-22 所示。

大理石、花岗石楼地面构造做法　　表 13-10

序号	构造层次	做　法	说　明
1	面　层	抛光花岗石板(或磨光大理石板)，水泥浆擦缝	(1) 抛光花岗石板表面加工不同分有：镜面、光面、粗磨面、麻面、条纹面等；其颜色及分缝拼法见工程设计 (2) 括号内为地面构造做法
2	结 合 层	20mm 厚 1∶3 干硬性水泥砂浆结合层，表面撒水泥粉	
3	填充层 (结合层)	60mm 厚 1∶6 水泥焦渣或 CL7.5 轻集料混凝土 (水泥浆一道)	
4	楼板 (垫层)	现浇钢筋混凝土楼板 60mm 厚 C15 混凝土垫层	
5	(基土)	(素土夯实)	

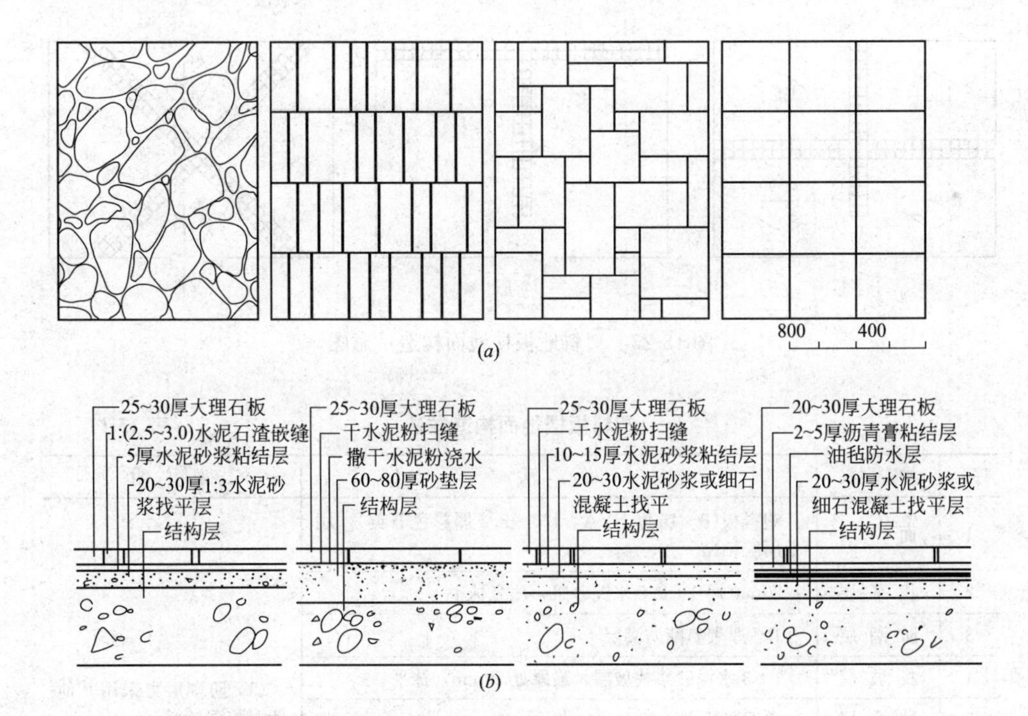

图 13-22　大理石地面的砌式构造
(*a*)砌式；(*b*)构造

3. 塑料板楼地面

塑料板楼地面是指面层采用软质的、硬质的、半硬质的聚氯乙烯树脂塑料板块铺设的楼地面，与石材、陶瓷地面相比，塑料地板脚感舒适、噪声较小和防滑耐腐蚀，与地毯相比，又具有不易沾灰、易于清洗、吸水性较小和绝缘性能好等优点。同时，塑料地板还具有隔潮、隔热、施工方便、维修简单、装饰效果较好等特点。国际上常用的塑料地板基本上朝着无毒无味、绿色环保、耐磨阻燃、防滑防腐、美观耐用、施工方便等方面发展。目前，盛行的有塑胶地板、EVA豪华地板、彩色石英地板等，属中档装饰材料。

塑料地板采用胶粘铺贴，胶粘铺贴采用胶粘剂与基层固定，胶粘剂可使用氯丁胶、白胶、白胶泥(白胶与水泥配合比为1∶2～3)、醛水泥胶、8123胶、404胶等。塑料地板在铺贴前应先处理基层，这是保证整个铺贴施工质量优劣的基础。一般基层多为水泥地面，对基层的要求为：平整、密实、有足够的强度，各阴阳角必须方正，无污垢灰尘和砂粒，基层干燥。图13-23为塑料地板楼地面构造示意图。表13-11塑料板楼地面构造做法表。

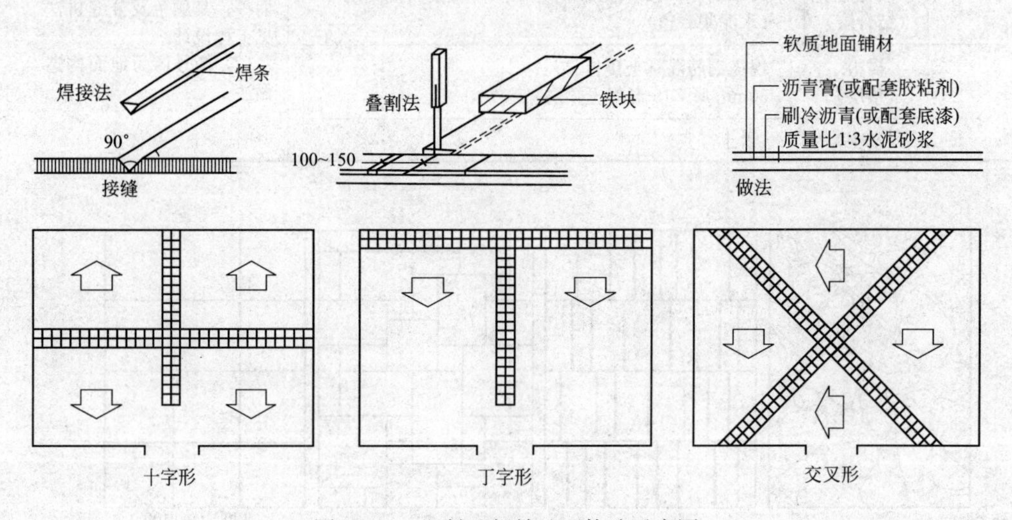

图13-23　塑料地板楼地面构造示意图

塑料板楼地面构造做法　　**表13-11**

序号	构造层次	做　法	说　明
1	面　层	塑料板(8～15厚EVA，1.6～3.2厚彩色石英)，用专用胶粘贴	
2	找平层	20mm厚1∶2.5水泥砂浆，压光抹平	(1) 防潮层可采用其他新型防潮材料 (2) 括号内为地面构造做法
3	防潮层	1.5厚聚氨酯防潮层	
4	找坡层	1∶3水泥砂浆找坡层，最厚处20mm，抹平	
5	结合层	水泥浆一道	
6	填充层 (垫层)	60mm厚1∶6水泥焦渣填充层 (60mm厚C15混凝土垫层)	
7	楼板 (垫层)	现浇钢筋混凝土楼板 (粒径5～32mm卵石灌M2.5混合砂浆振捣密实或150mm厚3∶7灰土)	
8	(基土)	(素土夯实)	

四、木楼地面构造

木楼地面是指表面铺设实木地板或复合地板的地面。它的优点是富有弹性、耐磨、不起灰、不反潮、易清洁、纹理及色泽自然美观，蓄热系数小。但也存在耐火性差、潮湿环境下易腐朽、易产生裂缝和翘曲变形等缺点。木楼地面常用于高级住宅、宾馆、剧院舞台等室内装饰。

（一）木地板的类型

根据材质不同，木楼地面可分为实木地板、实木复合木地板、强化复合木地板及软木地板。

1. 实木地板

实木地板是木材经烘干，加工后形成的地面装饰材料。它具有花纹自然，脚感舒适，使用安全的特点，是卧室、客厅、书房等地面装修的理想材料。实木的装饰风格返璞归真，质感自然，在森林覆盖率下降，大力提倡环保的今天，实木地板则更显珍贵。实木地板分 AA 级、A 级、B 级三个等级，其中 AA 级质量最高。实木地板又分为条形地板、拼花地板。

2. 实木复合木地板

实木复合木地板是将优质实木锯切、刨切成表面板、芯板和底板单片，然后根据不同品种材料的力学原理将三种单片依照纵向、横向、纵向三维排列方法，用胶水粘贴起来，并在高温下压制成板，这就使木材的异向变化得到控制。由于这种地板表面漆膜光泽美观且耐磨、耐热、耐冲击、阻燃、防霉、防蛀等，铺设在房间里，不但使居室显得更协调、更完善，而且其价格不比同类实木地板高，因而越来越受到消费者欢迎。

目前，实木复合木地板有三层和多层两种。三层实木复合地板表层为优质名贵木材薄片，中间和底层为速生木材，用胶水热压而成。表层厚度为 4mm 左右，芯层在 8～9mm，底层 2mm 左右，总厚度一般在 14～15mm。多层实木复合木地板以多层胶合板为基材，表层为硬木片镶拼板或刨切单板，以胶水热压而成。基层胶合板的层数必须是单数，通常为三层或五层，表层如为硬木片，厚度通常为 1.2mm，刨切板为 0.2～0.8mm，总厚度通常不超过 12mm。

实木复合木地板具有实木地板的木纹自然美观，脚感舒适，隔声保温等优点，同时又克服了实木地板易变形的缺点，且规格大，铺设方便。缺点是如胶合质量差会出现脱胶。此外，因为表层较薄(尤其是多层)，使用中必须重视维护保养，所以使用场合有所限制。

3. 强化复合木地板

强化复合木地板是引进先进地板加工技术，由原木经过去皮、粉碎、蒸煮、复合压制加工而成。复合木地板的结构从下至上由防潮底层、高密度纤维板中面层、装饰层、保护层四部分组成。防潮层使用特殊的树脂板，使其具有一定的防潮防水性、阻燃性；高密度纤维板层重组了木材的纤维结构，使其不易变形，不随季节变化而起翘开裂，由于密度大、硬度高，能承受撞击，不易变形，防腐、防潮、防蛀，装饰层是由浸渍胶膜纸高温高压粘贴而成，颜色、花纹十分丰富且匀称，保护层由密胺树脂涂层和三氧化二铝构成，透明光滑，具有良好的抗腐蚀性、耐磨性和阻燃性。复合木地板使用踢脚板、墙裙板和连接机件，安装十分简便。复合木地板由于结构特殊，与实木地板相比具有耐磨、防潮、阻燃等特性。

因此，使用方便，易清洁维护，经久耐用。

4. 软木地板

目前，国内使用较少，多用于技术要求较高的录音室等特殊场合。

（二）木楼地面构造形式

木楼地面按照结构构造形式不同，可分为三种形式：即粘贴式木地板、实铺式木地板和架空式木地板。

1. 粘贴式木地板

这种木地板是在钢筋混凝土结构层（楼板）上或底层地面的素混凝土结构层上做好找平层。然后用粘结材料将木板直接粘贴上，如图 13-24 所示，这是木地板施工中最传统、最简便的构造作法，不但省去了木龙骨，降低了造价，又提高了工效，同时还可减少木地板所占空间高度，但这种木地面弹性较差。

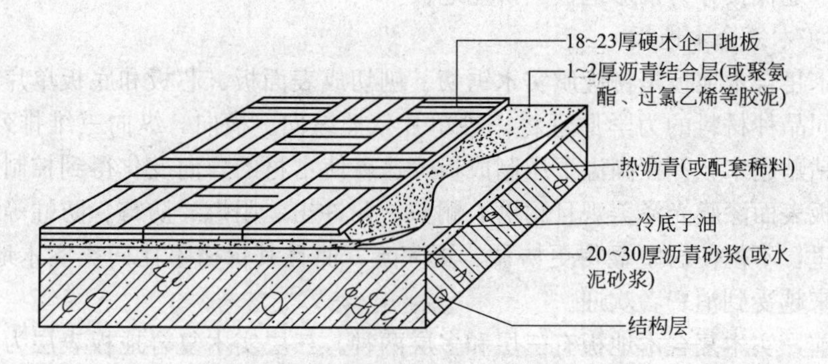

图 13-24　粘贴式木地板构造组成示意图

粘贴式木地板采用拼木地板，拼木地板可以在现场拼装，也可以在工厂预制成 200mm×200mm～400mm×400mm 的板材，然后运到工地进行铺钉，拼花形式如图 13-25 所示。拼板应选择耐久、防腐的胶水粘贴。

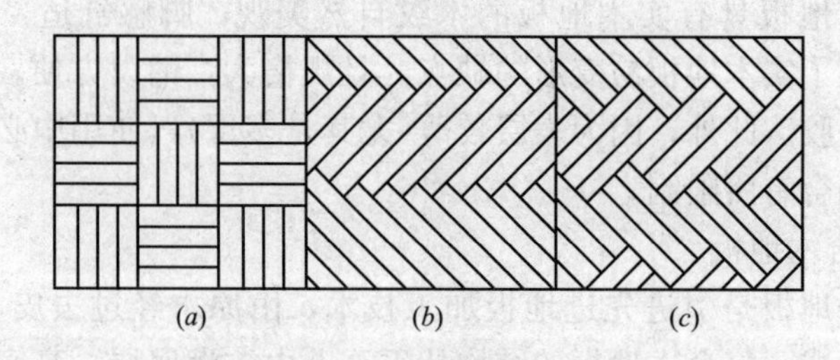

图 13-25　硬木拼花形式

(*a*)方格；(*b*)人字纹；(*c*)席纹

2. 实铺式木地板

实铺式木地板是在结构基层找平的基础上固定木龙骨，然后将木地板铺钉在木龙骨上，由于这种做法具有架空式木地板的大部分优点，所以实际工程中应用较多。实铺式木地板面层可做成单层或双层。单层木地板的构造为：在预先固定好的龙骨上钉 20～30mm 厚长条企口板，如图 13-26 所示。双层木地板的构造为：

先在预先固定好的龙骨上铺一层毛板，毛板可用杉木、柏木或松木，20～25mm厚，在毛板上铺泡沫软垫或油纸一层，最后再铺钉20mm厚长条企口板或拼花地板，如图13-27所示，铺设木地板面层时应注意两点：

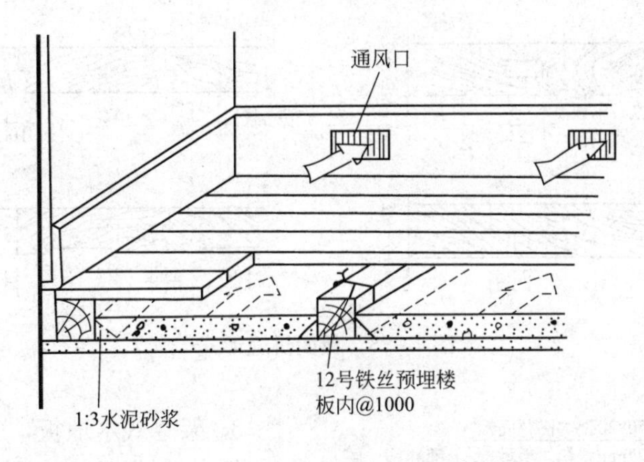

图13-26 单层实铺式木地面构造

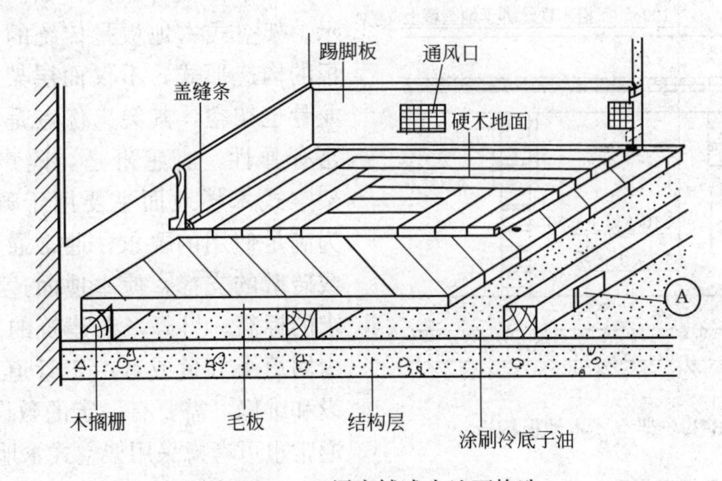

图13-27 双层实铺式木地面构造

(1) 毛板的铺放方向。毛地板的铺设方向与面层地板的形式及铺设方法有关。当面层采用条形木板或硬木拼花地板的席纹方式铺设时，毛地板宜斜向铺设，与龙骨的角度一般为45°，当面层采用硬木拼花地板且人字纹图案时，则毛地板与龙骨成90°垂直铺设。

(2) 板与板之间的拼缝。板与板的拼缝有企口缝、销板缝、压口缝、平缝、截口缝和斜企口缝等形式，如图13-28所示。为了防止地板翘曲，在铺钉时应于板底刨一凹槽，并尽量使面向心材的一面朝下。

为了防止木材变潮而产生膨胀，须在结构找平层上涂刷冷底子油、热沥青或防潮涂料一道。同时，为保证龙骨层通风干燥，通常在木地板与墙面之间留有10～20mm的空隙，踢脚板或木地板上，也可设通风洞或通风箅子。

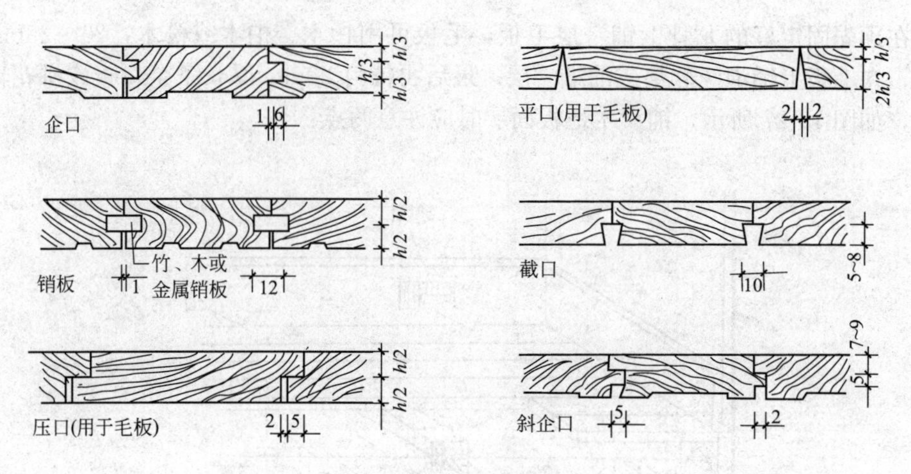

图 13-28　板面拼缝形式

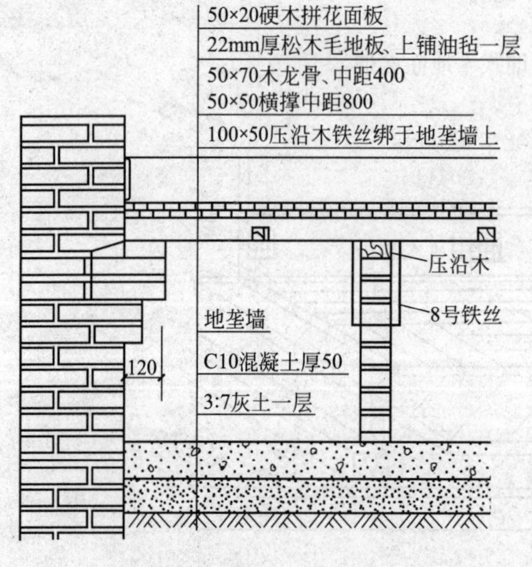

图 13-29　架空式木地板构造

3. 架空式木地板

架空式木楼地面是由木搁栅、剪刀撑和木面板等组成，如图 13-29 所示。架空式木地板是传统的空铺木地板的构造形式，不仅面层架空，而且龙骨也架空，其突出优点是使木地板富有弹性，脚感舒适，隔声和防潮。架空式木楼地面主要用于舞台地面，为满足使用的要求，通常通过地垄墙或砖墩的支撑，使木地面达到设计要求的标高。另外，在建筑的首层为减少回填土方量或者由于管道设备的架设和维修，需要有一定的敷设空间时，通常也可考虑采用架空式木地面。

五、地毯饰面构造

地毯是一种高级地面装饰材料。分为纯毛地毯、混纺地毯和化纤地毯三类。地毯铺设可分为满铺与局部铺设两种，铺设方式有固定式与不固定式之分。不固定式铺设是将地毯平摆浮搁于在地面上，不需要将地毯与基层固定。而固定式铺设是将地毯裁边，粘结拼缝成为整片，摊铺后四周与房间地面加以固定。铺设地毯用的倒刺板一般可以用 4～6mm 厚、24～25mm 宽的三夹板条或五夹板条制作，板上平行地钉两行斜铁钉。一般宜使钉子按同一方向与板面成 60°或 75°角。如图 13-30 所示。

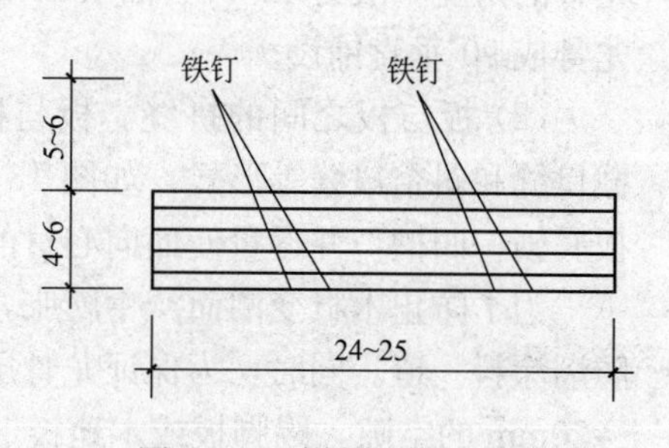

图 13-30　倒刺板加工示意

倒刺板固定板条也可采用市售的产品。目前，市场上销售的多为“L”形铝合金倒刺、收口条。如图 13-31 所示。这种铝合金倒刺收口条兼具倒刺收口双重作用，即可用于固定地毯，也可用在两种不同材质的地面相接的部位或是在室内地面有高差的部位起收口的作用。

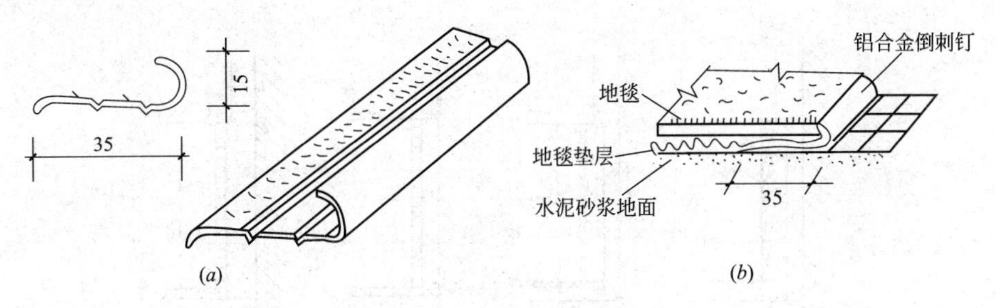

图 13-31　地毯收口固定示意图

(a)铝合金“L”形倒刺收口条；(b)固定地毯示意

倒刺板要离开踢脚板 8～10mm，便于锄头砸钉子。当地毯完全铺好后，用剪刀裁去墙边多出部分，再用扁铲将地毯边缘塞入踢脚板下预留的空隙中，如图 13-32所示。

六、踢脚构造

踢脚是指楼地面与墙面交接处的构造处理。其作用不仅可以遮盖地面与墙面的接缝，增加室内美观，同时也可以保护墙面根部及墙面清洁。踢脚所用材料种类很多，一般与地面材料相同。如水泥砂浆地面用水泥砂浆踢脚，石材地面用石材踢脚等，虽不是硬性规定，但实践经验证明是保证设计效果的较为稳妥的方法。踢脚的高度一般为 100～150mm。

踢脚按构造形式分为三种：与墙面相平、凸出和凹进，踢脚按材料和施工方式分为粉刷类和铺贴类两种。

粉刷类地面，踢脚做法与地面做法相同。当采用与墙面相平的构造方式时，为了与上部墙面区分，常做成凹缝，凹缝宽度 10mm 左右，如图 13-33 所示。

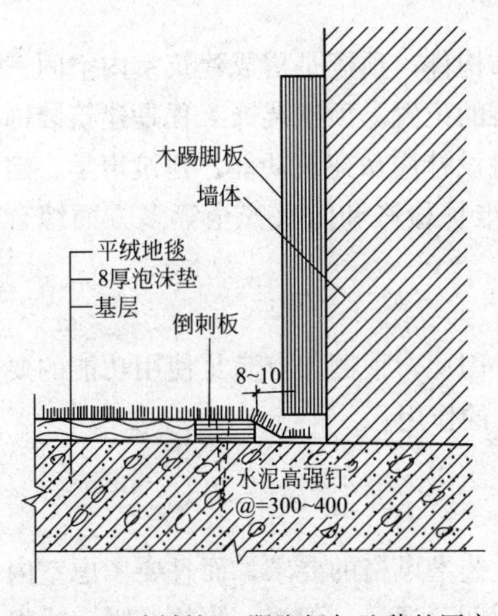

图13-32　倒刺板、踢脚板与地毯的固定

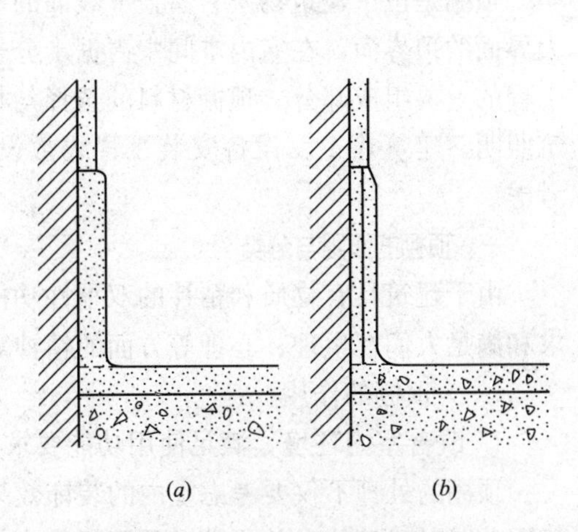

图 13-33　粉刷类踢脚的构造

铺贴类地面踢脚因材料不同而有不同的处理方法。常见的预制水磨石踢脚、陶板踢脚、石板踢脚等，由于做法相对简单，造价较低，在一般建筑中采用广泛，如图 13-34 所示。

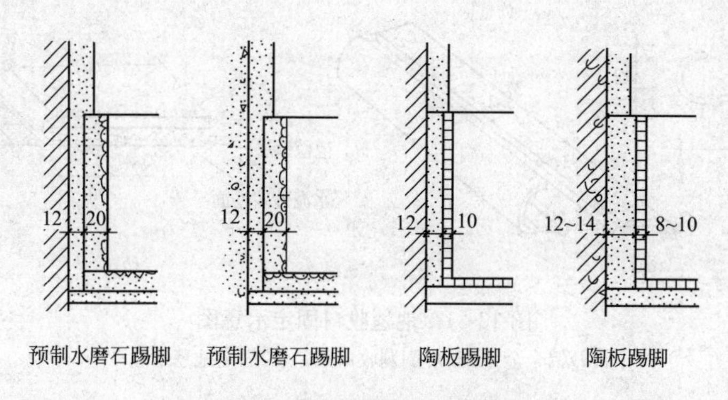

图 13-34　铺贴面类地面踢脚做法

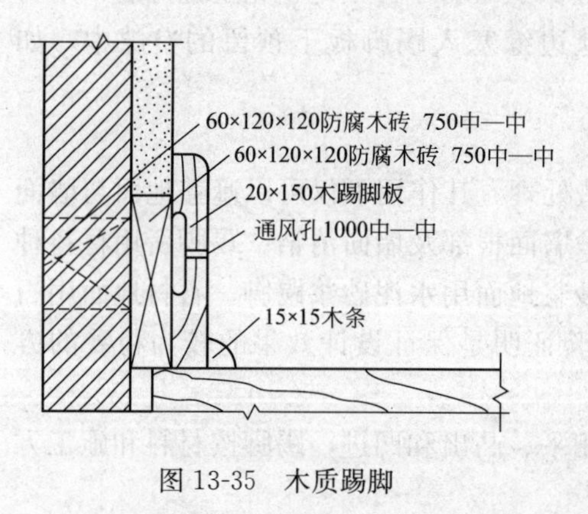

图 13-35　木质踢脚

木踢脚和 PVC 塑料踢脚做法较为复杂，多以墙体内预埋木砖来固定，应该注意的是踢脚板与地面的结合处，考虑到地板的伸缩及视觉效果，有多种处理方法。另外，木质踢脚为了避免受潮反翘而与上部墙面之间出现裂缝，应在靠近墙体一侧做凹口。木地板与墙之间也应留出 10～15mm 的缝隙，如图 13-35 所示。

第三节　顶棚装饰构造

顶棚是位于建筑物楼、屋盖下表面的装饰构件，顶棚是构成建筑室内空间三大界面的顶界面，在室内空间中占据十分显要的位置。顶棚装饰工程是建筑装饰工程的重要组成部分。顶棚材料的选择与构造设计应从建筑功能、建筑声学、建筑照明、建筑热工、设备安装、管线敷设、维护检修和防火安全等多方面综合考虑。

一、顶棚的作用与分类

由于建筑具有物质和精神的双重性功能，因此，顶棚兼有满足使用功能的要求和满足人们在生理、心理等方面的精神需求的作用。

（一）顶棚的作用

1. 改善室内环境，满足使用功能要求

顶棚的处理不仅要考虑室内的装饰效果、艺术风格的要求，而且要考虑室内使用功能对建筑技术的要求。顶棚所具有的照明、通风、保温、隔热、吸声或声音反射、防火等技术性能，直接影响室内的环境与使用效果，如剧场的顶棚，要综合考虑光学、声学设计方面的诸多问题，才能保证其正常使用。

2. 装饰室内空间

顶棚是室内装饰的一个重要组成部分，不同功能的建筑和建筑空间对顶棚装饰的要求不尽一致，装饰构造的处理手法也有区别。顶棚选用不同的处理方法，可以取得不同的空间感觉。有的可以起延伸和扩大空间感，对人的视觉起导向作用；有的可使人感到亲切、温暖、舒适，以满足人们生理和心理环境的需要。因此，顶棚的装饰处理对室内景观的完整统一及装饰效果有很大影响。

(二) 顶棚的分类

1. 按顶棚外观的不同，顶棚可分为平滑式顶棚、井格式顶棚、悬浮式顶棚、分层式顶棚等，如图 13-36 所示。

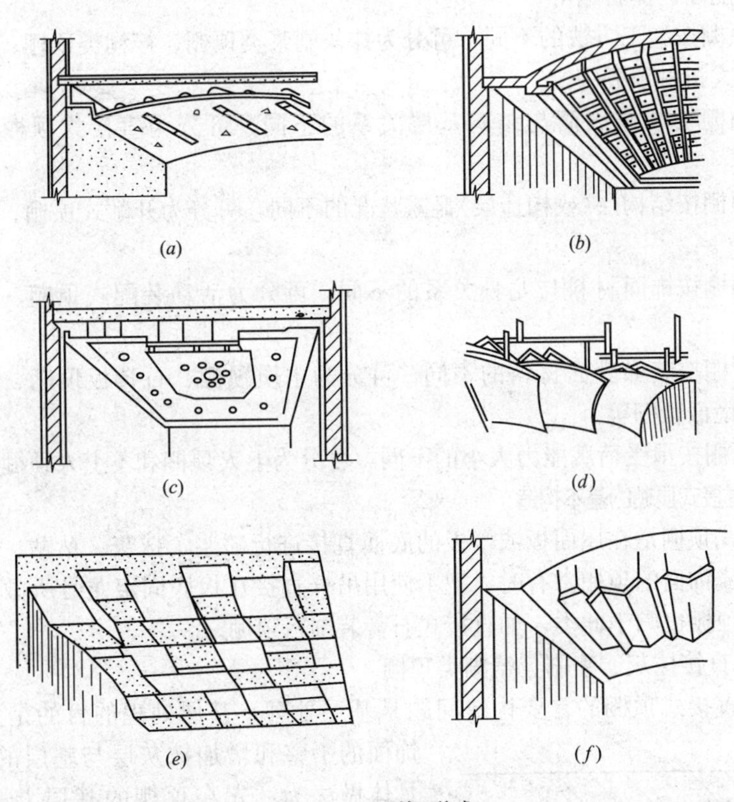

图 13-36 顶棚形式

(a)平滑式；(b)井格式；(c)、(d)分层式；(e)、(f)悬浮式

平滑式顶棚的特点是将整个顶棚呈现平直或弯曲的连续体。常用于室内面积较小、层高较低或有较高的清洁卫生和光线反射要求的房间。如居室、手术室、教室、浴室和卫生间等。

井格式顶棚是根据或模仿结构上主、次梁或井字梁交叉布置的规律，将顶棚划分为格子状。这类顶棚既可直接在梁上做简单饰面处理，结合灯具等设备的布置，做成外观简洁的井格，也可仿古建筑藻井天花，结合传统彩画处理，做成外观富丽堂皇的井格。此类顶棚常用于大宴会厅、休息厅等场所。

悬浮式顶棚的特点是把杆件、板材、薄片或各种形状的预制块体(如船形、锥形、箱形等)悬挂在结构层或平滑式顶棚下，形成格栅状、井格状、自由状或有韵律感、节奏感的悬浮式顶棚。有的顶棚上部的天然光或照明灯光，通过悬挂件的漫反射或光影交错，使室内照度均匀、柔和，富于变化，并具有良好的深度感，有的顶棚通过高低不同的悬挂件对声音的反射与吸收使室内声场分布达到理想的要求。悬浮式顶棚适用于大厅式房间(如影剧院、歌舞厅等)。

分层式顶棚的特点是在同一室内空间，根据使用要求，将局部顶棚降低或升高，构成不同形状、不同层次的小空间，并且可以利用错层来布置灯槽、送风口等设施。还可以结合声、光、电、空调的要求，形成不同高度、不同反射角度及不同效果。这种顶棚适用于中型或大型室内空间，如活动室、会堂、餐厅、舞厅、多功能厅、体育馆等。

2. 顶棚按施工方法的不同，可分为抹灰刷浆类顶棚、裱糊类顶棚、贴面类顶棚、装配式板材顶棚等。

3. 顶棚按装修表面与结构基层关系的不同，可分为直接式顶棚、悬吊式顶棚。

4. 顶棚按结构层(或构造层)显露状况的不同，可分为开敞式顶棚、隐蔽式顶棚等。

5. 顶棚按饰面材料与龙骨关系的不同，可分为活动装配式顶棚、固定式顶棚等。

6. 顶棚按装饰表面材料的不同，可分为木质顶棚、石膏板顶棚、金属板顶棚、玻璃镜面顶棚等。

7. 顶棚按承受荷载能力大小的不同，可分为上人顶棚和不上人顶棚。

二、直接式顶棚的基本构造

直接式顶棚是在屋面板或楼板的底面直接进行喷浆、抹灰、粘贴、钉接饰面材料而形成饰面的顶棚。有时，把不使用吊杆直接在板底固定龙骨所做成的顶棚以及结构顶棚也归于此类，如直接式石膏装饰板顶棚。

(一) 直接抹灰、喷刷、裱糊类顶棚

这类直接式顶棚的首要构造问题是基层处理，基层处理的目的是为了保证饰面的平整和增加抹灰层与基层的粘结力。具体做法为：先在顶棚的基层上刷一遍纯水泥浆，然后用混合砂浆打底找平。要求较高的房间，可在底板增设一层钢板网，在钢板网上再做抹灰，这种做法强度高，结合牢，不易开裂脱落。图 13-37 为喷刷类顶棚构造大样。

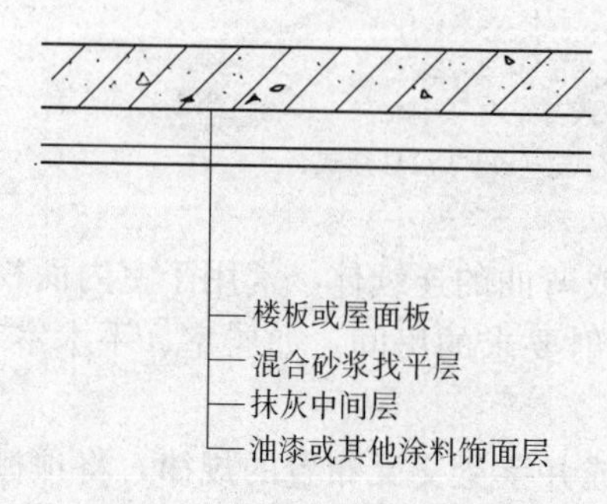

图 13-37　喷刷类顶棚构造大样

这类直接式顶棚的中间层、面层的做法和构造与墙面装饰做法类似。

（二）直接贴面类顶棚

这类直接式顶棚有粘贴面砖等块材和粘贴石膏板（条）等，基层处理的要求和方法与直接抹灰、喷刷、裱糊类顶棚相同。

粘贴面砖和粘贴石膏板（条）宜增加中间层，以保证必要的平整度，做法是在基层上抹5～8mm厚1：0.5：2.5水泥石灰砂浆。

粘贴面砖做法与墙面装修相同。粘贴固定石膏板（条）时，宜采用粘结与钉接相配合的方法。具体做法是在结构和抹灰层上钻孔，安装前埋置锥形木楔或塑料胀管，在石膏板（条）上钻孔，粘贴石膏板（条）时，用自攻螺钉辅助固定。图13-38为粘贴固定石膏板条顶棚典型装饰造型示意。

（三）直接铺钉装饰板顶棚

这类顶棚与悬吊式顶棚的区别是不使用吊杆，直接在结构楼板底面铺设固定龙骨。

直接式装饰板顶棚多采用木方作龙骨，间距根据面板厚度和规格确定，木龙骨的断面尺寸一般为40mm×40～60mm。为保证龙骨的平整度，应根据房间宽度，将龙骨层的厚度（龙骨到楼板的间距）控制在55～65mm以内，龙骨与楼板之间的间距可采用垫木填嵌。龙骨的固定方法一般采用胀管螺栓或射钉将连接件固定在楼板上。龙骨与楼板之间的间距较小且顶棚较轻时，也可采用冲击钻打孔，埋设锥形木楔的方法固定。

龙骨固定后可铺钉装饰面板，胶合板、石膏板等板材均可直接与木龙骨钉接。板面应进行修饰，做法可参见悬吊式顶棚相应部分处理措施。图13-39为直接式装饰板顶棚构造示意图。

图13-38 粘贴固定石膏板条顶棚示意

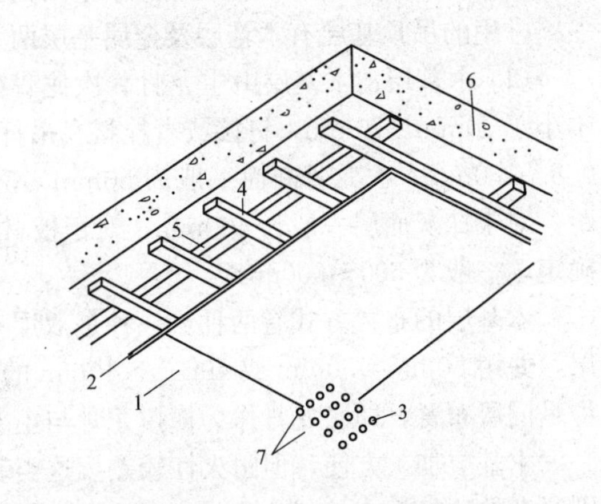

图13-39 直接式装饰板顶棚构造示意图
1—饰面穿孔石膏板；2—矿棉（上面纸层）；3—纤维网；4—次龙骨；5—主龙骨；6—楼板；7—腻子嵌平

三、悬吊式顶棚的构造

悬吊式顶棚是指顶棚的装饰表面与屋面板或楼板之间留有一定的距离，在这一段空间中，通常要结合布置各种管道、设备的安装，如灯具、空调、烟感器、喷淋设备等。悬吊式顶棚通常还利用这一段悬挂高度，以及悬吊式顶棚的形式不必与结构层的形式相对应这一特点，使顶棚在空间高度上产生变化，形成一定的立体感。一般来说，悬吊式顶棚的装饰效果较好，形式变化丰富，适用于中、高档的建筑顶棚以及敷设管线较多的建筑顶棚。

（一）悬吊式顶棚的构造组成

悬吊式顶棚一般由基层、面层、吊杆三个基本部分组成，如图 13-40 所示。

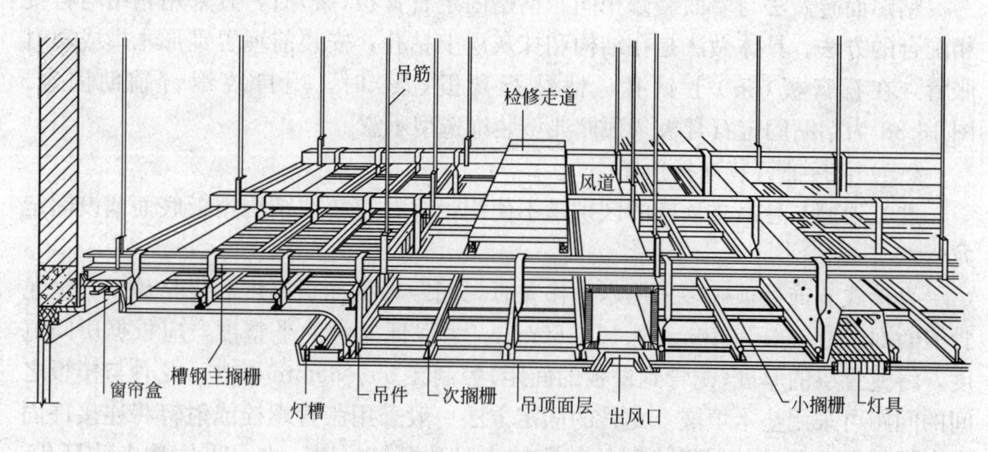

图 13-40　悬吊式顶棚的结构构造组成

1. 吊顶基层

吊顶基层即吊顶骨架层，多数吊顶的骨架层是一个包括由主龙骨、次龙骨所形成的网格骨架体系。骨架层的作用主要是承受顶棚的荷载，并由它将这一荷载通过吊筋(杆)传递给楼盖或屋顶的承重结构。

常用的吊顶基层有木基层及金属基层两大类。

（1）木基层：木基层由主龙骨、次龙骨两部分组成。其中，主龙骨断面一般不小于 50mm×70mm，钉接或者拴接在吊杆上或带栓钢筋上，主龙骨间距一般为 0.8～1.0mm；次龙骨断面一般为 50mm×50mm 或 40mm×40mm，次龙骨的间距，对于抹灰面层一般为 400mm，对于板材面层应按板材规格及板材间缝隙大小确定，一般为 500～600mm。

木基层的布置方式有两种：一种是双层布置，即主龙骨在上层，次龙骨在下层，并用 50mm×50mm 或 40mm×40mm 的方木吊挂钉牢在主龙骨的底部；另一种是同层布置，即次龙骨作为横撑龙骨与主龙骨布置在同一层面上。

木基层加工方便，但耐火性较差，这类基层多用于传统建筑的顶棚和造型特别复杂的顶棚。木方应做防腐、防虫处理，并根据《建筑设计防火规范》GB 50016—2006 的规定和设计要求，按建筑物耐火等级对龙骨构件耐火极限的要求确定所采用的防火剂。

（2）金属基层：金属基层有型钢龙骨、轻钢龙骨和铝合金龙骨。常见的金属基层为轻钢龙骨和铝合金龙骨两种。

轻钢龙骨一般用特制的型材，断面多为 U 形或 C 形，故又称为 U 形龙骨系列和 UC 形龙骨系列。U 形龙骨系列有由大龙骨、中龙骨、小龙骨及各种连接件组成。其中大龙骨按其承载能力分为三级，轻型大龙骨不能承受上人荷载；中型大龙骨，能承受偶然上人荷载，也可在其上铺设简易检修走道；重型大龙骨能承受上人的800N检修集中荷载，并可在其上铺设永久性检修走道。大龙骨的高度分别为30～38mm、45～50mm、60～100mm。中龙骨断面也为U形，截面宽度为50mm或60mm。小龙骨断面截面宽度为25mm。

铝合金龙骨有T形、U形、LT形以及采用嵌条式构造的各种特制龙骨。其中，应用最多的是LT形龙骨，LT形龙骨由大龙骨、中龙骨、小龙骨、边龙骨及各种连接件组成。大龙骨也分为轻型系列、中型系列、重型系列，断面及尺寸与轻钢龙骨的大龙骨相似。中龙骨、小龙骨的截面为T形，边龙骨的截面为L形。中龙骨、边龙骨的截面高度为32mm和35mm。小龙骨的截面高度为22mm和23m。

当顶棚的荷重特大，或者悬吊点间距很大以及在特殊环境下使用时，必须采用型钢做基层，如角钢、槽钢、工字钢等。

2. 吊顶面层

吊顶面层的作用是装饰室内空间，而且，常常还要具有一些特定的功能，如吸声、反射等。此外，面层的构造设计还要结合灯具、风口布置等一起进行。吊顶面层一般分为抹灰类、板材类及格栅类。常用的各类板材面层有以下几种类型：

(1) 木质板材：木质板材有实木条板和木质人造板材两类，实木条板主要有杉木、松木条板；木质人造板材主要有胶合板、纤维板、木丝板、木屑板、刨花板、细木工板等，具有易于加工、施工方便等特点，木质板材仅用于木龙骨基层。

(2) 石膏板：常用的石膏类板主要有纸面石膏板、纸面石膏装饰吸声板、硅酸钙板、石膏板装饰吸声板等，具有质量轻、阻燃防火、保温隔热、吸声、加工性能好、施工方便等特点。

(3) 无机纤维板：此类板材有矿棉装饰吸声板、玻璃棉装饰吸声板、水泥石棉吸声板等。具有吸声、防火、隔热、保温、可锯可钉、施工方便等特点。

(4) 塑料板材：用于吊顶的此类板材主要有聚氯乙烯塑料装饰板、钙塑装饰板(又称钙塑泡沫装饰吸声板)、聚乙烯泡沫装饰吸声板、聚苯乙烯泡沫装饰吸声板等。聚氯乙烯塑料装饰板具有表面光滑、色彩鲜艳、防水、耐蚀等特点。钙塑装饰板表面有各种凹凸图案或穿孔图案，具有重量轻、保温、吸声、隔热、耐虫、耐水、变形小的特点，外表美观，施工方便，但耐久性及耐老化性稍差。聚乙烯泡沫装饰吸声板具有隔热、隔声、防火、质轻等特点。聚苯乙烯泡沫装饰吸声板有质轻、保温、隔热、隔声、保冷、耐水、色泽纯白等特点。

(5) 金属板材：此类板材主要有金属微穿孔吸声板、铝合金装饰板等。金属微穿孔吸声板是利用各种不同穿孔率的金属板来达到消除噪声的目的。选用材料有不锈钢、防锈铝合金板、彩色镀锌钢板等，具有质轻、强度高、耐高温、耐压、耐腐蚀、防火、防潮、化学稳定性好、组装方便等特点。铝合金装饰板又称为铝合金压型板或顶棚扣板，用铝、铝合金为原料，经辊压冷压加工成各种断面的金属板材，具有重量轻、强度高、刚度好、耐腐蚀，经久耐用等优良性能。板表面经阳极氧化或喷漆、喷塑处理后，可形成装饰要求的多种色彩。

顶棚面层与骨架的连接视面层与骨架材料的形式而异，有的需要连接件、紧固件或连接材料，如螺钉、螺栓、圆钉、特制卡具、胶粘剂等，有的可以直接搁置或挂扣在龙骨上，不需要连接材料。

3. 吊杆

吊杆是连接龙骨和承重结构的承重传力构件。吊杆的作用主要是承受顶棚的荷载，并将这一荷载传递给屋盖或楼盖的梁板。其另一作用，是用来调整、确定悬吊式顶棚的空间高度。

吊杆可采用钢筋、型钢、轻钢型材或木方等加工制作。吊杆形式的选用与吊顶的自重及吊顶所承受的灯具、风口等设备荷载的重量有关，也与龙骨的形式、材料、屋盖或楼盖承重结构的形式和材料等有关。钢筋用于一般顶棚；型钢用于重型顶棚或整体刚度要求特别高的顶棚。吊杆与金属骨架的连接，一般可采用吊挂件进行连接；吊杆应与屋顶或楼板结构连接牢固。吊杆与屋顶或楼板结构的连接方法应根据吊顶的自重与承重情况选定，图 13-41、图 13-42 为上人吊顶及不上人吊顶吊杆与结构的连接方法。

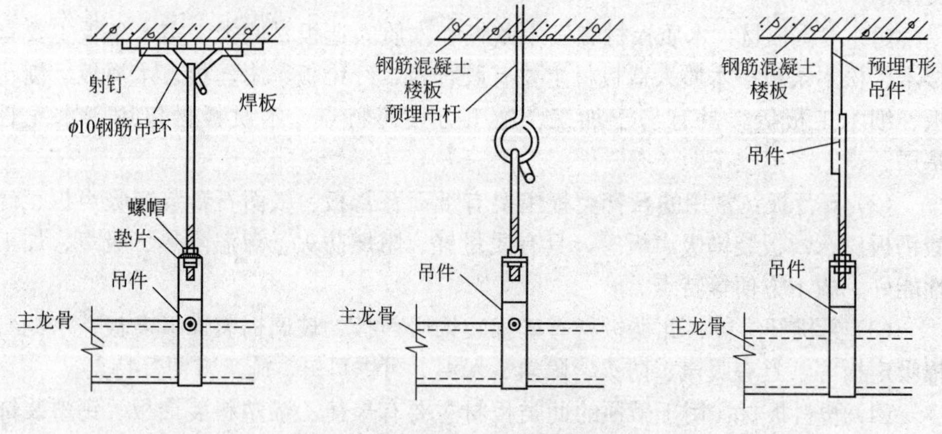

图 13-41　上人吊顶龙骨吊点安装

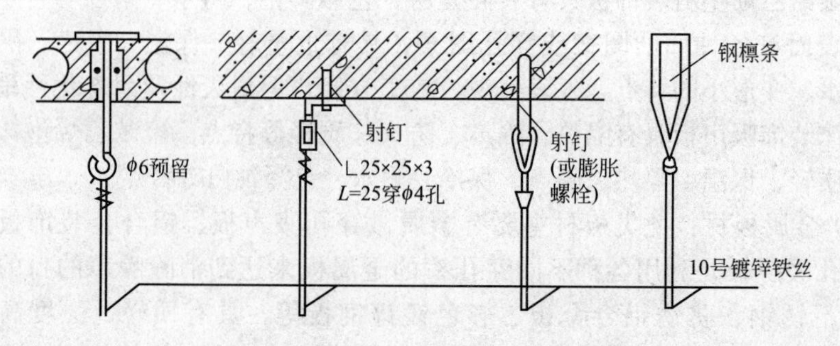

图 13-42　不上人吊顶龙骨吊点安装

（二）悬吊式顶棚的构造做法

1. 抹灰类吊顶构造

抹灰类顶棚具有整体面层，可满足多种顶棚造型和装饰需要，形成多种装饰效果。尤其适用于复杂造型且须无接缝面层的顶棚。

（1）板条抹灰顶棚

板条抹灰顶棚是一种传统做法，一般是在木龙骨下表面钉接毛板条，毛板条的断面一般为10mm×30mm，板条间隙为8～10mm，以利于底层灰浆嵌入牢固，如图13-43所示。这种吊顶做法，构造简单、造价低，但抹灰层由于干缩或结构变形的影响，容易脱落，顶棚内部木料耐火性差。一般用于低档建筑，目前已较少使用。

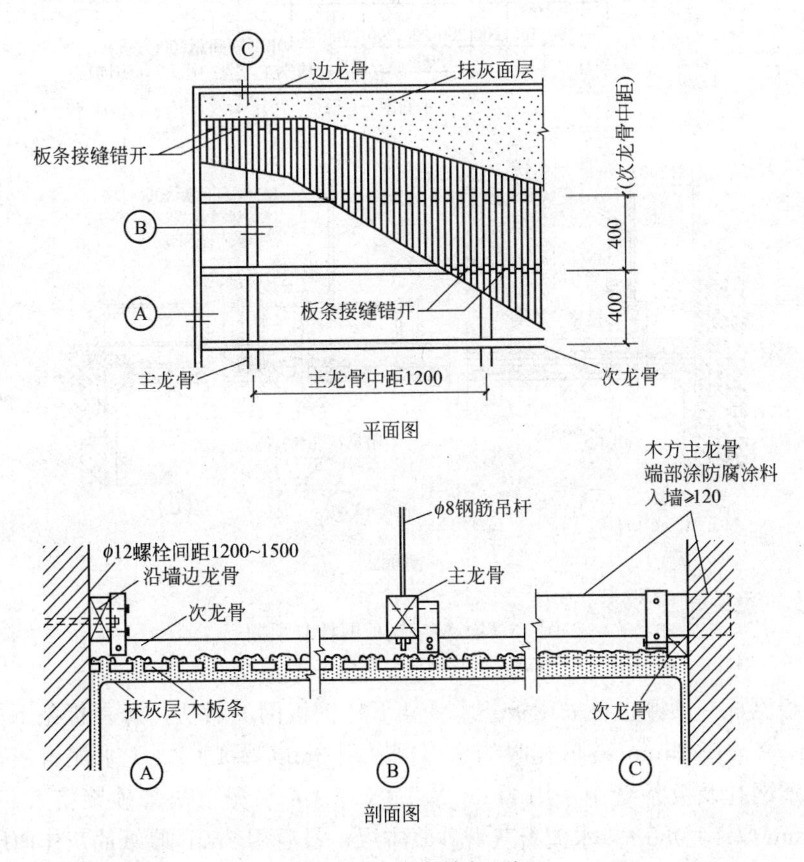

图13-43 板条抹灰顶棚

（2）钢板网抹灰顶棚

钢板网抹灰顶棚的耐久性、防振性和耐火性均较好，但造价较高，一般用于中、高档建筑。

钢板网抹灰顶棚采用金属材料作为顶棚的骨架和基层，一般采用槽钢作主龙骨，槽钢的型号按结构设计的强度和刚度要求计算确定，采用等边角钢作为次龙骨，中距400mm，在角钢龙骨上纵横双向按200mm间距布$\phi6$钢筋网；在钢筋网上焊敷或绑扎丝梗厚为 1.2mm 的钢板网，绑扎牢固后，再进行抹灰。抹灰层的总厚度不应大于 20mm，抹灰的底层和中层应采用水泥石灰膏砂浆，面层应采用麻刀石灰砂浆或纸筋石灰砂浆，如图 13-44 所示。

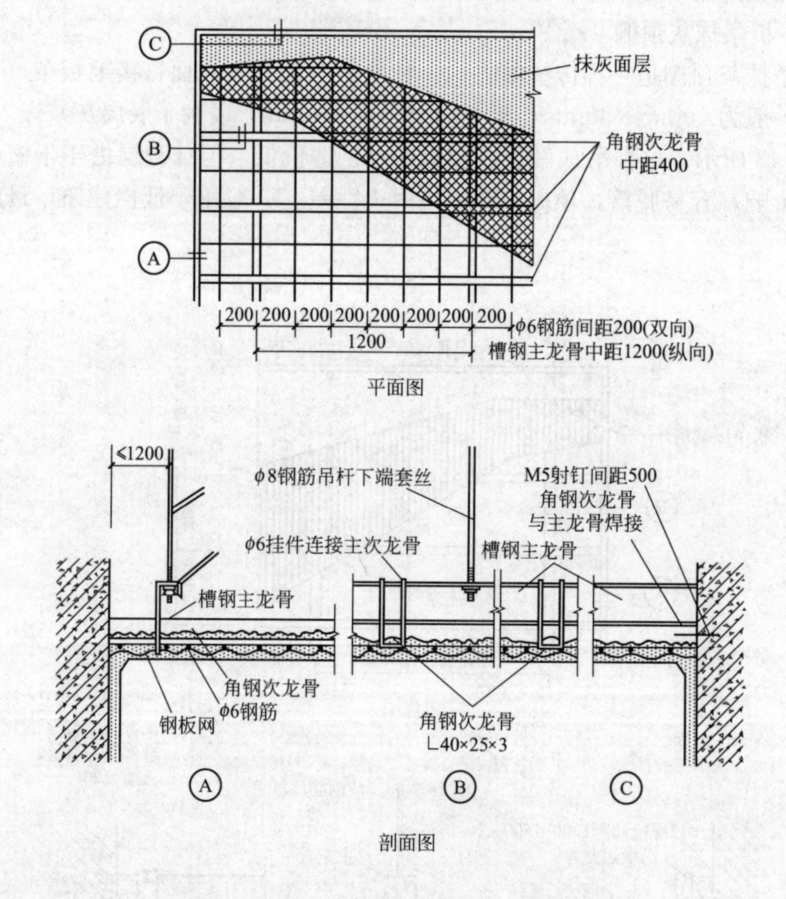

图 13-44 型钢钢板网抹灰顶棚

钢板网抹灰顶棚也可采用板条木骨架下挂钢板网的做法，即在板条下方钉厚 0.8mm，9mm×25mm 菱形孔眼的金属网，用 3mm 厚 1∶2∶1 水泥石灰膏砂浆挤入金属网孔及板条缝中，用 2mm 厚 1∶0.5∶4 水泥石灰膏砂浆挤入底灰中，再抹 6mm 厚 1∶0.5∶4 水泥石灰膏砂浆中层，最后用 2mm 厚纸筋灰作面层。

2. 板材类吊顶构造

(1) 木质板材顶棚

木质板材顶棚的龙骨一般采用木材制作。实木条板顶棚的龙骨只需一层主龙骨垂直于条板，间距为 500mm 或 625mm，吊杆间距不大于 1200m，靠边主龙骨离墙间距不大于 200mm。木质人造板材顶棚的龙骨常布置成格子状，分格大小应与板材规格相协调。龙骨间距一般为 500～600mm 左右。

实木条板的常用规格为 90mm 宽、1500mm～6000mm 长，成品有光边、企口和双面槽缝等种类，条板的结合形式通常有企口平铺、离缝平铺、嵌样平铺和鱼鳞斜铺等多种形式(图 13-45)。其中离缝平铺的离缝约 10～15mm，在构造上除可钉接外，常采用凹槽边板，用隐蔽夹具卡住，固定在龙骨上，这种做法有利于通风和吸声。为了加强吸声效果还可在木板上加铺一层岩棉吸声材料。

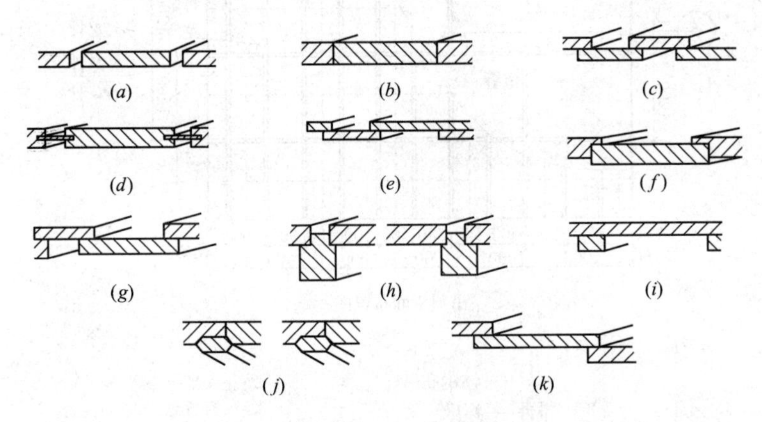

图 13-45　木板顶棚结合形式

(*a*)离缝平铺；(*b*)、(*c*)、(*d*)搭盖；(*e*)盖缝；(*f*)鱼鳞平铺；(*g*)企口嵌榫；(*h*)企口板；(*i*)重叠搭接；(*j*)推入盖缝；(*k*)错口措接

木质人造板材的铺设方式可视板材的厚度、饰面效果等有关情况确定，较厚的板材可直接整张铺钉在龙骨上；较薄的板材，为避免凹凸变形，宜分割成小块的条板、方板或异形板铺钉在龙骨上，图 13-46 为一般人造木板顶棚的构造示意图。

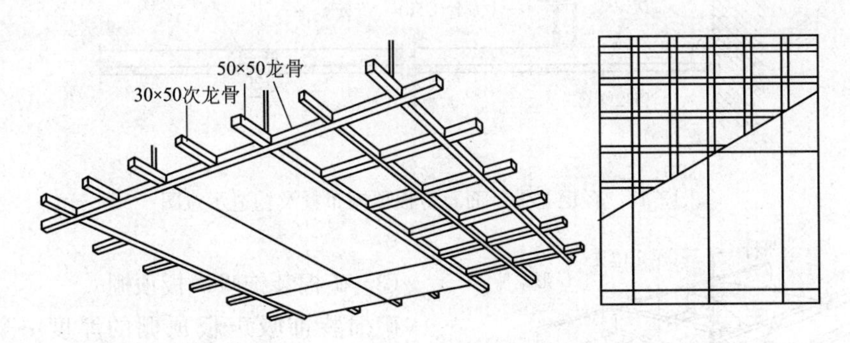

图 13-46　人造木板顶棚的构造示意

(2) 纸面石膏板顶棚

纸面石膏板顶棚是将整张纸面石膏板用沉头或圆头螺钉拧在龙骨上，此法称为“钉固法”。固定纸面石膏板的次龙骨间距一般不应大于 600mm，对于相对湿度较大的地区或房间，其间距还应更小一些。板的对接缝应按产品设计要求进行板缝处理，钉孔应用石膏腻子补平。纸面石膏板表面可以刷色、裱糊墙纸、加贴面层。与纸面石膏板顶棚做法相同的还有硅钙板、顶棚布置及基本构造示意如图 13-47 所示。

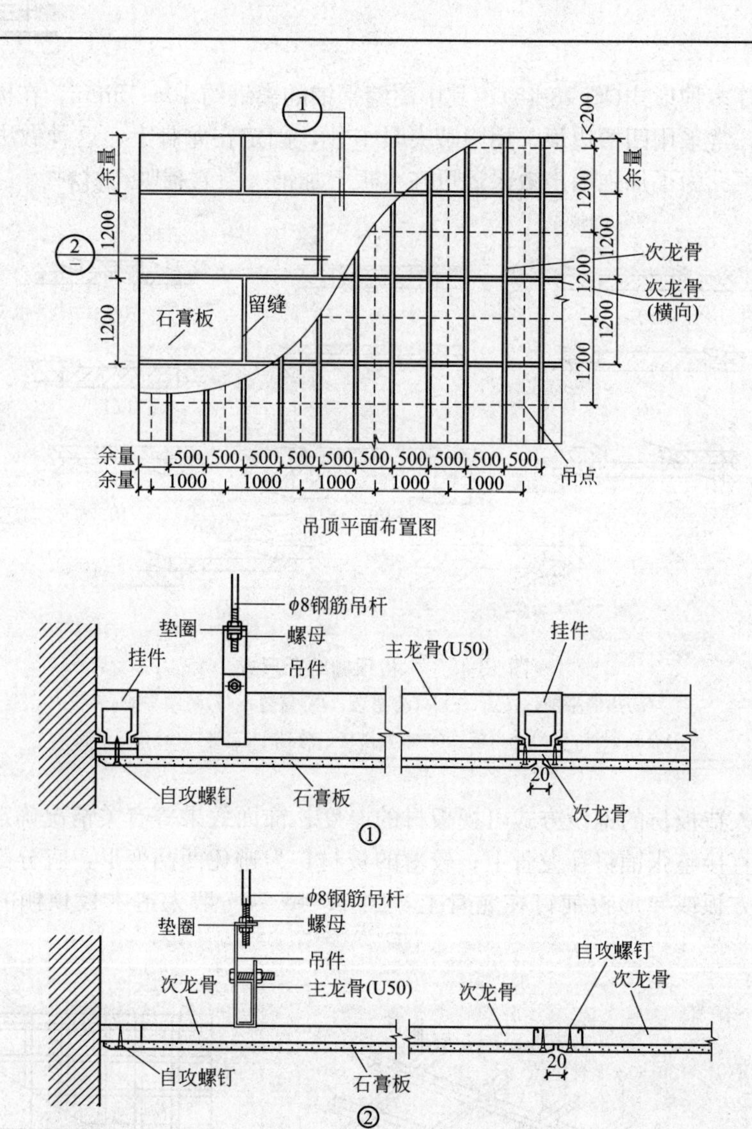

图 13-47　轻钢龙骨纸面石膏板顶棚布置及构造示意图

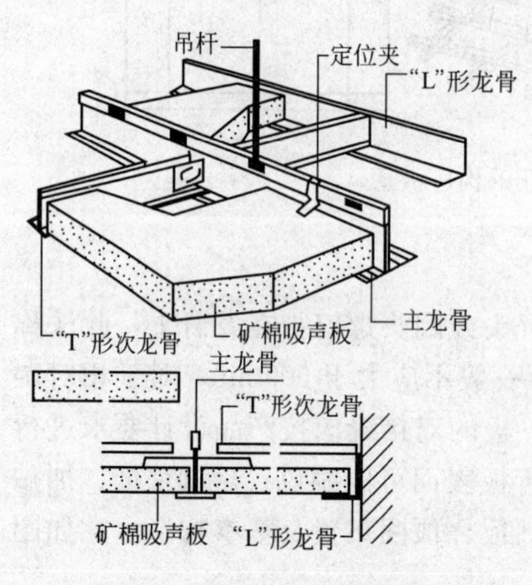

图 13-48　暴露骨架顶棚构造

（3）矿棉装饰吸声板顶棚

矿棉装饰吸声板顶棚的厚度一般为9～25mm，形状多为方形或矩形，常用尺寸为500mm×500mm、600mm×600mm、1000mm×500mm、1200mm×600mm，矿棉装饰吸声板与龙骨的连接采用“搁置法”，即将板材直接搁置在T形金属龙骨上，这种做法使龙骨暴露，故也称“明架”做法，如图13-48所示。可采用此方法的板材还有装饰石膏吸声板、玻璃棉装饰吸声板等。

(4) 嵌装式装饰石膏板顶棚

嵌装式装饰石膏板形状为正方形，边长为 500mm×500mm、600mm×600mm，边厚大于 28mm，嵌装式安装装饰石膏板，主要利用企口暗缝咬接安装法，即将石膏板加工成企口暗缝的形式，T 形龙骨的两条肢插入暗缝内，如图 13-49 所示。这种做法使龙骨隐蔽，故也称“暗架”做法。

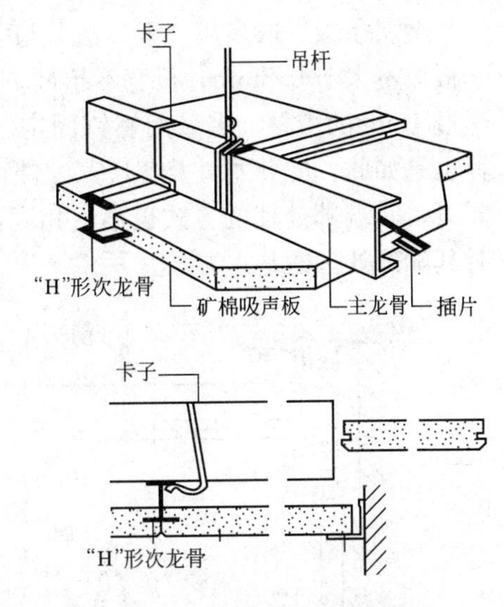

图 13-49 隐蔽式骨架顶棚构造

3. 金属板顶棚构造

金属板顶棚自重小，色泽美观大方，不仅具有独特的质感，而且平挺，线条刚劲而明快。在这类顶棚中，顶棚的龙骨除了是承重杆件外，还兼有卡具的作用。这类顶棚构造简单，安装方便，耐火，耐久，但造价较高。

(1) 金属条板顶棚

铝合金和薄钢板轧制而成的槽形条板(又称扣板)，有窄条、宽条之分。按条板两侧相接处的板缝处理形式，可分为开放型条板顶棚和封闭型条板顶棚，如图 13-50 所示。开放型条板顶棚离缝间无填充物，便于通风。也可在上部加铺矿棉或玻璃棉垫，作为吸声顶棚之用，还可用穿孔条板，加强吸声效果。

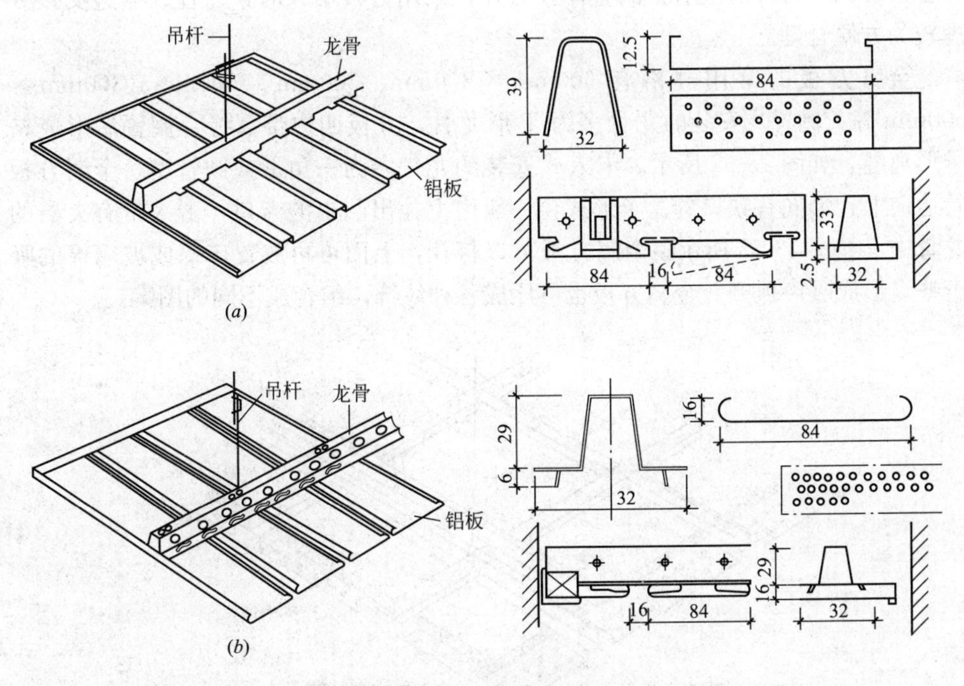

图 13-50 条板顶棚类型

(a)封闭型条板顶棚；(b)开放型条板顶棚

金属条板一般多用"卡口法"与龙骨连接。但这种卡口的方法，通常只适用于板厚不大于 0.8mm，板宽不超过 100mm 的条板，对于板宽超过 100mm，板厚超过 1mm 的板材，多采用螺钉固定。金属条板的断面形式很多，其配套件的品种也是如此，配套龙骨及各厂家配件均自成体系。当条板的断面不同，配套件不同时，其端部处理的方式也不尽相同，图 13-51 为几种常用条板及配套附件组合时其端部处理的基本方式。

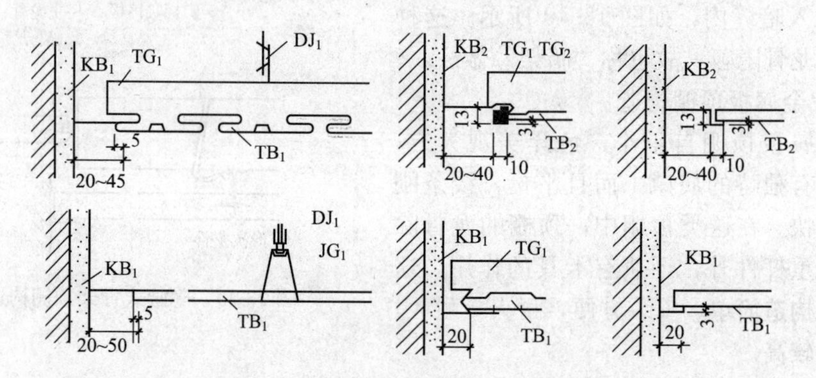

图 13-51　条板顶棚端都处理节点大样

(2) 金属方板吊顶

金属方板吊顶是指采用金属三角形、圆管形龙骨作覆面龙骨，金属块形板作"搁置式"或"卡入式"固定的装饰顶棚。方板表面与设置的灯具、风口、喇叭等容易协调一致，形成有机的整体。另外，采用方板吊顶时，与柱、墙边交接处理较为方便合理。

金属方板的常用规格有 600mm × 600mm、500mm × 500mm、300mm × 600mm 等。搁置式安装的龙骨多为 T 形龙骨，方板四边带翼缘，搁置后形成格子形离缝，如图 13-52 所示。卡入式安装的龙骨多为三角形或圆管型，金属方板卷边向上，形同有缺口的盒子形式，一般边上扎出凸出的卡口，卡入带有夹器的龙骨中，如图 13-53 所示。金属方板可以打孔，上面可再放置矿棉或玻璃棉的吸声垫，形成吸声顶棚。金属方板也可压成各种纹饰，组合成不同的图案。

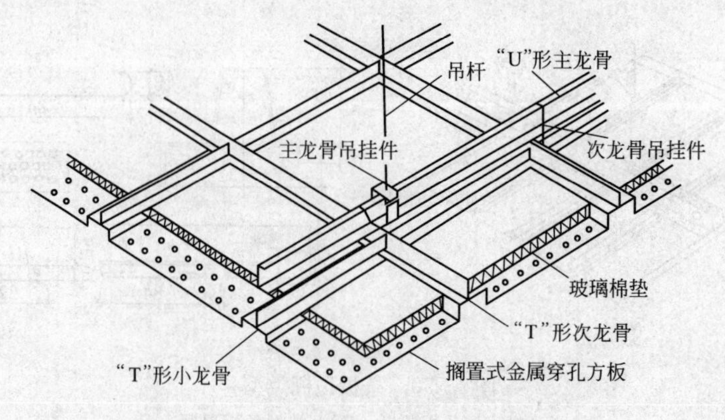

图 13-52　搁置式金属方板顶棚构造示意图

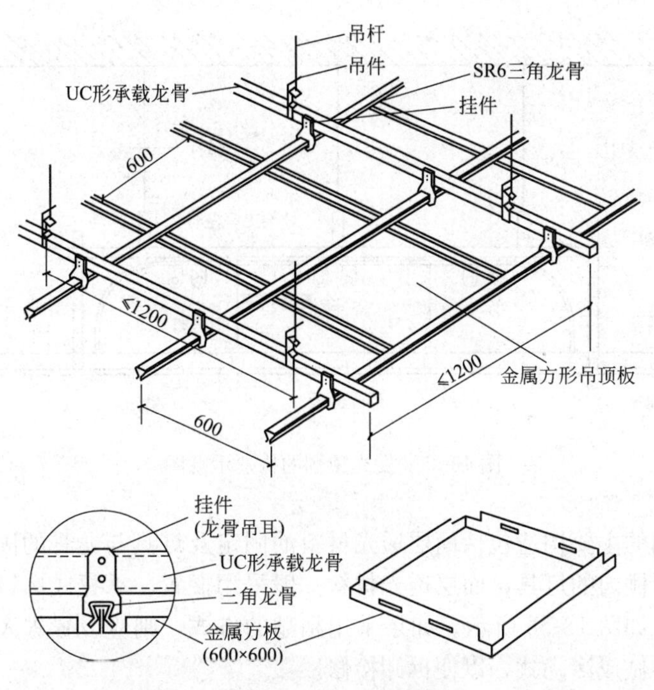

图 13-53 卡入式金属方板顶棚构造示意图

在金属方板吊顶中，当四周靠墙边缘部分不符合方板的模数时，可以改用条板或纸面石膏板等材料处理。

4. 镜面顶棚构造

镜面顶棚采用镜面玻璃、镜面不锈钢片条饰面材料，使室内空间的上界面空透开阔，可扩大空间，使空间生动而富于变化。

镜面顶棚的镜片一般是通过专用胶粘剂贴在木夹板基层上，再用螺钉安装固定，也有直接将镜面饰板搁置在龙骨的翼缘上的。为确保玻璃镜面顶棚的安全，应采用安全镜面玻璃。图 13-54 为镜面顶棚面板与龙骨连接构造示意图。

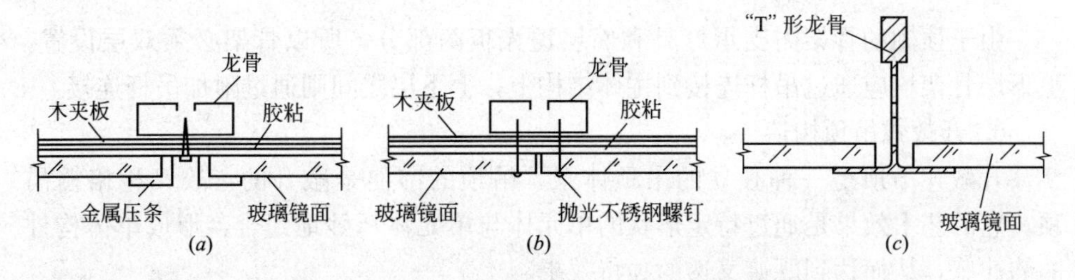

图 13-54 镜面顶棚面板与龙骨连接构造示意图

5. 发光顶棚构造

发光顶棚是指顶棚饰面板采用有机灯光片、彩绘玻璃等透光材料的一类顶棚。发光顶棚整体透亮，光线均匀，减少了室内空间的压抑感。而彩绘玻璃图案多样，装饰效果丰富。但这类顶棚耗能较多且技术要求较高。为保证顶部光线均匀透射，灯具与饰面板之间必须保持一定的距离。图 13-55 为发光顶棚的构造示意图。

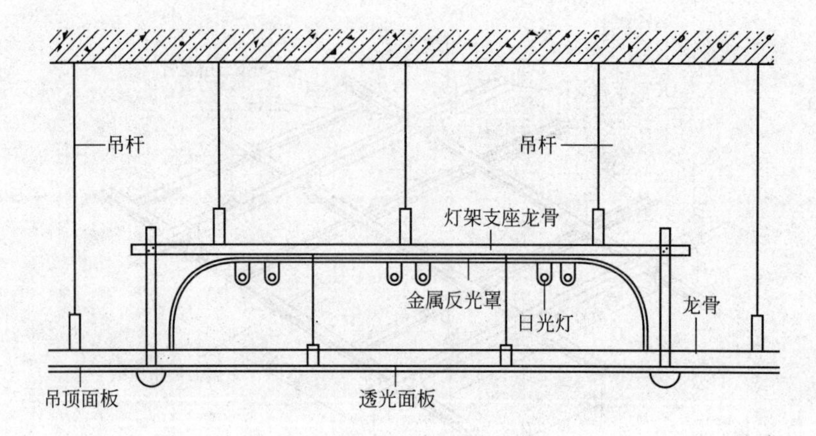

图 13-55　发光顶棚的构造示意图

发光顶棚的主要构造包括面层透光材料的固定及灯具与龙骨的固定。为便于检修及更换顶棚内的灯具，面层透光材料一般采用搁置、承托或螺钉固定的方式与龙骨连接，如图 13-56 所示。如果采用粘贴的方式，则应设置进人孔和检修走道，并将灯座做成活动式，以便拆卸检修。

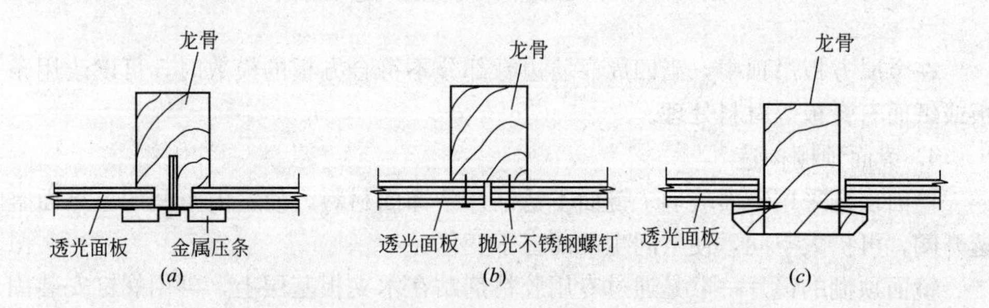

图 13-56　透光面板与龙骨的连接

(*a*)成型金属压条承托；(*b*)帽头螺钉固定；(*c*)"T" 形龙骨承托

由于顶棚的骨架需支承灯具和面层透光板两部分，所以骨架必须双层设置，上下层骨架均应通过吊杆连接到主体结构上，上下层之间则通过附加吊杆连接。

6. 开敞式吊顶构造

开敞式吊顶是一种独立的吊顶体系，吊顶的饰面是敞开的，故又称格栅吊顶。它的艺术效果是通过特定形状的单元体与单元体巧妙地组合，形成单体构件的韵律感，从而达到既遮又透的独特效果。

组成开敞式吊顶的单体构件，从制作材料的角度来分，有木制格栅构件、金属格栅构件、灯饰构件及塑料构件等。其中，以金属格栅构件最为常用。金属格栅吊顶，单体构件有花片型金属格栅和空腹型金属格栅两种类型。

花片型金属格栅，采用 1m 厚的金属板，以其不同形状及组成的图案分为不同系列。这种格栅吊顶在天然光与人工照明条件下，均可取得特殊的装饰效果。图 13-57 为几种常见的花片型单体构件形式。

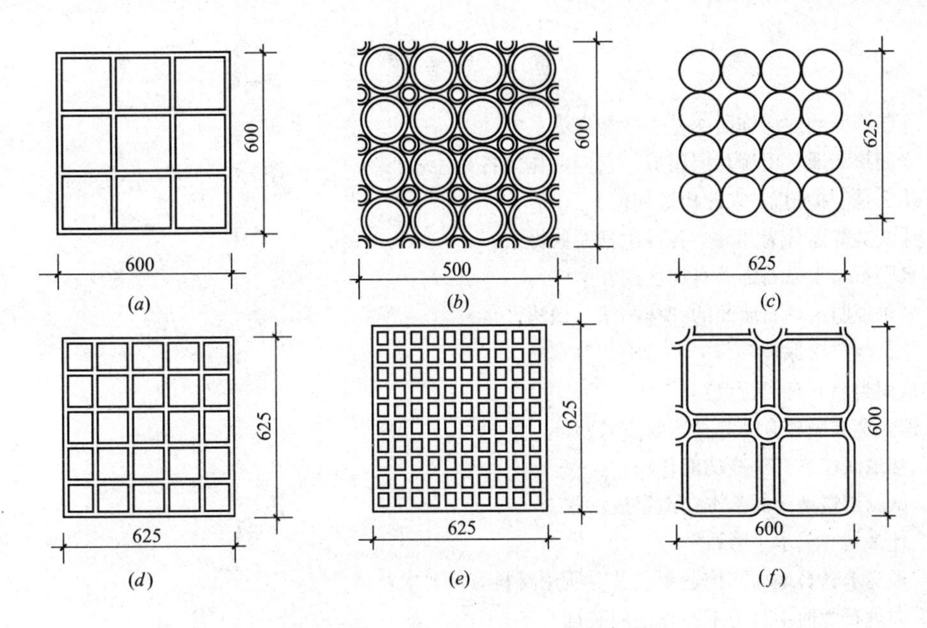

图 13-57 常见花片型单体构件形式

空腹型金属格栅，材质以铝合金为主，一般是以双层 0.5mm 厚度的薄板加工而成，施工时纵横分格安装，分格尺寸有 75mm×75mm、110mm×110mm、125mm×125mm、150mm×150mm、200mm×200mm 等几种。

开敞式顶棚的安装构造，大体上可分为两种类型。一种方法是对于用轻质高强材料制成的单体构件，不用骨架支持，而直接用吊杆与结构相连，这种预拼装标准构件集骨架和装饰于一身，安装要比其他类型的吊顶简单，如图 13-58 所示。另一种是单体构件固定在可靠的骨架上，其骨架用吊杆与结构相连，这种方法一般适用于构件自身刚度不够，稳定性差的情况，如图 13-59 所示。格栅单板的纵横连接系用半槽扣接的嵌卡方式，主格栅在下，次格栅在上，采用等距离的开口咬接吻合，同时在格栅上开有吊挂孔眼，使用其配套吊挂件勾挂后与吊杆连接。

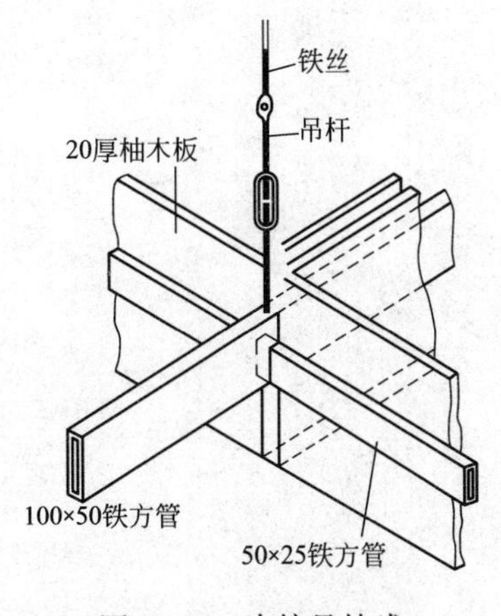

图 13-58 直接悬挂式

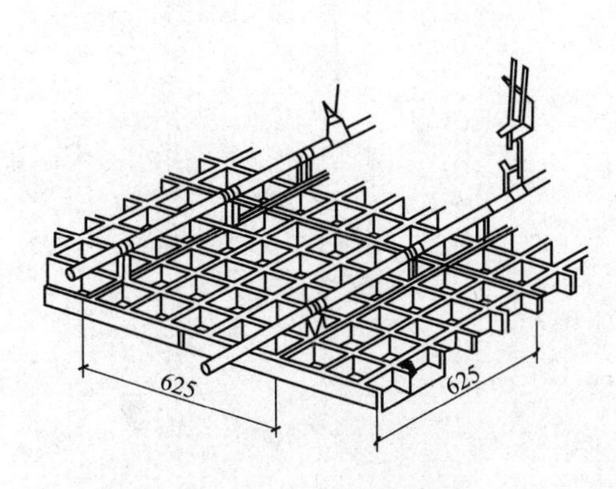

图 13-59 间接悬挂式

复习思考题

1. 外墙饰面和内墙饰面的基本功能有哪些？
2. 墙面抹灰通常由哪几层组成？它们的作用各是什么？
3. 什么是“护角”？它的构造如何？
4. 抹灰类饰面分为几种？各种包括哪些做法？
5. 水刷石与干粘石饰面有何区别？
6. 简单说明大理石墙面的“挂贴法”做法。
7. 什么叫“双保险”？
8. 裱糊类墙面有何特点？
9. 铝合金外墙板有哪两种安装方式？
10. 楼地面装饰有哪些功能作用？
11. 试画出楼地面的基本构造组成层次。
12. 什么是“美术水磨石”？
13. 现浇水磨石地面的构造要点及对所用材料有何要求？
14. 大理石为何不宜用于室外地面装饰？
15. 板块料地面有何构造特点？
16. 架空式木地面与实铺式木地面在构造上有何区别？
17. 固定式铺设地板时，为何要设置“倒刺板”？
18. 踢脚有何作用？试画出几种常用踢脚构造图。
19. 什么是直接式顶棚？常见的直接式顶棚有哪几种做法？
20. 什么是悬吊式顶棚？简述悬吊式顶棚的基本组成部分及其作用。
21. 简述轻钢龙骨石膏板顶棚的装饰构造做法。
22. 什么是暴露骨架构造做法？什么是隐蔽骨架构造做法？
23. 用简图说明金属板顶棚方板、条板板材交接处的构造做法。
24. 开敞式顶棚有哪些特点？

第十四章 工业化建筑体系简介

第一节 概 述

一、建筑工业化的特征和分类

建筑工业化，就是要通过现代化的制造、运输、安装和科学管理的大工业的生产方式，来代替传统建筑业中分散的、低水平的、低效率的手工业生产方式。这主要意味着要尽量利用先进的技术，在保证质量的前提下，用尽可能少的工时，在比较短的时间内，用最合理的价格来建造合乎各种使用要求的建筑。完成房屋建造的方法和其他工业一样，用机械化手段生产定型产品，把同型需要大量建造的房屋，做为整套工业产品，根据使用要求、材料资源和技术经济条件，制定统一的建筑参数和结构形式，使建筑构配件都能成套配制、并采用与其相适应的现代化的生产、施工、管理方式实现成套构配件生产工厂化、现场安装机械化、管理科学化。这种建造方式体现了建筑工业化的基本特征。即，施工机械化、生产工厂化、产品定型化、设计标准化、组织管理科学化。

建筑工业化的生产方式在房屋建筑中应用，能够使整个建筑业从设计到施工实现现代化和科学化。这样，建筑业才能由粗放型向集约型转化，不断加大科技含量和调整产业结构，以此全面提高建筑的工业化和标准化的整体水平，促进建筑产业现代化的快速发展。

工业化建筑按结构类型与施工工艺的综合特征可分为：砌块建筑、大板建筑、框架轻板建筑、大模板建筑、滑模建筑、升板建筑和盒子建筑等。

二、民用工业化建筑体系

工业化建筑体系是指以现代化大工业生产为基础，采用先进的工业化技术和管理手段，配套地解决从设计到建成全部过程的生产体系。工业化建筑体系可分为专用体系和通用体系。专用体系是生产的构配件和生产方式只能适用于某一种或几种定型化建筑使用的专用构配件和生产方式所建造的成套建筑体系。这种体系虽具有一定的设计专用性和技术先进性，但存在不能与其他体系配合的通用性和互换性的缺点。通用体系是预制的构配件、配套制品和连接技术均标准化、通用化，是使各类建筑所需的构配件和节点构造可互换用的商品化建筑体系。这种体系克服了专用体系的缺点，满足了建筑多样化的需求，因而得到广泛的应用。

专用建筑体系与通用建筑体系二者的区别为：前者的产品是建成的建筑物；后者的产品是建筑物中的各个组成部分，即构件和相应的配件。但无论哪种开发成熟的体系，都需要有计划地安排包括所有装修和设备等附属配套设施在内。

第二节　砌　块　建　筑

砌块建筑是指体积大于普通砖，利用混凝土或工业废料(煤矸石、粉煤灰、炉渣等)预制成的各种块材作为墙体材料的一种建筑。这种建筑的施工方法基本与砖混结构相同，只需要简单的机具即可。故砌块建筑具有设备简单，施工速度较快，节省人力，便于就地取材，能充分利用工业废料且造价低廉等优点。因此，推广砌块建筑是我国建材改革的主要内容之一。

一、砌块的种类及规格

砌块的类型很多。按砌块的材料分类有混凝土砌块、炉渣混凝土砌块、粉煤灰硅酸盐砌块等；按砌块的构造方式分类有实心砌块和空心砌块。空心砌块又有多种孔型，如图 14-1 所示。按砌块的质量、尺寸分类有大型砌块(大于 350kg)、中型砌块(小于 350kg)、小型砌块(小于 20kg)。

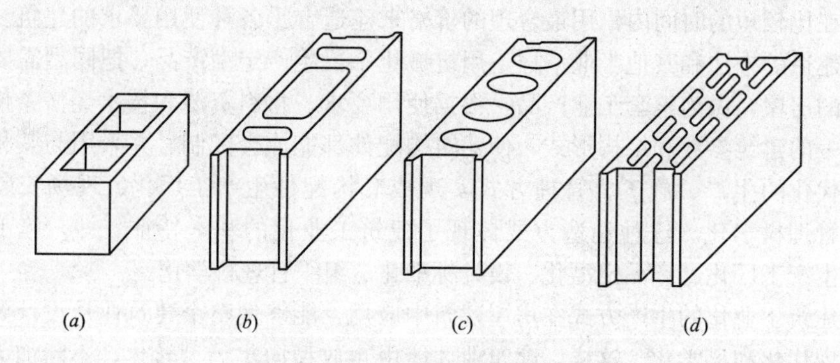

图 14-1　空心砌块的形式

(*a*)、(*b*)单排方孔；(*c*)单排圆孔；(*d*)多排窄孔

由于砌块正处于发展和推广阶段，各地规格尚不统一，其中，混凝土小型空心砌块的常见尺寸为 190mm×190mm×390mm，辅助块尺寸为 190mm×190mm×190mm 和 190mm×190mm×90mm 等；粉煤灰硅酸盐中型砌块的常见尺寸为 240mm×380mm×880mm 和 240mm×430mm×850mm 等。

由于大型砌块和中型砌块在施工时要借助于搬运和起吊设备，与我国目前墙体的手工砌筑仍是中小型施工企业的主要生产方式不相适应，所以难以推广，目前仍以推广小型砌块为主。

二、砌块墙的构造

砌块墙和砖墙一样，为增强其墙体的整体性与稳定性，必须从构造上予以加强。

(一) 砌块的排列与组合

砌块的排列与组合是件复杂而重要的工作。为使砌块墙搭接、咬砌牢固、砌块排列整齐有序，尽可能提高砌块的使用率，减少镶砖，在砌筑之前，必须进行砌块排列设计，确定砌块的规格、组合方法和排列顺序。

（二）砌块墙的拼接

1. 砌块墙的砌筑缝

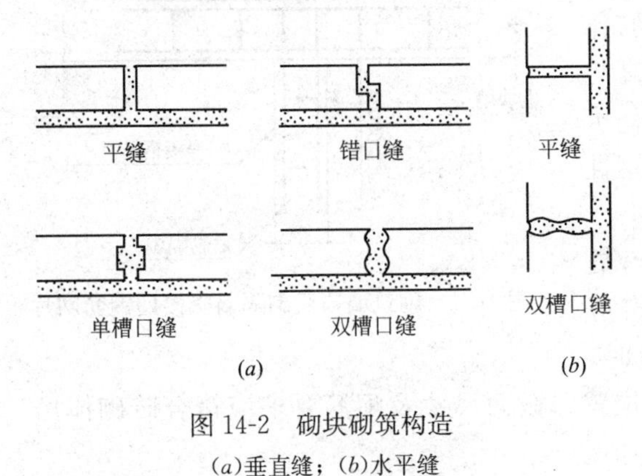

图 14-2　砌块砌筑构造
(a)垂直缝；(b)水平缝

由于砌块的体积较大，因此墙体砌筑缝更显得重要，砌块墙的砌筑缝有水平缝和垂直缝。缝的形式则依砌块本身的形状和构造有：平缝、凹槽缝和错口缝等，如图 14-2 所示。平缝构造简单、砌筑方便，多用于水平缝和小型砌块的垂直缝。凹槽缝和错口缝在砌筑时，必须将缝用细石混凝土或砂浆填实，这样可使砌体连接牢固，增加墙的整体性，因此多用于垂直缝。

砌块墙的砌筑缝应做到：灰缝平直、砂浆饱满，砌筑砂浆的强度等级在 M5 以上。水平缝宽度为 10～15mm，垂直缝宽为 15～20mm。当垂直缝大于 30mm 时，须用 C10 细石混凝土灌实，在砌筑过程中出现局部不齐或缺少某些特殊规格砌块时，常用普通黏土砖填嵌。

2. 砌块墙的搭接

砌块砌体应分皮错缝搭砌，上下皮搭砌长度不得小于 90mm。当上下皮砌块的搭接长度不能满足要求时，应在水平缝内设置不少于 2ϕ4 的焊接钢筋网片(横向钢筋的间距不宜大于 200mm)，网片每端均应超过该垂直缝，其长度不得小于 300mm。在砌体的转角和丁字交接处应相互穿插砌筑，必要时在水平缝内设置钢筋网片加固，如图 14-3 所示。

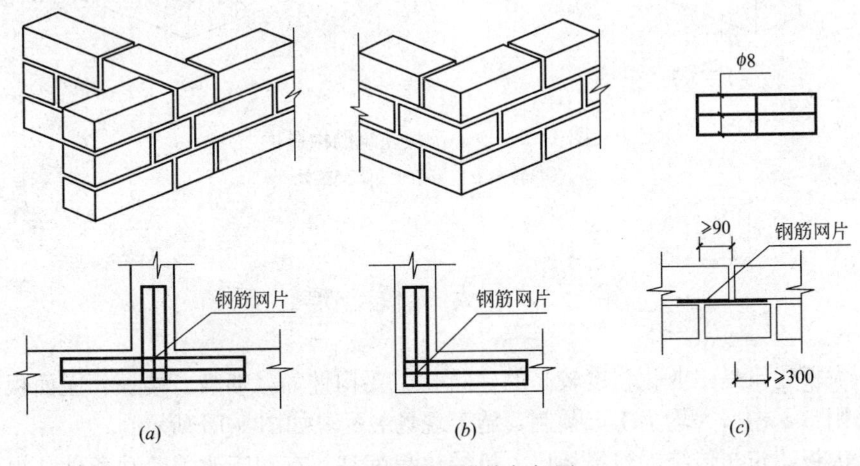

图 14-3　砌块墙搭接与加固
(a)转角部位加强；(b)内外墙交接处加强；(c)错缝不足时的加固

在砌块墙与后砌隔墙交接处，应沿墙高每 400mm 在水平灰缝内设置不少于 2ϕ4、横筋间距不大于 200mm 的焊接钢筋网片，如图 14-4 所示。

（三）过梁与圈梁

过梁是砌块墙的重要构件，它既起连系梁和承受门窗洞孔上部荷载的作用，同时又是一种调节构件。当层高与砌块高出现差异时，过梁高度的变化可起调节作用，从而使得砌体块的通用性更大。

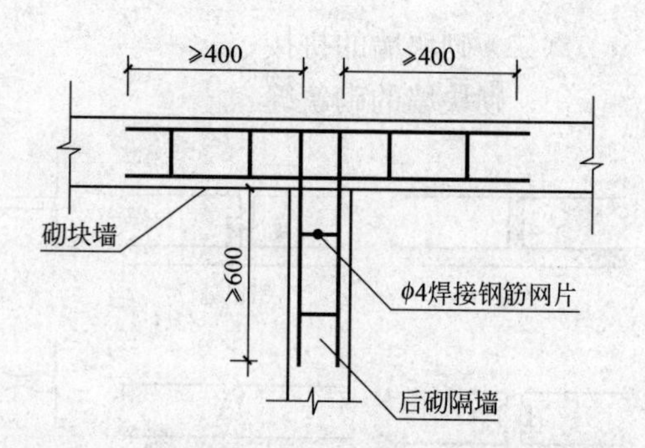

图 14-4　砌筑墙与后砌隔墙交接处钢筋网片

为了加强砌块建筑的整体性，提高房屋的抗震性能，多层砌块建筑应设置圈梁。当圈梁与过梁位置接近时，可将圈梁与过梁合并考虑。圈梁的位置、截面尺寸及配筋要求应符合砖砌体房屋的有关规定。

（四）构造柱

为加强砌块建筑的整体刚度，提高砌块墙的强度和延性，常在外墙转角和必要的内、外墙交接处设置构造柱，并与基础、圈梁连接成整体。

构造柱多利用空心砌块将其上下孔对齐，于孔中垂直插入钢筋，并用细石混凝土分层填实，即可起到构造柱的作用，如图 14-5 所示。

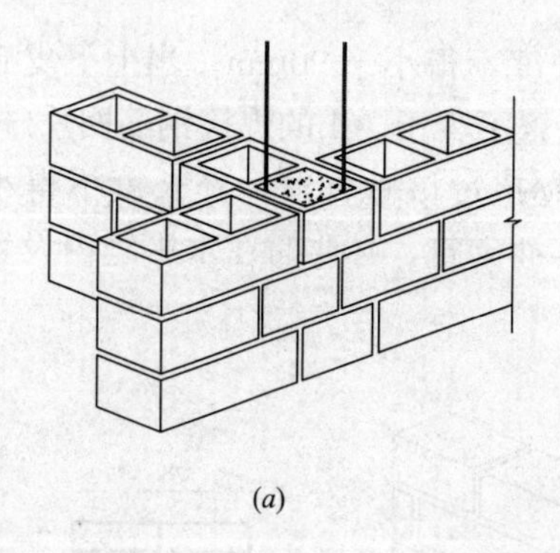

(*a*)

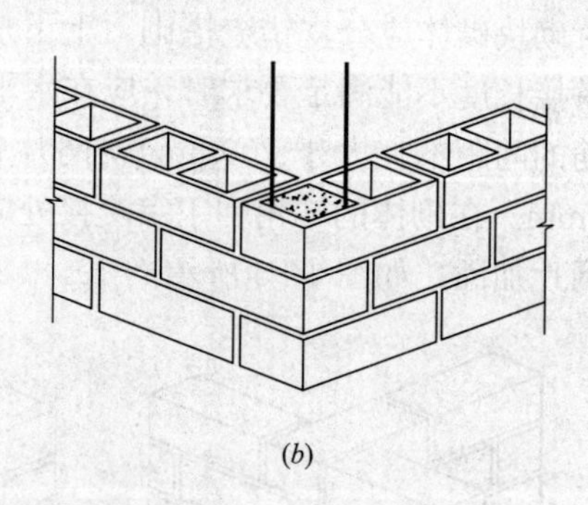

(*b*)

图 14-5　空心砌块建筑的构造柱

(*a*)转角处；(*b*)内外墙交接处

第三节　大　板　建　筑

大板建筑是工业化程度较高的建筑，主要构件如，墙板、楼板、屋面板、楼梯、阳台、檐口等均为工厂预制，施工现场装配，如图 14-6 所示。

大板建筑与传统的建筑相比，机械化程度高，有利于改善劳动条件，提高生产率，缩短工期，与同类砖混结构相比，可减轻自重15%～20%，增加使用面积5%～8%。大板建筑为了尽量减少预制构配件的规格和数量、增强建筑整体刚度，要求建筑设计中尽量做到建筑体型简洁，开间、进深、层高等尺寸参数种类较少，建筑平面中纵、横墙尽量对直贯通，墙板纵横接缝平直对齐。在施工中还

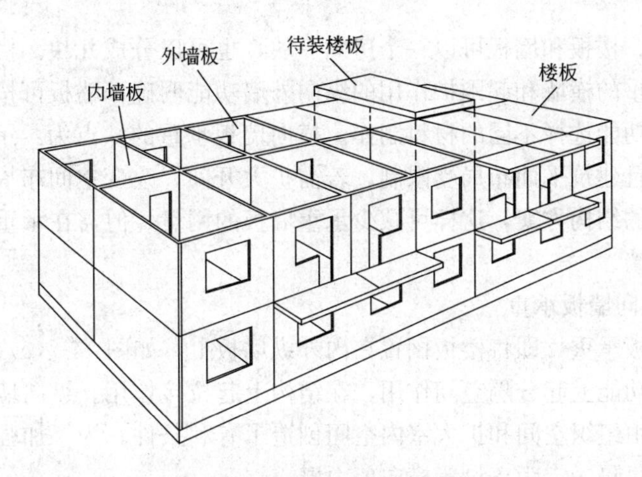

图 14-6　装配式大板建筑示意图

要求配备各种运输和吊装设备，为提高运输和吊装效率，要求预制构配件的大小尺寸及重量相接近，以减少施工吊装次数。

大板建筑适用于住宅、办公楼等平面规则，房间空间不大的建筑，宜用于九层以下的建筑。

一、大板建筑的结构类型

常见的大板结构类型有：横墙板承重、纵墙板承重和纵横双向墙板承重三种，如图 14-7 所示。此外，还有在建筑内部增设梁柱的结构类型，叫做部分梁柱承重结构。

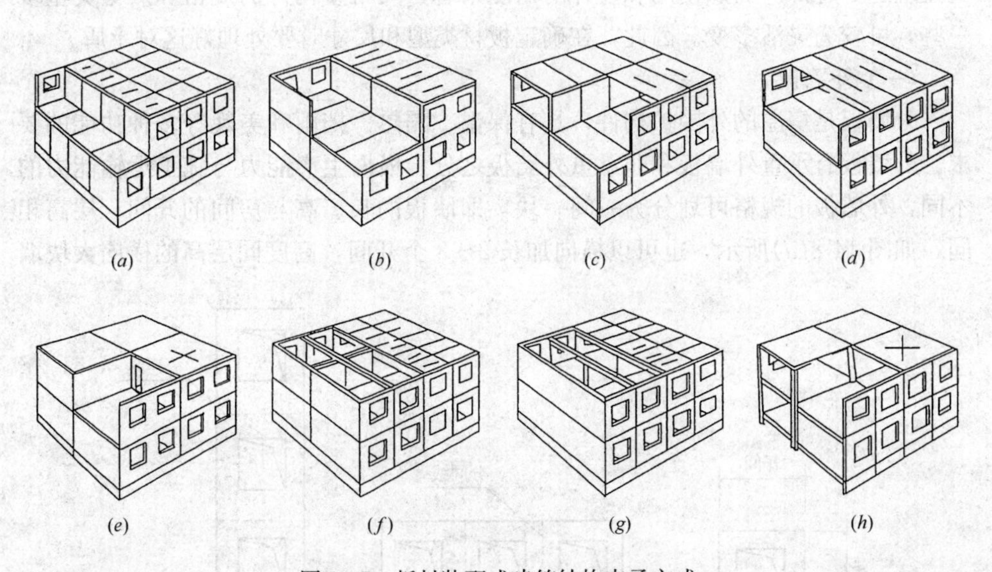

图 14-7　板材装配式建筑结构支承方式

(*a*)横向承重(小跨度)；(*b*)横向承重(大跨度)；(*c*)纵向承重(小跨度)；(*d*)纵向承重(大跨度)；(*e*)双向承重；(*f*)内墙板搁大梁承重；(*g*)内骨架承重；(*h*)楼板四点搁置，内柱承重

(一) 横向墙板承重

横向墙板承重，即楼板搁置在横向墙板上，如图 14-7(*a*)、(*b*)所示，这种形

式采用较广。楼板和墙板可以一个房间一块，也可以分成几块。横向墙板承重的优点为：承重的横墙和起围护作用的纵向外墙功能明确，墙板可按其不同的受力性能及要求功能选择不同的材料制作。横向墙板承重的缺点为：承重墙较密，不很经济，而且建筑平面布局受限制。若需扩大开间，改变空间布局，可采用大开间横墙承重的结构方案，这样可减少承重墙板的用量，但需在承重横墙板之间加设轻质分隔墙。

（二）纵向墙板承重

纵向墙板承重，即将楼板搁置在内外纵墙板上，如图 14-7(*c*)、(*d*)所示。此时横墙板在功能上起分隔空间作用，在结构上起拉接作用。纵向墙板承重为建筑平面设计自由组织空间和扩大室内空间创造了有利条件。为了加强房间的横向刚度，一般需每隔一定距离设置横向剪力墙。

（三）双向墙板承重

楼板接近方形时，可设计为纵横墙板双向承重，如图 14-7(*e*)所示。这种结构的楼板双向受力，板厚较薄，但房间的两向尺寸都受到限制，不利于室内空间的任意变化，同时对纵、横墙都要求有承受荷载的功能。

二、板材的类型与尺寸

大板建筑的主要构件有：外墙板、内墙板、楼板、屋面板。主要的辅助构件有：楼梯、隔墙、阳台、檐口和勒脚等。每一类构件因它的部位不同，需要的不同而有许多不同类型。从生产、运输和安装的角度来看，构件的规格和不同尺寸类型应越少越好。而从使用和设计的角度来看，又希望构件的规格和尺寸类型多一些，可较为灵活多变。因此，在确定板材类型和尺寸时要处理好这对矛盾。

（一）外墙板

外墙板是房屋的外围护构件，具有保温、隔热、挡雨和美观等多种功能的要求。外墙板有承重外墙板和非承重外墙板之分。根据生产能力与施工运输能力的不同，外墙板的规格可划分为一间一块，即墙板的长、高与房间的开间、层高相同，如图 14-8(*a*)所示，也可以横向加长 2～3 个开间，高度同层高的横向大块墙

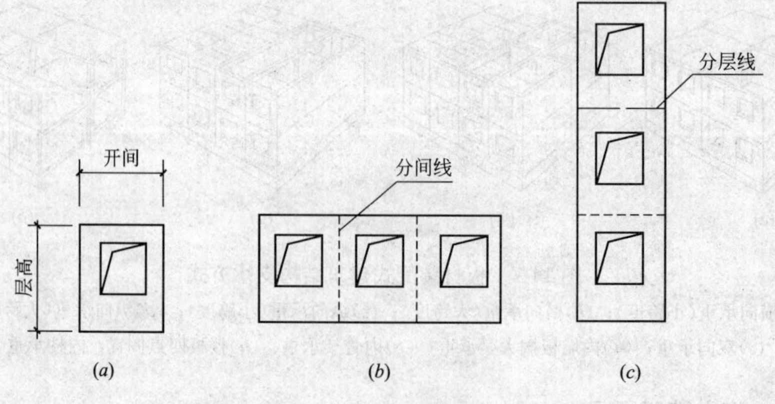

图 14-8　外墙板的规格

(*a*)一间一块；(*b*)几个开间一块；(*c*)几个层高一块

板，如图 14-8(*b*)，或可以纵向加高 2～3 个层高，横向为一个开间宽的纵向大块墙板，如图 14-8(*c*)所示等。采用大块墙板，不仅可减少吊装板件，还可减少墙板接缝构造口的麻烦。常见的外墙板形式有以下两种：

1. 单一材料外墙板

单一材料外墙板有实心板、空心板和框肋板。实心板多为平板及框肋板，可以是不保温的普通混凝土板，也可以是保温的轻骨料混凝土和加气混凝土等轻质混凝土板。空心板多为普通混凝土抽空式墙板，孔洞形状有圆形孔、椭圆形孔和方形孔等多孔板。有保温要求的空心板常做成两或三排扁孔，以解决热桥现象。图 14-9 是单一材料外墙板的示例。

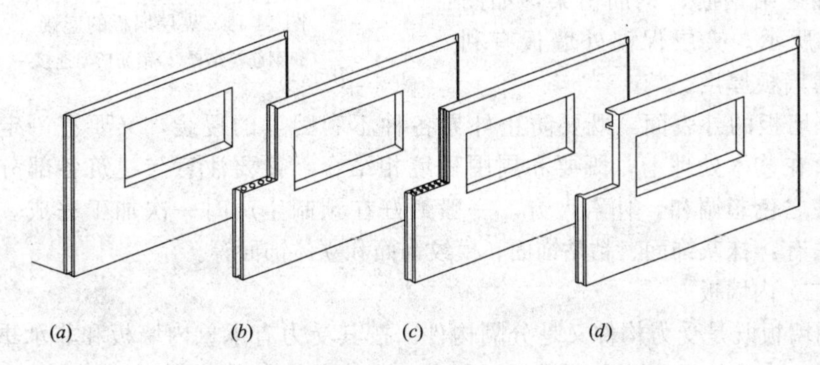

图 14-9　单一材料外墙板

(*a*)实心外墙板；(*b*)单排孔外墙板；(*c*)双排孔外墙板；(*d*)框肋外墙板

2. 复合材料外墙板

复合材料外墙板是用两种或两种以上的材料结合而成的墙板，是保温墙板的主要形式。复合材料外墙板根据功能要求形成多层次，主要层次有：结构层、保温层、防水(潮)层、装饰面层等。通常结构层和防水层多用混凝土或水泥砂浆制成，而保温层夹在两层混凝土中间，这是因为保温材料强度小，怕潮湿，与其他材料结合力低的缘故。当外墙承重时，结构层应在内层，如图 14-10(*a*)所示。当外墙不承重时，往往结构层和防水层结合在一起，设在外层，里面设保温层后再

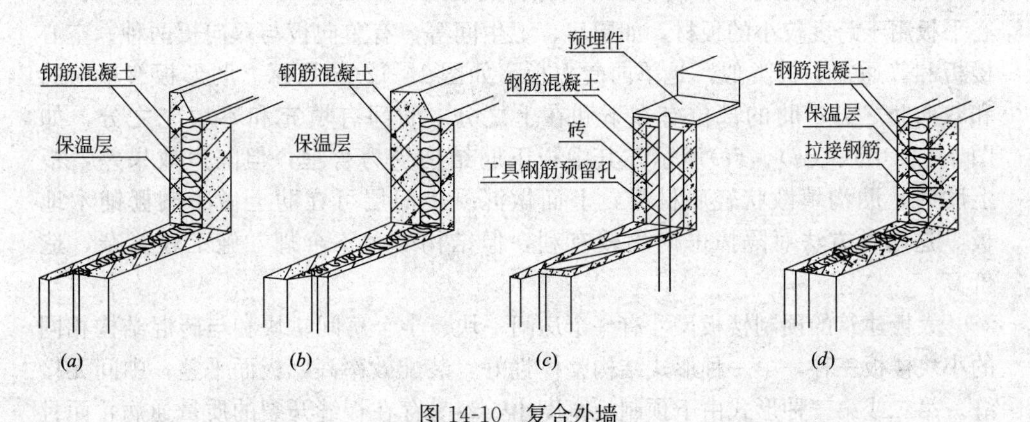

图 14-10　复合外墙

(*a*)结构层在内层；(*b*)结构层在外层；(*c*)振动砖外墙板；(*d*)夹层外墙板

做内饰面层，如图 14-10(*b*)所示。为振动墙板，它也是复合材料墙板，两侧是水泥砂浆面层，中间为砖层，通过机械振动成型。振动砖墙板可用于外墙，也可用于内墙。但它仍离不开用砖，因此并未获得广泛推广，如图 14-10(*c*)所示。

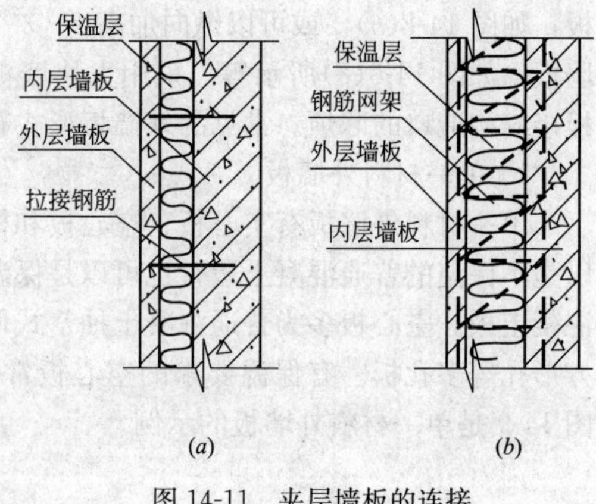

图 14-11　夹层墙板的连接
(*a*)钢筋拉结；(*b*)钢筋桁架连接

图 14-10(*d*)为夹层外墙板，内外层钢筋混凝土平板用特制钢件连接，如拉结钢筋、钢筋桁架，如图 14-11 所示。夹层保温外墙板有利于减薄墙板厚度。

外墙板的外表面，既要防止外界各种不利因素的侵袭，又要有一定饰面效果。在艺术处理上，既要和周围环境相结合，又要注意与建筑各部分的关系，使之色彩调和，朴素大方。一般最好在预制生产时一次加工完成。常见的做法有：抹灰饰面、粘贴饰面、模纹饰面和立体饰面等。

（二）内墙板

内墙板既是受力构件又是分隔构件。按其受力有承重内墙板和非承重内墙板之分。内墙板通常不需考虑保温要求，多为普通钢筋混凝土板、陶粒混凝土板、粉煤灰硅酸盐板和振动砖墙板。内墙板一般均在预制时做成平整的表面，完工后只要嵌缝，刮腻子后喷浆或裱糊墙纸即可。承重内墙板的类型有实心板、空心板和框壁板(四周为钢筋混凝土框，中间为钢筋混凝土薄壁)等。

（三）楼板

根据大板建筑承重方式的不同，楼板分为单向承重和双向承重两种类型，但它只表现在板的配筋方式的不同，外表都是上下表面平整的钢筋混凝土楼板。根据楼板的构造形式不同，楼板分为实心板、空心板和肋形板三种类型，如图 14-12所示。实心板一般为单一材料，用钢筋混凝土或加筋轻骨料混凝土制成，亦可由三层材料制成，即中间层用轻骨料混凝土，如图 14-12(*a*)、(*f*)所示。实心平板用于跨度较小的板材，如厨房、卫生间等，有单向板与双向板两种。空心楼板和普通空心板类似，是单向受力板，如图 14-12(*b*)所示。肋形板有单向肋和双向肋之分；肋的部位有在下和在上之分，肋间有填充和不填充之分，如图 14-12(*c*)、(*d*)、(*e*)所示。其中板下肋结构受力合理，但隔声效果差，板上肋时，肋沟填散状轻质材料，上面做混凝土面层可在肋上做小搁栅铺木地板。这两种方法对隔撞击声均较有利，但结构受力不合理，施工较复杂，造价高。

大板建筑的预制楼板尺寸有一个房间一块、半个房间一块和与砖混结构相同的小块楼板三种，第一种形式结构整体性好，装配效率高，板面平整，中间无接缝。第二或第三种形式由于预制板宽度小，容易存在板缝开裂的质量通病，而且安装时也比较繁琐。

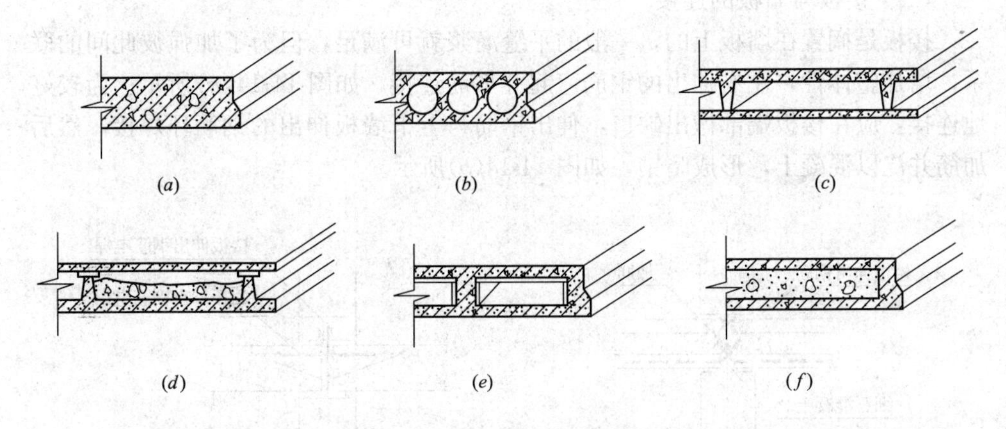

图 14-12　预制楼板形式

(a)实心平板；(b)空心板；(c)、(d)肋形板；(e)盒模肋形板；(f)夹心板

三、构件的连接

大板建筑的构件连接主要是板材间的连接，以保证结构的整体性和稳定性，并使外墙具有密闭性以防风雨，内墙还要具有隔声性能。

(一) 内墙板的连接

内墙板一般都是承重墙板，它们之间的连接必须能承受拉、压、弯和剪切等应力。所以，在板缝的处理上要采用必要的措施，来满足结构的要求。

内墙板间的连接常采用凹缝、暗销缝或现浇暗柱等方法，以防止板间的水平或竖直位移，如图 14-13 所示。凹缝与暗销缝法是利用板侧形状的连接，有时为了结构连接的需要，在墙板的上下端进行预埋铁件或伸出钢筋互焊连接。现浇暗柱法是利用板材间扩大板缝，配以钢筋，浇筑细石混凝土形成一个暗柱。

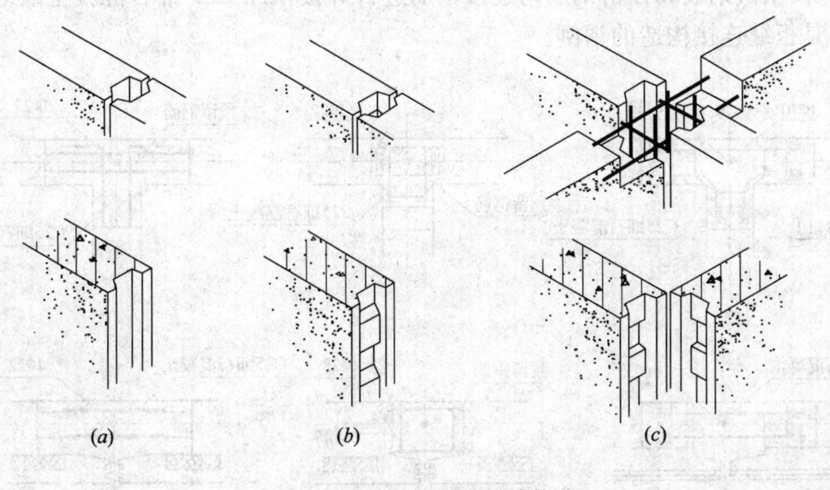

图 14-13　内墙板板缝连接构造

(a)凹缝；(b)暗销缝；(c)现浇暗柱

（二）楼板与墙板的连接

楼板是搁置在墙板上的，一般的平缝灌浆就可满足，但为了加强彼此间的联系，增加整体性，左右伸出的钢筋弯起并加筋连接，如图 14-14(*a*)所示。为较好地连接，应在楼板端部做出缺口，伸出钢筋与上下墙板伸出的钢筋环焊接，然后加筋并浇以混凝土，形成暗销，如图 14-14(*b*)所示。

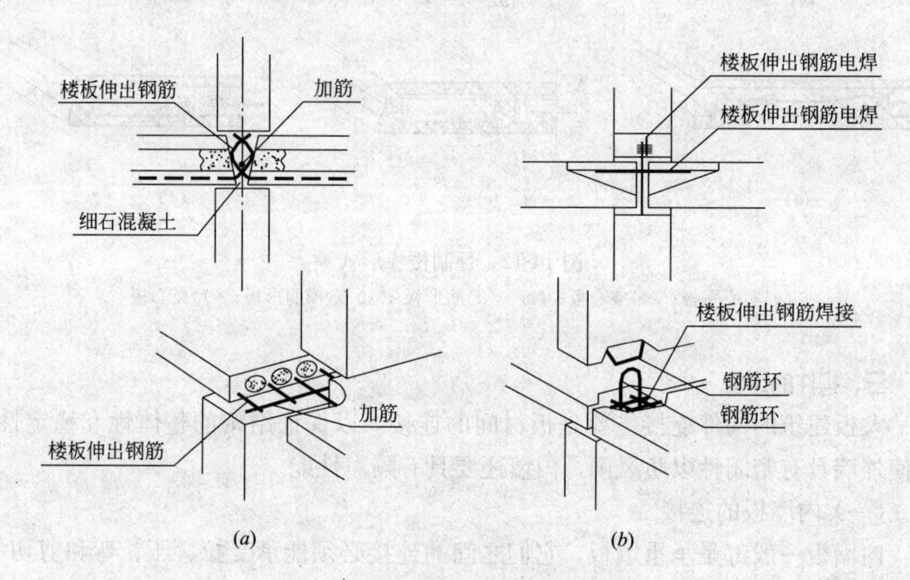

图 14-14 楼板与承重内墙板的连接

(*a*)楼板伸出钢筋，并加筋灌缝连接；(*b*)上墙板与楼板均留缺口

（三）外墙板的连接构造

外墙板连接主要是上下外墙板连接的水平缝、左右外墙板连接的垂直缝及横竖缝交叉点的十字节点。其结构的连接与内墙板及楼板节点构造基本相似。通常采用墙板预留钢板和预留钢筋与连接钢筋进行焊接，加 C25 细石混凝土灌缝。图 14-15 是板缝连接构造的举例。

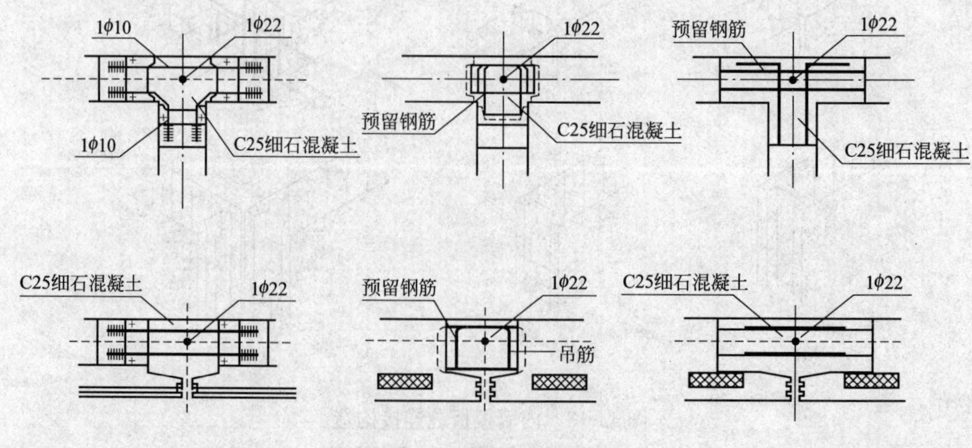

图 14-15 外墙板板缝连接构造

外墙板连接除结构连接外，还需进行防水处理。目前，外墙板防水可分为材料填缝防水、构造防水和弹性盖条防水等三种处理缝隙密封的方法。

1. 材料填缝防水

所谓材料填缝防水，即用水泥砂浆、细石混凝土和胶泥等材料填嵌缝隙，达到防水效果的处理方法。板缝材料填缝防水构造，如图 14-16 所示。采用这种方法的墙板，外形比较简单，制作、运输、堆放、吊装和嵌缝都比较容易，但对材料质量要求高，对板材制作和施工水平要求严格。板缝在使用过程中容易出现材料干缩和墙板变形等因素影响，易发生渗漏。为防止嵌缝材料过早老化，应在嵌缝材料外侧填抹水泥浆保护层。

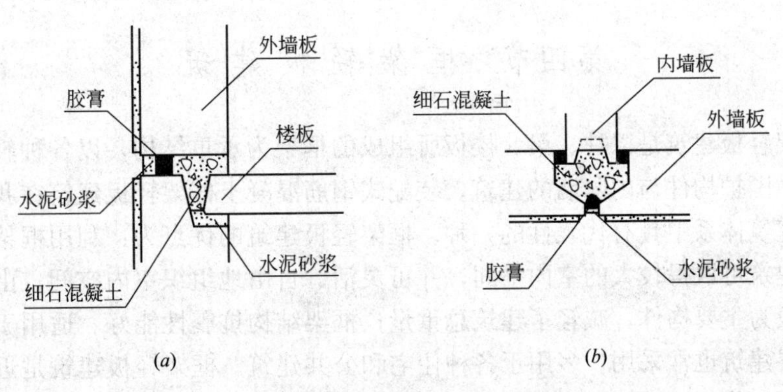

图 14-16　外墙板填缝防水构造

(*a*)水平缝；(*b*)垂直缝

2. 构造防水

构造防水是在材料填缝防水的基础上，利用大板接缝边缘的构造处理，达到防水效果的处理方法。构造防水的水平缝采用改进大板边缘接缝形式。即在水平缝的上板做滴水槽，下板做挡水台和排水坡及水平空腔，防止雨水流入墙内，从而起到阻挡和疏导水流的作用，如图 14-17 所示。构造防水的垂直缝是利用空腔，破坏毛细管渗透成因，成为排水道将渗入雨水排除，如图 14-18 所示。

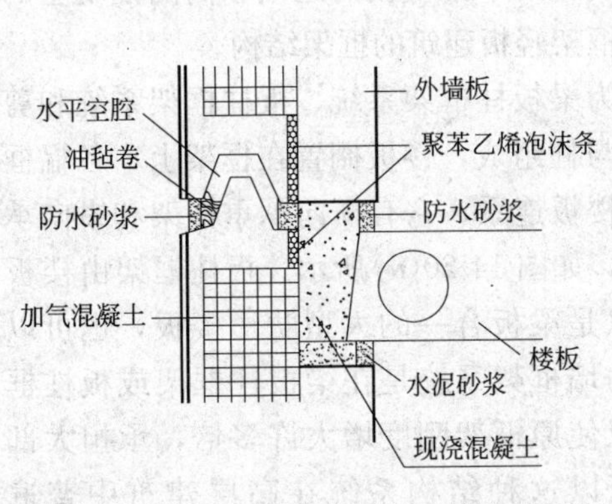

图 14-17　封闭式水平企口缝构造

（水平空腔缝）

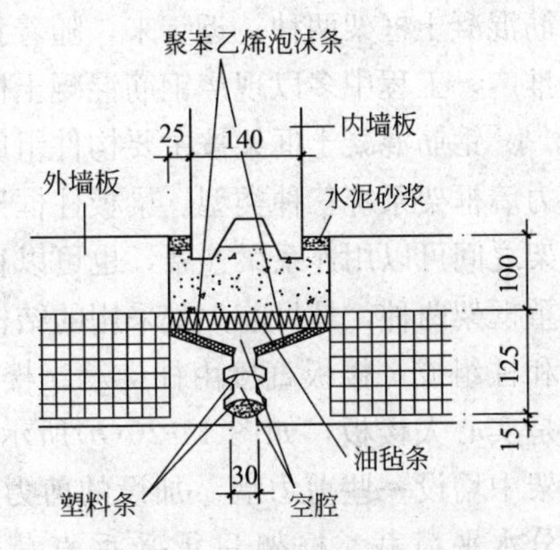

图 14-18　封闭式垂直双腔缝构造

（垂直双腔缝）

3. 弹性盖条防水

弹性盖条防水是材料填缝防水和构造防水的有机结合。其做法是将具有弹性的盖缝条嵌入板缝内，从而起到防雨水渗入的作用。这种做法不用湿作业，与空腔防水相结合，简单方便。弹性盖条的材料可分为金属弹性材料和塑性材料两大类。常见做法如图 14-19 所示。

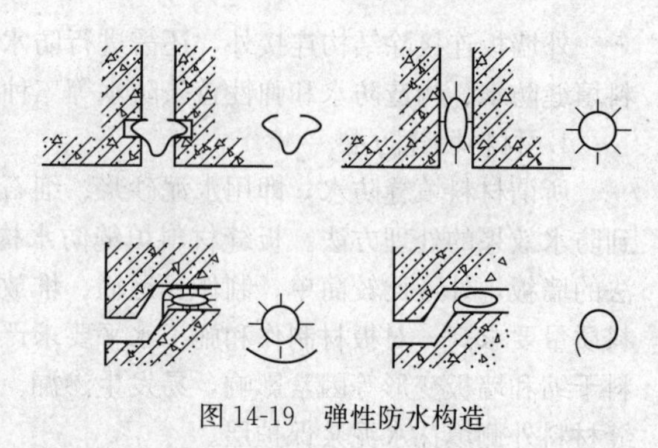

图 14-19 弹性防水构造

第四节 框架轻板建筑

框架轻板建筑是以柱、梁、楼板所组成的框架为承重结构，以各种轻质材料的制品做围护构件与内隔墙的建筑。装配式钢筋混凝土框架轻板建筑在我国是框架轻板建筑体系中具有代表性的一种。框架轻板建筑的优点为：利用框架做承重结构，建筑可取得较大的室内空间，并可灵活、自由地组织室内空间；由框架和轻质墙板为主要构件，减轻了建筑总重量；框架结构抗震性能好。适用于高层建筑，多层建筑也常采用，多用于各种住宅和公共建筑。框架轻板建筑是近年来我国新建高层建筑采用的建筑类型。框架轻板建筑的钢材、水泥用量大，构件吊装次数多，工序复杂，造价较高。

一、框架轻板建筑的类型

按框架轻板建筑的框架所用材料分为钢筋混凝土框架和钢结构框架。钢筋混凝土框架防火性能好，材料供应容易保证，工业化程度高，造价较低。如采用框架加剪力墙结构，其建筑高度可达到 120m。钢筋混凝土框架结构高度可达 60m。钢结构框架自重轻、施工速度快，适用于高层和超高层建筑。由于钢结构框架建筑成本较高，近年我国高层建筑一般采用钢筋混凝土框架结构。

钢筋混凝土框架按施工方法的不同，可分为现浇钢筋混凝土框架和装配式钢筋混凝土框架两种。近年来，随着我国建筑施工中钢模板的运用和商品混凝土的推广，工程中多以现浇钢筋混凝土框架为框架轻板建筑的框架结构。

钢筋混凝土框架按主要构件组成可分为梁板柱框架系统、板柱框架系统和剪力墙框架系统三种类型。梁板柱框架由梁与柱组成，楼板搁置在框架上，各榀框架之间可以用连系梁连系，也可以直接用楼板连系。它有横向承重框架和纵向承重框架两种，是目前大量采用的结构类型，如图 14-20(*a*)所示。板柱框架由楼板和柱组成，楼板直接由柱支承。楼板可以是梁板合一的大型肋形楼板，也可以是实心大楼板，如图 14-20(*b*)所示。剪力墙框架系统是在梁板柱框架或板柱框架中增设一些剪力墙。加设的剪力墙可以使原框架刚度增大许多倍，承担大部分水平荷载，框架只承受垂直荷载，所以这种结构系统在高层建筑中普遍采用。

图 14-20 框架结构类型
(*a*)梁板柱框架；(*b*)板柱框架

二、装配式钢筋混凝土框架的构件连接

装配式钢筋混凝土框架的构件连接主要有梁与柱、梁与板、板与柱的连接。

(一) 梁与柱的连接

梁与柱的连接是梁板柱框架的主要节点构造，常用的连接方法是叠合梁现浇连接和浆锚叠压连接。前者其方法是把上下柱、纵横梁的钢筋都伸入到节点，加配箍筋后再浇筑混凝土形成整体，如图 14-21(*a*)所示。该方法做法比较复杂，但节点刚度大，故常用。后者是将纵横梁置于柱顶，上下柱的竖向钢筋插入梁上的预留孔，灌入高强砂浆将柱筋锚固，使梁柱成整体，如图 14-21(*b*)所示。

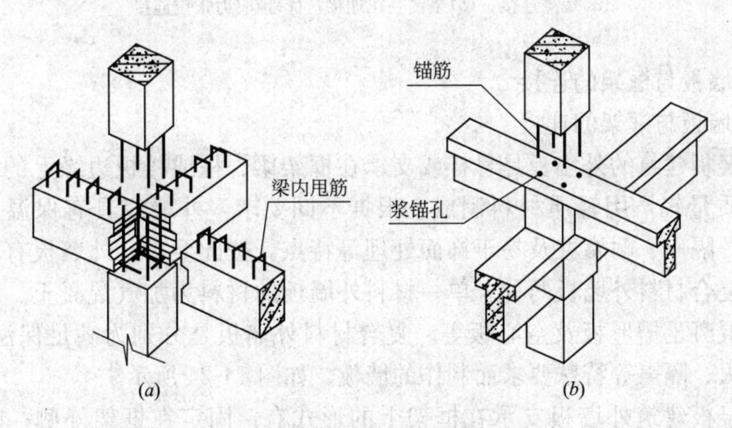

图 14-21 梁与柱的连接
(*a*)叠合梁现浇连接；(*b*)浆锚叠压连接

(二) 楼板与梁的连接

为了使板与梁形成整体连接，楼板与梁的连接常采用现浇连接，如图 14-22 所示。框架轻板结构的梁为叠合梁，它由预制和现浇两部分组成。在预制梁上部留出箍筋，预制楼板安放在梁侧，沿梁纵向放入钢筋后浇筑混凝土将梁和楼板连成整体。

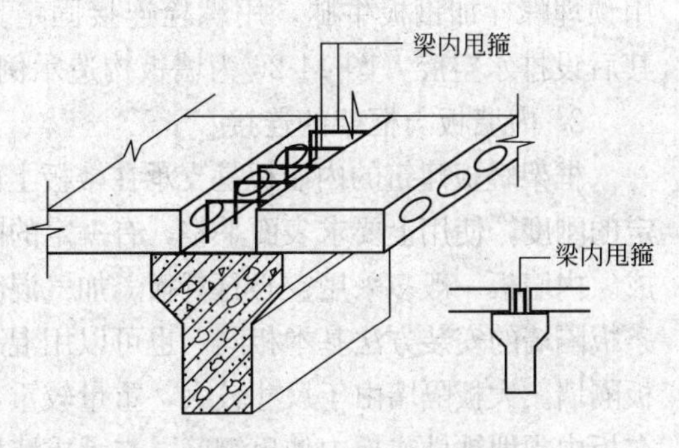

图 14-22 楼板与梁连接

(三) 楼板与柱的连接

在板柱框架中，楼板直接支承在柱上，其连接方式有现浇连接、浆锚叠压连接和后张预应力连接三种，如图 14-23 所示。前两种连接方式与梁柱连接相同，第三种后张预应力连接方式是在楼板接缝处留槽，在柱子上预留穿筋孔，楼板安装就位后，将预应力钢筋穿过柱子预留孔和楼板边槽，张拉后用混凝土灌槽，待混凝土强度达到 70%时放松预应力钢筋，便把楼板与柱连成整体。这种方法构造简单，连接可靠，施工方便快速，在我国各地均有采用。

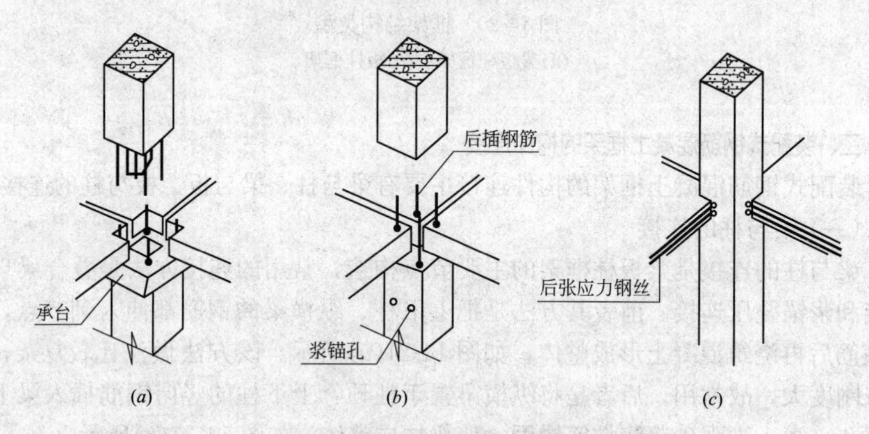

图 14-23　楼板与柱的连接

(a)现浇连接；(b)浆锚叠压连接；(c)预应力张拉连接

(四) 墙板与框架的连接

1. 外墙板与框架的连接

框架轻板建筑的外墙板是悬挂或支承在框架梁、柱或楼板边缘上的，所以要求外墙板质量轻，用轻质材料制成。根据不同要求，外墙应具有保温、隔热防水、防火、隔声、耐腐蚀及易于饰面处理等特点。按此要求，外墙板有单一材料外墙板和复合材料外墙板两种。单一材料外墙板的材料为加气混凝土、陶粒混凝土、钢筋混凝土槽形板及空心板等。复合材料外墙板是分别为满足保温、隔热、防水、防火、隔声等特殊要求而制作的墙板。如图 14-24 所示。

框架轻板建筑外墙板支承在框架上的形式有：固定在框架外侧；固定在柱间；固定在边梁上；固定在附加墙架上，如图 14-25 所示。外墙板的固定一般采用预埋螺栓加钢板牛腿，用螺栓连接固定。外墙板板缝处理采用密封胶膏嵌缝，其后设排水空腔，图 14-26 为墙板构造示例。

2. 内墙板与框架的连接

框架轻板建筑的内墙板是支承在楼板上的围护构件，结构上要求自重轻，有一定的刚度，使用上要求表面平整，有一定的隔声能力，因此内墙板也用轻质材料制成。内墙板一般多采用空心石膏板、加气混凝土条板和纸面石膏板，其安装方法与条板隔墙的安装方法基本相同。也可以用混凝土、轻质混凝土、振动砖板等制成大板隔墙。大板隔墙由于尺寸较大，重量较重，安装时不仅要采用机械吊装，而且要在板内预埋铁件或板内伸出钢筋，与承重墙板、楼板、梁柱焊接或灌注砂浆连接。

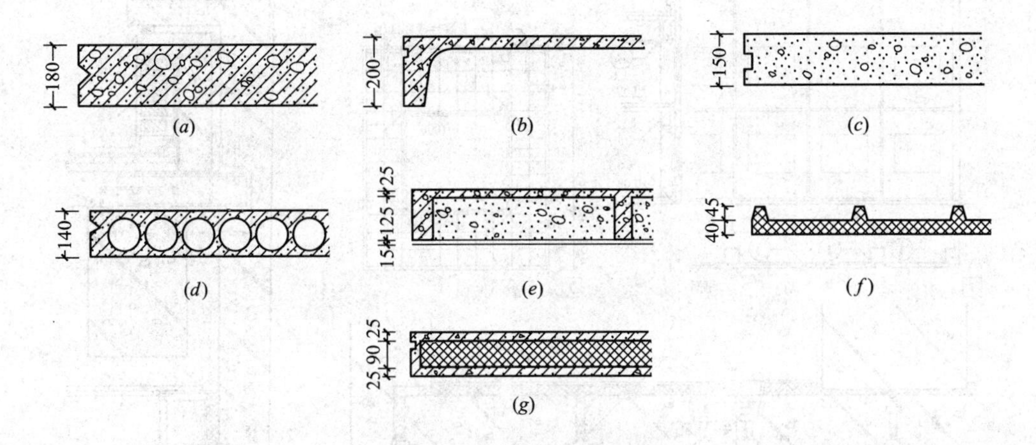

图 14-24　框架墙板类型

(a)陶粒珍珠岩混凝土板亦可采用浮石或其他轻骨料；(b)钢筋混凝土槽形板适用于非保温工业建筑；(c)加气混凝土板可将加气条板预先拼装成大板；(d)钢筋混凝土空心板适用于非保温工业与民用建筑；(e)钢筋混凝土复合板采用加气混凝土块填充；(f)金属复合板有彩色钢板及铝合金板，板内填充泡沫聚氨酯，适用于民用与工业建筑；(g)钢筋混凝土夹心板采用岩棉或泡沫聚苯填心

注：a、c、e、f、g 等可用于保温建筑，其厚度根据热工要求计算确定。

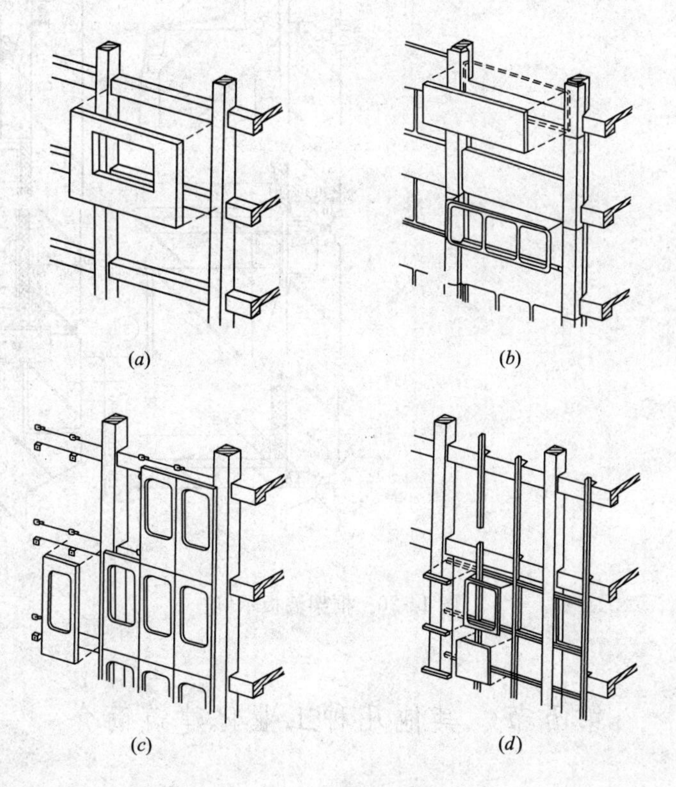

图 14-25　几种外墙板的固定方式

(a)固定在框架外侧；(b)固定在柱间；(c)固定在边梁上；(d)固定在附加墙架上

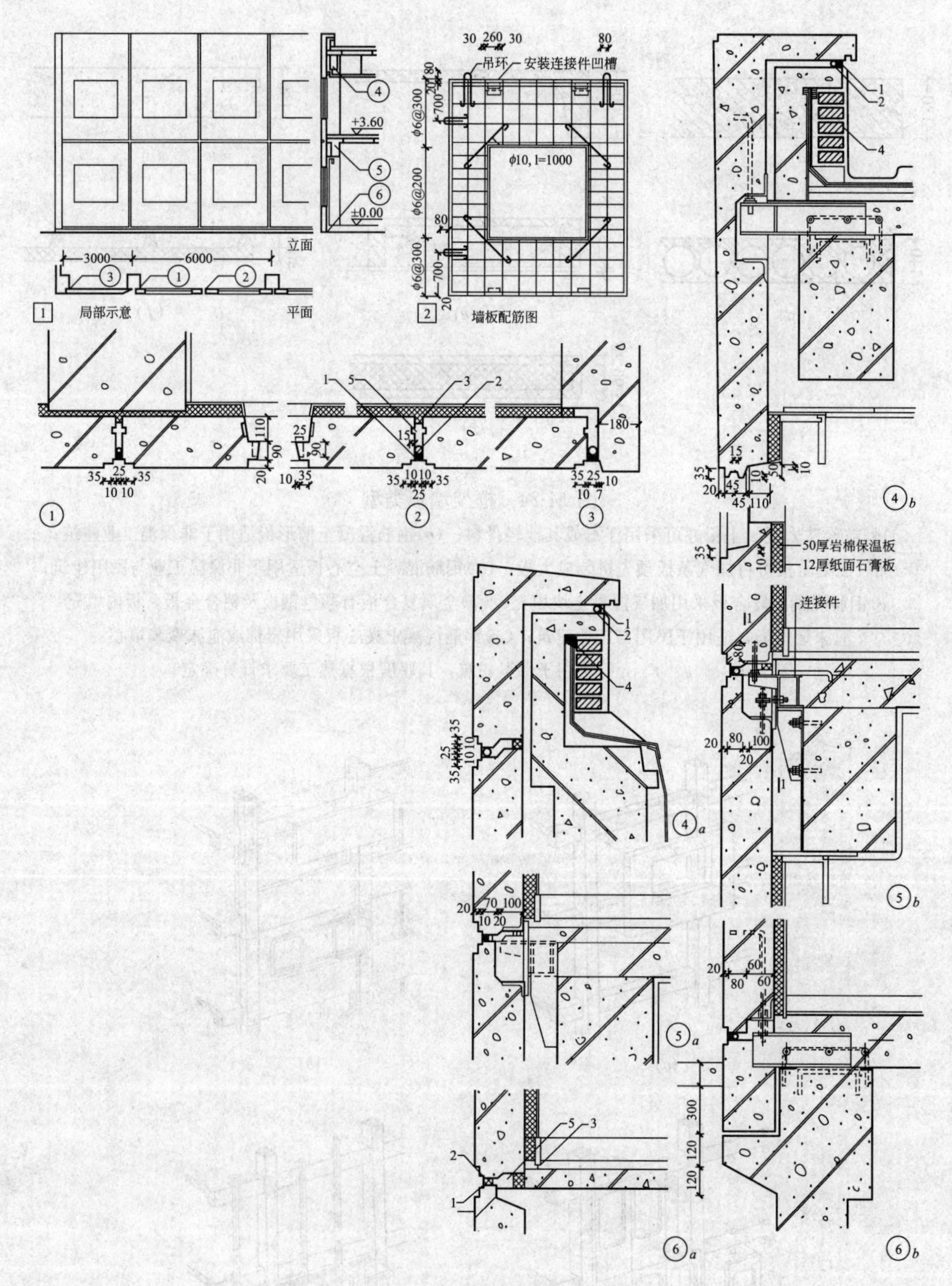

图 14-26　框架墙板示例

第五节　其他几种工业化建筑简介

用工业化生产方式建筑房屋的类型除前面介绍的砌块建筑、大板建筑、框架轻板建筑外，还有大模板建筑、滑模建筑、升板建筑、盒子建筑等，这些都属于工业化建筑的范畴。下面对这几种类型的建筑做一简要介绍。

一、大模板建筑

大模板建筑是指用钢制大模板现场浇筑混凝土楼板和墙板的一种建筑。它所用的钢制大模板可作为工具，重复使用，所以又称为工具式大模板建筑。由于大模板的尺寸应与房屋的层高、开间、进深等参数相适应。所以，大模板建筑的模板有一定的专用性，即使经过简单的模板组合而成为与参数相应的大尺寸模板，也只能为某类建筑使用。工具式大模板常与操作平台结合在一起，由大模板面、支架和操作平台三部分组成，如图 14-27 所示。它具有如下特点：

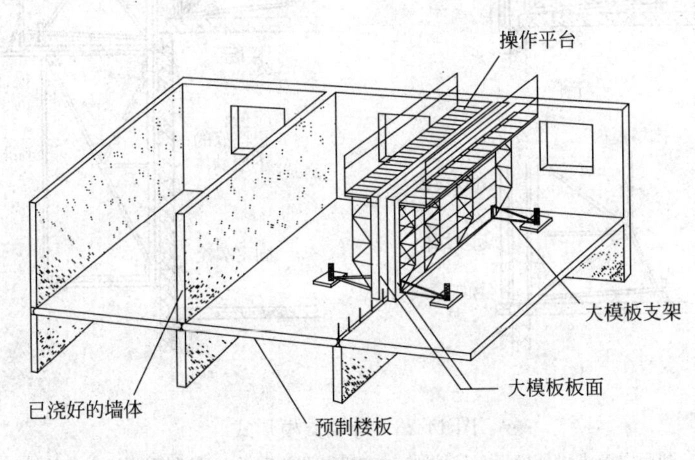

图 14-27 大模板建筑(局部)施工示意图

(1) 结构整体性好、刚度大、抗震能力强。

(2) 施工机械化程度高，减少劳动强度，施工速度快。

(3) 不需建预制构件厂，施工投资较少。

(4) 现浇混凝土量大，施工组织较复杂，室外工作量大，不利于冬期施工。

大模板建筑适用于多层及高层居住和公共建筑。

大模板建筑的主要承重构件外墙、内墙和楼板都可采用大模板现浇，但多数浇筑内承重墙。当内墙采用现浇时，外墙和楼板二者不能同时现浇，因为大模板要在构件浇筑拆模后撤出，所以必须预留外墙或楼板的空位才能实现。

根据楼板与外墙的施工方法不同，大模板建筑可分为现浇内外墙、预制楼板，现浇内墙和楼板、预制外墙板，现浇内墙、预制楼板与外墙等。

(一) 现浇内外墙、预制楼板

这种形式的内外墙由于一次浇成，结构整体性好，增强抗震能力，外墙现浇使建筑门窗洞的设置比预制的有较大的灵活性，同时可以减少预制外墙板复杂的接缝处理。

现浇外墙的立模较为复杂，按模板的支承方法有内模支承、下层外墙临时支架支承及墙面突出腰线支承，如图 14-28 所示。

(二) 现浇内墙和楼板、预制外墙板

这种形式的外墙可采用非承重的预制复合墙，不仅可改善墙体的保温性能，且仍可保证建筑的整体性，是充分发挥大模板建筑优越性的方式。

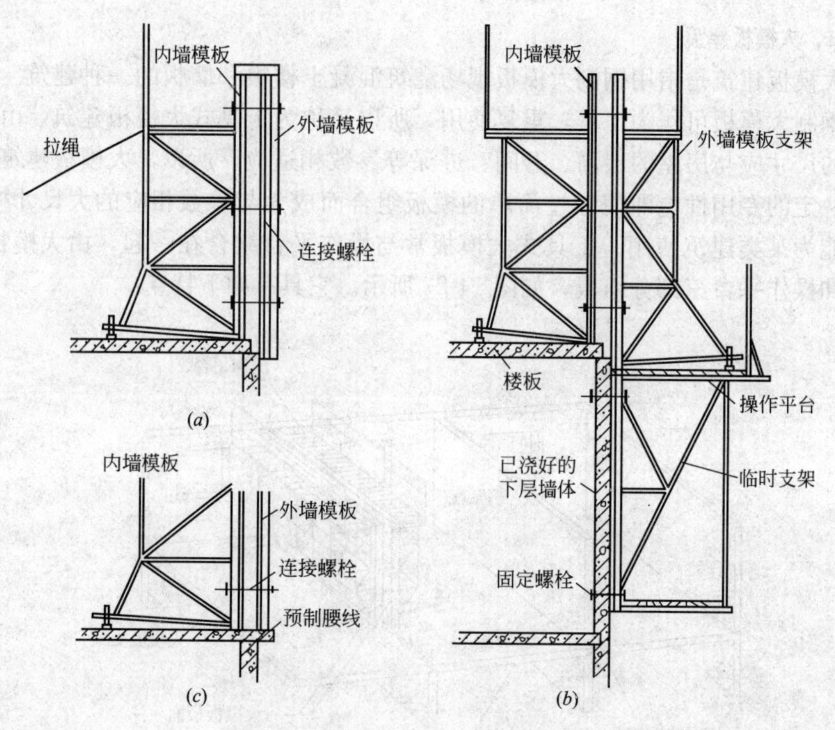

图 14-28　外墙支模形式

(a)利用内模支设外模板；(b)设临时支架支立外模板；(c)利用腰线支立外模板

楼板的大模板浇筑，一般采用台模或隧道模两种。前者墙和楼板分别先后浇筑，后者墙与楼板同时浇筑，其模板支承在设有移动临时轨道的下层楼板上，如图 14-29 所示。

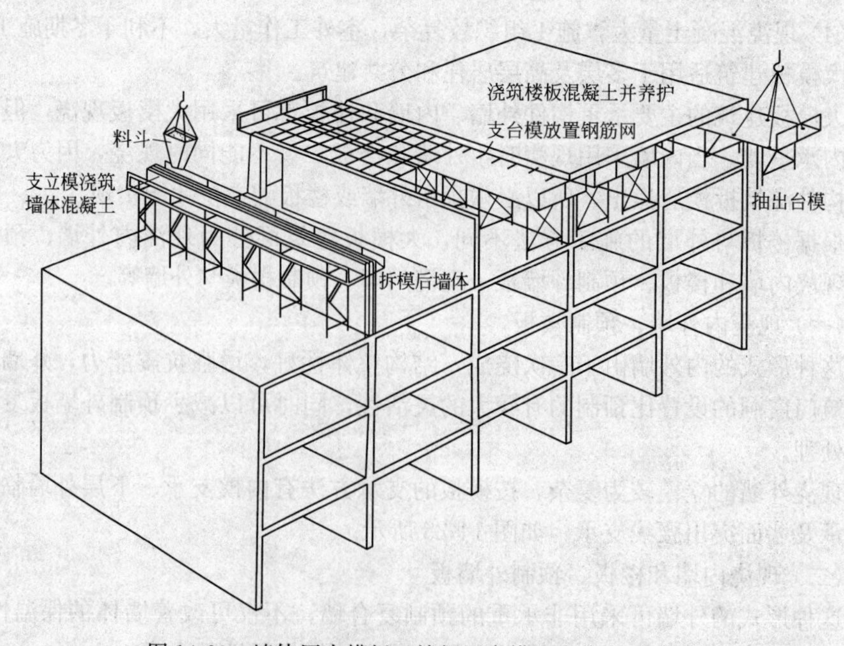

图 14-29　墙体用大模板，楼板用台模流水作业示意图

（三）现浇内墙、预制楼板与外墙

这种方式的模板较简单，楼板与外墙的施工基本上同大板建筑。

二、滑模建筑

滑模建筑是用滑升模板现浇混凝土墙体的一种建筑。它的工作原理是将预先组合好的工具式模板，利用墙体内特制的钢筋做导杆，以液压千斤顶做提升动力，按固定的间隔节奏，边浇筑混凝土，边提升模板，直至整个墙体完成最后将模板系统卸下来，如图 14-30、图 14-31 所示。滑模建筑的优点在于：结构整体性好、机械化程度高、施工速度快、施工占地少、节约模板。缺点是墙体的垂直度不易掌握，施工难度较高。

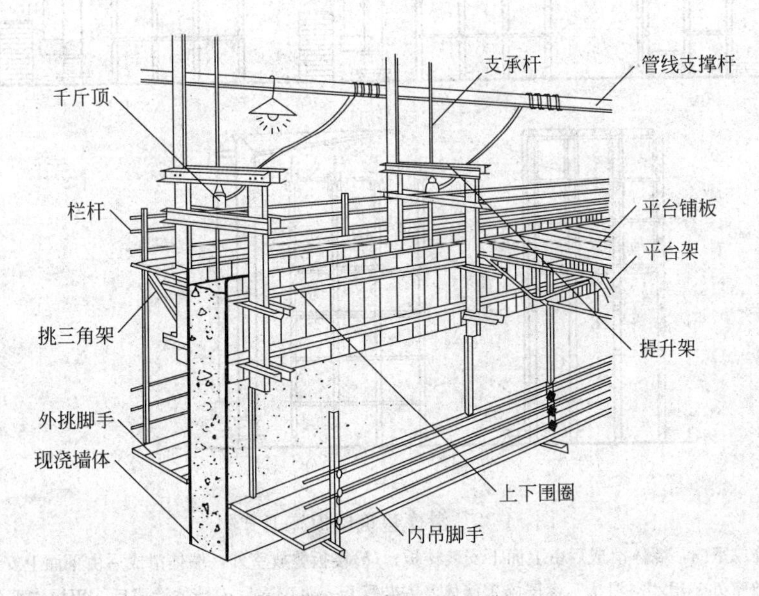

图 14-30　滑模示意图

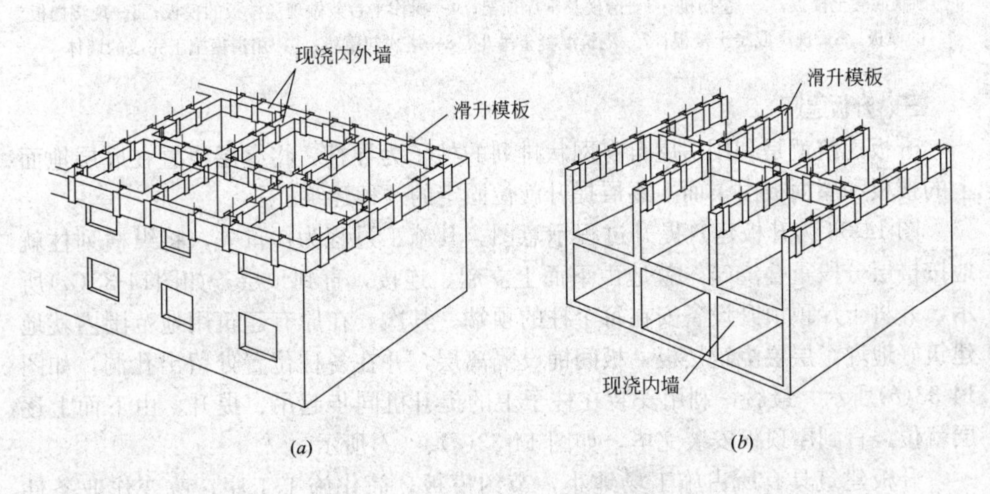

图 14-31　建筑物的不同滑模部位

(*a*)内外墙均为滑模施工；(*b*)纵横内墙滑模施工，外墙用装配大板采用滑模建筑要求建筑平面整齐，外形简单，上下壁厚相同，门窗洞口尽量统一，门窗洞口距侧墙不小于250mm。滑模建筑的楼板施工较复杂。可分为楼板叠放室内或室外、现浇楼板等方法，如图14-32所示。

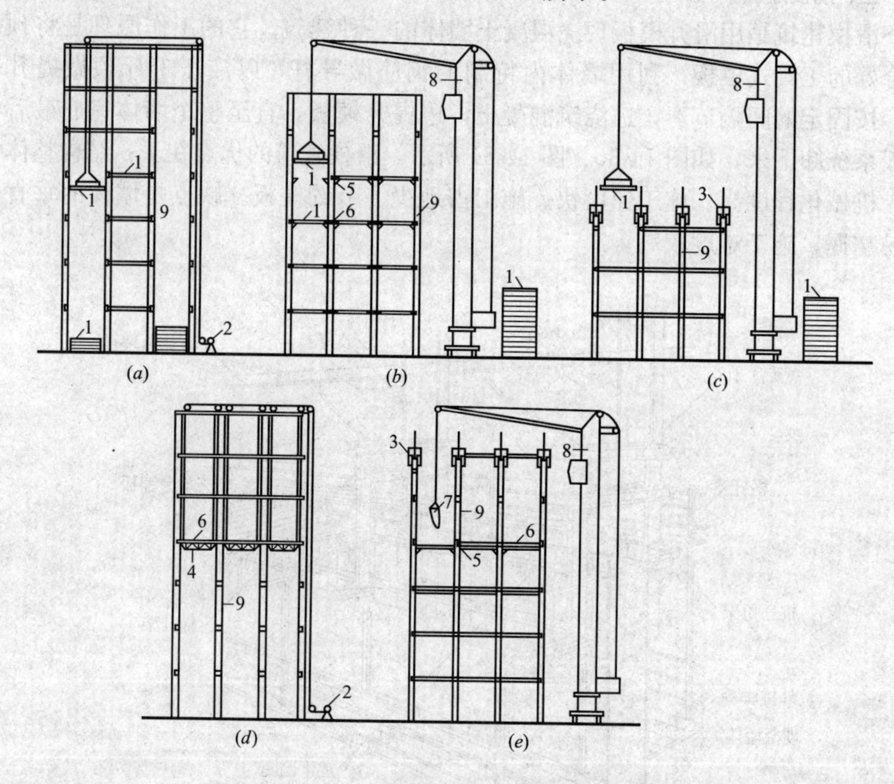

图14-32 滑模建筑楼板施工方法

(*a*)楼板叠放室内，墙体滑成后由上而下安装楼板；(*b*)楼板叠放室外，墙体滑成后由下而上安装楼板；(*c*)楼板叠放室外，用“空滑法”逐层施工墙体及安装楼板，见(*a*)；(*d*)墙体滑成后，用操作平台作模板，现浇楼板；(*e*)墙体滑升至一定高度后，随着墙体滑升，由下而上逐层支模现浇楼板

1—预制混凝土楼板；2—卷扬机；3—滑模及千斤顶架；4—操作平台兼做现浇楼板的模板；5—现浇楼板的模板；6—现浇混凝土楼板；7—浇筑混凝土吊斗；8—塔式起重机；9—用滑模施工完成的墙体

三、升板建筑

升板建筑就是利用房屋自身网状排列的柱子为导杆，将叠层浇置在底层地面上的楼板和屋面板由下而上逐层提升就位固定的一种建筑。

图14-33为升板建筑提升过程示意图。其施工过程为：首先，将纵横列柱就地按楼层分段重叠浇筑，就地由下而上立起、连接，直到顶层，如图14-33(*a*)所示，并将千斤顶顶升设备安在每个柱的顶端。其次，在原有建筑用地范围内就地建筑好地坪，层层浇筑楼板，板间铺设隔离层，并在各柱位置处留出孔洞，如图14-33(*b*)所示。最后，利用安装在柱子上的提升机同步起吊、提升，由下而上逐层就位，直到屋顶板安装完毕，如图14-33(*c*)、(*d*)所示。

升板建筑具有所占施工场地小，节约模板，简化施工工序，改变作业条件(由高空转为地面)，工效高，平面空间设计灵活等优点。适用于柱网整齐，楼面荷载大的仓库、车间、商场等建筑。

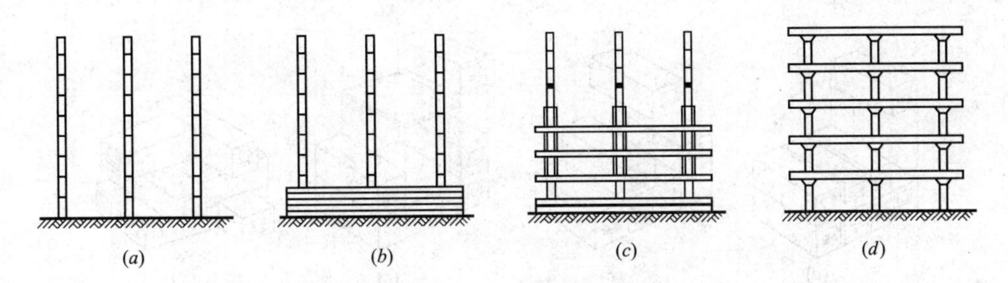

图 14-33　升板建筑的提升过程

(a)立柱子；(b) 打地坪、叠层浇筑楼板；(c)逐层提升；(d)全部就位

四、盒子建筑

盒子建筑就是由工厂预制成结构在现场吊装装配而成的建筑。高度工厂化生产的最完善的房间盒子结构不仅在工厂内使之形成盒子构件，而且完成盒子内一切设备、管线、装修等，只要在现场完成盒子就位，构件之间的连接、封缝，接通各种管线，即可交付使用。所以，这种建筑具有工厂化、装配化程度高，施工速度快，构件自重轻等优点。但这种建筑的盒子尺寸大、工序多而复杂，对工厂的生产设备、盒子运输设备、现场吊装设备要求高，投资大，造价高。

盒子的组成形式分别有整浇盒子、整片预制组装盒子、骨架和预制板组成盒子、预制板拼装盒子，如图 14-34 所示。

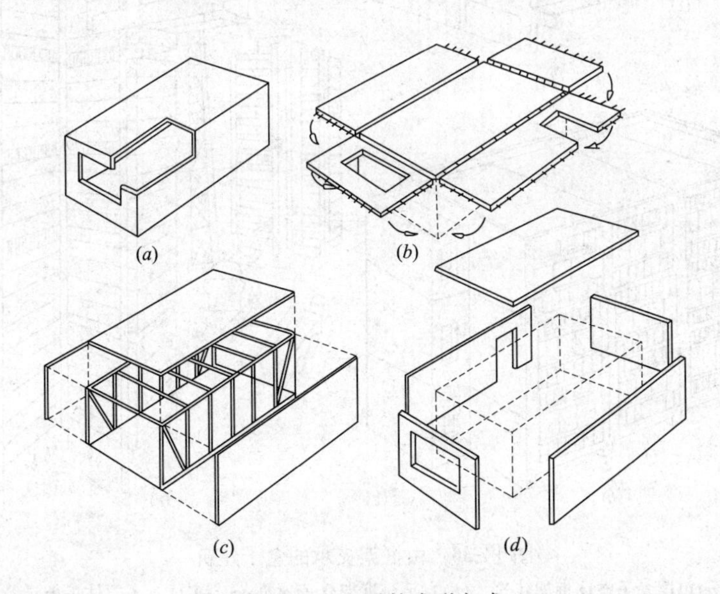

图 14-34　盒子的成形方式

(a)整体浇筑盒子；(b)预制板材组装盒子；(c)骨架和预制板组装盒子；(d)预制板拼装盒子

盒子建筑的结构体系有无骨架体系和有骨架体系两种。无骨架体系是由具有承重能力的盒子叠置组成。叠置方式有叠合式、错开叠合式、双向交错叠合式及盒子与板材组合式等，如图 14-35 所示。骨架体系有空体框架、有平台框架、筒体结构盒子建筑等，如图 14-36 所示。

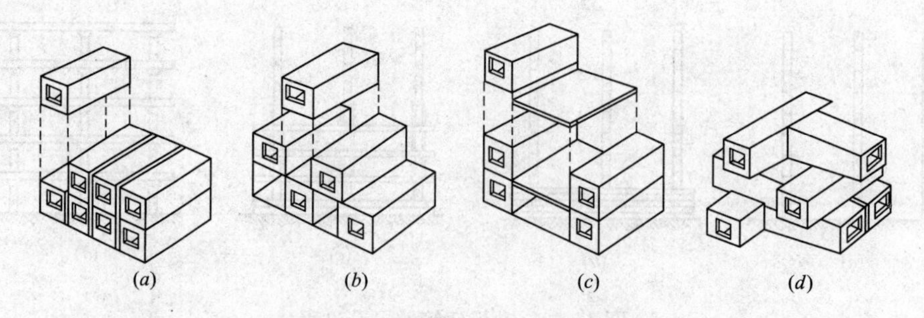

图 14-35　叠合式盒子建筑的构成

(*a*)叠合式；(*b*)错开叠合式；(*c*)盒子—板材组合式；(*d*)双向交错叠合式

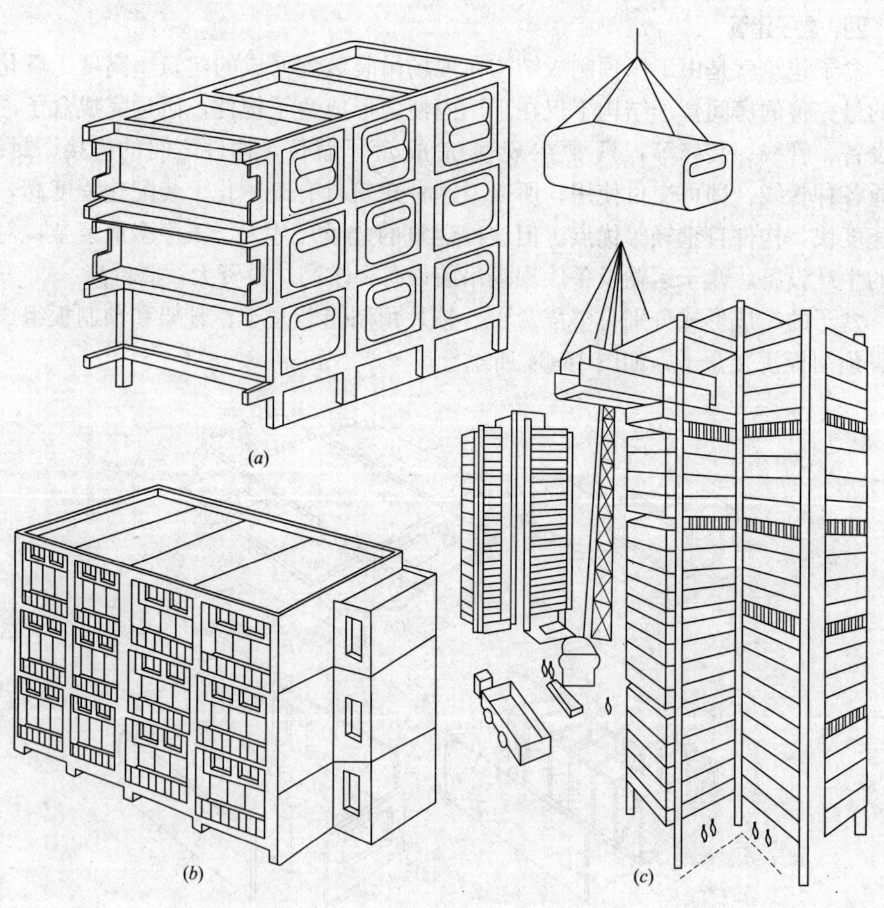

图 14-36　由框架支承的盒子建筑

(*a*)单层盒子空体框架建筑；(*b*)有平台框架盒子建筑；(*c*)多层盒子空体框架示意

复习思考题

1. 什么是建筑工业化？什么是建筑工业化的特征？实现建筑工业化有哪些意义？
2. 什么是工业化建筑体系、专用体系和通用体系？
3. 民用工业化建筑中的主要类型有哪些？
4. 简述大板建筑的特点，常见结构类型有哪些？

5. 什么是单一材料外墙板？什么是复合材料外墙板？各自的特点是什么？
6. 大板建筑的板缝处理有哪几种方式？
7. 框架轻板建筑的结构类型有哪几种？其构造如何？
8. 什么是大模板建筑的特点？主要适用于哪些建筑类型？
9. 简述滑模建筑、升板建筑、盒子建筑各自的特点。

第十五章　工业建筑概述

工业建筑是各类工厂为工业生产需要而建造的各种不同用途的建筑物和构筑物的总称。工业厂房是指工业建筑中供生产用的建筑物，通常把在工业厂房内按生产工艺过程进行各类工业产品的加工和制造的生产单位称为生产车间。一般来说，一个工厂除了有若干个生产车间外，还要有生产辅助用房，如辅助生产车间、锅炉房、水泵房、仓库、办公室及生活用房等。

通常，厂房与民用房屋相比，其基建投资多，占地面积大，而且受生产工艺条件制约。厂房的设计除要满足生产工艺的要求以外，又要为广大工人创造一个安全、卫生、劳动保护条件良好的生产环境，这就要求工业厂房的设计要符合国家、地方的有关基本建设方针、政策。做到坚固适用、经济合理、技术先进、施工方便，并为实现建筑工业化创造条件。

第一节　工业厂房建筑的特点与分类

一、工业厂房建筑的特点

工业厂房和民用建筑都具有建筑的共性，在设计原则、建筑技术和建筑材料等方面有许多共同之处。但由于工业厂房是直接为工业生产服务的，因此，在建筑平面空间布局、建筑结构、建筑构造、建筑施工等方面与民用建筑有很大差别。工业厂房有以下特点：

1. 厂房首先要满足生产工艺的要求，并为工人创造良好的劳动卫生条件，这将有利于提高产品质量和劳动生产率。由于工业生产类别繁多，各类工业都具有不同的生产工艺和特征，对厂房建筑也有不同的要求，因而厂房设计也随之而异。

2. 厂房内一般都有笨重的机器设备、起重运输设备(吊车)等，这就要求厂房建筑有较大的空间。同时，厂房结构要承受较大的静、动荷载以及振动或撞击力等的作用。

3. 有的厂房在生产过程中会散发大量的余热、烟尘、有害气体、有侵蚀性的液体以及生产噪声等，这就要求厂房有良好的通风条件。

4. 有的厂房为保证生产正常，要求保持一定的温、湿度或要求具备防尘、防振、防爆、防菌、防放射线等条件。

5. 生产过程往往需要各种工程技术管网，如上下水、热力、压缩空气、煤气、氧气管道和电力供应等。厂房设计时应考虑各种管道的敷设要求和它们的荷载。

6. 生产过程中有大量的原料、加工零件、半成品、成品、废料等需要用吊车、电瓶车、汽车或火车进行运输。厂房设计时应考虑所采用的运输工具的通行问题。

二、工业厂房建筑的分类

工业生产类型繁多，生产规模较大而生产工艺又较完整的工业厂房可归纳为以下几种类型：

（一）按用途分

1. 主要生产厂房：这是指进行产品的备料、加工、装配等主要工艺流程的厂房。以机械制造工厂为例，包括铸造车间、锻造车间、冲压车间、铆焊车间、电镀车间、热处理车间、机械加工车间和机械装配车间等。

2. 辅助生产厂房：是指为主要生产厂房服务的厂房，如机械制造厂的机械修理车间、电机修理车间、工具车间等。

3. 动力用厂房：是为全厂提供能源的厂房，如发电站、变电所、锅炉房、煤气站、乙炔站、氧化站和压缩空气站等。

4. 仓贮建筑：是贮存原材料、半成品与成品的房屋(一般称仓库)。如机械厂金属料库、炉料库、砂料库、木材库、燃料库、油料库、易燃易爆材料库、辅助材料库、半成品库及成品库等。

5. 运输用建筑：是管理、贮存及检修交通运输工具用的房屋，包括机车库、汽车库、电瓶车库、起重车库、消防车库和站场用房等。

6. 其他建筑：如水泵房、污水处理建筑等。

中、小型工厂或以协作为主的工厂，则仅有上述各类型房屋中的一部分。此外，也有一幢厂房中包括多种类型用途的车间的情况。

（二）按层数分

1. 单层厂房：多用于冶金、重型及中型机械工业等(图 15-1)。

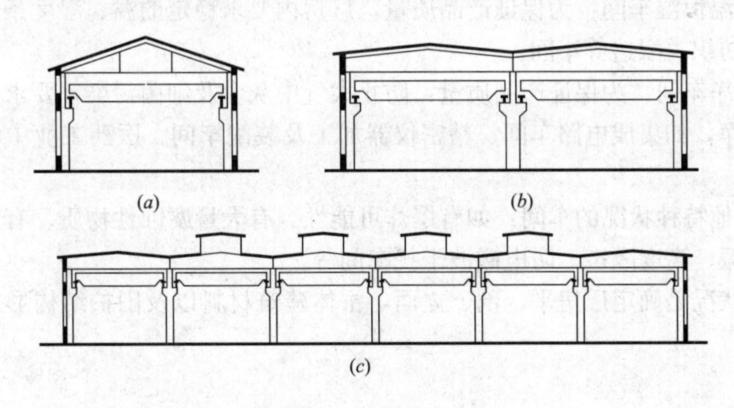

图 15-1　单层厂房

(*a*)单跨；(*b*)双跨；(*c*)多跨

2. 多层厂房：多用于食品、电子、精密仪器工业等(图 15-2)。

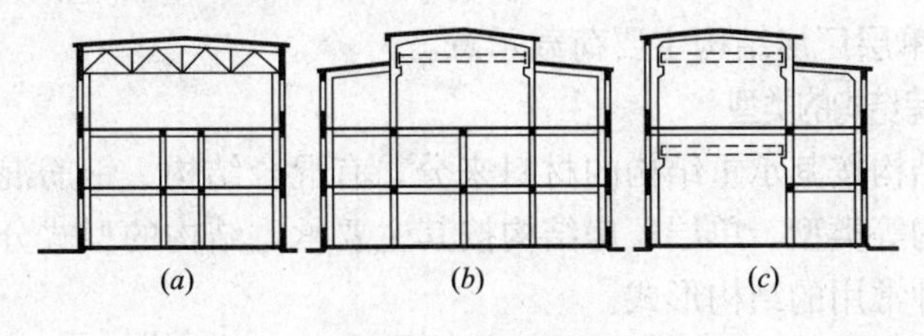

图 15-2　多层厂房

3. 层次混合的厂房：如某些化学工业、热电站的主厂房等。图 15-3(*a*)为热电厂的主厂房，汽轮发电机设在单层跨内，其他为多层。图 15-3(*b*)为一化工车间，高大的生产设备位于中间的单层跨内，两个边跨则为多层。

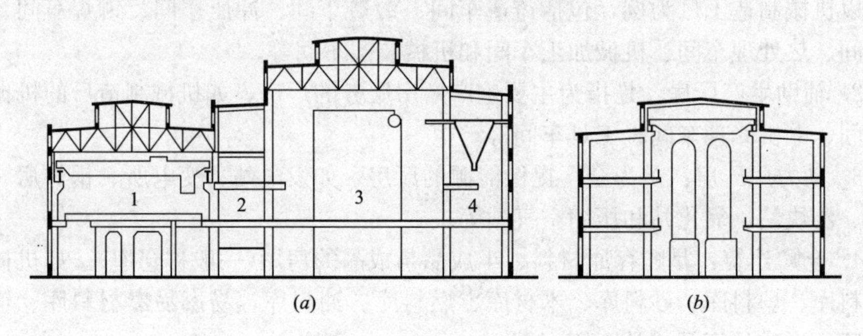

图 15-3　层次混合的厂房

1—汽机间；2—除氧间；3—锅炉房；4—煤斗间

（三）按生产状况分

1. 冷加工车间：生产操作是在正常温、湿度条件下进行的，如机械加工、机械装配、工具、机修等车间。

2. 热加工车间：生产中散发大量余热，有时伴随产生烟雾、灰尘和有害气体，有时在红热状态下加工，如铸造、热锻、冶炼、热轧、锅炉房等。

3. 恒温恒湿车间：为保证产品质量，厂房内要求稳定的温、湿度条件，如精密机械、纺织、酿造等车间。

4. 洁净车间：为保证产品质量，防止大气中灰尘及细菌污染，要求厂房内保持高度洁净，如集成电路车间、精密仪器加工及装配车间、医药工业中的粉针剂车间等。

5. 其他特种状况的车间：如有爆炸可能性、有大量腐蚀性物质、有放射性物质、防微振、高度隔声、防电磁波干扰车间等。

生产状况是确定厂房平、剖、立面，主体建筑材料以及围护结构形式的主要因素之一。

第二节　单层工业厂房结构组成和类型

在厂房建筑中，支承各种荷载作用的构件所组成的骨架，通常称为厂房结构。厂房结构的坚固、耐久是靠结构构件连接在一起，组成一个结构空间来保证的。图 15-4 为单层厂房结构主要荷载示意。

一、单层厂房结构的类型

单层厂房结构按其承重结构的材料来分，有混合结构、钢筋混凝土结构、钢结构和轻钢结构等类型。单层厂房结构按其主要承重结构的型式分，有排架结构和刚架结构两种常用的结构形式。

装配式钢筋混凝土排架结构是以往单层厂房中最基本的、应用比较普遍的结

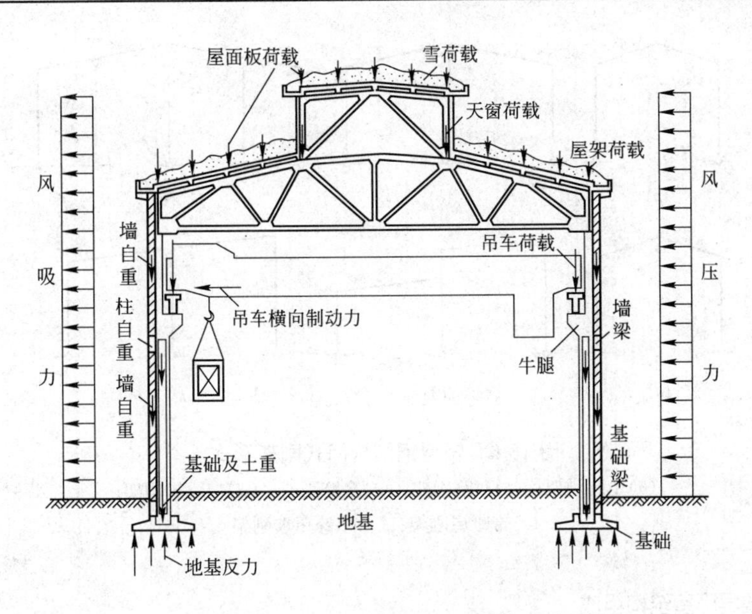

图 15-4　单层厂房结构主要荷载示意

构形式。排架结构施工安装较方便，适用范围较广，除用于一般单层厂房外，还能用于跨度和高度均大，且设有较大吨位的吊车或有较大振动荷载的大型厂房。

轻型钢结构建筑是我国目前发展较快的结构形式，广泛用于单层工业厂房和各种仓库及其他大跨度建筑中。

装配式钢筋混凝土门式刚架的基本特点是柱和屋架(横梁)合并为同一个构件，柱与基础的连接通常为铰接。它适用于屋盖较轻的无桥式吊车或吊车吨位不大、跨度和高度亦不大的中小型厂房和仓库。门式刚架的优点是梁柱合一，构件种类减少。制作较简单，且结构轻巧，建筑空间宽敞。门式刚架种类很多，目前在单层厂房中用得较多的是两铰和三铰两种形式，如图 15-5 所示。常用轻型钢结构门式刚架有单跨、双跨、多跨、带挑檐的和带毗屋的刚架等形式，必要时也可以采用由多个双坡单跨相连的多跨刚架形式。多跨刚架中间柱与刚架斜梁的连接可采用铰接，如图 15-6 所示。

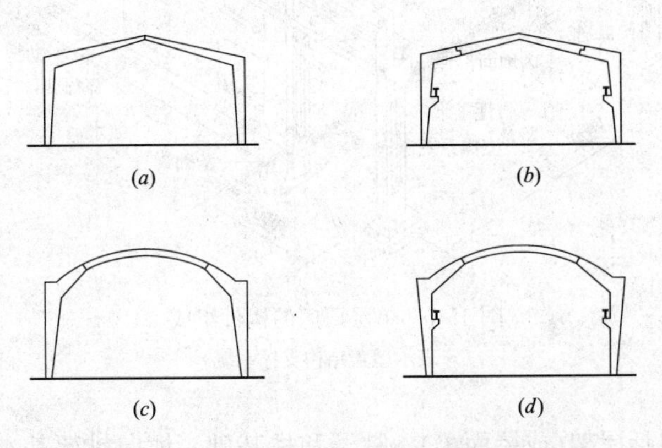

图 15-5　装配式钢筋混凝土门式刚架结构

(a)人字形刚架；(b)带吊车人字刚架；(c)弧形拱刚架；(d)带吊车弧形刚架

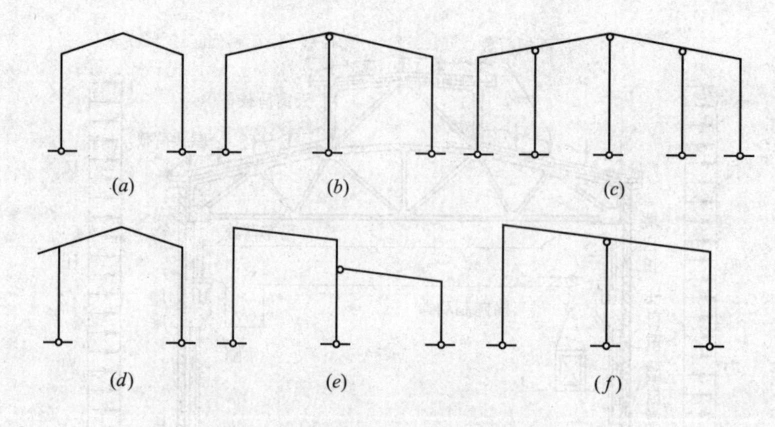

图 15-6　轻型钢结构门式刚架形式

(a)单跨刚架；(b)双跨刚架；(c)多跨刚架；(d)带跳檐刚架；
(e)带毗屋刚架；(f)多跨单坡刚架

二、单层厂房结构组成

装配式钢筋混凝土排架结构单层厂房及轻钢结构的排架结构单层厂房，均由厂房骨架和围护结构两大部分组成。现以常见的装配式钢筋混凝土横向排架结构为例，来说明单层厂房结构组成。由图 15-7 可知，厂房承重结构是由横向排架和纵向连系构件以及支撑三部分组成。

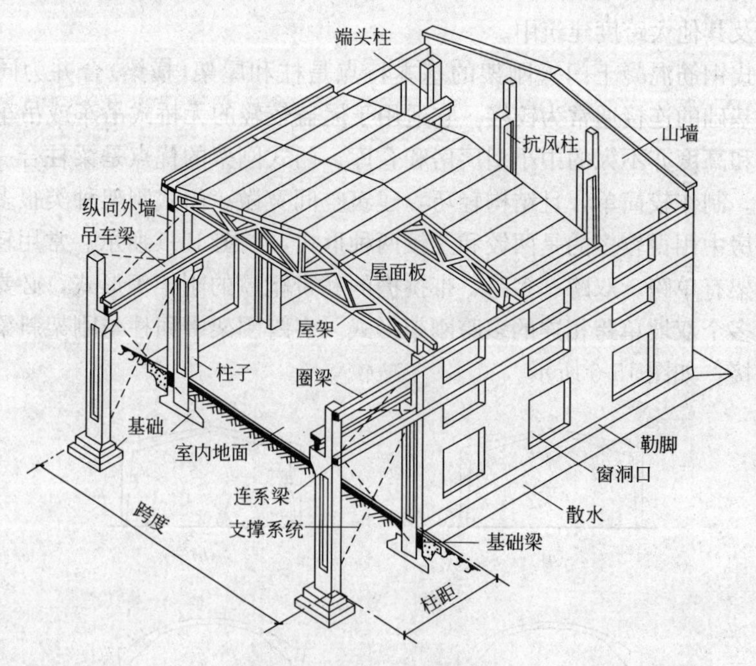

图 15-7　单层厂房的构件组成
（未表示屋盖结构支撑系统）

横向排架包括屋架(或屋面梁)、柱子和柱基础。横向排架基本特点是把屋架(或屋面梁)视为刚度很大的横梁。屋架(或屋面梁)与柱的连接为铰接，柱与基础的连接为刚接。它承受屋盖、天窗、外墙及吊车等荷载。

纵向连系构件包括基础梁、吊车架、连系梁(或圈梁)、大型屋面板等，这些构件联系横向排架，保证了横向排架的稳定性，形成了厂房的整体骨架结构系统，并将作用在山墙上的风力和吊车纵向制动力传给柱子。

支撑系统(包括屋盖支撑和柱间支撑)的主要作用是为了保证厂房的整体性和稳定性。

从上述排架结构各构件受力状况看，整个厂房大部分荷载，通过横向排架和纵向连系构件的作用，最后都要通过柱子传给基础。因此，屋架(屋面梁)、吊车梁、柱子、基础等是厂房的主要承重构件。而其他构件也是构成厂房骨架的有机组成部分。它们相互联系在一起，以保证厂房结构的整体性和稳定性。

除了骨架之外，一般还要有外墙围护结构才能组成完整的单层厂房。外墙围护结构只起围护作用，它包括厂房四周的外墙、抗风柱等。外墙多采用承自重墙体。通常外墙砌置在基础梁上，基础梁两端搁置在独立式基础上，基础梁承受墙体重量。当墙体较高时，还需要在墙体中间设置一道或一道以上的连系梁，分别承受部分墙体的重量。连系梁一般搁置在柱的牛腿上，所以连系梁上的荷载是通过连系梁传给柱子的。抗风柱主要承受山墙传来的水平风荷载，并传给屋架和基础。

(一) 屋盖结构

厂房屋盖起围护与承重作用，它包括屋盖承重构件和覆盖构件两部分。

目前屋盖结构形式大致可分为有檩体系和无檩体系两种。有檩体系屋盖，一般采用轻型屋面材料，屋盖重量轻，屋面刚度较差，适用于中、小型厂房(图 15-8)；无檩体系屋盖屋面一般较重，但刚度大，大、中型厂房多采用这种屋盖结构形式(图 15-9)。

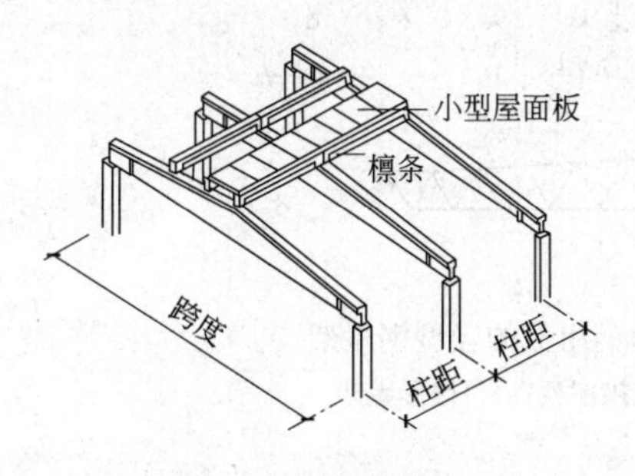

图 15-8　有檩体系屋盖

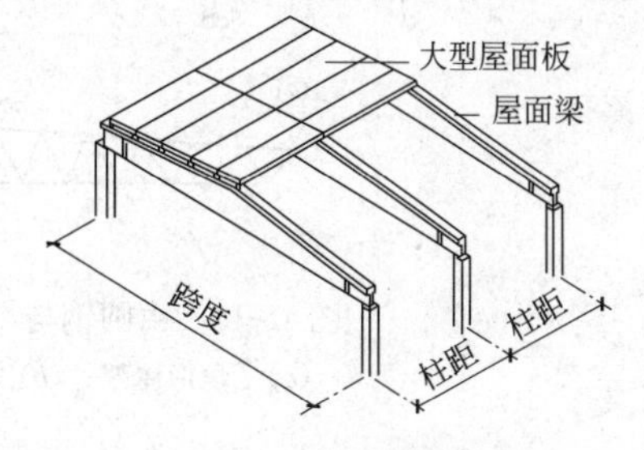

图 15-9　无檩体系屋盖

1. 屋盖承重构件

(1) 屋架及屋面梁

屋架(或屋面梁)是屋盖结构的主要承重构件，它直接承受屋面荷载，有些厂房的屋架(或屋面梁)还承受悬挂吊车、管道或其他工艺设备及天窗架等荷载。屋架(或屋面梁)和柱网、屋面构件连接起来，使厂房组成一个整体的空间结构，对于保证厂房的空间刚度起着重要作用。屋面梁为钢筋混凝土，屋架有钢屋架和钢筋混凝土屋架。

屋架按其形式可分为屋面梁、两铰拱（或三铰拱）屋架、桁架式屋架三大类。钢筋混凝土和钢结构桁架式屋架的外形有三角形、梯形、拱形、折线形等几种。屋架的外形对其杆件内力的影响很大，图 15-10 表示了在同样的屋面均布荷载作用下，同样跨度和矢高的四种不同外形屋架的轴向力大小比例和轴向力符号（"＋"号为拉力，"－"号为压力）。

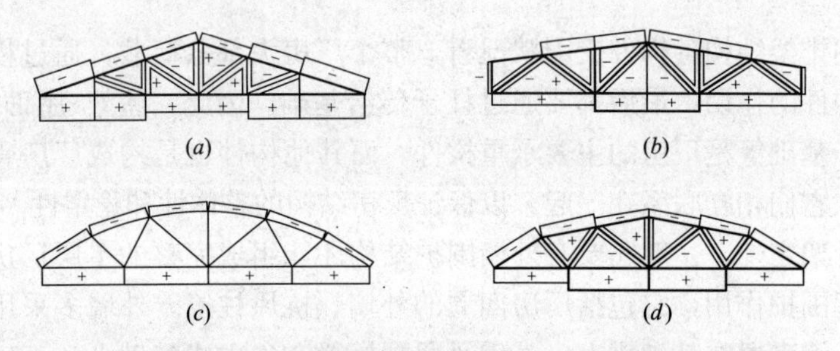

图 15-10　几种不同外形屋架的轴向力大小和符号比较

(a)三角形屋架；(b)梯形屋架；(c)拱形屋架；(d)折线形屋架

轻型钢屋架是由圆钢和小角钢组成的轻型构件，主要形式有三种，既三角形屋架、三铰拱屋架和梭形屋架，如图 15-11 所示。

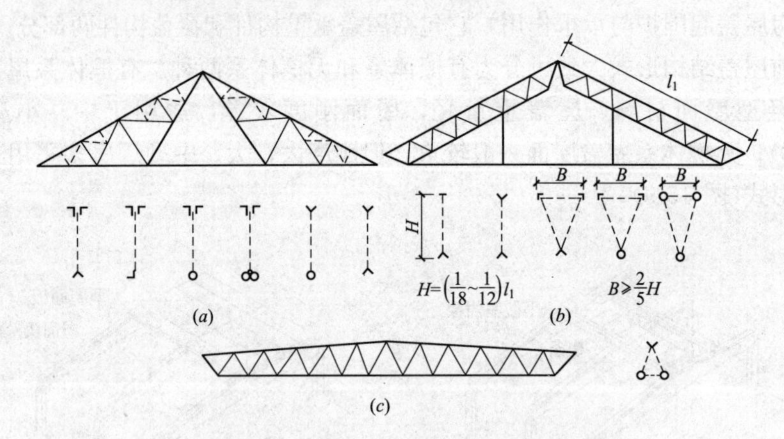

图 15-11　由圆钢与小角钢组成的轻型钢屋架

(a)三角形屋架；(b)三铰拱屋架；(c)梭形屋架

(2) 屋架托架

当厂房全部或局部柱距为 12m 或 12m 以上而屋架间距仍保持 6m 时，需在 12m 柱距间设置托架来支承中间屋架，通过托架将屋架上的荷载传递给柱子，如图 15-12 所示。托架有预应力混凝土和钢托架两种。

2. 屋盖的覆盖构件

(1) 钢筋混凝土屋面板

目前，厂房中应用较多的是预应力混凝土屋面板（又称预应力混凝土大型屋面板），其外形尺寸常用的是 1.5m×6m。为配合屋架尺寸和檐口做法，还有 0.9m×6m 的嵌板和檐口板（图 15-13）。有时也采用更大规格的屋面板。

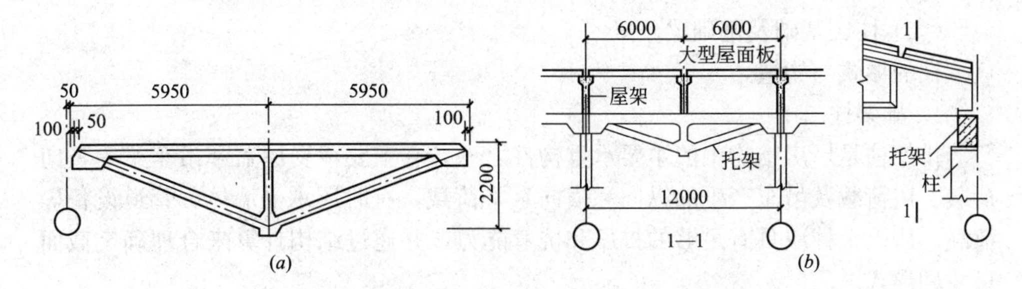

图 15-12　预应力混凝土托架
(a)托架；(b)托架布置

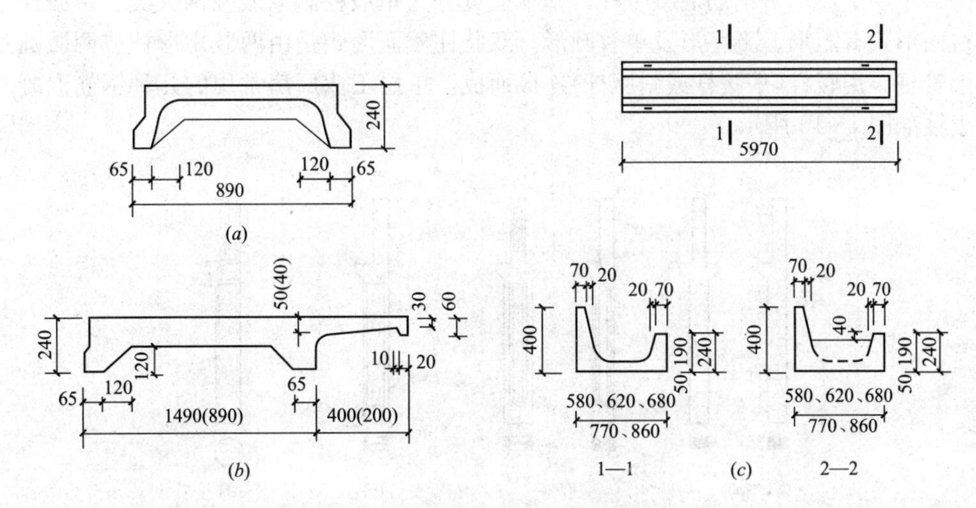

图 15-13　屋面嵌板、檐口板、天沟板
(a)嵌板；(b)檐口板；(c)天沟板

(2) 天沟板

预应力混凝土天沟板的截面形状为槽形，天沟板宽度是随屋架跨度和排水方式而确定的，其宽度共有五种，具体尺寸在屋架标准图集中可查得。

(3) 檩条

檩条起着支承瓦材或小型屋面板的作用，并将屋面荷载传给屋架。檩条应与屋架上弦连接牢固，以加强厂房纵向刚度。檩条有钢筋混凝土、型钢和冷弯钢板檩条。

檩条与屋架上弦的连接一般采用焊接(图 15-14)。檩条搁置在屋架上一般采用斜放。

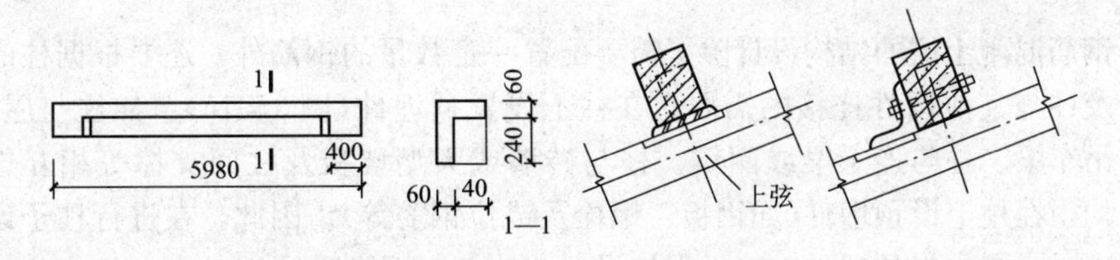

图 15-14　檩条与屋架的连接

（二）柱、基础及基础梁

柱的形式与构造

1. 排架柱

排架柱是厂房结构中的主要承重构件之一。它主要承受屋盖和吊车梁等竖向荷载、风荷载及吊车产生的纵向和横向水平荷载，有时还承受墙体、管道设备等荷载。所以，柱应具有足够的抗压和抗弯能力，并通过结构计算来合理确定截面尺寸和形式。

一般工业厂房多采用钢筋混凝土柱。跨度、高度和吊车起重量都比较大的大型厂房可以采用钢柱。跨度、高度和吊车起重量都比较小的厂房可以采用轻型钢柱。

单层工业厂房钢筋混凝土柱，基本上可分为单肢柱和双肢柱两大类。单肢柱截面形式有矩形、工字形及单管圆形。双肢柱截面形式是由两肢矩形柱或两肢圆形管柱，用腹杆(平腹杆或斜腹杆)连接而成。单层工业厂房常用的几种钢筋混凝土柱如图 15-15 所示。

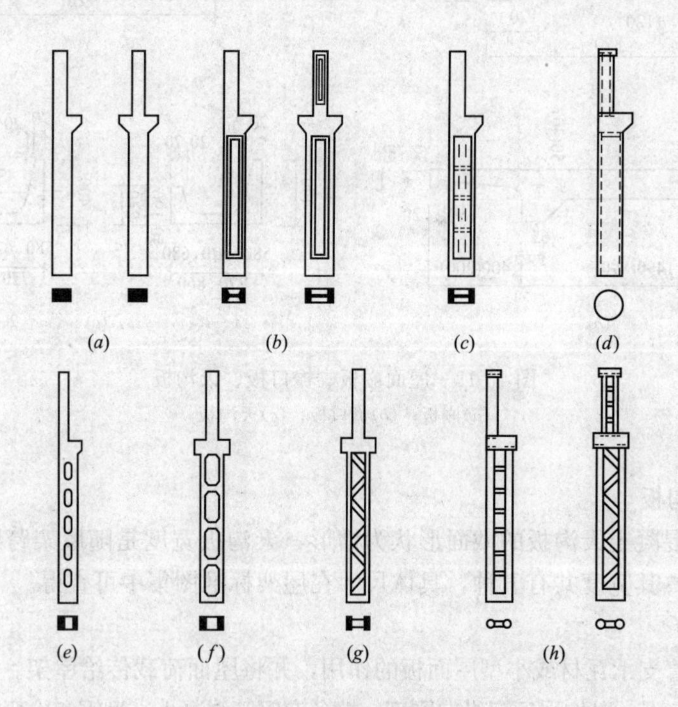

图 15-15　常用的几种钢筋混凝土柱

(a)矩形柱；(b)工字形柱；(c)预制空腹板工字形柱；(d)单肢管柱；

(e)双肢柱；(f)平腹杆双肢柱；(g)斜腹杆双肢柱；(h)双肢管柱

钢筋混凝土柱的结构设计除了需要配置一定数量的钢筋外，还要根据柱的位置以及柱与其他构件连接的需要，在柱上设置预埋件(图 15-16)。如柱与屋架、柱与吊车梁、柱与连系梁或圈梁、柱与砖墙或大型墙板及柱间支撑等相互连接处，均须在柱上设预埋件(如钢板、螺栓及锚拉钢筋等)。因此，在进行柱子设计和施工时，必须将预埋件准确无误地设置在柱上，不能遗漏。

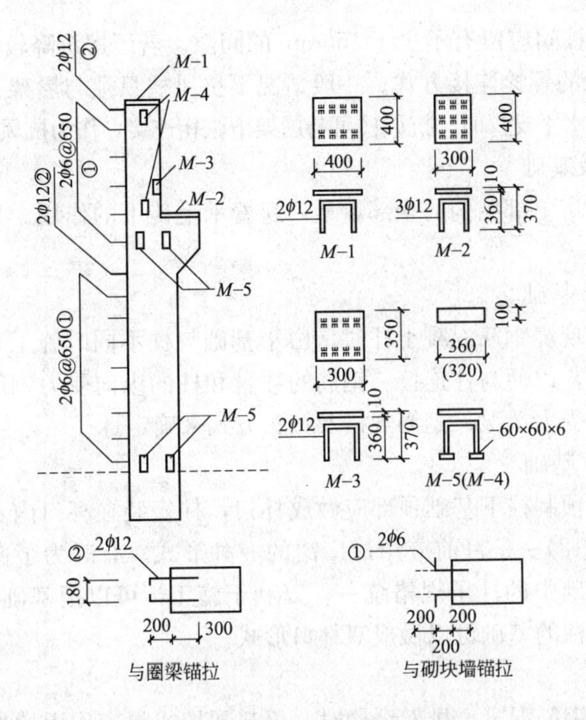

图 15-16　钢筋混凝土柱子预埋件

2. 抗风柱

由于单层厂房的墙体面积较大，所受到的风荷载很大，而且山墙缺乏排架柱的支持，其稳定性更差，因此要在山墙处设置抗风柱来承受墙面上的风荷载，使一部分风荷载由抗风柱直接传至基础，另一部分风荷载由抗风柱的上端，通过屋盖系统传到厂房纵向列柱上去。根据以上要求，抗风柱与屋架之间一般采用竖向可以移动、水平方向又具有一定刚度的“Z”形弹簧板连接，如图 15-17(*a*)所示，

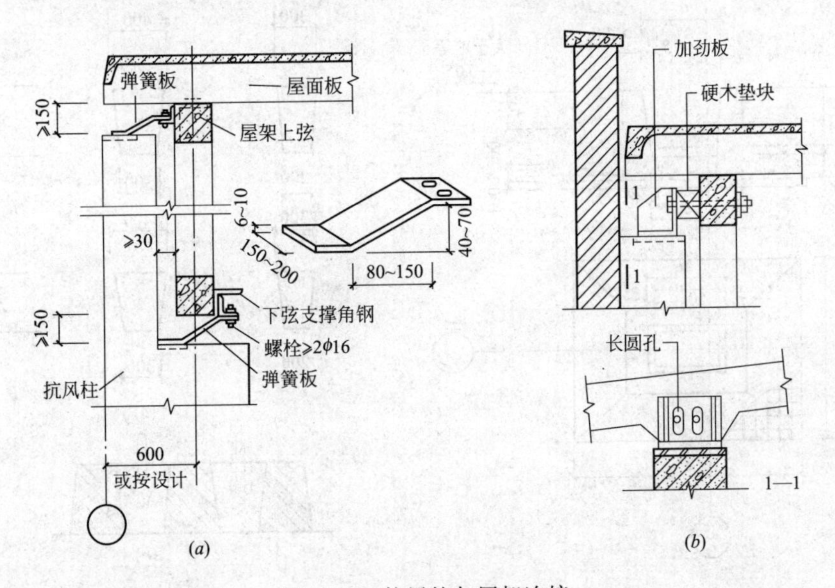

图 15-17　抗风柱与屋架连接

同时屋架与抗同柱间应留有不少于150mm的间隙。若厂房沉降较大时，则宜采用图15-17(*b*)所示的螺栓连接方式。一般情况下抗风柱只须与屋架上弦连接，当屋架设有下弦横向水平支撑时，抗风柱可与屋架下弦相连接，作为抗风柱的另一支点。

（三）基础及基础梁

基础支承厂房上部结构的全部重量，起着承上传下的作用，是厂房结构中的重要构件之一。

1. 现浇柱下基础

当柱子采用现浇钢筋混凝土柱时，由于基础与柱不同时施工，因此，须在基础顶面留出插筋，以便与柱连接。钢筋的数量和柱的纵向受力钢筋相同，其伸出长度应根据柱的受力情况、钢筋规格及接头方式来确定。

2. 预制柱下基础

钢筋混凝土预制柱下基础顶部应做成杯口，柱安装在杯口内。这种基础称为杯形基础(图15-18)。是目前应用最广泛的一种形式。有时为了使安装在埋置深度不同的杯形基础中的柱子规格统一，以利于施工，可以把基础做成高杯基础。在伸缩缝处，双柱的基础可以做成双杯口形式。

3. 基础梁

当厂房采用钢筋混凝土排架结构时，仅起围护或隔离作用的外墙或内墙通常设计成自承重的。常将外墙或内墙砌筑在基础梁上，基础梁两端搁置在柱基础的顶面，这样可使内、外墙和柱沉降一致，使墙面不易开裂。

基础梁的截面形状常用梯形，有预应力与非预应力混凝土两种。其外形与尺寸如图15-19(*a*)所示。梯形基础梁预制较为方便，它可利用已制成的梁作模板，如图15-19(*b*)所示。

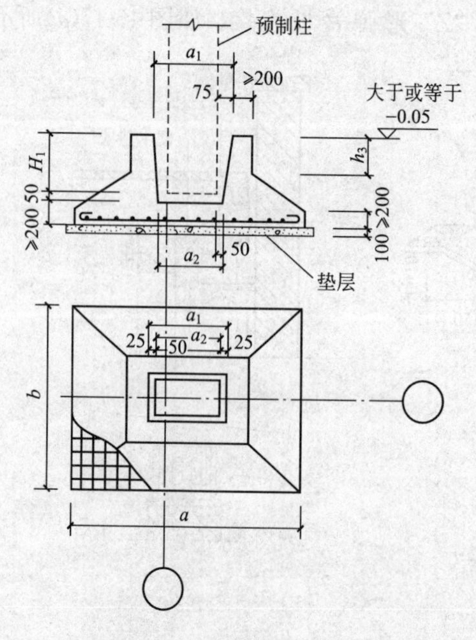

图15-18　预制柱下杯形基础

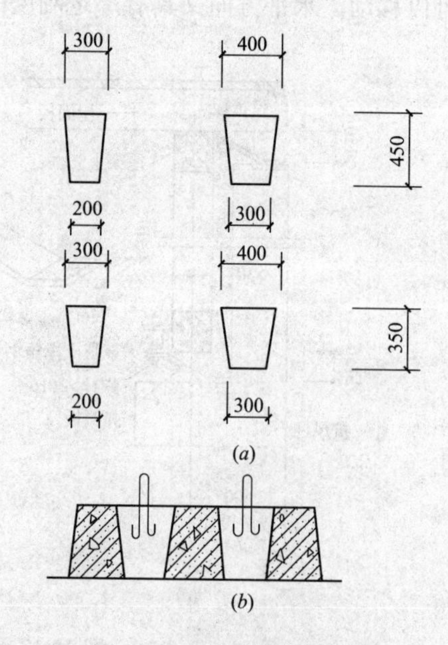

图15-19　基础梁截面形式

为了避免影响开门及满足防潮要求，基础梁顶面标高至少应低于室内地坪标高 50mm，并高于室外地坪至少 100mm。基础梁底回填土时一般不需要夯实，并留有不少于 100mm 的空隙，以利于基础梁随柱基础一起沉降时，保持基础梁的受力状况。在严寒及寒冷地区为防止土层冻胀致使基础梁隆起而开裂，则应在基础梁下及周围铺一定厚度的砂或炉渣等松散材料，同时在外墙周围做散水坡，如图 15-20 所示。

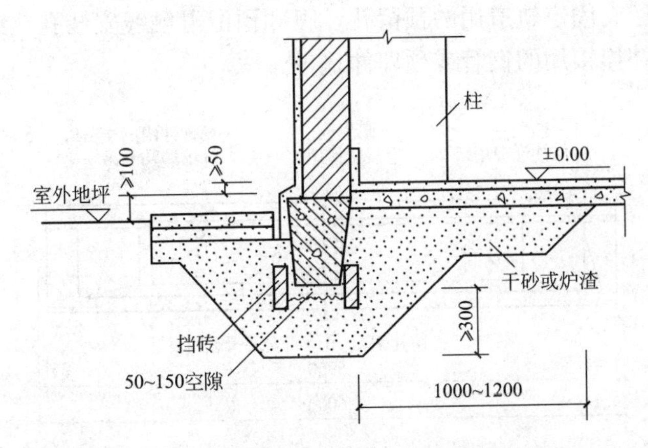

图 15-20 基础梁搁置构造要求及防冻胀措施

基础梁搁置在杯形基础顶的方式，视基础埋置深度而异(图 15-21)：当基础杯口顶面与室内地坪的距离不大于 500mm 时，则基础梁可直接搁置；当基础杯口顶面与室内地坪大于 500mm 时，可在杯口壁的上方增设 C15 混凝土垫块；当基础埋置很深时，也可设置高杯口基础或在柱上设牛腿来搁置基础梁。

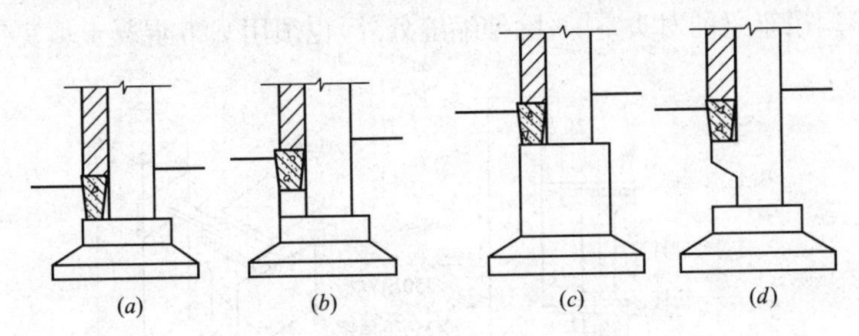

图 15-21 基础梁的位置与搁置方式

(*a*)放在柱基础顶面；(*b*)放在混凝土垫块上；(*c*)放在高杯形基础上；(*d*)放在柱牛腿上

(四) 吊车梁

当厂房设有桥式吊车(或支承式梁式吊车)时，需在柱牛腿上设置吊车梁，并在吊车梁上铺设轨道供吊车运行。吊车梁直接承受吊车起重、运行、制动时产生的各种往复移动荷载，除了要满足一般梁的承载力、抗裂度、刚度等要求外，还要满足疲劳强度的要求。同时，吊车梁还有传递厂房纵向荷载(如作用在山墙上的风荷载)，保证厂房纵向刚度和稳定性的作用，所以吊车梁是厂房结构中的重要承重构件之一。

1. 吊车梁的类型

吊车梁的形式很多，有钢筋混凝土吊车梁和钢吊车梁。钢筋混凝土吊车梁按截面形式分，有等截面的T形、工字形吊车梁和变截面的鱼腹式吊车梁等。钢筋混凝土吊车梁可采用非预应力和预应力混凝土制作。

2. 吊车梁的预埋件及连接

吊车梁两端上下边缘各埋有铁件，供与柱子连接用(图15-22)。由于端柱处、伸缩缝处的柱距不同。因此，在预制和安装吊车梁时应注意预埋件位置。在吊车梁的上翼缘处留有固定轨道用的预留孔，腹部预留滑触线安装孔。有车挡的吊车梁应预留与车挡连接用的钢管或预埋件。

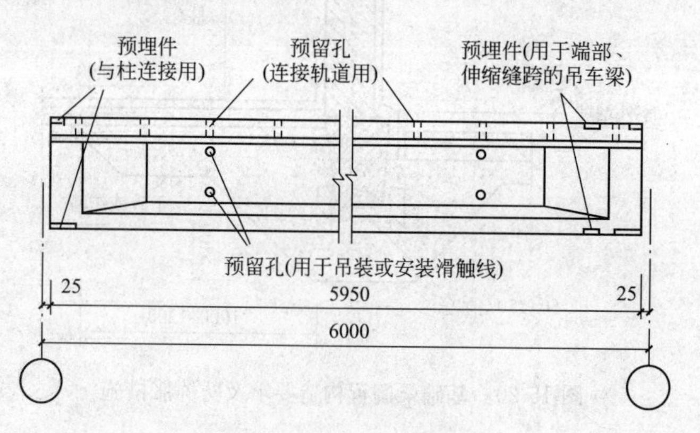

图15-22　吊车梁的预埋件

吊车梁与柱的连接多采用焊接。为承受吊车横向水平刹车力，吊车梁上翼缘须用钢板或角钢与上柱的内侧焊接，并用混凝土填实。为承受吊车梁竖向压力，吊车梁底部安装前应焊接一块垫板(或称支承钢板)与柱牛腿顶面预埋钢板焊牢(图15-23)。吊车梁的对头空隙(除伸缩缝处外)也须用C20混凝土填实。

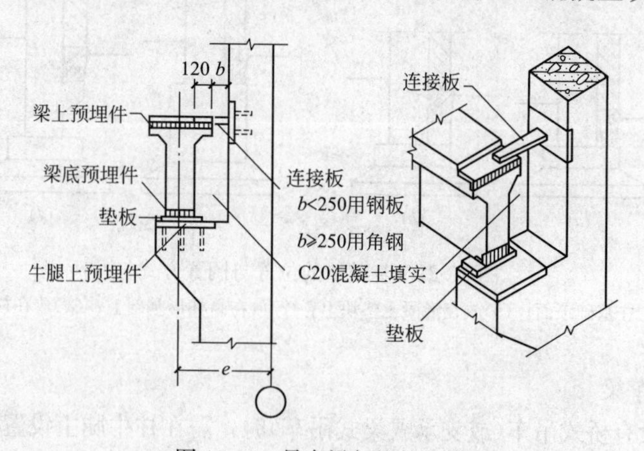

图15-23　吊车梁与柱的连接

(五) 连系梁与圈梁

连系梁是柱与柱之间在纵向的水平连系构件。它有设在墙内和不在墙内的两种，前者也称墙梁。

墙梁分非承重和承重两种。非承重墙梁的主要作用是增强厂房纵向刚度，传递山墙传来的风荷载到纵向列柱中去，减少砖墙或砌块墙的计算高度以满足其允许高厚比的要求，同时承受墙上的水平风荷载，但它不起将墙体重量传给柱子的作用。因此，它与柱的连接应做成只能传送水平力而不传递竖向力的形式，一般用螺栓或钢筋与柱拉结即可，而不将墙梁搁置在柱的牛腿上。承重墙梁除起非承重墙梁的作用外，还承受墙体重量并传给柱子，因此，它应搁置在柱的牛腿上，并用焊接或螺栓连接(图 15-24)。

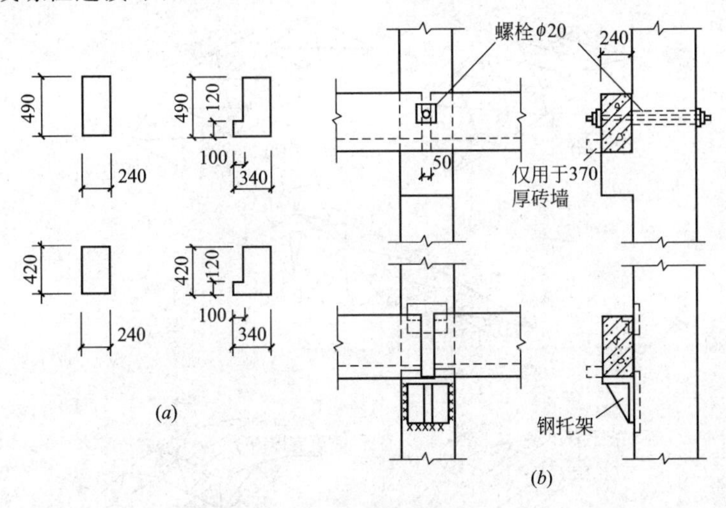

图 15-24 连系梁与柱的连接

(a)连系梁截面尺寸；(b)连系梁与柱的连接

根据厂房高度、荷载和地基等情况以及抗震设防要求，应将一道或几道墙梁沿厂房四周连通做成圈梁，以增加厂房结构的整体性，抵抗由于地基不均匀沉降或较大振动荷载所引起的内力。布置墙梁时，还应与厂房立面结合起来，尽可能兼作窗过梁用。

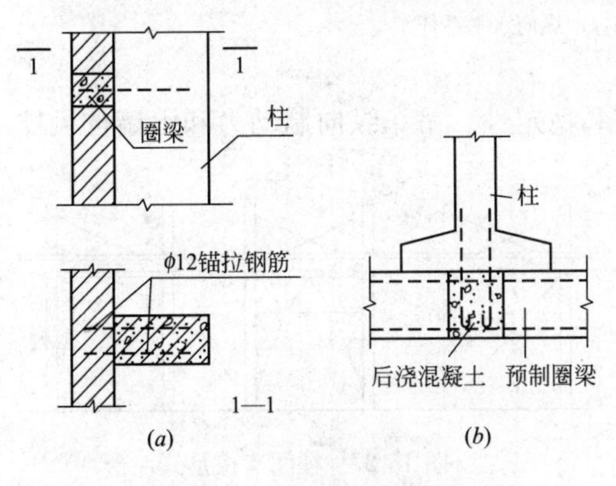

图 15-25 圈梁与柱子的连接

(a)圈梁为现浇时；(b)圈梁为预制时

不在墙内的连系梁主要起联系柱子、增加厂房纵向刚度的作用，一般布置于多跨厂房的中列柱的顶端。

连系梁通常是预制的，圈梁可预制或现浇，连系梁、圈梁截面常为矩形和L形。圈梁与柱子连接如图 15-25 所示。

(六) 支撑

在装配式单层厂房结构中，支撑虽然不是主要的承重构件，但它是联系各主要承重构件以构成厂房结构空间骨架的重要组成部分。支撑的主要作用是保证厂房结构和构件的承载力、稳定和刚度，并传递部分水平荷载。在装配式单层厂房中大多数构件节点为铰接，因此整体刚度较差，为保证厂房的整体刚度和稳定性，必须按结构要求，合理地布置必要的支撑。支撑有屋盖支撑和柱间支撑两大部分：

屋盖支撑(图 15-26)，包括横向水平支撑(上弦或下弦横向水平支撑)、纵向水平支撑(上弦或下弦纵向水平支撑)、垂直支撑和纵向水平系杆等。横向水平支撑和垂直支撑一般布置在厂房端部和伸缩缝两侧的第二(或第一)柱间上。纵向水平支撑一般布置在屋架两端部。

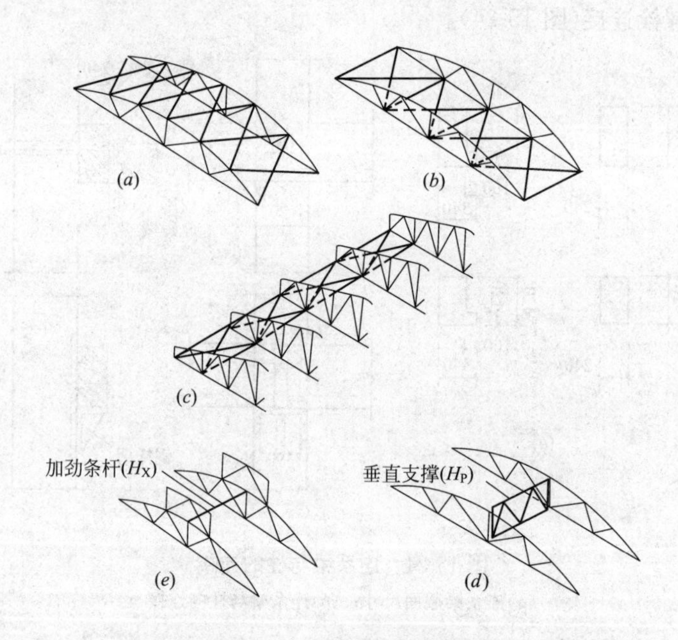

图 15-26　屋盖支撑的种类

(a)上弦横向水平支撑；(b)下弦横向水平支撑；(c)纵向水平支撑；
(d)垂直支撑；(e)纵向水平系杆

柱间支撑用以提高厂房的纵向刚度和稳定性。吊车纵向制动力和山墙抗风柱经屋盖系统传来的风力及纵向地震力，均经柱间支撑传至基础。柱间支撑一般用钢材制作，多采用交叉式，其交叉倾角通常为 35°～55°之间，当柱间需要通行、需放置设备或柱距较大时，采用交叉式支撑有困难时，可采用门架式支撑(图 15-27)。

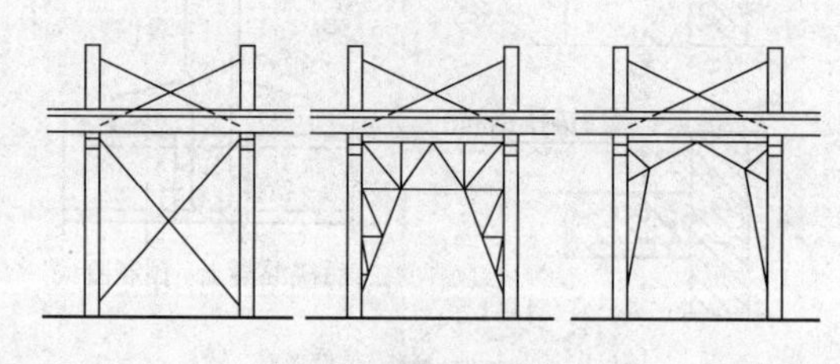

图 15-27　柱间支撑形式

第三节　厂房内部的起重运输设备

在生产过程中，为装卸、搬运各种原材料和产品以及进行生产、设备检修等，在地面上可采用电瓶车、汽车及火车等运输工具；在自动生产线上可采用悬挂式运输吊索或输送带等；在厂房上部空间可安装各种类型的起重吊车。

起重吊车是目前厂房中应用最为广泛的一种起重运输设备。厂房剖面高度的确定和结构计算等，均与吊车的规格、起重量等有着密切关系。常见的吊车有单轨悬挂式吊车、梁式吊车和桥式吊车等。

一、单轨悬挂吊车

单轨悬挂吊车是在屋架下弦或屋面梁下方悬挂梁式钢轨，轨梁上设有可水平移动的滑轮组，利用滑轮组升降起重的一种吊车(图 15-28)。起重量一般在 3t 以下，最多不超过 5t，有手动和电动两种类型。由于轨架悬挂在屋架下弦，因此对屋盖结构的刚度要求比较高。

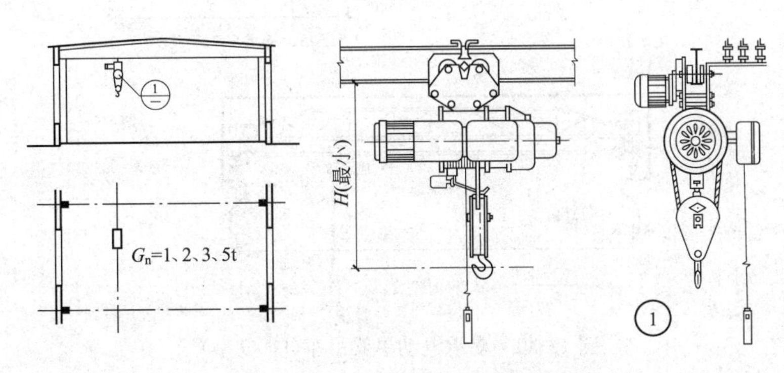

图 15-28 单轨悬挂吊车

二、梁式吊车

梁式吊车有悬挂式和支承式两种类型。

悬挂式(图 15-29)是在屋架下弦或屋面梁下方悬挂梁式钢轨，钢轨布置成两行直线，在两行轨梁上设有滑行的单梁，在单梁上设有可横向移动的滑轮组。悬挂式梁式吊车起重量一般不超过 2t。

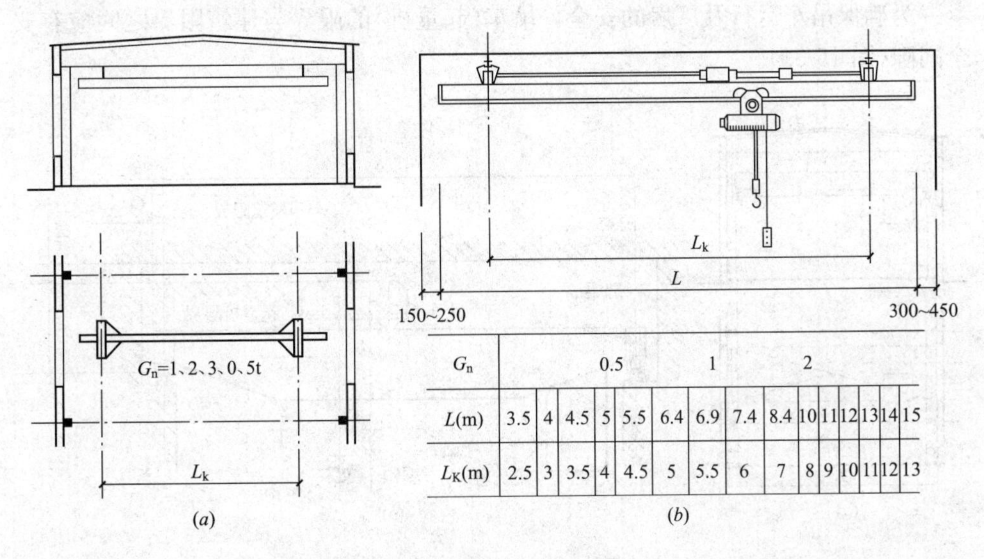

G_n	0.5					1			2						
L(m)	3.5	4	4.5	5	5.5	6.4	6.9	7.4	8.4	10	11	12	13	14	15
L_K(m)	2.5	3	3.5	4	4.5	5	5.5	6	7	8	9	10	11	12	13

图 15-29 悬挂式电动单梁吊车(DDXQ 型)

(a)平、剖面示意；(b)安装尺寸

支承式(图 15-30)是在排架柱上设牛腿，牛腿上搁吊车梁，吊车梁上安装钢轨，钢轨上设有可滑行的单梁，单梁上设可滑行的滑轮组。支承式梁式吊车起重量一般不超过 5t。

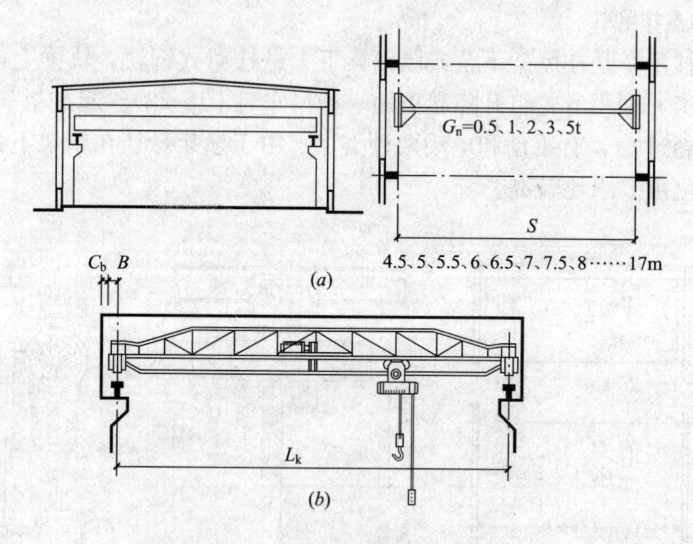

图 15-30　支承电动单梁吊车(DDQ 型)

(a)平、剖面示意；(b)安装尺寸

三、桥式吊车

桥式吊车所需设置的牛腿、吊车梁和钢轨与支承式梁式吊车一样，但不同的是钢轨上是设置可滑行的双榀钢桥架(或板梁)，桥架上面再设轨道和小车，小车能沿桥架横向滑移，并有供起重的滑轮组(图 15-30)。桥式吊车起重量从 5t 至数百吨。桥架一端设有司机室。

为确保吊车运行及厂房的安全，吊车(起重机)的限界与建筑限界之间应有安全间隙(图 15-31)。

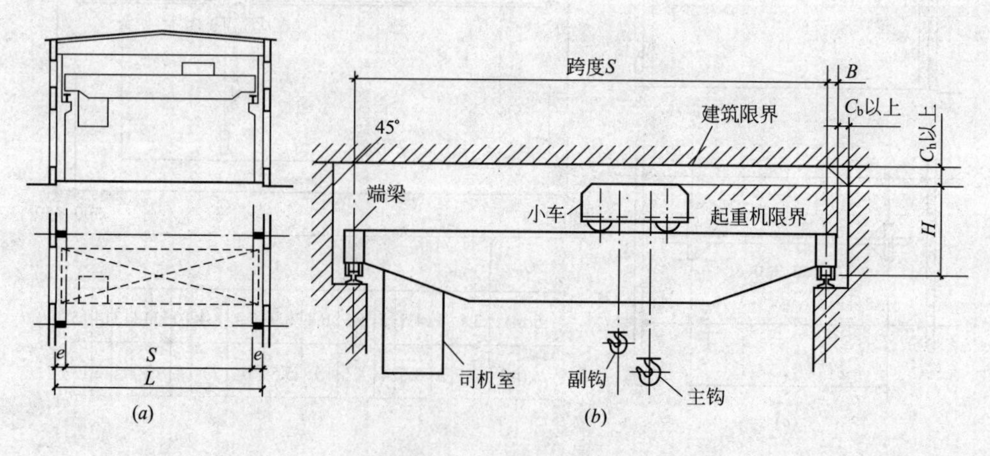

图 15-31　电动桥式吊车

(a)平、剖面示意；(b)吊车安装尺寸

根据工作班时间内吊车工作时间与工作班时间的比率，吊车工作制分轻级、中级、重级、超重级四种。以JC%表示。

轻级工作制：JC15%～25%，中级工作制：JC25%～40%，重级工作制：JC40%～60%，超重级工作制：JC>60%。

使用吊车的频繁程度对支承吊车的构件，如吊车梁、柱有很大影响，所以吊车梁、柱子设计时必须考虑其所承受的吊车的工作制。

第四节　单层厂房定位轴线

厂房的定位轴线是确定厂房主要构件的位置及其标志尺寸的基线，同时也是设备定位、安装及厂房施工放线的依据。厂房设计只有采用合理的定位轴线划分，才可能采用较少的标准构件来建造。如果定位轴线划分得不合适，必然导致构、配件搭接凌乱，甚至无法安装。

定位轴线的划分是在柱网布置的基础上进行的，并与柱网布置一致。

一、柱网尺寸

厂房柱子纵横向定位轴线在平面上形成有规律的网格称为柱网。柱子的纵向定位轴线间的距离称为跨度，横向定位轴线间的距离称为柱距。柱网尺寸的确定，实际上就是确定厂房的跨度和柱距(图15-32)。

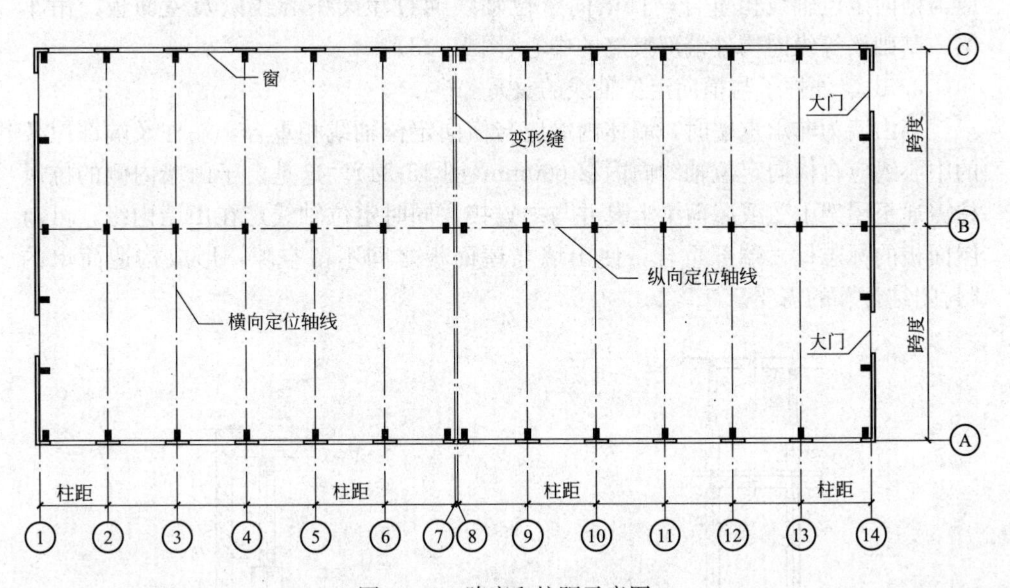

图15-32　跨度和柱距示意图

确定柱网尺寸时，除了要满足生产工艺要求和设备布置外，还要符合国家标准《厂房建筑模数协调标准》GBJ 6—86对单层厂房柱网尺寸所作的有关规定：

(一) 跨度

单层厂房的跨度在18m以下时，应采用扩大模数30M数列，即9、12、15、18m；在18m以上时，应采用扩大模数60M数列，即24、30、36m……，如图

15-32 所示。

（二）柱距

单层厂房的柱距应采用扩大模数 60M 数列，根据我国情况，采用钢筋混凝土或钢结构时，常采用 6m 柱距，有时也可采用 12m 柱距。

单层厂房山墙处的抗风柱柱距宜采用扩大模数 15M 数列，即 4.5、6、7.5m，如图 15-32 所示。

二、定位轴线划分

厂房定位轴线的划分，应满足生产工艺的要求并注意减少厂房构件类型和规格，同时使不同厂房结构形式所采用的构件能最大限度地互换和通用，有利于提高厂房工业化水平。

厂房的定位轴线分为横向和纵向两种(图 15-32)，与横向排架平面平行的称为横向定位轴线；与横向排架平面垂直的称为纵向定位轴线。定位轴线应予编号。

（一）横向定位轴线

与横向定位轴线有关的承重构件，主要有屋面板、吊车梁、连系梁、基础梁、墙板、支撑等纵向构件，因此，横向定位轴线应与上述构件长度的标志尺寸相一致，并尽可能与屋架及柱的中心线相重合。

1．中间柱与横向定位轴线的关系

厂房纵向柱列中的中间柱(除靠山墙的端柱和横向变形缝两侧的柱)的中心线应与横向定位轴线相重合，且横向定位轴线通过屋架中心线以及屋面板、吊车梁、基础梁等纵向构件端部接缝的中心(图 15-33)。

2．山墙处柱子与横向定位轴线的关系

当山墙为非承重墙时，墙体内缘应与横向定位轴线相重合，端柱及端部屋架的中心线应自横向定位轴线向内移 600mm(图 15-34)。这是由于山墙内侧的抗风柱需通至屋架上弦或屋面梁上翼并与之连接，同时定位轴线定在山墙内缘，可与屋面板的标志尺寸端部重合，使山墙与屋面板之间不留空隙，形成构造简单的“封闭结合”的需要。

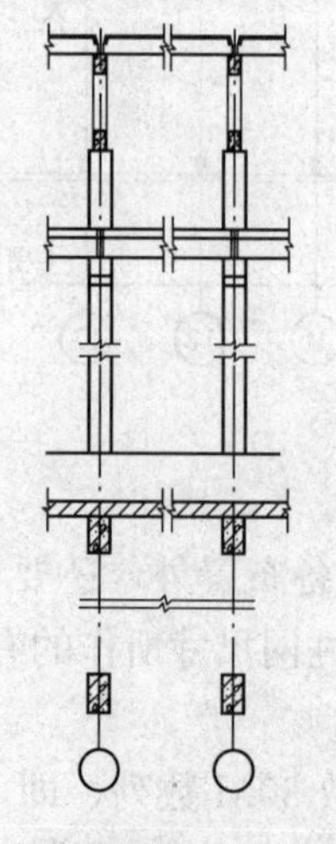

图 15-33　中间柱与横向定位轴线的关系

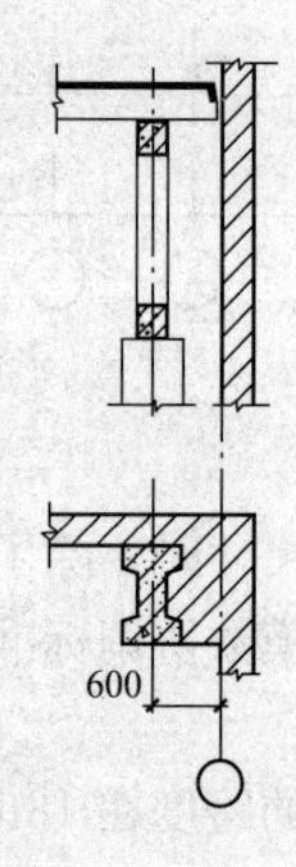

图15-34　山墙处柱子与横向定位轴线的关系

若山墙为承重山墙，则墙体内缘与横向定位轴线间的距离按砌体的块材类别分别为半块或半块的倍数或墙厚的一半(图 15-35)，此时，屋面板直接伸入墙内，并与墙上的钢筋混凝土垫梁连接。

3. 横向变形缝两侧柱子与横向定位轴线的关系

在横向伸缩缝或防震缝处，应采用双柱及两条定位轴线。两条定位轴线分别设在变形缝的宽度的两侧，柱的中心线应自各自的定位轴线向内侧各移 600mm (图 15-36)。两条横向定位轴线分别通过变形缝两侧屋面板、吊车梁、基础梁等纵向构件的标志尺寸端部。两条横向定位轴线之间的距离称为插入距。

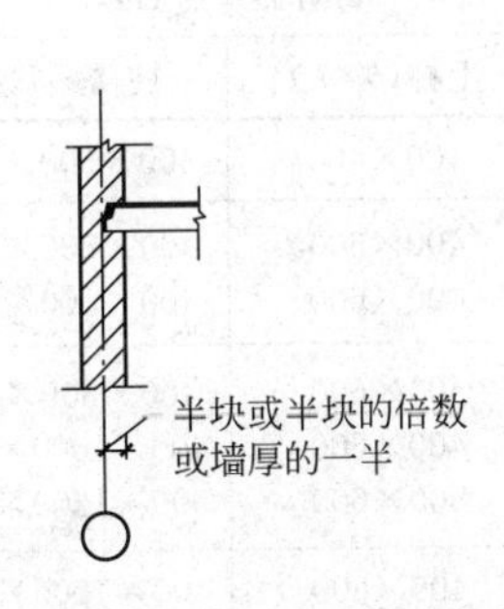

图 15-35 承重山墙与横向定位轴线的关系

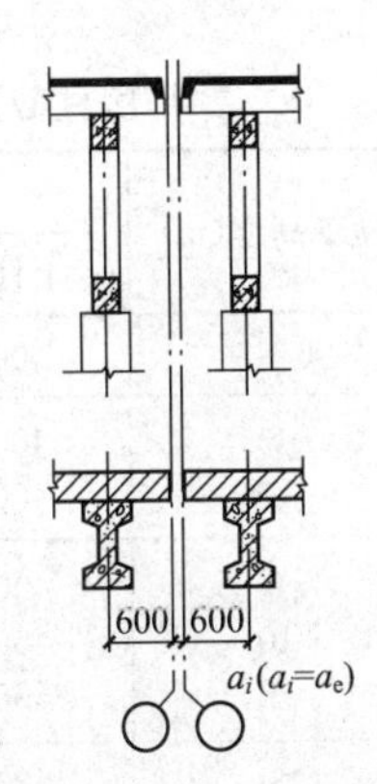

图 15-36 横向变形缝两侧柱子与横向定位轴线的关系
a_i—插入距；a_e—变形缝宽度

(二) 纵向定位轴线

与纵向定位轴线有关的构件主要是屋架(屋面梁)和吊车(桥式吊车和支承式梁式吊车)。此外，大型屋面板的板宽和排板也与纵向定位轴线有关。

1. 边柱与纵向定位轴线的关系

在有桥式吊车或支承式梁式的厂房中，为了使厂房结构和吊车规格相协调，保证吊车和厂房尺寸的标准化，并保证吊车的安全运行，厂房跨度与吊车跨度两者关系规定为：

$$S=L-2e$$

式中 L——厂房跨度，即纵向定位轴线间的距离；

S——吊车跨度，即吊车轨道中心线间的距离；

e——吊车轨道中心线至厂房纵向定位轴线间的距离(一般为750mm，当构造需要或吊车起重量大于 75/20t 时为 1000mm)。

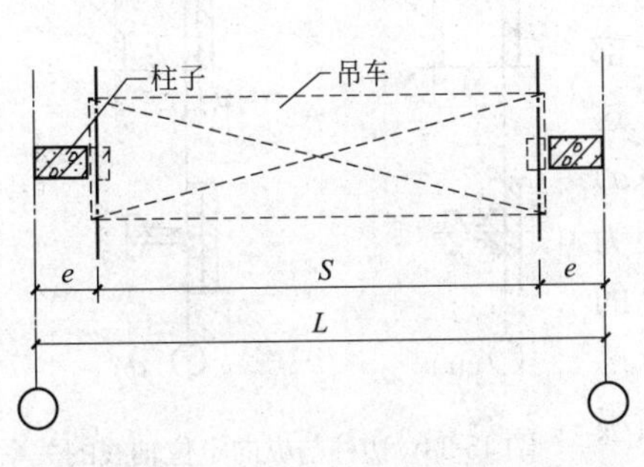

图 15-37 吊车跨度与厂房跨度的关系
L—厂房跨度；S—吊车跨度；e—吊车轨道中心线至厂房纵向定位轴线的距离

图 15-37 为吊车跨度与厂房跨度的关系。

吊车轨道中心线至厂房纵向定位轴线间的距离 e 系根据厂房上柱的截面高度 h、吊车侧方宽度尺寸 B(吊车端部至轨道中心线的距离)、吊车侧方间隙(吊车运行时，吊车端部与上柱内缘间的安全间隙尺寸)C_b 等因素决定的。上柱截面高度 h 由结构设计确定，常用尺寸为 400mm 或 500mm(表 15-1)。吊车侧方间隙 C_b 与吊车起重量大小有关。当吊车起重量＜50t 时，C_b 为 80mm，吊车起重量＞63t 时，C_b 为 100mm；吊车侧方宽度尺寸 B 随吊车跨度和起重量的增大而增大，国家标准《通用桥式起重机界限尺寸》中对各种吊车的界限尺寸、安全尺寸作了规定。

厂房柱截面尺寸参考表(中级工作制吊车)　　**表 15-1**

吊车起重量(t)	轨顶高度(m)	6m 柱距边柱(mm)		6m 柱距中柱(mm)	
		上柱($b\times h$)	下柱($b\times h\times h_1$)	上柱($b\times h$)	下柱($b\times h\times h_1$)
≤5	6～8	400×400	400×600×100	400×400	400×600×100
10	8 10	400×400 400×400	400×700×100 400×800×150	400×600 400×600	400×800×150 400×800×150
15～20	8 10 12	400×400 400×400 500×400	400×800×150 400×900×150 500×1000×200	400×600 400×600 500×600	400×800×150 400×1000×150 500×1200×200
30	8 10 12 14	400×400 400×500 500×500 600×500	400×1000×150 400×1000×150 500×1000×200 600×1200×200	400×600 500×600 500×600 600×600	400×1000×150 500×1200×200 500×1200×200 600×1200×200

实际工程中，由于吊车形式、起重量、厂房跨度、高度和柱距不同，以及是否设置安全走道板等条件不同，外墙、边柱与纵向定位轴线的关系有下述两种：

(1) 封闭结合

当结构所需的上柱截面高度 h、吊车侧方宽度 B 及安全运行所需的侧方间隙 C_b 三者之和 $(h+B+C_b)<e$ 时，可采用纵向定位轴线、边柱外缘和外墙内缘三者相重合的定位方式。使上部屋面板与外墙之间形成“封闭结合”的构造。这种纵向定位轴线称为“封闭轴线”。如图 15-38(a) 所示。它适用于无吊车或只有悬挂吊车及柱距为 6m、吊车起重量不大且不需增设联系尺寸的厂房。

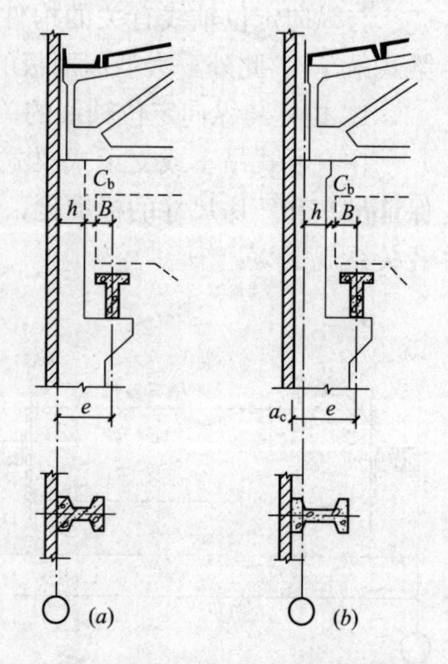

图 15-38　边柱与纵向定位轴线的关系
(a)封闭结合；(b)非封闭结合
h—上柱截面高度；a_c—联系尺寸；
B—吊车侧方尺寸；C_b—吊车侧方间隙

采用这种“封闭轴线”时，用标准的屋面板便可铺满整个屋面，不需另设补充构件，构造简单，施工方便，吊车荷载对柱的偏心距较小，因此较经济。

(2) 非封闭结合

当柱距>6m或吊车起重量及厂房跨度较大时，由于B、C_b、h均可能增大，因而可能导致$e<(h+B+C_b)$，此时若继续采用上述“封闭结合”便不能满足吊车安全运行所需的间隙要求，造成厂房结构的不安全，因此，需将边柱的外缘从纵向定位轴线向外移出一定尺寸a_c，使$(e+a_c)>(h+B+C_a)$，从而保证结构的安全如图15-38(*b*)所示，a_c称为“联系尺寸”。当外墙为墙板时，为了与墙板模数协调，a_c应为300mm或其整数倍，若围护结构为砌体时，a_c可采用M/2(即50mm)或其整数倍数。

当纵向定位轴线与柱子外缘间有“联系尺寸”时，由于屋架标志尺寸端部(即定位轴线)与柱子外缘、外墙内缘不能相重合，上部屋面板与外墙之间便出现空隙，这种情况称为“非封闭结合”，这种纵向定位轴线则称为“非封闭轴线”。此时，屋顶上部空隙处需作构造处理，通常应加设补充构件(图15-39)。

确定是否需要设置“联系尺寸”及确定“联系尺寸”的数值时，应按选用的吊车规格及国家标准《通用桥式起重机界限尺寸》的相应规定详细核定。

厂房是否需要设置“联系尺寸”，除了与吊车起重量等有关以外，还与柱距以及是否设置吊车梁走道板等因素有关。

在柱距为12m、设有托架的厂房中，因结构构造的需要，托架要求搁置在柱子上。因此，无论有无吊车和吊车吨位大小，均应设置“联系尺寸”(图15-40)。

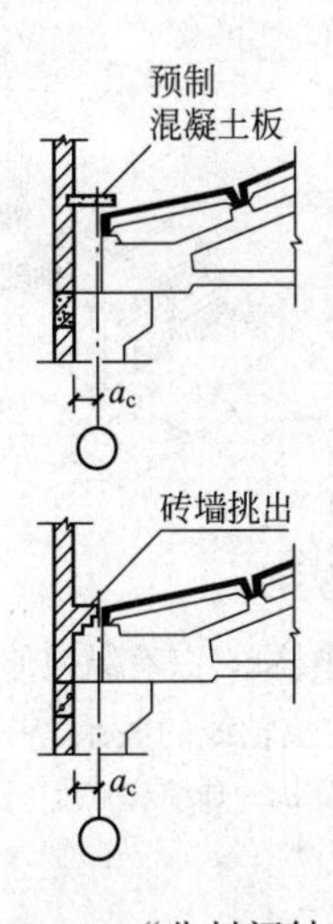

图15-39 “非封闭结合”屋面板与墙空隙的处理

a_c—联系尺寸

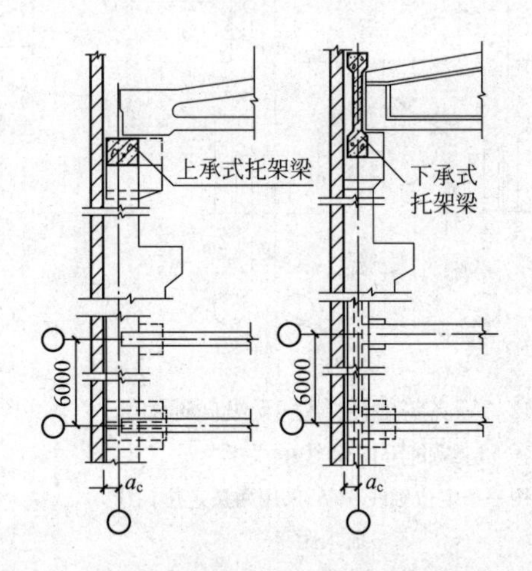

图15-40 设有托架的厂房边柱与纵向定位轴线

a_c—联系尺寸

重级工作制的吊车一般均须设置吊车梁走道板，以便于经常检修吊车。为了确保检修工人经过上柱内侧时不被运行的吊车挤伤，上柱内缘至吊车端部之间的距离除应留足侧方间隙C_b之外，同时还应增加一个安全通行宽度($\not<$400mm)。因此，在决定“联系尺寸”和e值的大小时，还应考虑走道板的构造要求(图15-41)。

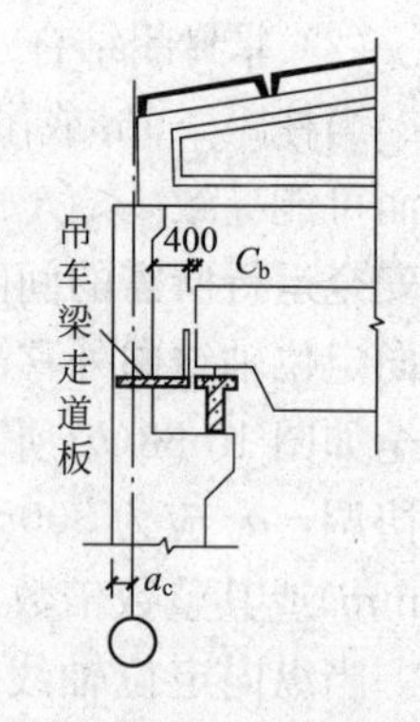

图 15-41　某些重级工作制吊车厂房边柱纵向定位轴线
C_b—吊车侧方间隙

无吊车或有小吨位吊车的厂房，采用承重墙结构时，若为带壁挂的承重墙，其内缘宜与纵向定位轴线相重合，或与纵向定位轴线的距离为半块砌体或半块的倍数；若为无壁柱的承重墙，其内缘与纵向定位轴线的距离宜为半块砌体的倍数或墙厚的一半。

2. 中柱与纵向定位轴线的关系

(1) 等高跨中柱与纵向定位轴线的关系

设单柱时的纵向定位轴线：等高厂房的中柱，当没有纵向变形缝时，宜设单柱和一条纵向定位轴线，上柱的中心线宜与纵向定位轴线相重合，如图 15-42(*a*)所示。当相邻跨为桥式吊车且起重量较大，或厂房柱距及构造要求设插入距时中柱可采用单柱及两条纵向定位轴线，其插入距应符合 3M 数列(即 300mm 或其整数倍数)，当围护结构为砌体时，a_i 可采用 M/2(即 50mm)或其整数倍数，柱中心线宜与插入距中心线相重合，如图 15-42(*b*)所示。当等高跨设有纵向伸缩缝时，中柱可采用单柱并设两条纵向定位轴线，要有一侧的屋架(或屋面梁)搁置在活动支座上，两条定位轴线间的插入距 a_i 为伸缩缝的宽度(图 15-43)。

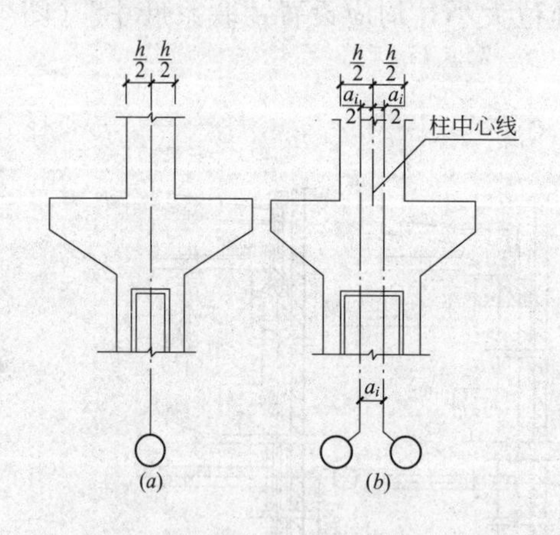

图 15-42　等高跨中柱单柱(无纵向伸缩缝)与纵向定位轴线的关系
(*a*)采用一条定位轴线；(*b*)采用两条定位轴线
a_i—插入距

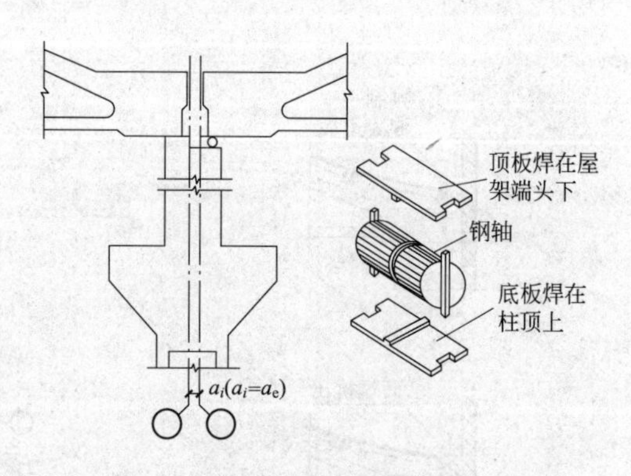

图 15-43　等高跨中柱单柱(有纵向伸缩缝)与纵向定位轴线的关系
a_i—插入距；a_e—伸缩缝宽度

(2) 高低跨中柱与纵向定位轴线的关系

高低跨中柱有单柱和双柱两种形式。

1) 设单柱时的纵向定位轴线：当高跨为“封闭结合”时，宜采用一条纵向定位轴线，即纵向定位轴线与高跨上柱外缘、封墙内缘及低跨屋架标志尺寸端部相重合，此时，封墙底面应高于低跨屋面，如图 15-44(*a*)所示。若封墙底面低于低跨屋面时，则需采用两条纵向定位轴线，此时插入距 a_i 等于封墙厚度，即 $a_i=t$，如图 15-44(*b*)所示。

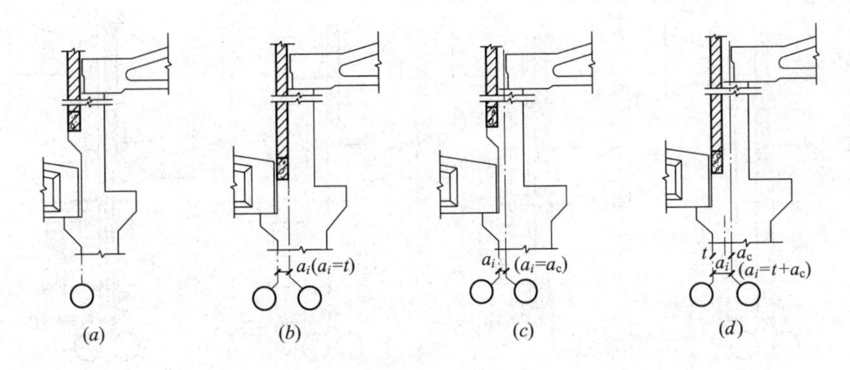

图 15-44 高低跨单柱中柱(无纵向伸缩缝)与纵向定位的轴线的关系

(a)插入距；(b)封墙厚度；(c)联系尺寸(一)；(d)联系尺寸(二)

当高跨为“非封闭结合”时，则必须采用两条纵向定位轴线，其插入距 a_i 视封墙位置的高低分别等于“联系尺寸”或等于“联系尺寸”加封墙厚度，如图 15-45(c)、(d)所示。

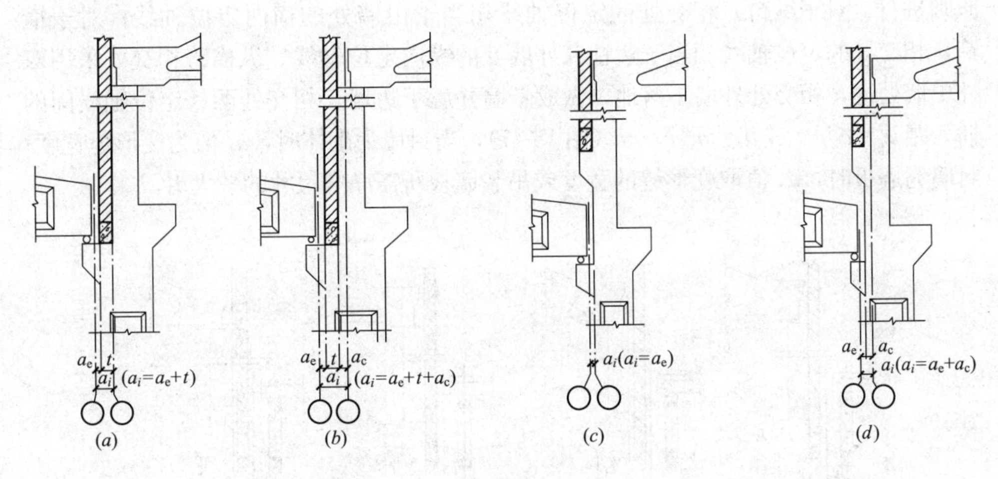

图 15-45 高低跨单柱中柱(有纵向伸缩缝)与纵向定位的轴线的关系

a_i—插入距；t—封墙厚度；a_c—联系尺寸；a_e—伸缩缝宽度；

当低跨处设有纵向伸缩缝时，必须采用两条纵向定位轴线。此时，低跨的屋架(屋面梁)搁置在活动支座上，两条纵向定位轴线之间的插入距 a_i 应根据变形缝宽度、封墙位置高低和高跨是否“封闭结合”来确定(如图 15-45)，分别定为：$a_i=a_e$、$a_i=a_e+t$、$a_i=a_e+t+a_c$。

2）设双柱时的纵向定位轴线

单层厂房有时为满足纵向变形或抗震的需要，采用双中柱的方案，当高低跨处设置双柱时，双柱各自有一条定位轴线，其位置与边柱的情况相似，双柱两条定位轴线之间的插入距 a_i 同样可根据变形缝宽度、封墙位置高低和各跨是否“封闭结合”来确定，如图 15-46 所示。

(三) 纵横向相交处的定位轴线

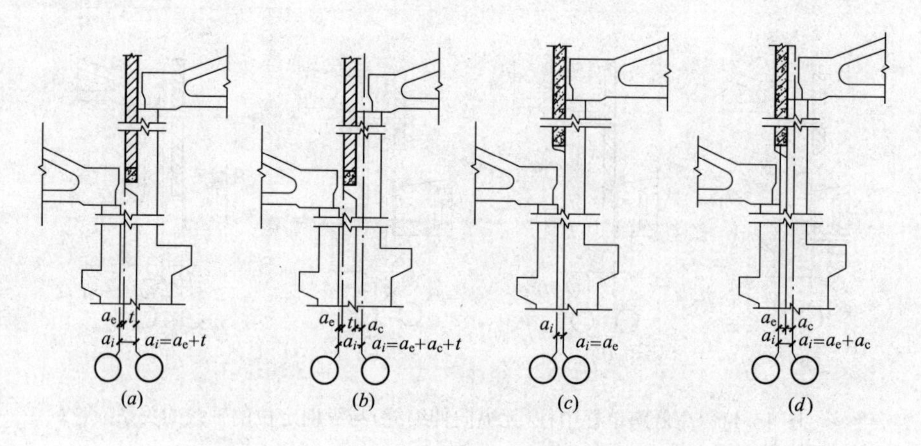

图 15-46　高低跨双柱中柱与纵向定位的轴线的关系

a_i—插入距；t—封墙厚度；a_c—联系尺寸；a_e—纵向变形缝宽度

部分厂房为满足工艺要求需设置纵横跨，且常在相交处设纵横跨变形缝，使纵横跨各自独立。纵横跨应有各自的柱列和定位轴线，各轴线与柱的定位关系按前述原则进行，对于纵跨，相交处的定位轴线相当于山墙处的横向定位轴线；对于横跨，相交处的定位轴线相当于边柱和外墙处的纵向定位轴线。纵横跨相交处采用双柱单墙处理，相交处外墙不落地，做成悬墙并属于边墙，相交处两条定位轴线间的插入距 $a_i=a_e+t$ 或 $a_i=a_e+t+a_c$(图 15-47)，当封墙为砌体时，a_e 值为变形缝宽度；封墙为墙板时，a_e 值取变形缝的宽度或吊装墙板所需净空尺寸的较大者。

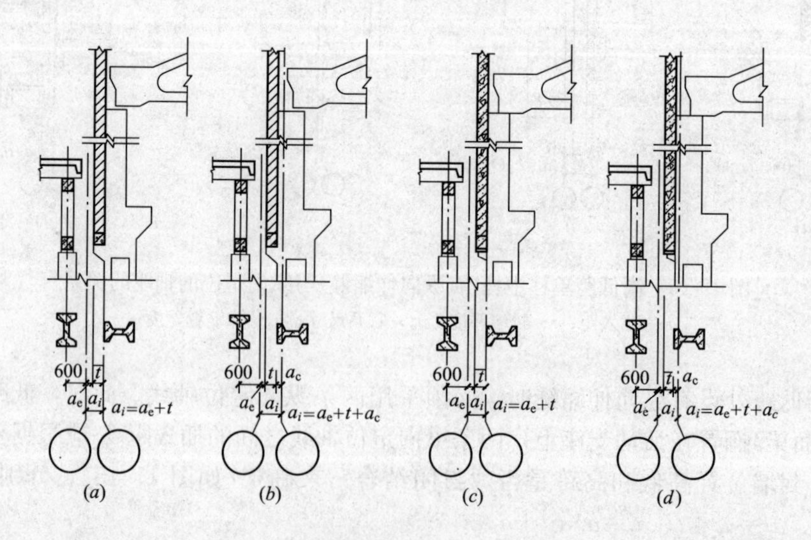

图 15-47　纵横跨相交处柱与定位的轴线的关系

a_i—插入距；t—封墙厚度；a_c—联系尺寸；a_e—变形缝宽度或墙板吊装所需宽度

复习思考题

1. 什么是工业建筑、工业厂房、车间和构筑物？

2. 工业厂房建筑主要特点是什么？工业厂房建筑分类方法及其如何分类？
3. 常见的装配式钢筋混凝土横向排架结构单层厂房由哪几部分组成？各部分由哪些构件组成？它们的主要作用是什么？
4. 厂房内部常见的起重吊车设备有哪些形式？其适用范围如何？它们在平、剖面图上应如何表达？
5. 屋盖结构是由哪两大部分组成？一般屋盖结构有哪两大体系？在什么情况下使用屋架托架？
6. 柱在构造上有哪些要求？一般柱子上要设置哪些预埋件？为什么单层厂房在山墙处要设抗风柱？它的外形与一般柱子有什么不同？抗风柱与屋架连接的构造原理和方法是怎样的？
7. 在伸缩缝处柱基础与一般柱基础有什么不同？构造上有什么要求？
8. 基础梁搁置在基础上的方式是随着基础埋深不同而不同的，试述它的搁置有哪几种方式？它在搁置构造上有什么要求？
9. 吊车架与柱连接的构造原理和方法怎样？吊车轨道与吊车梁怎样联结？
10. 连系梁、图梁有什么不同？它们在布置、搁置以及连接构造上有什么要求？
11. 一般屋盖支撑包括哪些支撑？屋盖支撑中横向水平支撑和垂直支撑及柱间支撑是怎么布置的？为什么要这样布置？
12. 厂房定位轴线的作用是什么？什么是横向和纵向定位轴线？两种定位轴线与哪些主要构件有关？
13. 厂房的中间柱、端部柱以及横向变形缝处柱与横向定位轴线如何关系？
14. 什么是纵向定位轴线的封闭结合与非封闭结合？在构造处理上各有什么特点？它们在边柱的定位轴线关系如何？中柱与纵向定位轴线的关系如何(包括有、无纵向伸缩缝、防震缝时的等高跨中柱、高低跨中柱)？
15. 纵横跨相交处的柱与定位轴线关系是怎么规定的？

第十六章　单层工业厂房构造

第一节　外　墙

厂房外墙主要是根据生产工艺、结构条件和气候条件等要求来设计的。一般冷加工车间外墙除考虑结构承重外，常常还有热工方面的要求。而散发大量余热的热加工车间，外墙一般不要求保温，只起围护作用。精密生产的厂房为了保证生产工艺条件，往往有空间恒温、恒湿要求，这种厂房的外墙在设计和构造上比一般做法要复杂得多。有腐蚀性介质的厂房外墙又往往有防酸、碱等有害物质侵蚀的特殊要求。

单层厂房的外墙由于高度与长度都比较大，要承受较大的风荷载，同时还要受到机器设备与运输工具振动的影响，因此，墙身的刚度与稳定性应有可靠的保证。

单层厂房的外墙按其材料类别可分为砖墙、砌块墙、板材墙、轻型板材墙等；按其承重形式则可分为承重墙、承自重墙(图 16-1)和幕墙等。当厂房跨度和高度不大，且无吊车或仅设有较小的起重运输设备时，一般可采用承重墙(图 16-1 中 A 轴的墙)直接承受屋盖与起重运输设备等荷载；当厂房跨度和高度较大，起重运输设备的起重量较大时，通常由钢或钢筋混凝土排架柱来承受屋盖和起重运输等荷载，而外墙只承受自重，仅起围护作用，这种墙称为承自重墙(图 16-1 中 D 轴下部的墙)；承自重墙、幕墙是厂房外墙的主要形式。

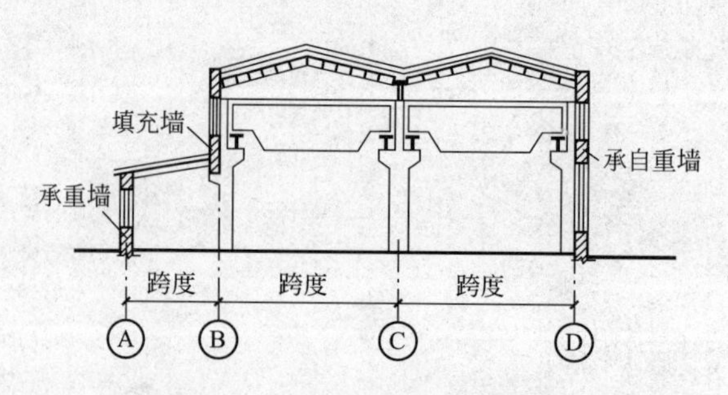

图 16-1　单层厂房外墙类型

一、砖墙及砌块墙

承自重墙是砌筑在厂房的承重排架柱和厂房的连系梁、基础梁之间的填充墙体。图 16-2 为装配式钢筋混凝土排架结构的单层厂房纵墙构造剖面示例。目前，由于普通实心砖的限制使用，承自重墙的墙体材料多为空心砖和各种预制砌块。砖墙和砌块墙的外墙构造要点分述如下：

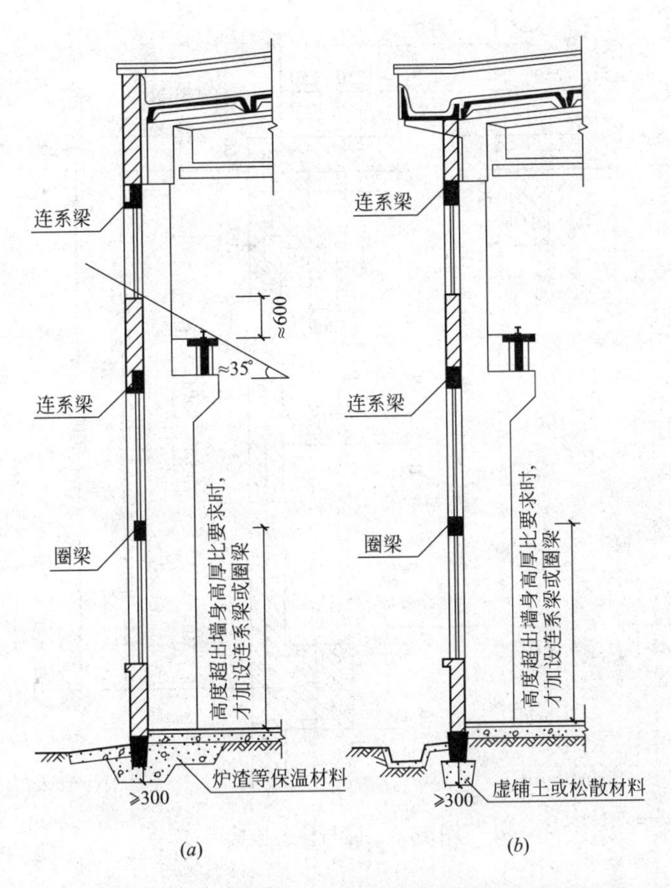

图 16-2　装配式钢筋混凝土排架结构单层厂房纵墙剖面

(a)较冷地区；(b)温暖多雨地区

为防止单层厂房外墙由于受风力、地震或振动等而破坏，在构造上应使墙与柱子、山墙与抗风柱、墙与屋架或屋面梁之间有可靠的连接，以保证墙体有足够的稳定性与刚度。

1. 墙与柱子的连接：为使墙体与柱子间有可靠的连接，根据墙体传力的特点，主要考虑在水平方向与柱子拉结。通常的做法是在柱子高度方向每隔 600mm 预埋两根 $\phi6$ 钢筋，砌墙时把伸出的钢筋砌在墙缝里，如图 16-3、图 16-4 所示。

2. 墙与屋架或屋面梁的连接：屋架的上弦、下弦或屋面梁可采用预埋钢筋拉结墙体；若在屋架的腹杆上预埋钢筋不方便时，可在腹杆预埋钢板上焊接钢筋与墙体拉结，其构造要求如图 16-5 所示。

3. 纵向女儿墙与屋面板的连接：纵向女儿墙是纵向外墙高出屋面部分，如图 16-2(a)所示，其厚度一般不少于 200m，高度不仅要满足构造的要求，还要考虑保护在屋面上从事检修、清扫积灰和积雪、擦洗天窗等人员的安全。因此，非地震区当厂房较高或屋面坡度较陡时，一般需设置 1000m 左右高的女儿墙，或在厂房的檐口上设置相应高度的护栏。受设备振动影响较大或地震区的厂房，其女儿墙高度则不应超过 500mm，并须用整浇的钢筋混凝土压顶板加固。

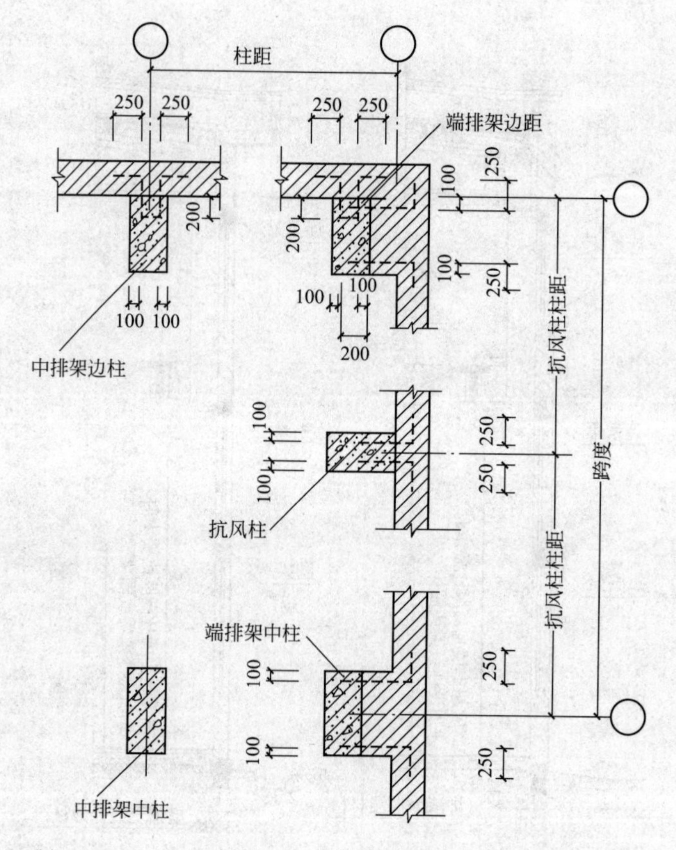

图 16-3　墙与柱的连接

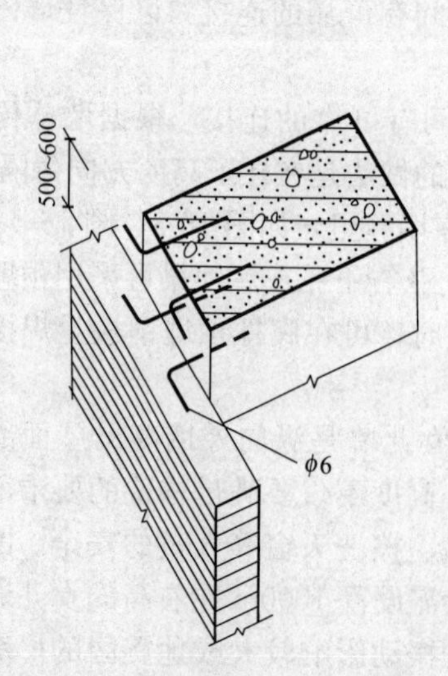

图 16-4　墙柱连接筋高度方向距离

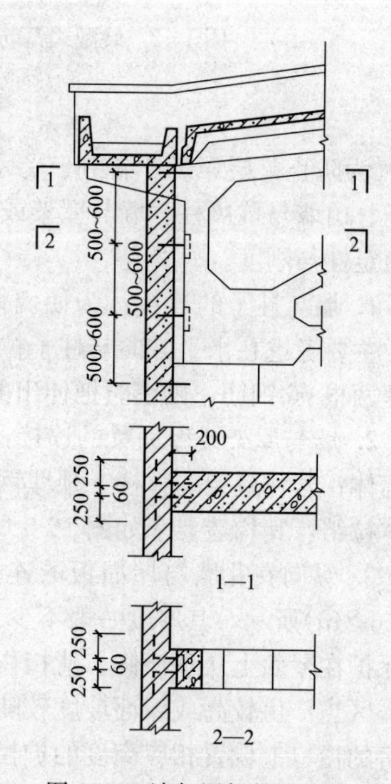

图 16-5　墙与屋架的连接图

为保证纵向女儿墙的稳定性，在墙与屋面板之间常采用钢筋拉结措施，即在屋面板横向缝内放置一根 ϕ12 钢筋钩，与在屋面板纵缝内及纵向外墙中各放置的 ϕ12(长度为 1000mm)钢筋相连接(图 16-6)，形成工字形的拉结钢筋，并用 C20 细石混凝土填实板缝。

4. 山墙与屋面板的连接：单层厂房的山墙面积比较高大，为保证其稳定性和抗风要求，山墙与抗风柱及端柱除用钢筋拉结(图 16-3、图 16-4)外，在非地震区，一般尚应在山墙上部沿屋面设置 2 根 ϕ8 钢筋于墙中，并在屋面板的板缝中嵌入一根 ϕ12，长为 1000mm 的钢筋与山墙中钢筋拉结，如图 16-7 所示。

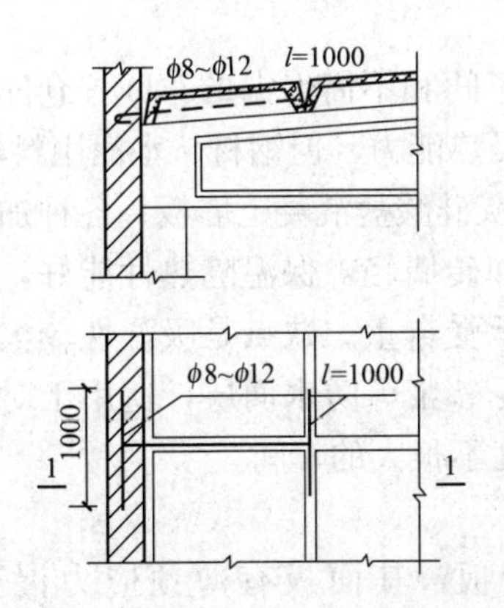

图 16-6　纵向女儿墙与屋面板的连接

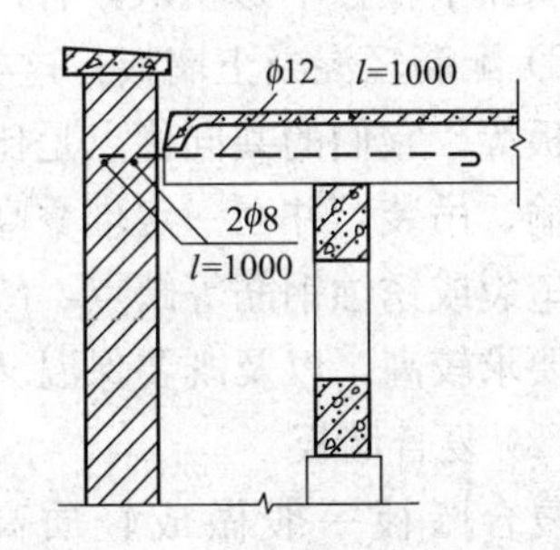

图 16-7　山墙与屋面板的连接

二、板材墙

使用板材墙可促进建筑工业化，能简化、净化施工现场，加快施工速度，同时板材墙较砖墙重量轻，抗震性优良。因此，板材墙将成为我国工业建筑广泛采用的外墙类型之一，但板材墙目前还存在用钢量大、造价偏高，连接构造尚不理想，接缝尚不易保证质量，有时渗水透风，保温、隔热效果欠佳等缺点，这些问题正在逐步解决。

(一) 板材墙的类型与规格

1. 板材墙的类型

板材墙可根据不同需要作不同的分类。如按规格尺寸分为基本板、异形板和补充构件。基本板是指形状规整、使用量大的基本形式的墙板。异形板是指使用量少、形状特殊的板型(如窗框板、加长板、山尖板等)。补充构件是指与基本板、异形板共同组成厂房墙体围护结构的其他构件(如转角构件、窗台板等)。板材如按其所在墙面位置不同，可分为檐口板、窗上板、窗框板、窗下板、一般板、山尖板、勒脚板、女儿墙板等。按其保温性能分有保温墙板和非保温墙板等。板材墙可用多种材料制作，一般属非承重墙板。现按板材墙的构造和组成材料不同分类叙述如下：

(1) 单一材料的墙板

1) 钢筋混凝土槽形板、空心板：这类墙板(图 16-8)的优点是耐久性好、制作简单，可施加预应力。槽形板(或称肋形板)其钢材和水泥的用量较省，但保温

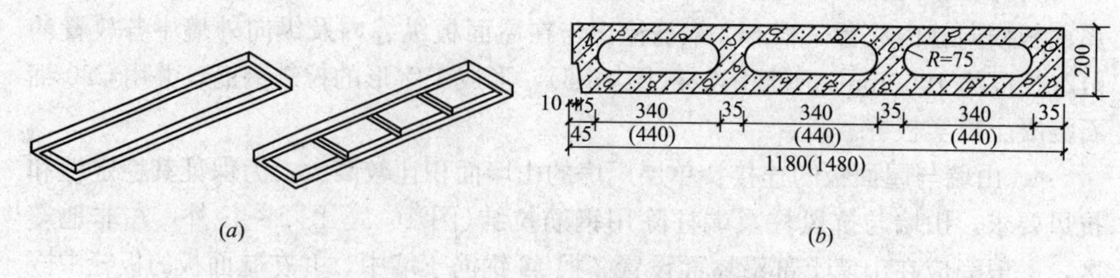

图 16-8　钢筋混凝土槽形板、空心板

(a)槽形板；(b)空心板

隔热性能差，且易积灰，故只适用于某些热车间和不需保温的车间、仓库等。空心板双面平整，不易积灰，有一定的保温和隔热能力，但钢材、水泥用料较多。

2）配筋轻混凝土墙板：这类墙板有粉煤灰硅酸盐混凝土墙板、各种加气混凝土墙板等。它们的共同优点是比普通混凝土和砖墙轻，保温隔热性能好，配筋后可运输、吊装，并在一定堆叠高度范围内能承受自重。缺点是吸湿性较大，有的还有龟裂或锈蚀钢筋等缺点，故一般需加水泥砂浆等防水面层，适用于对保温或隔热要求较高，以及既要保温又要隔热但湿度不很大的车间。

(2) 复合墙板

复合墙板一般做成轻质高强的夹心墙板，其面板有薄预应力混凝土板(图 16-9)、石棉水泥板、铝板、不锈钢板、普通钢板、玻璃钢板等；夹心保温、隔热材料包括矿棉毡、玻璃棉毡、泡沫玻璃、泡沫塑料、泡沫橡皮、木丝板、各种蜂窝板等轻质材料。复合墙板的特点为：使材料各尽所长，能充分发挥芯层材料的高效热工性能和面层外壳材料的承重、防腐蚀等性能。

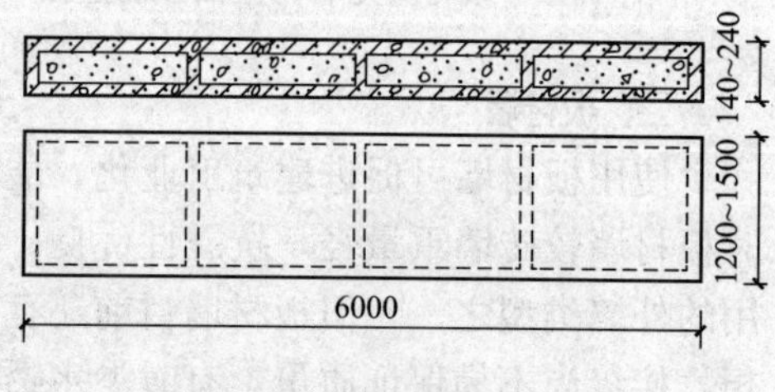

图 16-9　复合墙板示例

2. 墙板的布置

墙板布置可分为横向布置、竖向布置和混合布置三种类型，各自的特点及适用情况也不相同，应根据工程的实际进行选用。

(二) 墙板的连接构造

以下主要介绍横向布置墙板的一般构造。

1. 墙板与柱的连接

单层厂房的墙板与排架柱的连接一般分柔性连接和刚性连接两类：

(1) 柔性连接

柔性连接适用于地基不均匀、沉降较大或有较大振动影响的厂房，这种方法多用于承自重墙，是目前采用较多的方式。柔性连接是通过设置预埋铁件和其他辅助件使墙板和排架柱相连接。柱只承受由墙板传来的水平荷载，墙板的重量并不加给柱子而由基础梁或勒脚墙板承担。

墙板的柔性连接构造形式很多，其最简单的为螺栓连接(图 16-10)和压条连接(图 16-11)两种做法。

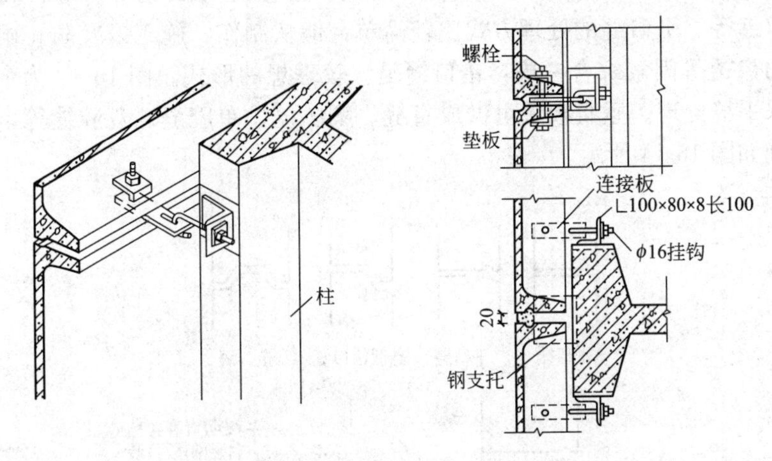

图 16-10　螺栓挂钩柔性连接构造示例图

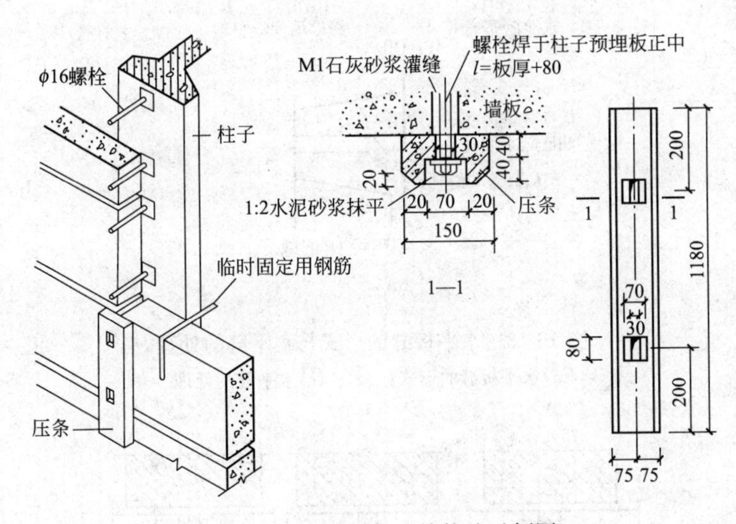

图 16-11　压条柔性连接构造示例图

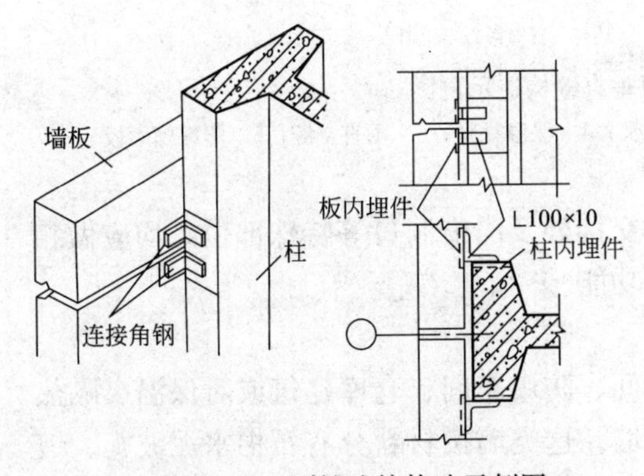

图 16-12　刚性连接构造示例图

(2) 刚性连接

刚性连接是在柱子和墙板中先分别设置预埋铁件，安装时用角钢或 ϕ16 的钢筋，把它们焊接连牢(图 16-12)。优点是施工方便，构造简单，厂房的纵向刚度好。缺点是对不均匀沉降及振动较敏感，墙板板面要求平整，预埋件要求准确。刚性连接宜用于地震设防烈度为 7 度及 7 度以下的地区。

2. 墙板板缝的处理

为了使墙板能起到防风雨、保温、隔热作用，除了板材本身要满足这些要求之外，还必须做好板缝的处理。

板缝根据不同情况，可以做成各种形式。水平缝可做成平口缝、高低错口缝、企口缝等。平口缝的处理方式比较简单，但从制作、施工以及防止雨水的重力和风力渗透等因素综合考虑，错口缝是比较理想的形式。图 16-13 为水平板缝形式和水平缝处理。垂直板缝可做成直缝、喇叭缝、单腔缝、双腔缝等，垂直板缝的处理如图 16-14 所示。

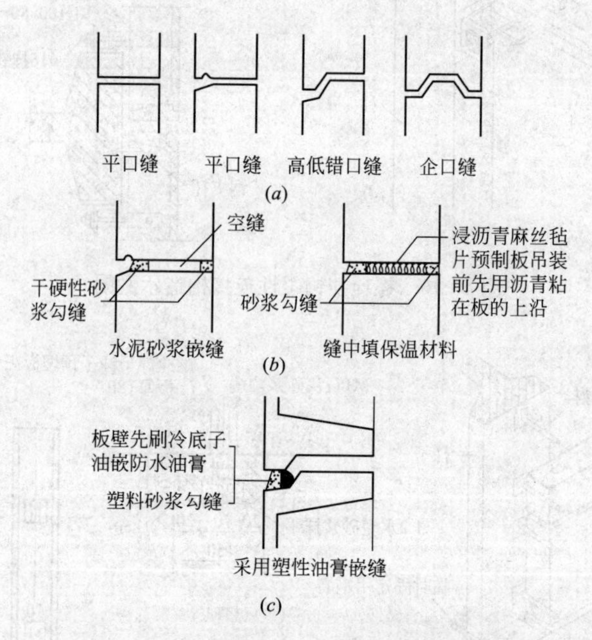

图 16-13　水平板缝的形式与水平缝的处理

(a)水平板缝的形式；(b)、(c)水平缝的处理

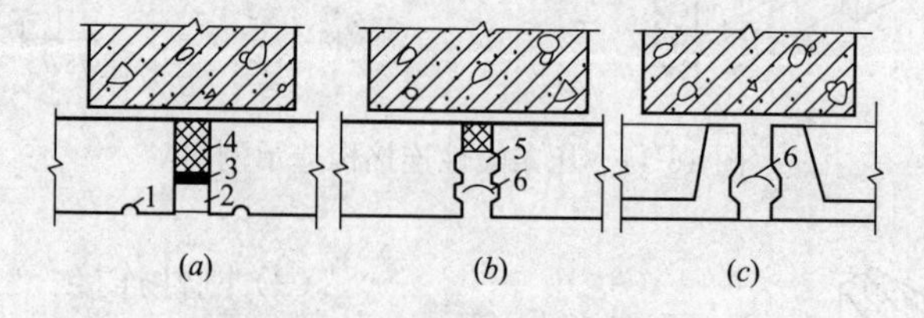

图 16-14　墙板垂直缝构造示例图

1—截水沟；2—水泥砂浆或塑料砂浆；3—油膏；4—保温材料；5—垂直空腔；6—塑料挡雨板

墙板在勒脚、转角、檐口、高低跨交接处及门窗洞口等特殊部位，均应做相应的构造处理，以确保其正常发挥围护功能。

三、轻质板材墙

对于不要求保温、隔热的热加工车间、防爆车间、仓库建筑或对保温、隔热要求不高的厂房外墙，可采用轻质板材墙。这类墙按材料分有石棉水泥波瓦、镀锌铁皮波瓦、塑料波瓦、玻璃钢波瓦、彩色压型钢板、彩色压型钢板复合墙板等。这类墙板除传递水平风荷载外，不承受其他荷载，墙板本身的重量也由厂房骨架来承受。

1. 石棉水泥波瓦外墙板

石棉水泥波瓦有大波、中波、小波三种，工业建筑多采用多大波瓦。由于石棉水泥波瓦是一种脆性材料，为了防止损坏和构造方便，一般在墙角、门洞旁边以及窗台以下的勒脚部分，采用多孔砖或砌块进行配合。这种板材与厂房骨架的连接，通常是将板悬挂在柱子之间的横梁上。横梁一般为T形或L形断面的钢筋混凝土预制构件，横梁两端搁置在柱子的钢牛腿上，并且通过预埋件与柱子焊接牢固(图16-15)。横梁的间距应配合石棉水泥波瓦的长度来设计，尽量避免锯裁瓦板造成浪费。瓦板与横梁连接，可采用螺栓与铁卡子将两者夹紧(图16-16)。螺栓孔应钻在墙外侧瓦垅的顶部，安装螺栓时，该处应衬以5mm厚的毡垫，为防止风吹雨水经板缝侵入室内，瓦板应顺主导风向铺设，瓦板左右搭接通常为一个瓦垅，上下搭接长度不小于100mm。

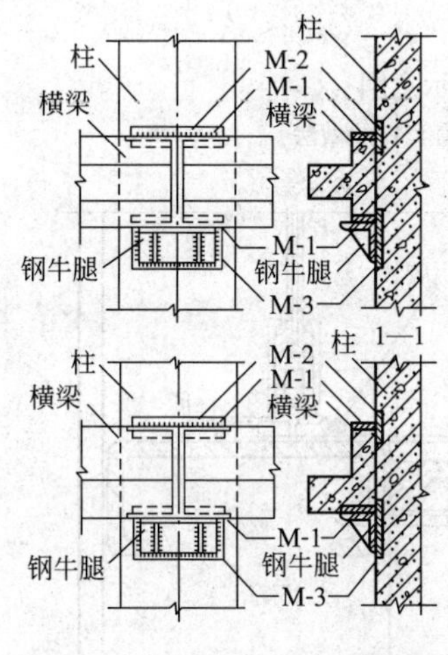

图16-15　横梁与柱子的连接

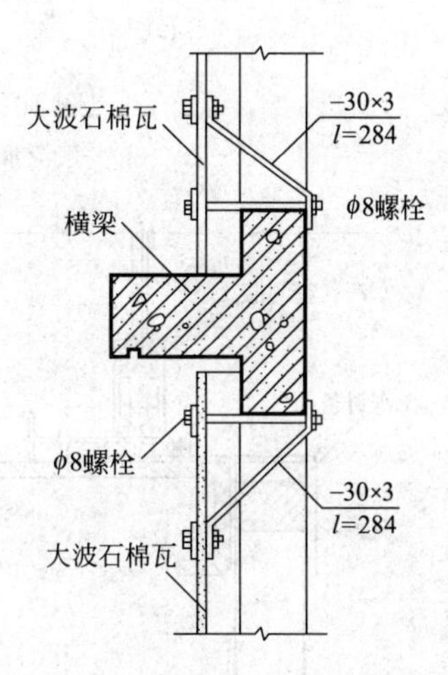

图16-16　石棉水泥波瓦与横梁的连接

2. 彩色涂层钢板外墙板

彩色涂层钢板是将钢板压制成波形断面，并在原钢板上涂以0.2～0.4mm软质或半硬质聚氯乙烯塑料薄膜或其他树脂，原钢板有热扎钢板或镀锌钢板。波形断面改善了板的力学性能，增大板的刚度，具轻质高强、耐腐蚀等优点，并具有较好的加工性能(可切割、弯曲、钻孔、铆边、卷边)，因此，施工较为方便。用于外墙板的压型钢板采用低波板(波高为12～35mm)，这种板材是用自攻螺钉或铆钉将板固定在型钢墙筋上，墙筋材料可选用为配套的槽形型材。竖向墙筋间距一般为800～900mm，横向墙筋间距一般为400～500mm，压型钢板可以竖向布板或横向布板，多采用竖向布置。

(1) 外墙门窗洞口构造

彩色压型钢板建筑的门窗多布置在墙面的墙筋上，其窗口的封闭构造较复杂，应特别注意门窗口四面泛水的交接关系，把雨水导出到墙外侧。窗上口的做法很多，图 16-17 是常用的两种做法，图 16-17(a)做法较简单，容易制作和安装，窗口四面泛水易于协调，在美观要求不高时常采用。图 16-17(b)是带有窗套口的做法，这种做法较美观，但构造较复杂，窗口四面泛水须细致设计。窗下口的泛水，应在窗口处局部上翻，并应注意气密性和水密性密封。图 16-18、图 16-19 分别为窗下口做法和窗侧口做法。

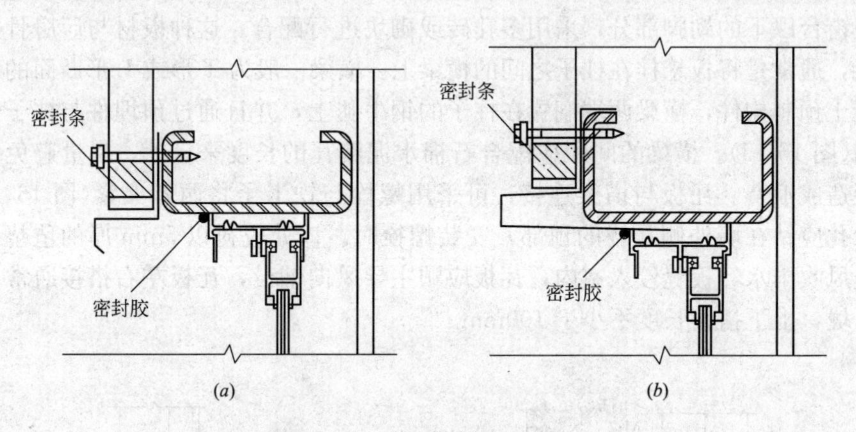

图 16-17　窗上口做法示意图

(a)一般泛水的做法；(b)带有窗套口的做法

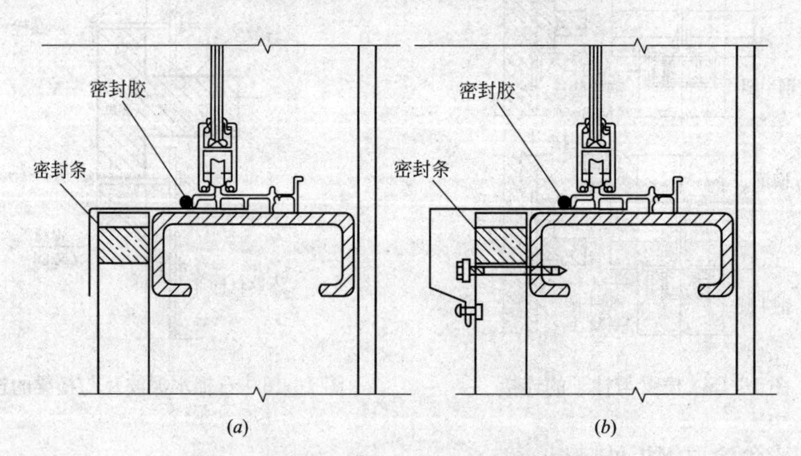

图 16-18　窗下口做法示意图

(a)一般泛水的做法；(b)带有窗套口的做法

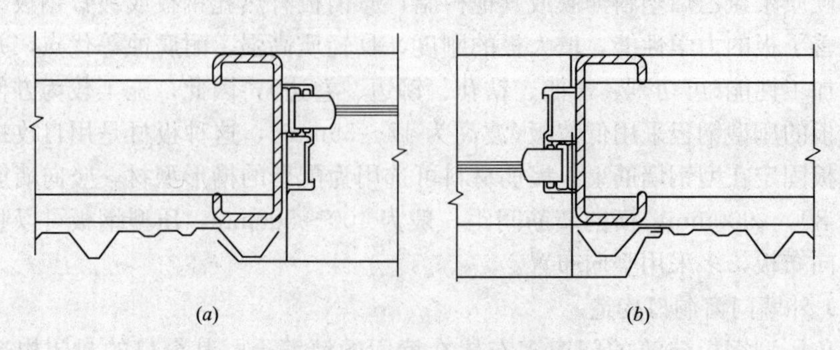

图 16-19　窗侧口做法示意图

(a)一般泛水的做法；(b)带有窗套口的做法

(2) 外墙局部处理

1) 外墙底部构造：外墙底部在地坪或矮墙交接处，地坪或矮墙顶部应高于外墙的底部 60～120mm，以避免墙面流下的雨水进入室内。图 16-20 为外墙底部做法示意图。

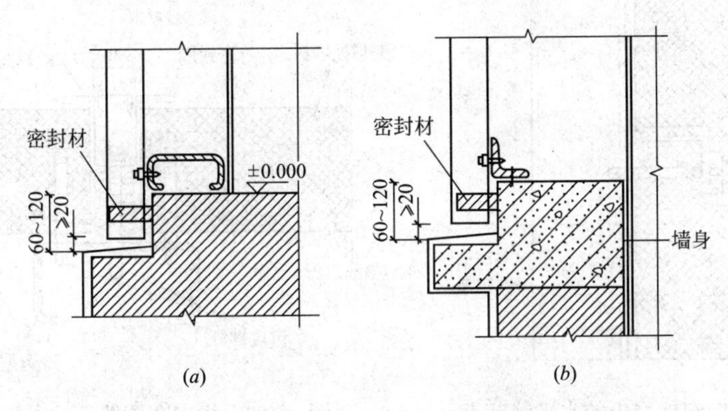

图 16-20　外墙底部做法示意图

(a)矮墙顶部为砖砌体时；(b)矮墙顶部为混凝土压顶时

2) 外墙转角处理：彩色压型板外墙内外转角的内外面应采用专用包件封包，封包泛水件尺寸宜在压型板安装完毕后按实际尺寸制作，如图 16-21 所示。

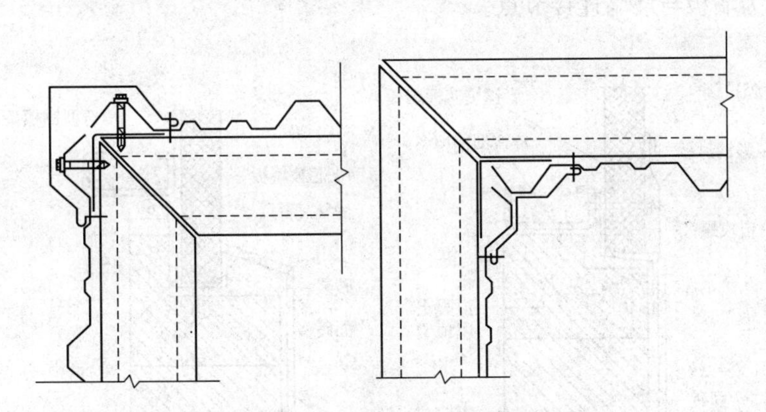

图 16-21　外墙转角做法示意图

3. 彩钢板复合外墙板

彩色钢板复合墙板(又称夹芯板)是以轻质保温材料(如聚苯乙烯泡沫板、矿渣棉板、聚氨酯泡沫塑料、玻璃棉板等)为芯层，经复合加工而成的轻质保温墙，有塑料复合钢板、复合隔热板隔热夹心板等多种。彩色钢板复合墙板的特点为：质量轻、保温性好、耐腐蚀、耐久、立面美观、施工速度快。复合板的安装是依靠吊件，把板材挂在基体墙身的骨架上，其水平缝为搭接缝，垂直缝应视板的布置而异，当为横向布置时为平缝，竖向布置时为企口缝或搭接缝。

(1) 墙板的连接构造

夹芯板用于墙板时多为平板，用于组合房屋时主要靠合金铝型材与拉铆钉连成整体，对于有墙筋的建筑，竖向布置的墙板多为穿透连接，横向布置的墙板多为隐蔽连接。图 16-22、图 16-23 分别为横向布置的墙板的水平缝节点及垂直缝节点示意图。

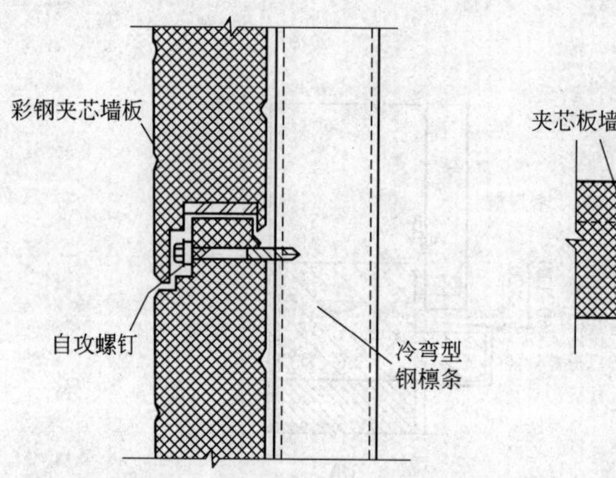

图 16-22　横向布置墙板的水平缝节点　　图 16-23　横向布置墙板的垂直缝节点

(2) 墙板底部构造

墙板底部构造主要解决防止雨水渗入室内，其方法与压型钢板墙板相似，即夹芯板底部应低于室内地坪或矮墙 30～50mm，且应在其抹灰找平后再安装。图 16-24为墙板与矮墙连接节点。

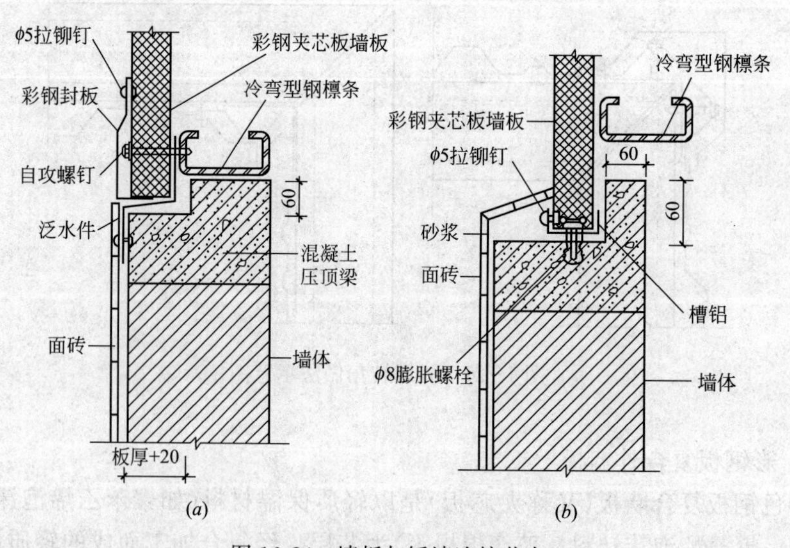

图 16-24　墙板与矮墙连接节点
(a)矮墙与墙板外表面平齐；(b)矮墙与墙板居中布置

(3) 门窗洞口构造

平面夹芯板墙板的门窗洞口构造较压型钢板墙板简单，门窗可放夹芯板的洞口处，也可放在内部的墙筋上，各种做法均应做好密封防水，全部安装完毕后，应将门窗洞周围用密封胶封闭。图 16-25 为窗上下口构造示例。

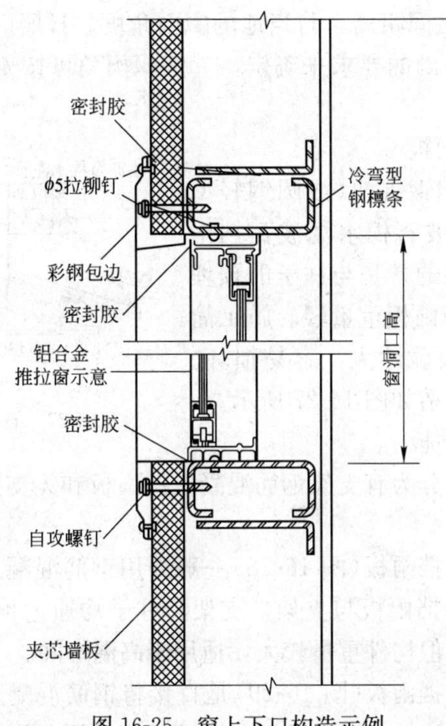

图 16-25　窗上下口构造示例

四、开敞式外墙

在炎热地区，为了使厂房获得良好的自然通风和散热效果，一些热加工车间常采用开敞式外墙。较常见的开敞式外墙是在下部设矮墙，上部开敞口设置挡雨遮阳板。图 16-26 为典型开敞式外墙的布置。

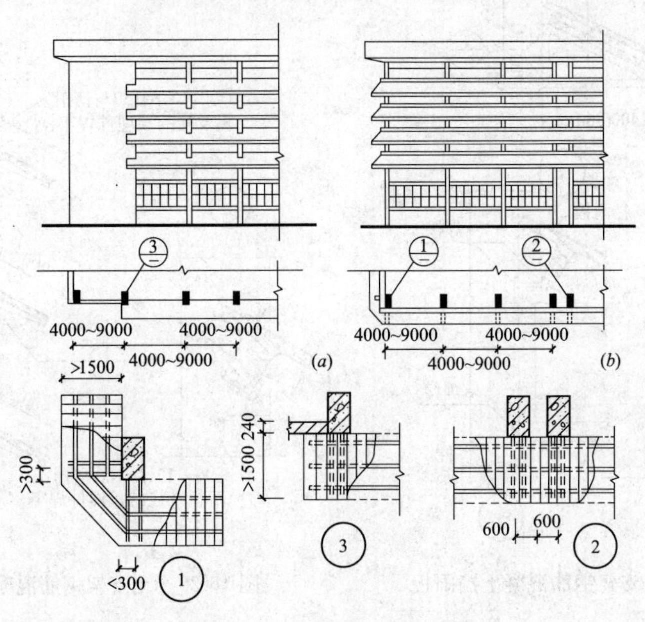

图 16-26　开敞式外墙的布置
(a)单面开敞外墙；(b)四面开敞外墙

挡雨遮阳板每排之间距离，与当地的飘雨角度、日照以及通风等因素有关，设计时应结合车间对防雨的要求来确定，一般飘雨角可按45°设计，风雨较大地区可酌情减少角度。

1. 石棉水泥瓦挡雨板

它的基本构件有型钢支架(或圆钢轻型支架)、型钢檩条、中波石棉水泥波瓦挡雨板和防溅板。型钢支架通常是与柱子的预埋件焊接固定的。这种挡雨板重量轻。施工简便、拆装灵活，但瓦板脆性大，容易损坏。石棉水泥波瓦挡雨板构造如图16-27所示。

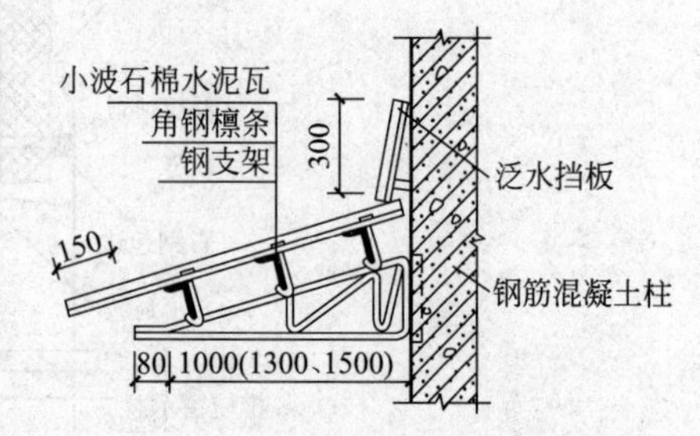

图16-27　石棉水泥波瓦挡雨板

2. 钢筋混凝土挡雨板

钢筋混凝土挡雨板分为有支架钢筋混凝土挡雨板和无支架钢筋混凝土挡雨板两种。

有支架钢筋混凝土挡雨板(图16-28)一般采用钢筋混凝土支架，上面直接架设钢筋混凝土挡雨板。挡雨板与支架，支架与柱子均通过预埋件焊接进行固定。这种挡雨板耐久性好，但构件重量较大，适用于高温车间。

无支架钢筋混凝土挡雨板(图16-29)是直接将钢筋混凝土挡雨板是固定在柱子上。挡雨板与柱子的连接，通过角钢与预埋件焊接进行固定。这种挡雨板用料省，构造也较简单。但因板的长度受柱子断面大小的影响，故规格类型较多。它也适用于高温车间。

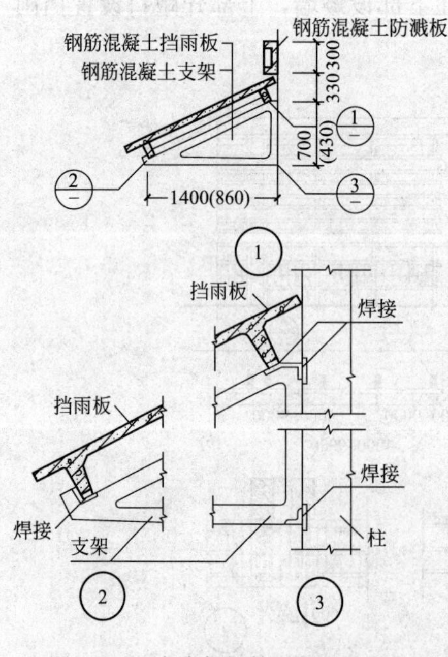

图16-28　有支架钢筋混凝土挡雨板

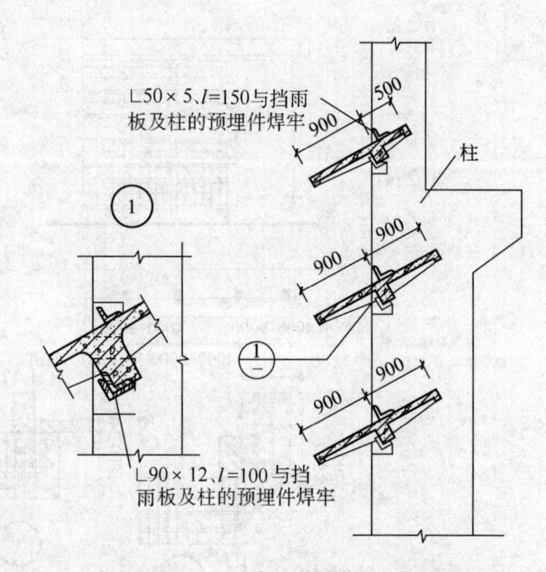

图16-29　无支架钢筋混凝土挡雨板

第二节 屋 面

单层厂房的屋面与民用建筑的屋面相比，首先屋面面积要大很多，这就使得厂房屋面在排除雨水方面相对不利。其次，由于单层厂房屋面板均采用装配式，接缝多，对防水也不利。第三，厂房屋面直接受厂房内部的振动、高温、腐蚀性气体、积灰等因素的影响，容易对屋面材料产生腐蚀作用。因此，解决好屋面的排水和防水是厂房屋面构造的主要任务。有些地区还要处理好屋面的保温、隔热问题；对于有爆炸危险的厂房，还须考虑屋面的防爆、泄压问题；对于有腐蚀气体的厂房，还要考虑防腐蚀的问题。

一、屋面排水

（一）屋面排水方式与排水坡度

1. 排水方式

厂房屋面排水方式分为无组织排水和有组织排水两种。选择排水方式，应结合所在地区的降雨量、气温、车间生产特征、厂房高度和天窗宽度等因素综合考虑。一般可参考表 16-1 来选择。

屋面排水方式的选择表 **表 16-1**

地区年降雨量(mm)	檐口高度(m)	天窗高度(m)	相邻屋面高差 h(m)	排水方式
≤900	>10 <10	≥12	≥4 <4	有组织排水 无组织排水
>900	>8 <8	≤9	>3	有组织排水 无组织排水

（1）无组织排水

无组织排水构造简单，施工方便，造价便宜，条件允许时宜优先选用，尤其是某些对屋面有特殊要求的厂房(如屋面容易积灰的冶炼车间、屋面防水要求较高的铸工车间等)宜采用无组织排水。

无组织排水的挑檐应有一定的挑出长度，当檐口高度不大于 6m 时，一般不小于 300mm；檐口高度大于 6m 时，一般不小于 500mm(图 16-30)，在多风雨的地区，挑檐尺寸要适当加大。勒脚外的室外地面须做散水，其宽度一般宜超出挑檐 200mm，也可以做成明沟，其明沟的中心线宜对准挑檐端部。

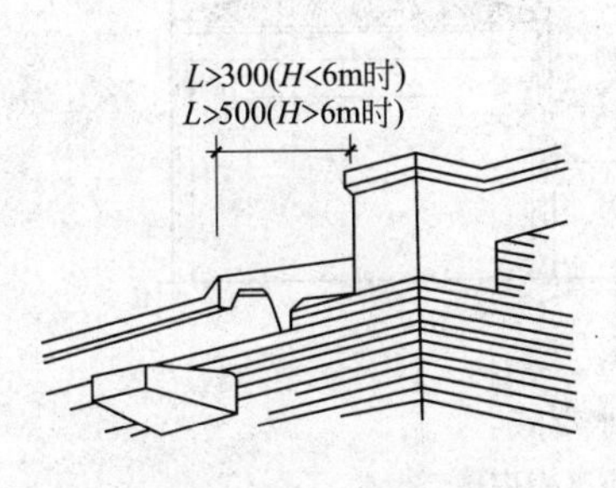

图 16-30 无组织排水
L—挑檐长度；H—离地高度

高低跨相交处的屋面，若高跨为无组织排水时，则在低跨屋面的滴水范围内要加铺一层滴水板作保护层。保护层的材料有混凝土板、机平瓦、石棉瓦、镀锌铁皮等。

（2）有组织排水

有组织排水是将屋面雨水有组织地汇集到天沟

(或檐沟)内，再经雨水斗、雨水管排到室外或排水沟。单层厂房有组织排水通常分为外排水、内排水和内排外落式，具体有以下几种形式：

1) 外天沟外排水：当厂房较高或地区降雨量较大，不宜作无组织排水时，可把屋面的雨、雪水组织在外天沟内，经雨水口和立管排下，如图 16-31(*a*)所示。这种方式构造简单，施工方便，管材省，造价低，且不妨碍车间内部工艺设备布置，在南方地区应用较广。

2) 长天沟外排水：这种方式构造简单，施工方便，造价较低，但受地区降雨量、汇水面积、屋面材料、天沟断面和纵向坡度等因素的制约。即使在防水性能较好的卷材防水屋面中，其天沟每边的流水长度也不宜超过 48m。天沟端部应设溢水口，防止暴雨时或排水口堵塞时造成的漫水现象，如图 16-31(*b*)所示。

3) 内排水：内排水的优点是屋面排水组织灵活，适用于多跨厂房，如图 16-31(*c*)所示。在严寒多雪地区采暖厂房和有生产余热的厂房，采用内排水可防止冬季雨、雪水流至檐口结成冰柱拉坏檐口及下落伤人，以及外部雨水管冻结破坏。但内排水构造复杂，造价及维修费用高，且与地下管道、设备基础、工艺管道等易发生矛盾。

4) 内落外排水：这种排水方式是将位于厂房中部的雨水立管改为具有0.5%～1%坡度的水平悬吊管，与靠外墙的排水立管连通，导人明沟或排出墙外，如图 16-31(*d*)所示。这种方式可避免内排水的管沟与地厂房下管道、设备基础、工艺管道布置的矛盾。

2. 排水坡度

屋面排水坡度的选择，主要取决于屋面基层的类型、防水构造方式、材料性

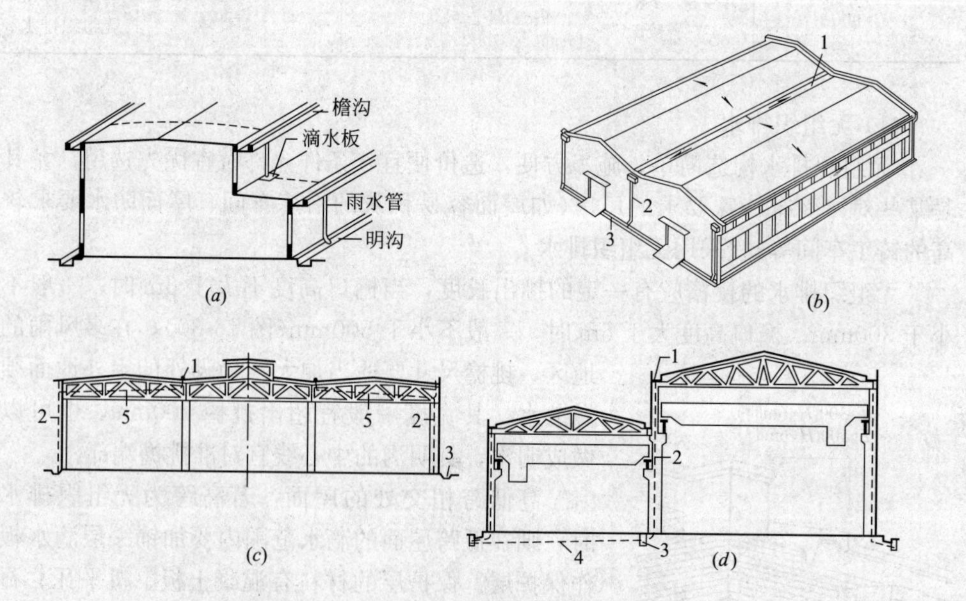

图 16-31 单层厂房屋面有组织排水形式

(*a*)外天沟外排水；(*b*)长天沟外排水；(*c*)内排水；(*d*)内落外排水

1—天沟；2—立管；3—明(暗)沟；4—地下雨水管；5—悬吊管

能、屋架形式以及当地气候条件等因素。一般说来，坡度越陡对排水越有利，但过陡也会引起屋面材料容易下滑的问题。通常各种屋面的坡度可参考表16-2选择。

单层厂房屋面坡度选择参考表　　表16-2

防水类型	卷材防水	构件自防水			压型钢板
		嵌缝式	F板	石棉瓦等	
常用坡度	1∶5～1∶10	1∶5～1∶8	1∶4～1∶5	1∶2.5～1∶4	1∶20

（二）排水组织及排水装置的布置

1. 排水组织

屋面排水应进行排水组织设计。如多跨多坡屋面采用内排水时，首先要按屋面的高低变形缝位置、跨度大小及坡面，将整个厂房屋面划分为若干个排水区段，并定出排水方向；然后根据当地降雨量和屋面汇水面积，选定合适的雨水管管径，雨水斗型号。通常在变形缝处不宜设雨水斗，以免因意外情况溢水而造成渗漏。

2. 排水装置

(1) 天沟：厂房的天沟分为外天沟和内天沟两种。

外天沟(也称檐沟)为槽形天沟板构成，内天沟有中间天沟和女儿墙内天沟两种。内天沟有钢筋混凝土槽形天沟和直接在钢筋混凝土屋面板上做“自然天沟”两种形式。当屋面为构件自防水时，因接缝不够严密，故应采用钢筋混凝土槽形天沟。

为使天沟内的雨、雪水顺利流向低处的雨水斗，沟底应分段设置坡度，一般为0.5%～1%，最大不宜超过2%，长天沟排水不宜小于0.3%。

(2) 雨水斗：雨水斗形式较多，如图16-32(*a*)所示；当采用“自然天沟”时，最好加设铁水盘与水斗配套使用，如图16-32(*b*)所示。当女儿墙内侧采用“自然天沟”时，可采用铸铁弯头水漏斗和铸铁箅装在女儿墙上，再经立管将雨水排下，如图16-32(*d*)所示。

雨水斗的间距要考虑每个雨水斗所能负担的汇水面积，一般为18～24m(长天沟除外)。少雨地区可增至30～36m，当采用悬吊管外排水时，最大间距为24m。

(3) 雨水管

雨水管目前常采用U-PVC塑料雨水管，管径选用ϕ100～200mm。一般可根据雨水管最大集水面积确定。雨水管用金属夹子固定在墙上或柱上，做法同民用建筑。

二、屋面防水

单层厂房的屋面防水主要有卷材防水、各种波形瓦(板)、压型钢板屋面和钢筋混凝土构件自防水等类型。应根据厂房的使用要求和防水、排水的有机关系，结合屋盖形式、屋面坡度、材料供应、地区气候条件及当地施工经验等因素来选择合适的防水形式。

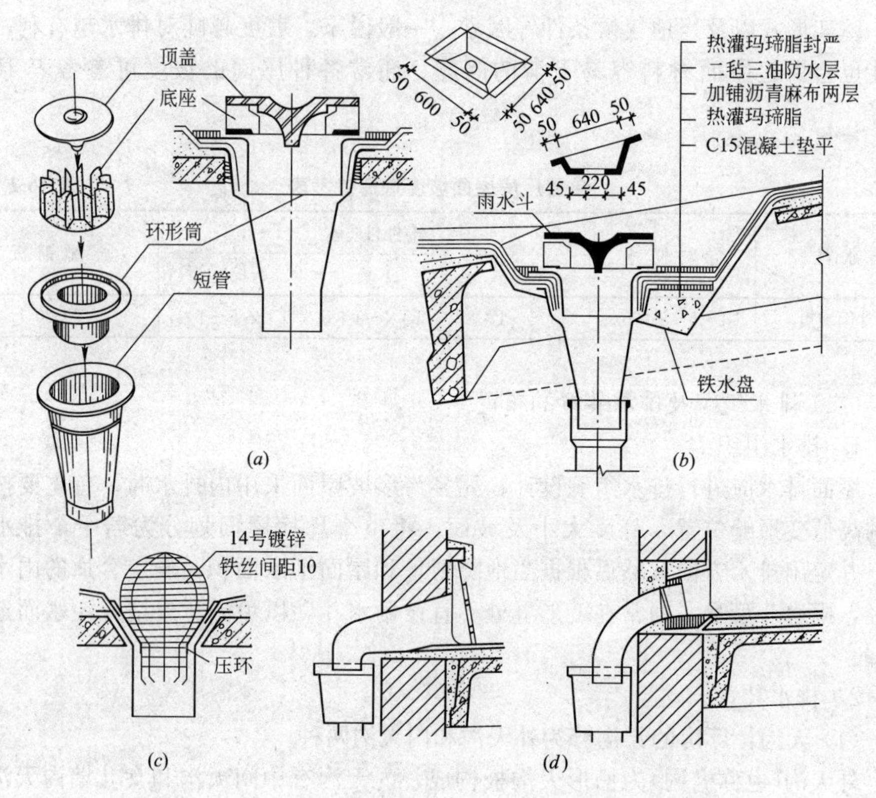

图 16-32　几种雨水斗的组成及构造

(*a*)铸铁雨水斗；(*b*)自然天沟的雨水斗；(*c*)钢丝球水斗；(*d*)女儿墙外落水出水口

（一）卷材防水屋面

单层厂房卷材防水屋面采用的防水卷材主要有高分子合成材料防水卷材、改性沥青防水卷材。由于厂房屋面荷载大、振动大且面积大，一旦基层变形过大时，易引起卷材拉裂，施工质量不高也容易引起渗漏。为防止屋面卷材开裂，常采用选择刚度大的构件，以增强屋面基层刚度和整体性，或采用改进构造做法，以适应基层变形等措施。

1. 接缝构造

大型屋面板相接处的缝隙，必须用C20细石混凝土灌缝填实。在无隔热(保温)层的屋面上，屋面板短边端肋的交接缝(即横缝)处的卷材被拉裂的可能性较大，应加以处理。一般采用在横缝上加铺一层干铺卷材延伸层的做法，效果较好(图16-33)。板的长边主肋的交接缝由于变形较小，一般不须特别处理。

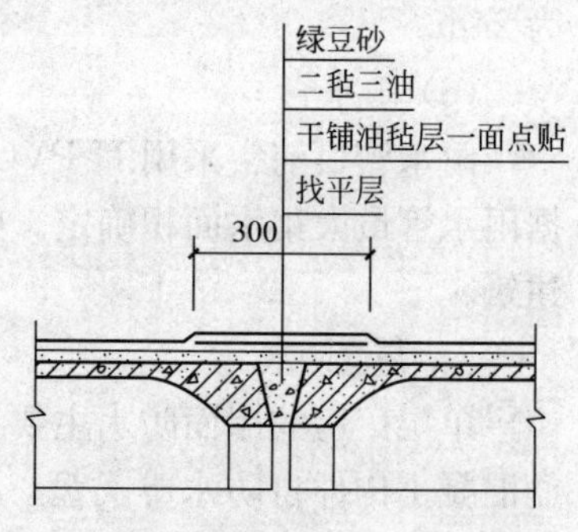

图 16-33　无隔热(保温)层的屋面板横缝处卷材防水层处理

2. 外天沟构造

外天沟的卷材防水层除与屋面相同以外，在天沟内应加铺一层卷材。雨水口周围应附加玻璃布两层。外天沟的防水卷材也应注意收头的处理，如图 16-34(*a*)所示。因天沟的檐壁较矮，为保证屋面检修、清灰的安全，可在沟外壁设铁栏杆，如图 16-34(*b*)所示。

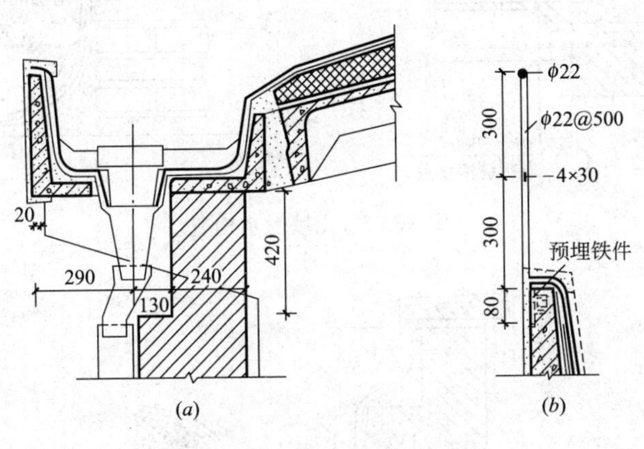

图 16-34　纵墙外天沟构造

3. 中间天沟构造

中间天沟设于等高多跨厂房的两坡屋面之间，一般用两块槽形天沟板并排布置。其防水处理、找坡等构造方法与纵墙内天沟基本相同。两块槽形天沟板接缝处的防水构造是将天沟卷材连续覆盖，如图 16-35(*a*)所示。图 16-35(*b*)为直接利用两坡屋面的坡度作成的 V 形“自然天沟”的构造。

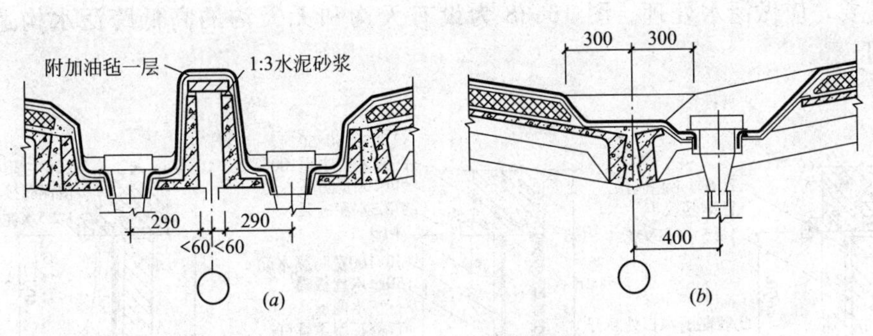

图 16-35　中间天沟构造

(*a*)槽形中间天沟；(*b*)自然天沟的中间天沟

4. 泛水构造

(1) 山墙泛水：山墙泛水的做法与民用建筑基本相同，主要应做好卷材收头处理和转折处理。振动较大的厂房，可在卷材转折处加铺一层卷材(图 16-36)，山墙一般应采用钢筋混凝土压顶，以利于防水和加强山墙的整体性。

(2) 纵向女儿墙泛水：当纵墙采用女儿墙形式时，应注意天沟与女儿墙交接处的防水处理。天沟内的卷材防水层应升至女儿墙上一定高度，并做好收头处理，做法与山墙泛水相似(图 16-37)。

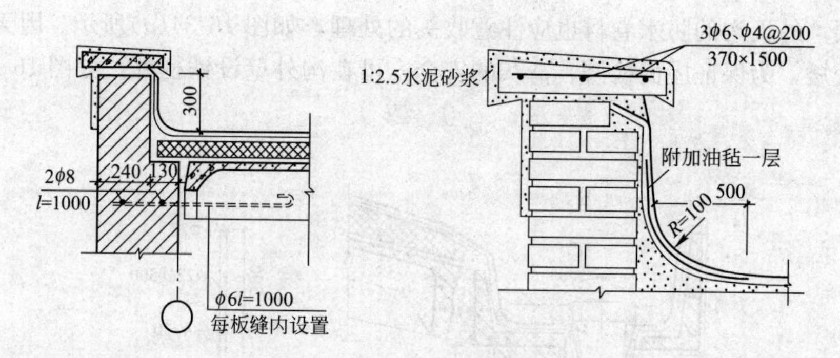

图 16-36　山墙泛水构造

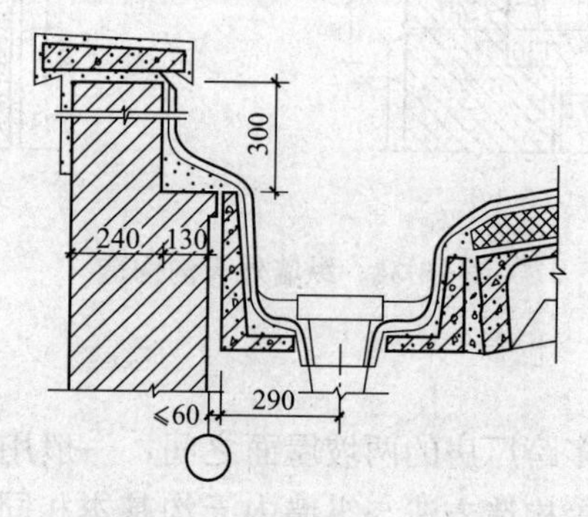

图 16-37　纵向女儿墙构造

(3) 高低跨泛水：在高低跨厂房中，低跨屋面与高跨侧墙交接处由于构造的需要，应做泛水处理。图 16-38 为设有天沟和无天沟的高低跨泛水构造示意图。

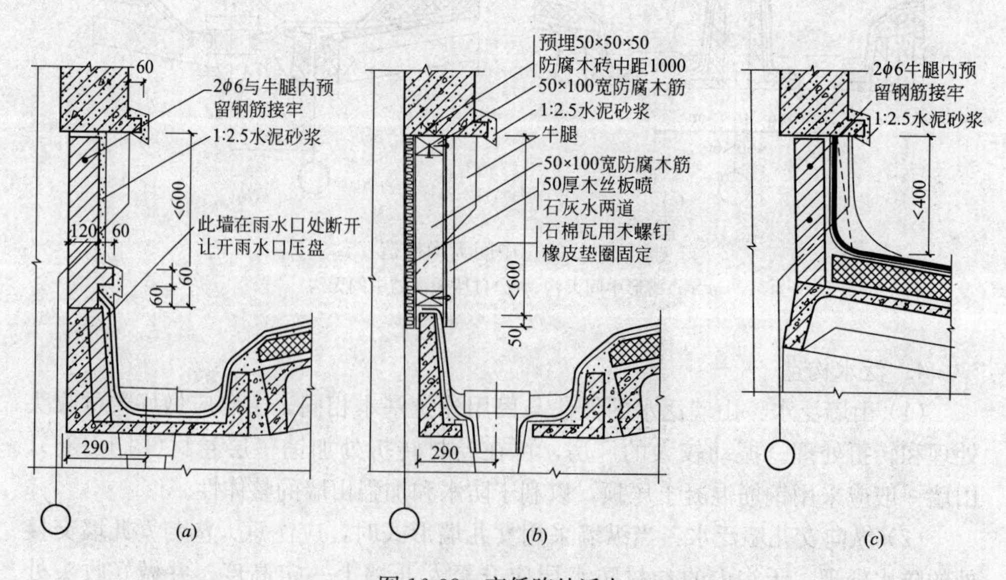

图 16-38　高低跨处泛水

(a)、(b)有天沟高低跨泛水；(c)无天沟高低跨泛水

(4) 变形缝泛水：屋面的横向变形缝处最好设置矮墙泛水，做法与民用建筑相似，如图 16-39(a)所示。如横向变形缝处不设矮墙泛水，其构造如图 16-39(b)所示。

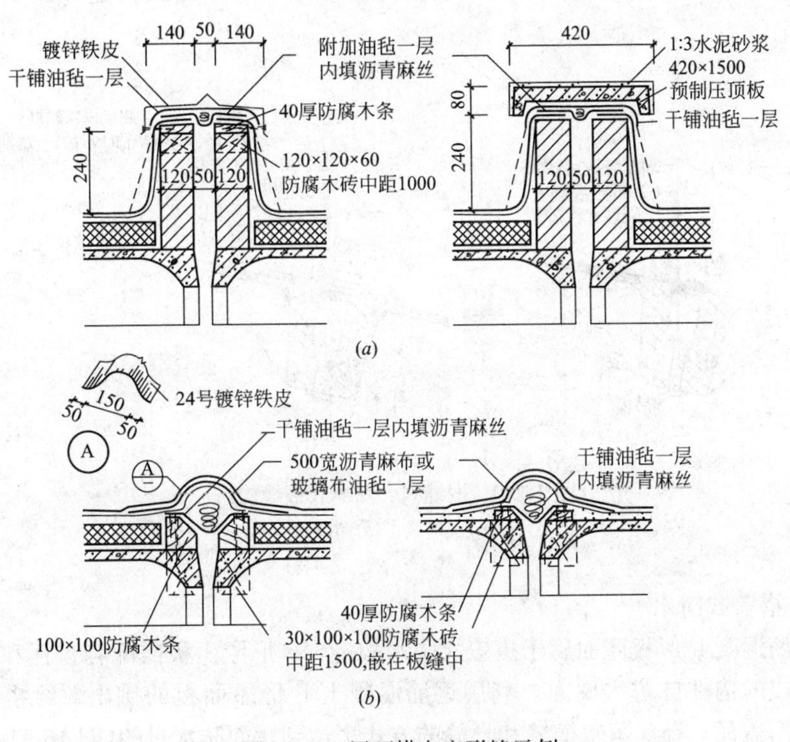

图 16-39　屋面横向变形缝示例

(a)有矮墙泛水；(b)无矮墙泛水

(二) 构件自防水屋面

构件自防水屋面是利用钢筋混凝土板、石棉水泥瓦、彩色钢板等板材自身的密实性和对板缝进行局部防水处理而形成防水的屋面。构件自防水屋面具有省工、省料、造价低和维修方便的优点。但也存在一些缺点，如混凝土易碳化、风化，板面后期易出现裂缝和渗漏，油膏和涂料易老化，接缝的搭盖处易产生飘雨等。构件自防水屋面主要在我国南方和中部地区应用。

钢筋混凝土构件自防水屋面板有钢筋混凝土屋面板、钢筋混凝土 F 形板。根据板的类型不同，其板缝的防水处理方法也不同，按其板缝的构造可分为嵌缝式、贴缝式和搭盖式等基本类型。

1. 嵌缝式防水

嵌缝式防水是利用钢筋混凝土屋面板作为防水构件，板缝用油膏等弹性防水材料嵌实的一种屋面。缝内应先清扫干净后用 C20 细石混凝土填实，浇捣时上口应预留 20～30mm 的凹槽，待干燥后刷冷底子油，填嵌缝油膏。嵌缝油膏的质量是保证板缝不渗漏的关键，要求有良好的防水性能、弹塑性、黏附性、耐热性、防冻性和抗老化性。图 16-40(a)为嵌缝式防水构造。

2. 贴缝式防水

贴缝式防水构造是在油膏等弹性防水材料灌实的板缝上粘贴若干层卷材，其防水效果较优于嵌缝式防水构造。贴缝的卷材在纵缝处只要采用一层卷材即可；在横缝和脊缝处，由于变形较大，宜采用二层卷材。贴缝式构造如图 16-40(*b*)所示。

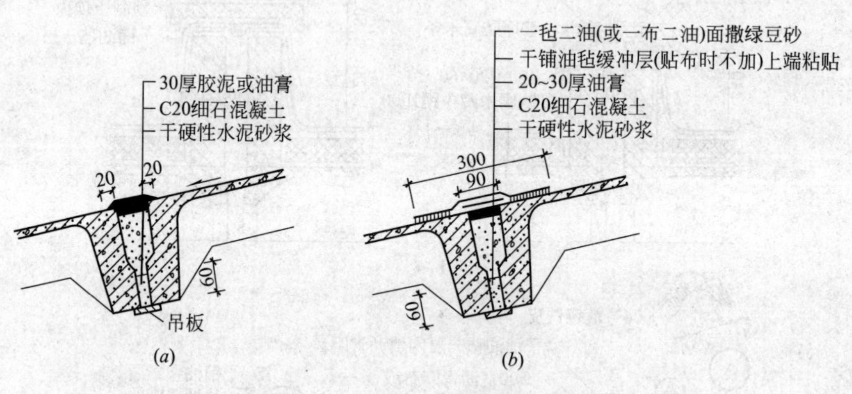

图 16-40 嵌缝式、贴缝式板缝构造
(*a*)嵌缝式；(*b*)贴缝式

3. 搭盖式防水

钢筋混凝 F 形板屋面属于搭盖式防水构造，F 形屋面板需配合盖瓦和脊瓦等附件组成的构件自防水屋面，利用钢筋混凝土 F 形屋面板的挑出翼缘搭盖住纵缝，利用盖瓦、脊瓦覆盖横缝和脊缝的方式来达到屋面防水目的(图 16-41)。

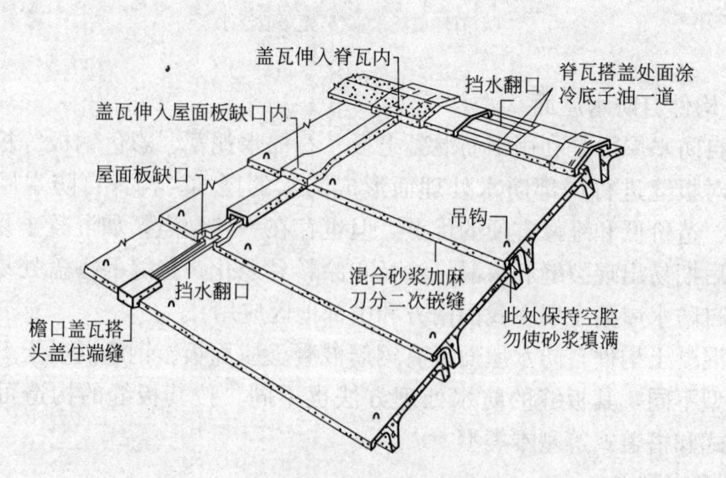

图 16-41 F 形板屋面的组成及防水原理

(三) 轻型屋面

轻型钢结构屋面宜采用具有轻质、高强、耐久、耐火、保温、隔热、隔声、抗震及防水等性能的建筑材料，同时要求构造简单、施工方便，并能工业化生产，目前常用的材料有彩色压型钢板、太空板、石棉水泥波瓦和镀锌铁皮波瓦。

轻型钢结构屋面多有檩体系，有檩体系宜采用冷弯薄壁型钢及高频焊接轻型H型钢。

1. 石棉水泥波瓦屋面

石棉水泥波瓦属于传统材料，其厚度薄，重量轻，施工简便，但易脆裂，耐久性、保温隔热性差，所以在高温、高湿、振动较大、积尘较多、屋面穿管较多的车间以及炎热地区厂房高度较小的冷加工车间不宜采用。主要用于一些仓库及对室内温度状况要求不高的厂房中。石棉水泥波瓦规格有大波、中波、小波瓦三种，工业厂房常采用大波瓦。

石棉水泥波瓦直接铺设在檩条上，檩条有钢筋混凝土檩条，钢檩条及轻钢檩条等。檩条间距应与石棉瓦的规格相适应，一般是一块瓦跨三根檩条，大波瓦的檩条最大间距为1300mm。石棉水泥波瓦与檩条的固定既要牢固，又要允许它有变形的余地。这是因为石棉水泥波瓦性脆，对温湿度收缩及振动的适应力差，所以固定不能太紧，其做法是用挂钩保证固定，用卡钩保证可变形，同时挂钩也是柔性连接，可允许少量位移。挂钩的位置应设在石棉水泥波瓦的波峰上，以免漏水，并应预先钻孔，孔径较挂钩直径大2～3mm，以利变形和安装。镀锌卡钩可免去钻孔，漏雨等缺点，瓦材的伸缩性也较好，缺点是不如挂钩连接牢固，一般情况下，除檐口、屋脊等部位外，其余最好用卡钩与檩条连接(图16-42)。

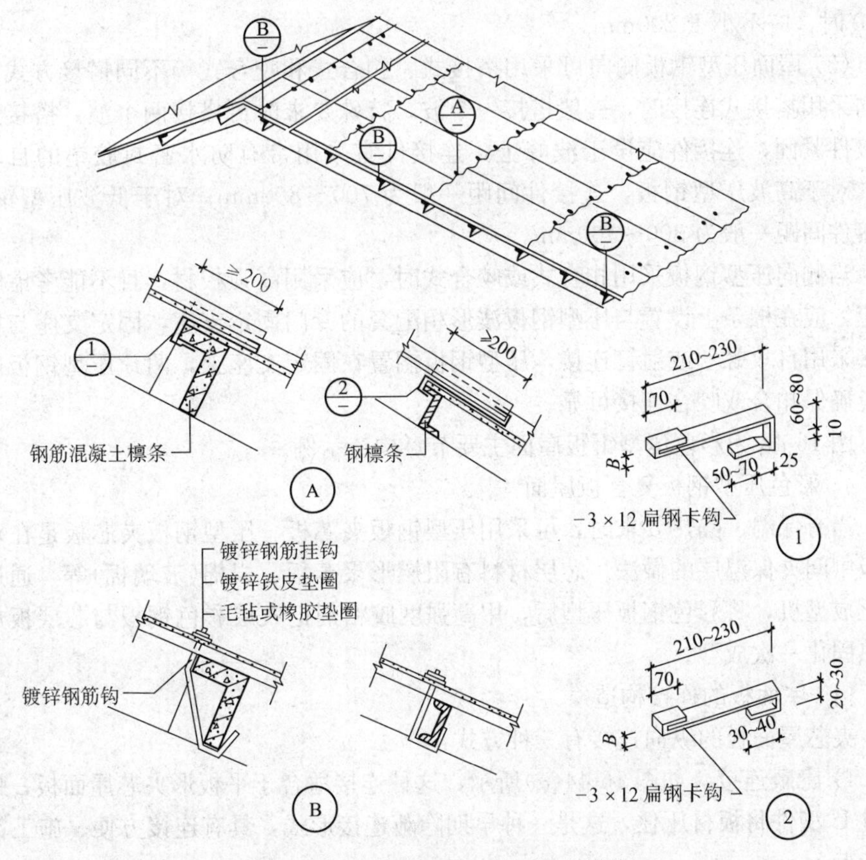

图16-42　石棉水泥波瓦的固定与搭接

石棉水泥波瓦侧向搭接为一个半波，并且搭接方向应顺主导风向。瓦的上下搭接长度不小于200mm。在檐口处其挑出长度不大于300mm。

2. 镀锌铁皮波瓦屋面

镀锌铁皮波瓦是较好的轻型屋面材料，它抗震性能好，在高烈度地震区应用比大型屋面板优越。适合一般高温工业厂房和仓库。镀锌铁皮波瓦的侧向塔接一般为一个波，上下搭接、固定铁件以及固定方法基本与石棉水泥波瓦相同，但其与檩条连接较石棉水泥波瓦紧密。屋面坡度比石棉水泥波瓦屋面小，一般为1/7。

3. 彩色压型钢板屋面

彩色压型钢板是目前轻型屋面有檩体系中应用最广泛的屋面材料，具有轻质、高强、美观、耐用、施工简便、抗震、防火等特点。单层板的自重为0.10～0.18kN/m²，目前压型钢板的加工和安装已达到标准化、工厂化、装配化，安装压型钢板时应注意以下几点：

(1) 屋面压型钢板的厚度宜取0.4～1.6mm，压型钢板宜采用长尺板材，以减少板长方向的搭接。

(2) 压型钢板长度方向的搭接必须与支承构件(即檩条)有可靠的连接，搭接部位应设防水密封胶带。单层压型钢板的搭接长度：当波高≥70mm时，应不小于350mm；当波高＜70mm，屋面坡度＜1/10时，应不小于250mm；屋面坡度＞1/10时，应不小于200mm。

(3) 屋面压型钢板侧向可采用搭接式、扣合式和咬合式等不同搭接方式。当侧向采用搭接式连接时，一般搭接一个波，特殊要求时可搭接两个波。搭接处用连接件紧固，连接件应设于波峰上，连接件宜采用带有防水密封胶垫的自攻螺丝。对于高波压型钢板，连接件间距一般为700～800mm；对于低波压型钢板，连接件间距一般为300～400mm。

当侧向压型钢板采用扣合式或咬合式时，应采用高强板材，且不能考虑蒙皮效应，应在檩条上设置与压型钢板波形相配套的专门固定支座，固定支座与檩条连接采用自攻螺丝或射钉连接，压型钢板搁置在固定支座上，两片压型钢板的侧边应确保扣合或咬合连接可靠。

图16-43为彩色压型钢板屋面主要节点构造示例。

4. 彩色压型钢板复合板屋面

当有保温、隔热要求时，可采用压型钢板夹芯板。压型钢板夹芯板是在双层钢板中间夹保温层的做法。芯层材料有阻燃形聚苯板、岩棉(玻璃棉)等，通过自动化成型机，将彩色钢板压型后，用高强度胶粘剂把表层彩色钢板与芯层板加压加热固化一次成型。

(1) 屋面板的连接构造

夹芯屋面板的纵向连接有三种方式：

1) 隐蔽连接：如图16-44(*a*)所示，这种连接适合于平板形夹芯屋面板，螺栓通过U型件将板材压住，这是一种早期隐蔽连接形式，具有连接方便、施工简单的特点。

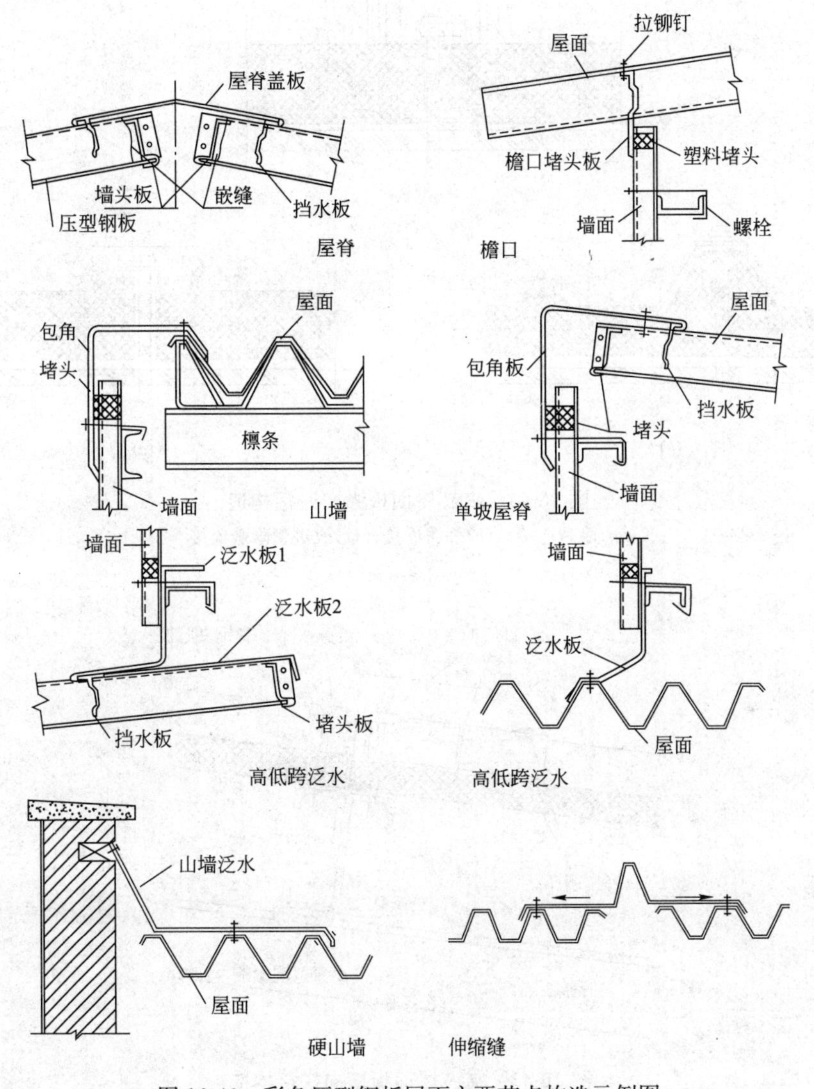

图 16-43　彩色压型钢板屋面主要节点构造示例图

2）改进型隐蔽连接：如图 16-45(*c*)所示，这种连接改变了平板夹芯板作屋面时现场人工翻边不易控制，造成渗水现象，改善了防水效果，使连接更可靠、更方便。

3）外露连接：如图 16-44(*b*)所示，这种连接适合于波形夹芯屋面板。其连接点多，可每波连接也可间隔连接，用自攻螺钉穿透连接，自攻螺钉六角头下设有带防水垫的倒槽形盖片，加强了连接点的抗风能力。

夹芯屋面板的横向连接采用搭接连接，上、下板使用拉铆钉及硅胶进行封闭处理，如图 16-45 所示。

(2) 挑檐、天沟、屋脊构造

1）自由落水檐口：自由落水檐口的屋面板的切口面应做封包处理，封包件与上层板宜做顺水搭接，封包件的下端需做滴水处理。此外，墙面与屋面板交接处应做封闭处理，屋面板与墙面板相重合处宜设泡沫条找平封闭，如图 16-46 所示。

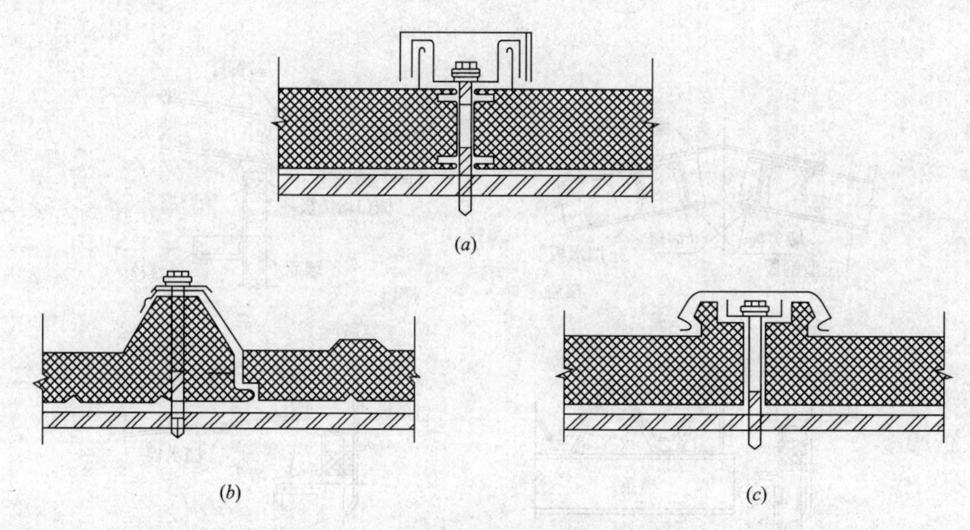

图 16-44　夹芯屋面板纵向连接构造

(a)隐蔽连接；(b)外露连接；(c)改进型隐蔽连接

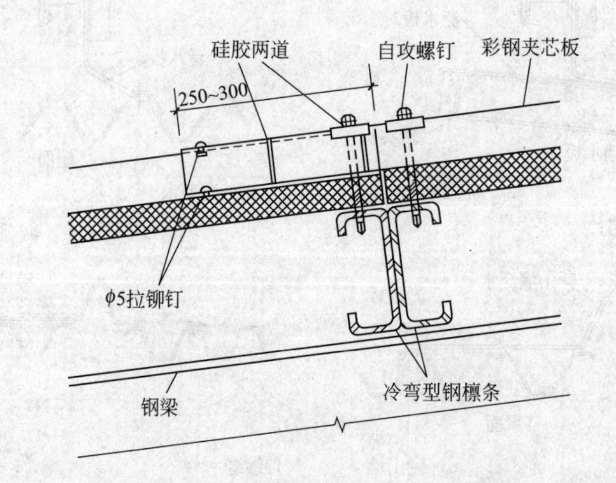

图 16-45　夹芯屋面板横向搭接构造

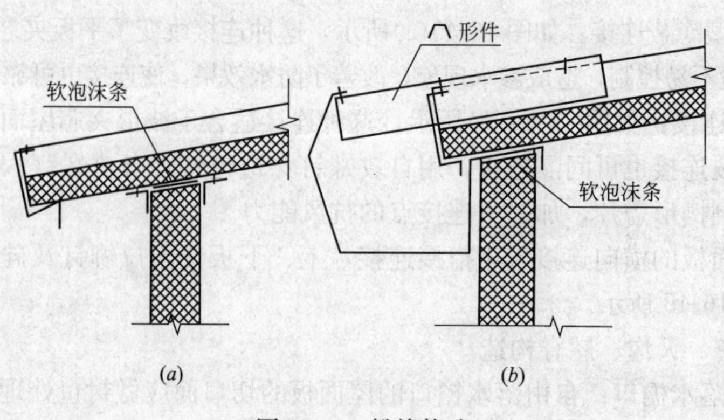

图 16-46　挑檐构造

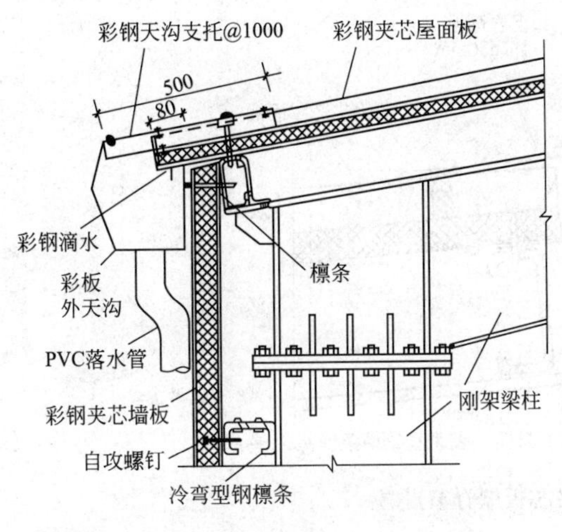

图 16-47 外排水天沟檐口节点

2）外排水天沟构造：外排水天沟多采用多彩板制作，一端由墙支撑，一端由屋面板上伸出的槽形件支撑。屋面板挑出天沟内壁不小于 50mm，其端头应用彩板封包并做成滴水。如图 16-47 所示。

3）内天沟构造：内天沟一般应用 3mm 厚钢板制作，天沟外壁应高于屋面板端头高度，并应在墙板内壁做泛水。天沟的两端应做出溢水口，天沟底部应用夹芯板做保温层，内天沟构造如图 16-48 所示。

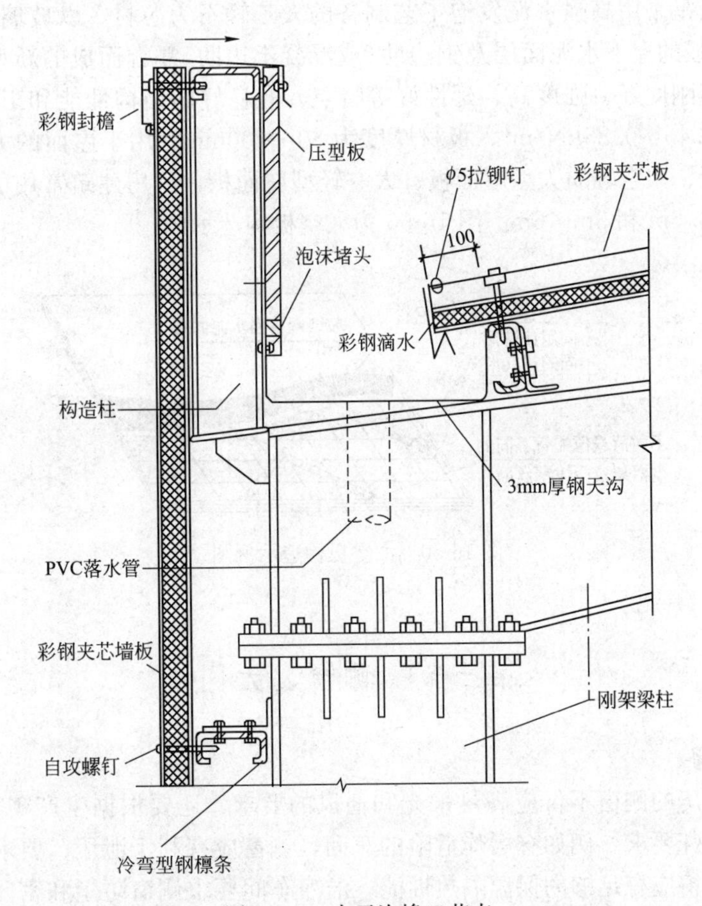

图 16-48 内天沟檐口节点

4）屋脊构造：夹芯板的屋脊构造与压型钢板屋脊类似，做法如图 16-49 所示。

5. 太空板屋面

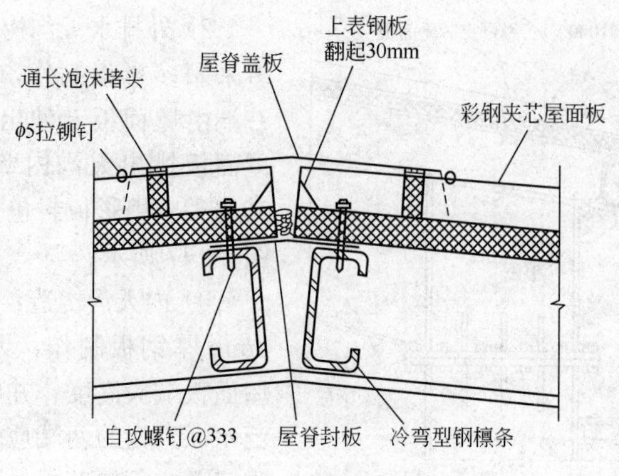

图 16-49　夹芯板屋脊节点

太空板是采用高强水泥发泡工艺制备的人工轻石为芯材，以玻璃纤维网（或纤维束）增强的上下水泥面层及钢边肋（或混凝土边肋）复合而成的新型轻质屋面板材，具有刚度好、强度高、延性好等特点，有良好的结构性能和工程应前景。其自重为 0.45～0.85kN/m²，板材厚度为 80～200mm。用于屋面的太空板分为太空网架板、太空轻质大型屋面板、太空轻型屋面板，厂房建筑常用的太空板尺寸为 1.5m×6m 和 3m×6m。图 16-50 为太空板构造示例。

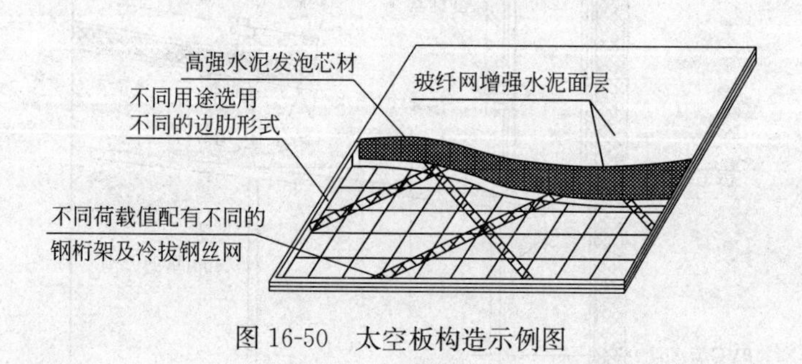

图 16-50　太空板构造示例图

第三节　侧窗、大门

一、侧窗

单层厂房的侧窗不仅应满足采光和通风的要求，还要根据生产工艺的特点，满足一些特殊要求。例如有爆炸危险的车间，侧窗应有利于泄压；要求恒温恒湿的车间，侧窗应有足够的保温隔热性能；洁净车间要求侧窗防尘和密闭等。单层厂房侧窗的另一特点是面积比较大，因此，设计与构造上应在坚固耐久、开关方便的前提下，节省材料、降低造价。

（一）侧窗布置形式及窗洞尺寸

单层厂房侧窗一般为单层窗，但在寒冷地区的采暖车间，室内外计算温差大于 35℃时，距地 3m 以内应设双层窗。若生产有特殊要求（如恒温恒湿、洁净车间等)，则应全部采用双层窗。

单层厂房外墙侧窗布置形式一般有两种：一种是被窗间墙隔开的单独的窗口形式；另一种是厂房整个墙面或墙面大部分做成大片玻璃墙面或带状玻璃窗。

单层厂房侧窗面积较大，因此，侧窗大多为拼框组合窗。金属侧窗的组合窗需设置拼樘构件(横档和竖梃)，拼樘构件的形式和规格，应根据组合形式和跨度来选择。

(二) 侧窗类型

单层工业厂房侧窗按材料分有木侧窗、钢窗、铝合金窗、塑料窗等；按开启方式分有中悬窗、平开窗、立旋窗、固定窗等。

1. 中悬窗

开启角度可达 80°，并可利用自重保持平衡。这种窗便于采用侧窗开关器进行启闭，因此，是车间外墙上部理想的窗型。中悬窗还可作为泄压窗，调整其转轴位置，使转轴位于窗扇重心之上，当室内达到一定的压力时，便能自动开启泄压。中悬窗的缺点是构造较复杂，窗扇周边多有缝隙，易产生飘雨现象。

2. 平开窗

通风效果好，构造简单，开关方便，便于做成双层窗。但防雨较差，风雨大时易从窗口飘进雨水。此外，这种窗不便于设置联动开关器，不宜布置在较高部位，通常布置在外墙的下部。

图 16-51 单层厂房的侧窗组合示例图

3. 立旋窗

窗扇沿垂直轴转动。这种窗可装置联动开关设备，启闭方便，并能按风向来调节开启角度，通风性能较好，缺点是密闭性差。常用于热加工车间的外墙下部，作为避风口。

4. 固定窗

构造简单，节省材料，造价较低。常用在较高外墙的中部侧窗，有防尘密闭要求的侧窗，也多做成固定窗，以避免缝隙渗透。

综合上面所述，根据车间通风需要，一般厂房常将平开窗、中悬窗和固定窗组合在一起组成单层厂房的侧窗(图 16-51)。为了便于安装开关器，侧窗组合时，在同一横向高度内，宜采用相同的开启方式。

二、大门

(一) 大门类型

厂房大门按用途可分为：一般大门和特殊大门。特殊大门是根据特殊要求设计的，有保温门、防火门、冷藏门、射线防护门、防风纱门、隔声门、烘干室门等。按门扇制作材料可分为：木门、钢板门、钢木门、空腹薄壁钢板门和铝合金门等。按开启方式可分为：平开门、平开折叠门、推拉门、推拉折叠门、上翻门、升降门、卷帘门、偏心门、光电控制门等(图 16-52)。

1. 平开门

平开门是单层厂房常用的一种大门，其构造简单，开启方便。为便于疏散和

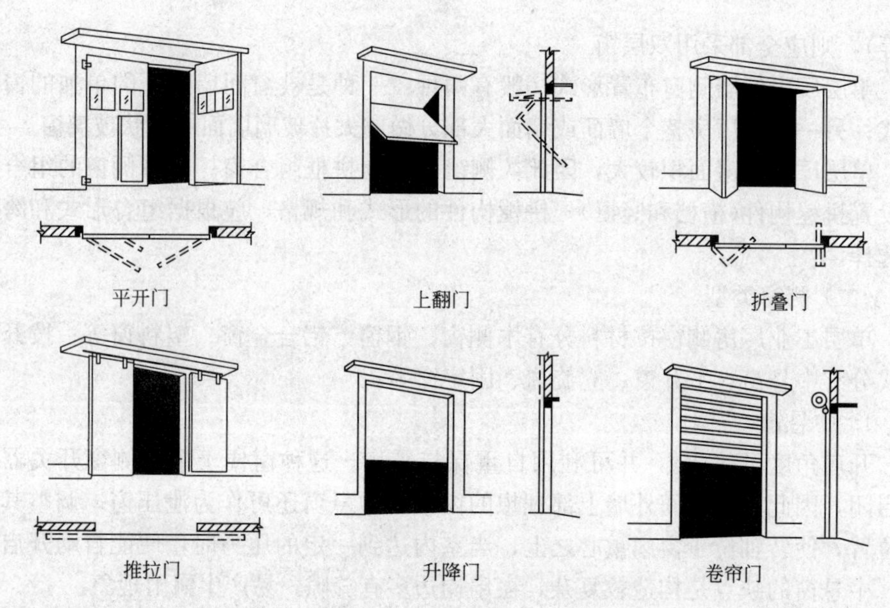

图 16-52 几种常见开启方式的厂房大门

节省车间使用面积，平开门应向外开启，并设置雨篷，以保护门扇和方便出入。厂房中的平开门均为两扇，大门扇上可开设一扇供人通行的小门，以便在大门关闭时使用。

由于厂房大门尺寸较大，平开门受力状态较差，易产生下垂或扭曲变形，须用斜撑等进行加固，尺寸过大时不宜采用平开门。

2. 平开折叠门

较宽的平开门，为了减小门扇用料和占地面积，可将门扇做成四扇或六扇，每边两扇或三扇门扇之间用铰链固定，可自由水平折叠开启，使用灵活方便。关闭时分别用插销固定，以防门扇变形和保证大门刚度。

3. 推拉门

推拉门也是单层厂房中采用较广泛的大门形式之一。推拉门的开关是通过滑轮沿着导轨向左右推拉，门扇受力状态好，构造简单，不易变形。推拉门一般为两樘门扇，当门洞宽度较大时可设多樘门扇，分别在各自的轨道上推行。门扇因受室内柱子的影响，一般只能设在室外一侧。因此，应设置足够宽度的雨篷加以保护。推拉门的密闭性较差。故不宜用于密闭要求高的车间。

4. 折叠门

折叠门是由几个较窄的门扇互相间以铰链连接而成。门洞的上下设有导轨，开启时门扇沿导轨左右推开，使门扇折叠在一起。此门开启轻便，占用的空间较少，适用于较大的门洞。折叠门按门扇转轴的位置不同又可分为中轴旋转和边轴旋转两种形式，又称为中悬式和侧悬式折叠门。

5. 上翻门

上翻门开启时整个门扇翻到门顶过梁的下面，不占车间使用面积，可避免大风及车辆造成门扇碰损破坏，门扇开启不受厂房柱子影响，常用于车库大门。

上翻门按导轨的形式和门扇的形式又分为重锤直轨吊杆上翻门、弹簧横轨杠杆上翻门和重锤直轨折叠上翻门。

6. 升降门

升降门开启时门扇沿导轨向上升。门洞高时可沿水平方向将门扇分为几扇。这种门不占使用空间，只需在门洞上部留有足够的上升高度。开启方式宜采用电动开启，也可用平衡锤手动开启。升降门适用于较高大的大型厂房。

7. 卷帘门

卷帘门的帘板(页板)由薄钢板或铝合金冲压成型，开启时由门上部的转轴将帘板卷起，这种门的高度不受限制。卷帘门有手动和电动两种，当采用电动时必须设置停电时手动开启的备用设施。卷帘门制作复杂，造价较高，适用于非频繁开启的高大门洞。

(二) 大门构造

工业厂房各类大门的构造各不相同，一般均有标准图可供选择。以下着重介绍平开门及推拉门的构造。

1. 平开门构造

单层厂房的平开门是由门框、门扇与五金配件组成。平开门的洞口尺寸一般不宜大于 3600mm×3600mm。门扇有木制、钢板、钢木混合等几种。门框材料一般均为钢筋混凝土(图 16-53)，门框由上框和边框构成。上框可利用门顶的钢筋混凝土过梁兼作，边框常为钢筋混凝土边框柱，用以固定门铰链。图 16-54 为钢木平开大门构造示例。

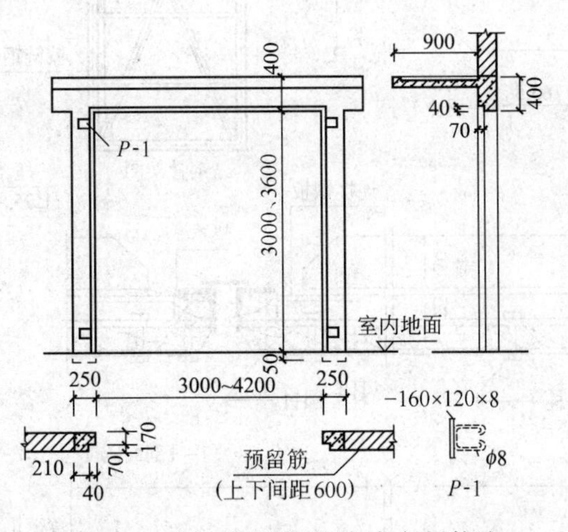

图 16-53　钢筋混凝土门框与过梁构造

2. 推拉门构造

推拉门由门框、门扇、上导轨、下导轨(或导饼)和滑轮组成。门扇可采用钢木门扇、钢板门扇和空腹薄壁钢板门等。门框一般均由钢筋混凝土制作。推拉门按门扇的支承方式又分为上挂式(由上导轨承受门的重量)和下滑式(由下导轨承受门的重量)两种。一般多采用上挂式；当门扇高度大于 4m，且重量较重时，则应采用下滑式。图 16-55 为上挂式推拉门构造示例。

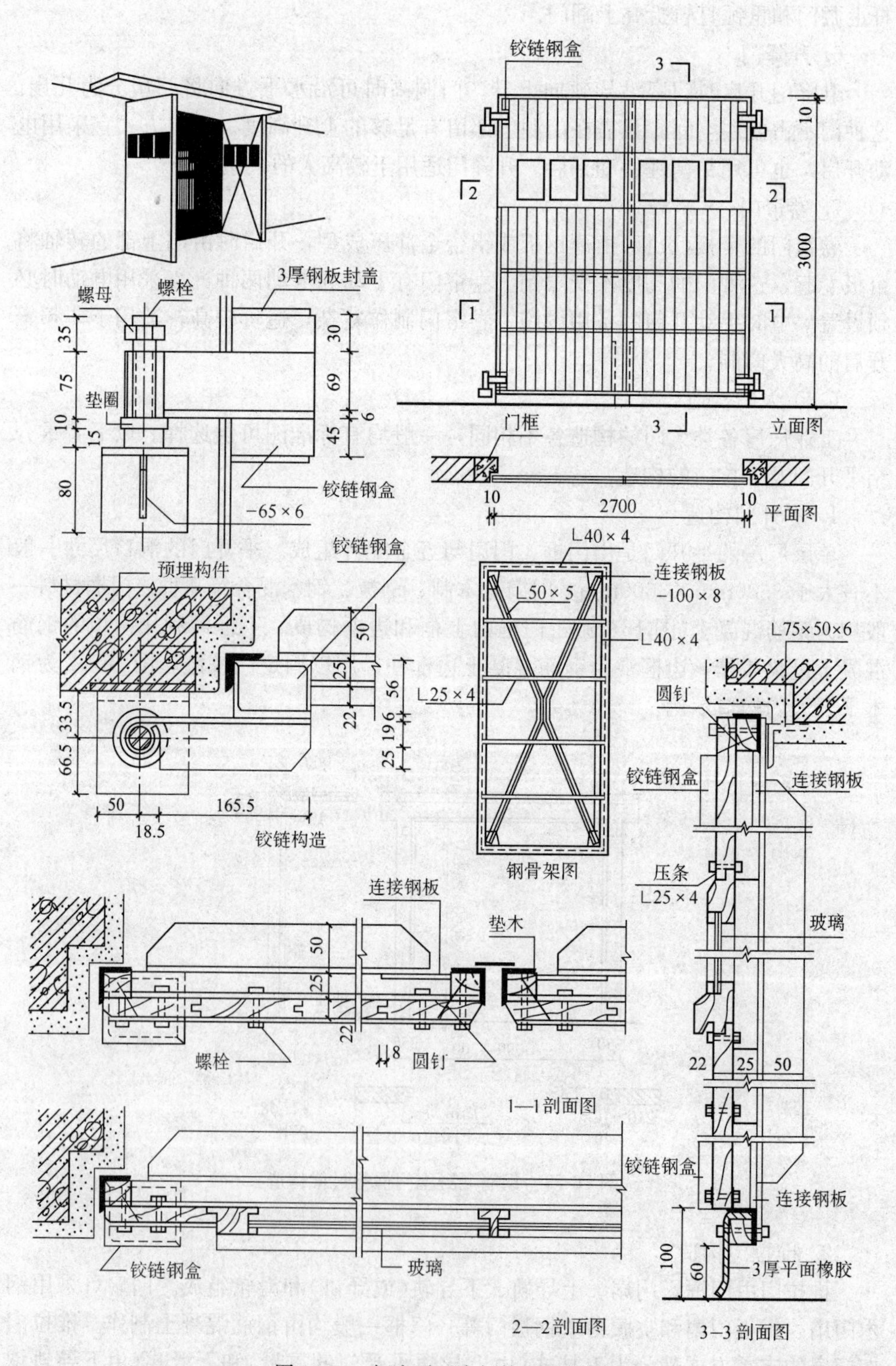

图 16-54　钢木平开大门构造示例图

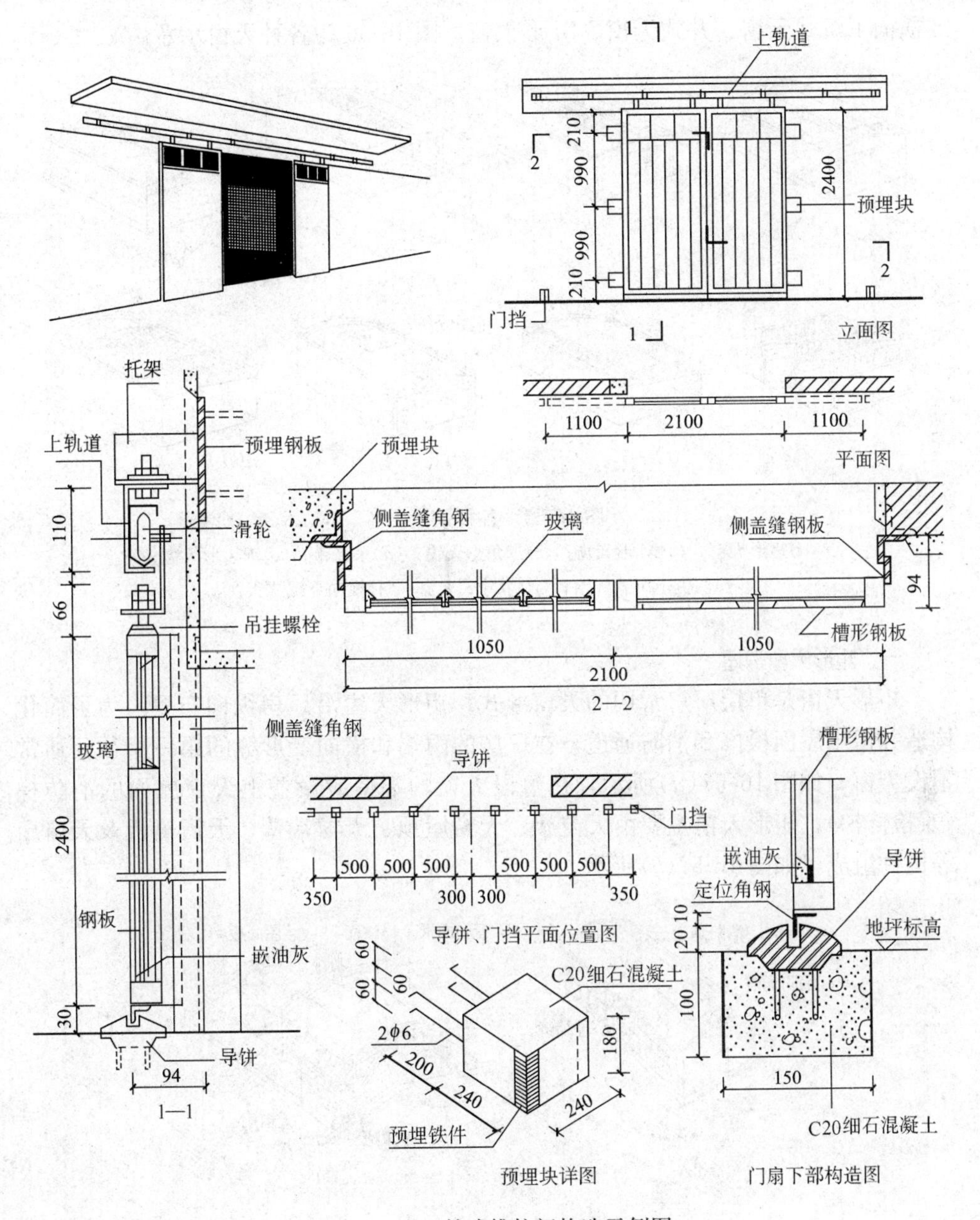

图 16-55 上挂式推拉门构造示例图

第四节 厂 房 天 窗

大跨度或多跨的单层厂房中，为满足天然采光与自然通风的要求，屋面上常设置各种形式的天窗，这些天窗按功能可分为采光天窗与通风天窗两大类型，但大部分天窗都同时兼有采光和通风双重作用。

单层厂房天窗形式中，主要用作采光的有：矩形天窗、锯齿形天窗、平天窗、三角形天窗、横向下沉式天窗等；主要用作通风的有：矩形避风天窗、纵向或横向下沉式天窗、井式天窗、M形天窗。图16-56为各种天窗示意。

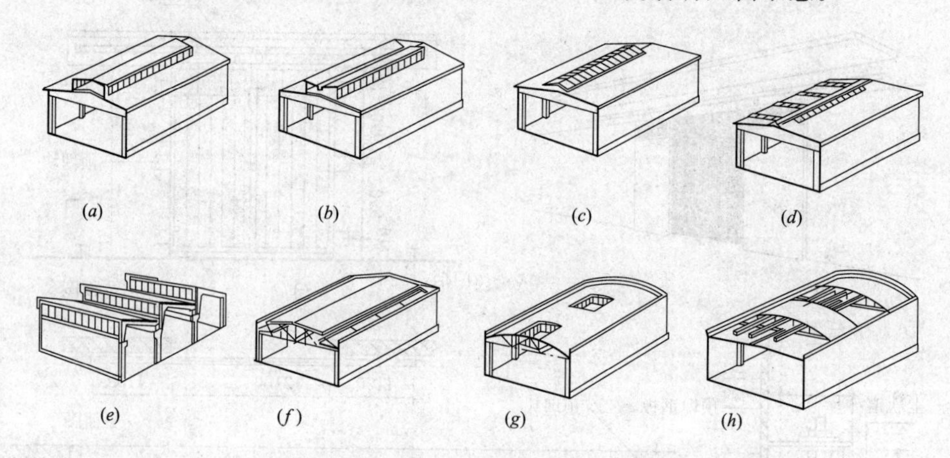

图16-56　各种天窗示意

(*a*)矩形天窗；(*b*)M形天窗；(*c*)三角形天窗；(*d*)采光带；(*e*)锯齿形天窗；(*f*)两侧下沉式天窗；(*g*)中井式天窗；(*h*)横向下沉式天窗

一、矩形天窗构造

矩形天窗是单层厂房常用的天窗形式。矩形天窗沿厂房纵向布置，为了简化构造并留出屋面检修和消防通道，在厂房的两端和横向变形缝的第一个往间通常不设天窗，如图16-57(*a*)所示，在每段天窗的端壁应设置上天窗屋面的消防梯(兼检修梯)。矩形天窗主要由天窗架、天窗屋顶、天窗端壁、天窗侧板及天窗扇等构件组成，如图16-57(*b*)所示。

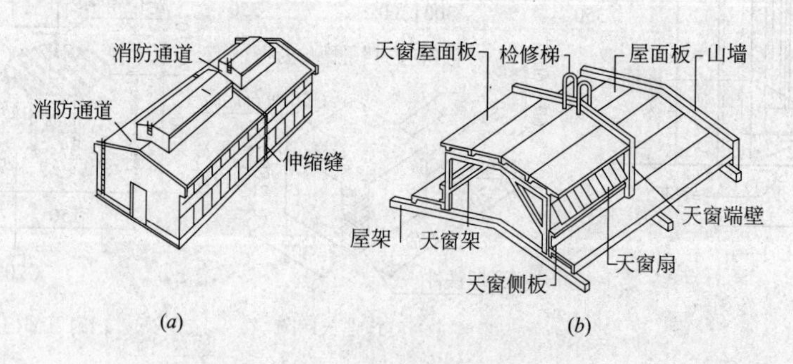

图16-57　矩形天窗布置与组成

(*a*)矩形天窗布置与消防通道；(*b*)矩形天窗的组成

(一) 天窗架

天窗架是天窗的承重构件，它支承在屋架或屋面梁上，有钢筋混凝土和钢天窗架两种。钢天窗架多用于钢屋架上，钢筋混凝土天窗架则要与钢筋混凝土屋架配合使用。

钢筋混凝土天窗架的形式较多(图16-58)。天窗架的跨度采用扩大模数30M系列，目前有6、9、12m三种；天窗架的高度是与根据采光通风要求选用的天窗扇的高度配套确定的。

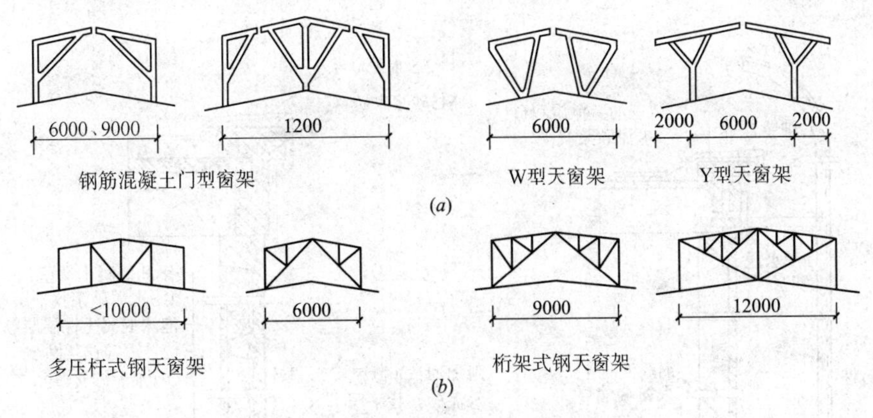

图 16-58　天窗架形式

(a)钢筋混凝土天窗架；(b)钢天窗架

（二）天窗屋顶及檐口

由于天窗宽度和高度一般均较小，所以天窗屋顶多采用自由落水，天窗檐口一般挑出长度为300～500mm。檐口下部的屋面上须铺设滴水板，以保护厂房屋面。雨量多的地区或天窗高度和宽度较大时，宜采用有组织排水。一般可采用带檐沟的屋面板或天窗架的钢牛腿上铺槽形无沟板，以及屋面板的挑檐下悬挂镀锌铁皮或石棉水泥檐沟等三种做法(图 16-59)。

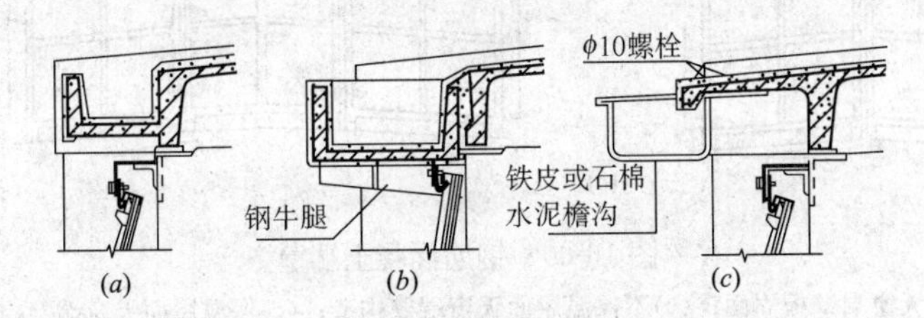

图 16-59　有组织排水的天窗檐口

(a)带檐沟的屋面板；(b)钢牛腿上铺天沟板；(c)挑檐板挂铁皮檐沟

（三）天窗端壁

天窗两端的封墙称为天窗端壁，天窗端壁通常采用预制钢筋混凝土端壁和石棉水泥波瓦端壁。

1. 钢筋混凝土天窗端壁

预制钢筋混凝土端壁板可代替天窗架。这种端壁板既可支承天窗屋面板，又可起到封闭尽端的作用，是承重与围护合一的构件。根据天窗宽度不同，端壁板由两块或三块拼装而成如图 16-60(a)所示，它焊接固定在屋架上弦中心线的内侧，屋架上弦中心线的另一侧搁置相邻的屋面板。端壁板上下部与屋面板的空隙，应采用 M5 砂浆砌砖填补，端壁板下部与屋面交接处应作泛水处理，如图 16-60(b)、(c)所示。

2. 石棉水泥波瓦天窗端壁

石棉水泥波瓦或其他波形瓦作天窗端壁，可减轻屋盖荷重，但这种端壁构件

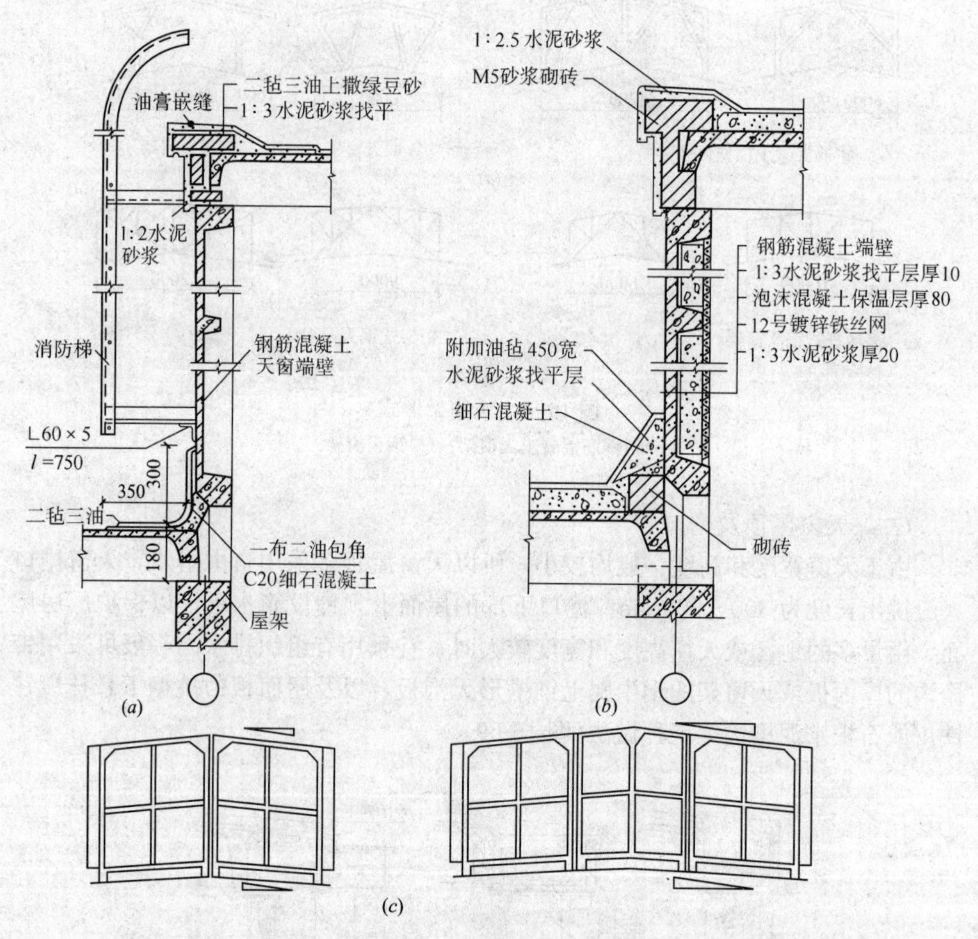

图 16-60　钢筋混凝土端壁

(a)天窗端壁板立面；(b)不保温屋面天窗端壁构造；(c)保温屋面天窗端壁构造

琐碎，施工较复杂。

石棉水泥波瓦挂在由天窗架外挑出的角钢骨架上(图 16-61)，需做保温时，一般在天窗架内侧挂贴刨花板、聚苯乙烯板等板状保温层；高寒地区还需注意檐口及壁板边缘部位保温层的严密，避免冷桥。

(四) 天窗侧板

天窗侧板是天窗下部的围护构件。它的主要作用是防止屋面的雨水溅入车间以及不被积雪挡住天窗扇开启。屋面至侧板顶面的高度一般应大于 300mm，多风雨或多雪地区应增高至 400～600mm(图 16-62)。

(五) 天窗扇

天窗扇有钢制和木制两种。钢天窗扇具有耐久、耐高温、挡光少、不易变形、关闭严密等优点，因此，工业建筑中常用钢天窗扇。

钢天窗扇的开启方式有上悬式钢天窗、中悬式钢天窗。

1. 上悬式钢天窗扇

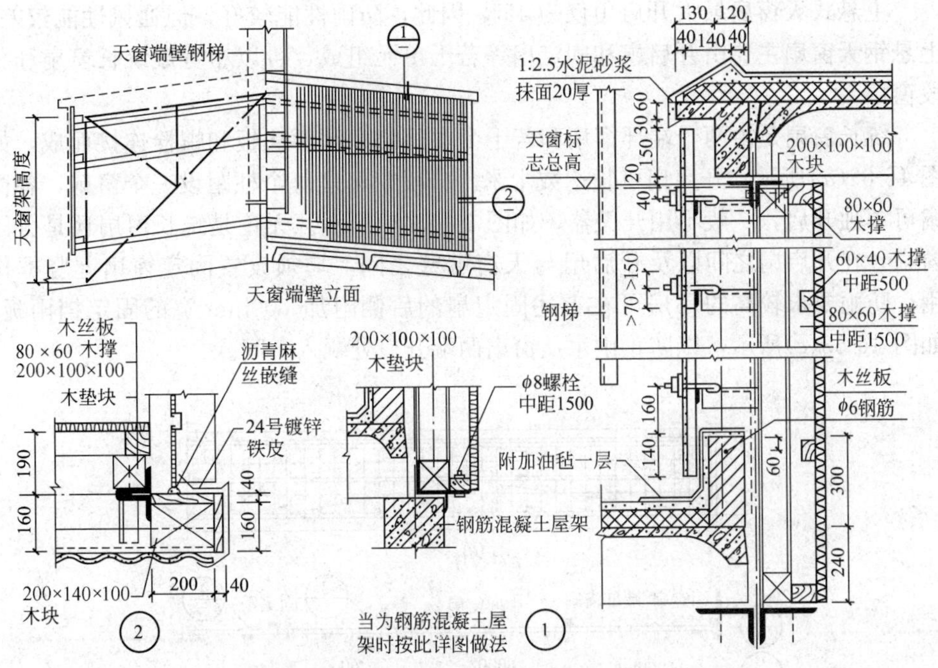

图 16-61　石棉水泥瓦天窗端壁构造(有保温)

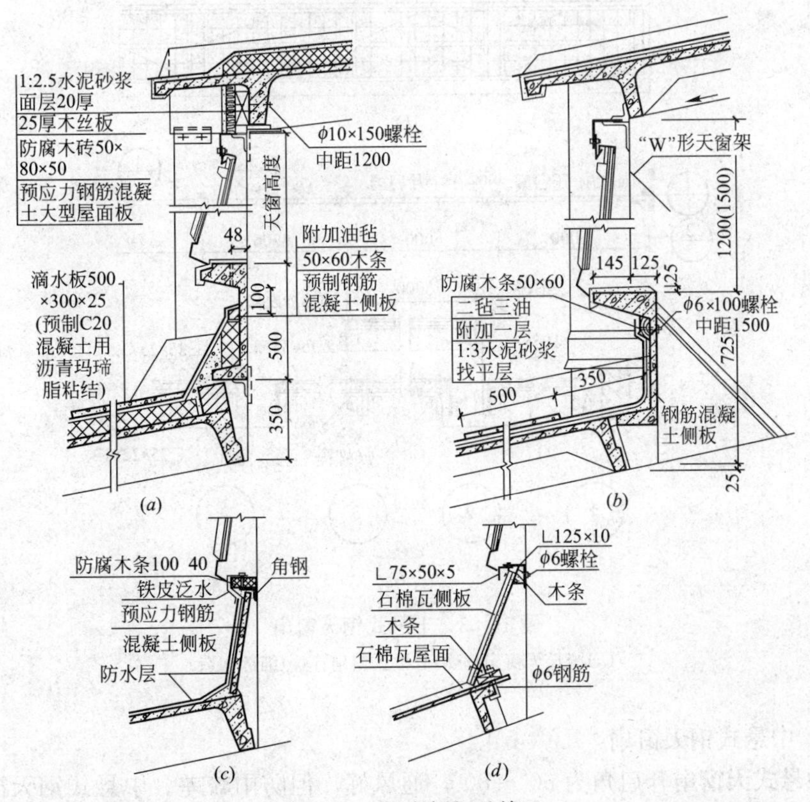

图 16-62　天窗侧板及檐口

(*a*)Π形钢筋混凝土天窗架天窗侧板及檐口(保温方案)；(*b*)W形钢筋混凝土天窗架天窗侧板及檐口(非保温方案)；(*c*)预应力混凝土平板侧板；(*d*)石棉水泥波瓦侧板

上悬式天窗扇最大开启角仅为 45°，因此，防雨性能较好，但通风性能较差；上悬钢天窗扇主要由开启扇和固定扇等若干单元组成，可以布置成统长窗扇和分段窗扇。

统长窗扇是由两个端部窗扇和若干个中间窗扇利用垫板和螺栓连接而成，如图 16-63(*a*)所示，开启扇可长达数十米。分段窗扇是每个柱距设一个窗扇，各窗扇可单独开启，一般不用开关器，如图 16-63(*b*)所示。无论是统长窗扇还是分段窗扇，在开启扇之间以及开启扇与天窗端壁之间，均须设置固定窗扇起竖框作用。防雨要求较高的厂房可在上述固定扇的后侧附加 600mm 宽的固定挡雨板，如图 16-63(*c*)所示，以防止雨水从窗扇两端开口处飘入车间。

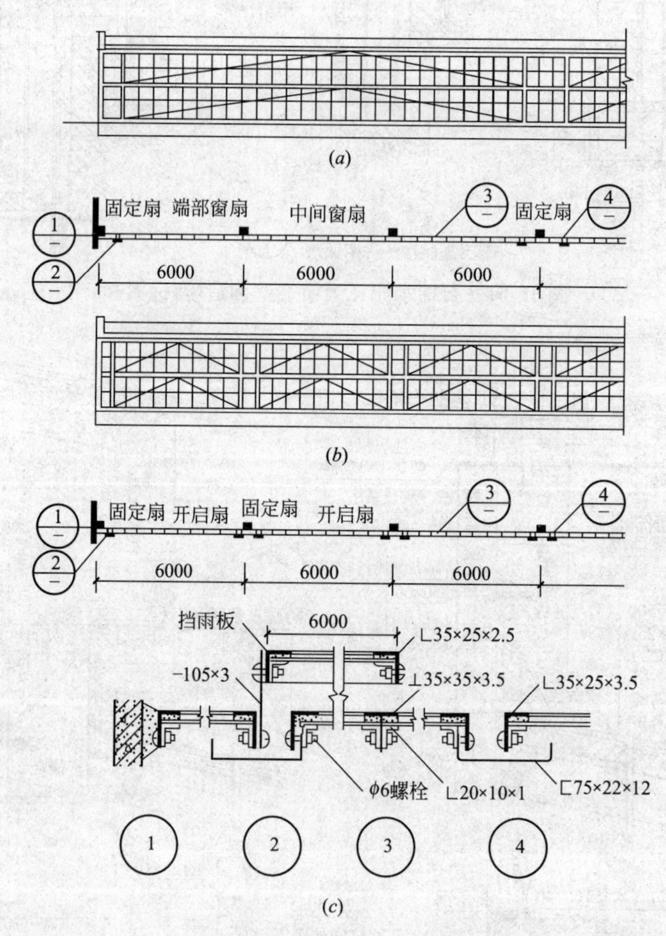

图 16-63　上悬式钢天窗扇

(*a*)统长天窗扇；(*b*)分段天窗扇；(*c*)细部构造

2. 中悬式钢天窗扇

中悬式天窗扇开启角为 60°～80°，通风好，但防雨较差。中悬式钢天窗因受天窗架的阻挡和转轴位置的限制，只能分段设置，每个柱距内设一樘窗扇(图 16-64)。中悬式钢天窗在变形缝处应设置固定小扇。

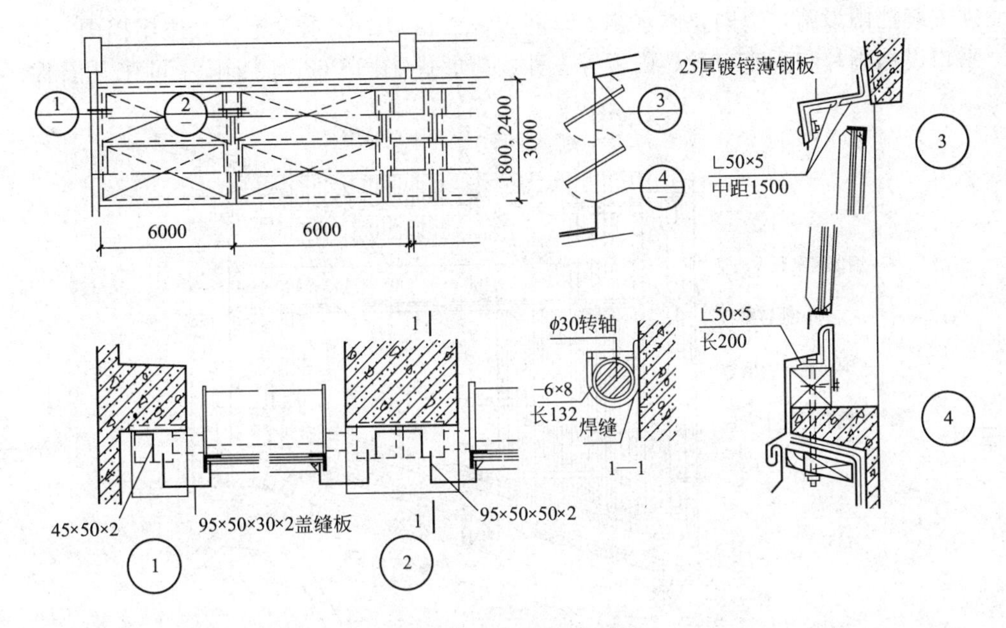

图 16-64　中悬式钢天窗扇

二、矩形避风天窗构造

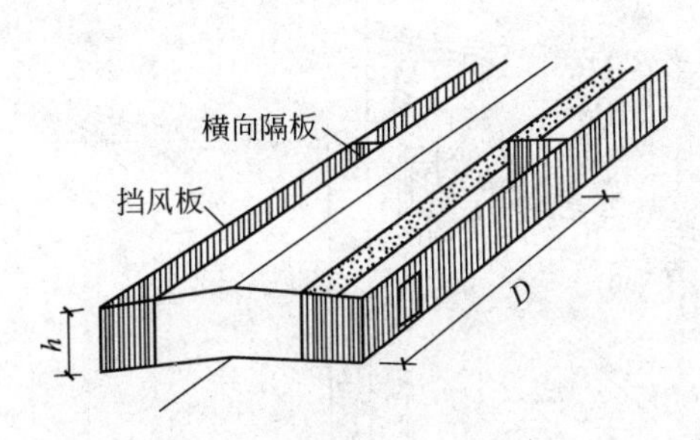

图 16-65　矩形避风天窗挡风板布置

矩形避风天窗构造与矩形天窗相似，不同之处是根据自然通风原理在天窗两侧增设挡风板和不设窗扇，图 16-65 为矩形避风天窗挡风板布置。

1. 挡风板构造

挡风板有垂直式、外倾式、内倾式、折腰式和曲线式几种。一般较常见的为垂直式和外倾式。挡风板可采用中波石棉水泥瓦、瓦楞铁皮、钢丝钢水泥波形瓦、预应力槽瓦等，安装时可用带螺栓的钢筋钩将瓦材固定在挡风板的骨架上。

挡风板是固定在挡风支架上的，支架按结构的受力方式可分为立柱式和悬挑式两类。立柱式支架是将型钢或钢筋混凝土立柱支承在屋架上弦的柱墩上，并用支撑与天窗架连接，结构受力合理，常用于大型屋面板类的屋盖。屋面为搭盖式构件自防水时，其立柱处的防水较为复杂。挡风板与天窗之间的距离不灵活，图 16-66为立柱式挡风板构造示例。

悬挑式支架是将角钢支架固定在天窗架上，与屋盖完全脱离。因此，挡风板与天窗之间的距离可较灵活，且屋面防水不受支柱的影响。但支架杆件增多，荷载集中于天窗架上，受力较大，用料及造价较高且对抗震不利。图 16-67 为悬挑式挡雨板构造示例。

2. 挡雨设施

为便于通风，减小局部阻力，除寒冷地区外，通风天窗多不设天窗扇，但必须安装挡雨设施，以防止雨水飘入车间内。天窗口的挡雨设施有大挑檐挡雨、水平口设挡雨片和垂直口设挡雨板等三种构造形式(图 16-68)。挡雨片可采用石棉

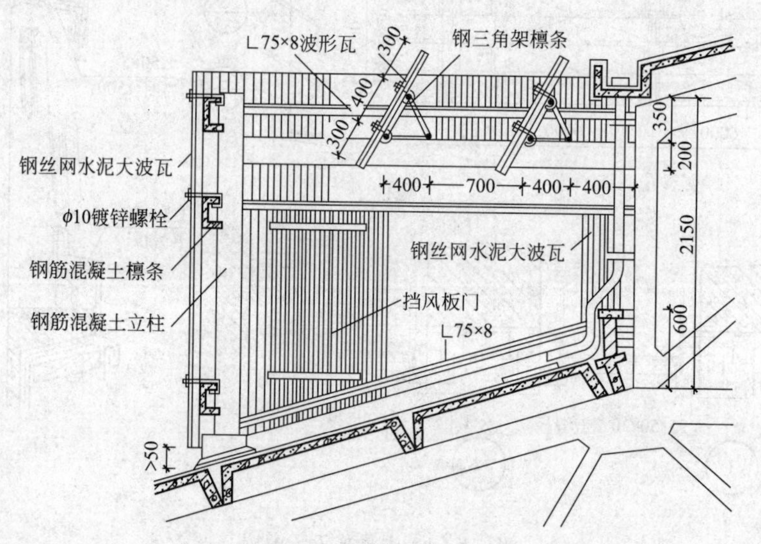

图 16-66　立柱式挡风板构造

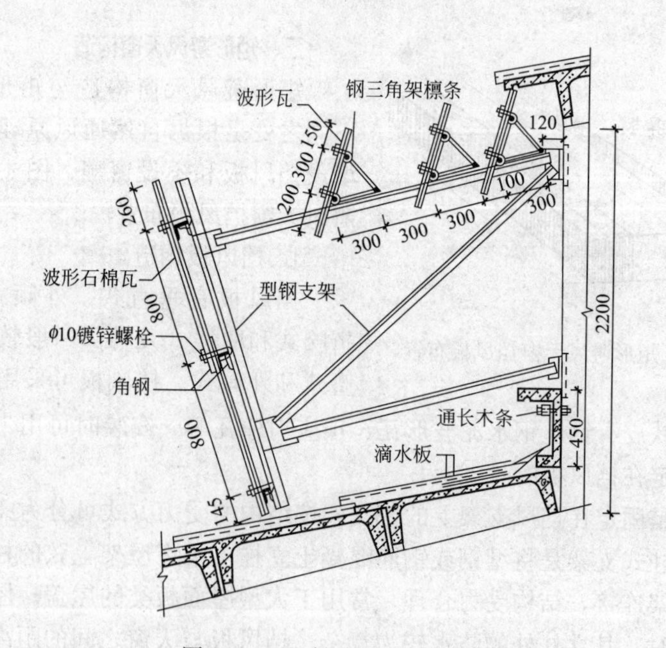

图 16-67　悬挑式挡风板构造

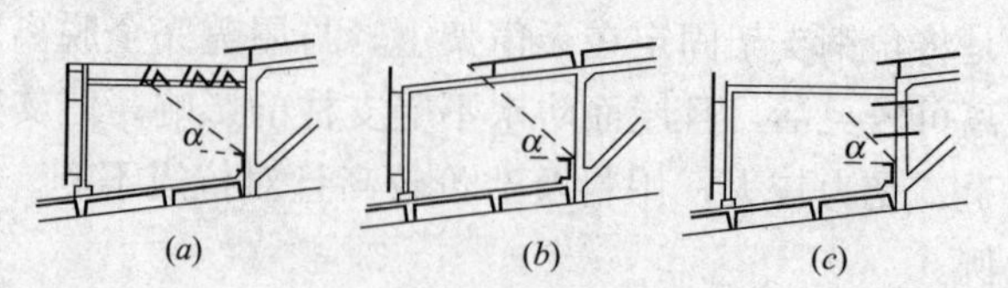

图 16-68　挡雨设施形式

(*a*)水平口挡雨；(*b*)大挑檐挡雨；(*c*)垂直口挡雨

瓦、钢丝网水泥板、钢筋混凝土板、薄钢板、瓦楞铁等。当通风天窗还有采光要求时，宜采用透光较好的材料制作，如铅丝玻璃、钢化玻璃、玻璃钢波形瓦等。采用不同类型的挡雨片时，应选择与之配套的支架和固定方法。

三、平天窗

平天窗是利用屋顶水平面进行采光的。它有采光板（图 16-69）、采光罩（图 16-70）和采光带（图 16-71）三种类型。

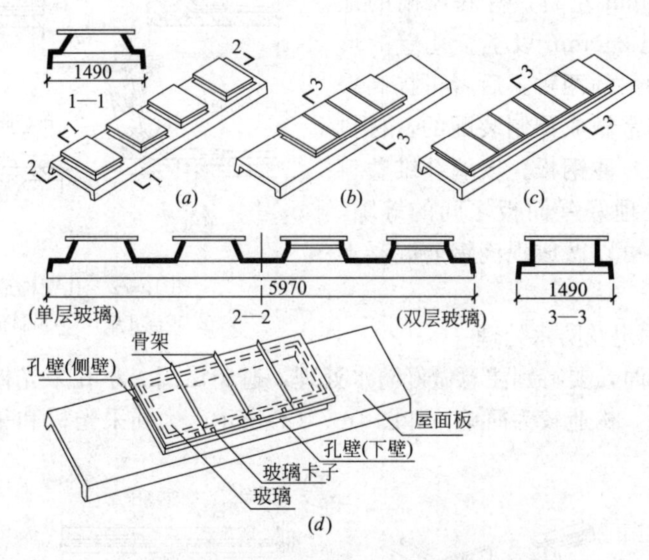

图 16-69　采光板形式和组成

(a)小孔采光板；(b)中乱采光板；(c)大孔采光板；(d)采光板的组成

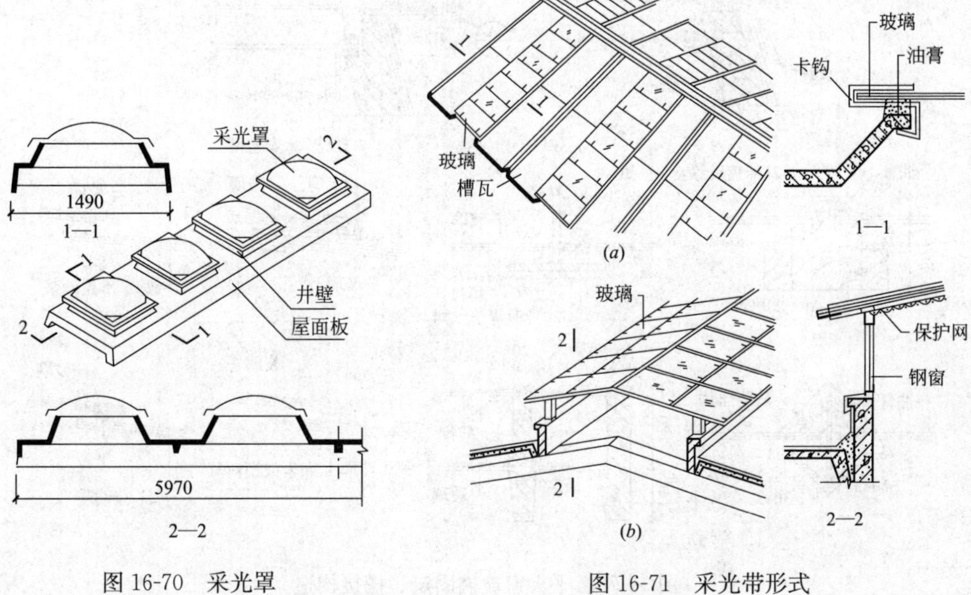

图 16-70　采光罩

图 16-71　采光带形式

(a)横向采光带；(b)纵向采光带

（一）平天窗防水构造

平天窗防水处理是平天窗构造的关键问题之一，包括孔壁泛水和玻璃固定处防水等环节。

1. 孔壁形式及泛水

孔壁是平天窗采光口的边框。为了防水和消除积雪对窗的影响，孔壁一般高出屋面 150mm 左右，有暴风雨的地区则可提高至 250mm 以上。孔壁的形式有垂直和倾斜的两种，后者可提高采光效率。孔壁常做成预制装配的，材料有钢筋混凝土、薄钢板、玻璃纤维塑料等，应注意处理好屋面板之间的缝隙，以防渗水；也可以做成现浇钢筋混凝土的(图 16-72)。

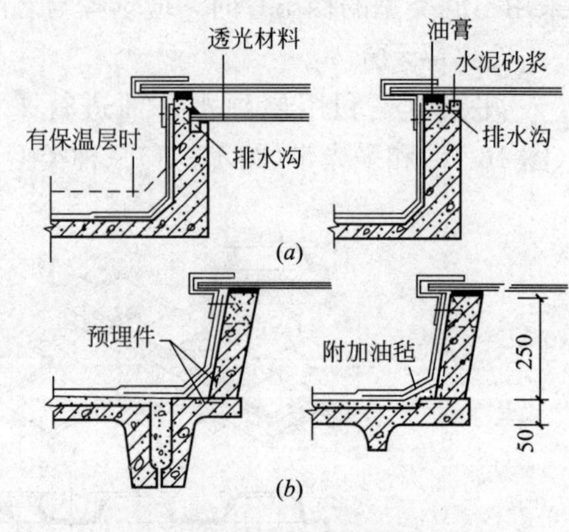

图 16-72　孔壁构造

(a)现浇孔壁；(b)预制孔壁

2. 玻璃固定及防水处理

安装玻璃时，要特别注意做好防水处理，避免渗漏。小孔采光板及采光罩为整块透光材料，构造较为简单，如图 16-73(a)所示。大孔采光板和采光带须由多

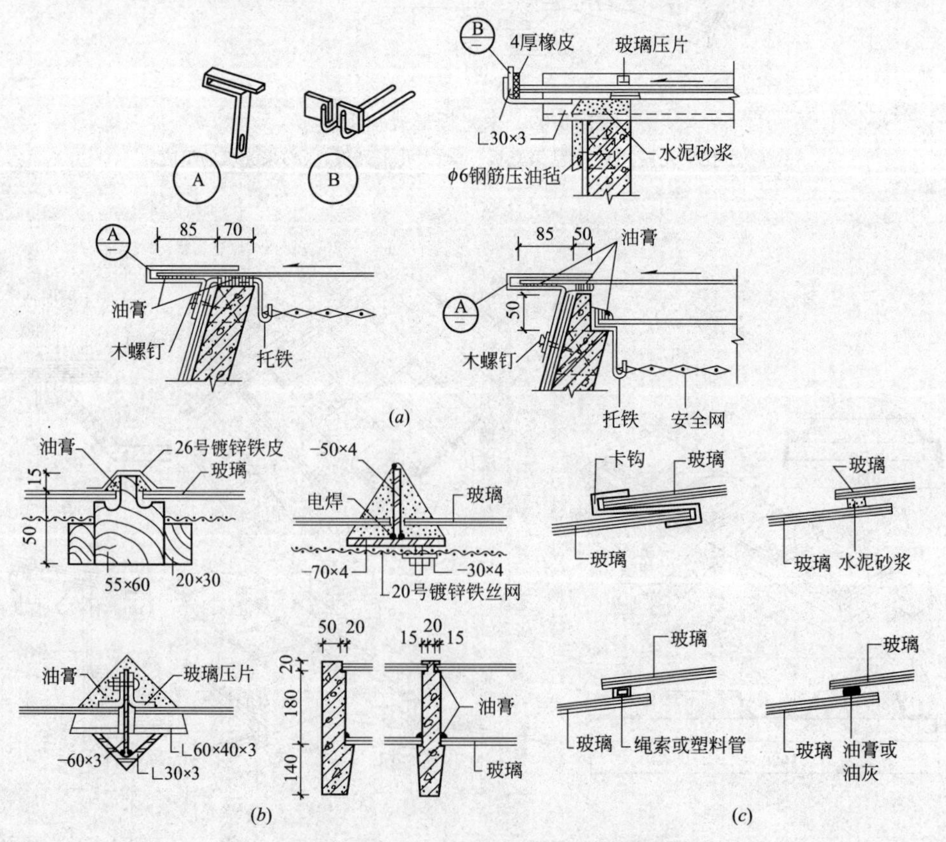

图 16-73　平天窗玻璃固定、搭接构造

(a)小孔采光板、采光罩的玻璃与孔壁连接；(b)大孔采光板、采光带的玻璃与横档连接；(c)玻璃搭接构造

块玻璃拼接而成，故须设置骨架作为安装固定玻璃之用。骨架的用料有型钢、铝材等；应注意玻璃与骨架横档搭接处的防水，一般用油膏防止渗水，如图 16-73(*b*)所示。玻璃上下搭接应＞100mm，并用S形镀锌卡子固定，为防止雨雪及灰尘随风从搭缝处渗入，上下搭缝宜用油膏条、胶管或浸油线绳等柔性材料封缝，如图 16-73(*c*)所示。

（二）平天窗通风措施

设有平天窗的厂房，可有两种组织自然通风的措施：一种是采光与通风相结合，采用可开启的采光板或采光罩，或采用加挡风板、通风井的采光、通风型平天窗(图 16-74)；另一种是采用采光与通风分离的方式。即采光板或采光罩只考虑采光，另外利用通风屋脊来解决通风问题。通风屋脊是在屋脊处留出一条狭长的喉口，然后将此处的脊瓦或屋面板架空，形成屋脊状的通风口(图 16-75)。

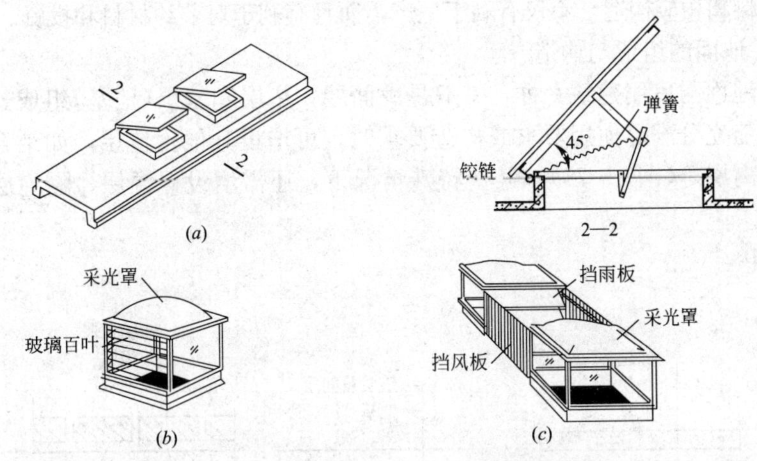

图 16-74 采光、通风型天窗示例

(*a*)可开启来光板；(*b*)单个通风型；(*c*)组合通风型

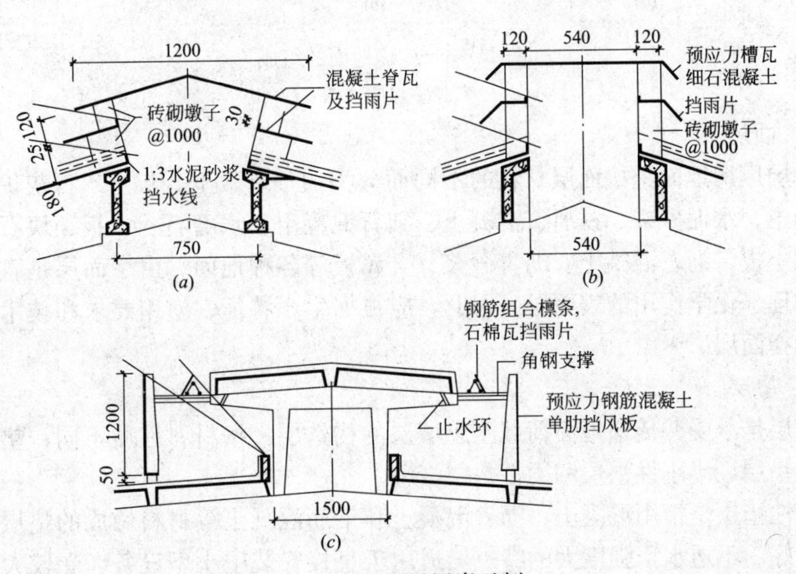

图 16-75 通风屋脊示例

(*a*)采用脊瓦及挡雨片的通风屋脊；(*b*)采用槽瓦及挡雨片的通风屋脊；(*c*)带挡风板的通风屋脊

第五节　地面及其他设施

一、地面

（一）厂房地面的特点与要求

工业厂房地面应能满足生产使用要求。如生产精密仪器或仪表的车间，地面应满足防尘要求；生产中有爆炸危险的车间，地面应满足防爆要求（不因撞击而产生火花）；有化学侵蚀的车间，地面应满足防腐蚀要求等。因此，地面类型的选择是否得当，构造是否合理，将直接影响到工人劳动条件和产品质量。同时，因厂房内工段数量较多，各工段生产要求不同，地面类型也应不同，这就使地面构造增加了复杂性。此外，单层厂房地面面积大，荷重大，材料用量也多，所以合理选择地面材料和相应构造，不仅有利于生产，而且有利于对节约材料和投资。

（二）地面的组成与构造

厂房地面与民用建筑一样，一般是由面层、垫层和基层（地基）组成。当上述构造层不能充分满足使用要求或构造要求时，可增设其他构造层，如结合层、找平层、隔离层等（图 16-76）；某些特殊情况下，还需增设保温层、隔绝层、隔声层等。

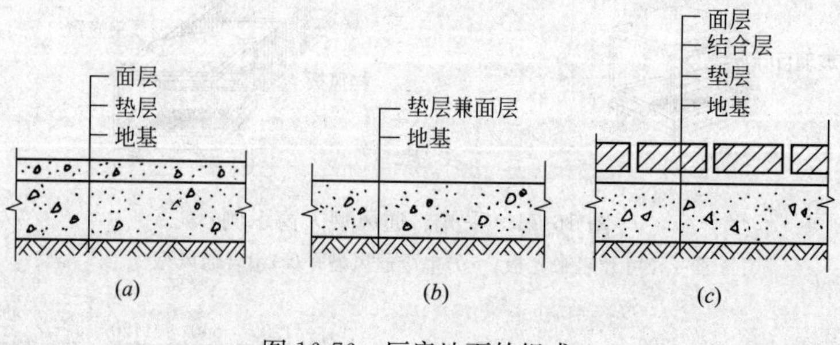

图 16-76　厂房地面的组成

1. 面层

单层厂房地面是按面层材料的不同而分类的，有素土、灰土、石灰炉渣、石灰三合土、水泥砂浆、铁屑、混凝土、细石混凝土、水磨石、木板、块石、黏土砖、陶土板、沥青混凝土、沥青砂浆、金属板等各种地面。由于面层是直接承受各种物理、化学作用的表面层。因此，应根据生产特征、使用要求和技术经济条件来选择面层。

2. 垫层

垫层是承受并传递地面荷载至土壤层的构造层。按材料性质不同，垫层可分为刚性垫层、半刚性垫层和柔性垫层三种。

刚性垫层是指用混凝土、沥青混凝土和钢筋混凝土等材料做成的垫层。具有整体性好，不透水，强度大的特点，适用于直接安装中小型设备、受较大集中荷载、且要求变形小的地面，以及有侵蚀性介质或大量水、中性溶液作用或面层构造要求为刚性垫层的地面。

半刚性垫层是指灰土、三合土、四合土等材料做成的垫层。半刚性垫层受力后有一定的塑性变形，它可以利用工业废料和建筑废料制作，因而造价低。

柔性垫层是夯实的砂垫层、素炉渣垫层等。

垫层的厚度，主要根据作用在地面上的荷载情况来确定。混凝土垫层应设接缝，由于厂房内的混凝土垫层受温度变化影响不大，所以接缝只需做成缩缝形式。缩缝分纵向和横向两种，纵向缩缝间距为 3～6m，横向缩缝间距为 6～12m。纵向缩缝宜采用平头缝，当混凝土垫层厚度大于 150mm 时，宜设企口缝。横向缩缝则采用假缝形式（图 16-77），假缝的处理是上部有缝，但不贯通地面，其目的是引导垫层的收缩裂缝集中于该处。

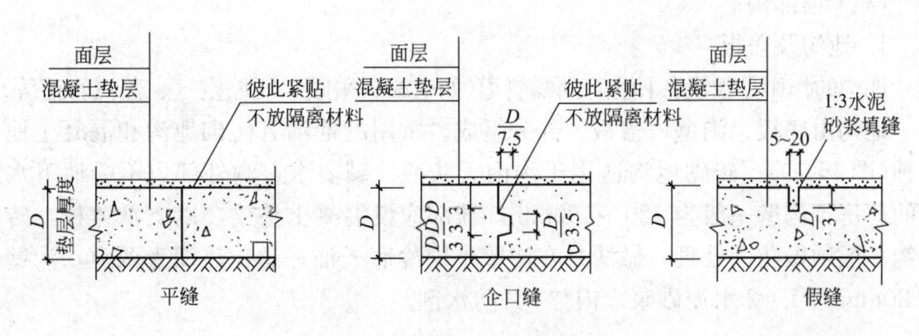

图 16-77　混凝土垫层接缝

当采用细石混凝土面层时，面层的分格缝应与垫层的缩缝对齐。但对设有隔离层的水玻璃混凝土或耐碱混凝土面层，分格缝可以不与缩缝对齐。

3. 基层（地基）

基层是承受上部荷载的土壤层，是经过处理的基土层。最常见的是素土夯实。地基处理的质量直接影响地面承载力，地基土不应使用过湿土、淤泥、腐殖土、冻土以及有机物含量大于 8% 的土作填料。若地基土松软，可加入碎石、碎砖或铺设灰土夯实，以提高强度。

4. 附加层

(1) 结合层

结合层是连结块、板材或卷材面层与垫层的中间层。它主要起结合作用。结合层的材料应根据面层和垫层的条件来选择，水泥砂浆或沥青砂浆结合层适用于有防水、防潮要求或要求稳定而无变形的地面；当地面有防酸防碱要求时，结合层应采用耐酸砂浆或树脂胶泥等。此外，块、板材之间的拼缝也应填以与结合层相同的材料，有冲击荷载或高温作用的地面常用砂作结合层。

(2) 隔离层

隔离层的作用是防止地面腐蚀性液体由上向下或地下水由下向上渗透扩散。厂房地面有侵蚀性液体影响垫层时，隔离层应设在垫层之上，可采用再生油毡（一毡二油）或石油沥青油毡（二毡三油）来防止渗透。当地面处于地下水位毛细管作用上升范围内，而生产上又需要有较高的防潮要求时，隔离层应设在垫层之下，可采用一层沥青混凝土或灌沥青碎石的隔离层(图 16-78)。

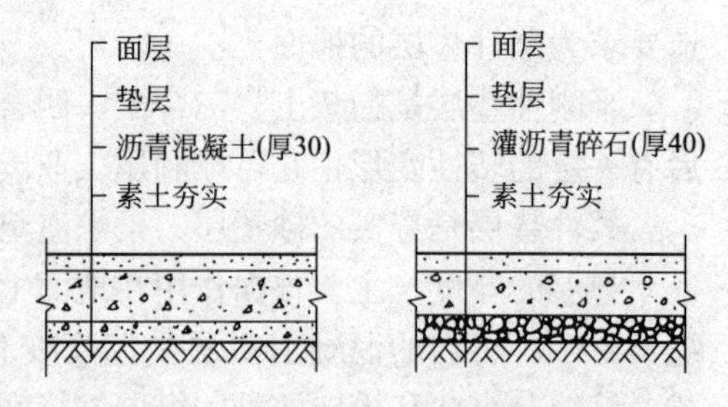

图 16-78　防止地下水影响的隔离层

(3) 找平、找坡层

当地面需要排水或需要清洗时，需设置找坡层。当面层较薄且要求面层平整或有坡度时，垫层上或找坡层上需设找平层。在刚性垫层上。找平层一般为 20 厚 1∶3 水泥砂浆；在柔性垫层上，找平层宜采用 30mm 厚细石混凝土。找坡层常为 1∶1∶8 水泥石灰炉渣做成(最薄处不大于 30mm 厚)。

(三) 细部构造

1. 地沟及盖板

地沟的作用是敷设各种生产所需管道(如电缆、采暖、压缩空气、蒸汽管道等)。

地沟由底板、沟壁、盖板三部分组成。常用的地沟有砖砌地沟和混凝土地沟两种(图 16-79)。砖砌地沟适用于沟内无防酸、碱要求，沟外部也不受地下水影响的厂房，沟壁一般为 120～490mm，顶部应设混凝土垫梁，以支承盖板，砖砌地沟一般须做防潮处理，做法是在沟壁外刷冷底子油一道，热沥青两道，沟壁内抹 20mm 厚 1∶2 水泥砂浆，内掺 3%防水剂。

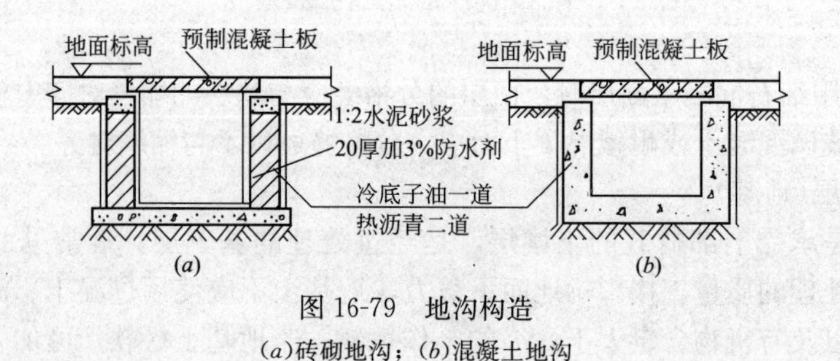

图 16-79　地沟构造
(*a*)砖砌地沟；(*b*)混凝土地沟

2. 大门坡道

厂房的室内外高差一般为 150mm，为了便于各种车辆通行，在大门外侧须设置坡道。坡道宽度应比门洞大出 1200mm，坡度一般为 10%～15%，最大不超过 30%。坡度较大(大于 10%)时，应在坡道表面做齿槽防滑。

3. 地面交界缝

两种不同材料的地面由于强度不同，交界处容易遭破坏，因此应根据使用情况采取加固措施，一般可在交界处设置与垫层固定的扁钢或角钢嵌边，或设预制块加固。当车间有铁轨通入时，轨沟要用角钢等加固。

二、钢梯

在工业厂房中，为满足生产、消防和检修等要求，常需设置各种钢梯，如作业平台钢梯、吊车钢梯、屋面检修及消防钢梯等。

1. 作业钢梯

作业钢梯是用于工人上、下生产操作平台或跨越生产设备联动线的通道。作业钢梯多选用定型构件，定型作业钢梯坡度有 45°、59°、73°、90° 四种，如图 16-80 所示。钢梯的高度(即平台高度)可达 4200～5400mm，宽度有 600mm 和 800mm 两种。

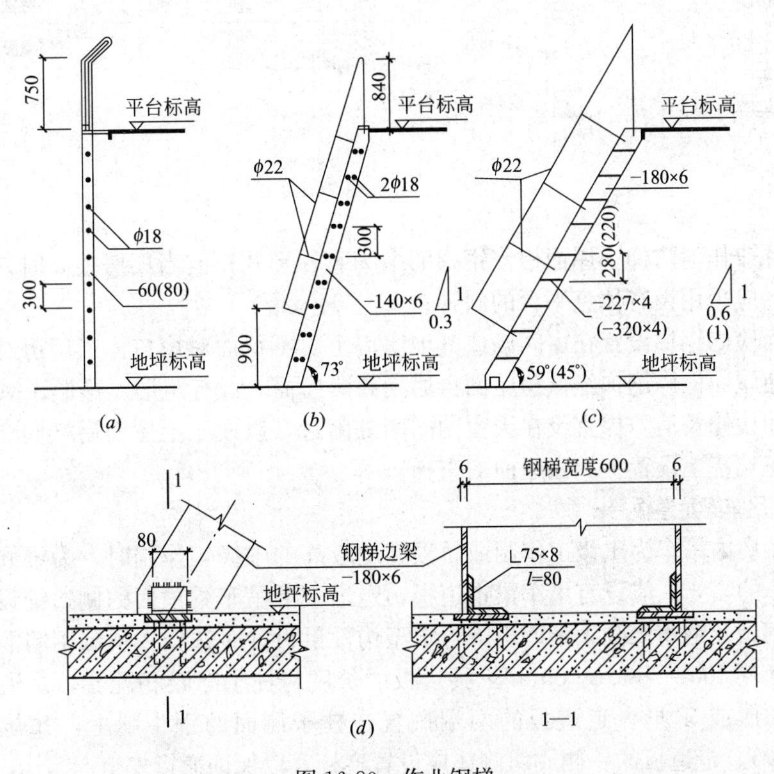

图 16-80　作业钢梯

(a)90°钢梯；(b)73°钢梯；(c)45°及 59°钢梯；(d)45°及 59°钢梯固定

作业钢梯的构造随坡度陡缓而异，45°、59°、73°钢梯的踏步一般采用网纹钢板，90°钢梯的踏条一般用 1～2 根 ϕ18 钢筋做成；钢梯边梁的下端及上端分别与钢梯混凝土基础中预埋件、作业平台钢梁(或钢筋混凝土梁)的预埋件焊接。

2. 吊车钢梯

吊车钢梯用于吊车司机上、下驾驶室，为了避免吊车停靠时撞击端部的车挡，吊车梯宜布置在厂房端部的第二个柱距内。当多跨车间相邻两跨均有吊车时，吊车梯常设在中柱上。

吊车钢梯主要由梯段和平台两部分组成，当梯段高度小于 4200mm 时，做成直梯，当梯段高度大于 4200mm 时，需设中间平台。吊车钢梯的坡度一般为 63°，宽度为 600mm(图 16-81)。吊车钢梯的下端及上端分别与钢梯基础中的预埋铁件及钢筋混凝土柱的预埋件(或钢柱)焊接。

3. 屋面检修及消防钢梯

为了便于屋面的检修、清灰、清除积雪和擦洗天窗，厂房均应设置屋面检修

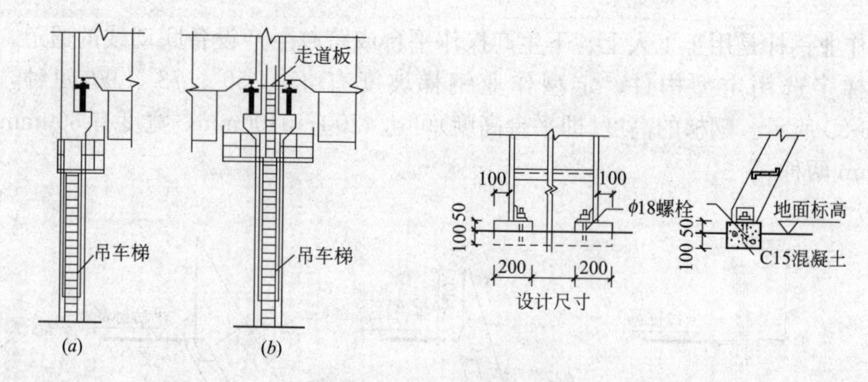

图 16-81　吊车钢梯及连接

钢梯，并兼作消防梯。屋面检修钢梯的多为直梯形式；但当厂房很高时，为方便和安全，应采用设有休息平台的斜梯。

屋面检修钢梯设置在窗间墙或其他实墙上，不得面对窗口。当厂房有高低跨时，应使屋面检修钢梯经低跨屋面再通到高跨屋面。设有矩形、梯形、M 形天窗时，屋面检修及消防梯宜设在天窗的间断处附近，以便于上屋面后横向穿越，并应在天窗端壁上设置上天窗屋面的直梯。

三、吊车梁走道板

当厂房内吊车为重级工作制或轨顶高度较高的中级工作制时，为维修吊车轨道及吊车的需要，应设有吊车梁走道板，走道板沿吊车梁顶面的侧边铺设，走道板常用钢制及钢筋混凝土走道板，有定型构件供设计时选择。预制钢筋混凝土走道板宽度有 400、600、800mm 三种，板的长度与柱子净距相配套，走道板的横断面为槽形或 T 形。走道板的两端搁置在柱子侧面的钢牛腿上，并与之焊牢(图 16-82)。走道板的一侧或两侧还应设置栏杆，以保证通行安全。

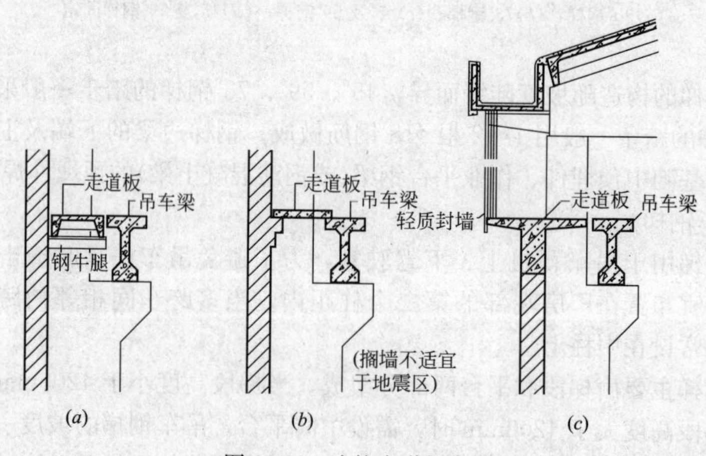

图 16-82　边柱走道板布置

四、隔断

根据生产、管理、安全、卫生等要求，厂房内有些生产或辅助工段及辅助用房需要用隔断加以隔开。通常，隔断的上部空间是与车间连通的，只是在为了防止车间生产的有害介质侵袭时，才在隔断的上部加设胶合板、薄钢板、硬质塑料及石棉水泥板或其他顶棚材料做成的顶盖，构成一个封闭的空间。不加顶盖的隔断一般高度为2m左右，加顶盖的隔断高度一般为3～3.6m。

隔断按材料可分为木隔断、砖隔断、金属网隔断、预制钢筋混凝土隔断、混合隔断以及硬质塑料、玻璃钢、石膏板等轻质隔断。

复习思考题

1. 墙与柱、墙与屋架(或屋面梁)、女儿墙及山墙与屋面板等是怎样连接以加强墙体的整体性和稳定性的？
2. 常见的横向布置墙板与柱有哪些连接方案？它们的优缺点和适用范围是什么？它们的构造要点是什么？试画节点图表达。墙板的板缝是怎么处理的？试画节点图表达。
3. 什么是轻质板材墙？一般有什么材料？
4. 开敞式外墙适用于什么车间？
5. 单层厂房屋面排水有几种方式？各适用哪些范围？屋面排水如何组织？排水装置包括哪些？试画出屋顶平面图并表达排水方式。
6. 单层厂房屋面排水坡度与哪些因素有关？卷材防水常用屋面坡度是多少？其他防水屋面常用的坡度是多少？
7. 单层厂房卷材防水屋面的接缝、挑檐、纵墙外天沟、中间天沟、女儿墙泛水、变形缝等部位在构造上应如何处理？试画出节点构造图。
8. 钢筋混凝土构件自防水屋面有什么特点？它有什么优缺点？有哪些类型？构件自防水屋面在屋面板构件上有什么要求？板缝处理有哪几种？试画出节点图。
9. 单层厂房侧窗与民用房屋比较有什么特点？侧窗按开启方式分有哪些形式？它们各适用于何种情况？
10. 单层厂房大门有哪些类型？平开大门和推拉大门由哪些构配件组成？
11. 单层厂房为什么要设置天窗？天窗有哪些类型？试分析它们的优缺点及适用性。
12. 常用的矩形天窗布置有什么要求？它由哪些构件组成？天窗架有哪些形式？应如何选择？它与屋架或屋面梁如何连接？一般天窗端壁有哪些类型及其构造？天窗屋顶排水有哪些方式？构造上有什么要求？天窗侧板有哪些类型？天窗侧板在构造上有什么要求？天窗扇有哪些类型和开启形式？
13. 矩形避风天窗的挡风板有哪些形式？立柱式和悬挂式矩形避风天窗在构造上有什么不同？
14. 什么叫做井式天窗？它有什么优缺点？它有哪些布置形式？井式天窗是由哪些构配件组成的？它们在构造上应如何处理？
15. 什么叫做平天窗？它有什么优缺点？平天窗有几种类型？它在构造处理上应注意什么问题？
16. 厂房地面有什么特点和要求？地面由哪些构造层次组成？它们有什么作用？
17. 选择面层和垫层应考虑哪些因素？对基层(地基)有什么要求？根据使用或构造要求，有时还需增设结合层、找平层、防水层等，它们一般用什么材料？怎么做？
18. 厂房的金属梯有哪些类型？它们在布置和构造上有什么要求？

第十七章　建筑工程图的识读

第一节　概　述

一、施工图的产生

一般建设项目要按两个阶段进行设计，即初步设计阶段和施工图设计阶段。对于技术要求复杂的项目，可在两设计阶段之间，增加技术设计阶段，用来深入解决各工种之间的协调等技术问题。

1. 初步设计阶段

设计人员接受任务书后，首先要根据业主的建造要求和有关政策性文件、地质条件等进行初步设计，画出比较简单的初步设计图，简称方案图纸。它包括简略的平面、立面、剖面等图样，设计说明及设计概算。有时还要向业主提供建筑效果图、建筑模型及电脑动画效果图，以便于直观的反映建筑的真实情况方案图报业主征求意见，并报规划、消防、卫生、交通、人防等部门审批。

2. 施工图设计阶段

在已经批准的方案图纸的基础上，综合建筑、结构、设备等专业之间的相互配合、协调和调整。从施工要求的角度对设计方案予以具体化，为施工企业提供完整的、正确的施工图及其说明书、计算书等。此外，还应有整个工程的施工预算书。全套施工图纸是设计人员的最终成果，是施工单位进行施工的依据。所以施工图设计的图纸必须详细完整、协调统一、尺寸齐全、正确无误，符合现行建筑制图标准。

二、施工图的分类

房屋施工图由于专业分工的不同，一般分为：建筑施工图，简称建施，常用“JS”标识；结构施工图，简称结施，常用“GS”标识；给水排水施工图，简称水施，常用“SS”标识；采暖通风施工图，简称暖施，常用“NS”标识；电气施工图，简称电施，常用“DS”标识。也有的把水施、暖施、电施统称为设施(即设备施工图)。

一套完整的房屋施工图应按专业顺序编排。一般应为：首页图(包括：图纸目录、设计总说明)，各专业的图纸，应该按图纸内容的主次关系、逻辑关系有序排列。

三、施工图中常用符号及图例

为了使得房屋施工图的图面统一而简洁，制图标准对常用的符号、图例画法做了明确的规定。

(一) 索引符号与详图符号

1. 索引符号

索引符号是用于查找相关图纸的。当图样中的某一局部或构件未能表达清楚设计意图，而需另见详图，以得到更详细的尺寸及构造做法，就要通过索引符号的索引表明详图所在位置，如图 17-1(*a*)所示。

索引符号是由直径为 10mm 的圆和水平直径组成，圆及水平直径均应以细实线绘制。索引符号中上、下半圆应进行编号以表明详图的编号和详图所在图纸编号，编号规定为：

(1) 索引出的详图，如与被索引出的详图同在一张图纸内，应在索引符号的上半圆中用阿拉伯数字注明该详图的编号，并在下半圆中间画一段水平细实线，如图 17-1(*b*)所示。

(2) 索引出的详图，如与被索引出的详图不在同一张图纸内，应在索引符号的上半圆中用阿拉伯数字注明该详图的编号，在索引符号的下半圆中用阿拉伯数字注明该详图所在图纸的编号，如图 17-1(*c*)所示。

(3) 索引出的详图，如采用标准图，应在索引符号水平直径的延长线上加注该标准图册的编号，在索引符号的上半圆中用阿拉伯数字注明该标准详图的编号，索引符号的下半圆中用阿拉伯数字注明该标准详图所在标准图册的页数，如图 17-1(*d*)所示。

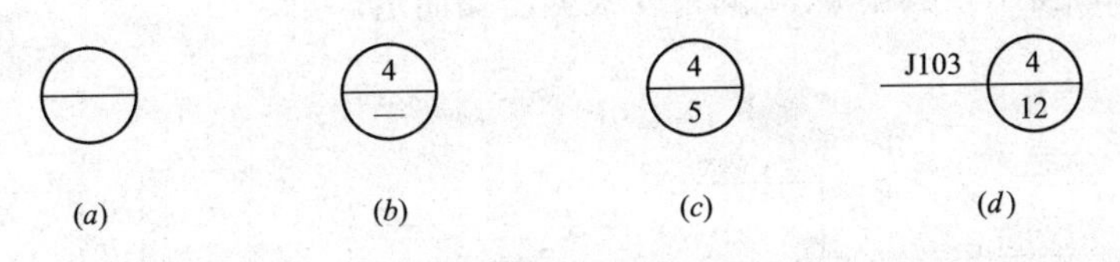

图 17-1　索引符号

索引符号如用于索引剖视详图，应在被剖切的部位绘制剖切位置线，并以引出线引出索引符号，如图 17-2 所示，引出线所在的一侧应为投射方向，图 17-2(*a*)表示从右向左投影，索引符号的编写与图 17-1 的规定相同。

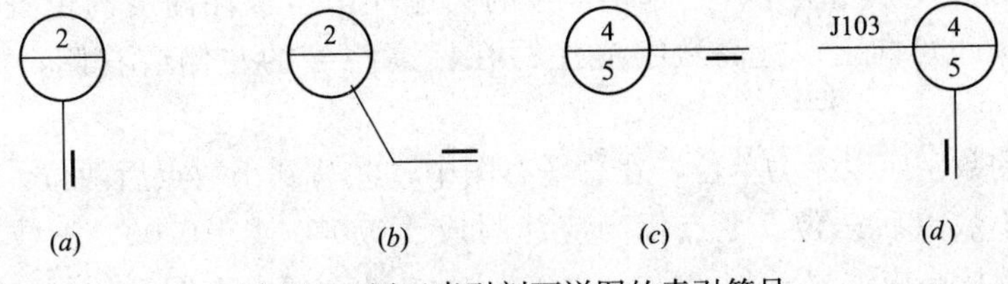

图 17-2　用于索引剖面详图的索引符号

2. 详图符号

详图符号是与索引符号相对应的，用来标明索引出的详图所在位置和编号。详图符号的圆应以直径为 14mm 的粗实线绘制。详图符号的编号规定为：

(1) 详图与被索引的图样同在一张图纸内时，应在详图符号内用阿拉伯数字注明详图的编号，如图 17-3(*a*)所示。

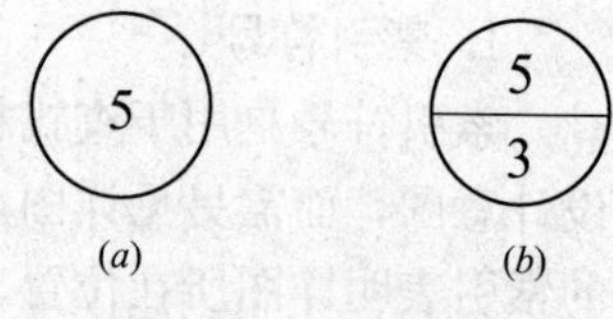

图 17-3　详图符号

(2) 详图与被索引的图样不在同一张图纸内，应用细实线在详图符号内画一水平直径，在上半圆中注明详图编号，在下半圆中注明被索引的图纸的编号，如图 17-3(*b*)所示。

(二) 标高符号

标高是标注建筑物某一位置高度的一种尺寸形式。标高分为绝对标高和相对标高两种。

1. 绝对标高

以我国青岛黄海海平面的平均高度为零点所测定的标高称为绝对标高。

2. 相对标高

建筑物的施工图上要注明许多标高，如果都用绝对标高，数字就很繁琐，且不易直接得出各部分的高程。因此，除总平面图中采用绝对标高，一般都采用相对标高，即以建筑物底层室内地面为零点所测定的标高。在建筑设计总说明中要说明相对标高与绝对标高的关系，这样就可以根据当地的水准点(绝对标高)测定拟建工程的底层地面标高。

标高符号为直角等腰三角形，用细实线绘制，如图 17-4(*a*)所示。如标注位置不够时，也可按所示形式绘制如图 17-4(*b*)所示。标高符号的具体画法如图 17-4(*c*)、(*d*)所示，其中 h、l 的长度根据需要而定。

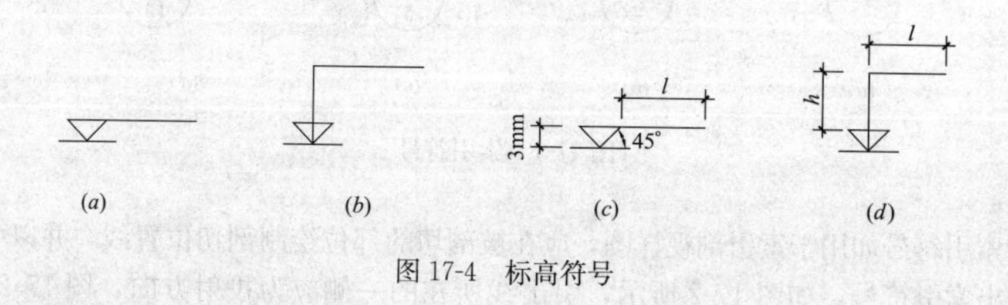

图 17-4　标高符号

总平面图室外地坪标高符号，宜用涂黑的三角形表示，如图 17-5(*a*)所示，具体画法如图 17-5(*b*)所示。标高符号的尖端应指至被注高度的位置。尖端一般应向下，也可向上。标高数字应注写在标高符号的左侧或右侧，如图 17-6 所示。

标高的数字应以米为单位，在总平石图中，注写到小数点后两位，除总平面图注写到小数点后三位。零点标高应注写成±0.000 或±0.00，正数标高不注“+”，负数标高应注“－”，例如，3.000，－0.600 等。在图纸的同一位置需表示几个不同标高时，标高数字可按图 17-7 的形式注写。

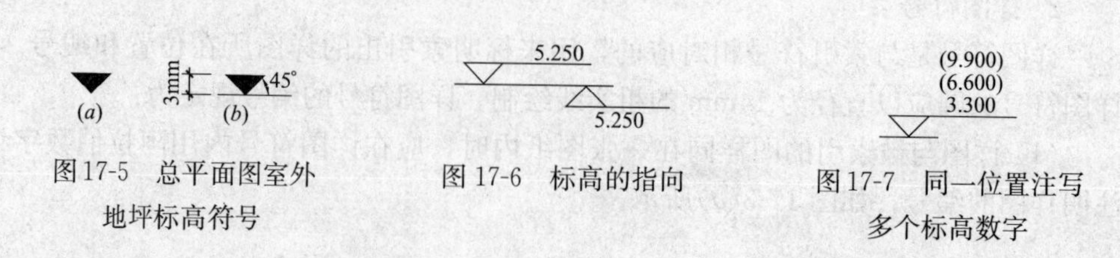

图 17-5　总平面图室外地坪标高符号

图 17-6　标高的指向

图 17-7　同一位置注写多个标高数字

（三）引出线

（1）引出线应以细实线绘制，宜采用水平方向的直线，与水平方向成 30°、45°、60°、90°的直线，或经上述角度再折为水平线。文字说明宜注写在水平线的上方，如图 17-8(*a*)所示，也可注写在水平线的端部，如图 17-8(*b*)所示。

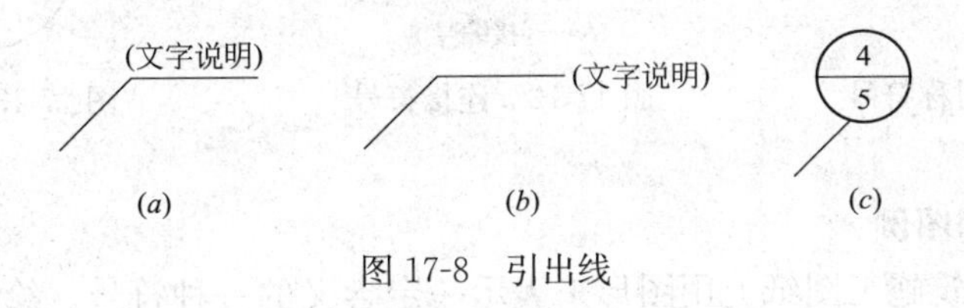

图 17-8　引出线

（2）同时引出几个相同部分的引出线，宜互相平行，如图 17-9(*a*)所示，也可画成集中于一点的放射线，如图 17-9(*b*)所示。

多层构造或多层管道共用引出线，应通过被引出的各个部分。文字说明注写在水平线的上方，或注写在水平线的端部，说明的顺序应由上至下，并应与被说明的层次相互一致；如层次为横向排序，则由上至下的说明顺序应与左至右的层次相互一致，如图 17-10 所示。

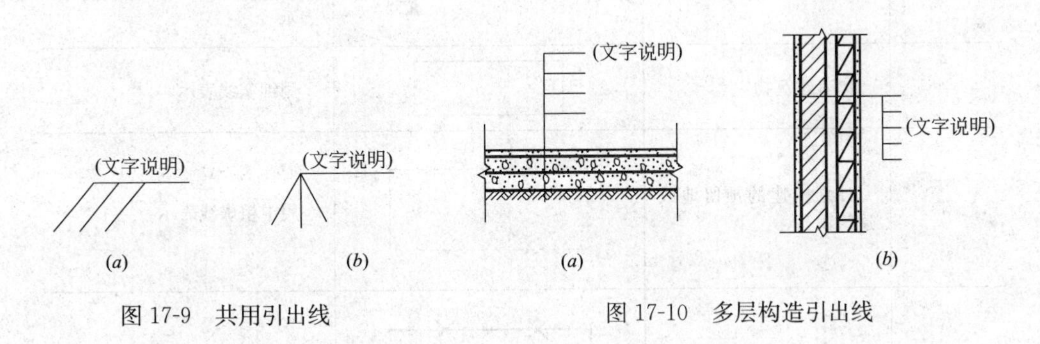

图 17-9　共用引出线　　图 17-10　多层构造引出线

（四）其他符号

1. 对称符号

对称符号由对称线和两端的两对平行线组成。对称线用细点画线绘制；平行线用细实线绘制，其长度宜为 6～10mm，每对的间距宜为 2～3mm；对称线垂直平分于两对平行线，两端超出平行线宜为 2～3mm，如图 17-11 所示。

2. 连接符号

应以折断线表示需连接的部位。两部位相距过远时，折断线两端靠图样一侧应标注大写拉丁字母表示连接编号。两个被连接的图样必须用相同的字母编号，如图 17-12 所示。

3. 指北针

指北针是用于表示房屋朝向的符号。指北针的形状如图 17-13 所示，其圆的直径字为 24mm，用细实线绘制；指北针尾部的宽度宜为 3mm，指针头部注“北”或“N”字。需要较大直径绘制指北针时，指针尾部宽度宜为直径的 1/8。

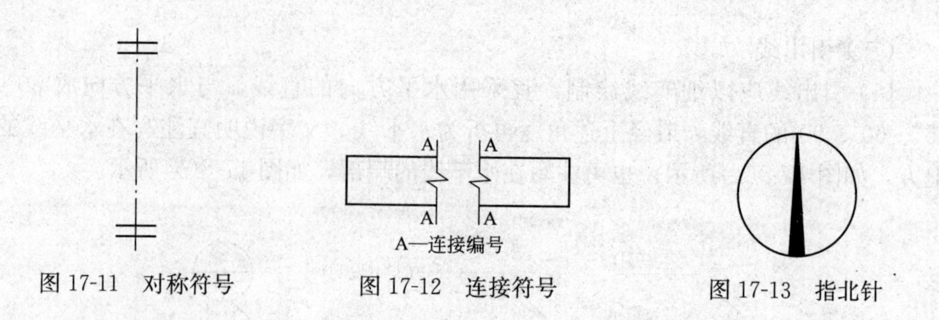

图 17-11　对称符号　　图 17-12　连接符号　　图 17-13　指北针

（五）常用图例

图例是建筑施工图纸上用图形来表示一定含义的一种符号。绘制房屋建筑施工图常用图例见表 17-1（总平面图图例）、表 17-2（建筑配件图例）。

建筑总平面图、道路与铁路常用图例　　**表 17-1**

序号	名称	图例	备注
1	新建建筑物	8 ▲	1. 需要时，可用▲表示出入口，可在图形内右上角用点数或数字表示层数 2. 建筑物外形用粗实线表示
2	原有建筑物		用细实线表示
3	计划扩建的预留地或建筑物		用中粗虚线表示
4	拆除的建筑物		用细实线表示
5	建筑物下面的通道		
6	散状材料露天堆场		需要时可注明材料名称
7	其他材料露天堆场或露天作业场		

续表

序　号	名　　称	图　　例	备　　注
8	铺砌场地	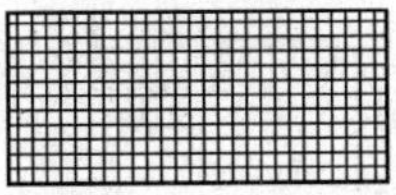	
9	敞棚或敞廊	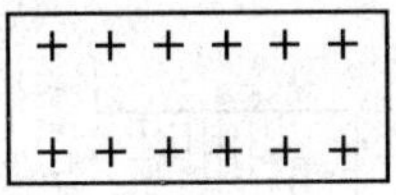	
10	围墙及大门	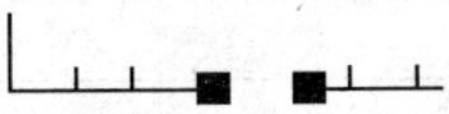 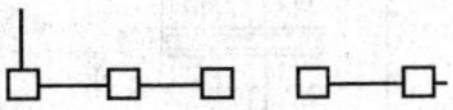	上图为实体性质的围墙，下图为通透性质的围墙，若仅表示围墙时不画大门
11	新建的道路	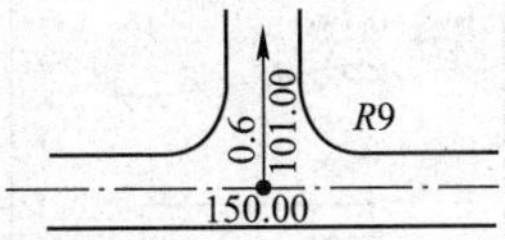 R9　0.6　101.00　150.00	"R9"表示道路转弯半径为9m，"150.00"为路面中心控制点标高，"0.6"表示0.6%的纵向坡度，"101.00"表示变坡点间距离
12	原有道路		
13	计划扩建的道路	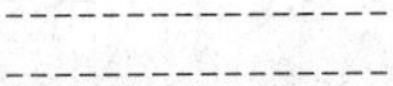	
14	拆除的道路	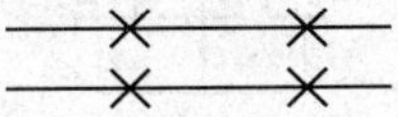	
15	排水明沟	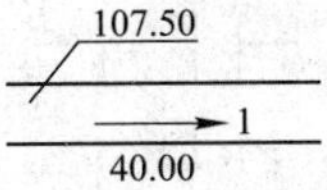 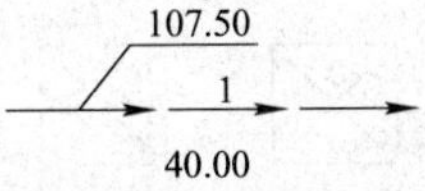 107.50　1　40.00 107.50　1　40.00	1. 上图用于比例较大的图面，下图用于比例较小的图面 2. "1"表示1%的沟底纵向坡度，"40.00"表示变坡点间距离，箭头表示水流方向 3. "107.50"表示沟底标高

常用构造及配件图例　　　　**表 17-2**

序　号	名　称	图　　例	备　　注
1	墙体	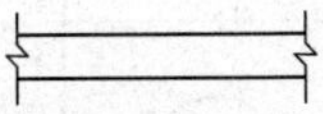	应加注文字或填充图例表示墙体材料，在项目设计图纸说明中列材料图例表给予说明
2	隔断		1. 包括板条抹灰、木制、石膏板、金属材料等隔断 2. 适用于到顶与不到顶隔断

续表

序号	名称	图例	备注
3	楼梯	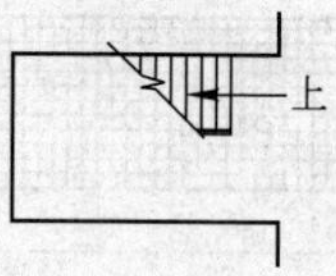 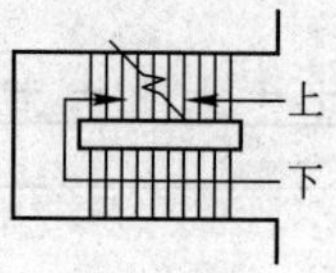 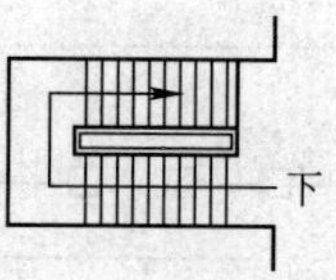 上 上 下 下	1. 上图为底层楼梯平面，中图为中间层楼梯平面，下图为顶层楼梯平面 2. 楼梯及栏杆扶手的形式和楼梯段踏步数应按实际情况绘制
4	坡道	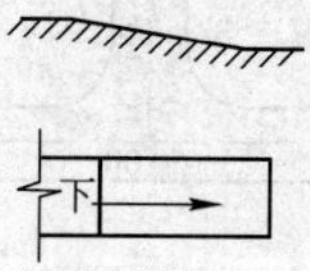 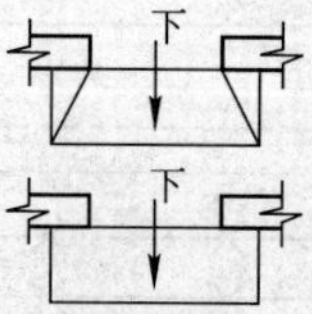 下 下 下	上图为长坡道，下图为门口坡道
5	平面高差	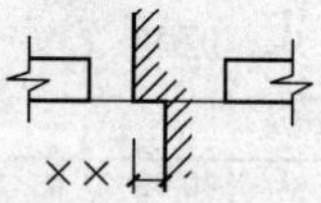 ××	适用于高差小于100的两个地面或楼面相接处
6	检查孔	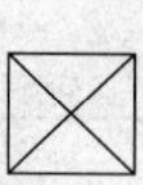 	左图为可见检查孔 右图为不可见检查孔
7	孔洞	 	阴影部分可以涂色代替
8	坑槽	 	

续表

序号	名称	图例	备注
9	墙预留洞	宽×高或Φ 底(顶或中心)标高	1. 以洞中心或洞边定位 2. 宜以涂色区别墙体和留洞位置
10	墙预留槽	宽×高×深或Φ 底(顶或中心)标高	
11	空门洞	h=××	h 为门洞高度
12	单扇平开门(包括平开或单面弹簧)		1. 图例中剖面图左为外、右为内，平面图下为外、上为内 2. 立面图上开启方向线交角的一侧为安装铰链的一侧，实线为外开，虚线为内开 3. 平面图上门线应90°或45°开启，开启弧线宜绘出 4. 立面图上的开启方向线在一般设计图中可不表示，在详图及室内设计图上应表示 5. 立面形式应按实际情况绘制
13	双扇平开门(包括平开或单面弹簧)		
14	对开折叠门		

续表

序号	名称	图例	备注
15	推拉门	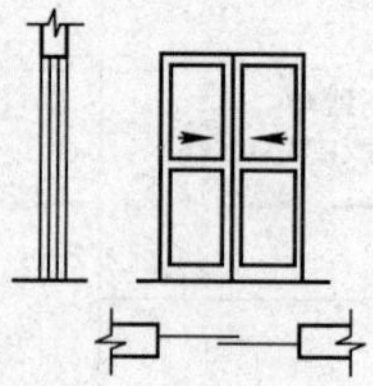	1. 图例中剖面图左为外、右为内，平面图下为外、上为内 2. 立面形式应按实际情况绘制
16	墙外双扇推拉门	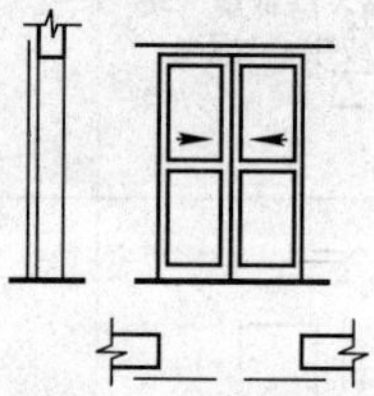	
17	单扇双面弹簧门	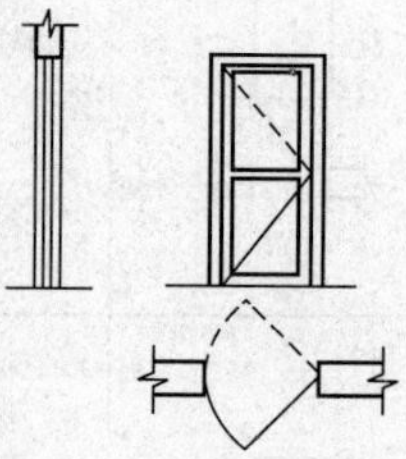	1. 图例中剖面图左为外、右为内，平面图下为外、上为内 2. 立面图上开启方向线交角的一侧为安装铰链的一侧，实线为外开，虚线为内开 3. 平面图上门线应 90°或 45°开启，开启弧线宜绘出 4. 立面图上的开启方向线在一般设计图中可不表示，在详图及室内设计图上应表示 5. 立面形式应按实际情况绘制
18	双扇双面弹簧门	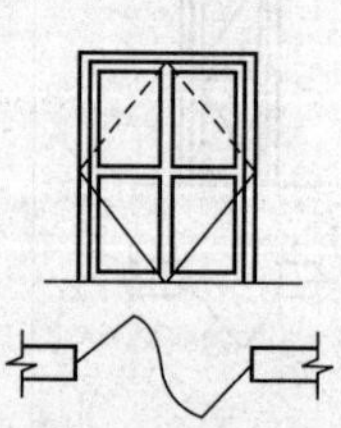	
19	单层外开平开窗	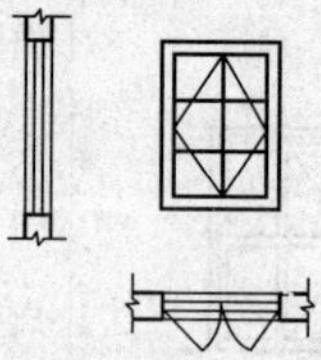	1. 立面图中的斜线表示窗的开启方向，实线为外开，虚线为内开；开启方向线交角的一侧为安装铰链的一侧，一般设计图中可不表示 2. 图例中，剖面图所示左为外、右为内，平面图所示下为外、上为内 3. 平面图和剖面图上的虚线仅说明开关方式，在设计图中不需表示 4. 窗的立面形式应按实际绘制 5. 小比例绘图时平、剖面的窗线可用单粗实线表示
20	双层内外开平开窗	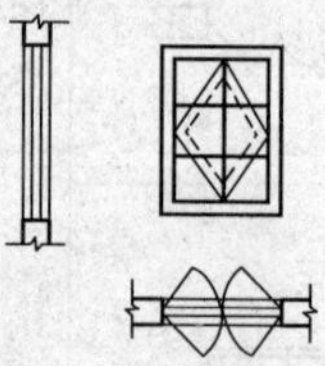	
21	推拉窗	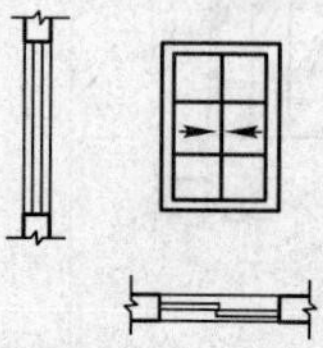	

续表

序号	名称	图例	备注
22	上推拉窗	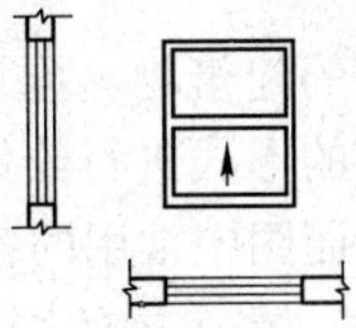	1. 图例中，剖面图所示左为外，右为内，平面图所示下为外，上为内 2. 窗的立面形式应按实际绘制 3. 小比例绘图时平、剖面的窗线可用单粗实线表示
23	高窗	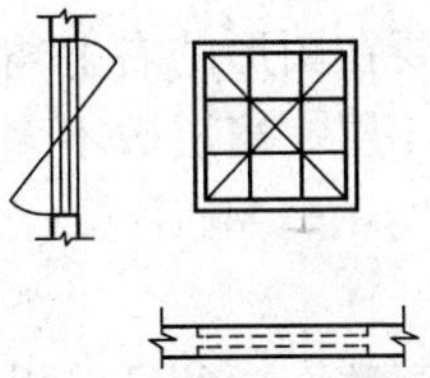	通常应标注窗台的标高

第二节　建筑施工图

建筑施工图是用来描绘房屋建造的规模、外部造型、内部布置、细部构造的图纸，是房屋施工放线、砌筑、安装门窗、室内外装修和编制施工概算及施工组织计划的主要依据。

建筑施工图主要包括：设计总说明、总平面图、建筑平面图、建筑立面图、建筑剖面图以及建筑详图等。

一、设计总说明

设计总说明主要是对建筑施工图上不易详细表达的内容，如设计依据、技术经济指标、工程概况、构造做法、用料选择等，用文字加以说明。此外，还包括防火专篇等一些有关部门要求明确说明的内容。设计总说明一般放在一套施工图的首页。

二、总平面图

（一）总平面图的形成

总平面图是描绘新建房屋所在的建设地段的地理环境、建筑座落、基地规划的水平投影图。图 17-17 为某宿舍楼的总平面图示例。

（二）总平面图的用途

总平面图主要反映新建房屋的位置、平面形状、朝向、标高、道路等的占地面积及周边环境。总平面图是新建房屋定位、布置施工总平面图的依据，也是室外水、暖、电等设备管线布置的依据。

（三）总平面图的内容及阅读方法

1. 看图名、比例及有关文字说明

由于总平面图包括的区域较大，所以绘制时都用较小比例。通常选用的比例为 1∶500、1∶1000、1∶2000 等。总图中的尺寸(如标高、距离、坐标等)宜以米(m)为单位，并应至少取至小数点后两位，不足时以“0”补齐。

2. 了解新建工程的性质和总体布局，如各种建筑物及构筑物的位置、道路和绿化的布置等。

由于总平面图的比例较小，有关的建筑物、构筑物、道路、绿化等不易按照投影关系如实反映出来，只能用图例的形式进行绘制。要读懂总平面图，必须熟悉总平面图中常用的各种图例。总平面图中常用的各种图例见上节表 17-1。

总平面图中为了说明房屋的用途，在房屋的图例内应标注出该建筑的名称。当图样比例小或图面无足够位置时，也可编号列表编注在图内。当图形过小，可标注在图形外侧附近处。同时，还要在图形的右上角标注房屋的层数符号，一般以数字表示，如 14 表示该房屋为 14 层，当层数不多时，也可用小圆点数量来表示，如“∷”表示为 4 层。

3. 看新建房屋的定位尺寸

新建房屋的定位方式基本上有两种：一种是以周围已建建筑物或道路中心线为参照物。实际绘图时，标明新建房屋与其相邻的已建建筑物或道路中心线的相对位置尺寸。另一种是以坐标表示新建筑物或构筑物的位置。当新建筑区域所在地形较为复杂时，为了保证施工放线的准确，常用坐标定位。坐标定位分为测量坐标和施工坐标两种。

(1) 测量坐标　在地形图上用细实线画成交叉十字线的坐标网，南北方向的轴线为 X，东西方向的轴线为 Y，这样的坐标为测量坐标。坐标网常采用 100m×100m 或 50m×50m 的方格网。一般建筑物的定位宜注写其三个角的坐标，如建筑物与坐标轴平行，可注写其对角坐标。图 17-14 为测量坐标定位示意图。

(2) 建筑坐标　建筑坐标就是将建设地区的某一点定为“0”，采用 100m×100m 或 50m×50m 的方格网，沿建筑物主轴方向用细实线画成方格网通线。垂直方向为 A 轴，水平方向为 B 轴。适用于房屋朝向与测量坐标方向不一致的情况。标注形式如图 17-15 所示。

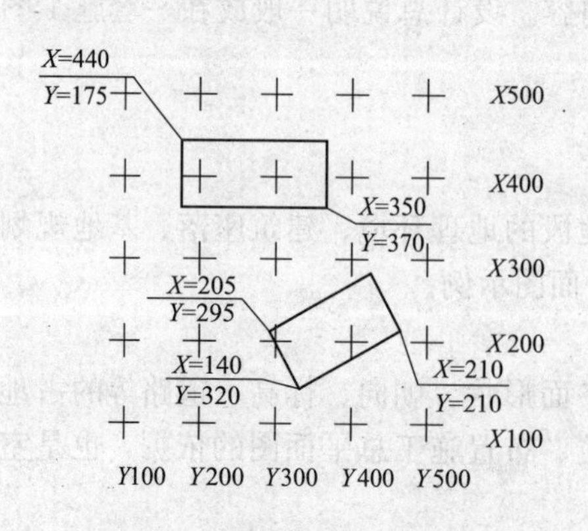

图 17-14　测量坐标定位示意图

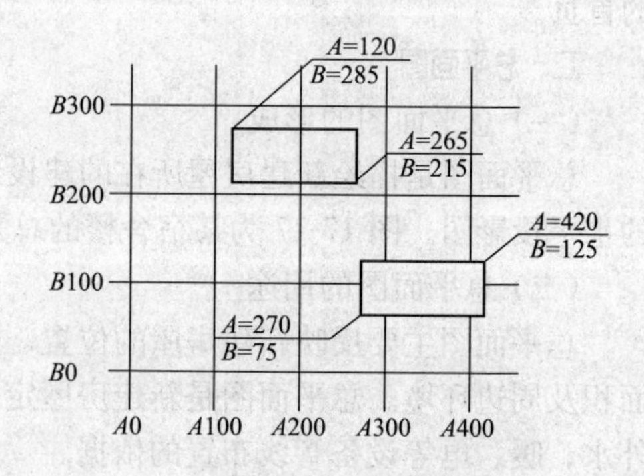

图 17-15　建筑坐标定位示意图

4. 看新建房屋底层室内地面和室外地面的标高

总图中的标高均为绝对标高，如标注相对标高，则应注明相对标高与绝对标高的换算关系。如图 17-16 所示。

5. 看总平面图中的指北针，明确建筑物及构筑物的朝向，有时还要画上风向频率玫瑰图，来表示该地区的常年风向频率。

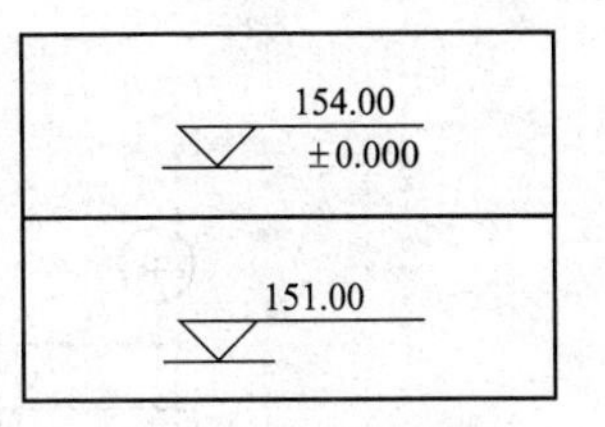

图 17-16　标高注写法

（四）总平面图的阅读实例

图 17-17 为新建某宿舍楼的总平面图。图中粗实线画出的图形是新建宿舍楼。该楼共三层，其平面形状为矩形，长为 29.28m，宽为 12.78m，入口朝南，采用已建建筑物为参照物进行定位，定位尺寸为 20m 和 8m，新建宿舍楼的底层地面的绝对标高为 47.60m，室外地坪绝对标高为 47.15m，室内外高差 0.45m。

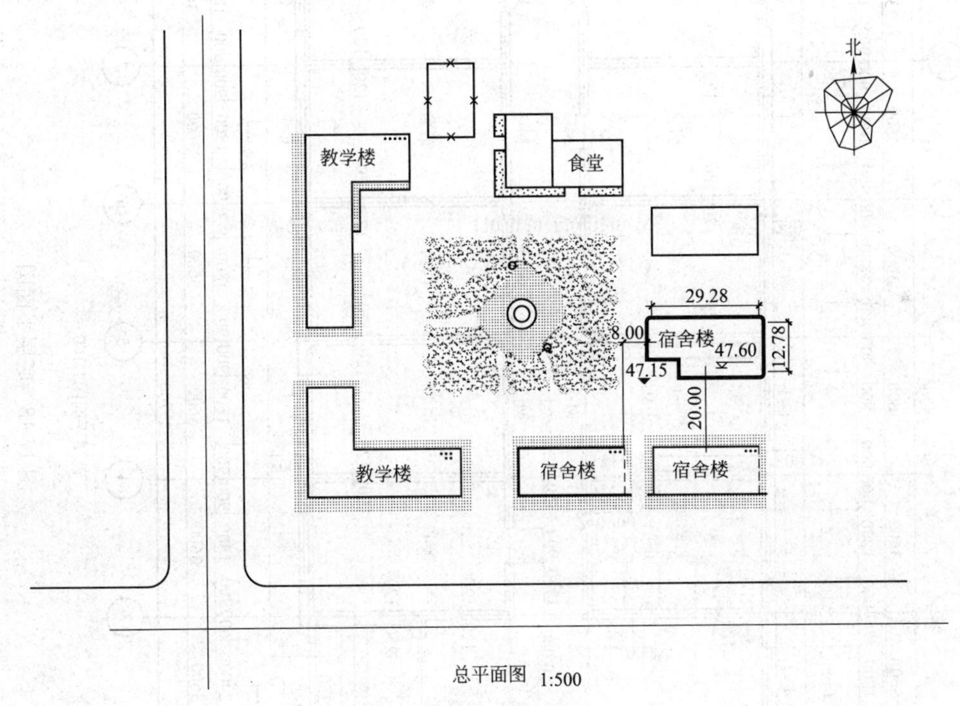

图 17-17　总平面图

三、建筑平面图

（一）建筑平面图的形成

建筑平面图实际上是把房屋用一个假想的水平剖切平面，沿门、窗洞口部位(指窗台以上，过梁以下的空间)水平切开，移开剖切平面以上的部分，把剖切平面以下的物体投影到水平面上，所得的水平剖面图，即为建筑平面图，简称平面图。图 17-18～图 17-20 所示为某宿舍楼的建筑平面图。

（二）建筑平面图的用途

建筑平面图主要表示房屋的平面形状，内部布置及朝向。在施工过程中，它是放线、砌墙、安装门窗、室内装修及编制预算的重要依据，是施工图中最重要的图纸之一。

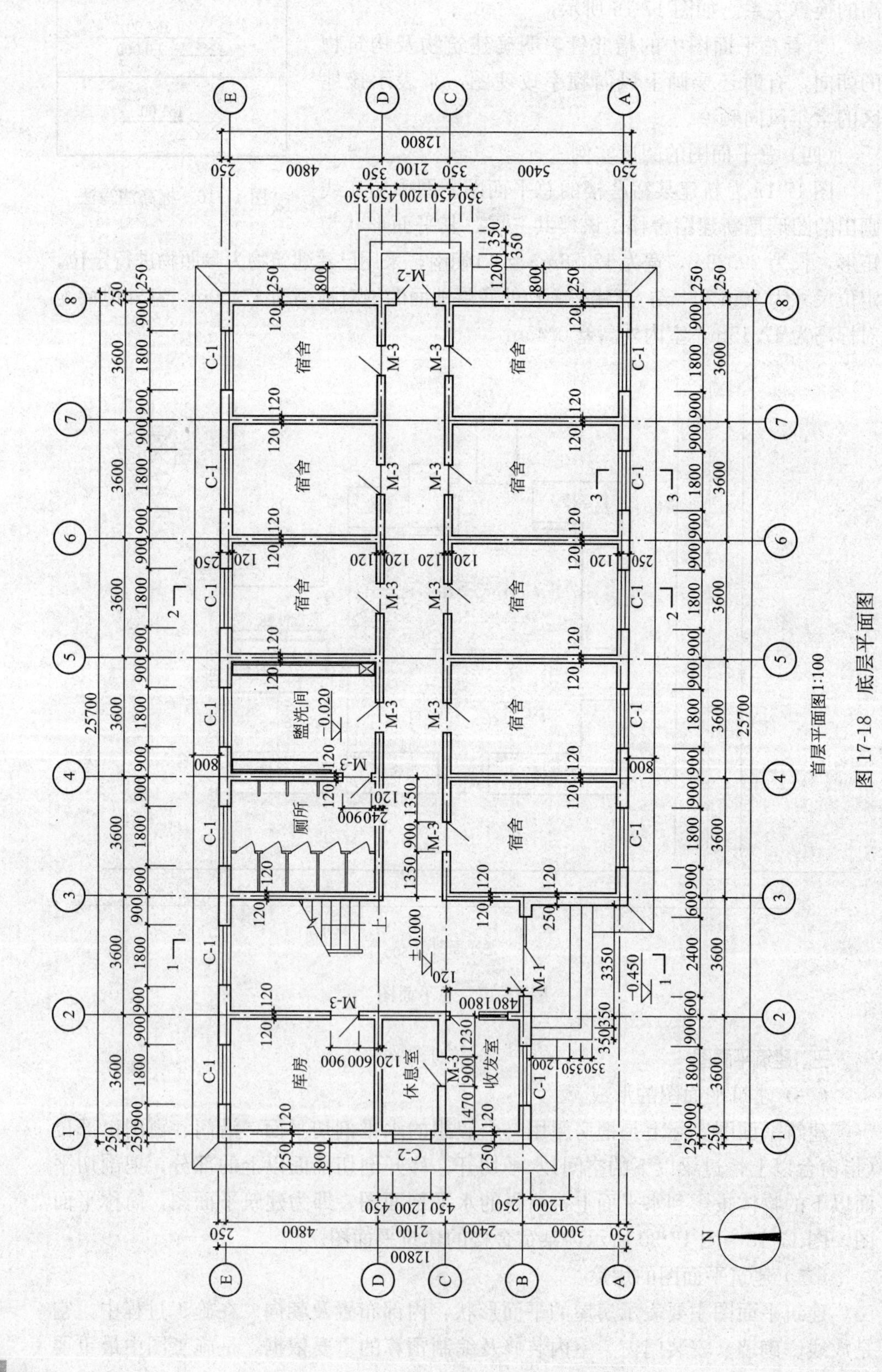
宿舍
盥洗间
厕所
库房
休息室
收发室
C-1
C-2
M-1
M-2
M-3
±0.000
-0.020
-0.450
12800
25700
首层平面图1:100

图 17-18 底层平面图

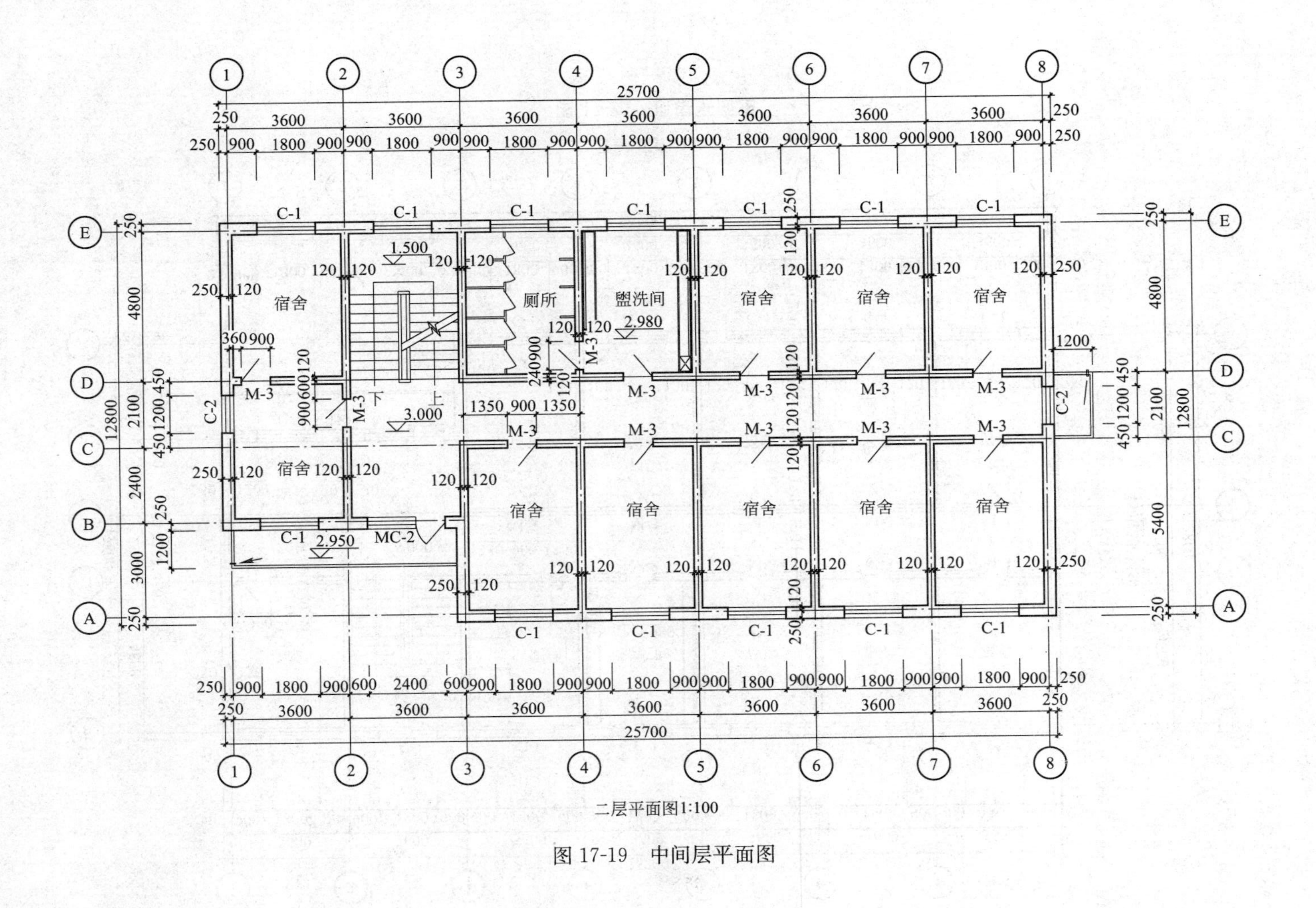

图 17-19　中间层平面图

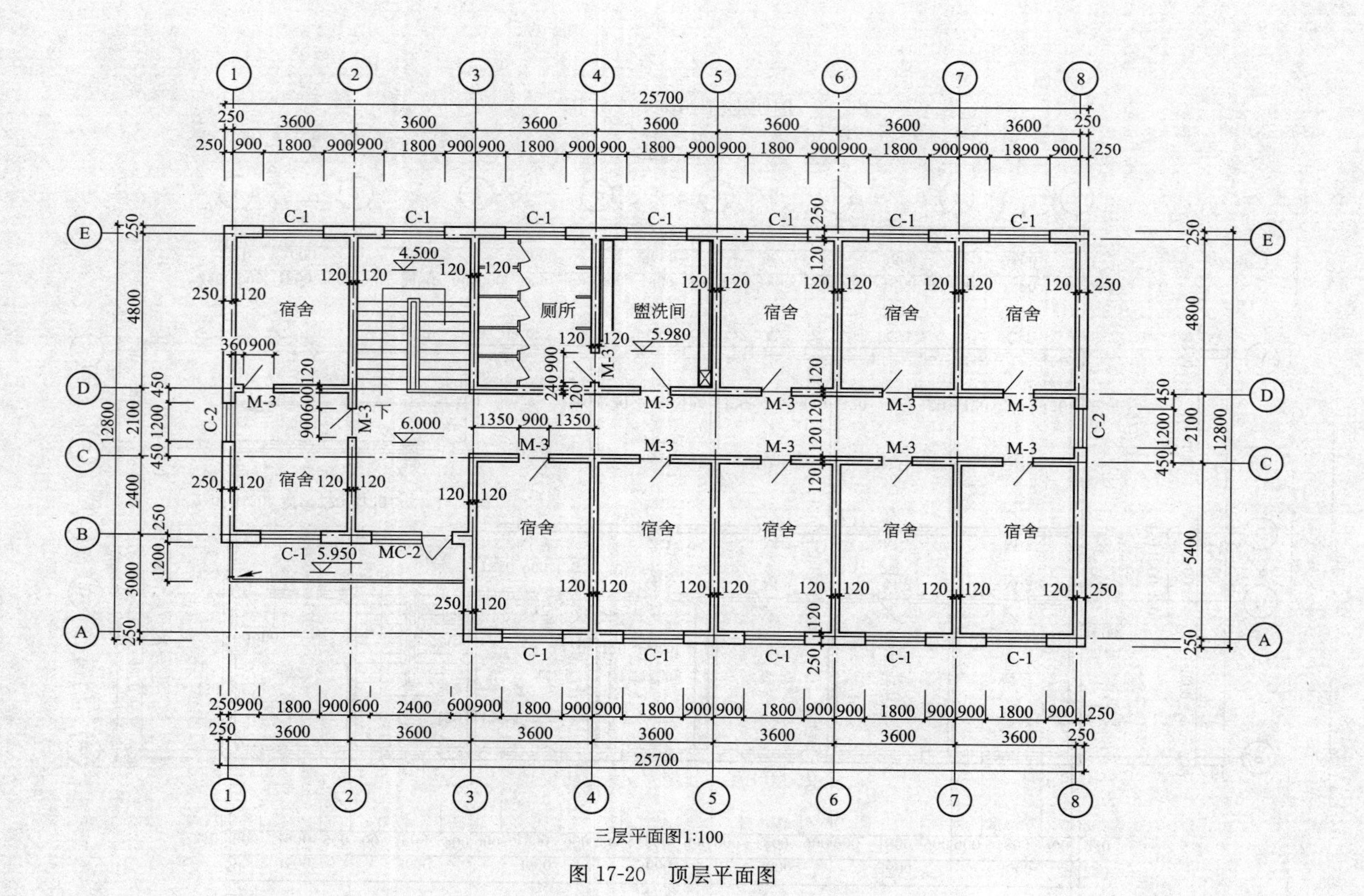

三层平面图1:100

图 17-20 顶层平面图

（三）建筑平面图的数量及内容分工

一般来说，房屋有几层，就应画出几个平面图，并在图的下方注明该层的图名，如底层平面图，二层平面图，三层平面图……顶层平面图。但在实际建筑设计中，多层建筑往往存在许多平面布局相同的楼层，对于这些相同的楼层可用一个平面图来表达这些楼层的平面图，称为“标准层平面图”或“×～×层平面图”。另外，还应绘制屋顶平面图。

1. 底层平面图

底层平面图也叫一层平面图或首层平面图，是指±0.000 地坪所在的楼层的平面图。它除表示该层的内部形状外，还画有室外的台阶(坡道)、花池、散水和雨水管的形状和位置，以及剖面的剖切符号(图 17-18 中的 1—1、2—2 剖面)，以便与剖面图对照查阅。为了更加精确地确定房屋的朝向，在底层平面图上应加注指北针。剖切符号和指北针在其他层平面图上可以不再标出。

2. 中间标准层平面图

中间标准层平面图除表示本层室内形状外，需要画出本层室外的雨篷，阳台等。

3. 顶层平面图

顶层平面图也可用相应的楼层数命名，其图示内容与中间层平面图的内容基本相同。

4. 屋顶平面图

屋顶平面图是指将房屋的顶部单独向下所做的俯视图。主要是用来表达屋顶形式、排水方式及其他设施的图样。

（四）建筑平面图的内容及阅读方法

1. 看图名、比例

从中了解平面图层次及图例，绘制建筑平面图的比例有 1∶50、1∶100、1∶200、1∶300，常用 1∶100。

2. 看图中定位轴线编号及其间距

从中了解各承重构件的位置及房间的大小，以便于施工时定位放线和查阅图纸。定位轴线的标注应符合“建筑制图标准”的规定。

3. 看房屋平面形状和内部墙的分隔情况

从平面图的形状与总长、总宽尺寸，可计算出房屋的占地面积、每层建筑面积和总建筑面积，从图中墙的分隔情况和房间的名称，可了解到房屋内部各房间的分布、用途、数量及其相互间的联系情况。

4. 看平面图的各部分尺寸

平面图中标注的尺寸分内部尺寸和外部尺寸两种，主要反映建筑物中房间的开间、进深的大小、门窗的平面位置及墙厚、柱的断面尺寸等。

(1) 外部尺寸　外部尺寸一般标注三道尺寸。最外一道尺寸为总尺寸，表示建筑物的总长、总宽，即从一端外墙主体表面到另一端外墙主体表面的尺寸。中间一道尺寸为定位尺寸，表示轴线尺寸，即房间的开间与进深尺寸。最里一道为细部尺寸，表示各细部的位置及大小，如外墙门窗的大小及与轴线的平面关系。

(2) 内部尺寸　用来标注内部门窗洞口和宽度及位置、墙身厚度以及固定设备大小和位置等。一般用一道尺寸线表示。

5. 看楼地面标高

平面图中标注的楼地面标高为相对标高，且是完成面的标高。一般在平面图中地面或楼面有高度变化的位置都应标注标高。

6. 看门窗的位置、编号和数量

图中门窗除用图例画出外，还应注写门窗代号和编号。门的代号通常用汉语拼音字母门的字头“M”表示，窗的代号通常用汉语拼音字母窗的字头“C”表示，并分别在代号后面写上编号，用于区别门窗类型，统计门窗数量。如 M—1、M—2 和 C—1、C—2……。对一些特殊用途的门窗也有相应的符号进行表示，如 FM 代表防火门、MM 代表密闭防护门、CM 代表窗连门。也可以在门窗编号中注明洞口尺寸，如 CZ1Z1。

为便于施工，一般情况下，在首页图上或在平面图内，附有门窗表，列出门窗的编号、名称、尺寸、数量及其所选标准图集的编号等内容。

7. 看剖面的剖切符号及指北针

在底层平面图中了解剖切部位，了解建筑物朝向。

(五) 建筑平面图的阅读实例

1. 底层平面图的阅读

图 17-18 为某新建宿舍楼的底层平面图。绘图比例为 1∶100，从图中指北针可以看出该宿舍楼的朝向为南北向，主要入口在西南角②～③轴之间，室外设有三步台阶，楼梯间正对入口，门厅左侧是收发室、值班室和库房。门厅右侧的东西向走道端头设有次要出入口，走道两侧分布有 12 个房间，其中北侧③～⑤之间的两个房间为盥洗室和厕所，其他各房间均为宿舍。

图中横向定位轴线有①～⑨轴，竖向定位轴线有Ⓐ～Ⓔ轴。各房间的开间均为 3.6m，进深有 5.4m 和 4.8m 两种，走道宽度为 2.1m，外墙厚为 370mm，内墙厚为 240mm，建筑总长 29.28m，总宽 12.78m。由门窗编号，可知该层门的类型有四种，分别为 M—1、M—2、M—3、M—4，窗的类型有两种分别为 C—1、C—2。

该建筑物房间室内地面相对标高为±0.000，厕所、盥洗室的地面相对标高为−0.020，低于室内地面 20mm。从图中还可了解室内楼梯、各种卫生设备的配置和位置情况，以及室外台阶、散水的大小与位置。

2. 中间层平面图的阅读

图 17-19 为某新建宿舍楼的二层平面图。房屋内部的房间布置与底层基本相同，不同处有办公室，它们与底层收发室、休息室、库房上下对应。在楼梯表达上，不但有上行梯段的部分踏步，还有下行梯段的部分踏步，并画有出入宿舍楼两个入口上方与外墙连接的阳台和雨篷。该层地面相对标高为 3.000m，厕所、盥洗室的地面相对标高为 2.980m，阳台地面标高 2.950m。

3. 顶层平面图的阅读

图 17-20 为某新建宿舍楼的顶层平面图。房间内容与二层基本相同。但楼梯间处具有特殊性，它表示从三层楼面下到二层楼面两梯段的完整投影。

4. 屋顶平面图的阅读

图 17-21 为新建宿舍楼的屋顶平面图。该宿舍楼屋脊线与纵向平行，屋面坡度为 2%，纵向坡度 1%，共设四个雨水管，采用女儿墙外排水。

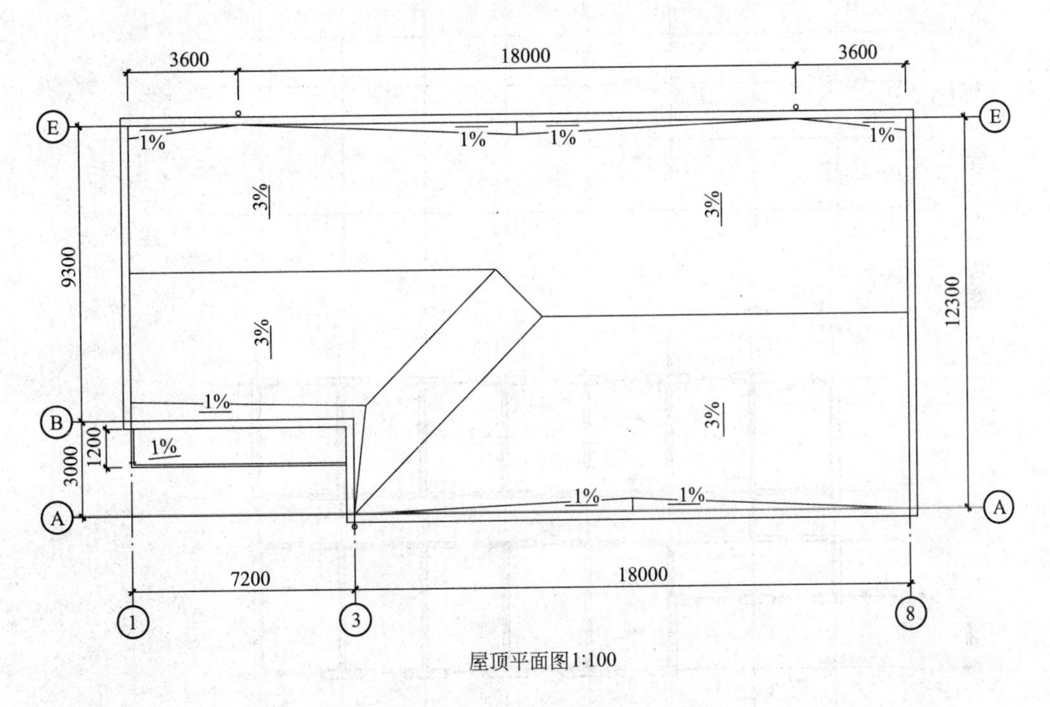

图 17-21　屋顶平面图

(六) 平面图的绘制

1. 按照所绘房屋的复杂程度及大小，选定合适的绘图比例。

2. 根据开间和进深画定位轴线，如图 17-22(a)所示。

3. 画墙身线、柱，定门窗洞口的位置，如图 17-22(b)所示。

4. 画其他构配件的细部，如台阶、楼梯、卫生设备、散水、雨水管等。

5. 检查核对，无误后按建筑制图标准规定的线型要求，描粗加深图线，如图 17-22(c)所示。

6. 标注尺寸，房间用途，注写定位轴线编号、门窗代号、剖切符号等。

四、建筑立面图

(一) 建筑立面图的形成

建筑立面图是在与建筑物立面平行的投影面上所作的正投影图，简称立面图。

(二) 建筑立面图的用途

立面图主要用于表示建筑物的体形和外貌，表示立面各部分配件的形状及相互关系；表示立面装饰要求及构造做法等。

(三) 建筑立面图的命名与数量

房屋有多个立面，为便于与平面图对照阅读，每一个立面图下都应标注立面

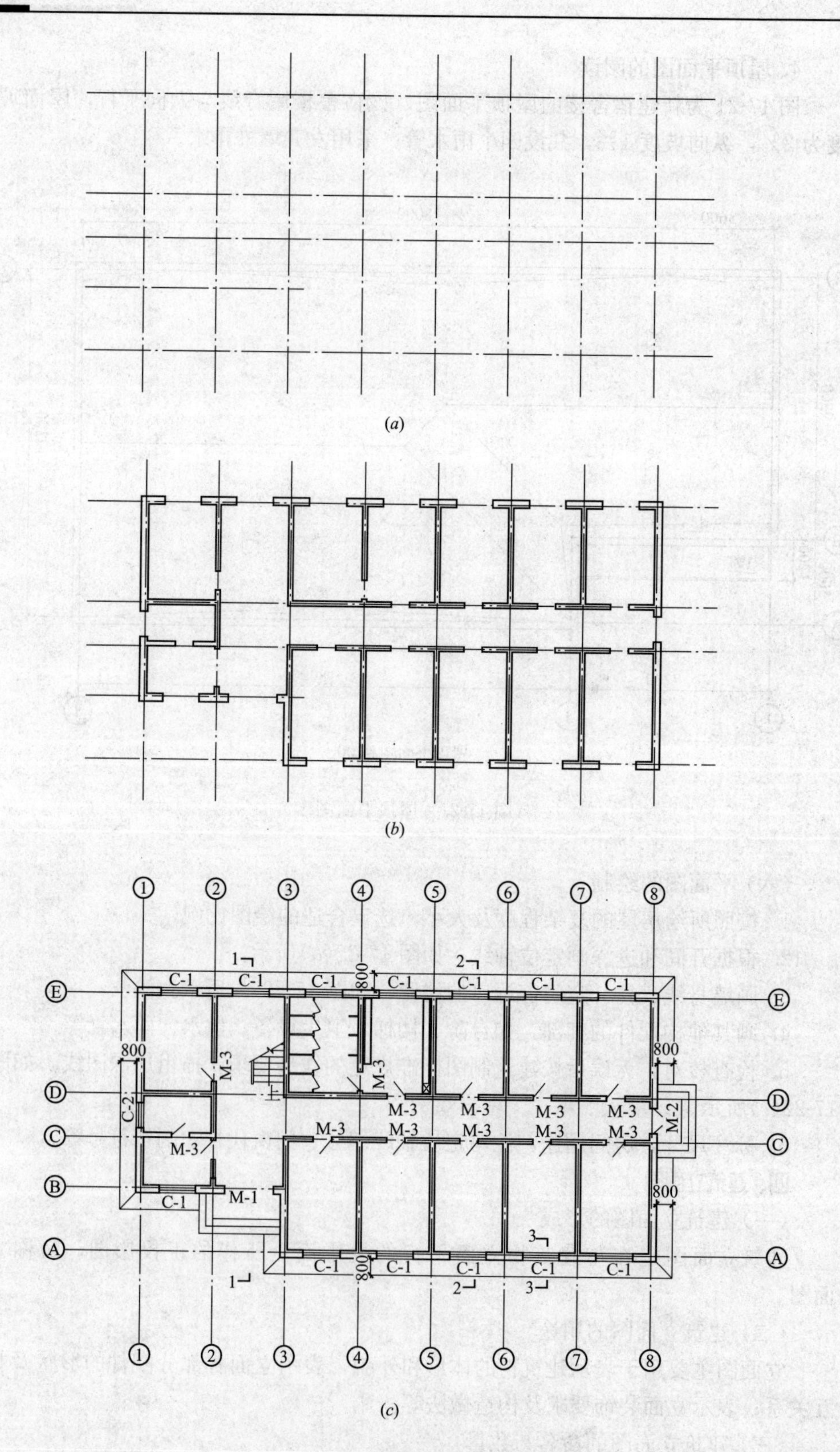

图 17-22　绘制建筑平面图的步骤

图的名称。立面图名称的标注方法为：对于有定位轴线的建筑物，宜根据两端的定位轴线号编注立面图名称，如①～⑨轴立面图等。对于无定位轴线的建筑物可按平面图各面的朝向确定名称，如南立面图等。

平面形状曲折的建筑物，可绘制展开立面图。圆形或多边形平面的建筑物，可分段展开绘制立面图，但均应在图名后加注“展开”二字。

立面图的数量是根据房屋各立面的形状和墙面的装修要求决定的。当房屋各立面造型不同、墙面装修不同时，就需要画出所有立面图。

（四）立面图的内容与阅读方法

1. 看图名、比例

了解该图与房屋哪一个立面相对应及绘图的比例。立面图的绘图比例与平面图绘图比例应一致。

2. 看房屋立面的外形、门窗、檐口、阳台、台阶等形状及位置

在建筑物立面图上，相同的门窗、阳台、外檐装修、构造做法等可在局部重点表示，绘出其完整图形，其余部分只画轮廓线。

3. 看立面图中的标高尺寸

立面图中应标注必要的尺寸和标高。注写的标高尺寸部位有室内外地坪、檐口、屋脊、女儿墙、雨篷、门窗、台阶等处的标高。

4. 看房屋外墙表面装修的做法和分格线等

在立面图上，外墙表面分格线应表示清楚。应用文字说明各部位所用面材和颜色。

（五）建筑立面图的阅读实例

图 17-23～图 17-26 为某新建宿舍楼的立面图，现以图 17-23①～⑨立面图为例说明立面图的内容和阅读方法。从图中可看到立面图比例为 1：100，该房屋为三层，平顶屋面。还可看出房屋的西南角主要出入口大门的式样，台阶、阳台等形状。从图中所标注的标高能够看出房屋室外地面高差为 0.45m，房屋最高处标高为 10.00m，窗台、窗檐等处标高如图 17-23 所示。

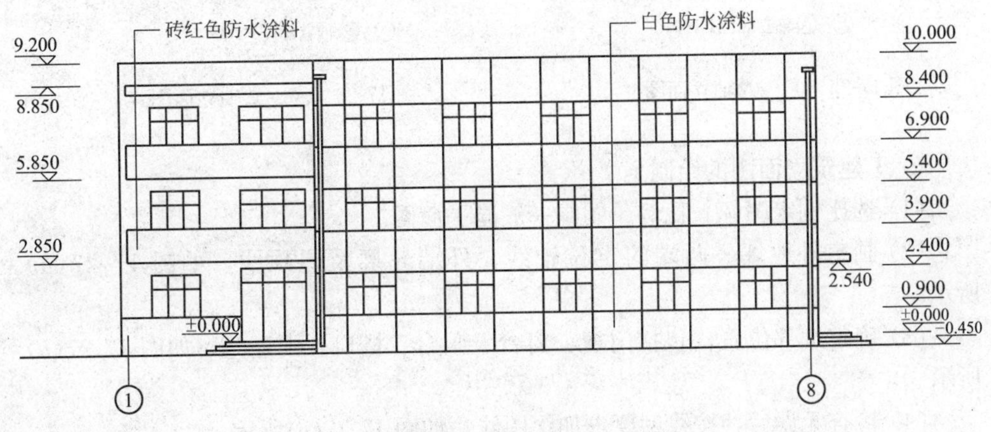

图 17-23　①～⑧轴立面图

从立面图中引出的文字说明中，可知南立面外墙面的装饰材料为白色防水涂料，阳台、雨篷为砖红色防水涂料。图 17-24～图 17-26 所示内容，学员可自己阅读。

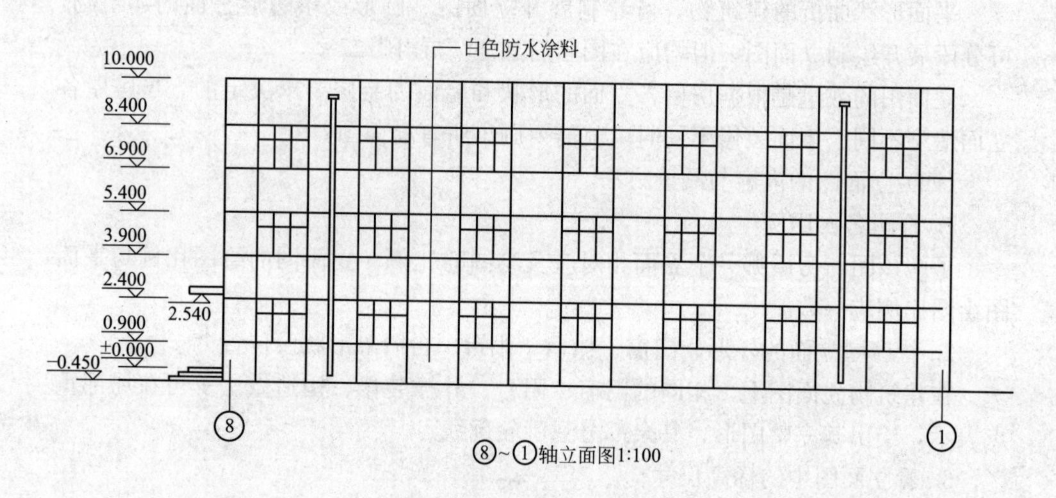

图 17-24　⑧～①轴立面图

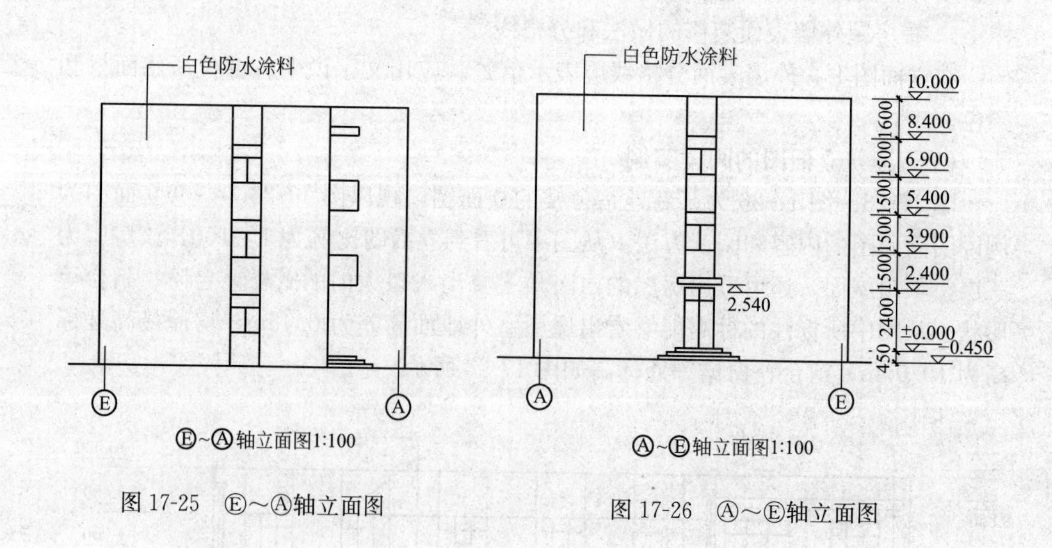

图 17-25　Ⓔ～Ⓐ轴立面图

图 17-26　Ⓐ～Ⓔ轴立面图

（六）建筑立面图的绘制

（1）选比例定图幅。比例、图幅一般同平面图。

（2）画室外地坪、两端的定位轴线、外墙轮廓及屋顶线，如图 17-27(*a*)所示。

（3）确定细部位置，包括门窗、窗台、阳台、檐口、雨篷等，如图 17-27(*b*)所示。

（4）检查无误后，按线型要求加深图线，如图 17-27(*c*)所示。

（5）标注标高，注明各部位装修做法等。

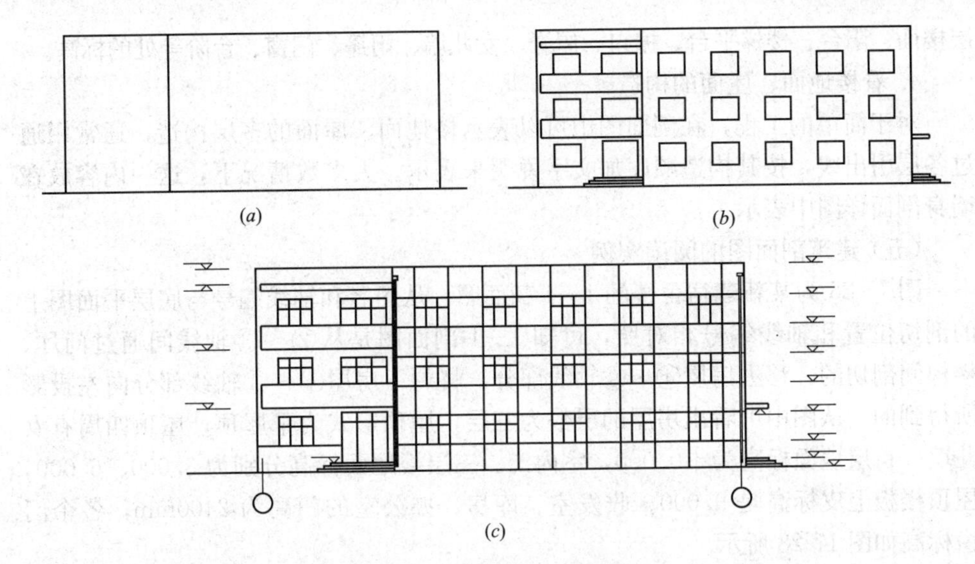

图 17-27　绘制建筑立面图的步骤

五、建筑剖面图

（一）建筑剖面图的形成

假想用一个平行于投影面的剖切平面，将房屋剖开，移去观察者与剖切平面之间的房屋部分，作出剩余部分的房屋的正投影，所得图样称为建筑剖面图，简称剖面图。

（二）建筑剖面图的用途

建筑剖面图主要表示房屋的内部竖向空间的组合情况、各层高度、楼面和地面的构造以及各配件在垂直方向上的相互关系等内容。在施工中，可做为控制高程、砌筑内墙、铺设楼板、屋面板和内装修等工作的依据，是与平、立面图相互配合的不可缺少的重要图样之一。

（三）建筑剖面图的剖切位置及数量

剖面图的剖切部位，应根据图样的用途或设计深度，在平面图上选择能反映建筑剖面全貌、构造特征以及有代表性的部位剖切。

在一般规模不大的工程中，房屋的剖面图通常只有一个。当工程规模较大或平面形状较复杂时，则要根据实际需要确定剖面图的数量，也可能是两个或多个。

（四）建筑剖面图的内容及阅读方法

1. 看图名、比例

根据图名与底层平面图对照，确定剖切平面的位置及投影方向，从中了解该图所画出的是房屋的哪一部分的投影。剖面图的绘图比例通常与平面图、立面图一致。

2. 看房屋内部的构造、结构型式和所用建筑材料等内容

如各层梁板、楼梯、屋面的结构形式、位置及其与墙（柱）的相互关系等。

3. 看房屋各部位竖向尺寸

图中竖向尺寸包括高度尺寸和标高尺寸，高度尺寸应标出房屋墙身垂直方向分段尺寸，如门窗洞口、窗间墙等的高度尺寸，标高尺寸主要是注出室内外地面、各

层楼面、阳台、楼梯平台、檐口、屋脊、女儿墙、雨篷、门窗、台阶等处的标高。

4. 看楼地面、屋面的构造

对于简单的工程，在剖面图中可以表示楼地面、屋面的多层构造，通常用通过各层引出线，按其构造顺序加文字说明来表示。大多数情况下，这一内容放在墙身剖面详图中表示。

（五）建筑剖面图的阅读实例

图 17-28 为某新建宿舍楼的 1—1 剖面图。从图名和轴线编号与底层平面图上的剖切位置和轴线编号相对照，可知 1—1 剖面图是从②～③轴线间通过门厅、楼梯间剖切的，移去房屋④～⑨轴线部分，将剩下房屋①～③轴线部分向左投影所得到的。从图中可看出房屋的层数为三层，屋顶形式为平屋顶，屋顶四周有女儿墙。首层地面标高为±0.000，室内二、三层楼地面标高分别为 3.000、6.000，屋顶楼板上皮标高是 9.000。收发室、库房、办公室的门高为 2400mm，各个门窗标高如图 17-28 所示。

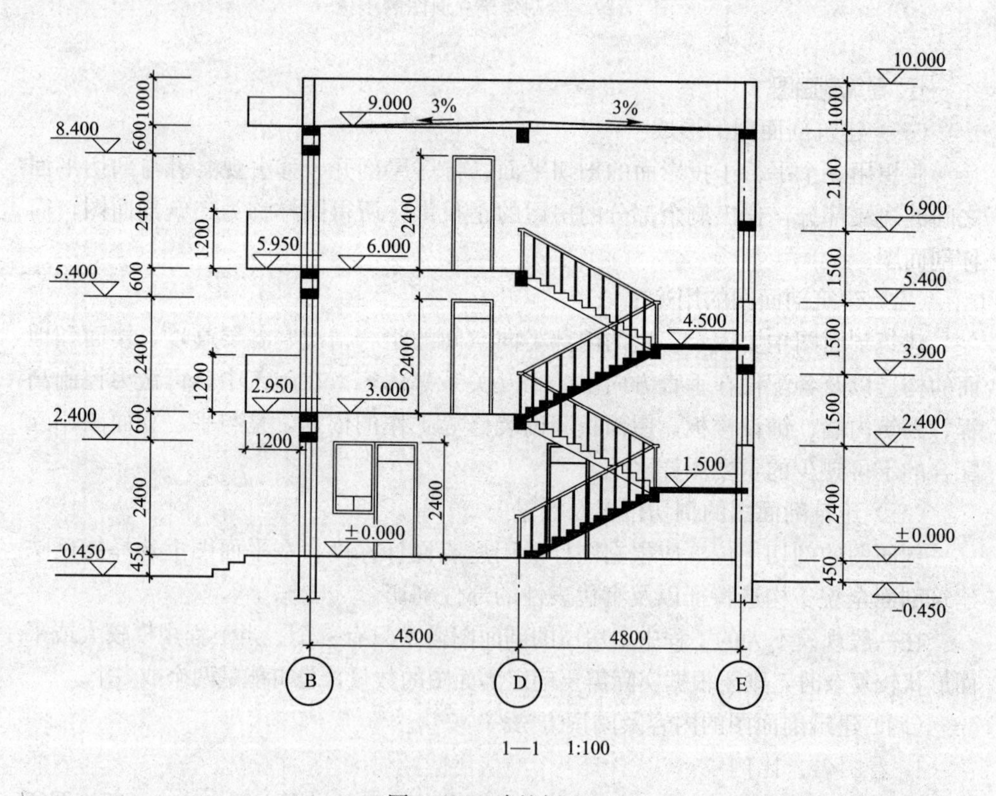

图 17-28 建筑剖面图

该剖面图没有表明地面、楼面、屋顶的做法，这些内容将在墙身剖面详图中表示。

（六）剖面图的绘制

(1) 选取合适比例，通常与平面、立面相一致。

(2) 画定位轴线、墙身线、室内外地坪线、楼面线、屋面线，如图 17-29(*a*)所示。

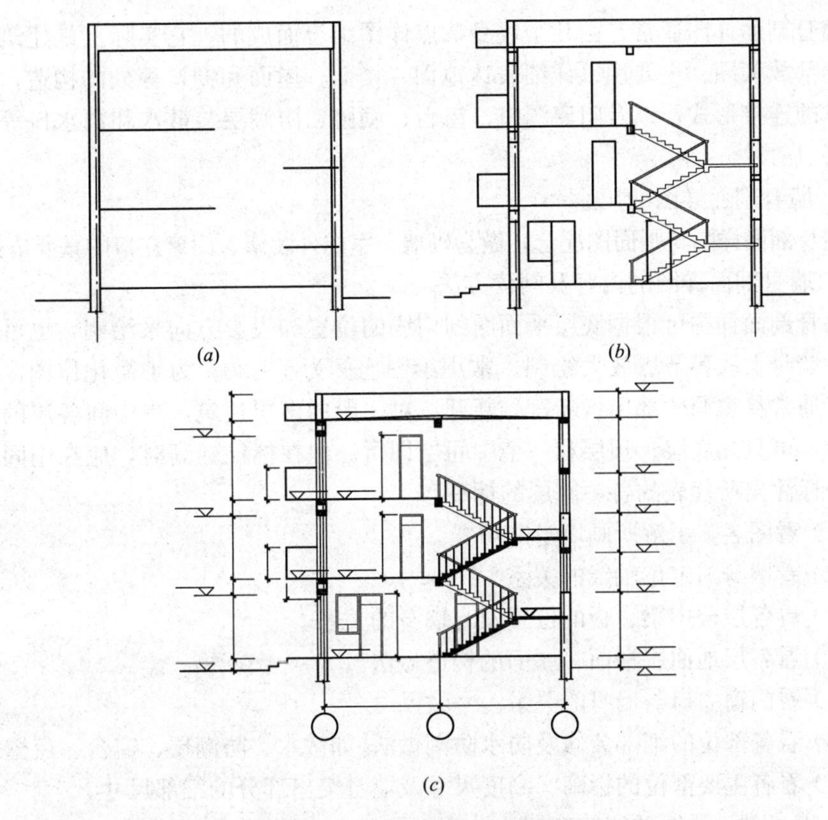

图 17-29　绘制建筑剖面图的步骤

(3) 画出内、外墙身厚度、楼板、屋面构造厚度。

(4) 画出可见的构配件的轮廓线及相应的图例，包括门窗位置、楼梯梯段、台阶、阳台、女儿墙等，如图 17-29(*b*)所示。

(5) 核对无误后，按线型要求加深图线，如图 17-29(*b*)所示。

(6) 标注尺寸、标高、定位轴线、索引符号及必要的文字说明。

六、建筑详图

由于建筑平、立、剖面图一般采用较小比例绘制，许多细部构造、尺寸、材料和做法等内容很难表达清楚。为了满足施工的需要，常把这些局部构造用较大比例绘制成详细的图样，这种图样称为建筑详图，有时也称为大样图或节点图。详图的比例常用 1∶1、1∶2、1∶5、1∶10、1∶20、1∶50 几种。

建筑详图可以是平、立、剖面图中某一局部的放大图，也可以是某一局部的放大剖面图。对于某些建筑构造或构件的通用做法，可采用国家或地方制定的标准图集(册)或通用图集(册)中的图纸，一般在图中通过索引符号注明，不必另画详图。

建筑详图包括墙身大样图和楼梯、阳台、雨篷、台阶、门窗、卫生间、厨房、内外装修等详图。

现以墙身剖面详图和楼梯详图为例说明建筑详图的图示内容及特点。

(一) 墙身剖面详图

1. 墙身剖面详图的形成

墙身剖面详图通常是由几个墙身节点详图组合而成的。它实际上是建筑剖面图的局部放大图。主要用以详细表达地面、楼面、屋面和檐口等处的构造，楼板与墙体的连接形式，以及门窗洞口、窗台、勒脚、防潮层、散水和雨水口等的细部做法。

2. 墙身剖面详图的用途

墙身剖面详图与平面图配合，做为砌墙、室内外装修、门窗立口的重要依据。

3. 墙身剖面详图的内容及阅读方法

墙身剖面详图可根据底层平面图剖切线的位置和投影方向来绘制，也可在剖面图的墙身上取各节点放大绘制。常用绘图比例为 1∶20。为了简化作图，节约图纸，通常将窗洞中部用折断符号断开。对一般的多层建筑，当中间各层的情况相同时，可只画底层、顶层和一个中间层即可。但在标注标高时，应在中间层的节点处标注出所代表的各中间层的标高。

(1) 看图名，了解所画墙身的位置。

(2) 看墙身与定位轴线的关系。

(3) 看各层楼中梁、板的位置及与墙身的关系。

(4) 看各层地面、楼面、屋面的构造做法。

(5) 看门窗立口与墙身的关系。

(6) 看各部位的细部装修及防水防潮做法(如散水、防潮层、窗台、窗檐等)。

(7) 看各主要部位的标高、高度尺寸及墙身突出部分的细部尺寸。

4. 墙身剖面详图的阅读实例

图 17-30 为墙身剖面详图。该图详细表明了墙身从墙脚到屋顶面之间各节点的构造形式及做法。从图中可以看出该建筑物的散水宽为 800mm，坡度为 3%，具体做法如图示。防潮层做法为细石钢筋混凝土带，设置位置与室内地面垫层同高。在二层楼面节点上，可以看到楼面的构造，所用预制混凝土空心板，放置在横墙上，楼面做法通过多层构造引出线表示，做法如图示。窗洞口上部设置钢筋混凝土“L”形过梁。女儿墙厚为 240mm，高 1000mm，顶部设钢筋混凝土压顶梁，屋面做法也是通过多层构造引出线表示。屋面泛水构造采用标准图集。从图中可看到墙身内外表面装饰的断面形式、厚度及所用材料等。

(二) 楼梯详图

楼梯是多层建筑中的垂直交通联系设施，它一般由梯段、平台、栏杆(栏板)和扶手三部分组成。楼梯详图主要表示楼梯的结构型式、构造做法、各部分的详细尺寸、材料，是楼梯施工放样的主要依据。

楼梯详图包括楼梯平面图、楼梯剖面图和踏步、栏杆(栏板)、扶手等详图。

现结合图 17-31～图 17-33 说明楼梯详图的内容及阅读方法。

1. 楼梯平面图

楼梯平面图的形成同建筑平面图一样，也是用一个假想的水平剖切平面在该层往上引的第一楼梯段中剖切开，移去剖切平面及以上部分，将余下的部分按正投影的原理投射在水平投影面上所得到的图，称为楼梯平面图。为此，楼梯平面图实际是建筑平面图中楼梯间部分的局部放大。绘制比例常用 1∶50。

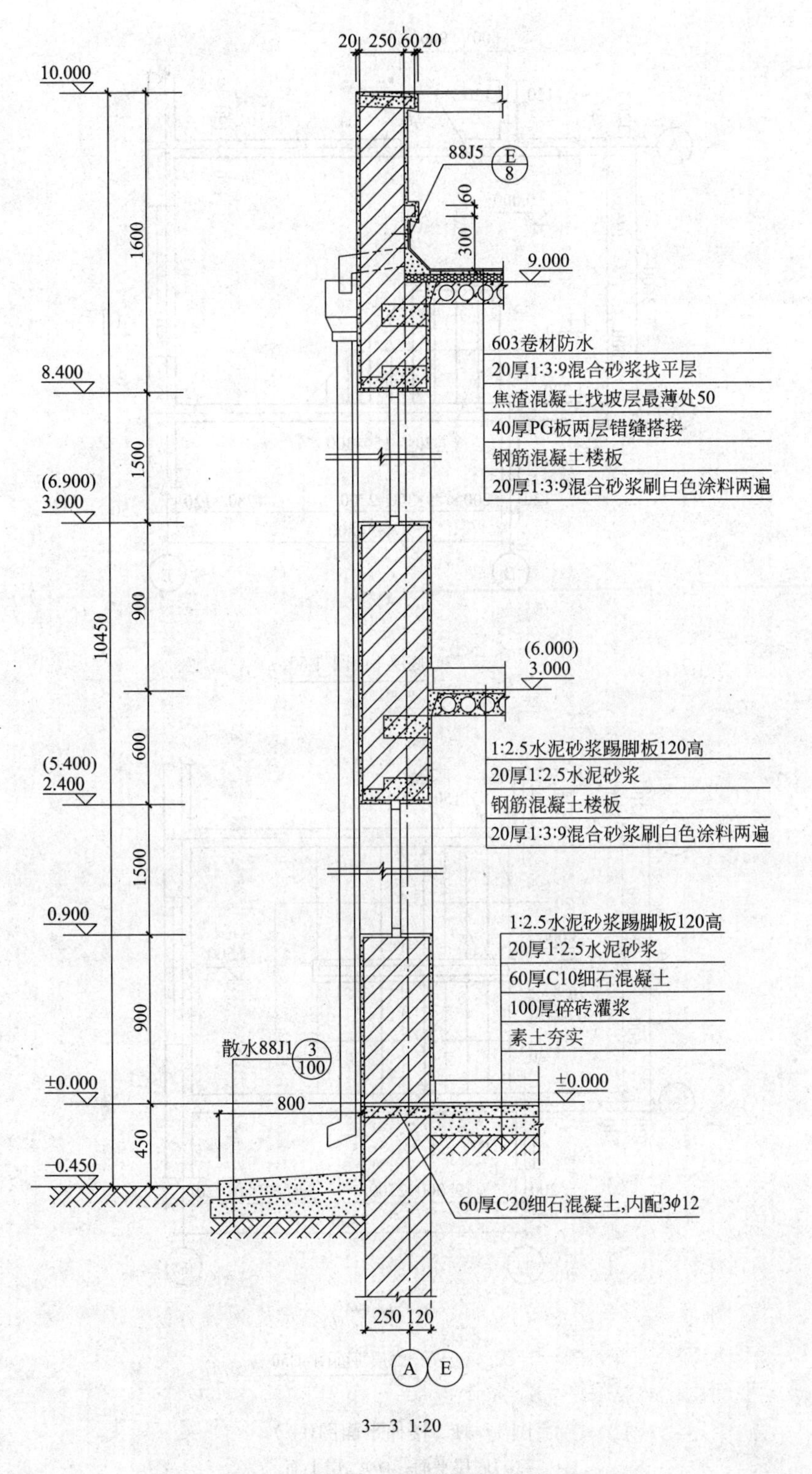
20 250 60 20
10.000
88J5
E
8
60
300
9.000
1600
603卷材防水
20厚1:3:9混合砂浆找平层
焦渣混凝土找坡层最薄处50
40厚PG板两层错缝搭接
钢筋混凝土楼板
20厚1:3:9混合砂浆刷白色涂料两遍
8.400
1500
(6.900)
3.900
900
10450
(6.000)
3.000
600
1:2.5水泥砂浆踢脚板120高
20厚1:2.5水泥砂浆
钢筋混凝土楼板
20厚1:3:9混合砂浆刷白色涂料两遍
(5.400)
2.400
1500
0.900
1:2.5水泥砂浆踢脚板120高
20厚1:2.5水泥砂浆
60厚C10细石混凝土
100厚碎砖灌浆
素土夯实
900
散水88J1
3
100
±0.000
±0.000
800
450
−0.450
60厚C20细石混凝土,内配3φ12
250 120
A
E
3—3 1:20

图 17-30　墙身剖面图

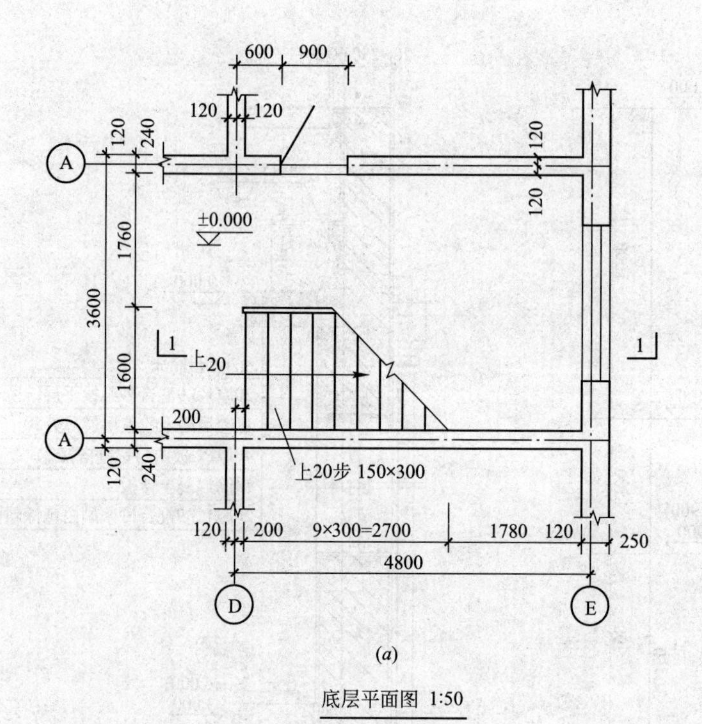

(*a*)

底层平面图 1:50

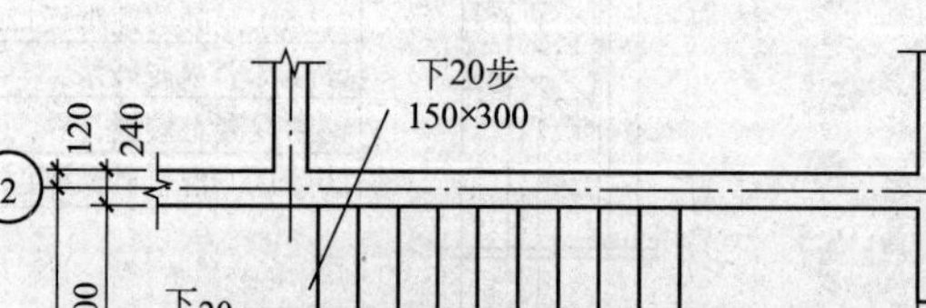
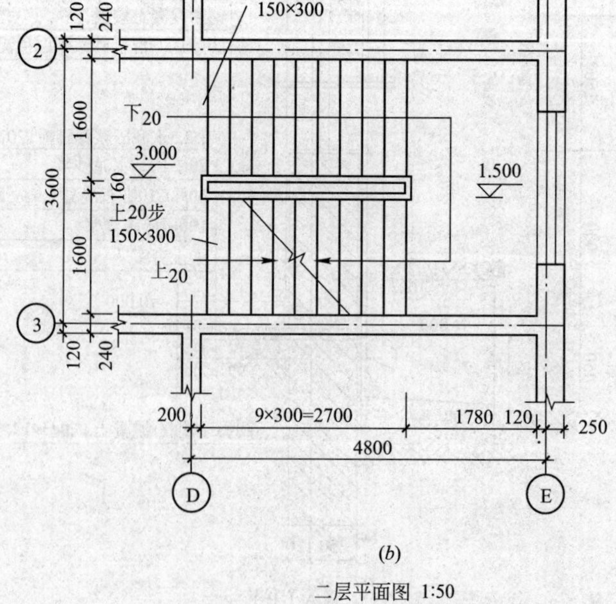

(*b*)

二层平面图 1:50

图 17-31 楼梯平面图(一)

(*a*)底层平面；(*b*)二层平面

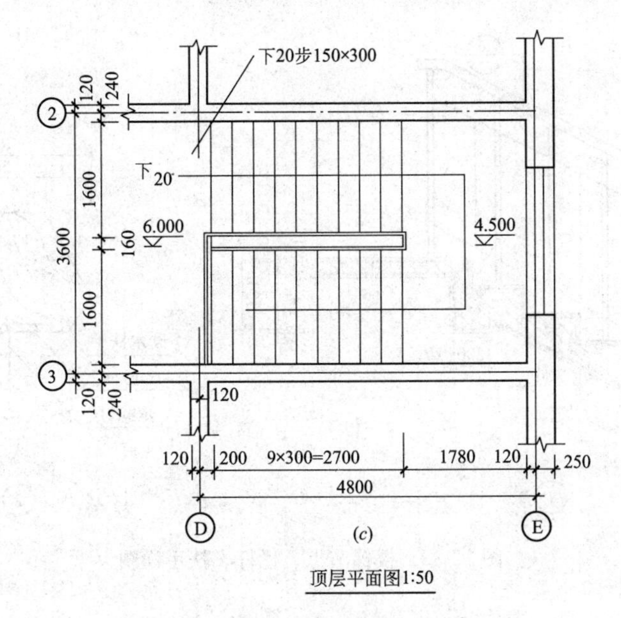

顶层平面图1:50

图 17-31　楼梯平面图(二)

(c)顶层平面

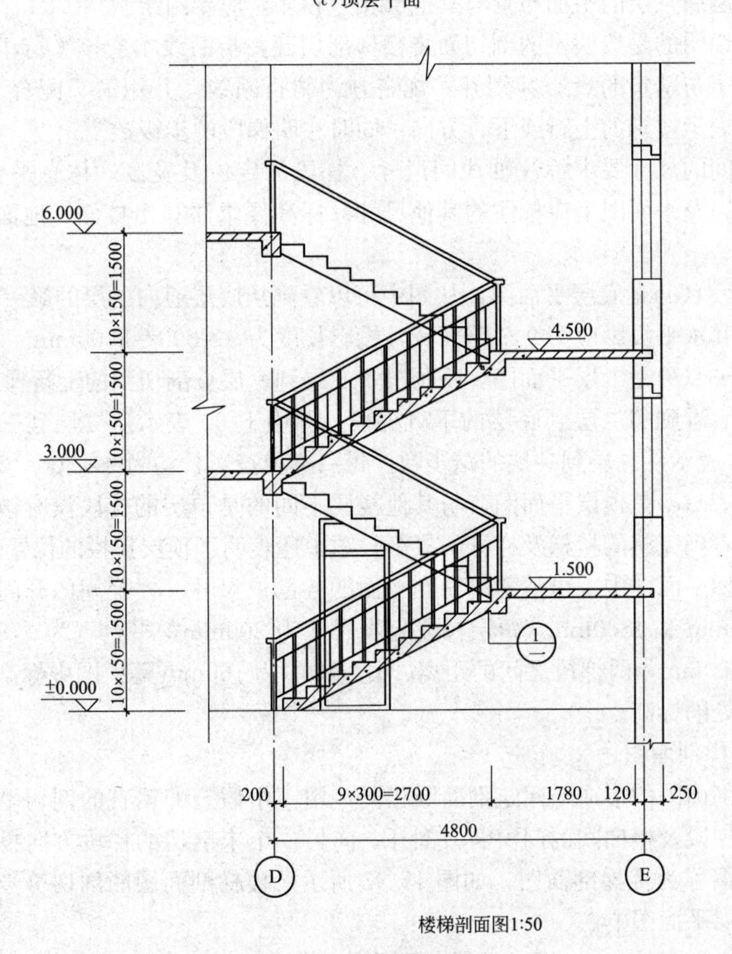

楼梯剖面图1:50

图 17-32　楼梯剖面图

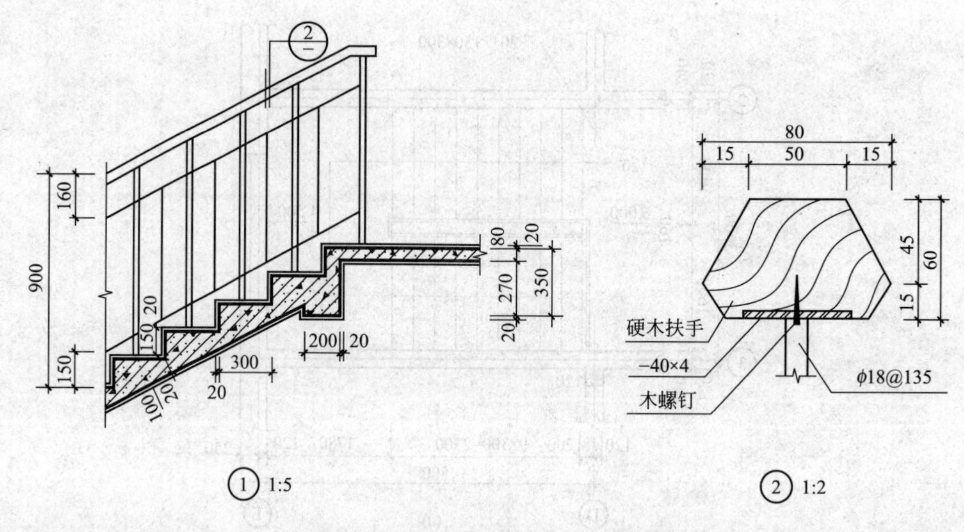

图 17-33 楼梯节点、栏杆、扶手详图

楼梯平面图一般分层绘制，有底层平面图、中间层平面图和顶层平面图。如果中间各层中某层的平面布置与其他层相差较多，应专门绘制。

需要说明的是按假设的剖切面将楼梯剖切开，折断线本应该平行于踏步的折断线，为了与踏步的投影区别开，规定画为斜折断线，并用箭头配合文字“上”或“下”表示楼梯的上行或下行方向，同时注明梯段的步级数。

楼梯间的尺寸要求标注轴线间尺寸、梯段的定位及宽度、休息平台的宽度、踏步宽度以及平面图上应标注的其他尺寸。标高要求注写出楼面、地面及休息平台的标高。

图 17-31(*a*)是底层平面图，从图中可以看到从底层通向二层的第一梯段为 10 级踏步，其水平投影应为 9 个踏面宽，投影长度为 9×300＝2700mm。

图 17-31(*b*)是二层平面图，既画出了二层到三层被剖切到的上行梯段，又画出了剖开后看到的二层到底层的下行梯段。图中上 20 表示从二层到三层的踏步数，下 20 表示从二层到一层的踏步数。每一梯段投影长均为 9×300＝2700mm。

图 17-31(*c*)是顶层平面图，与其他楼层不同的是顶层的梯段没有被剖切，因此，可以看到完整的楼梯及栏杆的投影，图中还表明了顶层护栏的位置。

在楼梯平面图中，可清楚的看到平面的各部位尺寸。楼梯间的开间、进深尺寸为 3600mm 和 4800mm，每层梯段起步尺寸为 200mm，平台宽为 1780mm，梯段宽为 1600mm，两梯段之间的距离(即楼梯井)为 160mm 等。图中标高为楼面及休息平台处的标高。

2. 楼梯剖面图

楼梯剖面图的形成与建筑剖面图相同，用一个假想的铅直的剖切平面，沿各层和一个梯段及楼梯间的门窗洞口剖开，向另一个未剖切的梯段方向投影，所得到的剖面图称为楼梯剖面图，如图 17-32 所示。楼梯剖面图的剖切符号应标注在楼梯间底层平面图上。

在楼梯剖面图中，应反映楼层、楼梯段、平台、栏杆等构造及其之间的相互关系。标注出各层楼(地)面的标高，楼梯段的高度及其踏步的级数和高度。楼梯段高度通常用踏步的级数乘以踏步的高度表示，如剖面图中底层第一梯段的高度为 10×150＝1500mm。

从图 17-32 中能看出该楼梯共有四个楼梯段，每个楼梯段均为 10 个踏步。每个踏步的尺寸都是宽为 300mm，高为 150mm，扶手高度为 900mm。剖面图中应注明地面、平台、楼面的标高为±0.000、1.500、3.000、4.500、6.000。

3. 踏步、栏杆(栏板)、扶手详图

楼梯栏杆、扶手、踏步面层和楼梯节点的构造在用 1∶50 的绘图比例绘制的楼梯平面图和剖面图中仍然不能表示的十分清楚，还需要用更大比例画出节点放大图。

图 17-33 是楼梯节点、栏杆、扶手详图，它能详细表明楼梯梁、板、踏步、栏杆和扶手的细部构造。

4. 楼梯详图的绘制

(1) 楼梯平面图(以底层平面图为例)

1) 画出楼梯间的轴线和墙身线、定出平台的宽度、楼梯段的长度和宽度，如图 17-34(*a*)所示。

2) 用等分平行线间距的方法画出踏步面数，踏步面数等丁 $n-1$，n 表示每一梯段的踏步数，如图 17-34(*b*)所示。

3) 画其他细部，核对无误后，按线型要求加深图线，标注楼梯段上、下方向，如图 17-34(*c*)所示。

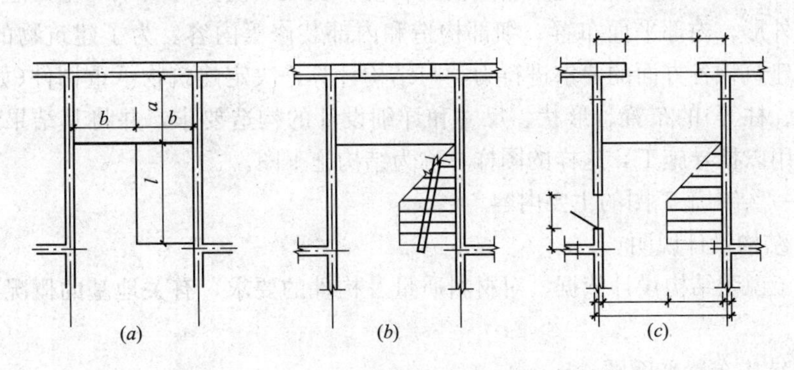

图 17-34　绘制楼梯平面图的步骤

4) 标注尺寸及标高。

(2) 楼梯剖面图

1) 根据楼梯底层平面图中标注的剖切位置和投射方向，画出墙身定位轴线、室内外地面线、各层楼面、平台的位置，如图 17-35(*a*)所示。

2) 用等分平线距离的方法，画出楼梯踏步及墙身厚度、平台厚度等，如图 17-35(*b*)所示。

3) 画细部。如门窗、梁、栏杆、扶手等，如图 17-35(*c*)所示。

4) 核对无误后，按线型要求加深图线，如图 17-35(*d*)所示。

5) 标注尺寸、标高、轴线编号等。

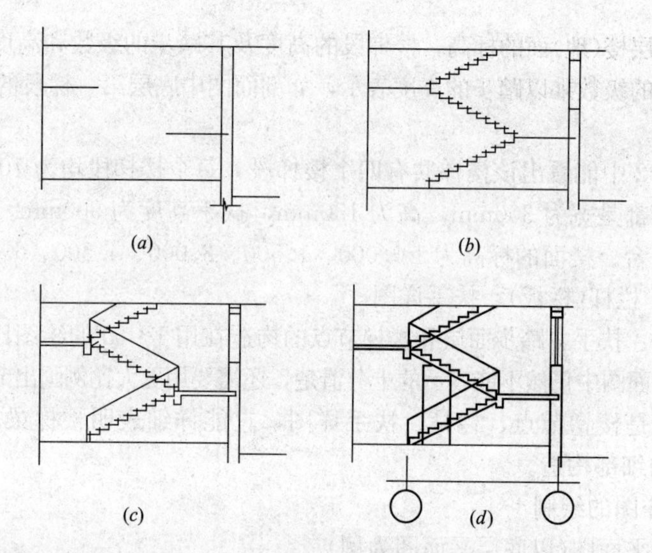

图 17-35　绘制楼梯剖面图的步骤

第三节　结构施工图

一、概述

建筑施工图是在满足建筑物的使用功能、美观、防火等要求的基础上，表明房屋的外形、内部平面布置、细部构造和内部装修等内容。为了建筑物的安全，还应按建筑物各方面的要求进行力学与结构计算，决定建筑物承重构件(如基础、梁、板、柱等)的布置、形状、尺寸和详细设计的构造要求，并将其结果绘制成图样，用以指导施工，这样的图样，称为结构施工图。

(一) 结构施工图的主要内容

1. 结构设计说明

用于说明结构设计依据、对材料质量及构件的要求，有关地基的概况及施工要求等。

2. 结构布置平面图

结构布置平面图与建筑平面图一样，属于全局性的图纸，通常包含以下内容：

(1) 基础平面图；

(2) 楼层结构平面布置图；

(3) 屋顶结构平面布置图。

3. 构件详图

构件详图属于局部性的图纸，表示构件的形状、大小，所用材料的强度等级和制作安装等。其主要内容有：

(1) 基础详图，梁、板、柱等构件详图；

(2) 楼梯结构详图；

(3) 其他构件详图。

（二）常用构件代号

房屋结构的基本构件很多，有时布置也很复杂，为了图面清晰，以及把不同的构件表示清楚，《建筑结构制图标准》GB/T 50105—2001 规定：构件的名称应用代号来表示。常用构件代号用构件名称的汉语拼音字母中的第一个字母表示。常用的构件代号，见表 17-3。

常用构件代号 **表 17-3**

序号	名 称	代号	序号	名 称	代号	序号	名 称	代号
1	板	B	15	吊车梁	DL	29	基础	J
2	屋面板	WB	16	圈梁	QL	30	设备基础	SJ
3	空心板	KB	17	过梁	GL	31	桩	ZH
4	槽形板	CB	18	连系梁	LL	32	柱间支撑	ZC
5	折板	ZB	19	基础梁	JL	33	水平支撑	SC
6	密肋板	MB	20	楼梯梁	TL	34	垂直支撑	CC
7	楼梯板	TB	21	檩条	LT	35	梯	T
8	盖板或沟盖板	GB	22	屋架	WJ	36	雨篷	YP
9	挡雨板或檐口板	YB	23	托架	TJ	37	阳台	YT
10	吊车安全走道板	DB	24	天窗架	CJ	38	梁垫	LD
11	墙板	QB	25	框架	KJ	39	预埋件	M
12	天沟板	TGB	26	刚架	GJ	40	天窗端壁	TD
13	梁	L	27	支架	ZJ	41	钢筋网	W
14	屋面梁	WL	28	柱	Z	42	钢筋骨架	G

注：预应力钢筋混凝土构件代号，应在构件代号前加注“Y—”，例如 Y—KB 表示预应力混凝土空心板。

二、钢筋混凝土结构图

（一）基本知识

钢筋混凝土在建筑工程中是一种应用极为广泛的建筑材料。用钢筋混凝土制成的梁、板、柱、基础等称为钢筋混凝土构件。

1. 常用钢筋符号

钢筋按其强度和品种分成不同等级。普通钢筋一般采用热轧钢筋，符号见表 17-4。

常用钢筋符号 **表 17-4**

种 类		强度等级	符 号	强度标准值 f_{yk}/(N/mm²)
热轧钢筋	HPB235(Q235)	Ⅰ	Φ	235
	HRB335(20MnSi)	Ⅱ	Φ	335
	HRB400(20MnSiV、20MnSiNb、20MnTi)	Ⅲ	Φ	400
	RRB400(K20MnSi)	Ⅲ	Φ^R	400

2. 钢筋的名称、作用和标注方法

配置在钢筋混凝土结构构件中的钢筋，一般按其作用分为：

(1) 受力钢筋：承受构件内拉、压应力的钢筋。其配置根据受力通过计算确定，且应满足构造要求。在梁、柱中的受力筋亦称纵向受力筋，标注时应说明其数量、品种和直径，如 4ϕ20，表示配置 4 根Ⅰ级钢筋，直径为 20mm。

在板中的受力筋，标注时应说明其品种、直径和间距，如 ϕ10@100，表示配置Ⅰ级钢筋，直径 10mm，间距 100mm，(@是相等中心距符号)。

(2) 架立筋：一般设置在梁的受压区，与纵向受力钢筋平行，用于固定梁内钢筋的位置，并与受力筋形成钢筋骨架。架立筋是按构造配置的，其标注方法同梁内受力筋。

(3) 箍筋：用于承受梁、柱中的剪力、扭矩，固定纵向受力钢筋的位置等。标注箍筋时应说明箍筋的级别、直径、间距。如 ϕ10@100。

(4) 分布筋：用于单向板、剪力墙中。

单向板中的分布筋与受力筋垂直。其作用是将承受的荷载均匀地传递给受力筋，并固定受力筋的位置以及抵抗热胀冷缩所引起的温度变形。标注方法同板中受力筋。

在剪力墙中布置的水平和竖向分布筋，除上述作用外，不可参与承受外荷载，其标注方法同板中受力筋。

(5) 构造筋：因构造要求及施工安装需要而配置的钢筋。如腰筋，吊筋，拉结筋等。

名种钢筋的形式及在梁、板、柱中的位置及其形状，如图 17-36 所示。

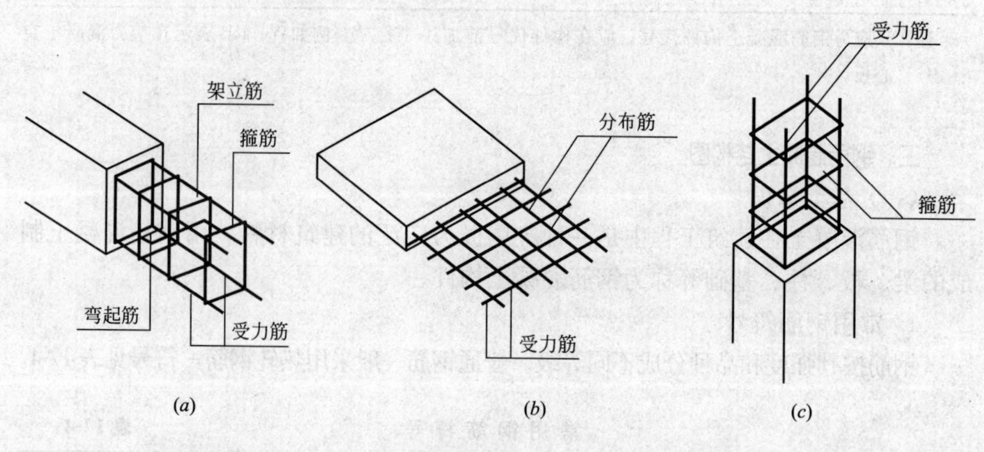

图 17-36　钢筋混凝土梁、板、柱配筋示意图

(a)梁；(b)板；(c)柱

3. 钢筋的弯钩

为了增强钢筋与混凝土的粘结力，表面光圆的钢筋两端需要做弯钩。弯钩的形式如图 17-37 所示。

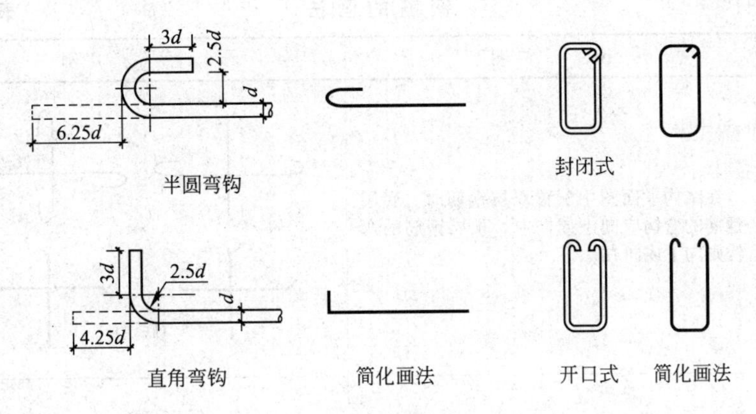

图 17-37　钢筋的弯钩
(*a*)受力筋的弯钩；(*b*)箍筋的弯钩

4. 钢筋的表示方法

了解钢筋混凝土构件中钢筋的配置非常重要。在结构图中通常用粗实线表示钢筋。一般钢筋的表示方法见表 17-5。钢筋在结构构件中的画法见表 17-6。

一般钢筋的表示方法　　**表 17-5**

序号	名　称	图　例	说　明
1	钢筋横断面	·	
2	无弯钩的钢筋端部		下图表示长、短钢筋投影重叠时，短钢筋的端部用 45°斜划线表示
3	带半圆形弯钩的钢筋端部		
4	带直钩的钢筋端部		
5	带丝扣的钢筋端部		
6	无弯钩的钢筋搭接		
7	带半圆率钩的钢筋搭接		
8	带直钩的钢筋搭接		
9	花篮螺栓钢筋接头		
10	机械连接的钢筋接头		用文字说明机械连接的方式(或冷挤压或锥螺纹等)

钢筋的画法　　表 17-6

序号	说明	图例
1	在结构平面图中配置双层钢筋时，底层钢筋的弯钩应向上或向左，顶层钢筋的弯钩则向下或向右	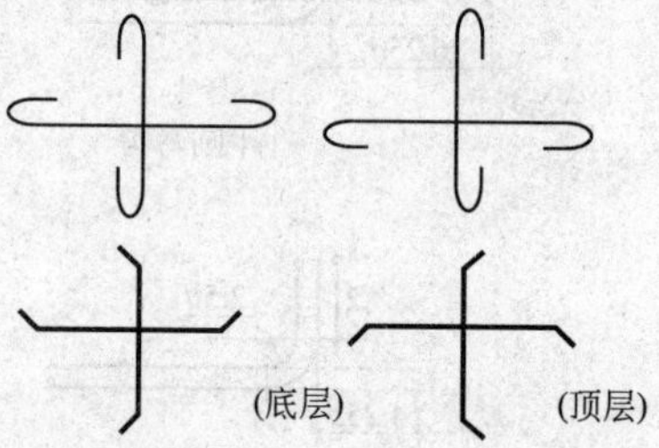 (底层)　(顶层)
2	钢筋混凝土墙体配双层钢筋时，在配筋立面图中，远面钢筋的弯钩应向上或向左，而近面钢筋的弯钩向下或向右(JM 近面；YM 远面)	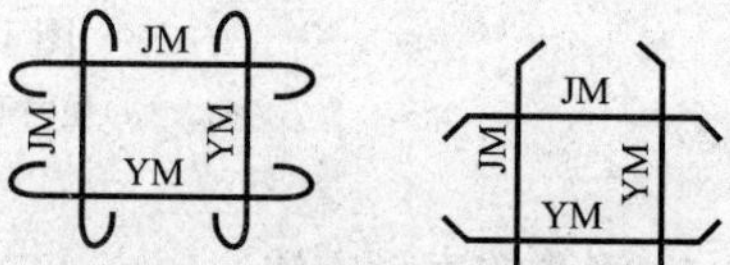 JM YM JM YM　JM YM JM YM
3	若在断面图中不能表达清楚的钢筋布置，应在断面图外增加钢筋大样图(钢筋混凝土墙、楼梯等)	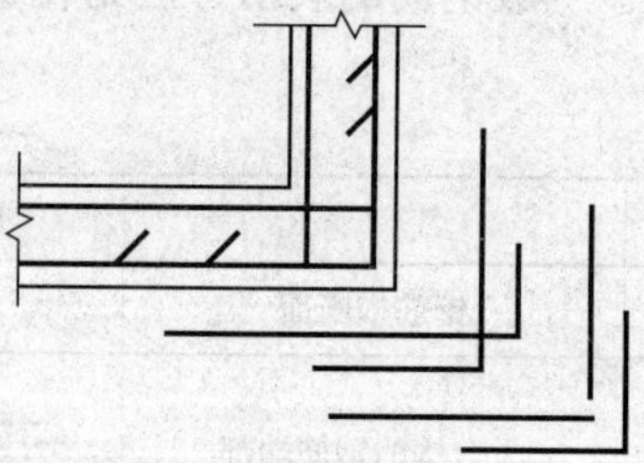
4	图中表示的箍筋、环筋等若布置复杂时，可加画钢筋大样图(如，钢筋混凝土墙、楼梯等)	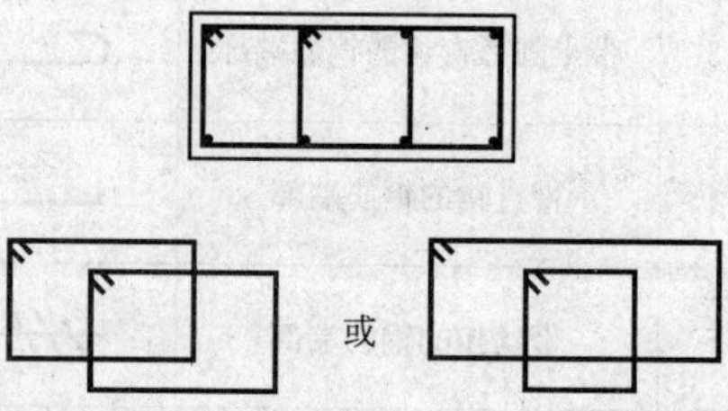 或

5. 钢筋的保护层

为了防止构件中的钢筋不被锈蚀，加强钢筋与混凝土的粘结力，构件中的钢筋不允许外露，构件表面到钢筋外缘必须有一定厚度的混凝土，这层混凝土被称为钢筋的保护层。保护层的厚度因构件不同而异，根据钢筋混凝土结构设计规范规定，一般情况下，梁和柱的保护层厚为 25mm，板的保护层厚为 10～15mm。

(二) 钢筋混凝土构件图的图示方法

钢筋混凝土构件图是加工制作钢筋、浇筑混凝土的依据，其内容包括模板图、配筋图、钢筋表和文字说明四部分。

1. 模板图

模板图是为浇筑构件的混凝土绘制的。主要表达构件的外形尺寸、预埋件的位置、预留孔洞的大小和位置。对于外形简单的构件，一般不必单独绘制模板图，只需在配筋图中把构件的尺寸标注清楚即可。对于外形较复杂或预埋件较多的构件，一般要单独画出模板图。

模板图的图示方法就是按构件的外形绘制的视图。外形轮廓线用中粗实线绘制，如图 17-38 所示。

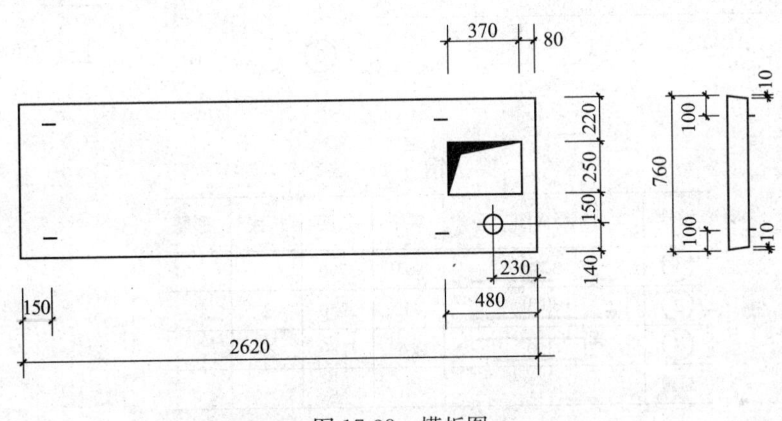

图 17-38　模板图

2. 配筋图

配筋图就是钢筋混凝土构件(结构)中的钢筋配置图。主要表示构件内部所配置钢筋的形状、大小、数量、级别和排放位置。配筋图又分为立面图、断面图和钢筋详图。

(1) 立面图　立面图是假定构件为一透明体而画出的一个纵向正投影图。它主要表示构件中钢筋的立面形状和上下排列位置。通常构件外形轮廓用细实线表示，钢筋用粗实线表示。当钢筋的类型、直径、间距均相同时，可只画出其中的一部分，其余可省略不画。如图 17-39 所示箍筋的表示方式。

(2) 断面图　断面图是构件横向剖切投影图。它主要表示钢筋的上下和前后的排列、箍筋的形状等内容。凡构件的断面形状、钢筋的数量、位置有变化之处，均应画出其断面图。断面图的轮廓为细实线，钢筋横断面用黑点表示。

(3) 钢筋详图　钢筋详图是按规定的图例画出的一种示意图。它主要表示钢筋的形状，以便于钢筋下料和加工成型。同一编号的钢筋只画一根，并注出钢筋的编号、数量(或间距)、等级、直径及各段的长度和总尺寸。

(4) 钢筋的编号　为了区分钢筋的等级、直径、形状、长度，应将钢筋予以编号。及钢筋的直径、等级形状、长度均相同时，可采用同一编号。钢筋编号是用阿拉伯数字注写在直径为 6mm 的细实线圆圈内，并用引出线指到对应的钢筋部位。同时在引出线的水平线段上标注出钢筋的内容。

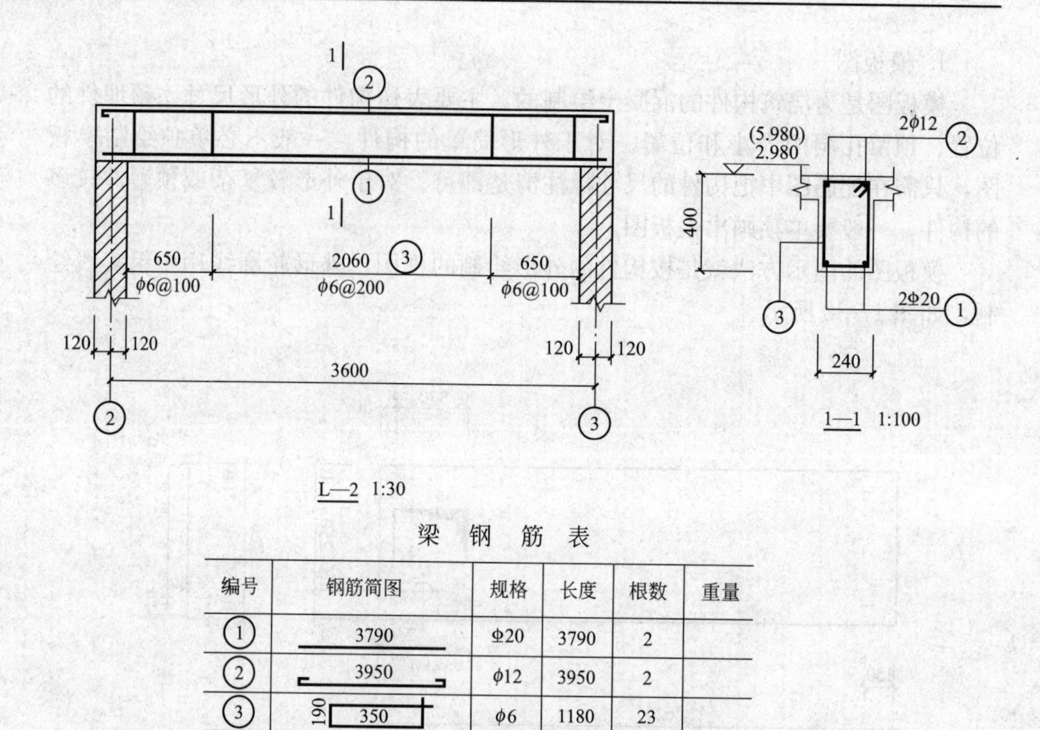

梁 钢 筋 表

编号	钢筋简图	规格	长度	根数	重量
①	3790	Φ20	3790	2	
②	3950	φ12	3950	2	
③	190 350	φ6	1180	23	
总重					

图 17-39　钢筋混凝土简支梁配筋图

3. 钢筋表

为了便于编制施工预算，统计用料，在配筋图中还应列出钢筋表，表内应注明构件代号、构件数量、钢筋编号、钢筋简图、直径、长度、数量、总数量、总长和重量等。对于比较简单的构件，可不画钢筋详图，只列出钢筋表即可。

（三）钢筋混凝土构件识图实例

1. 钢筋混凝土简支梁

图 17-39 是钢筋混凝土简支梁 L—2 的配筋图，它是由立面图、断面图和钢筋表组成。（本例未画钢筋详图）。

L—2 是图 17-49 楼层结构平面图中钢筋混凝土梁的代号。L—2 的配筋立面图和断面图分别表明简支梁的长为 3840mm，宽为 240mm，高为 400mm。两端搭入墙内 240mm，梁的下端配置了两根编号为①的直受力筋，直径 20mm，Ⅱ级钢筋；两根编号为②的架立筋配置在梁的上部，直径 12mm，Ⅰ级钢筋。编号③的钢筋是箍筋，直径 6mm，Ⅰ级钢筋，在梁端间距为 100mm，梁中间距为 200mm。

钢筋表中表明了三种类型钢筋的形状、编号、根数、等级、直径、长度和根数等。各编号钢筋长度的计算方法为：

① 号钢筋长度应该是梁长减去两端保护层厚度，即 3840－2×25＝3790。

② 号钢筋长度应该是梁长减去两端保护层厚度，加上两端弯钩所需长度，即

3840－2×25＋80×2＝3950，其中一个半圆弯钩的长度为6.25d，实际计算长度为75mm，施工中取80mm。

③号箍筋的长度按图17-40进行计算。③号箍筋应为135°的弯钩，当不考虑抗扭要求时，$\phi 6$的箍筋弯钩长按施工经验一般取50mm。

2. 钢筋混凝土板

图17-41是现浇钢筋混凝土板XB—1的配筋图。它由平面图、剖面图和钢筋详图组成。

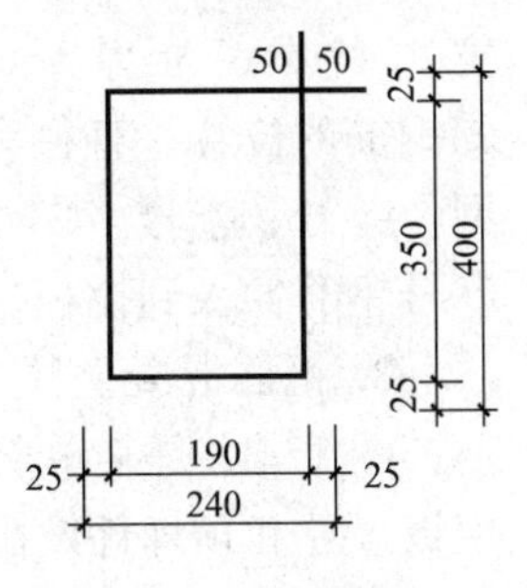

图17-40　钢筋成型尺寸

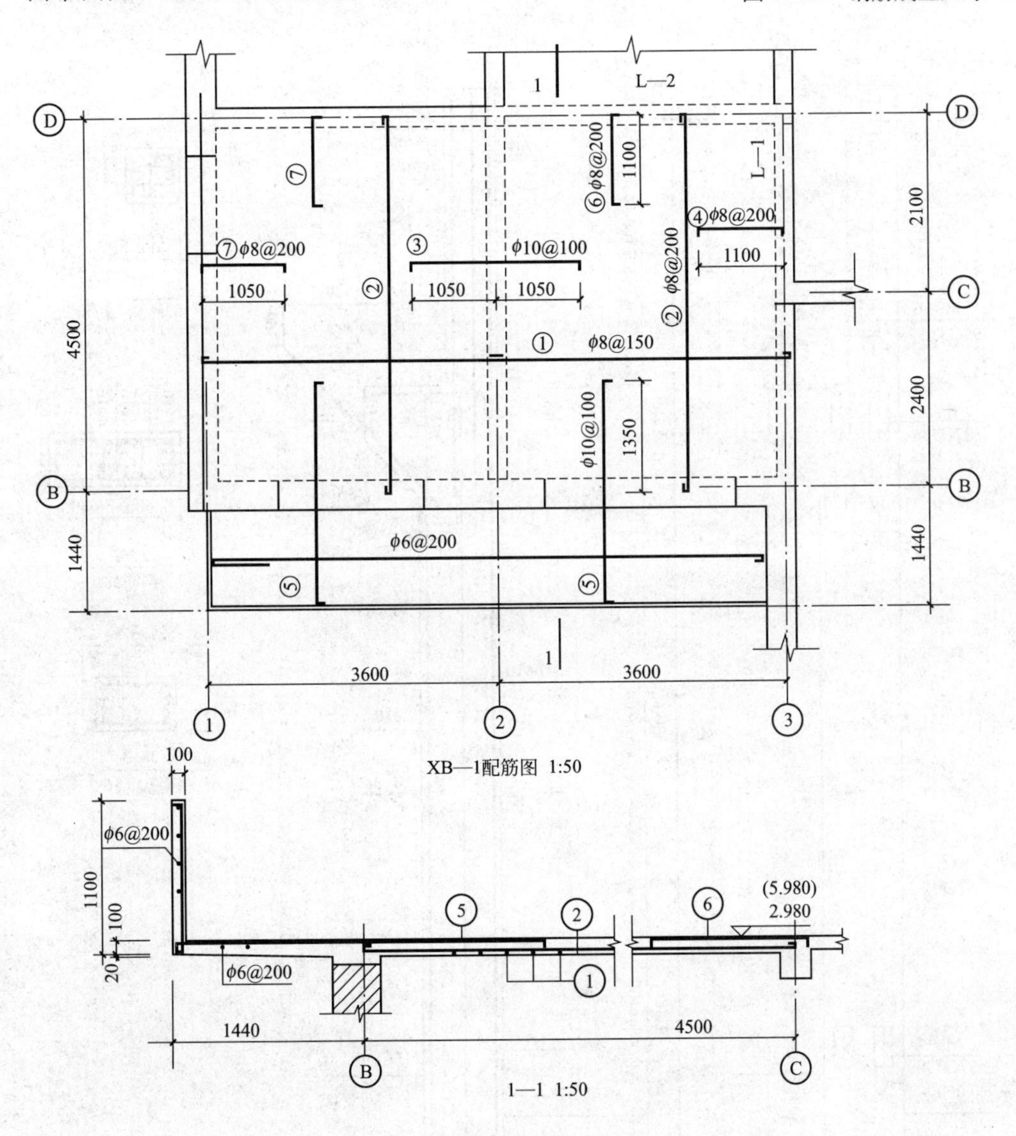

图17-41　钢筋混凝土板配筋图

XB—1是图17-43楼层结构平面图中现浇钢筋混凝土板的代号。XB—1所示的现浇钢筋混凝土板为双向受力板且与挑阳台板相连，其总长7200mm，总宽 6240mm，板厚 100mm。从图中表明的钢筋的形状、弯钩指向及钢筋标注可知钢筋的位置、直径和间距。如①号和②受力钢筋布置在板下皮，并构成方格网，③号、④号、⑤号、⑥号、⑦号布置在板边上皮，沿墙体四周布置，其中⑤号钢筋伸入到挑板。板的分布筋为 $\phi6@100$。

3. 钢筋混凝土柱

图 17-42 是某单层工业厂房 Z1 柱的详图。包括模板图和配筋图，主要表明模板尺寸和预埋件及配筋情况。从图 17-42 所示模板图可看出该柱总高 8200mm，分为上柱和下柱两部分，上柱高 2200mm，用来支撑屋架，下柱高 6000mm，上

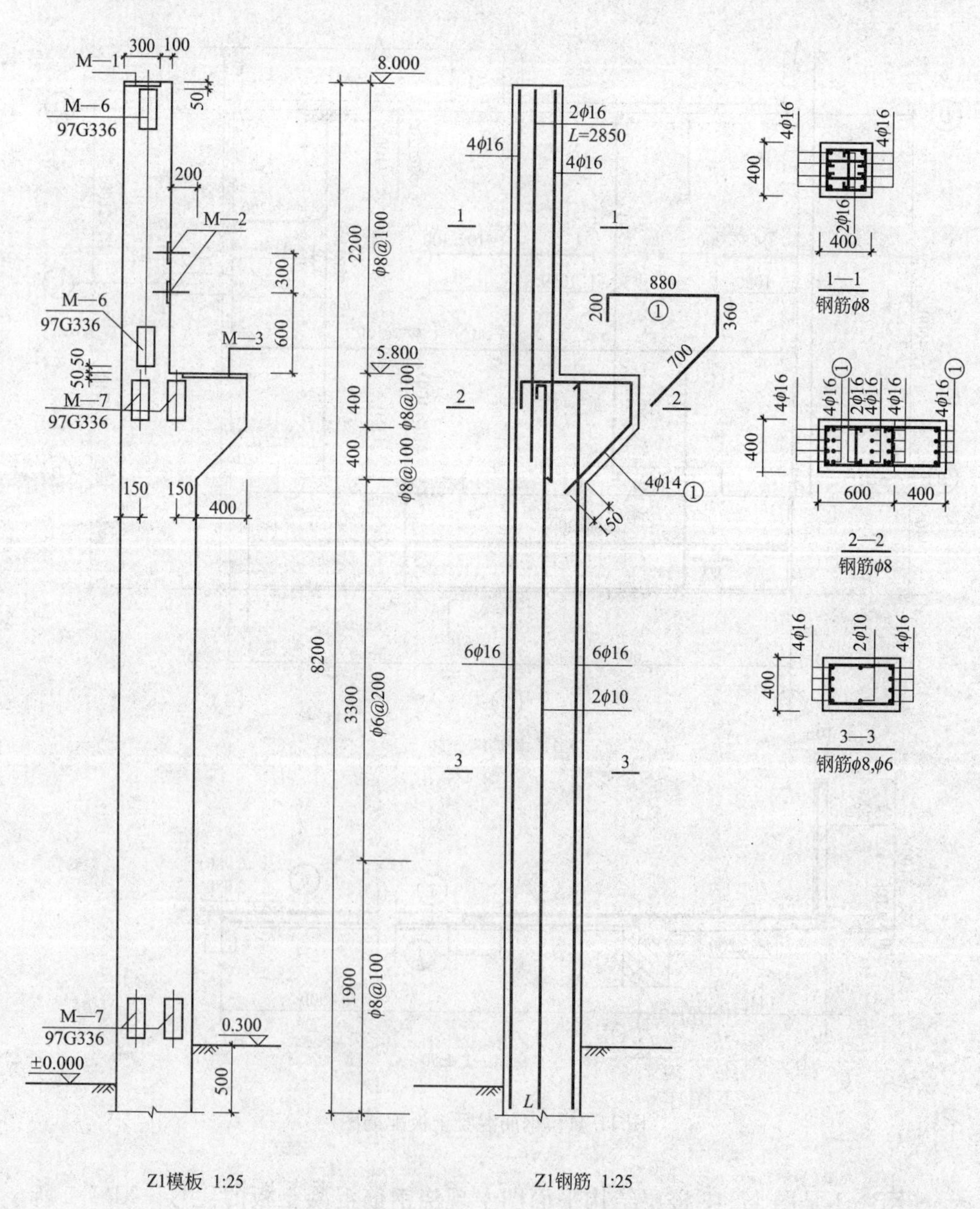

图 17-42 钢筋混凝土柱配筋图

下柱之间突出的牛腿用来支撑吊车梁。与配筋图的断面图对照可以看出上柱与下柱的断面均为长方形，断面尺寸为400mm×400mm和600mm×400mm，牛腿处断面为400mm×1000mm。模板图中的M—1、M—2……表示柱与其他构件相连的预埋件的代号，按其图中标注可了解各种预埋件的位置及数量。

柱配筋图包括立面图、断面图、钢筋详图。阅读时，以立面图为主，结合断面图便可了解配筋情况。如果再配合钢筋详图、钢筋表，阅读更方便(本例中未给出钢筋详图、钢筋表)。

(四) 现浇钢筋混凝土构件平面整体设计方法简介

1. 平法设计的意义

平法是建筑结构施工图平面整体设计方法的简称。平法对我国目前钢筋混凝土结构施工图的设计表示方法做了重大的改革，被国家科委列为《"九五"国家级科技成果重点推广计划》项目和建设部列为1996年科技成果重点推广项目。

平法的表达形式，概括来讲，是把结构构件的尺寸和配筋等，按照平面整体表示方法制图规则，整体直接表达在各类构件的结构平面布置图上，再与标准构造详图相配合，即构成一套新型完整的结构设计。它改变了传统的那种将构件从结构平面布置图中索引出来，再逐个绘制配筋详图的繁琐方法。

下面介绍常用现浇钢筋混凝土框架结构中柱、梁构件的平法制图示例与规则，此规则既是设计者完成柱梁平法施工图的依据，也是施工、监理人员准确理解和实施平法施工图的依据。

2. 平法设计的注写方式

在平面布置图上注写各构件尺寸和配筋的方式有：平面注写方式、列表注写方式和截面注写方式三种。

按平法设计绘制结构施工图时，应将所有柱、墙、梁构件进行编号，并用表格或其他方式注明各结构层楼(地)面标高、结构层高及相应的结构层号。常见柱梁的代号如下：

框架柱	KZ	楼层框架梁	KL
框支柱	KZZ	屋面框架梁	WKL
芯　柱	XZ	框支梁	KZL
梁上柱	LZ	非框架梁	L
剪力墙上柱	QZ	悬挑梁	XL
		井字梁	JZL

3. 柱平法施工图的制图规则及示例

柱平法施工图系在柱平面布置图上采用列表方式或截面注写方式表达。这里仅介绍柱平法施工图中的截面注写方式。

截面注写方式系在分标准层绘制的柱平面布置图上，分别在同一编号的柱中选择一个截面，并将此截面在原位放大，以直接注写截面尺寸和配筋具体数值。下面以图17-43为例，说明采用截面注写方式表达柱平法施工图的内容。

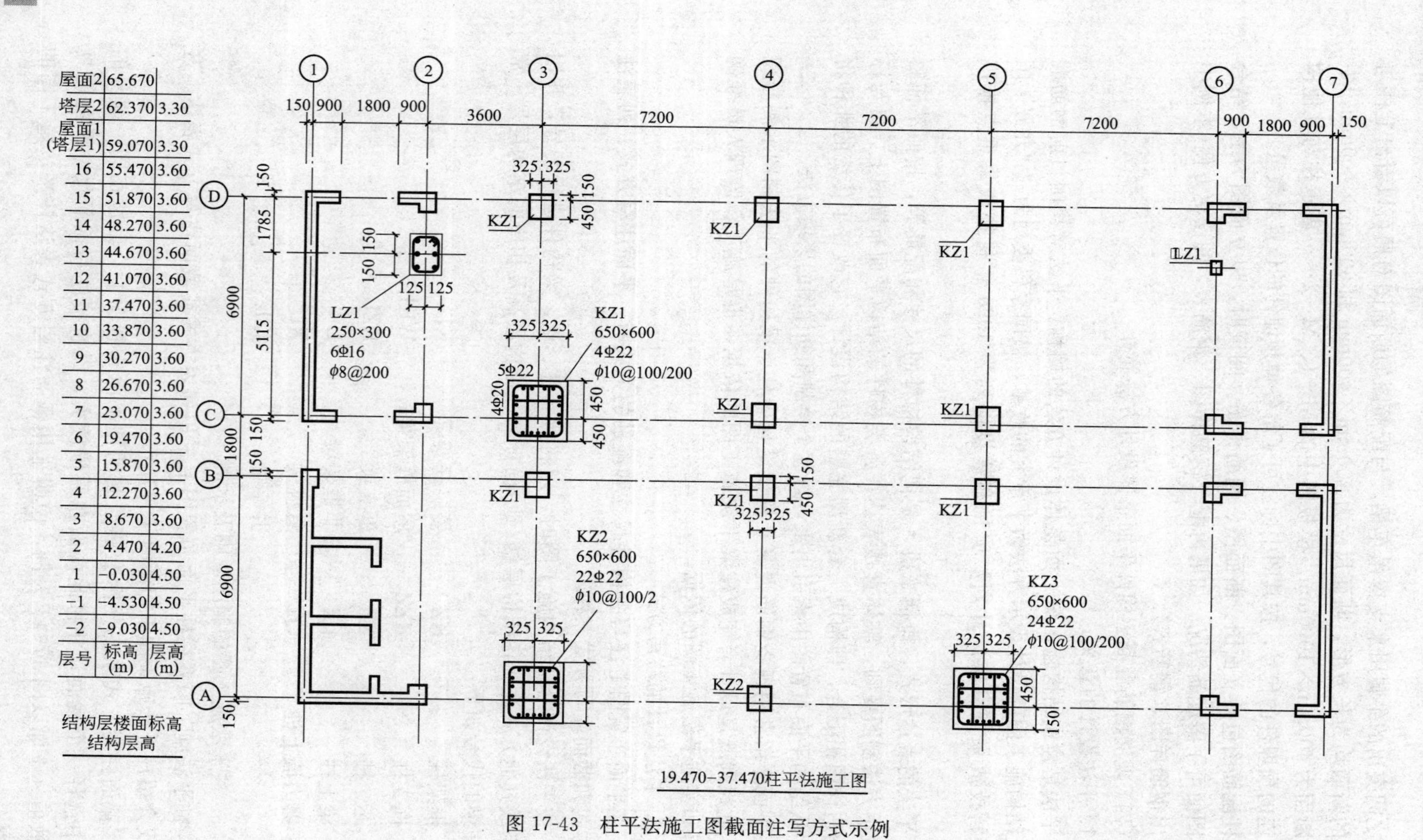

层号	标高(m)	层高(m)
屋面2	65.670	
塔层2	62.370	3.30
屋面1(塔层1)	59.070	3.30
16	55.470	3.60
15	51.870	3.60
14	48.270	3.60
13	44.670	3.60
12	41.070	3.60
11	37.470	3.60
10	33.870	3.60
9	30.270	3.60
8	26.670	3.60
7	23.070	3.60
6	19.470	3.60
5	15.870	3.60
4	12.270	3.60
3	8.670	3.60
2	4.470	4.20
1	-0.030	4.50
-1	-4.530	4.50
-2	-9.030	4.50

结构层楼面标高
结构层高

图 17-43　柱平法施工图截面注写方式示例

从图中柱的编号可知，LZ1 表示梁上柱，KZ1、KZ2、KZ3 则表示框架柱。

LZ1 下的标注意义为：

LZ1——梁上柱、编号为 1。

250×300——表示 LZ1 的截面尺寸。

6Φ16——表示 LZ1 周边均匀对称布置 6 根直径为 16mm 的Ⅱ级钢筋。

ϕ8@200——表示 LZ1 内箍筋直径为 8mm，Ⅰ级钢筋，间距 200mm，均匀布置。

KZ3 下的标注意义为：

KZ3——框架柱、编号为 3。

650×600——表示 KZ3 的截面尺寸。

24Φ22——表示沿 KZ3 周边布置的纵向受力筋为Ⅱ级钢筋，直径 22mm，共 24 根。

ϕ10@100/200——表示 KZ3 内箍筋为Ⅰ级钢筋，直径为 10mm，加密区间距为 100mm，非加密区间距为 200mm。

本图中 KZ1、KZ2 的标注意义，学员可自行识读。

4. 梁平法施工图的制图规则及示例

梁平法施工图系在梁平面布置图上采用平面注写方式或截面注写方式表达。这里仅介绍梁平法施工图中的平面注写方式。

平面注写方式系在梁平面布置图上，分别在不同编号的梁中各选一根梁，在其上注写截面尺寸和配筋具体数值的方式来表达梁平法施工图。

平面注写包括集中标注和原位标注，集中标注表达梁的通用数值，原位标注表达梁的特殊数值。当集中标注中的某项数值不适用于梁的某部位时，则将该项数值原位标注，施工时，原位标注取值优先，如图 17-44 所示。

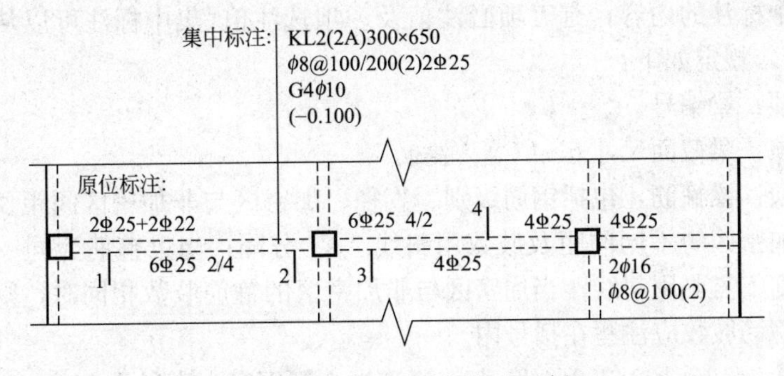

图 17-44　梁平面注写方式示例

图 17-45 四个梁截面系采用传统表示方法绘制，用于对比按平面注写方式表达的同样内容。实际采用平面注写方式时，不需绘制梁截面配筋图和图 17-44 中的相应截面号。

梁编号由梁类型代号、序号、跨数及有无悬挑代号几项组成，应符合表 17-7 的规定。

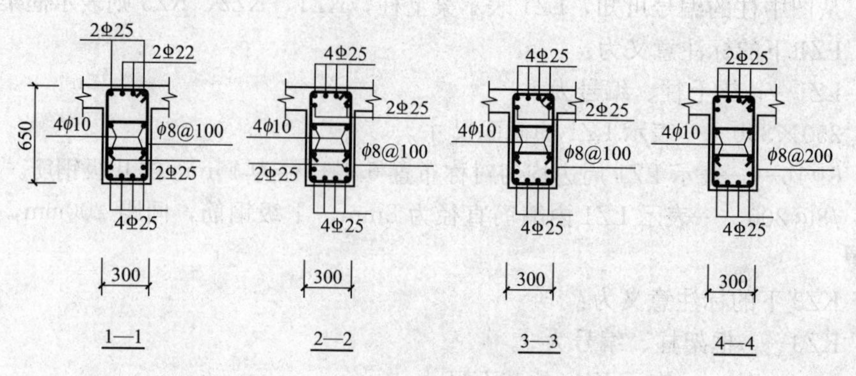

图 17-45　梁的截面配筋图

梁　编　号　　　　**表 17-7**

梁 类 型	代　号	序　号	跨数及是否带有悬挑
楼层框架梁	KL	××	(××)、(××A)或(××B)
屋面框架梁	WKL	××	(××)、(××A)或(××B)
框支梁	KZL	××	(××)、(××A)或(××B)
非框架梁	L	××	(××)、(××A)或(××B)
悬挑梁	XL	××	
井字梁	JZL	××	(××)、(××A)或(××B)

注：(××A)为一端有悬挑，(××B)为两端有悬挑，悬挑不计入跨数。

【例 1】 KL7(5A)，表示第 7 号框架梁，5 跨，一端有悬挑；

【例 2】 L9(7B)，表示第 9 号非框架梁，7 跨，梁两端有悬挑。

1. 梁集中标注

梁集中标注的内容，有五项必注值及一项选注值(集中标注可以从梁的任意一跨引出)，规定如下：

第一项：梁编号。

第二项：梁截面尺寸 $b\times h$(宽×高)。

第三项：梁箍筋，包括钢筋级别、直径、加密区与非加密区间距及肢数。加密区与非加密区的不同间距及肢数用斜线“/”分隔；当梁箍筋为同一种间距及肢数时，则不需要用斜线；当加密区与非加密区的箍筋肢数相同时，则将肢数注写一次；箍筋肢数应注写在括号内。

【例 3】 ϕ10@100/200(4)，表示箍筋为Ⅰ级钢筋，直径为 10mm，加密区间距为 100mm，非加密区间距为 200mm，均为四肢箍。

【例 4】 ϕ8@100(4)/150(2)，表示箍筋为Ⅰ级钢筋，直径为 8mm，加密区间距为 100mm，四肢箍；非加密区间距为 150mm，双肢箍。

当抗震结构中的非框架梁、悬挑梁、井字梁，及非抗震结构中的各类梁采用不同的箍筋间距及肢数时，也用斜线“/”将其分隔开来。注写时，先注写梁支座端部的箍筋(包括箍筋的箍数、钢筋级别、直径、间距与肢数)，在斜线后注写梁跨中部分的箍筋间距及肢数。

【例5】 13ϕ10@150/200(4)，表示箍筋为Ⅰ级钢筋，直径为10mm，梁的两端各有13个四肢箍，间距为150mm；梁跨中部分，间距为200mm，四肢箍。

【例6】 18ϕ12@150(4)/200(2)，表示箍筋为Ⅰ级钢筋，直径为12mm，梁的两端各有18个四肢箍，间距为150mm；梁跨中部分，间距为200mm，双肢箍。

第四项：梁上部通长筋或架立筋配置。所注规格与根数应根据结构受力要求及箍筋肢数等构造要求而定。当同排纵筋中既有通长筋又有架立筋时，应用"＋"将通长筋和架立筋相联。注写时须将角部纵筋写在加号的前面，架立筋写在加号后面的括号内，以示不同直径及与通长筋的区别。当全部采用架立筋时，则将其写入括号内。

【例7】 2Φ22＋(4ϕ12)，表示梁上部角部通长筋为2Φ22，4ϕ12为架立筋。当梁的上部纵筋和下部纵筋为全跨相同，且多数跨配筋相同时，此项可加注下部纵筋的配筋值，用分号"；"将上部与下部纵筋的配筋值分隔开来，少数跨不同者，按平面注写方式的规定进行处理。

【例8】 3Φ22；3Φ20，表示梁的上部配置3Φ22的通长筋，梁的下部配置3Φ20的通长筋。

第五项：梁侧面纵向构造钢筋或受扭钢筋配置。当梁腹板高度$h_w \geqslant 450$mm时，须配置纵向构造钢筋，所注规格与根数应符合规范规定。此项注写值以大写字母G打头，接续注写设置在梁两个侧面的总配筋值，且对称配置。

【例9】 G4ϕ12，表示梁的两个侧面共配置4根直径为12mm的Ⅰ级纵向构造钢筋，每侧各配置2ϕ12

当梁侧面需配置受扭纵向钢筋时，此项注写值以大写字母N打头，接续注写配置在梁两个侧面的总配筋值，且对称配置。

【例10】 N6Φ22，表示梁的两个侧面共配置6Φ22的受扭纵向钢筋，每侧共配置3Φ22。

第六项：梁顶面标高高差．

梁顶面标高高差，系指相对于结构层楼面标高的高差值。有高差时，必将其写入括号内，无高差时不注。当某梁的顶面高于所在结构层的楼面时，其标高高差为正值，反之为负值。

【例11】 某结构层的楼面标高为44.950m和48.250m，当某梁的梁顶面标高高差注写为(－0.050)时，即表明该梁顶面标高分别相对于44.950m和48.250m，低0.050m。

以上六项中，前五项为必注值，第六项为选注值。现以图17-44中的集中标注为例，说明各项标注的意义：

KL2(2A)——表示第2号框架梁，两跨，一端有悬挑，

300×650——表示梁的截面尺寸，宽度为300mm，高度为650mm。

ϕ8@100/200(2)——表示梁内箍筋为Ⅰ级钢筋，直径为8mm，加密区间距为100mm，非加密区间距为200mm，双肢箍。

2Φ25——表示梁上部通长筋有两根，直径25mm，Ⅱ级钢筋。

G4ϕ10——表示梁的两个侧面共配置4ϕ10的纵向构造钢筋，每侧各配置2ϕ10。

(－0.100)——表示该梁顶面低于所在结构层的楼面标高 0.1m。

2. 梁原位标注

梁原位标注的内容规定如下：

(1) 梁支座上部纵筋

梁支座上部纵筋含通长筋在内的所有纵筋。

1) 当上部纵筋多于一排时，用斜线“/”将各排纵筋自上而下分开。

【例 12】 梁支座上部纵筋注写为 6Φ25 4/2，则表示上一排纵筋为 4Φ25，下一排纵筋为 2Φ25。

2) 当同排纵筋有两种直径时，用加号“＋”将两种直径相连，注写时将角部纵筋写在前面。

【例 13】 梁支座上部纵筋注写为 2Φ25＋2Φ22，表示梁支座上部有四根纵筋，2Φ25 放在角部，2Φ22 放在中部。

3) 当梁中间支座两边的上部纵筋不同时，须在支座两边分别标注；当梁中间支座两边的上部纵筋相同时，可仅在支座的一边标注配筋值，另一边省去标注，(图 17-44)。

(2) 梁下部纵筋

1) 当下部纵筋多于一排时，用斜线“/”将各排纵筋自上而下分开

【例 14】 梁下部纵筋注写为 6Φ25 2/4，则表示上一排纵筋为 2Φ25，下一排纵筋为 4Φ25，全部伸入支座。

2) 当同排纵筋有两种直径时，用加号“＋”将两种直径的纵筋相连，注写时角筋写在前面。

3) 当梁下部纵筋不全部伸入支座时，将梁支座下部纵筋减少的数量写在括号内。

【例 15】 梁下部纵筋注写为 6Φ25 2(－2)/4，则表示上一排纵筋为 2Φ25，且不伸入支座；下一排纵筋为 4Φ25，全部伸入支座。

【例 16】 梁下部纵筋注写为 2Φ25＋3Φ22(－3)/5Φ25，则表示上一排纵筋为 2Φ25 和 3Φ22，其中 3Φ22 不伸入支座；下一排纵筋为 5Φ25，全部伸入支座。

4) 当在梁的集中标注中，已按规定注写了梁上部和下部均为通长的纵筋值时，则不需在梁下部重复做原位标注。

(3) 附加箍筋或吊筋

附加箍筋和吊筋可直接画在平面图中的主梁上，用线引注总配筋值，见图 17-46。当多数附加箍筋或吊筋相同时，可在梁平法施工图上统一注明，少数与统一注明值不同时，再原位引注。

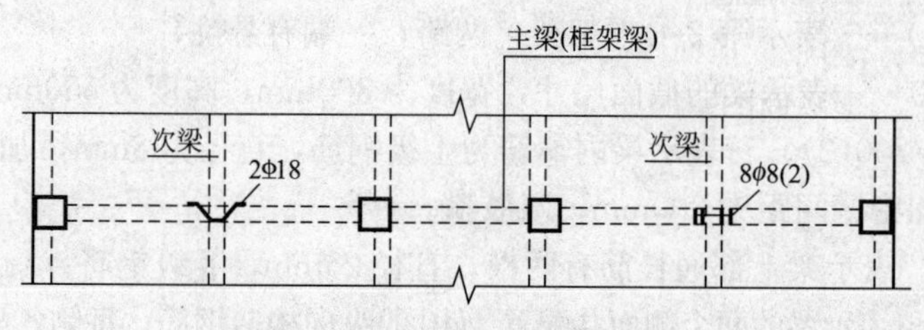

图 17-46　附加箍筋和吊筋的画法示例

（4）当在梁上集中标注的内容不适用于某跨或某悬挑部分时，则将其不同数值原位标注在该跨或该悬挑部位，施工时应按原位标注数值取用。

梁的原位标注和集中标注的注写位置及内容见图 17-47。梁的集中标注和原位标注的识读见图 17-44。图中第一跨梁上部原位标注代号 2Φ25＋2Φ22，表示梁上部配有一排纵筋，角部为 2Φ25，中间为 2Φ22。下部代号 6Φ25 2/4，表示该梁下部纵筋有两排，上一排为 2Φ25，下一排为 4Φ25。图中第一、二跨梁内箍筋配置见集中标注，第三跨梁内箍筋有所不同，见原位标注 ϕ8@100(2)，表示该跨箍筋间距全部为 100mm，双肢箍。

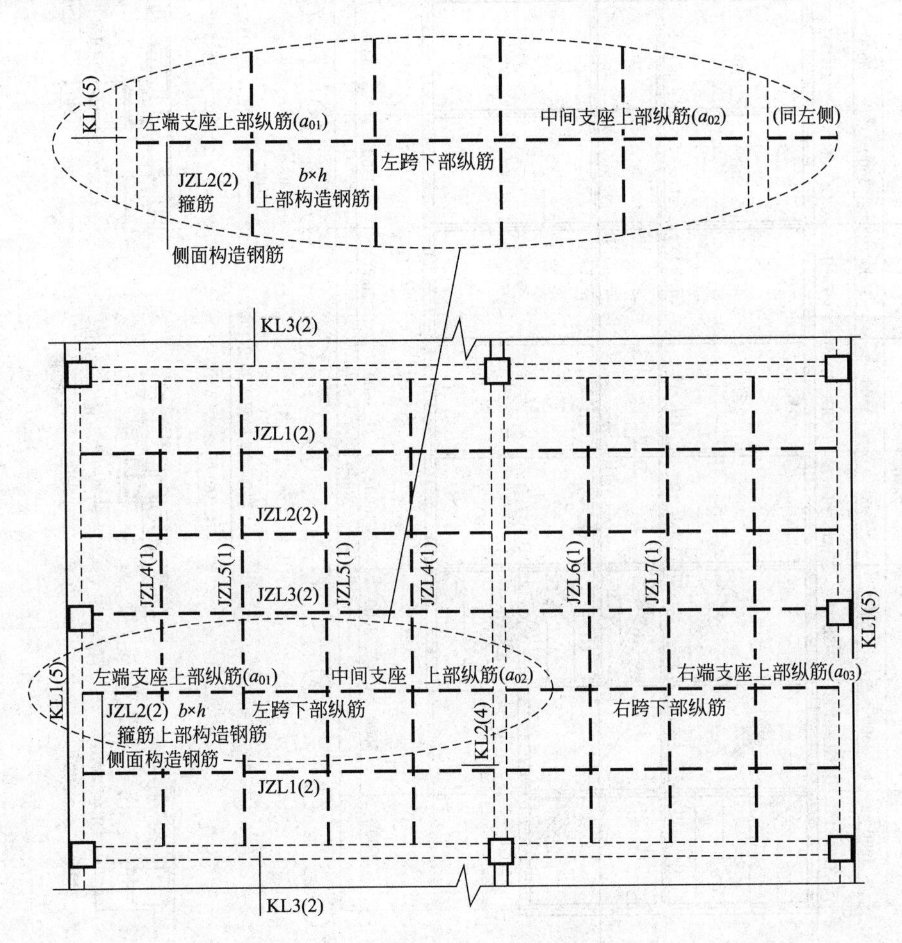

图 17-47　梁的标注注写位置及注写内容

三、楼层结构布置平面图

（一）楼层结构布置平面图的形成

楼层结构布置平面图是假想用一水平剖切平面，沿每层楼板面将建筑物水平剖开，移去剖切平面上部建筑物后，向下作水平投影所得到的水平剖面图。它主要是用来表示每层的梁、板、柱、墙等承重构件的平面布置。一般房屋有几层，就应画出几个楼层结构布置平面图。对于结构布置相同的楼层，可画一个通用的结构布置平面图，如图 17-48 所示。

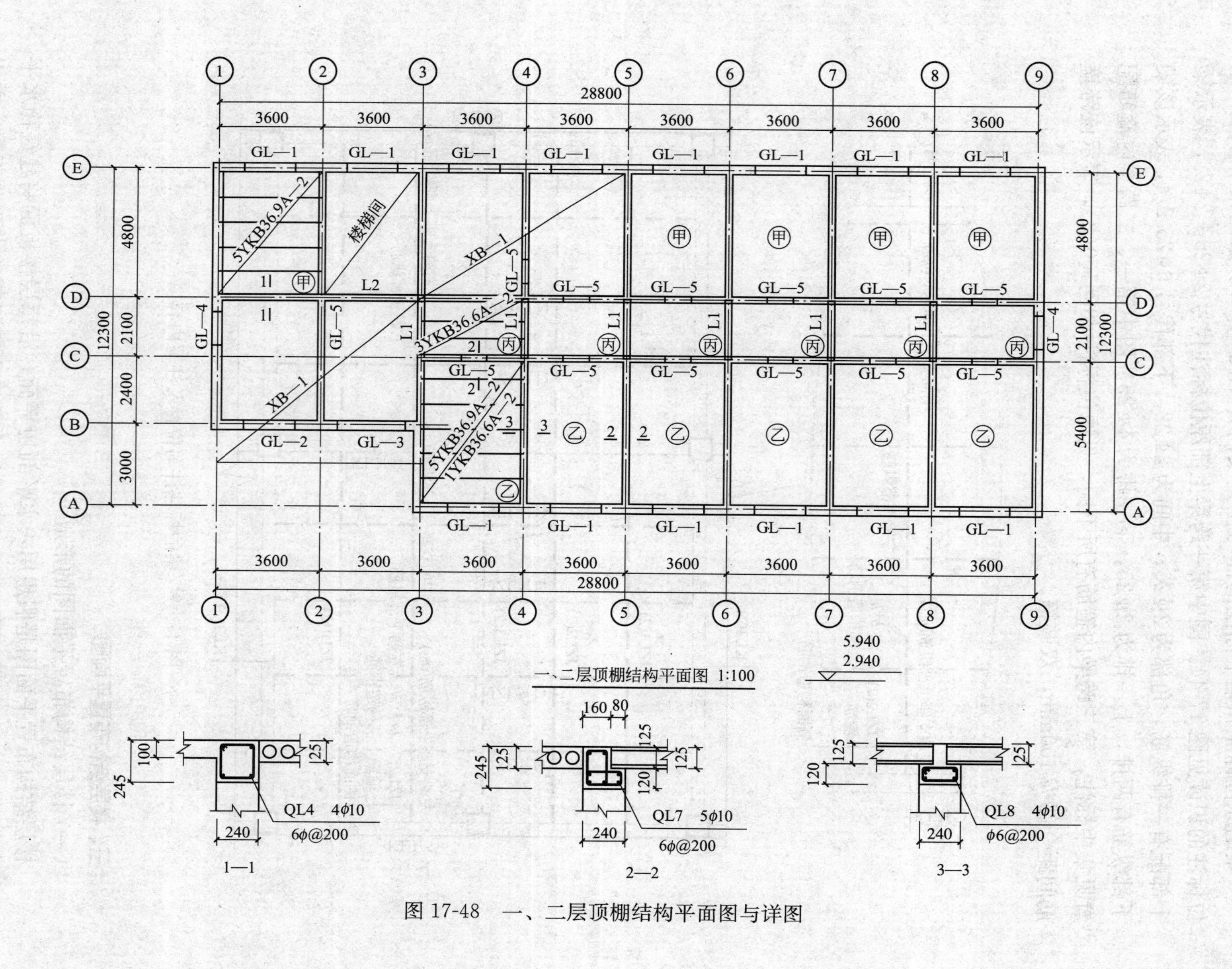

图 17-48 一、二层顶棚结构平面图与详图

（二）楼层结构布置平面图的用途

楼层结构布置平面图是安装梁、板等各种楼层构件的依据，也是计算构件数量、编制施工预算的依据。

（三）楼层结构布置平面图的内容与阅读方法

1. 看图名、轴线、比例

图 17-48 为一、二层顶棚结构布置平面图，图中轴线编号，轴间尺寸、比例同建筑平面图完全一致。

2. 看预制楼板的平面布置及其标注

在平面图上，预制楼板应按实际布置情况用细实线表示。表示方法为，在布板的区域内用细实线画一对角线并注写板的数量和代号。目前，各地标注构件代号的方法不同，应注意按选用图集中的规定代号注写。一般应包含：数量、标志长度、板宽、荷载等级等内容。如图 17-48 在③～④轴线间的房间标注有 5Y—KB36·9A—2 和 1Y—KB36·6A—2，该代号各字母、数字的涵义为：

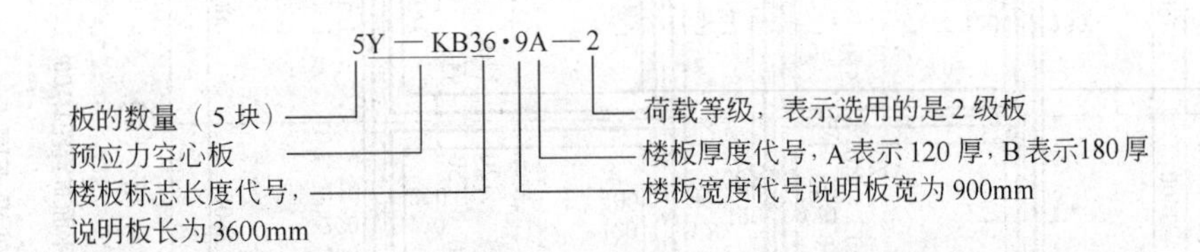

由此可知该房间布置 5 块 3600mm 长，900mm 宽，120mm 厚，2 级预应力空心板和 1 块 3600mm 长，600mm 宽，120mm 厚，2 级预应力空心板。当多个开间的板的布置相同时，可只画出一个开间内板的布置情况，其他与之相同的开间用同一名称表示即可。如图 17-48 中，Ⓐ～Ⓒ轴间有六个开间内注有㊁，表示它们具有相同的楼板布置方式，即 5Y—KB36·9A—2 和 1Y—KB36·6A—2。Ⓓ～Ⓔ轴间有 5 个开间内注有㊀，表示它们具有相同的布置方式，即每间均布 5Y—KB36·9A—2。

3. 看现浇楼板的布置，现浇楼板在结构平面图中表示方法有两种。一种是直接在现浇板的位置处绘出配筋图，并进行钢筋标注；另一种是在现浇板范围内画一对角线，并注写板的编号，该板配筋另有详图。如图 17-48 中的 XB—1、XB—2。XB—1 的配筋详图，如图 17-41 所示。

4. 看楼板与墙体(或梁)的构造关系

在结构平面图中，配置在板下的圈梁、过梁、梁等钢筋混凝土构件轮廓线可用中虚线表示，也可用单线(粗虚线)表示，并应在构件旁侧标注其编号和代号，如图 17-49 中的 GL—1。为了清楚地表达楼板与墙体(或梁)的构造关系，通常要画出节点剖面放大图，以便于施工，如图 17-49 所示。

四、基础图

基础图只表示房屋地面以下基础部分的平面布置和详细构造的图样。它是进行施工放线，基槽开挖和砌筑的主要依据。也是施工组织和预算的主要依据。基础图通常包括基础平面图和基础详图。

下面分别以条形基础、独立基础为例，介绍基础图的内容及阅读方法。

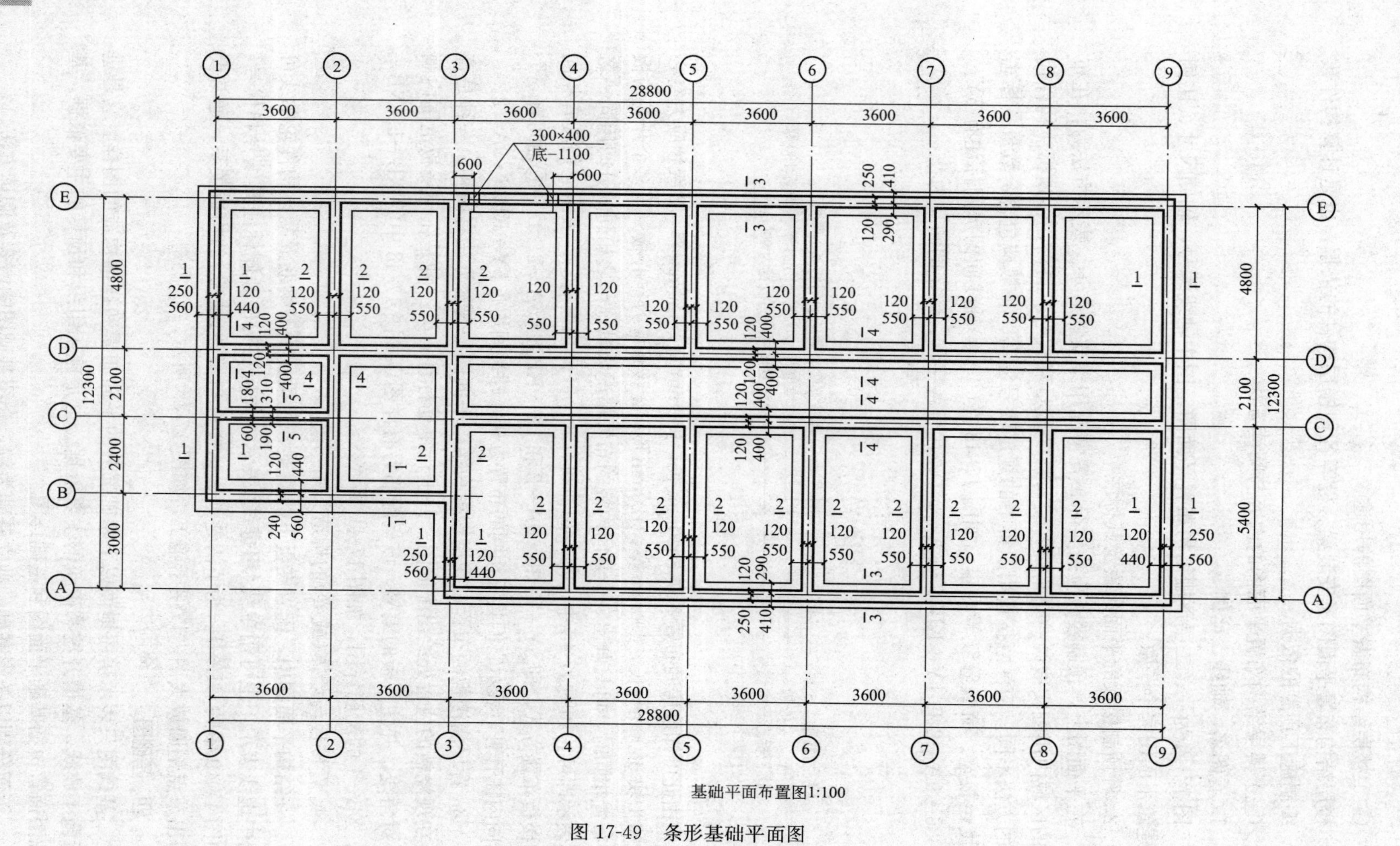

图 17-49　条形基础平面图

（一）条形基础图

1. 基础平面图

（1）基础平面图的形成 假想用一个水平剖切面，沿建筑物首层室内地面把建筑物水平剖开，移去剖切面以上的建筑物和回填土，向下作水平投影，所得到的图称为基础平面图(图 17-49)。

基础平面图主要表示基础的平面布置以及墙、柱与轴线的关系。

（2）基础平面图的内容及阅读方法 1)看图名、比例和轴线。基础平面图的绘图比例、轴线编号及轴线间的尺寸必须同建筑平面图一样。2)看基础的平面布置，即基础墙、柱以及基础底面的形状、大小及其与轴线的关系。从图 17-49 中，可看到每一条定位轴线处均有四条线，两条粗实线(基础墙宽)和两条细实线(基础底面宽度)。大放脚的水平投影线省略。基础墙的宽度一般同墙体宽度一致，基础底面宽度根据受力情况而定。如图中标注的(560、440)、(550、550)、(290、410)、(400、400)或(190、310)，说明基础底宽分别为 1000、1100、700、800、500。3)看基础梁的位置和代号。主要了解基础哪些部位有梁，根据代号可以统计梁的种类、数量和查阅梁的详图。4)看地沟与孔洞。由于给水排水的要求，常常设置地沟或地面以下的基础墙上预留孔洞。在基础平面图中用虚线表示地沟或孔洞的位置，并注明大小及洞底的标高。如Ⓔ轴线上③轴到④轴间的基础墙上两处画有两段虚线，在引出线上注有：$\frac{300\times400}{底-1.100}$，其中 300 表示洞口宽度，400 表示洞口高度，洞深同基础墙厚，不用表示。－1.100 表示洞底标高为－1.1m。5)看基础平面图中剖切符号及其编号。在不同的位置，基础的形状、尺寸、埋置深度及与轴线的相对位置不同，需要分别画出它们的断面图(基础详图)。在基础平面图中要相应地画出剖切符号，并注明断面图的编号，如图 17-49 中的 1—1，2—2……等。从图中编号可知该基础有五个不同断面。

2. 基础详图

（1）基础详图的形成 假想用剖切平面垂直剖切基础，用较大比例画出的断面图称为基础详图，如图 17-50 所示。它用于表示基础的断面形状、尺寸、材料、构造及基础埋置深度等内容。

（2）基础详图的内容及阅读方法 1)看图名、比例。基础详图的图名常用 1-1、2-2…… 断面或用基础代号表示。基础详图比例常用 1∶20。读图时先用基础详图的名字(1—1、2—2 等)，去对基础平面图的位置。了解是哪一条基础上的断面图。2)看基础断面形状、大小、材料及配筋。断面图中除配筋部分，要画上材料图例表示。从图 17-50 中可以了解到：本实例的内外墙基础是钢筋混凝土条形基础，其断面形状为矩形，基础底部垫层为 C10 混凝土，厚度 100mm。3)看基础断面图的各部分详细尺寸和室内外地面、基础底面的标高。基础断面图中的详细尺寸包括基础底部的宽度及轴线的关系，基础的深度及大放脚的尺寸。

（二）独立基础

独立基础图也是由基础平面图和基础详图两部分组成。

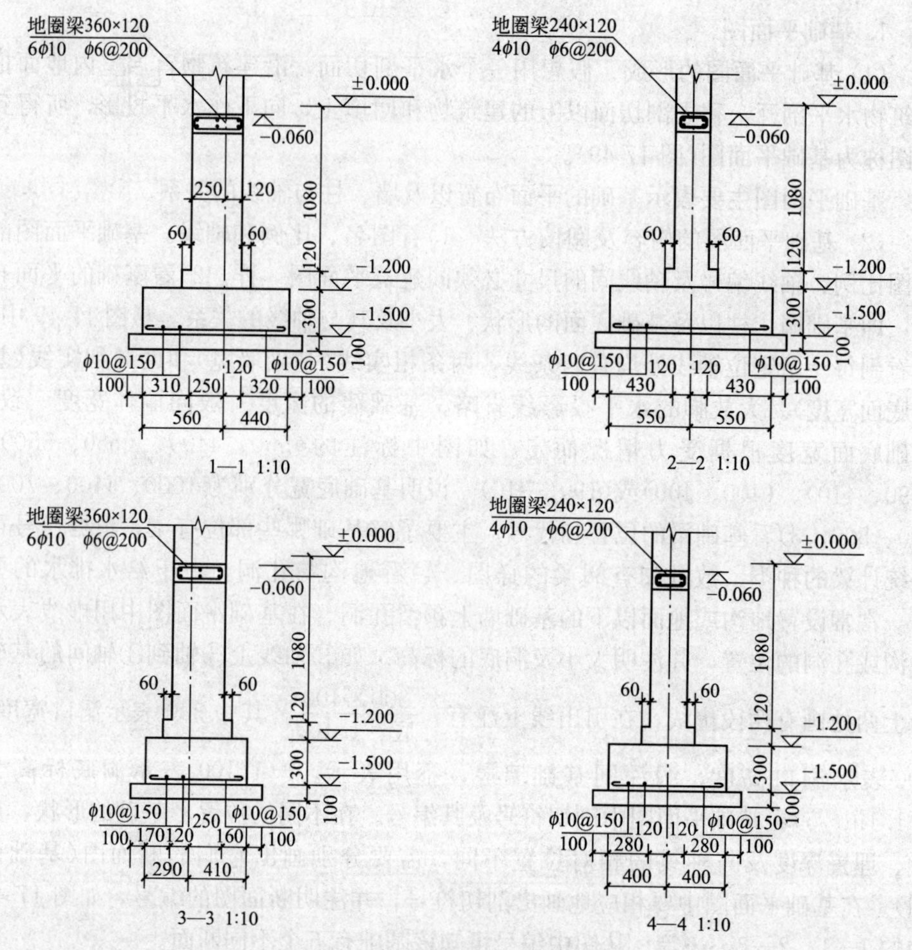

图 17-50 条形基础详图

1. 基础平面

图 17-51 是某厂房的钢筋混凝土杯形基础平面图，独立基础平面图不但要表示出基础的平面形状，而且要标明各独立基础的相对位置。对不同类型的单独基础要分别编号。如在图 17-51 中的□表示独立基础的外轮廓线，框中“工”是矩形钢筋混凝土柱的断面，基础沿定位轴线分布，其编号为 J—1，J—2 及 J—1a，其中 J-2 有 10 个，布置在②～⑥轴线之间并分前后两排；J—1 共 4 个，布置在①和⑦轴线上；J—1a 也有 4 个，布置在车间四角。

2. 基础详图

钢筋混凝土独立基础详图一般应画出平面图和剖面图，用以表达每一基础的形状、尺寸和配筋情况。

图 17-52 是钢筋混凝土独立基础 J—1 的结构详图。从图中表明该基础底面尺寸为 2400mm×2800mm，总高为 950mm，底面标高为－1.850，板底双向配筋。

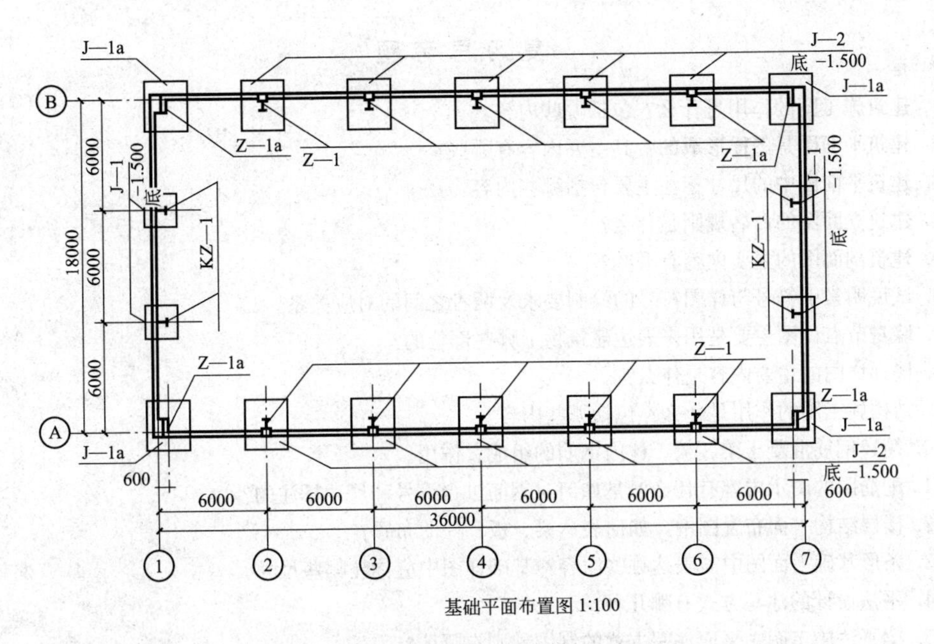

基础平面布置图 1:100

图 17-51　钢筋混凝土杯形基础平面图

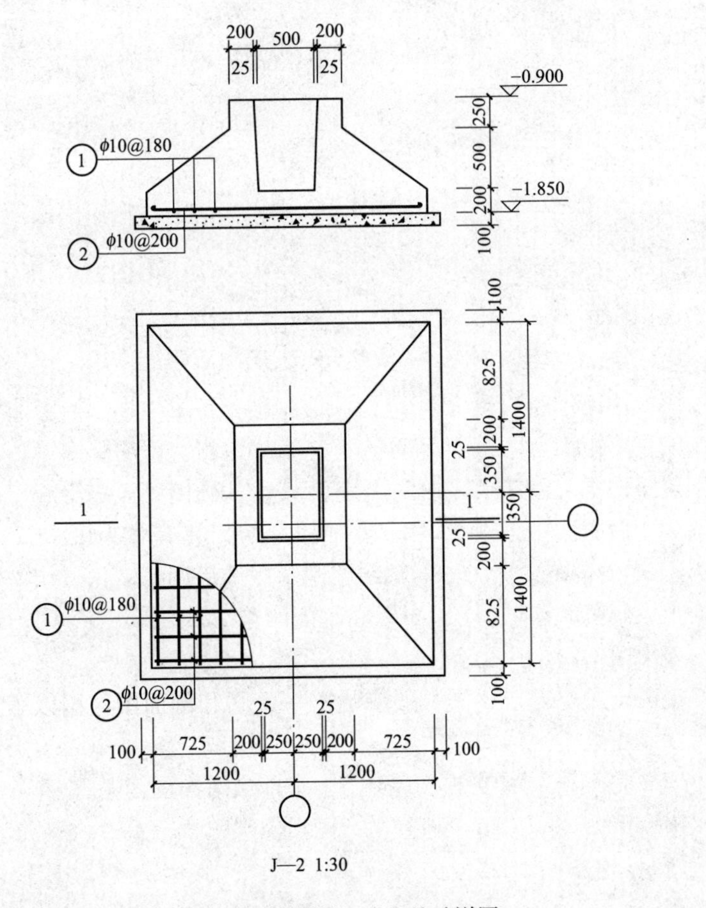

J—2 1:30

图 17-52　钢筋混凝土独立基础详图

复习思考题

1. 建筑施工图的作用是什么？包括哪些内容？
2. 建筑平面图是怎样形成的？其主要内容有哪些？
3. 建筑平面图中的尺寸标注主要包括哪些内容？
4. 建筑立面图的命名规则是什么？
5. 建筑剖面图的主要内容有哪些？
6. 试说明索引符号与详图符号的绘制要求及两者之间的对应关系。
7. 墙身节点详图主要是用来表达建筑物上哪些部位的？
8. 楼梯详图的主要内容是什么？
9. 结构施工图的作用是什么？包括哪些内容？
10. 简述钢筋混凝土梁、板、柱内钢筋的组成、作用。
11. 配筋图的图示内容有什么？是如何对钢筋进行编号和尺寸标注的？
12. 楼层结构平面布置图中，如何表达梁、板、柱的布置？
13. 条形基础平面图中需表达哪些内容？基础详图中应标注哪些尺寸？
14. 平法设计的注写方式有哪几种？
15. 梁平法施工图中平面注写方式的制图规则有哪些？
16. 柱平法施工图中截面注写方式的制图规则有哪些？

参考文献

[1] 朱福熙，何斌．建筑制图(第三版)．北京：高等教育出版社，1998.
[2] 顾世权．建筑装饰制图．北京：中国建筑工业出版社，2002.
[3] 程志胜．建筑识图与构．北京：中国建筑工业出版社，1999.
[4] 王远征，王建华，李评诗．建筑识图与房屋构造．重庆：重庆大学出版社，1996.
[5] 郑忱．房屋建筑学．北京：中央广播电视大学出版社，1994.
[6] 梁玉成．建筑识图．北京：中国环境科学出版社，1988.
[7] 陈大钊．房屋建筑学．北京：高等教育出版社，2001.
[8] 吴曙球．民用建筑构造与设计．天津：天津科学技术出版社，1997.
[9] 宋安平．建筑制图．北京：中国建筑工业出版社，1997.
[10] 苏炜．房屋建筑设计与构造．武汉：武汉理工大学出版社，2002.
[11] 同济大学等四校．房屋建筑学．北京：中国建筑工业出版社，1998.
[12] 李祯祥，赵研．房屋建筑学(上册)．北京：中国建筑工业出版社，1995.
[13] 林恩生，陈卫华．房屋建筑学(下册)．北京：中国建筑工业出版社，1995.
[14] 姚自君．建筑新技术、新构造、新材料．北京：中国建筑工业出版社，1991.
[15] 陈卫华，杜军，李胜才．建筑装饰构造．北京：中国建筑工业出版社，2002.
[16] 建筑设计资料集(1)．北京：中国建筑工业出版社，1994.
[17] 建筑设计资料集(8)．北京：中国建筑工业出版社，1996.
[18] 建筑设计常用数据手册．北京：中国建筑工业出版社，1997.
[19] 混凝土结构施工平面整体表示方法绘制规则和构造详图(03G101—1)．中国建筑标准设计研究所，2003.
[20] 陈大钊．房屋建筑学．北京：高等教育出版社，2001.